异步图书
www.epubit.com

U0100869

沉浸式剖析
OpenHarmony 源代码

基于 LTS 3.0 版本

梁开祝◎著

启动流程

系统构架

DSoftbus

启动恢复
子系统

SAMGR

DFX
子系统

HDF

IoT硬件
子系统

构建
子系统

人民邮电出版社

北　京

图书在版编目（CIP）数据

沉浸式剖析OpenHarmony源代码：基于LTS 3.0版本 / 梁开祝著. -- 北京：人民邮电出版社，2022.12
ISBN 978-7-115-60138-4

Ⅰ. ①沉… Ⅱ. ①梁… Ⅲ. ①移动终端－应用程序－程序设计 Ⅳ. ①TN929.53

中国版本图书馆CIP数据核字（2022）第185322号

内 容 提 要

OpenHarmony 是由开放原子开源基金会孵化及运营的一个开源项目，是一款由全球开发者共建的开源分布式操作系统。从推出之日至今，OpenHarmony 的发展愈加迅速，生态建设愈加成熟，已经成为全球智能终端操作系统领域不可忽视的新生开源力量。

本书以 OpenHarmony LTS 3.0 版本的代码为基础，从 OpenHarmony 的系统简介、开发环境搭建、编译流程、系统启动流程等开始讲解，然后逐渐深入到代码层面，对 OpenHarmony 中的各个子系统（主要是分布式任务调度子系统、分布式通信子系统、驱动子系统）的核心模块和框架的实现展开细致入微的分析与解读。本书还提供了相应的示例程序、详尽的日志、相关的流程图和数据结构关系图等，旨在为开发者深入地理解 OpenHarmony 中的关键技术和驱动框架，提供良好的帮助和参考。

本书适合系统开发工程师、设备驱动开发工程师阅读，也适合对 OpenHarmony 系统底层运行机制感兴趣的开发者阅读。

◆ 著　　　　　梁开祝
责任编辑　傅道坤
责任印制　王　郁　胡　南

◆ 人民邮电出版社出版发行　北京市丰台区成寿寺路 11 号
邮编　100164　电子邮件　315@ptpress.com.cn
网址　https://www.ptpress.com.cn
固安县铭成印刷有限公司印刷

◆ 开本：787×1092　1/16
印张：35　　　　　　　　　2022 年 12 月第 1 版
字数：833 千字　　　　　　2022 年 12 月河北第 1 次印刷

定价：138.80 元

读者服务热线：(010)81055410　印装质量热线：(010)81055316
反盗版热线：(010)81055315
广告经营许可证：京东市监广登字 20170147 号

自 序

2022 年 3 月 30 日，OpenHarmony 发布了具有里程碑意义的 3.1 Release 版本；2022 年 5 月底，OpenHarmony 3.2 Beta 版本开始创建独立的分支。

从 3.1 版本开始，OpenHarmony 逐渐具备了可用于平板类、手机类甚至 PC 类设备的一系列基础特性，如支持多模输入（鼠标、键盘、触摸板等）、支持基本完善的通信功能（接打电话、收发短信和邮件等）、支持蜂窝网络和 Web 浏览器、支持增强的软硬件分布式能力、支持增强的音视频多媒体处理能力，并具有更加丰富的内置应用、全新的应用开发环境 DevEco Studio 3.0 等。OpenHarmony 的几大生态合作伙伴，如深开鸿、润和软件、拓维信息、软通动力等，也相继推出了适配 OpenHarmony 3.1 的富设备开发板。这不但为开发者使用、验证和改进 OpenHarmony 的各种特性提供了平台，而且也为 OpenHarmony 硬件生态产品的商用和量产提供了参考实现。

相较于 OpenHarmony 3.0 版本，3.1 版本和 3.2 版本的变化是非常巨大的。以本书所分析的部分内容为例，在 3.0 版本中，Lite 系统（即轻量系统和小型系统）、标准系统各有一套独立的构建入口和上层的构建流程，但在 3.2 版本中，两者开始互相借鉴，取长补短并实现了融合统一；在 3.0 版本中，标准系统的启动流程（本书未进行详细总结）相对比较简单，但在 3.1 版本中，则引入了 Ramdisk 和 TwoStages 机制，标准系统的启动流程因此变复杂了，但安全性得到了提升。此外，OpenHarmony 驱动框架的部分数据结构定义和局部的启动流程，在 3.1 版本中也有了不少调整和重构……

由于本书是基于 OpenHarmony 3.0 版本写作的，在得知 3.1 版本和 3.2 版本有这么多重大变化时，我的内心相当焦虑不安——图书还没出版，书中的内容就已经"落后"了，这得让对本书抱有很大期待的读者多么失望。

为了摸清书中所分析的内容相对于 OpenHarmony Master 分支（2022-04-01）的代码"落后"了多少，我专门重新仔细研究了一下 Master 分支（2022-04-01）代码的构建系统、标准系统的服务框架启动流程、标准系统的分布式任务调度子系统、驱动子系统等的实现细节，得出的结论是"架构设计基本没有变化，实现细节有所调整"。

以驱动子系统为例，我重新绘制了内核态和用户态驱动框架的启动流程图与数据结构关系图。重新绘制的这两张大图，比基于 OpenHarmony 3.0 版本的代码绘制的两张大图更详尽地展示了相关细节,读者将这些大图两相对比来看,就会明白"架构设计基本没有变化,实现细节有所调整"的意思了。

总体来说,OpenHarmony 作为一款全新的开源操作系统,目前正处于高速成长期,其发展变化也日新月异。目前,国内软件行业竞争激烈,内卷严重,外加受疫情影响,互联网公司频频裁员,但 OpenHarmony 的高速成长和 OpenHarmony 的生态建设催生了对软硬件人才的需求。对 IT 从业人员来说,这既是一个难得的机遇,也充满着挑战。希望有志于从事 IT 行业的各位小伙伴,都能积极拥抱 OpenHarmony,共建 OpenHarmony 的良好生态,并在这一片蓝海中闯出属于自己的广阔天地。

梁开祝

2022 年 6 月

◣ 关于作者 ◢

梁开祝，毕业于四川大学计算机学院计算机科学与技术专业，擅长 Linux 底层驱动开发、音视频处理芯片驱动开发、HDMI/HDCP 领域的驱动开发等技术。曾在 OPPO 公司蓝光事业部担任高级驱动开发工程师，并全程参与了 OPPO 全系列蓝光播放器的研发工作。后来因工作调整，在内部转岗到手机研发部门，负责手机摄像头的驱动开发工作。

◄ 致　谢 ►

在本书写作过程中，得到了 51CTO 开源基础软件社区的大力支持，在此向社区的负责人王雪燕和杨文浩两位老师表示感谢。

同时感谢李传钊、祝尚元、连志安、刘果、欧建深等诸位专家，他们为本书提供了大量的修改意见和建议，保证了本书的技术深度和写作质量。

感谢人民邮电出版社的傅道坤编辑，为本书的整理、审校、出版做了非常多的工作。

最重要的是要感谢华为的工程师，感谢他们的奋发图强和锐意开拓，为大家提供了这样一个充满自信和希望的操作系统。

◀ 前 言 ▶

自 2019 年以来，科技圈内的一系列重大事件在网络上引发了大量的相关讨论，以至后来的 HarmonyOS 的发布和 OpenHarmony 1.0 的开源，我也只是当作行业新闻来看。直到 2020 年年初，我在今日头条上看到了业内知名专家对 HarmonyOS 的一些科普视频，以及对所谓的 "HarmonyOS 套壳 Android" 相关言论的驳斥之后，我才开始有意识地尝试了解 HarmonyOS 和 OpenHarmony。我开始在 OpenHarmony 技术社区上学习 OpenHarmony 的知识，阅读 OpenHarmony 的源代码，并购买开发板对 OpenHarmony 的知识要点进行验证，其间也做了大量的学习笔记和总结。

在对 OpenHarmony 有了一定的理解之后，我确定了自己未来的发展方向。因为我对 OpenHarmony 的发展前景深信不疑，这是 IT 行业十年一遇的机会，过去十余年里我曾经三次错过 Android，如今我不想再错过 OpenHarmony！所以我一边全力学习 OpenHarmony 开发技术，一边思考如何抓住这次机会。

在 2021 年 6 月，我基于发布不久的 OpenHarmony 1.1.0 LTS(2021-04-01)版本代码，深度分析了分布式任务调度子系统的 samgr_lite 组件，并在 OpenHarmony 技术社区发表了一系列与之相关的技术文章（即本书第 7 章内容的原型）。之后，我盘点了一下自己在这段时间里整理的文档资料、学习总结以及相关的表格、流程图等，发现内容虽然零散不成体系，但是篇幅已颇具规模，而且已经开始触及 OpenHarmony 的一些技术要点。

此时，OpenHarmony 相关的学习资料，主要还以官方文档和社区博文为主，而技术图书，特别是与系统开发或设备驱动开发相关的图书基本还没有。后来陆续出版的 OpenHarmony 图书，也以应用开发为主。所以，我萌生了"把自己整理的 OpenHarmony 学习笔记整理成书"的想法，也把实现这个想法当作自己抓住 OpenHarmony 这次机会的一次尝试。有了这个想法之后，我开始站在图书编排写作的角度来学习总结 OpenHarmony 技术，并进行整理和汇总，最终形成了读者现在所看到的这本书。

本书的组织结构

本书的章节安排，基本上就是我学习 OpenHarmony 开发从入门到深入的过程实录，是从一个初学者的视角来一边学习一边总结，渐进式地进行条分缕析，以展现我所理解的 OpenHarmony。

本书分为 9 章，各章介绍的主要内容如下。

- **第 1 章，"系统简介"**：简单介绍 OpenHarmony 的发展历史、技术特性和发展前景。

- **第 2 章，"搭建开发环境"**：由于 OpenHarmony 设备开发环境的搭建步骤相当烦琐，很多开发者在入门 OpenHarmony 驱动开发时都对此颇感头痛，因此本章提供了一个清晰的开发环境搭建步骤，帮助开发者扫清入门的障碍。

- **第 3 章，"系统架构"**：简单介绍 OpenHarmony 的系统架构和一二级目录结构，旨在让开发者对 OpenHarmony 有一个整体上的初步认识。

- **第 4 章，"构建子系统"**：OpenHarmony 的编译构建体系非常复杂，而且在编译构建时常常会交叉使用多种工具，非常容易让人产生困扰。因此，本章对 OpenHarmony 的构建体系进行了详细介绍，以帮助开发者理清头绪，了解 OpenHarmony 的系统构建基础知识。

- **第 5 章，"启动流程"**：本章详细分析了 OpenHarmony 的系统服务层中各大功能组件的启动流程。

- **第 6 章，"子系统"**：本章分析了在开发 OpenHarmony 设备驱动时需要关注的部分子系统（特别是 DFX 子系统和 IoT 硬件子系统）的具体实现机制。

- **第 7 章，"分布式任务调度子系统"**：本章详细分析了 OpenHarmony 系统服务框架的基础理念和实现机制（即所有功能和特性都抽象为服务进行管理和使用）。多说一句，本章内容在 2021 年下半年举行的第四届中国软件开源创新大赛的开源代码评注赛道的评比中荣获二等奖。

- **第 8 章，"分布式通信子系统"**：初步分析了分布式通信子系统的部分组件，其中的软总线组件是 OpenHarmony 实现万物互联/万物智联的基石。

- **第 9 章，"驱动子系统"**：本章采用自下而上的方式深入分析了 OpenHarmony 驱动子系统的大量实现细节，为驱动开发者深入理解 OpenHarmony 的驱动框架提供了一个详细的参考。

受限于时间以及精力，本书暂未涉及与 OpenHarmony 系统移植相关的内容。但在本书交稿之后，我就开始尝试将 OpenHarmony LTS 3.0 系统移植到 Raspberry Pi 4B 开发板上，并将移植过程写成博文发布在个人的技术专栏上，对系统移植感兴趣的读者可到我的技术专栏去进一步学习参考。

另外，我其实也是 OpenHarmony 的一名初学者，因此本书中难免会有疏漏和错误之处，恳请各位读者在阅读本书时，如果产生疑问或发现错误，能积极与我联系，大家一起讨论，共同进步。

本书的特色

与市面上已有的偏向于 HarmonyOS/OpenHarmony 应用开发的图书不同，本书侧重于

OpenHarmony 系统分析和设备驱动开发，是一本深度剖析 OpenHarmony 运行机制的图书。

为了帮助读者更好地理解图书中的内容，本书从 OpenHarmony 的开发环境搭建、编译流程、系统启动流程等相对比较基础的部分开始，逐渐深入到代码层面，对 OpenHarmony 的核心模块和框架的实现，展开细致入微的分析和解读。本书提供了大量的表格、详尽的日志、细致的程序流程图和数据结构关系图，旨在降低学习的门槛，帮助读者快速理解相关内容。

本书可以为开发者深入地理解 OpenHarmony 的几个关键技术和驱动框架，提供一个非常好的帮助和参考。

本书的读者对象

本书面向广大的系统开发工程师、设备驱动开发工程师、高校软件相关专业学生以及对 OpenHarmony 技术感兴趣的从业人员。

为了更好地阅读本书，读者最好具备下面提到的这些基本能力和经验知识。

- 熟悉 C/C++ 语言

由于本书所分析的 OpenHarmony 子系统全都是使用 C/C++ 语言实现的，并且会涉及 C/C++ 的一些非常抽象的知识，如果没有足够的 C/C++ 编程基础，理解起来可能会比较困难。

- 熟悉 Linux 系统

对于驱动开发工程师来说，必须要熟悉 Linux 系统，并能做到熟练运用。本书在介绍 OpenHarmony 的具体实现，分析某些组件的运行流程时，会用到 Linux 系统中的一些命令和常规操作，读者需要对此有相应的了解。

- 了解操作系统的架构

本书的主旨是以解读源码的方式分析 OpenHarmony 系统的架构和具体的实现，虽然只涉及 OpenHarmony 的一小部分，但这部分也是 OpenHarmony 的核心。如果读者了解操作系统（特别是分布式操作系统）的架构，并具有一定的相关理论知识，则在学习本书时会有事半功倍的效果。即使读者不具备相关的知识，相信在学完本书后，也会对操作系统有一个比较具体完整的认识。

- 有一定的设备驱动开发经验

本书第 9 章是对 OpenHarmony 的驱动框架和驱动开发要点进行的深入分析，这是本书的重点内容，也是难点内容。如果没有相关的设备驱动开发经验，则在阅读这部分内容时会比较吃力。因此，为了更好地学习本书尤其是第 9 章的内容，读者最好具有一定的设备驱动开发经验。

如何阅读本书

本书第 4 章~第 7 章的大部分内容是以 OpenHarmony 1.1.0 LTS（2021-04-01）版本的代码为基础写作完成的，在后期整理时，我对这些内容进行了更新，使其与 OpenHarmony 3.0 LTS（2021-09-30）版本的代码同步。不过，为了保证内容的简洁性和完整性，有少量内容仍然是以 OpenHarmony 1.1.0 LTS 版本的代码为基础，尽管这些内容没有做到与时俱进，但是其背后的理念仍然适用于 OpenHarmony 3.0 LTS 以及更新的版本。

第 8 章和第 9 章是以 OpenHarmony 3.0 LTS（2021-09-30）版本的代码为基础写作完成的。为了保证本地代码的稳定性和一致性，我将这个版本的代码下载到本地后就没再与码云上的 OpenHarmony 3.0 LTS 分支的代码进行过同步。建议读者结合 OpenHarmony 3.0 LTS 版本的代码来学习这两章的内容。如果要在更新的版本上进行学习和验证，读者需要自行对差异之处进行确认和分析。

因为 OpenHarmony 代码的迭代更新速度非常快，截至本书交稿时，Master 分支的代码相对于 OpenHarmony 3.0 LTS 版本的代码来说，又有了很大的变化。当书中内容涉及的代码结构因为版本变化而导致在 Master 分支上有较大调整时，会对此单独说明，请读者注意区分。

由于 OpenHarmony 的系统框架（见第 7 章）和驱动子系统（见第 9 章）大量采用了 C 语言来实现面向对象的编程，读者需要对 C 语言（特别是指针）和面向对象的编程思想有足够的理解，这将会对理解本书的内容大有帮助。

另外，本书对 OpenHarmony 部分子系统的代码几乎做了 API 级别的分析，这会涉及非常详细的流程步骤和相应的解释。为了清晰地展示程序的执行步骤和过程，书中使用了大量的流程图、数据结构关系图和日志以辅助读者的理解。读者在阅读本书内容时，建议结合相关的流程图或数据结构关系图进行理解，效果会更好。

本书在线资源

本书提供了如下资源来帮助读者更好地学习理解本书的内容。

● 码云资源仓库

与本书相关的示例代码、日志文档、流程图、表和说明文档等资源，均托管在码云（Gitee）上，其链接为 https://gitee.com/liangkzgitee/ohos_study_note。

● 博客专栏文章

51CTO 与华为 HarmonyOS 官方共建的开源基础软件社区，是开发者学习和讨论 OpenHarmony 的一个很好的平台。我在社区上开设了"鸿蒙系统学习笔记"技术专栏，其链接为 https://ost.51cto.com/column/46。

本书的勘误或未来我对 OpenHarmony 的学习总结，会在这个专栏上持续更新，敬请关注。

资源与支持

本书由异步社区出品，社区（https://www.epubit.com/）为您提供相关资源和后续服务。

提交勘误

作者和编辑尽最大努力来确保书中内容的准确性，但难免会存在疏漏。欢迎您将发现的问题反馈给我们，帮助我们提升图书的质量。

当您发现错误时，请登录异步社区，按书名搜索，进入本书页面，单击"提交勘误"，输入勘误信息，单击"提交"按钮即可。本书的作者和编辑会对您提交的勘误进行审核，确认并接受后，您将获赠异步社区的 100 积分。积分可用于在异步社区兑换优惠券、样书或奖品。

扫码关注本书

扫描下方二维码，您将会在异步社区微信服务号中看到本书信息及相关的服务提示。

与我们联系

我们的联系邮箱是 contact@epubit.com.cn。

如果您对本书有任何疑问或建议，请您发邮件给我们，并请在邮件标题中注明本书书名，以便我们更高效地做出反馈。

如果您有兴趣出版图书、录制教学视频，或者参与图书技术审校等工作，可以发邮件给本书的责任编辑（fudaokun@ptpress.com.cn）。

如果您来自学校、培训机构或企业，想批量购买本书或异步社区出版的其他图书，也可以发邮件给我们。

如果您在网上发现有针对异步社区出品图书的各种形式的盗版行为，包括对图书全部或部分内容的非授权传播，请您将怀疑有侵权行为的链接通过邮件发给我们。您的这一举动是对作者权益的保护，也是我们持续为您提供有价值的内容的动力之源。

关于异步社区和异步图书

　　"异步社区"是人民邮电出版社旗下 IT 专业图书社区，致力于出版精品 IT 技术图书和相关学习产品，为作译者提供优质出版服务。异步社区创办于 2015 年 8 月，提供大量精品 IT 技术图书和电子书，以及高品质技术文章和视频课程。更多详情请访问异步社区官网 https://www.epubit.com。

　　"异步图书"是由异步社区编辑团队策划出版的精品 IT 专业图书的品牌，依托于人民邮电出版社的计算机图书出版积累和专业编辑团队，相关图书在封面上印有异步图书的 LOGO。异步图书的出版领域包括软件开发、大数据、AI、测试、前端、网络技术等。

异步社区

微信服务号

目 录

## 第 1 章

系统简介

『 1.1 发展历史 』

2012 年前后，Android 系统的发展如日中天，国内几乎所有的手机厂商，包括著名的"中华酷联"（中兴、华为、酷派、联想），全都基于 Android 系统开发手机、平板类产品。虽然大多是中低端产品，还无法与苹果、三星的高端产品抗衡，但它们已经开启了国产手机的崛起之路。

有远见的企业，将来会走得更远，如后来的"华米欧维"（华为、小米、OPPO、VIVO），把国产手机推向了超越苹果、三星的高度。但有危机感，有战略意识，更有实力的企业——华为，还做出了"基于战略考虑要做自己的终端操作系统"的决定。"鸿蒙系统"这一概念因此第一次出现在大众视野。我们无从得知华为内部对这个决定都做了哪些努力，但可以肯定的是，它一定做了非常充足的前期调研、远景规划、理论研究和架构设计。

华为作为一家靠电信业务起家的公司，凭借其在电信领域多年的技术积累以及对 4G、5G 网络的超前研究，使得它远比普通大众甚至业内专业人士更早、更透彻地理解 5G 网络的兴起和发展对我们这个世界产生的影响。也许对当时的华为人来说，万物互联/万物智联已经不再是一个概念，而是一个要去亲手打造的未来世界。

此外，华为也一直是 Linux、AOSP（Android Open Source Project）等开源项目源代码的最大贡献者之一，它也一定非常清楚现有系统的优点和不足，并能在 HarmonyOS 的架构设计中有针对性地扬长避短。可以这么说，HarmonyOS 在娘胎里的时候就具备了面向未来的优越性。

2016 年 5 月，华为公司软件部内部正式立项，HarmonyOS 开始从理论设计进入落地阶段。此后，HarmonyOS 微内核一步一个脚印地完成了技术验证，并开始应用于华为手机 EMUI（Emotion UI）系统的 TEE（Trusted Execution Environment，可信执行环境）中，为终端产品中的高敏感数据保驾护航。

2019 年 8 月 9 日，在华为开发者大会上（Huawei Developer Conference，HDC），华为正式发布 HarmonyOS 1.0，并宣布将要对其开源。而且，HarmonyOS 1.0 率先在荣耀智慧屏产品上商用。

2020 年 6 月 15 日，开放原子开源基金会（OpenAtom Foundation）正式挂牌成立，这是国内第一家开源基金会，标志着我国在信息产业领域上迈出了关键的一大步。

2020 年 9 月 10 日，华为发布 HarmonyOS 2.0，并将在内存为 128KB～128MB 的轻量级设备上运行的代码捐赠给开放原子开源基金会。OpenHarmony 1.0 版本代码正式开源。

2021 年 4 月 1 日，OpenHarmony 发布首个 LTS（Long-Term Support，长期支持）版本：OpenHarmony 1.1.0 LTS。

2021 年 4 月 27 日，华为开始向通过审核的部分华为手机用户，推送 HarmonyOS 2.0 开发者版本系统升级包。这是 HarmonyOS 正式在手机平台上接受用户的检验。

随后，华为逐步加大向手机用户推送 HarmonyOS 的力度，华为手机用户也表现出了极大的热情，搭载 HarmonyOS 的设备数量开始爆发式增长。

2021 年 6 月 1 日，华为将在内存为 128MB～4GB 的富设备上运行的代码，以及在内存为 4GB 以上的大型设备上运行的代码，一次性全部开源出来，这就是 OpenHarmony 2.0。

2021 年 9 月 30 日，OpenHarmony 发布了 OpenHarmony 3.0 LTS 版本。

2021 年 10 月 22 日，在华为开发者大会上，华为宣布搭载 HarmonyOS 的设备数量突破 1.5 亿台，HarmonyOS "成了"。

2022 年 3 月 30 日，OpenHarmony 发布了具有里程碑意义的 3.1 Release 版本。

以上便是 HarmonyOS 和 OpenHarmony 的简单历史。

HarmonyOS 是华为在 OpenHarmony 的基础上，加入自己的 HMS（Huawei Mobile Service，华为移动服务）的商业发行版。二者的关系类似于国内各手机厂商基于开源的 Android 系统进行二次开发，形成自己的商业发行版系统。

『 1.2　技术特性 』

OpenHarmony 是一款面向万物互联/万物智联、面向全场景（智能家居、媒体娱乐、社交通信、智慧出行、运动健康、移动办公等所有场景）的分布式操作系统。它在传统的单设备系统能力的基础上，提出了基于同一套系统能力、适配多种终端形态的分布式理念，能够支持手机、平板、智能穿戴、智慧屏、车机等多种终端设备的统一和融合，向消费者呈现一个虚拟的超级终端界面，以提供无缝的流畅的全场景体验。

1. 硬件互助，资源共享

OpenHarmony 依赖包括分布式软总线、分布式设备虚拟化、分布式数据管理、分布式任务调度等在内的技术，实现了多种终端设备之间的硬件互助与资源共享。

- 分布式软总线

分布式软总线是搭载了 OpenHarmony 系统的分布式设备之间的通信基座，它为设备间的互联、互通、互助提供了统一的分布式通信能力，为实现设备的无感发现、自动连接、异构组网、零时延传输等创造了基础条件。

- 分布式设备虚拟化

分布式设备虚拟化实现了不同设备的资源整合、设备管理、数据处理，可为用户匹配并选择能力合适的硬件去执行不同类型的任务，让业务在不同设备间无缝流转，充分发挥不同设备的能力优势。

- 分布式数据管理

分布式数据管理基于分布式软总线的能力，实现应用程序数据和用户数据的分布式管理。用户数据不再与单一物理设备绑定，业务逻辑与数据存储分离，跨设备的数据处理如同本地数据处理一样方便快捷，让开发者能够轻松实现全场景、多设备下的数据存储、共享和访问，为打造一致、流畅的用户体验创造了基础条件。

- 分布式任务调度

分布式任务调度基于分布式软总线、分布式设备管理、分布式数据管理、分布式配置文件（Profile）等技术特性，提供了统一的分布式服务管理能力（包括服务的启动、注册、发现、同步、调用等能力），支持分布式场景下的跨设备应用协同（包括应用的远程启动、远程连接、远程调用、业务迁移等操作），能够根据不同设备的能力、位置、业务运行状态、资源使用情况等，结合用户的使用习惯，智能分析用户的意图，去选择合适的设备来运行分布式任务。

2. 一次开发，多终端部署

OpenHarmony 提供了 UI 框架、用户程序框架和元能力（Ability）框架，支持应用开发过程中对多终端的界面逻辑和业务逻辑进行复用，能够实现应用的"一次开发，多终端部署"，让应用开发者可以更加便捷高效地开发跨设备的应用。

3. 统一 OS，弹性部署

OpenHarmony 采用了高内聚、低耦合的组件化设计，各功能组件可以根据设备的硬件能力、资源能力和业务需求等实际情况，进行灵活裁剪和弹性部署，以此实现一套统一的操作系统，以满足不同形态的终端设备对操作系统的需求。

以上 3 点是 OpenHarmony 最显著的技术特征。实际上，在 OpenHarmony 的架构实现中，引入了非常多的先进设计理念和创新技术，比如微内核架构、统一的 IDE、方舟编译器、自研编程语言等。这些理念和技术让 OpenHarmony 具备了一个完整的、先进的通用操作系统所应该有的所有特征，从而可以满足生态建设和未来长远发展的需要。

『 1.3　前景展望 』

1. 回顾历史

20 世纪 90 年代前后，在欧美国家，小型化的个人计算机（Personal Computer, PC）

和家庭有线网络开始普及,以 Windows 和 Mac OS 为代表的 PC 桌面操作系统也得以诞生和快速发展。与 UNIX、MS-DOS 这些纯命令行交互方式的操作系统相比,Windows 和 Mac OS 采用了图形化的用户界面和简单明了的人机交互方式,受到了大众的热烈欢迎,这极大地推动了个人计算机的发展。

2000 年前后,随着数字移动通信技术的发展,个人移动终端开始走向大众,以诺基亚的 Symbian 为代表的移动终端操作系统开始快速发展。在接下来的 10 余年时间里,科技发展日新月异,移动终端设备从单一的通信功能,逐渐扩展到以信息获取和影音娱乐功能为主,移动通信技术也从 2G 发展到了 3G、4G。在这场技术革新浪潮中应运而生的 iOS 和 Android 移动终端操作系统,迅速打败了 Symbian、PalmOS 等系统,推动了个人移动终端设备从功能化到智能化的华丽转变。

回顾 PC 桌面操作系统与移动终端操作系统的诞生和发展历史,可以看得出它们与当时新兴起的硬件设备形态、基础网络条件之间有一个正向的联系。新硬件形态和基础网络的出现与发展,必定会催生出新的应用场景、用户需求和交互体验需求。为了实现这些场景和需求,又会反过来促进软硬件的不断更新进化,由此形成一个互相推动发展的良性循环。

2. 当前现实

最近几年,随着 5G 的发展和落地,围绕在我们边边的大大小小的各种电子设备,开始向联网化、智能化快速发展。5G 所具备的高速率、低时延、低功耗、海量连接等一系列技术特性,完全契合了这些电子设备的使用场景,为万物互联/万物智联提供了很好的基础。

从更高的视角来看,5G 作为一个底层通信技术的重大变革,带来的可不仅仅是物联网 (Internet of Things,IoT) 的兴起,与之相关的一系列技术的大发展,如人工智能 (Artificial Intelligence,AI)、大数据 (Big Data)、云计算 (Cloud Computing) 等,正在给我们的世界带来翻天覆地的变化。我们正在经历新一轮的信息产业革命。

我们把目光聚焦到物联网上。万物互联只是物联网的初级阶段,万物智联 (AI+IoT) 才是物联网的未来趋势。

小到个人穿戴产品,大到工业生产设备,要从最初完全独立的物理个体,到接入网络、互联、互助、协同工作,再到人工智能的介入,软件(操作系统)在中间起到了一个关键的作用。

当前这些物理形态各异、能力千差万别的电子设备,基本上都搭载了适合自己的专有软件或操作系统。各设备所支持的通信方式也是五花八门,典型的通信方式包括了 WiFi、有线网络、蓝牙、NFC(近场通信)等。这些不同通信方式之间互不兼容,互相之间无法沟通,这导致不同设备之间形成信息孤岛。可见,这些设备之间的互联都是一件困难的事情,更别说智联了。

这时,由一个通用的操作系统来进行统一的管理,实现设备间的资源共享、硬件互助、任务智能分配等工作,就显得非常必要和迫切了。

经过十多年的发展,Android 已经成长为一个吞食硬件资源的巨兽,再加上它固有的一些缺陷,显然无法适应资源受限的物联网设备的需求。Google 早在几年前,就决定开发一个新的微内核架构的 Fuchsia 系统,以期能够在物联网领域再造一个 Android。但是 Fuchsia

一直不温不火，甚至发布时间比 OpenHarmony 还要晚。究其原因，这应该与国外的 5G 网络建设以及物联网的发展有很大的关系。再者，Google 也完全没有华为的压力，当然也就没有足够的紧迫感去推广 Fuchsia。

苹果的 iOS 则是封闭的操作系统，只能在苹果自家的生态产品中使用，别人想用也用不了，这个没什么可说的。

此外，还有其他一些大大小小的物联网操作系统，如 Amazon 的 FreeRTOS、阿里云的 AliOS Things 以及国内比较流行的 RT-Thread OS 等。它们都有各自的优缺点，其中比较显著的缺点是在通用性、生态完整性上都差了一些。

OpenHarmony 的出现为物联网操作系统打开了一个新的局面，它的技术特性完全就是为物联网量身打造的，而且也具备一个通用操作系统的全部特征，因此满足了建设完整生态链所需的各种条件，具有长远发展的潜力。

OpenHarmony 的发布，也占尽了天时地利人和的有利条件。

- 天时，是 OpenHarmony 的成长已经足够成熟了

2016 年到 2019 年，是 HarmonyOS 落地成长的宝贵窗口期，HarmonyOS 微内核开始在产品中接受检验。

最近几年，国内的 5G 网络和物联网高速发展，市场上已经进入巨头混战时期。各家巨头都在争抢流量入口，各家之间的产品也无法兼容互通，难以形成合力共建生态，用户对"统一"的需求和呼声其实已经非常高了。

因此，OpenHarmony 在这个时间点推出，也是时机成熟了。

- 地利，是国内拥有足以支持 OpenHarmony 成长的沃土

在国家的"十三五"规划纲要中，专门针对物联网发布了《信息通信行业发展规划物联网分册》报告，推动物联网的健康有序发展已经成为国家战略。

据招商银行研究院在 2019 年 12 月底发布的《物联网研究报告》所述："……到 2018 年中国物联网市场规模达到 1.43 万亿元。根据工信部数据显示，截至 2018 年 6 月底，全国物联网终端用户已达 4.65 亿户。未来物联网市场上涨空间可观，预计 2020 年中国物联网市场规模将突破 2 万亿元……"

2021 年 9 月，工信部发布的《物联网新型基础设施建设三年行动计划（2021—2023 年）》中，明确到 2023 年底在国内主要城市初步建成物联网新型基础设施，物联网连接数突破 20 亿。

这数以万亿级别的市场规模和几十亿级别的设备数量，为 OpenHarmony 的成长提供了一个绝佳的生长平台。

OpenHarmony 在新的物联网赛道上，对标的是同为物联网操作系统的 Fuchsia，而非手机赛道上的 Android 和 iOS。随着 OpenHarmony 的成长，未来它一定会与 Android、iOS 进行正面的较量。

- 人和，是国人对国产操作系统的热切期盼和支持

就信息通信行业中软件领域的操作系统而言，几十年来一直是美国主导的几代操作系统统治着全世界。结合当前的国际形式来看，发展国产操作系统势在必行。虽然在特定领域的专用操作系统，如超级计算机专用操作系统、航天专用操作系统等，我国已经有所成就，但在通用操作系统领域，我国的几次尝试均以失败告终。

因此，在国人对国产通用操作系统的热切期盼之下发布的 OpenHarmony，自然会受到国人的追捧和厚爱。OpenHarmony 也以其先进的架构设计理念，吸引了数以百万计的高质量开发者。

在这个天时地利人和的条件下，OpenHarmony 的迅速发展壮大，就是一件自然而然的事情了。

自 2021 年 4 月份华为在手机平台上推送 HarmonyOS 系统升级开始，短短半年时间里，搭载 HarmonyOS 系统的设备数量就突破 1.5 亿台。到 2022 年 3 月份时，HarmonyOS 和 OpenHarmony 生态圈的设备数量，已经超过了 3 亿台。

OpenHarmony 实际上已经成长为可以与 Android（Fuchsia）、iOS 竞争的世界第三大移动终端操作系统了。

3. 展望未来

很久之前，就有这样一个说法"19 世纪看欧洲，20 世纪看美国，21 世纪看中国"。

在 21 世纪的前 20 年，我国在各个领域都展现出了让人惊叹的发展势头。航海领域的国产航母、深海潜水器、造岛神器……陆地上的高铁、盾构机、核电……航空领域的歼 20、运 20、C919……航天领域的北斗导航、量子通信卫星、空间站、登月器、火星探测器……这些成就每一个单独拿出来，都能让人感到扬眉吐气和热血沸腾。这是我们的先辈几十年来筚路蓝缕，以启山林，到如今才收获的累累硕果，是先辈们给我们创造的巨大福祉。

但是，在信息通信行业，我们要走的路依然很长。虽说在超级计算机、5G 通信、人工智能、大数据、云计算等方面，中国已经具有了一定的优势。但是在基础层面上的基带芯片设计、高端芯片制造、操作系统软件、工业设计软件等方面，我们依然难有突破，这是中国 IT 人心中的痛。

OpenHarmony 的推出，无疑是给我们打了一针强心剂，让我们在基础软件领域看到了一丝突破的曙光。从 OpenHarmony 的技术特性、先进的架构设计理念、逐步完善的操作系统关键要素等各方面来看，OpenHarmony 无疑已经具备了建设完整生态和长远发展的条件。OpenHarmony 的发展前景不可估量。

抛开 OpenHarmony 自身的特性不说，我们从国家出台的"十四五"规划以及华为近来的战略部署，也能看得出行业发展的大趋势。

"十四五"规划中提出："聚焦高端芯片、操作系统、人工智能关键算法、传感器等关键领域，加快推进基础理论、基础算法、装备材料等研发突破与迭代应用。加强通用处理器、云计

算系统和软件核心技术一体化研发。……支持数字技术开源社区等创新联合体发展，完善开源知识产权和法律体系，鼓励企业开放软件源代码、硬件设计和应用服务。"

在《物联网新型基础设施建设三年行动计划（2021—2023 年）》中，从关键核心技术的突破，到产业生态的培养，再到关乎民生保障的配套建设，都提出了一组具体的行动目标和重点任务的方向性行动指导。

而这些规划目标，正在以国民亲眼可见、亲身可感的速度变成现实。

在继 2021 年 10 月份组建五大军团（煤矿军团、智慧公路军团、海关和港口军团、智能光伏军团、数据中心能源军团）之后，华为在 2022 年 2 月又成立了 10 个预备军团，包括了互动媒体（音乐）、运动健康、显示芯核、园区网络、数据中心网络、数据中心底座、站点及模块电源、机场轨道、电力数字化服务，以及政务一网通。结合"十四五"规划来看，华为的战略部署完全贴合和响应了国家的号召，为国家战略目标的实现提供了强有力的保障。华为的动向也是行业的风向标之一。当前，华为正和国家一起，引领着我国的信息通信行业在正确的大方向上稳步发展和逐步崛起。

由此可见，我国信息通信行业的发展和崛起，虽然道阻且长，但是已经开始人踏步前进，新的突破将源源不断地诞生。

## 第 2 章

搭建开发环境

基于 OpenHarmony 的软件开发，按大的方向可分为应用开发和设备开发，本书是以设备开发为主题的图书。

对于嵌入式设备开发来说，开发者会根据实际项目的需要并结合个人的习惯，来选择合适的基础开发环境。Windows 主机加 Linux 虚拟机的组合，是一种最常见的基础开发环境。开发者通常在 Windows 主机上进行编写和阅读源代码、烧录系统镜像、抓取日志进行调试等工作，而在 Linux 虚拟机上进行编译源代码、链接和生成可烧录的系统镜像等工作。

本章以 Windows 主机加 Linux 虚拟机的组合为例，对 OpenHarmony 设备开发环境的搭建进行详细的讲解。

有关 Windows 主机的开发环境搭建，可见 2.1 节。针对 Linux 主机的开发环境，OpenHarmony 官方给出了下面两个选择。

- 使用预配置好的 Docker 环境

只要在 Windows 主机上安装好 Docker 软件，再按文档的说明将 OpenHarmony 的 Docker 镜像下载到本地即可使用。

Docker 镜像内已经有基本上配置好的 Linux 虚拟机开发环境了，开发者简单配置一下账户信息即可使用。

- 开发者自行安装和配置的环境

我比较倾向于这种自己动手搭建的 Linux 虚拟机开发环境，原因是我对 Linux 环境下的开发比较熟悉，也想通过自己的亲手操作加深对 OpenHarmony 开发环境的理解。

对于刚开始学习 OpenHarmony 设备开发的新手，建议两种环境都尝试一下，然后选择适合自己的开发环境，以加快上手的速度。

在动手搭建 Linux 虚拟机开发环境之前，需要提前完成下面这些准备工作。

- 到码云（Gitee）官网注册开发者账号，后面在获取 OpenHarmony 代码时，需要用到用户名（username）和注册的邮箱地址（emailaddress）。

- 到 VMware 官网下载 VMware Workstation 16 Player 或更新的版本，然后将其安装到 Windows 主机上。

> **注意**　VMware Workstation Pro 需要付费使用，否则只能在试用期使用。VMware Workstation Player 是个人免费版本，对普通开发者或者个人用户来说，使用 Player 版本就够了。

- 到 Ubuntu 官网将 Ubuntu 系统镜像（iso）下载到本地备用。要求使用 Ubuntu 16.04 版本以上的 64 位系统，推荐使用 Ubuntu 20.04 LTS 64bit 系统，本书选用的是 Ubuntu 20.04 LTS 64bit 系统。

- 配置 VMware 虚拟机。我设置的是 8GB 内存和 100GB 硬盘空间，大家可根据自己的 Windows 主机硬件进行配置。在使用过程中如果发现虚拟机硬盘空间不够，可以通过新增虚拟硬盘来扩充容量。

- 在 VMware 虚拟机上安装 Ubuntu 系统。完成安装后，就会得到一个干净的 Linux 虚拟机环境。

> **注意**　建议将 VMware 虚拟机网络连接设置为 "桥接模式" 或 "NAT 模式"，以方便后继步骤的使用。

2.1　Windows 开发环境的搭建

Windows 主机开发环境的具体搭建步骤和相关软件的获取，可以参考 OpenHarmony 官方文档 "快速入门" 中的 "Windows 开发环境准备" 小节的说明进行操作，也可以直接按表 2-1 所示的几个步骤进行安装和配置。

表 2-1　Windows 开发环境搭建步骤及相应工具

步骤	工具名称	用途说明	版本要求	获取渠道
1	Visual Studio Code (VSCode)	代码编辑工具	1.53 及以上的 64 位版本	Visual Studio 官网
2	Python	编译构建工具	3.7 及以上的 64 位版本	Python 官网
3	Node.js	提供 npm 环境	12.0.0 及以上的 64 位版本	Node.js 官网
4	HPM	包管理工具	最新版本	执行如下 npm 命令进行安装（npm 自动下载最新版本）npm install -g @ohos/hpm-cli
5	DevEco Device Tool	代码的编译、镜像烧录、调试插件工具	最新版本	到 HarmonyOS 官网注册华为开发者账号并登录，在设备开发页面下载最新版本

步骤	工具名称	用途说明	版本要求	获取渠道
6	串口、烧录工具驱动和 HiTool、HiBurn	串口驱动、烧录工具驱动和烧录工具		按 OpenHarmony 设备开发文档的说明下载，或利用本书资源库提供的下载链接下载
7	Source Insight、Beyond Compare、MobaXterm 等自选软件	代码编辑、代码比对、远程终端等开发辅助工具软件	自选版本	自行到各软件官网下载

实际上，如果我们不用 OpenHarmony 官方推荐的 IDE（VSCode 和 DevEco Device Tool）来编辑代码、编译代码、烧录开发板、抓取日志等，而是使用更高效便捷的第三方工具来做这些事情，完全可以只做第 6 步和第 7 步。

1. 安装 Visual Studio Code

登录 Visual Studio 官网，下载并安装 VSCode 的 Windows 版本（注意，主机的用户名和安装路径不能包含中文字符）。

2. 安装 Python

登录 Python 官网，下载并安装 Python 3.7 或 Python 3.8 版本。

安装成功后可在命令行下输入"python --version"命令来查看版本信息。然后执行如下命令设置 pip 源，用于在后续安装 DevEco Device Tool 过程中下载依赖的组件包。

```
>pip config set global.trusted-host repo.huaweicloud.com
>pip config set global.index-url https://repo.huaweicloud.com/repository/pypi/simple
>pip config set global.timeout 120
```

3. 安装 Node.js

登录 Node.js 官网，下载并安装 Node.js 12.0.0 或最新的版本。安装成功后可在命令行下输入"node -v"命令来查看版本信息。

4. 安装 HPM

在安装 HPM 前，需要先确保 Node.js 安装正常，同时确保主机的网络连接正常。

将 npm 源配置为国内镜像，例如设置为华为云镜像源，可在命令行下执行如下命令：

```
>npm config set registry https://repo.huaweicloud.com/repository/npm/
```

在命令行下执行如下命令，安装最新版本的 HPM：

```
>npm install -g @ohos/hpm-cli
```

或执行 update 命令，将 HPM 升级至最新版本：

```
>npm update -g @ohos/hpm-cli
```

安装完之后，执行如下命令检查 HPM 的安装结果：

```
>hpm -V
```

5. 安装 DevEco Device Tool 插件

登录 HarmonyOS 官网，注册华为账号，然后访问设备开发页面的开发工具子页面，下载 DevEco Device Tool 插件的最新版本。

在安装 DevEco Device Tool 插件时，需要先关闭 VSCode。另外，DevEco Device Tool 插件的正常运行需要依赖 C/C++和 CodeLLDB 插件。在安装完 DevEco Device Tool 插件后，将自动从插件市场安装 C/C++和 CodeLLDB 插件，所以需要确保主机能够正常连接网络。

安装 DevEco Device Tool 插件时，会在自动打开的命令行窗口中显示安装过程，安装完成后，将自动关闭命令行窗口。在安装完成后，启动 VSCode，单击左侧边栏的 按钮，检查是否已成功安装 C/C++、CodeLLDB 和 DevEco Device Tool，如图 2-1 所示。

图 2-1　安装 DevEco 插件

6. 安装串口、烧录工具驱动软件

OpenHarmony 设备开发文档的开发板烧录指导部分提供了驱动工具的下载链接。读者也可以到本书的资源库中获取下载链接，将串口、烧录工具驱动软件下载到本地并安装到 Windows 主机上。

相关的驱动程序和烧录工具具体如下。

● CH341_USB 转串口 Windows_Linux 驱动程序和 HiBurn：这是 Windows 下烧录 Hi3861 开发板的驱动程序和烧录工具。

● PL2303_Prolific_DriverInstaller_v1_12_0、USB-to-SerialCommPort.exe 和 HiTool：这是 Windows 下烧录 Hi3516 开发板的驱动程序和烧录工具。

● HiUSBBurnDriver：这是 Windows 下通过 USB 口烧录 Hi3516 开发板的驱动程序。

7. 安装自选软件

读者根据个人喜好和使用习惯，自行选择安装自己熟悉的开发工具软件，比如 Source Insight、Beyond Compare、PuTTY 或 MobaXterm 终端工具等。

2.2 拿来即用的 Ubuntu 开发环境

这里为读者准备了一个完整的 Ubuntu 虚拟机开发环境，这个开发环境完全是按照 2.3 节的步骤一步步搭建出来的。读者可以从本书的资源库中获取下载链接。这个开发环境下载后即可使用，可以为读者节省按照 2.3 节进行操作所需的时间。

该虚拟机配置的是 8GB 内存和 100GB 虚拟硬盘空间，读者可以根据主机的实际硬件配置进行适当调整。另外，建议将虚拟机的网络连接设置为"桥接模式"或"NAT 模式"，以确保网络连接正常。

首次运行该虚拟机时，会有图 2-2 所示的提示信息，单击"我已复制该虚拟机"按钮即可。

图 2-2 首次使用 Ubuntu 虚拟机的提示语

虚拟机正常运行起来后，读者可以直接从 2.4 节开始，继续进行相关配置和后继的使用。

2.3 Ubuntu 开发环境的搭建

2.3.1 准备工作

在从零开始搭建 OpenHarmony 的 Linux 开发环境时，需要用到表 2-2 中列出的相关工具和软件。有些工具可以直接通过 apt 命令安装，而有些则需要到 HarmonyOS 官方给出的链接去下载。

表 2-2 Linux 开发环境搭建步骤及相应工具

步骤	准备内容	所需软件、工具	描述	安装方式、工具来源
1	虚拟机环境	VMWare Player 和 Ubuntu 20.04	VMware Workstation 16 Player 和 Ubuntu 20.04（请自行安装虚拟机）	用户名：ohos；超级密码：ohos（也可自行设定）
2	修改默认 shell	bash	Ubuntu 的默认 shell 为 dash，需要改为 bash	方法 1：sudo ln -sf /bin/bash /bin/sh
				方法 2：sudo dpkg-reconfigure dash

续表

步骤	准备内容	所需软件、工具	描述	安装方式、工具来源
3	依赖工具	见 2.3.3 节	见 2.3.3 节	依赖工具列表见 2.3.3 节
4	Python 工具	Python 3.8.5	Python 3.8，Ubuntu 系统自带，不用安装，但需要做一些配置	Python 官网
		pip3	Python 包管理工具	sudo apt install python3-pip
				sudo pip3 install --upgrade pip
		setuptools、kconfiglib	Python 设置工具和 GUI menuconfig 工具	pip install setuptools kconfiglib
		PyCryptodome、six、ecdsa	Python 升级文件签名依赖的组件包（需要先安装 six，因为 ecdsa 依赖 six）	pip install pycryptodome six ecdsa
5	代码下载/管理工具	Git	代码仓库管理（注意相关配置和使用）	sudo apt install git-core git-lfs
		curl	命令行下的 URL 语法文件传输工具	sudo apt install curl
		repo	管理多个 Git 仓库	curl repo
6	编译构建工具	SCons	自动化构建工具	sudo apt install scons
		Node.js	JavaScript 运行时环境，提供 npm 环境；12.0.0 及以上的 64 位版本	Node.js 官网
		GN	产生 Ninja 编译脚本	https://repo.huaweicloud.com/harmonyos/compiler/gn/1717/linux/gn-linux-x86-1717.tar.gz
		Ninja	执行 Ninja 编译脚本	https://repo.huaweicloud.com/harmonyos/compiler/ninja/1.9.0/linux/ninja.1.9.0.tar
		LLVM	编译工具链：编译 OpenHarmony 2.0 Master 分支（Canary）上的小型系统必须要用 10.0.1 版本，不能用 9.0.0 版本；编译标准系统则两个版本均可	https://repo.huaweicloud.com/harmonyos/compiler/clang/10.0.1-53907/linux/llvm.tar.gz
			编译工具链：编译 OpenHarmony 1.x LTS 分支，必须要用 9.0.0 版本，不能用 10.0.1 版本	https://repo.huaweicloud.com/harmonyos/compiler/clang/9.0.0-36191/linux/llvm-linux-9.0.0-36191.tar

续表

步骤	准备内容	所需软件、工具	描述	安装方式、工具来源
6	编译构建工具	gcc_riscv32	gcc 编译工具链	https://repo.huaweicloud.com/harmonyos/compiler/gcc_riscv32/7.3.0/linux/gcc_riscv32-linux-7.3.0.tar.gz
		hc-gen	驱动配置编译工具	https://repo.huaweicloud.com/harmonyos/compiler/hc-gen/0.65/linux/hc-gen-0.65-linux.tar
		HPM	包管理工具	npm install -g @ohos/hpm-cli
		hb	命令行工具：编译构建	首次安装 pip install --user build/lite
				更新版本 pip install --user --upgrade ohos-build
7	IDE 及插件	Visual Studio Code (VSCode)	图形化 IDE：代码编辑工具，推荐下载最新的 64 位版本	Visual Studio 官网
		DevEco Device Tool V2.1.0	图形化 IDE 插件工具：源码的编译、烧录、调试插件工具	到 HarmonyOS 官网注册华为开发者账号并登录，在设备开发页面下载最新版本

按表 2-2 中的步骤 1 准备好干净的 Linux 虚拟机环境，以及需要用到的软件包后，再按步骤 2～步骤 7 的顺序对应执行 2.3.2 节～2.3.7 节描述的操作，就可以搭建出一个完整的 Linux 开发环境了。

2.3.2　修改默认 shell

在 Linux 命令行下，执行以下命令，可以看到 Ubuntu 默认使用 dash。

```
$ls -l /bin/sh
lrwxrwxrwx 1 root root 4 Jun  4 16:52 /bin/sh -> dash
```

OpenHarmony 的开发环境需要使用 bash，为此需要执行以下命令，将/bin/bash 强制软链接到/bin/sh，以替换掉原有的 dash。

```
$sudo ln -sf /bin/bash /bin/sh
```

也可以按 OpenHarmony 设备开发指导文档操作步骤执行以下命令：

```
$sudo dpkg-reconfigure dash
```

然后在如图 2-3 所示的弹出界面中选择 No，即可将默认的 dash 修改为 bash。

Configuring dash
The system shell is the default command interpreter for shell scripts.
Using dash as the system shell will improve the system's overall performance. It does not alter the shell presented to interactive users.
Use dash as the default system shell (/bin/sh)?
<Yes>
<No>

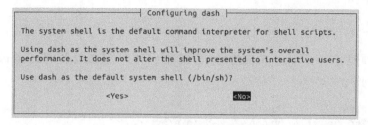

图 2-3 修改默认 shell

再次执行以下命令：

```
$ls -l /bin/sh
```

可以确认 shell 已经改为 bash 了，如图 2-4 所示。

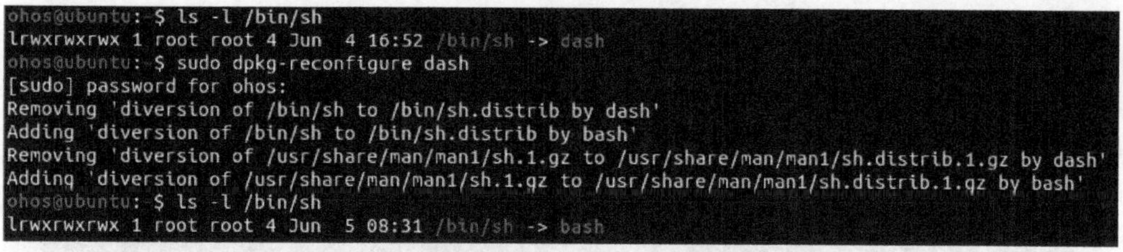

ohos@ubuntu:~$ ls -l /bin/sh
lrwxrwxrwx 1 root root 4 Jun 4 16:52 /bin/sh -> dash
ohos@ubuntu:~$ sudo dpkg-reconfigure dash
[sudo] password for ohos:
Removing 'diversion of /bin/sh to /bin/sh.distrib by dash'
Adding 'diversion of /bin/sh to /bin/sh.distrib by bash'
Removing 'diversion of /usr/share/man/man1/sh.1.gz to /usr/share/man/man1/sh.distrib.1.gz by dash'
Adding 'diversion of /usr/share/man/man1/sh.1.gz to /usr/share/man/man1/sh.distrib.1.gz by bash'
ohos@ubuntu:~$ ls -l /bin/sh
lrwxrwxrwx 1 root root 4 Jun 5 08:31 /bin/sh -> bash

图 2-4 确认默认 shell 修改为 bash

2.3.3 安装依赖工具

在 Ubuntu Linux 命令行下，执行以下命令可以一次性更新或安装参数中出现的所有依赖工具：

```
$sudo apt update && sudo apt install -y vim net-tools tree ssh locales binutils
binutils-dev gnupg flex bison gperf build-essential zip unzip curl zlib1g-dev gcc
gcc-multilib g++ g++-multilib libc6-dev-i386 libc6-dev-amd64 libstdc++6 x11proto-
core-dev libx11-dev lib32z1-dev ccache libgl1-mesa-dev libxml2-dev libxml2-utils
xsltproc m4 bc gnutls-bin genext2fs device-tree-compiler make libffi-dev e2fsprogs
pkg-config perl openssl libssl-dev libelf-dev libdwarf-dev mtd-utils cpio doxygen
liblz4-tool texinfo dosfstools mtools apt-utils wget tar rsync lib32z-dev grsync
xxd libglib2.0-dev libpixman-1-dev kmod jfsutils reiserfsprogs xfsprogs squashfs-
tools pcmciautils quota ppp libtinfo-dev libtinfo5 libncurses5 libncurses5-dev
lib32ncurses5-dev libncursesw5
```

如果安装过程出现异常，导致安装中断，请将这些依赖工具分成若干次分别安装完成即可。在未来有可能还会用到其他的依赖工具，到时可根据实际需要自行安装。

2.3.4 安装和配置 Python

- 安装 Python 3

Ubuntu 系统自带 Python 3.8。如果没有，则需要开发者自行安装，并创建默认的 python 软链接到 python3。为此，可在 Linux 命令行下执行以下命令：

```
$sudo apt install -y python3.8
```

```
$sudo ln -sf /usr/bin/python3.8 /usr/bin/python3
$sudo ln -sf /usr/bin/python3 /usr/bin/python
```

如果有必须使用 Python 2.7 的情况，开发者可自行安装该版本，然后修改 python 的软链接，使其指向 python2：

```
$sudo apt install -y python2.7
$sudo ln -sf /usr/bin/python2.7 /usr/bin/python2
```

将 python 软链接到 python2 的命令如下：

```
$sudo ln -sf /usr/bin/python2 /usr/bin/python
```

将 python 软链接到 python3 的命令如下：

```
$sudo ln -sf /usr/bin/python3 /usr/bin/python
```

如图 2-5 所示，可随时确认和切换 python 命令链接到哪个版本的 Python：

图 2-5　修改 python 软链接

- 安装并升级 Python 3 工具

安装并升级 Python 3 工具的相应命令如下所示：

```
$sudo apt install -y python3-yaml python3-crypto python3-xlrd python3-dev
```

- 安装并升级 Python 3 的包管理工具 pip3

安装并升级 Python 3 包管理工具 pip3 的相应命令如下所示：

```
$sudo apt install -y python3-pip
$sudo pip3 install --upgrade pip
```

设置 pip3 镜像源，相关命令如下所示：

```
$pip3 config set global.trusted-host repo.huaweicloud.com
$pip3 config set global.index-url https://repo.huaweicloud.com/repository/
pypi/simple
$pip3 config set global.timeout 120
```

- 安装 Python 模块 setuptools 和 GUI menuconfig 工具 kconfiglib（建议安装 kconfiglib 13.2.0+版本）

安装 setuptools 和 kconfiglib 的相应命令如下所示：

```
$sudo pip3 install setuptools kconfiglib
```

- 安装升级文件签名依赖的 Python 组件包：PyCryptodome、six、ecdsa

由于在安装 ecdsa 时需要依赖 six，所以需要先安装 six，然后再安装 ecdsa。相应的安装命令如下所示：

```
$sudo pip3 install pycryptodome
$sudo pip3 install six --upgrade --ignore-installed six
$sudo pip3 install ecdsa
```

2.3.5 安装代码管理工具

- 安装 Subversion 和 Git

执行如下命令，分别安装 Subversion 和 Git：

```
$sudo apt install subversion
$sudo apt install -y git-core git-lfs
```

有关 Git 的用户信息配置和 SSH 公钥的注册，见 2.5.2 节。

- 安装 curl

执行如下命令，安装 curl：

```
$sudo apt install curl
```

- 安装 repo 并增加 repo 执行权限

先执行如下命令，安装 repo：

```
$sudo curl https://gitee.com/oschina/repo/raw/fork_flow/repo-py3 > /usr/local/bin/repo
```

> **注意**
>
> 在安装 repo 时，如果出现 "bash:/usr/local/bin/repo: Permission denied" 异常，无法将 repo-py3 安装到/usr/local/bin/repo，请先增加/usr/local/bin/目录的写入权限，然后再试。
>
> 或者先将 repo-py3 下载到当前目录，再将其移动到/usr/local/bin/目录下。相应的命令如下所示：
>
> ```
> $sudo curl https://gitee.com/oschina/repo/raw/fork_flow/repo-py3 > ./repo
> $sudo mv repo /usr/local/bin/
> ```

再执行以下命令，增加 repo 程序的执行权限：

```
$sudo chmod a+x /usr/local/bin/repo
$sudo pip install -i https://pypi.tuna.tsinghua.edu.cn/simple requests
```

2.3.6 安装构建编译工具链

- 安装 SCons 并确认版本信息

相应的命令如下所示：

```
$sudo apt install scons
$scons --version
SCons by Steven Knight et al.:
    SCons: v4.1.0.post1.dc58c175da659d6c0bb3e049ba56fb42e77546cd, 2021-01-20 04:
32:28, by bdbaddog on ProDog2020
    SCons path: ['/usr/local/lib/python3.8/dist-packages/SCons']
Copyright (c) 2001 - 2021 The SCons Foundation
```

- 安装 Java 环境并确认版本信息

相应的命令如下所示：

```
$sudo apt install -y default-jre default-jdk ca-certificates-java
$java --version
openjdk 11.0.11 2021-04-20
OpenJDK Runtime Environment (build 11.0.11+9-Ubuntu-0ubuntu2.20.04)
OpenJDK 64-Bit Server VM (build 11.0.11+9-Ubuntu-0ubuntu2.20.04, mixed mode, sharing)
```

- 安装编译工具 Node.js、GN、Ninja、LLVM、gcc_riscv32、hc-gen 并确认版本
  信息

在 Linux 命令行中切换路径，分别进入上述编译工具压缩包所在的目录，然后执行以下一系列命令分别进行安装。

通过 "sudo apt install node" 命令自动安装的 Node.js 版本是 10.19.0，该版本过低，需要按 OpenHarmony 官方文档说明下载 node-v12.18.4-linux-x64.tar.gz，或者在 Node.js 官网下载并安装最新版本的 Node.js。

将下载后的 Node.js 软件包解压到/opt/目录下，并授予用户 ohos 读写/opt/node-v12.18.4-linux-x64 文件夹的权限（用户名 ohos 可根据实际的用户名进行替换）：

```
$sudo tar -xvf node-v12.18.4-linux-x64.tar.gz -C /opt/
$sudo chown -R ohos:root /opt/node-v12.18.4-linux-x64
```

解压 GN 可执行程序到/opt/gn/路径下：

```
$sudo mkdir /opt/gn/
$sudo tar -xvf gn-linux-x86-1717.tar.gz -C /opt/gn/
```

解压 Ninja 可执行程序到/opt/ninja/路径下：

```
$sudo mkdir /opt/ninja/
$sudo tar -xvf ninja.1.9.0.tar -C /opt/ninja/
```

解压 llvm 9、llvm 10 两个软件包至/opt/路径下，分别修改名字后，再创建 llvm 目录的软链接：

```
$sudo tar -xvf llvm-linux-9.0.0-36191.tar -C /opt/
$sudo mv /opt/llvm /opt/llvm-linux-9.0.0-36191

$sudo tar -xvf llvm-linux-10.0.1-53907.tar.gz -C /opt/
$sudo mv /opt/llvm /opt/llvm-linux-10.0.1-53907

$sudo ln -s /opt/llvm-linux-10.0.1-53907 /opt/llvm
```

解压 gcc_riscv32 安装包至/opt/路径下：

```
$sudo tar -xvf gcc_riscv32-linux-7.3.0.tar.gz -C /opt/
```

解压 hc-gen 安装包至/opt/路径下：

```
$sudo tar -xvf hc-gen-0.65-linux.tar -C /opt/
```

设置环境变量，把 Node.js、GN、Ninja、LLVM、gcc、hc-gen 的安装路径分别添加到 .bashrc 文件的最后一行，保存并退出。然后对该文件执行 source 命令，使环境变量生效：

```
$sudo vim ~/.bashrc
#nodejs
export NODE_HOME=/opt/node-v12.18.4-linux-x64
export PATH=$NODE_HOME/bin:$PATH
export PATH=/opt/gn:$PATH
export PATH=/opt/ninja:$PATH
export PATH=/opt/llvm/bin:$PATH
export PATH=/opt/gcc_riscv32/bin:$PATH
export PATH=/opt/hc-gen:$PATH

$source ~/.bashrc
```

安装完毕之后，可以执行下列命令来查询各个工具的版本信息：

```
$node --version
$gn --version
$ninja --version
$clang --version
$riscv32-unknown-elf-gcc -v
$hc-gen -v
```

在 Master 分支代码上编译使用 Linux 内核的小型系统 ipcamera_hispark_taurus_linux 时，需要先安装编译工具：

```
$sudo apt install gcc-arm-linux-gnueabi
$arm-linux-gnueabi-gcc -v
```

在最新的 Master 分支或 LTS 3.0 分支上编译 Linux 内核时，还需要用到 Ruby。因此，需要先安装 Ruby：

```
$sudo apt install ruby-full
$ruby --version
```

未来还可能会因为加入新的特性而需要用到别的编译工具，到时请根据需要进行安装即可。

 为什么要同时安装 llvm 9 和 llvm 10 两个版本？

在 LTS 1.1 分支上编译小型系统时，必须要用 llvm 9.0.0 版本。在 Master 分支上的 Canary 版本发布的早期，在编译标准系统时，使用 9.0.0 或者 10.0.1 版本都可以，但是在编译小型系统时必须使用 10.0.1 版本。所以，在编译 Master 分支代码时，建议使用 10.0.1 版本。

要想解决 llvm 版本交义使用的矛盾，就需要同时安装这两个版本的 llvm。

在需要用 llvm 9 时，先删除已存在的 llvm 目录链接，然后再创建 llvm-linux-9.0.0-36191 到 llvm 的软链接：

```
$sudo rm -f /opt/llvm
$sudo ln -s /opt/llvm-linux-9.0.0-36191 /opt/llvm
```

在需要用 llvm 10 时，先删除已存在的 llvm 目录链接，然后再创建 llvm-linux-10.0.1-53907 到 llvm 的软链接：

```
$sudo rm -f /opt/llvm
$sudo ln -s /opt/llvm-linux-10.0.1-53907 /opt/llvm
```

上述命令的结果如图 2-6 所示。

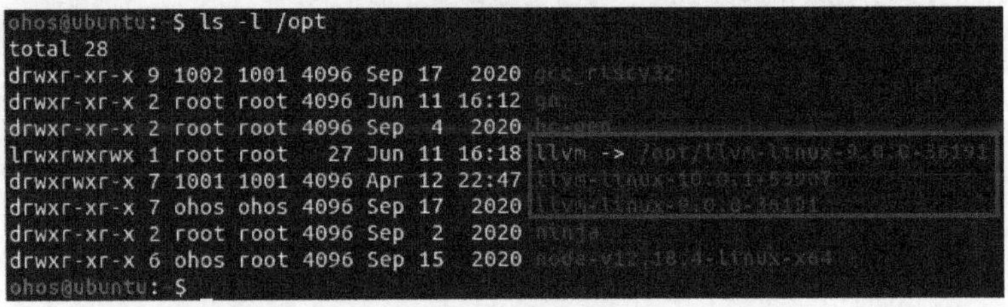

图 2-6　切换 llvm 版本

后来，随着 Master 分支和 LTS 3.0 分支的版本演进，编译时所需要的 10.0.1 版本的 llvm 工具，会通过 prebuilts_download.sh 脚本下载并解压到 //prebuilts/ clang/ohos/linux-x86_64/llvm/ 目录下，并在编译的配置阶段生成的 args.gn 中写入配置：

```
ohos_build_compiler_dir = "//prebuilts/clang/ohos/linux-x86_64/llvm"
```

这样一来，上面安装的 llvm-linux-10.0.1-53907 就不会再用到了。

为了编译 LTS 1.1 分支和通过 HPM 安装的 Hi3516、Hi3861 等工程，建议将 llvm 固定软链接到 9.0.0 版本即可。

● 安装 HPM

安装 HPM 前需要先确保 Node.js 安装正常，同时确保主机连接网络正常。

将 npm 源配置为国内镜像，如要设置为华为云镜像源，可在命令行执行下述命令：

```
$npm config set registry https://repo.huaweicloud.com/repository/npm/
```

安装最新版本的 HPM，相应命令如下所示：

```
$npm install -g @ohos/hpm-cli
```

或执行 update 命令，将 HPM 至最新版本：

```
$npm update -g @ohos/hpm-cli
```

安装完成之后，执行如下命令检查 HPM 的安装结果：

```
$hpm -V
```

2.3.7　安装 VSCode 及 DevEco 插件

1. 安装 Visual Studio Code

登录 Visual Studio 官网，将 VSCode 的 deb 版本安装包下载到本地。

在命令行中切换到 VSCode 安装包所在的目录，然后执行命令安装 VSCode：

```
$sudo dpkg -i code_1.56.0-1620166262_amd64.deb
```

其中 code_1.56.0-1620166262_amd64.deb 为软件包名称，请根据实际下载的版本进行修改。

安装结束后，执行下述命令查看 VSCode 的安装结果和版本信息：

```
$whereis code
code: /usr/bin/code /usr/share/code
$code --version
1.56.0
cfa2e218100323074ac1948c885448fdf4de2a7f
x64
```

2. 安装 DevEco Device Tool 插件

在安装 DevEco Device Tool 插件之前，需要先关闭 VSCode。另外，DevEco Device Tool 插件的正常运行需要依赖 C/C++和 CodeLLDB 插件，因此在安装完 DevEco Device Tool 插件后，还会自动从插件市场安装 C/C++和 CodeLLDB 插件，所以需要确保主机能够正常连接网络。

如果下载的 DevEco Device Tool 软件包是 zip 格式，则执行如下命令解压软件包：

```
$sudo unzip devicetool-linux-tool-2.0.0.0.zip
```

其中 devicetool-linux-tool-2.0.0.0.zip 为软件包名称，请根据实际下载的版本进行修改。

进入解压后的文件夹，执行如下命令，赋予安装文件可执行权限：

```
$sudo chmod a+x deveco-device-tool-2.1.0+241710.14bbf65d.run
```

然后执行如下命令，先安装 python3-venv，再安装 DevEco Device Tool：

```
$sudo apt install -y python3-venv
$./deveco-device-tool-2.1.0+241710.14bbf65d.run
```

安装完成后，会出现如图 2-7 所示的界面。可根据提示复制并执行命令行窗口中的命令安装规则文件。

```
===== WARNING =====
Required udev rule files are missing or need to updated. Please execute the following commands:
sudo install -o root -g root -m 0644 /home/ohos/.local/share/deveco-device-tool/99-jtag.rules /e
tc/udev/rules.d/99-jtag.rules
sudo install -o root -g root -m 0644 /home/ohos/.local/share/deveco-device-tool/99-platformio-ud
ev.rules /etc/udev/rules.d/99-platformio-udev.rules
sudo udevadm control -R
===== WARNING =====
authbind tool which is required to run DevEco Device Tool is missing
Please install it:
    sudo apt install authbind
===== WARNING =====
Valid authbind config file is missing. Please create it:
    sudo touch /etc/authbind/byport/69
    sudo chmod 777 /etc/authbind/byport/69
ohos@ubuntu:~$
```

图 2-7 安装 DevEco 插件规则

在 VSCode 和 DevEco Device Tool 都安装完成后，点击 Ubuntu 系统桌面右下角的▦图标，在弹出的界面中找到 VSCode 软件，然后右键单击，选择"Add to Favorites"将其快捷方式固定到任务栏，然后单击"Visual Studio Code"图标就可以启动它了。

单击 VSCode 主界面左侧边栏的▦图标按钮，检查 INSTALLED 的插件列表中，是否已成功安装 C/C++、CodeLLDB 和 DevEco Device Tool，如图 2-8 所示。

图 2-8 安装 DevEco 插件

如果 C/C++ 和 CodeLLDB 插件安装不成功，则 DevEco Device Tool 不能正常运行。解决方法请参考 OpenHarmony 官方文档中的离线安装 C/C++ 和 CodeLLDB 插件部分的说明进行操作。

『 2.4 Linux 与 Windows 之间的文件共享 』

2.4.1 将 Windows 目录共享至 Linux

要将 Windows 系统中的目录（又称为文件夹）共享并挂载到虚拟机 Linux 上，可执行下面的 3 个操作步骤。

> 注意 由于 Linux 系统中的文件命名、文件路径等无法很好地兼容 Windows 系统，某些文件无法在共享的目录内生成和保存。因此，建议使用 2.4.2 节介绍的办法，通过 samba 服务将 Linux 目录共享到 Windows 系统。

1．在 VMware 虚拟机中设置共享文件夹

在"虚拟机设置"界面的"共享文件夹"中添加要共享的文件夹。将 Windows 下的 Hi3861Win 文件夹共享给 Linux 虚拟机，如图 2-9 所示。配置后不需要重启虚拟机。

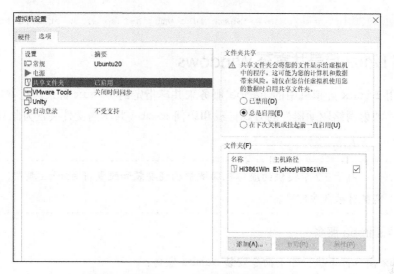

图 2-9 将 Windows 文件夹共享到 Linux

2．在虚拟机中查询共享文件夹

在 Linux 命令行下执行 vmware-hgfsclient 命令，可以查看当前 VMware 配置的共享文件夹列表。如果列表显示为空，则表明虚拟机没有设置共享文件夹。

```
$vmware-hgfsclient
Hi3861Win
```

3．在虚拟机中挂载共享文件夹

如在当前目录/home/ohos/下创建 WinShare 文件夹，然后执行下述命令就可以把 VMware 共享的 Hi3861Win 文件夹直接挂载到 Linux 的 WinShare 挂载点上：

```
$sudo /usr/bin/vmhgfs-fuse .host:/Hi3861Win ./WinShare -o subtype=vmhgfs-fuse,
allow_other
```

在上述命令中，把相对路径./WinShare 换成绝对路径/home/ohos/WinShare 也是一样的效果。

如果 VMware 设置了共享多个文件夹，通过执行下述命令可以把 VMware 共享的多个文件夹同时直接挂载到 Linux 的 WinShare 挂载点上：

```
$sudo /usr/bin/vmhgfs-fuse .host:/ ./WinShare -o subtype=vmhgfs-fuse,allow_other
```

在上述命令中，把相对路径./WinShare 换成绝对路径/home/ohos/WinShare 也是一样的效果。

在执行完上述操作，挂载好共享文件夹后，如果虚拟机重启，则挂载的共享文件夹并不会自动重新挂载，需要再次执行上述命令重新挂载。

要想在虚拟机重启之后自动挂载 VMware 共享文件夹，可以执行以下命令来修改配置文件：

```
$sudo vim /etc/fstab
```

在文件后面添加下述内容，然后保存并退出：

```
.host:/Hi3861Win /home/ohos/WinShare fuse.vmhgfs-fuse allow_other,defaults 0 0
```

2.4.2　将 Linux 目录共享至 Windows

推荐使用 Linux 虚拟机中的 samba 服务来共享指定的 Linux 目录。在 Windows 主机中，可通过"映射网络驱动器"的方式挂载和访问 samba 共享的文件夹，为此只需执行下面的 3 个步骤。

> 注意　　由于 2.2 节提供的虚拟机环境中已经安装和配置好 samba 服务，因此这里只需执行第 3 步即可。

1．安装 samba 服务

在 Linux 命令行下执行如下命令安装 samba 服务：

```
$sudo apt install -y samba samba-common
$samba --version
Version 4.11.6-Ubuntu
```

2．修改 samba 配置文件

在 Linux 命令行下执行如下命令编辑 smb.conf 配置文件：

```
$sudo vim /etc/samba/smb.conf
```

在文件后面添加如下内容：

```
[work]
comment = samba home directory
# this is the directory path to share
path = /home/ohos/Ohos/
public = yes
browseable = yes
public = yes
writeable = yes
read only = no
# user 'ohos' can access shared path above
valid users = ohos
create mask = 0777
directory mask = 0777
#force user = nobody
#force group = nogroup
available = yes
```

如需配置共享多个目录，只需要把这部分内容复制多份，然后把 work 和 path 两个字段中的内容替换成自己想要的名字和需要共享的路径即可。

保存退出后，输入如下命令，将 samba 用户 ohos 的密码设置为 ohos：

```
$sudo smbpasswd -a ohos
```

然后重启 samba 服务：

```
$sudo service smbd restart
```

3．在 Windows 中映射 samba 共享的目录

在 Linux 命令行下执行以下命令查看 Linux 虚拟机的 IP 信息：

```
$ifconfig
ens33: flags=4163<UP,BROADCAST,RUNNING,MULTICAST>  mtu 1500
       inet 192.168.1.100  netmask 255.255.255.0  broadcast 192.168.1.255
```

在 Windows 下映射网络驱动器，如下所示：

```
\\192.168.1.100\work
```

然后输入用户名 ohos 和密码 ohos 即可登录。

2.4.3 远程登录 Linux 虚拟机

1．安装 openssh-server 并开启 ssh 服务

在 Linux 命令行下执行以下命令，安装 openssh-server 并开启 ssh 服务：

```
$sudo apt install openssh-server
$sudo /etc/init.d/ssh start
```

再执行 ifconfig 命令查看虚拟机 IP 地址，如图 2-10 所示。

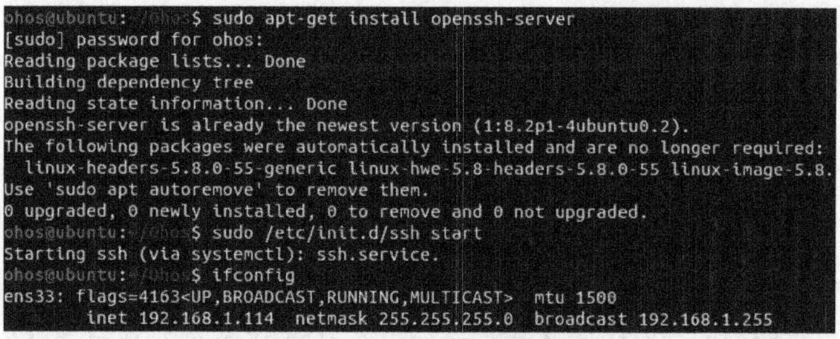

图 2-10　开启 ssh 服务并查看虚拟机 IP

2．在 Windows 主机上安装 ssh 客户端工具

在 Windows 主机上安装 ssh 客户端工具，如 PuTTY、MobaXterm 等，用来远程登录 Ubuntu 虚拟机。

安装成功后打开 ssh 客户端，新建会话，填入上面查询到的虚拟机 IP 地址（SSH 端口一般默认是 22），然后登录。

在弹出的界面中按要求输入 Ubuntu 虚拟机的用户名和密码，就可以登录成功了，如图 2-11 所示。

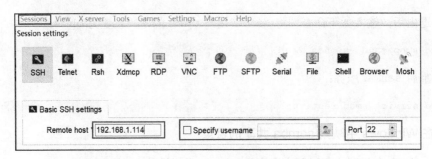

图 2-11 MobaXterm 远程登录 Linux 虚拟机

3. 串口工具连接开发板

借助 MobaXterm 工具，还可以方便地通过串口连接开发板抓取日志，如图 2-12 所示。

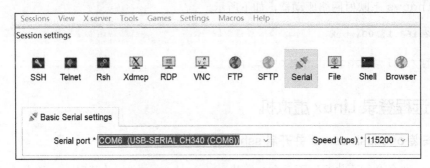

图 2-12 MobaXterm 连接串口

2.5 获取代码

2.5.1 代码分支和版本管理简介

在获取 OpenHarmony 代码之前，我们先来简单了解一下 OpenHarmony 代码的分支和版本是如何管理的。

> **注意**　本节内容涉及 Git 和 repo 的相关要点，对此熟悉的读者可以跳过本节内容。反之，建议通过各种渠道深入理解它们的设计理念和使用方法，因为它们是"工欲善其事，必先利其器"中的"器"。

下面就分别对 Git 和 repo 的要点进行简单介绍。

1. Git 管理单个仓库

Git 是一个开源的分布式版本管理系统，相较于 CVS、SVN 等集中式的版本管理系统，Git 有很多优势，但它最大的优势是安全性和超强的分支管理能力。

分布式意味着它不需要一个服务器软件对版本库进行统一管理。每一个加入 Git 进行协同工作的终端，都有整个版本库完整的镜像。这个终端既是服务器也是客户端，而且只需要通过几个简单的命令和参数就可以完成不同终端之间的版本库所有数据的交换。但是在实际应用中，一般很少直接用终端对终端的方式部署版本库，最常见的还是以其中一个比较稳定的终端充当服务器的角色，其他终端都通过与这个服务器交换数据，以达到不同终端之间版本库同步的效果。

目前，一些非常著名的代码托管平台，比如 GitHub 和 Gitee 等，都使用了 Git 作为主要的代码版本管理工具。

- GitHub 是一个基于 Git 的代码托管平台（充当服务器的角色），也是全球最流行的开源项目托管服务平台，诸如 Linux、AOSP 等著名的开源项目都托管在 GitHub 上。不过由于网络的原因，国内用户在访问 GitHub 时存在速度低、稳定性差等问题。

- Gitee（码云）是国内的基于 Git 的代码托管和协作开发平台，是我国本土的开源项目的汇聚地（当然也有国际知名开源项目的镜像）。OpenHarmony 项目就托管在 Gitee 平台上。用户需要在安装 Git 之后，按 2.5.2 节的步骤去配置和操作，以获取 OpenHarmony 项目的完整源代码。

Git 本地仓库

一个完整的 Git 仓库包含三大部分：工作区、暂存区、版本库，如图 2-13 所示。

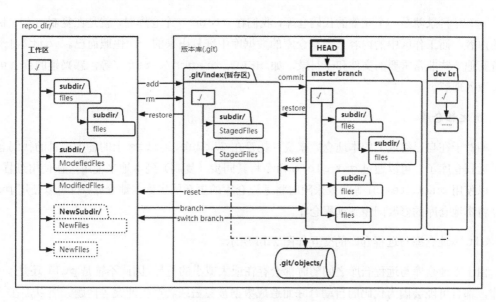

图 2-13 Git 本地仓库示意图

- 工作区

在代码仓库根目录下，除 .git/ 之外的其他目录和文件，都是工作区的范围。新建的空仓工作区是空的。

工作区是我们日常工作的主要场地，这里的文件有 3 种状态。

- 已提交（committed）：表示代码已经在 .git/objects/ 本地数据库中受到版本库的管理，HEAD 指向最后一次提交（commit）的快照。

- 已暂存（staged）：表示代码已经添加（add）进暂存区（.git/index），并临时保存在里面。虽然暂存区的内容已经受到 Git 的管理（.git/objects/本地数据库里有 blob 记录），但因为还没有提交（commit），也就没有对应的快照（commitID），因此随时可以被 rm、restore、reset 命令清除掉。

- 已修改（modified）：其中包含两类已修改文件，一类是已经受 Git 管理和跟踪的文件（tracked），另一类是未受 Git 管理和跟踪的新增文件（untracked）。这些文件都需要通过 add 和 commit 操作才能进入本地数据库。

● 暂存区

默认与最后一次 commit 到本地数据库的状态一致，也包括已经 add 但是没有 commit 的已暂存内容。暂存区对应 .git/index 文件的二进制数据所记录的内容。

● 版本库

这是用来保存仓库元数据和对象数据库的地方，对应 .git/objects/ 目录下的内容。它永久保存着每一次 commit 命令（也包括 merge、pull 命令）的结果的快照。版本库是 Git 中最重要的部分。

.git/ 目录就是一个完整的代码仓库，我们在 clone 一个仓库时，就是在复制 .git/ 目录下的内容，而工作区中的内容只是从仓库的数据库中恢复出来的一次快照而已。.git/ 目录下还有其他一些非常重要的文件和子目录，如 HEAD、branch/、refs/ 等，感兴趣的读者可自行去深入理解。

Git 远程仓库

相对于在自己终端上的本地仓库来说，托管在 GitHub、Gitee 上的各个项目的代码仓库就是远程仓库了。可以通过 git clone 命令将其同步（复制）到本地来使用。在使用过程中，还可以使用 pull、fetch 等命令来随时将远程仓库的更新同步到本地仓库，也可以使用 push 命令将本地仓库的修改同步到远程仓库。

Git 本地仓库与远程仓库的交互如图 2-14 所示。

由于本地仓库与远程仓库之间随时都会存在或大或小的差异，因此不管是 pull 还是 push 操作，都有可能会因为代码的自动合并而造成数据被覆盖或者产生冲突等问题。所以，在执行这些操作时，一定要理解这些命令的作用，否则有可能会出现严重的问题，从而导致工作内容的丢失。

Git 仓库的分支管理

前面提到，Git 的分支管理能力是非常高效、强大和备受推崇的，Git 鼓励在工作流程中频繁地使用分支和合并分支，因此深入理解 Git 分支的特性以及如何管理分支，对于我们的日常开发来说非常有帮助。

图 2-15 简单模拟了对 Git 仓库的分支的管理。其中，开发者 Alex 和 Bob 分别基于 Develop branch 创建自己的 Feature branch，用于各自负责的不同 Feature（功能或特性）的开

发。他们各自的 Feature 开发到一定程度后就会合并到 Develop branch 上，而 Develop branch 上的 Feature 经测试达到一定的稳定状态后，就可以合并到 Master branch 上进行公测。在 Master branch 上可以基于提交历史中某个达到要求的提交记录，创建一个 LTS branch 用于商业发行，并且在长期维护周期内，随时把在 Master branch 上的 fixbug 或必要的提交合并到 LTS branch 上。

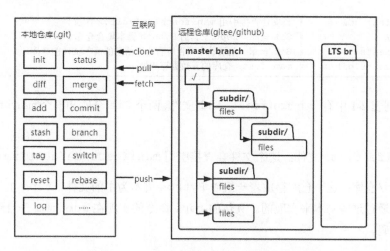

图 2-14　Git 本地仓库与远程仓库的交互

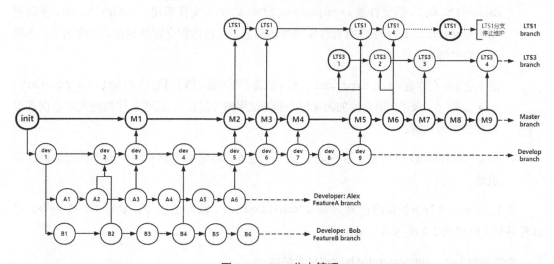

图 2-15　Git 分支管理

通过上述模拟，我们可以大概理解 OpenHarmony 项目在 Gitee 上的分支配置。我们可以根据需要下载对应的分支代码到本地，也可以根据需要在本地代码仓库上创建各种分支以实现具体的需求。因此，清晰明了的分支操作，可以极大地方便我们对代码的管理和维护。

2. repo 管理多个 Git 仓库

对于小型项目来说，使用单个 Git 仓库就可以很方便地进行管理和维护了。但是，对于像 AOSP、OpenHarmony 这样大型的复杂项目，由于它们是由几百个大小不一的仓库组合而成的，因此众多仓库的集群管理就会成为一个问题。Google 为了更加有效地管理 AOSP 项目的众多

Git 仓库，引入了 repo 工具。

在通过 repo init url 命令来初始化 OpenHarmony 项目代码仓库时，会从 Gitee 上下载一个 .repo/ 目录。打开这个目录后，可以看到如文件列表 2-1 所示的结构。

文件列表 2-1 .repo/ 目录结构

```
.repo
├──manifest.xml        # 该文件直接引用 manifests/default.xml 文件
├──repo/               # Git 仓库：repo 工具的 Python 脚本集合仓库
├──manifests/          # Git 仓库：记录着本项目所有仓库信息的清单文件的仓库
└──manifests.git/      # manifests 仓库的元数据存放地
```

在文件列表 2-1 中有一个 manifest.xml 文件、两个 Git 仓库和一个 manifests.git/ 目录。

- manifest.xml 文件：这个文件会直接引用 manifests/default.xml 文件。

- repo/ 仓库：这个仓库存放着一组以 Python 脚本为主的文件，repo 工具的众多功能都是通过这些脚本来实现的。具体的 repo 命令的实现在 subcmds 子目录下有对应的源代码。

- manifests/ 仓库：这个仓库存放着记录 OpenHarmony 项目所有仓库信息的清单文件 default.xml，该文件被 ./repo/manifest.xml 文件引用。default.xml 里面记录了 OpenHarmony 项目所有仓库的基本信息，包括远程仓库基地址、仓库名字、仓库相对路径等。

  这个仓库还存放着 devboard.xml 文件（记录了开发板相关的信息）和 matrix_product. csv 文件（记录了代码仓库的编译形态和测试用例等信息）。这些文件的相关信息读者可自行去学习理解。

- manifests.git/ 目录：这不是一个 Git 仓库，而是 manifests/ 仓库的元数据的存放地。

在 Linux 命令行下切换路径到 .repo/manifests/.git/ 目录下，执行 ls -l 命令，可以看到如文件列表 2-2 所示的目录结构。

文件列表 2-2　.repo/manifests/.git/ 目录结构

```
drwxrwxr-x 2 ohos ohos 4096 Nov 30 16:50 ./
drwxrwxr-x 4 ohos ohos 4096 Nov 30 16:49 ../
lrwxrwxrwx 1 ohos ohos   26 Nov 30 16:49 config -> ../../manifests.git/config
lrwxrwxrwx 1 ohos ohos   31 Nov 30 16:49 description -> ../../manifests.git/description
-rw-rw-r-- 1 ohos ohos   24 Nov 30 16:49 HEAD
lrwxrwxrwx 1 ohos ohos   25 Nov 30 16:49 hooks ->    ../../manifests.git/hooks/
-rw-rw-r-- 1 ohos ohos  688 Nov 30 16:50 index
lrwxrwxrwx 1 ohos ohos   24 Nov 30 16:49 info ->     ../../manifests.git/info/
lrwxrwxrwx 1 ohos ohos   24 Nov 30 16:49 logs ->     ../../manifests.git/logs/
lrwxrwxrwx 1 ohos ohos   27 Nov 30 16:49 objects -> ../../manifests.git/objects/
lrwxrwxrwx 1 ohos ohos   31 Nov 30 16:49 packed-refs -> ../../manifests.git/packed-refs
lrwxrwxrwx 1 ohos ohos   24 Nov 30 16:49 refs ->     ../../manifests.git/refs/
```

```
lrwxrwxrwx 1 ohos ohos    28 Nov 30 16:49 rr-cache -> ../../manifests.git/rr-cache/
lrwxrwxrwx 1 ohos ohos    23 Nov 30 16:49 svn ->     ../../manifests.git/svn/
```

在文件列表 2-2 中，除了 HEAD 和 index 两个文件，其他所有文件和文件夹全都软链接到 manifests.git/ 目录下的对应文件和文件夹。也就是说，manifests.git/ 目录才是 manifests/ 仓库的元数据的存放地。

在通过 repo sync 命令下载 OpenHarmony 项目的完整代码到本地后，.repo/ 目录下还会生成几个文件和文件夹，用于保存各代码仓库的元数据和相关信息（类似于 manifests/ 仓库的元数据的处理方式）。

在具体代码仓库路径下（如 //base/startup/init_lite/）的 .git/ 目录下，执行 ls -l 命令，也可以看到类似于文件列表 2-2 中的软链接。即所有的代码仓库元数据真正存放在 //.repo/project-objects/ 对应的子目录下，而在 .git/ 目录下只存放 HEAD 和 index 文件。

- HEAD 文件记录了仓库当前所在的分支信息。该文件可以按格式手动编辑生成，将其指向 refs/ 目录中的某一个分支即可。

- index 文件记录了暂存区中文件的状态信息，每当重新执行 add 操作时就会生成该文件。

因此，//.repo/ 目录下已经包含了整个 OpenHarmony 项目的所有信息和代码提交快照。除 //.repo/ 目录外的其他所有同级目录和文件，都是整个项目所有本地仓库的某一个快照恢复出来的数据。

repo 之所以能对整个项目的所有仓库进行统一管理，得益于它的 Python 脚本集合。这些脚本为 repo 提供了一组紧凑而高效的命令，再结合 Git 本身的强大功能和诸多命令，可以完成复杂项目的集群管理工作。理解和熟练运用 repo 工具的常用命令，也会极大提升我们的工作效率。

2.5.2 获取代码前的准备工作

1. 配置码云开发者账号信息

在 Linux 虚拟机中为 Git 配置开发者账号信息时，需要用到我们在码云上注册的用户名和 email 地址。

在 Linux 命令行中执行以下命令：

```
$git config --global user.name "yourname"
$git config --global user.email "your-email-address"
$git config --global credential.helper store
```

然后执行如下命令，确认配置信息是否写入 .gitconfig 文件内：

```
$cat ~/.gitconfig
[user]
    name = yourname
    email = your-email-address
```

git config 命令还可以结合使用不同的参数对 Git 进行个性化配置。读者可自行执行

git help 命令或通过网络搜索来进一步学习和使用。

2. 设置码云 SSH 公钥

请参考码云"帮助中心"界面的"账户管理/SSH 公钥设置"的相关说明，设置码云 SSH 公钥。

在 Linux 命令行中执行以下命令：

```
$ssh -T git@gitee.com
Hi yourname! You've successfully authenticated, but GITEE.COM does not provide
shell access.
```

确认 SSH 公钥设置完毕之后，就可以通过 repo 的相关命令从码云上获取 OpenHarmony 的源代码了。

3. 创建本地代码根目录

在 Linux 命令行中，将当前路径切换到/home/ohos/Ohos/目录下，创建 OpenHarmony Master 分支的代码存放目录 A_Master，然后创建 LTS 分支的代码存放目录 B_LTS：

```
$mkdir A_Master
$mkdir B_LTS
```

之所以将上述两个分支的源代码保存目录这样命名，以及将后文中创建的工程分别命名为 C_Hi3516 和 D_Hi3861，是为了让/home/ohos/Ohos/目录下的工程自动排序，同时方便在命令行下切换工作路径。比如，直接在输入 A 后按下 Tab 键，就可以自动补充为完整的 A_Master 了。

当然，大家也可以根据自己的习惯选择代码根目录的路径，并对相应的目录进行命名。

OpenHarmony 提供了多个可选的代码分支和发行版代码，以及不同的代码获取方式。下面对它们进行简单介绍，以方便读者参考 2.5.3 节～2.5.6 节的步骤，根据实际需要来获取对应的代码。

- Master 分支（即主干分支）里面包含最新发布的代码，有很多功能特性都在开发、完善、测试中，而且每天都会有非常多的提交，因此代码可能不稳定。Master 分支比较适合新功能的尝鲜体验或者日常开发。

- Release 分支（即发布分支或 LTS 分支）是 Master 分支的子集，里面的代码可能会滞后 Master 分支多个版本。基本上是 Master 分支上开发完善、经过测试确认稳定之后的功能特性，才会同步到 Release 分支上，以供商业产品使用。目前，Release 分支已有多个版本，商业公司可根据自己项目的需要选择合适的版本。

- 使用 HPM 工具可以下载和安装已经商业发行的产品的开源代码，如摄像头类产品、WLAN 连接类产品等。这些发行版代码是 Release 分支或者 Master 分支裁减掉不需要的子系统和组件之后，适用于具体产品的最小代码子集。比如，WLAN 连接类产品的 @ohos/wifi_iot 工程代码就裁剪到只剩 24 个必需组件，其他不需要的子系统和组件（如 LiteOS_A 内核）都被裁减掉了。

可以在 Linux 命令行中执行命令 $hpm search -t distribution（需联网），以查看当前可以通过 HPM 下载并安装的工程有哪一些，结果如图 2-16 所示。

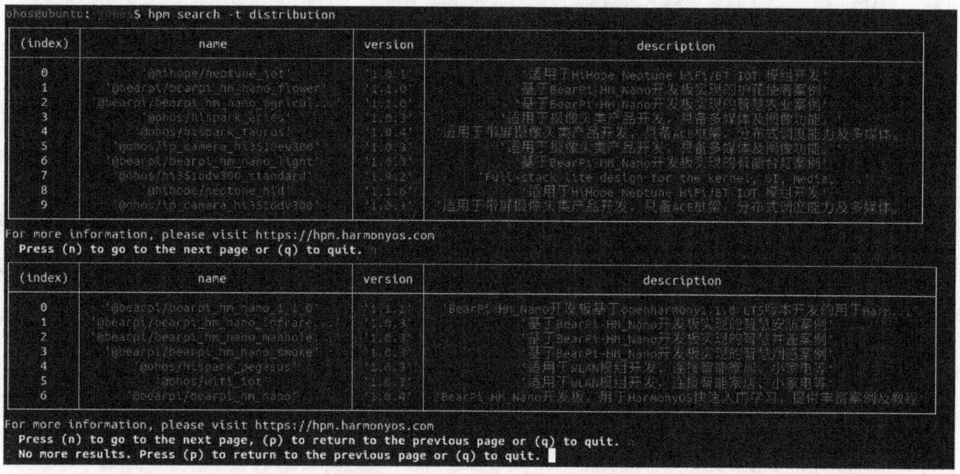

图 2-16 查看可用工程列表

这些工程的代码有可能又会比 Release 分支的代码滞后很多版本，有些工程是在很久以前就配置好了，但是 Release 分支和 Master 分支在后面修改代码、添加新功能特性时，并没有同步更新到这些已有的工程上。比如，在@ohos/wifi_iot 工程代码中，就存在一些简单的单词拼写错误，以及测试用例编译失败的异常。不过，这些问题在后续版本的代码中已经得以改正和修复。

虽然通过 HPM 直接下载安装的工程代码进行了很大的裁剪，但 OpenHarmony 的基本架构都是完整的，关键组件也都在。而且，因为裁剪掉了具体产品不需要的子系统和组件，反倒使得工程代码更显精简和紧凑，这对新手入门来说是件好事。（这也是建议从轻量系统开始学习和分析 OpenHarmony 的原因）。本书后续章节对 OpenHarmony 的分析，也基本上是先在 Hi3861 开发板上对轻量系统进行分析和验证，再逐步扩展到在 Hi3516 开发板上对小型系统进行分析和验证，最终到对标准系统进行分析和验证。

2.5.3 获取 Master 分支代码

2021 年 6 月 1 日，OpenHarmony 2.0 Canary 版本发布，它在 OpenHarmony 1.1.0 的基础上，增加了对标准系统的支持。Canary 是 OpenHarmony 2.0 Master 分支的版本代号。Master 分支在未来的某个时间点，还会发布新的版本和版本代号。

可以通过以下两个步骤获取 OpenHarmony 2.0 Master 分支的完整代码和预编译的二进制库、预编译的三方库、Node_modules 依赖包等。

1. 获取 Master 分支代码

在 Linux 命令行中切换到A_Master 目录,执行如下所示的3 个命令即可获取 OpenHarmony 的完整代码和预编译的二进制库：

```
$repo init -u https://gitee.com/openharmony/manifest.git -b master --no-repo-
verify
$repo sync -c -j4
$repo forall -c 'git lfs pull'
```

后续只需执行后面的两条命令，即可定期或随时更新 Master 分支的代码和预编译的二进制库。

2. 获取预编译库

在 //build/prebuilts_download.sh 文件内，配置了默认的预编译库压缩包的下载保存路径。该压缩包默认保存在与当前工程 A_Master 处于同一级目录的 OpenHarmony_2.0_canary_prebuilts 目录下。

在代码根目录下执行下述脚本，将自动下载预编译库、解压到脚本中指定的目录下，并自动配置好 Node.js 环境和相关的依赖包：

```
$./build/prebuilts_download.sh
```

在确认 3 个类型的系统编译无异常后，可以删除 OpenHarmony_2.0_canary_prebuilts 目录，以节省虚拟机硬盘空间。后续有需要时再次执行脚本下载即可。

完成上面两个步骤之后，就可以开始编译 Master 分支了。

2.5.4 获取 Release 分支代码

2021 年 4 月 1 日，OpenHarmony 发布第一个稳定版本 OpenHarmony 1.1.0，之后陆续更新发布了 LTS 1.1.1 和 LTS 1.1.2 等小版本。2021 年 9 月 30 日，发布 LTS 3.0。2022 年 3 月 30 日，发布 3.1 Release 版本。

LTS 1.x 版本都只支持轻量系统和小型系统（LiteOS_A 内核），代码量相对较少，子系统和组件数量也不多，编译系统也相对简单。如果是新手，建议从 LTS 1.x 开始学习，在对小型系统有足够多的理解之后，再切入到 LTS 3.x 版本去学习标准系统的代码。

在 Linux 命令行中切换到 B_LTS 目录，执行以下命令即可获取 LTS 1.1.0 分支的完整代码：

```
$repo init -u https://gitee.com/openharmony/manifest.git -b refs/tags/
OpenHarmony_release_v1.1.0 --no-repo-verify
$repo sync -c -j4
$repo forall -c 'git lfs pull'
```

以后要定期或随时更新这个分支的代码，只需进入代码根目录执行后面的两条命令即可。

后续在 OpenHarmony 发布了更新版本的代码时，可以将 repo init 命令中的 -b 参数 "refs/tags/OpenHarmony_release_v1.1.0" 替换成对应版本的名字（引用标签名字或分支名字），如 "refs/tags/OpenHarmony-v1.1.2-LTS" "OpenHarmony-3.0-LTS" 等，就可以下载相应版本的代码了。

从 LTS 3.0 开始，OpenHarmony 支持轻量系统、小型系统（同时支持 LiteOS_A 内核和 Linux 内核）和标准系统（支持 Linux 内核），系统复杂度也增加了不少。不建议新手直接从 LTS 3.0 开始学习，因为容易走进误区，引起困惑。

在 Linux 命令行中切换到 B_LTS3 目录，执行以下命令即可获取 LTS v3.0 分支的完整代码：

```
$repo init -u https://gitee.com/openharmony/manifest.git -b OpenHarmony-3.0-LTS
--no-repo-verify
$repo sync -c -j4
$repo forall -c 'git lfs pull'
```

然后再获取预编译库。

除了 repo 这种最适合开发者使用和维护的方式，OpenHarmony 官方还提供了其他的代码获取办法，如需了解请自行阅读 OpenHarmony 官方文档。

2.5.5 获取 Hi3516 工程代码

1. 方法 1：通过 IDE 安装工程

在 Linux 虚拟机中打开 VSCode，在 DevEco 插件的 Home 界面单击"新建 DevEco 工程"。如果已有工程，则单击"打开 DevEco 工程"，打开对应的工程，如图 2-17 所示。

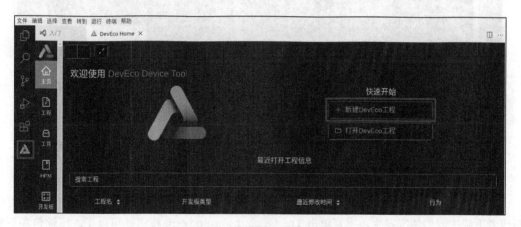

图 2-17　新建 Hi3516 工程

在弹出的工程向导界面，在"工程名"中填写"C_Hi3516"（可以自行命名）；在"开发板/芯片"中选择"Hi3516DV300"，或根据自己的开发板实际类型选择匹配的参数；在"组件"中选择"@ohos/ip_camera_hi3516dv300"；取消选中"使用默认路径"复选框；自行选择工程存放路径为/home/ohos/Ohos/。然后单击最下面的"创建"按钮，即可在选定的路径下自动创建该工程的安装模板，如图 2-18 所示。

在/home/ohos/Ohos/目录下，可以看到新建的 C_Hi3516 工程目录。该工程目录下只有工程的配置文件和说明文档，还没有代码。需要继续执行下面的步骤来下载和安装代码。

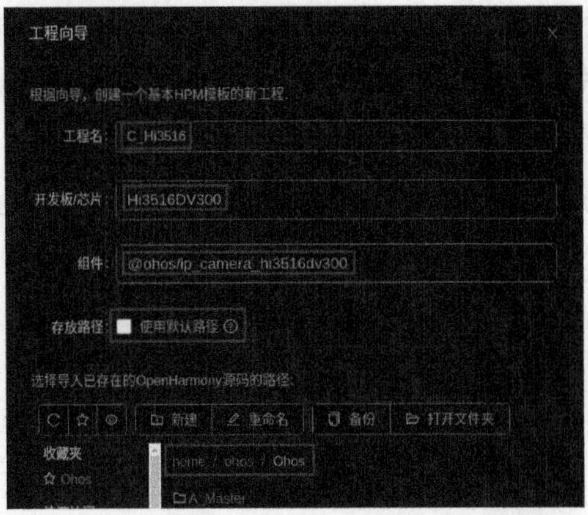

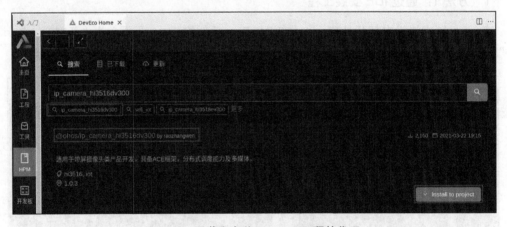

图 2-18　Hi3516 工程向导

在 DevEco 插件的 Home 界面单击 HPM 标签，在右侧的界面中搜索"ip_camera_hi3516dv300"，可以找到"@ohos/ip_camera_hi3516dv300"这个工程。然后单击右下角的 Install to project，会列出本地工程列表。从中选择"C_Hi3516"（即上面新创建的工程），进行代码下载和安装，如图 2-19 所示。

图 2-19　下载和安装 Hi3516 工程的代码

此时，就会通过网络下载这个工程所依赖的所有组件的压缩包。在下载过程中可能会有中断或者下载失败的情况发生，重复单击 Install to project 按钮就可以了。压缩包在下载完后会自动解压。

在 C_Hi3516 工程目录下可以看到新生成的 ohos_bundles 目录，里面包含的 64 个子目录是这个工程所依赖的 64 个组件的代码副本（包含了 gn、ninja、llvm 编译工具链组件）。这 64 个组件会被分别复制或安装到 C_Hi3516 工程的各个目录节点，最终生成整个工程的目录树结构。

当 HPM 的下载、解压界面如图 2-20 所示时，表示工程代码已经下载安装完成，可以单击 Close 关闭。然后就可以按照 2.6.4 节所述的办法编译整个工程了。在确认工程编译无异常之后，可以删除 ohos_bundles 目录以节省虚拟机的磁盘空间。

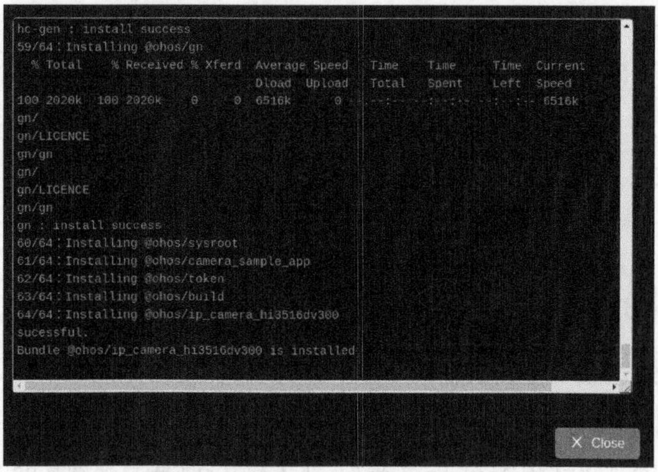

图 2-20 Hi3516 工程代码安装完毕

2. 方法 2: HPM 命令行方式安装工程

在浏览器打开 https://hpm.harmonyos.com/#/cn/home 界面，登录自己的华为账号后，进入"设备组件"界面，找到并进入"摄像头+屏幕类产品"界面，如图 2-21 所示。

摄像头+屏幕类产品

分类 智能家居　发行版 @ohos/hispark_taurus　版本 2.2.0
发布于 2021-04-08 09:53:07
全栈轻量化，完备的图形栈和多媒体能力，分布式能力。

描述	依赖(85)	被依赖(0)	**版本(8)**	更新日志

2.2.0	Latest		2021-07-06 10:48:17	⤓
2.0.0			2021-07-02 15:43:26	⤓
1.1.1			2021-07-05 10:45:03	⤓

图 2-21 "摄像头+屏幕类产品"界面下的 Hi3516 HPM 工程包

在"版本"列表中选择合适的版本并下载压缩包。压缩包内的文件列表如图 2-22 所示。

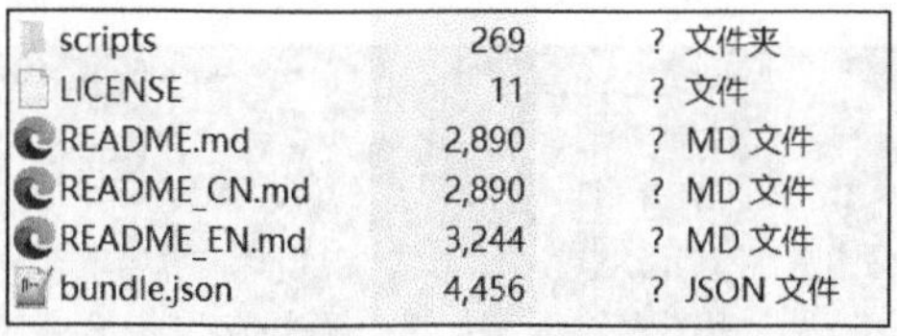

scripts	269	?	文件夹
LICENSE	11	?	文件
README.md	2,890	?	MD 文件
README_CN.md	2,890	?	MD 文件
README_EN.md	3,244	?	MD 文件
bundle.json	4,456	?	JSON 文件

图 2-22 Hi3516 HPM 工程包文件列表

将压缩包内的文件解压到 C_Hi3516 目录下，然后在 Linux 命令行中将路径切换到这个 C_Hi3516 目录下，执行命令:

```
$hpm install
```

HPM 工具会检查 bundle.json 文件，并根据该文件的描述逐一将压缩包下载到 ./ohos_bundles/.hpm_cache/ 目录下，然后将压缩包逐一解压到 ./ohos_bundles/@ohos/ 目录下，然后再遍历@ohos/的所有子目录，按子目录下的 bundle.json 的描述，将子目录（即组件）复制或者安装到以 C_Hi3516 为根目录的各个目录节点上，最终生成整个工程的目录树结构。

然后就可以按照 2.6.4 节所述的办法编译整个工程了。在确认工程编译无异常之后，可以删除 ohos_bundles 目录以节省虚拟机的磁盘空间。

2.5.6　获取 Hi3861 工程代码

1．方法 1：通过 IDE 安装工程

在 Linux 虚拟机中打开 VSCode，在 DevEco 插件的 Home 界面单击"新建 DevEco 工程"。如果已有工程，则单击"打开 DevEco 工程"，打开对应的工程，如图 2-23 所示。

图 2-23　新建 Hi3861 工程

在弹出的工程向导界面，在"工程名"中填写"D_Hi3861"（可以自行命名）；在"开发板/芯片"中选择"Hi3861"，或根据自己的开发板实际类型选择匹配的参数；在"组件"中选择" @ohos/wifi_iot"；取消选中"使用默认路径"复选框；自行选择工程存放路径为 /home/ohos/Ohos/。然后单击最下面的"创建"按钮，即在选定的路径下自动创建该工程的安装模板，如图 2-24 所示。

图 2-24　Hi3861 工程向导

在/home/ohos/Ohos/目录下，可以看到新建的 D_Hi3861 工程目录。该工程目录下只有工程的配置文件和说明文档，还没有代码。需要继续执行下面的步骤来下载和安装代码。

在 DevEco 插件的 Home 界面单击 HPM 标签，在右侧的界面搜索"wifi_iot"，可以找到多个 wifi_iot 工程。从中找到@ohos/wifi_iot 工程，然后单击右下角的 Install to project，会列出本地的工程列表。从中选择"D_Hi3861"（即上面新创建的工程），进行代码下载和安装，如图 2-25 所示。

图 2-25　Hi3861 工程下载和安装代码

此时，就会通过网络下载这个工程所依赖的所有组件的压缩包。在下载过程中可能会有中断或者下载失败的情况发生，重复单击 Install to project 按钮就可以了。压缩包在下载完后会自动解压。

在 D_Hi3861 工程目录下可以看到新生成的 ohos_bundles 目录，里面包含的 24 个子目录是这个工程所依赖的 24 个组件的代码副本。此外，该目录也包含了 gn、ninja、gcc_riscv32 编译工具链组件。这 24 个组件会分别复制或安装到 D_Hi3861 工程的各个目录节点，最终生成整个工程的目录树结构。

当 HPM 的下载、解压界面如图 2-26 所示时，表示工程代码已经下载安装完成，可以单击 Close 关闭。然后就可以按照 2.6.5 节所述的办法编译整个工程了。在确认工程编译无异常之后，可以删除 ohos_bundles 目录以节省虚拟机的磁盘空间。

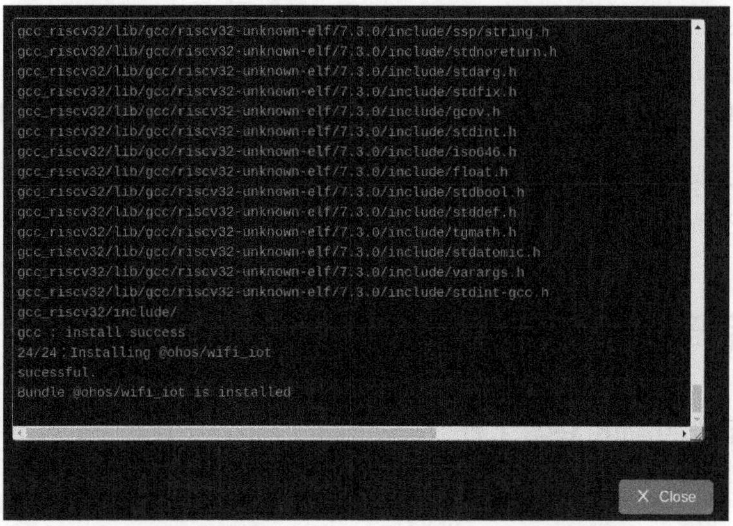

图 2-26　Hi3861 工程代码安装完毕

2. 方法2：HPM命令行方式安装工程

在浏览器打开 `https://hpm.harmonyos.com/#/cn/home` 界面，登录自己的华为账号后，进入"设备组件"界面，找到并进入"WLAN连接类产品"界面，如图2-27所示。

图2-27 "WLAN连接类产品"界面下的 Hi3861 HPM工程包

在"版本"列表中选择合适的版本并下载压缩包。压缩包内的文件列表如图2-28所示。

scripts	269	?	文件夹
LICENSE	11	?	文件
README.md	2,066	?	MD文件
README_CN.md	2,066	?	MD文件
README_EN.md	2,417	?	MD文件
bundle.json	2,671	?	JSON文件

图2-28 Hi3861 HPM工程包文件列表

将压缩包内的文件解压到 D_Hi3861 目录下，然后在 Linux 命令行中将路径切换到这个 D_Hi3861 目录下，执行命令：

```
$hpm install
```

HPM工具会检查 bundle.json 文件，并根据该文件的描述逐一将压缩包下载到 ./ohos_bundles/.hpm_cache/ 目录下，然后将压缩包逐一解压到 ./ohos_bundles/@ohos/ 目录下，然后再遍历 @ohos/ 的所有子目录，按子目录下的 bundle.json 的描述，将子目录（即组件）拷贝或者安装到以 D_Hi3861 为根目录的各个目录节点上，最终生成整个工程的目录树结构。

然后就可以按照 2.6.5 节所述的办法编译整个工程了。在确认工程编译无异常之后，可以删除 ohos_bundles 目录以节省虚拟机的磁盘空间。

『 2.6 编译代码 』

2.6.1 编译代码前的准备工作

在首次编译 OpenHarmony 的 Master 分支或者 LTS 分支代码时，需要先安装 hb 命令行工具才能开始编译（后续再次编译时就不需要该操作了）。请按以下3个步骤安装 hb 命令行工具。

1. 在安装 hb 前必须先将 Python 和 repo 系统源代码安装到本地。

2. 进入源代码根目录（如 A_Master 或 B_LTS），执行 hb 工具的安装命令或者升级命令：

```
$python -m pip install --user build/lite
$python -m pip install --user --upgrade ohos-build
```

3. 设置环境变量。在 Linux 命令行下，执行以下命令编辑 .bashrc 文件：

```
$vim ~/.bashrc
export PATH=~/.local/bin:$PATH

$source ~/.bashrc
```

在终端执行 $hb -h 命令，若显示打印相关的帮助信息即表示 hb 工具安装成功。

如果要卸载 hb 工具，可在命令行下执行下述命令：

```
$python -m pip uninstall ohos-build
```

另外，在编译工程前，先来看一下在不同的代码分支上编译不同的系统时所需要的编译工具，如表 2-3 所示。

表 2-3 编译工具依赖关系表

代码分支	编译工具链	系统类型+内核				备注
		标准系统（Linux 内核）	小型系统（Linux 内核）	小型系统（LiteOS_A 内核）	轻量系统（LiteOS_M 内核）	
Master 分支 (Canary)/ Release 分支 (LTS 3.0)	llvm	10.0.1 [//prebuilts/clang/ohos/ linux-x86_64/llvm/]			-	prebuilts 自带
	gcc_arm	-	9.3.0	-	-	
	gcc_riscv32	-			7.3.0	
Release 分支 (LTS 1.1)	llvm	-		9.0.0	-	开发者自行安装
	gcc_riscv32			-	7.3.0	
IDE HPM: Hi3516	llvm	-		9.0.0	-	
IDE HPM: Hi3861	gcc_riscv32			-	7.3.0	

有关依赖的其他编译工具，可按 2.3 节进行安装和配置。

2.6.2 编译 Master 分支代码

在按照 2.5.3 节的步骤获取 Master 分支的代码和预编译二进制库文件之后，就可以开始编译源代码了。不过，需要先确保按照 2.6.1 节的说明正确安装了 hb 命令行工具。

OpenHarmony 的 Master 分支和 LTS 3.0 分支的代码目前支持编译 4 类系统：

- 标准系统（Linux 内核）；

- 小型系统（Linux 内核）；

- 小型系统（LiteOS_A 内核）；

- 轻量系统（LiteOS_M 内核）。

1. 编译 Linux 内核的标准系统（适配 Hi3516 开发板）

在 Linux 命令行中切换到 A_Master 代码根目录下，执行下面的命令，开启标准系统的编译：

```
$./build.sh --product-name Hi3516DV300 --ccache
```

在编译过程生成的配置文件、中间文件和最终的镜像文件，将分别输出到 out 目录下的 build_configs、KERNEL_OBJ 和 ohos-arm-release 三个目录下。烧录分区表和可烧录的镜像文件在//out/ohos-arm-release/packages/phone/images/目录下，其中包括 Hi3516DV300-emmc.xml（烧录分区表）、u-boot-hi3516dv300_emmc.bin（u-boot 引导程序）、uImage（含驱动框架的 Linux 内核镜像）、system.img、vendor.img、userdata.img、updater.img，如图 2-29 所示。

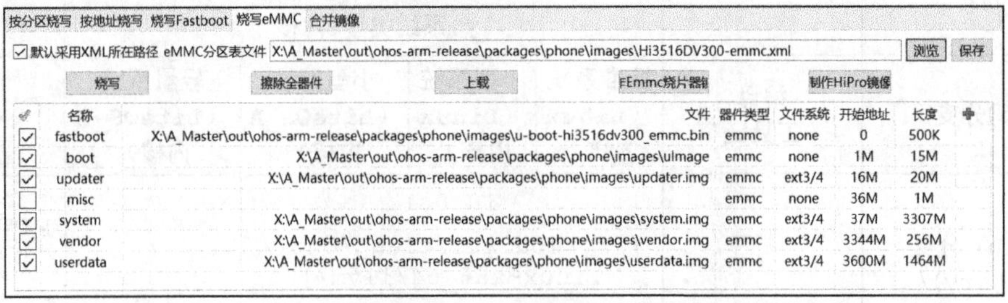

✔	名称		文件	器件类型	文件系统	开始地址	长度	✚
✔	fastboot	X:\A_Master\out\ohos-arm-release\packages\phone\images\u-boot-hi3516dv300_emmc.bin	emmc	none	0	500K	
✔	boot	X:\A_Master\out\ohos-arm-release\packages\phone\images\uImage	emmc	none	1M	15M	
✔	updater	X:\A_Master\out\ohos-arm-release\packages\phone\images\updater.img	emmc	ext3/4	16M	20M	
	misc		emmc	none	36M	1M	
✔	system	X:\A_Master\out\ohos-arm-release\packages\phone\images\system.img	emmc	ext3/4	37M	3307M	
✔	vendor	X:\A_Master\out\ohos-arm-release\packages\phone\images\vendor.img	emmc	ext3/4	3344M	256M	
✔	userdata	X:\A_Master\out\ohos-arm-release\packages\phone\images\userdata.img	emmc	ext3/4	3600M	1464M	

图 2-29　标准系统烧录分区

更多的编译过程细节分析，请参考第 4 章的相关内容。

2. 编译 Linux 内核的小型系统（适配 Hi3516 开发板）

Linux 内核的小型系统对应的编译产品为 ipcamera_hispark_taurus_linux，运行在 Hi3516 开发板上。在编译 ipcamera_hispark_taurus_linux 前，需要先按 2.3.6 节的说明安装编译工具 gcc-arm-linux-gnueabi，然后再使用 hb 工具进行编译配置和开启编译。

在代码根目录执行：

```
$hb set
```

如果出现 Input code path 提示，则直接输入一个英文句点"."，然后按下 Enter 键，表示代码根目录就是当前目录：

```
[OHOS INFO] Input code path:
```

如果没有出现 Input code path 提示，则直接用上下箭头键选择需要编译的产品，如图 2-30 所示。

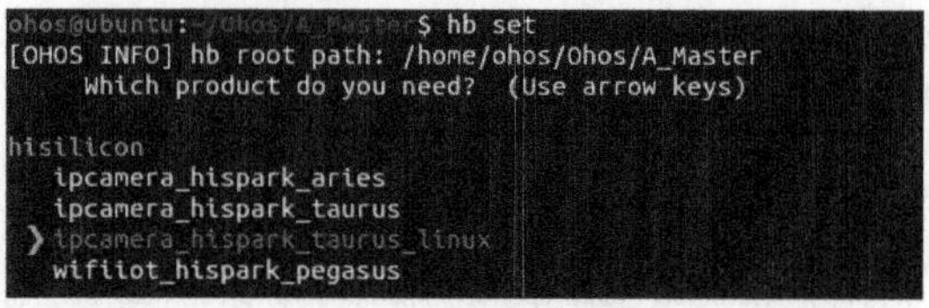

图 2-30 编译产品列表

在图 2-30 所示的从上到下的 4 个产品中，分别对应 Hi3518（LiteOS_A 内核）、Hi3516（LiteOS_A 内核）、Hi3516（Linux 内核）、Hi3861（LiteOS_M 内核）这 4 个工程。选中要编译的产品后按 Enter 键进行确认，然后执行下述命令，即可开启所选产品的编译：

```
$hb build
```

要想切换编译产品，可再次执行 hb set 命令，重新选择产品，然后再执行 hb build 命令。

ipcamera_hispark_taurus_linux 的编译结果输出在//out/hispark_taurus/ipcamera_hispark_taurus_linux/目录下，有 4 个镜像文件：uImage_hi3516dv300_smp（含驱动框架的 Linux 内核镜像）、rootfs_ext4.img、userfs_ext4.img、userdata_ext4.img，如图 2-31 所示。u-boot 引导程序烧录镜像则是 u-boot-hi3516dv300.bin，在图 2-31 中的 fastboot 分区所示的路径下。

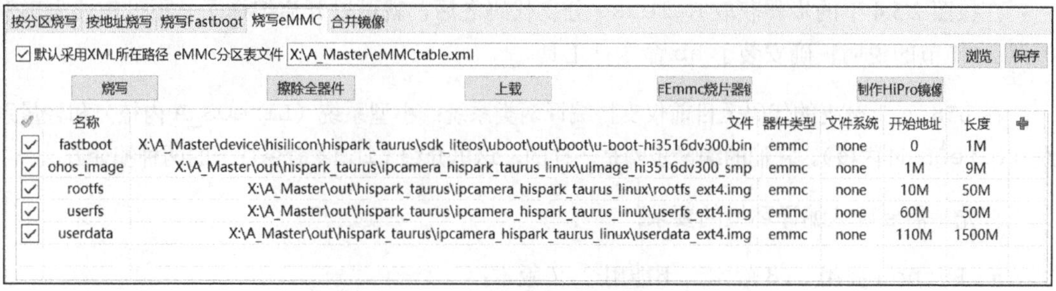

图 2-31 Linux 内核小型系统烧录分区

更多的编译过程细节分析，请参考第 4 章的相关内容。

3. 编译 LiteOS_A 内核的小型系统（适配 Hi3516 开发板）

编译 LiteOS_A 内核的小型系统的步骤与编译 Linux 内核的小型系统的步骤是一样的，只是选择的产品和输出结果路径不同而已。

ipcamera_hispark_taurus 的编译结果输出在//out/hispark_taurus/ipcamera_hispark_taurus/目录下，有 4 个镜像文件：OHOS_Image.bin、rootfs_vfat.img、userfs_vfat.img、mksh_rootfs_vfat.img。u-boot 引导程序烧录镜像则是 u-boot-hi3516dv300.bin，在图 2-32 中的 fastboot 分区所示的路径下。

rootfs_vfat.img 和 mksh_rootfs_vfat.img 两个镜像，任选一个烧录即可。前者默认用 LiteOS_A 内核原生的 shell，后者默认用 mksh，除此之外几乎没有差异。

更多的编译过程细节分析，请参考第 4 章的相关内容。

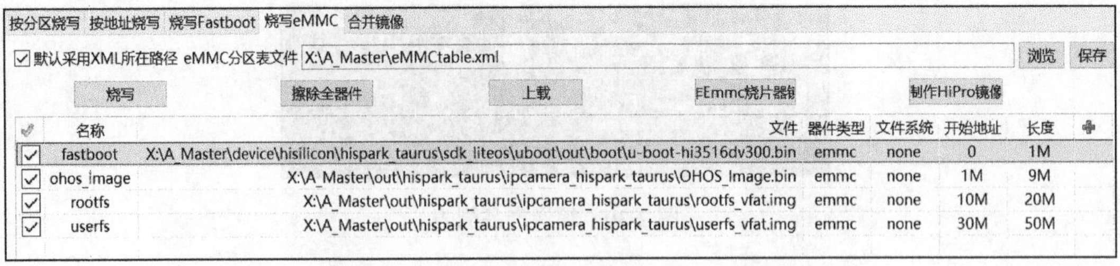
按分区烧写 按地址烧写 烧写Fastboot 烧写eMMC 合并镜像
默认采用XML所在路径 eMMC分区表文件 X:\A_Master\eMMCtable.xml
浏览 保存
烧写 擦除全器件 上载 EEmmc烧片器镜 制作HiPro镜像
名称 文件 器件类型 文件系统 开始地址 长度
fastboot X:\A_Master\device\hisilicon\hispark_taurus\sdk_liteos\uboot\out\boot\u-boot-hi3516dv300.bin emmc none 0 1M
ohos_image X:\A_Master\out\hispark_taurus\ipcamera_hispark_taurus\OHOS_Image.bin emmc none 1M 9M
rootfs X:\A_Master\out\hispark_taurus\ipcamera_hispark_taurus\rootfs_vfat.img emmc none 10M 20M
userfs X:\A_Master\out\hispark_taurus\ipcamera_hispark_taurus\userfs_vfat.img emmc none 30M 50M

图 2-32 LiteOS_A 内核小型系统烧录分区

4. 编译 LiteOS_M 内核的轻量系统（适配 Hi3861 开发板）

编译 LiteOS_M 内核的轻量系统的步骤与编译小型系统（LiteOS_M、Linux 内核）的步骤是一样的，只是选择的产品和输出结果路径不同而已。

wifiiot_hispark_pegasus 产品的编译结果输出在//out/hispark_pegasus/wifiiot_hispark_pegasus/目录下，只有一个 Hi3861_wifiiot_app_allinone.bin 文件可用于烧录。

2.6.3 编译 Release 分支代码

在按照 2.5.4 节的步骤获取 Release 分支代码之后，就可以开启编译了。不过需要先确保按照 2.6.1 节的说明正确安装了 hb 命令行工具。

在 LTS 1.1 分支的代码上目前仅支持编译两类系统：小型系统（LiteOS_A 内核）和轻量系统（LiteOS_M 内核）。它们的编译步骤是一样的，这里介绍 Linux 命令行下的两种编译方法。

首先，需要确认编译环境的要求：

- Python 要用 3.8 版本，不能用 2.7 版本；
- 编译小型系统要用 llvm-linux-9.0.0-36191，不能用 llvm-linux-10.0.1-53907；
- 编译轻量系统要用 gcc_riscv32 编译工具，最好是 7.3.0 版本及以上；不涉及 llvm。

在 Linux 命令行中执行以下命令进行配置，确保 Python 和 llvm 的版本符合要求：

```
$sudo ln -sf /usr/bin/python3 /usr/bin/python
$sudo rm -f /opt/llvm
$sudo ln -s /opt/llvm-linux-9.0.0-36191 /opt/llvm
```

1. 编译方法 1: hb build

在代码根目录下执行：

```
$hb set
```

在出现 Input code path 提示后，直接输入一个英文句点“.”，然后按下 Enter 键，表示代码根目录就是当前目录。

```
[OHOS INFO] Input code path:
```

然后用上下箭头键选择需要编译的产品，如图 2-33 所示。

图 2-33　编译产品列表

在图 2-33 所示的 3 个产品中，从上到下分别对应 Hi3518、Hi3516、Hi3861 这 3 个开发板的工程代码，选中要编译的产品后按 Enter 键进行确认。

然后再执行下述命令，即可以开启所选产品的编译了：

```
$hb build
```

要是想切换编译产品，再次执行 hb set 命令，重新选择产品，然后再执行 hb build。

2．编译方法 2：python build

在代码根目录下应该自带了 build.py 编译脚本的软链接。如果没有，则执行以下命令创建软链接：

```
$sudo ln -s ./build/lite/build.py ./build.py
```

然后再执行下面的命令就可以编译对应的产品了：

```
$python build.py -p ipcamera_hispark_aries@hisilicon
$python build.py -p ipcamera_hispark_taurus@hisilicon
$python build.py -p wifiiot_hispark_pegasus@hisilicon
```

上面两种方法编译无异常的话，结果会输出在//out/目录下对应的产品名文件夹内。

LTS 3.0 分支上的编译与 2.6.2 节的 Master 分支上的编译一样，这里不再赘述。

2.6.4　编译 Hi3516 工程代码

在按照 2.5.5 节的步骤获取 Hi3516 工程的代码之后，就可以开启编译工程了。不过依然需要先确认编译环境的要求：

- Python 要用 3.8 版本，不能用 2.7 版本；

- llvm 要用 llvm-linux-9.0.0-36191，不能用 llvm-linux-10.0.1-53907。

在 Linux 命令行中执行以下命令进行配置，确保 Python 和 llvm 版本符合要求：

```
$sudo ln -sf /usr/bin/python3 /usr/bin/python
$sudo rm -f /opt/llvm
$sudo ln -s /opt/llvm-linux-9.0.0-36191 /opt/llvm
```

1．编译方法 1：hb build

在 Linux 命令行中，切换到代码根目录 C_Hi3516 下，然后再按照 2.6.3 节的编译方法 1

进行操作即可。

2. 编译方法 2：python build

在 Linux 命令行中，切换到代码根目录 C_Hi3516 下，执行下述命令，创建编译脚本 build.py 的软链接，如图 2-34 所示。

```
$ln -s ./build/lite/build.py ./build.py
```

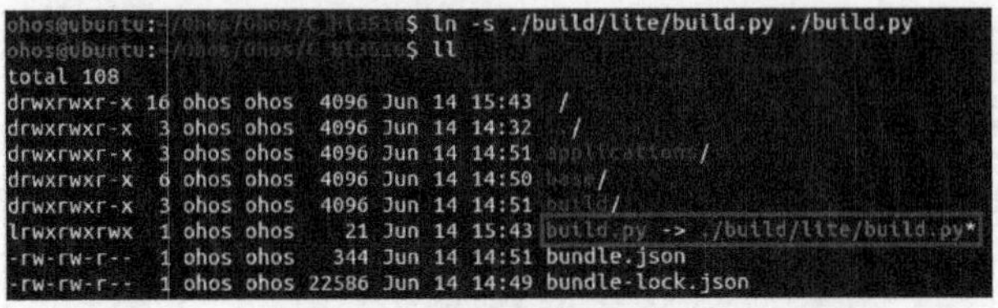

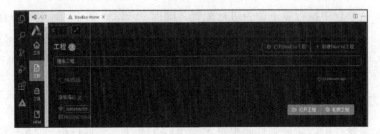

图 2-34　创建编译脚本软链接

然后执行下述命令开始编译工程。默认编译的是 release 版本，可以添加-b debug 参数编译 debug 版本。

```
$python build.py ipcamera_hi3516
$python build.py ipcamera_hi3516 -b debug
```

在命令行窗口中可以看到编译过程，如图 2-35 所示。编译结果输出在//out/ipcamera_hi3516/目录下。

```
[1336/1338] STAMP obj/build/lite/ohos.stamp
[1337/1338] ACTION //build/lite:gen_rootfs(/build/lite/toolchain:linux_x86_64_clang)
[1338/1338] STAMP obj/build/lite/gen_rootfs.stamp
ohos ipcamera_hi3516dv300 build success!
ohos@ubuntu:
```

图 2-35　Hi3516 工程编译成功

> **注意**　　如果在上面编译命令中，写的产品名称是 ipcamera_hi3516dv300 而不是 ipcamera_hi3516，则编译结果输出在//out/ipcamera_hi3516dv300/目录下，此时可能会导致使用 IDE 烧录软件时出现异常。

3. 编译方法 3：IDE 一键编译

通过 DevEco HPM 创建的工程支持 IDE 上的一键编译，具体步骤如下。

单击 DevEco 插件的"工程"标签，在右侧的窗口中找到 C_Hi3516 工程，然后单击"打开工程"，如图 2-36 所示。

图 2-36　Hi3516 工程列表

打开的工程默认显示在资源管理器中，可以从中看到工程的目录树结构。单击下面的 DevEco 插件图标，可以看到 PROJECT TASKS 列表。在该列表中展开 C_Hi3516 工程，然后单击 Build，就可以一键编译这个工程了，如图 2-37 所示。

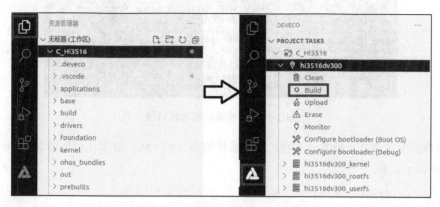

图 2-37　一键编译 Hi3516 工程

编译的过程可以在 IDE 右下角的控制台窗口中看到，如图 2-38 所示。编译结果输出在 //out/ipcamera_hi3516/ 目录下。

```
[1342/1344] STAMP obj/build/lite/ohos.stamp
[1343/1344] ACTION //build/lite:gen_rootfs(//build/lite/toolchain:linux_x86_64_clang)
[1344/1344] STAMP obj/build/lite/gen_rootfs.stamp
ohos ipcamera_hi3516 build success!
@ohos/ip_camera_hi3516dv300: distribution building completed.
Generating Third Party Open Source Notice...
Third Party Open Source Notice generated.
============================= [SUCCESS] Took 526.24 seconds =============================
```

图 2-38　一键编译 Hi3516 工程成功

2.6.5　编译 Hi3861 工程代码

在按照 2.5.6 节的步骤获取 Hi3861 工程的代码之后，就可以开启编译工程了。开始之前先确认编译环境的要求：

- Python 要用 3.8 版本，不能用 2.7 版本；
- 编译工具是 gcc_riscv32，与 llvm 无关。

在 Linux 命令行中执行以下命令进行配置，确保 Python 版本符合要求：

```
$sudo ln -sf /usr/bin/python3 /usr/bin/python
```

1. 编译方法 1：hb build

在 Linux 命令行中，切换到代码根目录 D_Hi3861 下，然后再按照 2.6.3 节的编译方法 1 进行操作即可。

2. 编译方法 2：python build

在 Linux 命令行中，切换到代码根目录 D_Hi3861 下，执行下述命令，创建编译脚本

build.py 的软链接, 如图 2-39 所示。

```
$ln -s ./build/lite/build.py ./build.py
```

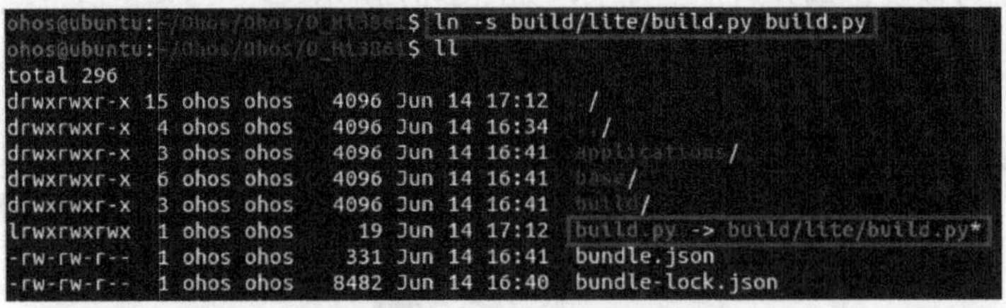

图 2-39　创建编译脚本软链接

然后执行下述命令开始编译工程。默认编译的是 release 版本, 可以添加 -b debug 参数编译 debug 版本。

```
$python build.py wifiiot
$python build.py wifiiot -b debug
```

在命令行窗口中可以看到编译过程, 如图 2-40 所示。编译结果输出在 //out/wifiiot/ 目录下。

图 2-40　Hi3861 工程编译成功

3. 编译方法 3: IDE 一键编译

通过 DevEco HPM 创建的工程支持 IDE 上的一键编译, 具体步骤如下。

单击 DevEco 插件的"工程"标签, 在右侧的窗口中找到 D_Hi3861 工程, 然后单击"打开工程", 如图 2-41 所示。

图 2-41　Hi3861 工程列表

打开的工程默认显示在资源管理器中, 可以从中看到工程的目录树结构。单击下面的 DevEco 插件图标, 可以看到 PROJECT TASKS 列表。在该列表中展开 D_Hi3861 工程, 然后单击 Build, 就可以一键编译这个工程了, 如图 2-42 所示。

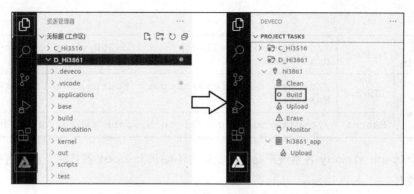

图 2-42　一键编译 Hi3861 工程

编译的过程可以在 IDE 右下角的控制台窗口看到，如图 2-43 所示。编译结果输出在 //out/wifiiot/ 目录下。

```
[197/197] STAMP obj/vendor/hisi/hi3861/hi3861/run_wifiiot_scons.stamp
ohos wifiiot build success!
@ohos/wifi_iot: distribution building completed.
Generating Third Party Open Source Notice...
Third Party Open Source Notice generated.
============================= [SUCCESS] Took 21.99 seconds =============================
```

图 2-43　一键编译 Hi3861 工程成功

另外，OpenHarmony 官方还给出了在 Windows 环境下使用 IDE 编译 Hi3861 工程的办法，但是工程代码并不是通过 2.5.6 节介绍的方法获取的，而是由 OpenHarmony 官方以代码压缩包的形式提供的。这个代码压缩包基本上与 LTS 分支的完整代码差不多，并没有裁剪。

但是，要想在 Windows 环境下使用 IDE 编译压缩包内的 Hi3861 工程代码，还需要进行一些稍微复杂的配置。此外，这种方式不支持编译 Hi3516、Hi3518 工程，所以这里就不详细介绍了，感兴趣的读者可以自行了解。

2.6.6　编译 u-boot 源代码

1. u-boot 相关信息汇总

相较于 LTS 3.0 分支，Master 分支上的相关代码结构有了较大的调整。我们先把两个分支上与 u-boot 相关的信息进行一下整理和汇总，如表 2-4 所示。

表 2-4　u-boot 相关信息汇总

u-boot 源代码部署路径	LTS 3.0	//device/hisilicon/third_party/uboot/u-boot-2020.01/
	Master	//third_party/uboot/u-boot-2020.01/
小型系统预编译的 bin	LTS 3.0	//device/hisilicon/hispark_taurus/sdk_liteos/uboot/out/boot/u-boot-hi3516dv300.bin
	Master	//device/board/hisilicon/hispark_taurus/uboot/out/boot/u-boot-hi3516dv300.bin
标准系统预编译的 bin	LTS 3.0	//device/hisilicon/hi3516dv300/sdk_linux/open_source/bin/u-boot-hi3516dv300_emmc.bin

续表

标准系统 预编译的 **bin**	Master	//device/soc/hisilicon/hi3516dv300/uboot/u-boot-hi3516- dv300_emmc.bin
编译入口 **Makefile**	LTS 3.0	//device/hisilicon/hispark_taurus/sdk_liteos/uboot/ Makefile
	Master	//device/board/hisilicon/hispark_taurus/uboot/Makefile

在编译 OpenHarmony 各系统产品时，默认并不编译 u-boot 源代码，而是直接使用预编译的 bin 文件。

在 Linux 命令行中，切换到表 2-4 所示的 u-boot 源代码部署路径下，然后执行下述命令，调出 u-boot 的编译配置菜单：

```
$make menuconfig
```

开发者可以根据实际项目的需要在这里定制 u-boot 的编译模块。

如果提示 "'make menuconfig' requires the ncurses libraries"，则需要先安装 ncurses 库：

```
$sudo apt install libncurses5-dev
```

编译 u-boot 时需要用到编译工具 gcc-arm-none-eabi-7-2017-q4-major。如果未安装该工具，则编译时会给出如下提示：

```
.../prebuilts/gcc/linux-x86/arm/gcc-arm-none-eabi-7-2017-q4-major/bin/arm-none-
eabi-gcc: Command not found
```

可以到 GNU Arm Embedded Toolchain 官网查找并下载压缩包 gcc-arm-none-eabi-7-2017- q4-major-linux.tar.bz2，然后将其复制到//prebuilts/gcc/linux-x86/arm/目录下解压出来即可，编译时会自动到这个目录下查找编译工具。

2. 编译小型系统（适配 LiteOS_A 内核）的 u-boot

适配 LiteOS_A 内核的小型系统的 u-boot 预编译 bin 文件如表 2-4 所示。

在与预编译的 bin 文件相同的目录下有 README 文档，打开来看一下：

```
u-boot-hi3516dv300.bin is obtained by compiling u-boot-2020.01 in hi35xx\third_
party\uboot and reg_info_hi3516dv300.bin in hi35xx\hi3516dv300\uboot\reg.
u-boot-hi3516dv300.bin complies with the overall protocol of u-boot-2020.01. For
details, see the README file in hi35xx\third_party\uboot\u-boot-2020.01\Licenses.
The toolchain used for compiling u-boot-hi3516dv300.bin is the GCC toolchain
downloaded from the open-source community. The version is gcc-arm-none-eabi-7-2017-q4-
major-linux.tar.bz2.
For details, visit https://developer.arm.com/tools-and-software/open-source-
software/developer-tools/gnu-toolchain/gnu-rm/downloads.
```

这是编译 u-boot 的简单说明：u-boot-hi3516dv300.bin 是由 u-boot 源代码和 reg/reg_info_hi3516dv300.bin 一起编译生成的，编译时需要用到 gcc-arm-none-eabi-7-2017-q4-major-linux 工具链。

在 Linux 命令行中，切换到表 2-4 所示的编译入口 Makefile 所在目录下，然后执行下述命令即可开启 u-boot 的编译：

```
$make all
```

这个 Makefile 会把当前目录下的 reg/reg_info_hi3516dv300.bin 复制到 u-boot 源代码路径下的对应目录下，这相当于为 u-boot 源代码打一个补丁（patch）。然后到 u-boot 源代码路径下去执行 make 命令，编译输出的 u-boot-hi3516dv300.bin 会覆盖掉原来预编译的 bin 文件。

3. 编译小型系统（适配 Linux 内核）的 u-boot

适配 Linux 内核的小型系统与适配 LiteOS_A 内核的小型系统共用一个 u-boot。通过对比 sdk_linux 和 sdk_liteos 两个目录下的 uboot/ 子目录，可以发现它们的 Makefile 和 reg/reg_info_ hi3516dv300.bin 是一样的，它的编译的路径和过程与 LiteOS_A 内核的小型系统类似。

注意	虽然两者共用 u-boot，但引导内核启动的命令和参数并不一样，2.7.4 节会有详细说明。

4. 标准系统的 u-boot 暂不支持编译

标准系统只提供了预编译的 u-boot-hi3516dv300_emmc.bin，并未提供编译 u-boot 的 Makefile 和匹配的 reg_info_hi3516dv300.bin，因此暂不支持编译 u-boot。

「 2.7　烧录开发板 」

2.7.1　开发板相关说明

虽然说可以通过 QEMU 软件以模拟的方式将不同内核运行在不同的开发板上，而且这确实也在一定程度上解除了对物理开发板的依赖。但是，作为设备驱动开发工程师，用真实的物理开发板来进行开发试验和技术验证还是不可或缺的。

目前，市面上支持 OpenHarmony 的开发板已有不少，而且功能相对完善，价格也从几十元到几百元不等。OpenHarmony 技术社区上也有开发板资料汇总和购买链接，大家可以根据需要自行购买和使用。

我自己购买的是江苏润和软件股份有限公司的 HiSpark_WiFi_IoT 智能开发套件（下文简称为 Hi3861 开发板）和 AI_Camera_Hi3516DV300 套件（下文简称为 Hi3516 开发板）。这两套开发板都是 OpenHarmony 官方推荐的，并且提供了非常好的支持，具体的开发板参数和使用方法可到官网查看文档进行了解。这里仅对烧录开发板相关的一些重要信息进行汇总。

- Hi3861 开发板的硬件能力有限，只能运行 LiteOS_M 内核的轻量系统。

- Hi3516 开发板的硬件能力还算不错，目前可以在上面运行 3 类系统：LiteOS_A 内核的小型系统、Linux 内核的小型系统和 Linux 内核的标准系统。

- Hi3861 开发板不支持 Linux 环境下的烧录，只能在 Windows 环境下用 IED DevEco Tool 或 HiBurn 烧录。

- Hi3516 开发板支持 Linux 环境下 DevEco Device Tool 的 3 种烧录方法：串口烧录、USB 口烧录、网口烧录；Hi3516 开发板还支持 Windows 环境下 HiTool 的这 3 种烧录方法。

- 在烧录开发板前，确保已经按 2.1 节中的步骤 6，下载和安装好串口、烧录工具的驱动软件。

2.7.2　烧录 Hi3861 开发板

使用 USB 数据线将 Hi3861 开发板连接到 Windows 主机，在 Windows 桌面右键单击"我的电脑"，在弹出的菜单中单击"管理"，然后单击界面左侧的"设备管理器"，最后单击展开右侧的"端口 (COM 和 LPT)"，记下串口为"COM5"备用，如图 2-44 所示。

1．烧录方法 1：在 Windows 环境下使用 IDE DevEco 烧录

在 Windows 下打开 VSCode，然后打开 DevEco 的主页，单击"打开工程"，在弹出的界面中选择映射到虚拟机的盘符 X 盘（也就是图 2-45 中的 work 盘）。在里面找到 D_Hi3861 目录，然后单击页面右下角的"打开 D_Hi3861"按钮。这样就可以在 Windows 主机的 IDE 中打开 Linux 虚拟机中的 D_Hi3861 工程了，如图 2-45 所示。

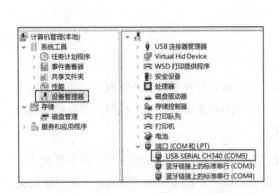

图 2-44　查询 Windows 主机串口端口

图 2-45　在 IDE 中打开 Hi3861 工程

在图 2-46 所示的界面中，单击 Setting 按钮，打开这个工程的设置界面。

图 2-46　打开 Hi3861 工程设置界面

在如图 2-47 所示的界面中，单击中间的 hi3861 标签，找到 Upload Options，在 upload_port 中选择前面记下的 COM5，在 upload_protocol 中选择 burn-serial，而 upload_partitions 默认为 hi3861_app。在确认配置无误之后，单击右上角的 Save 保存设置。

图 2-47　设置 Hi3861 工程烧录参数

在图 2-48 中，单击 Partition Configuration 标签，可以看到 Hi3861 开发板只支持烧录 app 镜像（见图 2-48 的左下角），不支持烧录内核镜像。原因是 Hi3861 开发板适配的 LiteOS_M 内核已经固化到开发板上的 ROM 中。Hi3861 工程也没有编译 LiteOS_M 内核。

图 2-48　设置 Hi3861 工程烧录分区

这里的 Hi3861_wifiiot_app_allinone.bin 就是要烧录到开发板上的 app 镜像，这个烧录镜像一般默认是本工程编译出来的 bin 文件，如果要烧录在其他地方生成的 bin 文件，比如 Master 分支或 LTS 分支编译出来的或者别人分享的 Hi3861_wifiiot_app_allinone.bin，则可以把这些 bin 文件复制到 D_Hi3861 的这个目录下，覆盖掉原有的 bin 文件后进行烧录就可以了。

> 注意　　不推荐的一个方法是修改这里的烧录镜像，利用别的工程生成的 bin 文件进行烧录。大家一定要清楚自己在做什么，如果忘记曾经修改过这个烧录镜像，就容易出现修改和编译了本工程的代码，但烧录的却是它处 bin 文件的事情。

确认无异常后，单击 Save 保存设置。

然后单击 Open，就会在 VSCode 左边的资源管理器中打开这个工程。可以从中查看工程的目录树结构，也可以使用 VSCode 查看、编辑工程代码（但 Windows 下不支持直接在这里编译工程）。

在图 2-49 中，单击 IDE 左侧边栏下方的 DevEco 图标，就可以展开 PROJECT TASKS，看到 Hi3861 的烧录按钮 Upload 了。在确保 Hi3861 开发板已经连接到 Windows 主机后，单击 Upload 开始烧录。然后按照 IDE 右下角的控制台界面的提示，重启开发板开始烧录（烧录进度和结果也会显示在控制台中）。

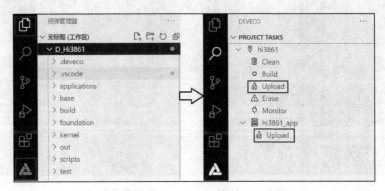

图 2-49　一键烧录 Hi3861 工程

如果控制台提示"com5 open fail, please check com is busy or exist"，则说明烧录不成功，此时需要拔掉开发板的 USB 连接线并重新连接和重新烧录。烧录成功后的界面如图 2-50 所示。

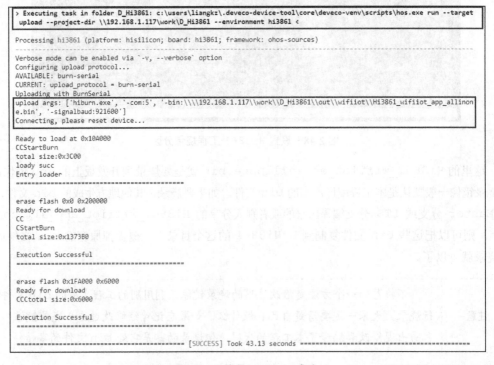

图 2-50　烧录 Hi3861 成功

另外，在图 2-49 中单击 Monitor，可以打开控制台窗口，抓取 Hi3861 开发板运行 OpenHarmony 系统的日志进行调试。

2．烧录方法 2：在 Windows 环境下使用 HiBurn 烧录

确保 Hi3861 开发板连接到 Windows 主机上，然后打开 HiBurn 烧录工具，如图 2-51 所示。

在 COM 处选择 COM5，单击 Select file 选择要烧录的 bin，勾选 Auto burn 复选框。在确认无误后，单击 Connect（当前在图 2-51 中显示为 Disconnect），然后重启开发板之后就会自动烧录了。HiBurn 会显示烧录进度和烧录日志。在烧录完成后记得单击 Disconnect 断开连接，否则在开发板重启后会自动重新烧录。

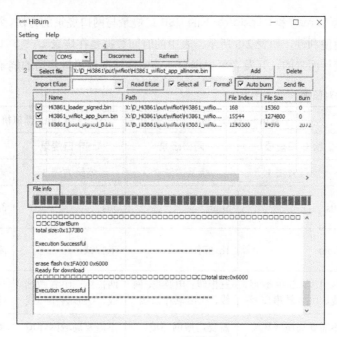

图 2-51　HiBurn 工具烧录 Hi3861

2.7.3　烧录 Hi3516 开发板

在 Hi3516 开发板上烧录小型系统和标准系统的方法与步骤类似，都支持在 Linux 环境下直接使用 DevEco Device Tool 烧录，也都支持在 Windows 环境下使用 HiTool 工具烧录。DevEco Device Tool 和 HiTool 烧录分别提供了 3 种相同的烧录方法：串口烧录、USB 口烧录、网口烧录。

● 串口烧录

通过标配的带开关的电源线连接开发板用于供电和重启开发板，通过 USB 转串口线连接开发板和 Windows 主机。但是串口烧录的速度极慢，对小型系统来说，一次完整的烧录基本上要 40 分钟以上，更不用说标准系统了。因此不推荐使用串口烧录。本书不介绍这种方式，感兴趣的读者可以按照 OpenHarmony 官方文档自行尝试。

● USB 口烧录

这种烧录方法的连线最简单，烧录速度也最快，不管是小型系统还是标准系统，都可以在很短的时间内完成全系统的烧录。推荐优先使用该方法烧录。

● 网口烧录

这种烧录方法需要连接三根线：通过标配的带开关的电源线连接开发板用于供电和重启开发板；通过网线将开发板接入 Windows 主机所在的局域网；通过 USB 转串口线将开发板串口连接到 Windows 主机的 USB 口。在这种方法中，虽然连线比较麻烦，还需要依赖网络，但是烧录速度不慢，而且也支持单独烧录分区。

下面分别介绍 Linux 和 Windows 下的 USB 口烧录与网口烧录的方法，并对比这 4 种烧录方法的速度和其他便利性，如表 2-5 所示。表中的时间数据是在烧录 LTS 3.0 版本代码编译出来的所有分区时统计而来的，开发者可根据自己的实际情况选用最合适的烧录方法。

表 2-5　烧录方法对照表

	Windows HiTool		Linux 虚拟机 DevEco	
	USB 口烧录	网口烧录	USB 口烧录	网口烧录
	烧录方法 1	烧录方法 2	烧录方法 3	烧录方法 4
Hi3516 开发板（小型系统）	50s	5min	50s	3min
Hi3516 开发板（标准系统）	8min	1h 左右	未尝试	未尝试
连线	两根线：USB 数据线、USB 转串口线	三根线：电源线、网线、USB 转串口线	两根线：USB 数据线、USB 转串口线	三根线：电源线、网线、USB 转串口线
环境	不需要局域网环境	需要局域网环境	不需要局域网环境	需要局域网环境
复位方式	按复位键同时拔插 USB 数据线	电源线自带开关，按一下即可	拔插 USB 数据线	电源线自带开关，按一下即可
独立分区烧录	支持独立分区烧录	支持独立分区烧录	同时烧录 4 个分区	支持独立分区烧录

在开始烧录之前，确认已经使用 USB 转串口线连接好开发板和 Windows 主机。在 Windows 桌面右键单击"我的电脑"，在弹出的菜单中单击"管理"，然后单击桌面左侧的"设备管理器"，最后单击展开右侧的"端口（COM 和 LPT）"，记下串口为"COM6"备用。

1. 烧录方法 1：在 Windows 环境下使用 HiTool 进行 USB 口烧录

使用 USB 线数据线连接开发板背后的 USB 口（开发板左下角的 USB 口不支持烧录功能）和主机 USB 口。USB 转串口线接不接都没关系，如果接上的话，就可以在 IDE 或终端工具上同时查看烧录过程的日志。

打开 HiTool 工具，"传输方式"选择"USB 口"，然后单击"烧写 eMMC"标签，找到烧录分区表文件，如图 2-52 所示。

图 2-52 USB 口烧录 Hi3516

如果是首次烧录小型系统，则单击最右边的加号（+）添加要烧写的分区名字、路径。注意"开始地址"和"长度"要与图 2-63 中 Partition Configuration 的配置匹配。在确认无误后，单击"保存"按钮，将当前配置保存到烧录分区表 xml 文件中，以便下次烧录时可直接浏览和使用这里的配置。

如果烧录的是标准系统，则直接定位到烧录镜像所在目录的 Hi3516DV300-emmc.xml 配置文件即可。

如果开发板中原来的系统是小型系统，现在要烧录标准系统，则标准系统的所有分区都需要选中烧录；反之亦然。

如果重新烧录的系统与开发板中已有的系统相同，则不需要选中和烧录所有的分区，只需选中需要烧录的分区即可。比如，如果没有修改 u-boot 的代码，则没必要选中和烧录 fastboot 分区；如果没有修改 Kernel 或者驱动相关的要编译进内核的代码，也没必要选中和烧录 Kernel（OHOS_Image.bin 或 uImage）分区；其他分区类似。

在确认无误之后，单击"烧写"按钮。在出现提示框后，拔掉 USB 数据线（也可以先拔掉 USB 数据线，再单击"烧写"），按住开发板上串口数据线座子旁边的复位键，再插入 USB 数据线，最后松开复位键，就会开始烧录流程了。

小型系统基本上在一分钟以内可以完成整个系统的烧录，标准系统也可在几分钟内完成烧录。在烧录完成后，系统会自动重启。如果烧录了 fastboot 分区，请参考 2.7.4 节的步骤写入引导参数和命令，确保系统正常启动。

2. 烧录方法 2：在 Windows 环境下使用 HiTool 进行网口烧录

使用 USB 转串口线将开发板串口连接到 Windows 主机的 USB 口，在 Windows 主机的设备管理器中查看串口的端口是 COM6，然后确认并记下 Windows 主机的 IP 地址。

打开 HiTool 工具（见图 2-53），选择"网口"传输方式，在"串口"中选择 COM6，然后刷新服务器 IP，选择当前 Windows 主机的 IP。"板端配置"中的 IP 可以随便写一个，只要不与同一 IP 地址段内的其他联网设备产生冲突即可。

在图 2-53 中单击"烧写 eMMC"标签，然后单击最右侧的加号（+）添加要烧写的分区名字、路径。注意"开始地址"和"长度"要与图 2-63 中 Partition Configuration 的配置匹配。

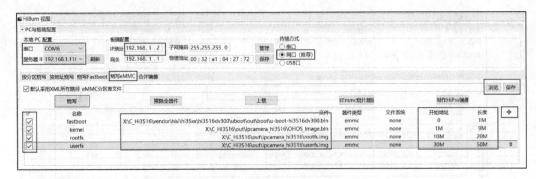

图 2-53　网口烧录 Hi3516

与前面的烧录方法一样，如果待烧录的系统没有修改 u-boot 的代码，则没有必要选中和烧录 fastboot 分区；没有修改 Kernel 的代码，也没必要选中和烧录 Kernel 分区。

单击"保存"按钮，将当前配置保存到 xml 文件，以便下次烧录时直接使用这里的配置，而不必每次都重新配置。

在确认无误之后，单击"烧写"，然后根据提示给开发板重新上电即可开启烧录。

在 HiTool 下方的窗口中会显示烧录过程的日志，烧录完成后，系统会自动重启。如果烧录了 fastboot 分区，请参考 2.7.4 节的步骤写入引导参数和命令，确保系统正常启动。

3．烧录方法 3：在 Linux 环境下使用 DevEco Device Tool 进行 USB 口烧录

使用 USB 线数据线连接开发板背后的 USB 口（开发板左下角的 USB 口不支持烧录功能）和主机 USB 口。使用 USB 转串口线将开发板串口连接到主机的另一个 USB 口。

USB 转串口线默认连接到 Windows 主机上，因此需将连接切换到 Linux 虚拟机中。如图 2-54 所示，选择"连接（与主机断开连接）"，这时连接 COM6 的串口设备就会被 Linux 虚拟机识别为 USB 设备（接口为 USB0）。

图 2-54　USB 设备接入虚拟机

在 Linux 虚拟机中打开 VSCode，然后打开 DevEco 的主页，在工程列表中找到 C_Hi3516 工程，然后单击右边的 Setting 打开工程的设置界面。

在图 2-55 中，单击 hi3516dv300 标签，在 Upload Options 区域中，将 upload_port 设置为 /dev/ttyUSB0，将 upload_protocol 设置为 hiburn-usb。由于 upload_partitions 下默认的 4 个可烧录的分区都列出来了，因此可以先保持原状。

图 2-55　USB 口烧录配置

在图 2-56 中，单击 Partition Configuration 标签，可以看到 Hi3516 开发板可烧录的 4 个分区的相关信息。这里保持默认配置即可，单击 Save 保存配置。

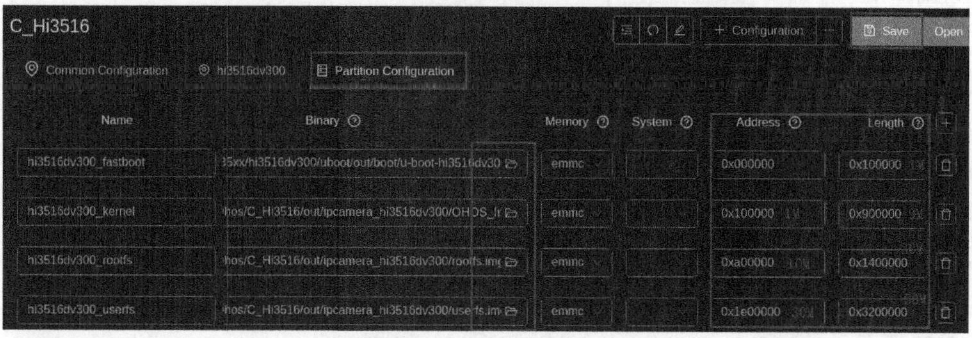

图 2-56　烧录分区表

这里需要注意，在通过 Linux 下的 IDE 进行 USB 口烧录时，需要先擦除 fastboot 分区，然后再一次性地整体烧录这 4 个分区，所以一定要确保图 2-56 中的设置正确。如果不清楚自己在做什么，则尽量不要改动 Partition Configuration 中的设置。

在 DevEco 的 PROJECT TASKS 界面中展开 hi3516dv300，再展开 hi3516dv300_fastboot，然后单击 Erase，开始擦除 fastboot（这一步是必须要做的），如图 2-57 所示。

在 IDE 右下角的控制台界面中会提示下述信息：

```
SerialPort has connented, Please power off, then power on the device.
If it doesn't work, please try to repower on.
```

这时就需要手动拔插一次 USB 数据线（注意不是拔插 USB 转串口线），这相当于对开发板操作先 power off 再 power on。

开发板重新上电后，自动擦除 fastboot 分区成功，相应的日志如图 2-58 所示。同时，会有一个新的 Huawei USB Serial 设备尝试连接进来，选择将其连接进 Linux 虚拟机。

单击"确定"后，再单击 PROJECT TASKS 界面上的 Upload 按钮，开发板会自动重启，然后开始烧录，如日志清单 2-1 所示。

图 2-57　擦除 fastboot 分区

图 2-58　擦除 fastboo 分区成功

日志清单 2-1　在 Linux 环境下使用 IDE 进行 USB 口烧录

```
Open USB Success
############################################# ---- 10%
......
############################################# ---- 100%
Boot download completed!
Open USB Success
start download process.
Boot started successfully!
```

接下来是自动执行一组"Send command:"命令开始烧录。大约 20s 就可以完成烧录，如图 2-59 所示。

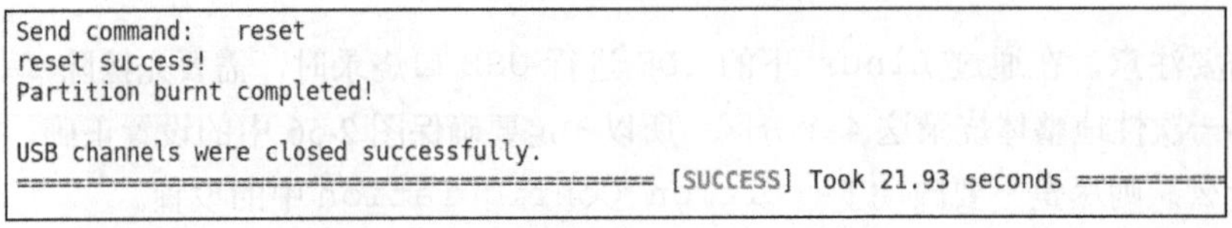

```
Send command:    reset
reset success!
Partition burnt completed!

USB channels were closed successfully.
=================================== [SUCCESS] Took 21.93 seconds ===========
```

图 2-59　烧录 Hi3156 成功

烧录完成后，开发板自动重启，并停留在如日志清单 2-2 所示的位置。

日志清单 2-2　烧录 fastboot 分区后等待写入引导内核启动的命令和参数

```
Hit any key to stop autoboot:  0
## Error: "distro_bootcmd" not defined
hisilicon #
```

这是因为烧录了 fastboot 分区，因此需要按 2.7.4 节的步骤写入引导参数和命令，确保系统正常启动。

4．烧录方法 4：在 Linux 环境下使用 DevEco Device Tool 进行网口烧录

表 2-5 中提到，在使用这种烧录方法时，开发板需要连接三根线，并且需要局域网的支持。

USB 转串口线默认直接接到 Windows 主机上，因此需要将连接切换到 Linux 虚拟机中。

如图 2-54 所示，选择"连接（与主机断开连接）"即可连接到 Linux 虚拟机中的 USB0。

在"虚拟机设置"界面中，建议将"网络连接"设置为"桥接模式"，如图 2-60 所示。这样一来，Linux 虚拟机、Windows 主机、开发板就并列出现在当前的局域网环境中，可方便后面的烧录。

在 Linux 虚拟机中打开 VSCode，然后打开 DevEco 的主页，在工程列表中找到 C_Hi3516工程，然后单击右边的 Setting 打开工程的设置页面。

在图 2-61 中，单击 hi3516dv300 标签，在 Upload Options 区域中，将 upload_port设置为 /dev/ttyUSB0，将 upload_protocol 设置为 hiburn-net。由于 upload_partitions 下默认的 4 个可烧录的分区都列出来了，因此可以先保持原状。

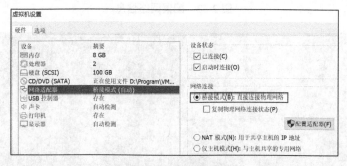

图 2-60　虚拟机设置

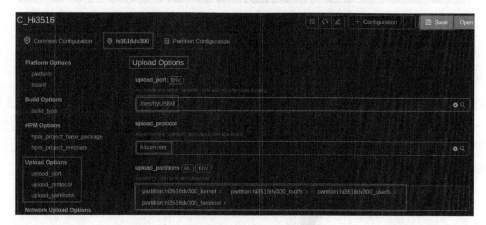

图 2-61　网口烧录配置

在同一个界面中找到 Network Upload Options，配置网络相关信息，如图 2-62 所示。这里的 4 项设置保留自动获取的默认值即可。不过需要确认 upload_net_server_ip 是Linux 虚拟机的当前 IP 地址，upload_net_client_ip 是烧录工具将要为 Hi3516 开发板配置的 IP 地址（该地址可以自行修改，只要与局域网内其他设备的 IP 地址不产生冲突就可以）。

在确认配置无误后，单击右上角的 Save 按钮保存配置。

然后单击 Partition Configuration 标签，可以看到 Hi3516 开发板可烧录的 4 个分区的相关信息，如图 2-63 所示。这里保持默认配置即可，单击 Save 保存配置。

图 2-62 配置网络信息

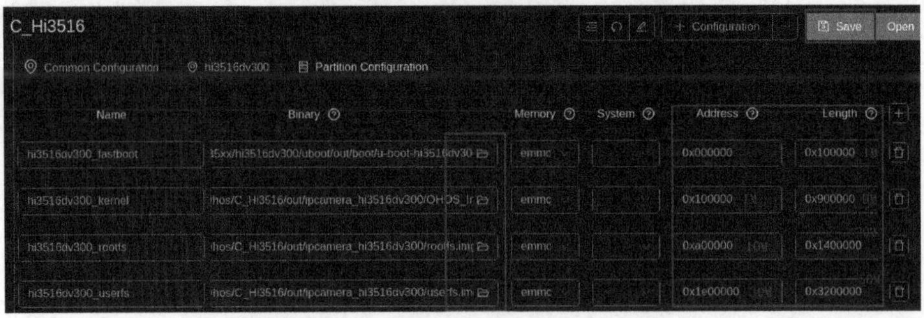

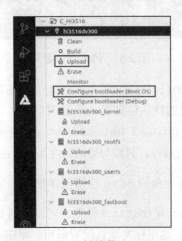

图 2-63 烧录分区表

如果待烧录的系统没有修改 u-boot 的代码,则没必要烧录 fastboot 分区。同理,如果没有修改 Kernel 的代码,也没必要烧录 Kernel 分区。

确认上面的配置无误之后,就可以开始烧录了。如图 2-64 所示,单击上面的 Upload 按钮可以一次性地烧录 4 个分区。单独单击各个分区下的 Upload 按钮可以单独烧录各自的分区。IDE 右下角的控制台界面中会显示烧录进度,在按照提示给开发板重新上电后,即可开启烧录。如果烧录正常,会提示"[SUCCESS]"和烧录花费的时间,也会自动重启系统。

图 2-64 一键烧录 Hi3516

2.7.4　烧录 u-boot 后的处理

在按照 2.7.3 节介绍的方法将系统镜像烧录到 Hi3516 开发板上时，如果交叉烧录 LiteOS_A 内核的小型系统、Linux 内核的小型系统、标准系统的镜像到开发板上，必须要选择烧录 fastboot 分区，因为小型系统和标准系统有各自的 u-boot 程序，而三类系统也分别有各自不同的 u-boot 引导命令和参数。

烧录了 fastboot 分区的开发板在重启后，可能会停在日志清单 2-3 所示的地方。

日志清单 2-3　烧录 fastboot 分区后等待写入引导内核启动的命令和参数

```
Hit any key to stopautoboot: 0
## Error:"distro_bootcmd" not defined
hisilicon #
```

这时，需要我们重新写入引导内核启动的命令（bootcmd）和参数（bootargs），以便 u-boot 程序知道如何引导系统内核的启动。

开发板重启后，也可能会停在日志清单 2-4 所示的地方。

日志清单 2-4　烧录 fastboot 分区后引导 Linux 内核启动异常

```
## Booting kernel from Legacy Image at 80000000 ...
    Image Name:    Linux-4.19.155
    Image Type:    ARM Linux Kernel Image (uncompressed)
    Data Size:     5247858 Bytes = 5 MiB
    Load Address: 80008000
    Entry Point:  80008000
    Loading Kernel Image

Starting kernel ...
```

这表示 u-boot 在引导 Linux Kernel 启动时出现了异常。这是启动参数或命令不匹配导致的，需要将开发板断电重启，并在出现 "Hit any key to stopautoboot:" 的时候，按任意键中断内核的引导，进入日志清单 2-3 所示的状态，然后重新写入正确的启动参数或命令。

以 LiteOS_A 内核的小型系统的引导命令和参数为例，需要执行如代码清单 2-1 所示的 4 条命令。

代码清单 2-1　LiteOS_A 内核小型系统的 u-boot 命令和参数

```
setenv bootargs "console=ttyAMA0,115200n8 root=emmc fstype=vfat rootaddr=10M
rootsize=20M rw";
setenv bootcmd "mmc read 0x0 0x80000000 0x800 0x4800; go 0x80000000";
saveenv
reset
```

下面分别看一下这 4 条命令。

● setenv bootargs

该命令用于设置启动参数。在代码清单 2-1 中，该命令将输出模式设置为串口输出，波特率为 115200，数据位为 8，rootfs 挂载于 eMMC 元器件，文件系统类型为 vfat，"rootaddr=10M rootsize=20M rw" 处对应填入 rootfs 的烧写起始位置与长度。这里的值必须与图 2-52 或图 2-53 所示的 rootfs 的起始位置和长度相同，也必须与图 2-56 或图 2-63 中 Partition Configuration 中填写的 rootfs 的 Address 和 Length 相同。注意，这里的 rootsize 不是 rootfs.img 的实际大小，而是 Length 中填写的数值。

- setenv bootcmd

该命令用于设置 u-boot 引导启动内核。在代码清单 2-1 中，这条命令的完整意思是从 FLASH（eMMC）地址为 0x800（单位为 512B，即 1MB）的地方开始，将大小为 0x4800（单位为 512B，即 9MB）的内容（包含了整个 OHOS_Image.bin 和部分空闲空间）读取到地址为 0x80000000 的内存（DDR）中，然后跳转（go）到内存的 0x80000000 地址开始执行命令（也就是去运行内核的入口地址），由此进入汇编代码引导 LiteOS_A 内核启动阶段（详见 5.2.2 节的分析）。这里的 0x4800 的大小（9MB）必须与 Partition Configuration 中填写的 Kernel 的 Length 相同（注意不是 OHOS_Image.bin 的实际大小，而是 Length 中填写的数值）。

- saveenv（或 save）

保存前两条命令的内容。

- reset

重启开发板。

不同的系统和内核组合使用的 u-boot 程序不一样，需要写入的引导内核启动的命令和参数也是不一样的。下面我们来看一下。

1. Linux 内核标准系统

预编译的 u-boot-hi3516dv300_emmc.bin 部署路径如表 2-4 中所示。

在编译标准系统时，直接将 u-boot-hi3516dv300_emmc.bin 复制到系统镜像目录下，如代码清单 2-2 所示。

代码清单 2-2 //device/hisilicon/hi3516dv300/build/BUILD.gn

```
# 注意，在 Master 分支下，该文件路径为
# //device/board/hisilicon/hispark_taurus/linux/system/BUILD.gn
ohos_copy("u-boot-hi3516dv300_emmc.bin") {
    sources = [ "//device/hisilicon/hi3516dv300/sdk_linux/open_source/bin/u-boot-
    hi3516dv300_emmc.bin" ]
    outputs = [ "$root_build_dir/packages/phone/images/u-boot-hi3516dv300_emmc.
    bin" ]
}
ohos_copy("Hi3516DV300-emmc.xml") {
    sources = [ "Hi3516DV300-emmc.xml" ]
    outputs = [ "$root_build_dir/packages/phone/images/Hi3516DV300-emmc.xml" ]
}
```

这里把同目录下的烧录分区配置表 Hi3516DV300-emmc.xml 一并复制到 images/ 目录下。

在标准系统烧录完之后，系统启动后停止在日志清单 2-4 处。此时需要将开发板断电重启，

在出现"Hit any key to stopautoboot:"的时候,按任意键中断内核的引导,进入日志清单 2-3 所示的状态,然后再写入代码清单 2-3 中的 4 条命令即可。

代码清单 2-3　u-boot 引导 Linux 内核标准系统内核启动的命令和参数

```
setenv bootargs 'mem=640M console=ttyAMA0,115200 mmz=anonymous,0,0xA8000000,384M
clk_ignore_unused androidboot.selinux=permissive skip_initramfs rootdelay=5  init=
/init root=/dev/mmcblk0p5 rootfstype=ext4 rw blkdevparts=mmcblk0:1M(boot),15M(kernel),
20M(updater),1M(misc),3307M(system),256M(vendor),-(userdata)'
setenv bootcmd "mmc read 0x0 0x80000000 0x800 0x4800; bootm 0x80000000"
saveenv
reset
```

在实际项目中,标准系统各分区的的实际大小可能会与上面给出的值不同,请根据实际情况进行修改。

2. Linux 内核的小型系统

在编译小型系统时,默认不会编译 u-boot 源代码来生成 bin,也不会将表 2-4 所示的预编译的 u-boot-hi3516dv300.bin 复制到其他地方,而是在需要烧录 fastboot 分区时,通过修改 fastboot 镜像的路径选择预编译的 bin 进行烧录。

在 Linux 内核的小型系统烧录完后,系统启动后停止在日志清单 2-4 处。此时需要将开发板断电重启,在出现"Hit any key to stopautoboot:"的时候,按任意键中断内核的引导,进入日志清单 2-3 所示的状态,然后再写入代码清单 2-4 中的 4 条命令即可。

代码清单 2-4　u-boot 引导 Linux 内核小型系统内核启动的命令和参数

```
setenv bootargs "mem=128M console=ttyAMA0,115200 root=/dev/mmcblk0p3 rw rootfstype=
ext4 rootwait selinux=0 rootdelay=5 blkdevparts=mmcblk0:1M(boot),9M(kernel),50M(rootfs),
50M(userfs),-(userdata)"
setenv bootcmd "mmc read 0x0 0x82000000 0x800 0x4800;bootm 0x82000000"
saveenv
reset
```

在实际项目中,小型系统各分区的的实际大小可能会与上面给出的值不同,请根据实际情况进行修改。

3. LiteOS_A 内核小型系统

在编译小型系统时,默认不会编译 u-boot 源代码来生成 bin,也不会将表 2-4 所示的预编译的 u-boot-hi3516dv300.bin 复制到其他地方,而是在需要烧录 fastboot 分区时,通过修改 fastboot 镜像的路径选择预编译的 bin 进行烧录。

在 LiteOS_A 内核的小型系统烧录完后,系统启动后直接停止在日志清单 2-3 处,写入如代码清单 2-5 所示的 4 条命令即可。

代码清单 2-5　u-boot 引导 LiteOS_A 内核小型系统内核启动的命令和参数

```
setenv bootargs "console=ttyAMA0,115200n8 root=emmc fstype=vfat rootaddr=10M
rootsize=20M rw"
setenv bootcmd "mmc read 0x0 0x80000000 0x800 0x4800; go 0x80000000"
```

```
saveenv
reset
```

在实际项目中，小型系统 rootfs 分区的实际大小可能会与上面给出的值不同，请根据实际情况进行修改。

如果是在 IDE 中烧录 LiteOS_A 内核的小型系统，可以直接单击 hi3516dv300 中的 Configure bootloader(Boot OS)按钮。然后根据终端的提示，重启开发板（在 USB 口烧录方法中是重新拔插一下 USB 数据线，而在网口烧录方法中则是关开一下电源），就可以自动执行命令来配置 fastboot 的命令和参数，并自动重启了，如图 2-65 所示。

```
Prompt to reset target
Please reset the board. If it doesn't work please try reset board again in 10 seconds.
Configuring uboot environment
Serial: '/dev/ttyUSB0'
Expect: (autoboot:\s+\d+|hisilicon\s*#)
Send:
Expect: hisilicon\s*#
Send: setenv bootcmd "mmc read 0x0 0x80000000 0x800 0x4800;go 0x80000000;";
Expect: hisilicon\s*#
Send: setenv bootargs "console=ttyAMA0,115200n8 root=emmc fstype=vfat rw rootaddr=10M rootsize=20M";
Expect: hisilicon\s*#
Send: setenv bootdelay 3
Expect: hisilicon\s*#
Send: saveenv
Expect: Writing\sto\sMMC\(0\)\.\.\.\s*OK\s*\r?\n.*hisilicon\s*#
Send: reset
================================================== [SUCCESS] Took 13.64 seconds ==================================================
```

图 2-65　配置 u-boot 启动参数

## 第 3 章

系统架构

『 3.1 系统架构图 』

图 3-1 是我以 OpenHarmony 官方给出的系统架构图为基础，外加自己的一点粗浅理解重新绘制的。之所以把适配层单独画出来，是为了凸显它的重要性，也是为了展示它在系统实现中承上启下的作用。

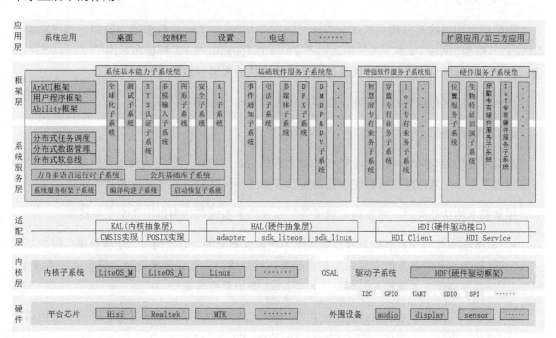

图 3-1　OpenHarmony 系统架构图

这里先对图 3-1 中的几个重要的概念进行简单介绍，后继章节会展开详细解释。

- KAL（Kernel Abstract Layer，内核抽象层）：为上层提供统一的内核抽象接口。

- HAL（Hardware Abstract Layer，硬件抽象层）：为上层提供统一的硬件抽象接口。

- HDI（Hardware Driver Interface，硬件驱动接口）：为上层提供规范化的硬件驱动接口。

- HDF (Hardware Driver Foundation, 硬件驱动框架)：OpenHarmony 的硬件驱动开发框架。

- OSAL (Operating System Abstract Layer, 操作系统抽象层)：为 HDF 提供统一的内核抽象接口。

下面按照从上到下的顺序对图 3-1 中的各层进行简单介绍。

1．应用层

应用层包括系统应用和第三方应用。应用由一个或多个的 FA（Feature Ability）或 PA（Particle Ability）组成。其中，FA 有 UI 界面，提供与用户交互的能力；而 PA 无 UI 界面，提供在后台运行任务的能力以及统一的数据访问抽象能力。

在进行用户交互时，FA 所需的后台数据访问也需要由对应的 PA 提供支持。基于 FA、PA 开发的应用，能够实现特定的业务功能，支持跨设备的调度与分发，为用户提供一致的、高效的应用体验。

2．框架层

框架层为应用的开发提供了 C、C++、JavaScript、Java 等多语言的用户程序框架、Ability 框架、两种 UI 框架（包括适用于 Java 语言的 Java UI 框架和适用于 JavaScript 语言的 JS UI 框架），以及各种软硬件服务对外开放的多语言框架 API。

根据系统的组件裁剪程度不同，框架层提供的 API 也会有所不同。

3．系统服务层

系统服务层是 OpenHarmony 的核心能力的集合，它通过框架层为应用提供服务。系统服务层包含了若干个耦合度极低且能够根据实际需要进行深度裁剪的子系统和功能组件。

根据基本的功能类型，可以将系统服务层众多的子系统归并为以下几个子系统集。

- 系统基本能力子系统集：为分布式应用在多设备上的运行、调度、迁移等操作提供了基础能力。系统基本能力子系统集由分布式软总线、分布式数据管理、分布式任务调度、公共基础库、多模输入、图形、安全、AI 等子系统组成。

- 基础软件服务子系统集：提供公共的、通用的软件服务。基础软件服务子系统集由事件通知、电话、多媒体、DFX（Design For X）等子系统组成。

- 增强软件服务子系统集：提供针对不同设备的、差异化的能力增强型软件服务。增强软件服务子系统集由智慧屏专有业务、穿戴专有业务、IoT 专有业务等子系统组成。

- 硬件服务子系统集：提供硬件服务。硬件服务子系统集由位置服务、生物特征识别、穿戴专有硬件服务、IoT 专有硬件服务等子系统组成。

注意	严格来说，编译构建子系统并不应该放在系统基本能力子系统集中，甚至不应该作为 OpenHarmony 软件架构的组成部分放进图 3-1 中。编译构建子系统是构建 OpenHarmony 的工具集，它如毛细血管一样嵌入 OpenHarmony 的肌理毫末，使得互相分离独立的各个子系统和组件最终能够组织成一个有机的整体。

4. 适配层

适配层是 OpenHarmony 剥离特定内核，实现多内核架构的关键。如果各位读者能把适配层中的一些概念和相关的设计理念理解透彻，就能理解为什么 OpenHarmony 能够运行在能力千差万别的设备上，以及为什么 OpenHarmony 的设备驱动开发能够做到"一次开发，多系统部署"了。

适配层主要由 KAL、HAL、HDI 和 OSAL 几部分构成。下面看一下它们各自的作用。

- KAL：为系统服务层提供统一的内核基础能力，如进程/线程管理、内存管理、文件系统管理、网络管理等，从而将具体内核的能力、实现等方面的巨大差异隐藏了起来。

- HAL 和 HDI：为框架层和系统服务层提供统一的硬件操控能力与标准接口，从而将具体设备在物理形态和驱动程序实现上的差异隐藏了起来。

- OSAL：为驱动框架提供统一的内核基础能力，从而隐藏了内核的差异，使得基于驱动框架的设备驱动程序能够做到"一次开发，多系统部署"。

注意	这里的适配层只是一个逻辑上的概念，能够把完全不同（或独立）的组件对接组合在一起的模块，都可认为属于适配层。但在物理上，适配层的代码会根据实际需要部署到用户空间（如 HAL、HDI 的实现代码）或者部署到内核空间（如 KAL、OSAL 的实现代码）。

5. 内核层

内核层是 OpenHarmony 最核心的部分，它由适配层进行统一的抽象和管理，实现了一个多内核的架构，可以适配多个尺寸不一、功能各异的内核。

同时，OpenHarmony 还提供了一套独立于具体内核的全新的设备驱动开发框架，为 OpenHarmony 的硬件生态建设提供了有力的保障。

内核层主要由内核子系统和驱动子系统构成。下面看一下这两个子系统的作用。

- 内核子系统：采用多内核架构，可针对不同的资源受限设备选用适合的 OS 内核。

- 驱动子系统：提供了统一的外设访问能力和独立于具体内核的设备驱动开发框架，为 OpenHarmony 的硬件生态开放与共建提供了基础保障。

6. 硬件层

硬件层虽然不是 OpenHarmony 软件架构的组成部分，但它却是 OpenHarmony 生态最重要的组成部分，毕竟 OpenHarmony 最终是要运行在由具体的芯片平台和特定的外围设备搭建起来的硬件设备之上的。

良好的硬件生态是 OpenHarmony 得以生存和发展的基础，也是华为的 "1+8+N" 战略目标能够实现的保障。

注意	华为提出的 "1+8+N" 战略，1 指的是华为手机，8 指的是华为自研的车机、音箱、耳机、手表/手环、平板、大屏、PC、AR/VR 这 8 大类设备产品，N 指的是来自生态合作伙伴的泛 IoT 设备产品。华为希望在此战略中，通过 OpenHarmony 的分布式能力，打通不同硬件之间的交流隔阂，提供一个覆盖智能家居、智慧办公、智慧出行、运动健康、影音娱乐等生活场景的智慧生活解决方案。

『3.2 系统目录结构』

表 3-1 所示为基于 LTS 3.0 版本代码整理的 OpenHarmony 系统一二级目录结构。其中，阴影显示的部分会在本书的相关章节中展开分析。需要说明的是，本书暂不深入分析内核，只是在第 6 章进行了简单的概述。当然，在必要的情况下，也会在其他章节简单讲解涉及的内核知识。

表 3-1　系统一二级目录结构

应用层	applications/	内置的示例应用程序	
		standard/	标准系统的示例应用程序，包括 launcher、settings、systemui 等
		sample/camera/	小型系统的示例应用程序，包括 launcher、settings、camera 等
		sample/wifi-iot/	轻量系统的示例应用程序
框架层和系统服务层	ark/	方舟运行时子系统，提供统一的编程平台，包含编译器、工具链、运行时等关键部件，支持高级语言在多种芯片平台的编译与运行；目前开源 3 个组件	
	base/	基础软件服务子系统集和硬件服务子系统集，可根据需要进行裁剪	
		account/	系统账号组件，提供分布式账号登录状态管理能力，支持在端侧对接厂商云账号应用,提供云账号登录状态查询和更新的管理能力
		compileruntime/	语言编译运行时组件，提供了 JavaScript、C/C++ 语言程序的编译、运行环境，提供支撑运行时的基础库，以及关联的 API 接口、编译器和配套工具
		global/	全球化子系统，提供支持多语言、多文化的资源管理能力和国际化能力
		hiviewdfx/	DFX 框架子系统，提供日志和系统事件的打印、输出功能

续表

框架层和系统服务层	base/	iot_hardware/	IoT 外设控制子系统，提供对外设操作的接口
		powermgr/	电源管理服务子系统，提供系统各模块的电源状态管理等接口
		security/	安全子系统，提供系统安全、数据安全、应用安全等能力
		sensors/	传感器服务子系统，提供了轻量级传感器服务基础框架
		startup/	启动恢复子系统，负责在内核启动之后到应用启动之前的系统关键进程和服务的启动过程，并提供系统属性查询、修改及设备恢复出厂设置的功能
		telephony/	电话服务子系统，提供了一系列的 API 用于获取无线蜂窝网络和 SIM 卡相关的信息；各子模块实现了网络搜寻、蜂窝数据、蜂窝通话、短信彩信等蜂窝移动网络基础通信能力
		update/	升级管理子系统，提供升级服务能力
	foundation/		系统基础能力子系统集，这部分可以根据需要进行裁剪
		aafwk/	Ability 开发框架，提供接口、Ability 管理服务
		ace/	JavaScript 应用开发框架，提供了一套跨平台的类 Web 应用开发框架
		appexecfwk/	包管理组件，为开发者提供了安装包管理框架
		ai/	AI 业务子系统，提供原生的分布式 AI 能力
		communication/	分布式通信子系统，其中的软总线组件提供跨进程或跨设备的通信能力
		distributeddatamgr/	分布式数据服务组件，提供不同设备间数据库数据分布式的能力
		distributedhardware/	分布式硬件管理组件，提供账号无关的分布式设备的认证组网能力
		distributedschedule/	分布式任务调度组件，提供系统服务的启动、注册、查询及管理能力
		graphic/	图形子系统，包括 UI 组件、布局、动画、字体、输入事件、窗口管理、渲染绘制等模块
		multimedia/	多媒体子系统，提供使用系统多媒体资源的能力
		multimodalinput/	多模输入组件，提供自然用户界面（Natural User Interface，NUI）的交互方式能力
	domains/		具体某个领域的增强软件服务子系统集
		iot/	IoT 子系统为开发者提供的集成第三方 SDK 的参考示例

框架层和系统服务层	utils/		公共基础子系统，可被各业务子系统及上层应用所使用
		native/lite/	公共基础库在不同系统上提供的能力有所不同。 LiteOS_M 内核系统：KV 存储、文件操作、定时器、Dump 系统属性 LiteOS_A 内核系统：KV 存储、JS API、定时器、Dump 系统属性
		resources/	系统资源组件，提供系统层级的全局资源，已经支持系统字体资源
		system/	系统相关的预定义值和业务子系统所需的 SELinux 策略文件
内核	kernel/		内核子系统，包括进程和线程调度、内存管理、IPC 机制、定时器管理等内核基本功能
		liteos_m/	LiteOS_M 内核，用于 Cortex-M 系列处理器和同等能力的处理器
		liteos_a/	LiteOS_A 内核，用于 Cortex-A 系列处理器和同等能力的处理器
		linux/	不同版本的 Linux 内核，以及不同芯片平台适配 Linux 内核的相关配置、编译脚本等
驱动	drivers/		驱动子系统，采用 C 语言面向对象编程模型构建，通过平台解耦、内核解耦，兼容不同内核，提供了归一化的驱动平台底座，旨在为开发者提供更精准、更高效的开发环境，力求做到一次开发，多系统部署（详见第 9 章）
平台和厂商部分	device/		芯片方案商提供的基于某款开发板的完整解决方案，包含芯片平台驱动、设备侧接口适配、开发板 SDK 等（从 2021 年 11 月 2 日起，该目录下的源代码被拆分到 //device/board/ 和 //device/soc/ 两个目录下）
		hisilicon/	
		qemu/	开发板模拟工具组件，解除了对物理开发板的依赖
	vendor/		设备开发商、芯片方案商的硬件驱动部分内容，包含 LICENSE、编译脚本、配置文件、驱动代码、工具等，还包含以静态库或动态链接库的方式部署在这里的板级支持包（Board Support Package，BSP）
		hisilicon/	参考开发板（如 HiSpark_taurus）的相关配置文件，包括对 OS 的适配、组件裁剪配置、启动配置、文件系统配置、编译框架适配、解决方案参考代码和脚本等
		huawei/hdf/	驱动示例程序（在 Master 分支上，该仓库已经迁移到 //drivers/hdf_core/framework/sample/ 目录下）
		ohemu/	QEMU 产品示例代码
	productdefine/	common/	标准系统的产品形态配置，包括系统类型、产品名称、设备配置、部件列表等

续表

编译构建	`ohos_config.json`	`hb set` 命令生成的编译配置全局参数	
	`build.py`	轻量系统编译脚本的软链接（链接到//build/lite/build.py）	
	`build.sh`	标准系统编译脚本的软链接（链接到//build/build_scripts/build.sh）	
	`build/`	基于 GN 和 Ninja 的组件化构建编译框架和编译入口（详见第 4 章）	
	`prebuilts/`	预编译文件，包含系统头文件和标准库等（可以加快编译速度）	
	`out/`	构建编译代码的输出文件根目录（详见第 4 章）	
其他部分	`.repo/`	repo 工具管理这个目录下记录的整个项目的信息，其中的 `manifests/default.xml` 记录了本项目所有代码仓库的信息	
	`.ccache/`	编译器缓存工具生成的编译过程缓存信息，可在再次编译系统时使用，以加快编译速度	
	`docs/`	OpenHarmony 的快速入门、开发指南、API 参考等开发文档集合	
	`developtools/`	常用开发工具集合	
	`test/`	测试子系统	
		`developertest/`	开发者测试组件
		`xdevice/`	测试框架的核心组件，为测试用例的执行提供依赖的组件和服务
		`xts/`	生态认证测试套件集合
	`third_party/`	大量的开源的第三方组件	
		`cJSON/`	用 C 实现的超轻量级 JSON 库
		`musl/`	用于嵌入式操作系统和移动设备的轻量级标准 C 库
		`lwip/`	轻量级 TCP/IP 协议实现库
		`Nuttx/`	一个嵌入式实时操作系统(RTOS)
		......	大量的第三方库

前面提到，表 3-1 所示的系统目录结构是基于 LST 3.0 分支的代码整理出来的。由于 Master 分支上的代码迭代更新速度非常快，部分目录结构会发生相应调整，特别是更深层级的代码实现目录更容易发生变化。因此，在表 3-1 或本书其他地方的代码目录结构中，可能存在与最新代码的对应结构、路径不符合的地方，读者需要根据实际情况自行整理和修正。

第 4 章

构建子系统

构建系统（Build System）是一组自动化处理工具的集合，通过将源代码文件进行一系列处理，最终生成用户可以使用的目标文件。这里的目标文件包括静态链接库文件、动态链接库文件、可执行文件、脚本文件、配置文件等。

我们在编写 helloworld 程序时，可以直接使用 gcc 命令 "gcc -o hello helloworld.c" 编译代码源文件，以生成可执行程序 hello。

当开发项目变得稍微复杂一点时，比如有数十个源代码文件，其中有些文件需要编译成库文件，有些文件需要编译成可执行文件。如果还是一个个地手动编译源文件，不但单调乏味，而且还容易出错。这时，我们可以写一个编译规则描述文件 Makefile，把编译源代码的规则清楚地写出来，然后执行 make 命令，使其按照 Makefile 的描述来调用编译工具，以自动编译整个项目。也就是说，组合使用 make 和 Makefile，再加上编译工具链就可以自动进行编译了。

当开发项目的规模变得更大更复杂时，比如系统工程由成百上千个源代码文件组成，这时手动编写 Makefile 也会变得非常不现实。这就需要能够自动生成 Makefile 的工具了，CMake 就是其中一个。它使用 CMakeLists.txt 文件来描述构建过程，并产生标准的编译规则描述文件。CMakeLists.txt 可以手动编写，也可以通过执行脚本自动生成。因此，使用 CMake、CMakeList 与 make、Makefile 的组合，再加上编译工具链，就可以完成大型系统工程的自动化编译了。

Google 的 Chromium 开源项目最早采用 GYP（Generate Your Projects）工具来实现项目的自动化构建。工程师根据 GYP 的规则编写构建 .gyp 文件（类似于脚本），然后 GYP 工具根据 .gyp 文件生成 Makefile，再通过 make 去执行 Makefile，最终调用编译工具链来编译整个项目。这里的 GYP 工具和 .gyp 文件，就类似于前面提到的 CMake 和 CMakeList。

Chromium 项目的工程师 Evan Martin 觉得 Makefile 描述的编译规则复杂晦涩，而且 make 工具的编译效率低下，于是自己开发出了一个 Ninja 构建工具去取代 make，并用 .ninja 文件取代了 Makefile 文件。Ninja 非常注重构建速度，它的语法很简单，完全没有分支、循环等流程控制语句，关于如何编译代码的策略描述也非常少，而且在便利性和速度产生冲突时，优先选择速度。

GYP 后来发展成 GN（Generate Ninja），GN 与 Ninja 一起组成的构建系统开始应用在 Android 7.0 版本上。随后，越来越多的项目也开始使用 GN 和 Ninja 进行项目构建，GN 和 Ninja 逐渐成为一种非常流行的构建系统。

OpenHarmony 的编译构建也以 GN 和 Ninja 为主。同时，由于 OpenHarmony 兼容 Linux 内核，并且包含了大量的第三方开源库，所以也大量使用了 CMake 和 make。不过本章的重点是分析 GN 和 Ninja 在 OpenHarmony 编译构建中的使用情况，至于 CMake 和 make 只会在需要的地方进行简单说明，读者可根据需要自行深入学习。

在本章中，4.1 节～4.6 节主要是基于 LTS 1.1 分支代码，分析 LiteOS_A 内核小型系统和 LiteOS_M 内核轻量系统中与构建子系统相关的要点。4.7 节将专门介绍在 LTS 3.0 分支和 Master 分支代码上编译标准系统的流程。

> **注意**　由于后来的 LTS 3.0、LTS 3.1 和 Master 分支代码，分别都对构建子系统都做了不少优化并调整了相关流程，因此本章所分析的部分实现细节与最新代码有不匹配的地方，读者需要注意辨别。

『 4.1　GN 和 Ninja 的构建流程 』

在使用 GN 和 Ninja 构建项目时，编译脚本会依次调用 GN 和 Ninja 程序执行两步操作。这两步操作分别对应 "gn cmd args" 和 "ninja cmd args" 两个命令的执行流程。这两个命令的执行流程合在一起构成了完整的 GN 和 Ninja 构建流程。

"gn cmd args" 命令的具体流程包含如下 6 个步骤。

1. 在当前目录中查找构建入口 .gn 文件。

如果当前目录中没有 .gn 文件，就沿着目录树向上一级目录查找，直到找到 .gn 文件为止。

找到 .gn 文件后，会把 .gn 文件的所在目录设置为默认的 source root（即 root="//:"）。解析这个 .gn 文件，并根据文件中的 buildconfig 的描述，找到对应的编译配置文件（即 BUILDCONFIG.gn）。如果 .gn 文件内还配置了 root，则将 .gn 文件内配置的 root 作为默认的 source root。

如果直到文件系统的根目录 "/" 下都找不到 .gn 文件，则会报错。编译失败。

2. 运行 BUILDCONFIG.gn 文件，根据它的配置来设置一些全局变量和默认的编译工具链。这里设置的全局变量和参数默认会对整个构建过程的所有文件都有效。

3. 加载 source root 目录下的 BUILD.gn 文件。

如果在 .gn 文件内没有重新配置 root 路径，则默认加载 "//BUILD.gn"；如果在 .gn 文件内重新配置了 root 路径，那加载 root 指定的 BUILD.gn 文件。

4．开始递归评估依赖关系，根据依赖关系加载指定路径下的 BUILD.gn 文件。

如果在依赖目标指定的路径下找不到匹配的 BUILD.gn 文件，就会去 .gn 文件中配置的 "secondary_source" 描述的路径下查找。如果还是找不到匹配的 BUILD.gn，就会报"缺少依赖目标"的错误。编译失败。

5．在递归评估构建目标依赖关系的过程中，每解决一个构建目标的依赖关系，就生成对应目标的 .ninja 文件。

6．当所有构建目标的依赖关系都解决掉之后，会生成一个 build.ninja 文件。

注意，上面这 6 个步骤在 gn-reference 文档的 Overall build flow 小节有描述，不过原英文描述比较简单，这里添加了一些必要的解释。

根据 The Ninja build system 文档的描述，"ninja cmd args"操作就是：

运行 Ninja 程序，默认会在当前目录下查找 build.ninja 文件，根据它描述的规则，调用编译工具去编译所有的过期目标。

这里的过期目标（out-of-date targets）在 4.3.2 节中有解释。

为了帮助大家快速理解 GN 和 Ninja 的构建流程，我们通过一个 GnHelloWorld 示例工程来看一下。

首先看一下 GnHelloWorld 示例工程的目录结构，如文件列表 4-1 所示。

文件列表 4-1　GnHelloWorld 工程目录结构

```
GnHelloWorld/                      #工程根目录，即源代码的"root"路径
├──readme.txt                      #说明文档
├──.gn                             #构建入口
├──BUILD.gn                        #描述编译目标及其依赖关系的编译脚本 1
├──build/                          #构建配置目录
│   └──config/                     #编译相关的配置项
│       ├──toolchains/             #编译工具链相关的配置
│       │   └──BUILD.gn            #描述编译选项、链接选项的具体命令的编译脚本 2
│       └──BUILDCONFIG.gn          #构建配置文件，指定默认编译工具链和路径
└──src/                            #源代码目录
    ├──BUILD.gn                    #编译具体源代码的编译脚本 3
    └──hello.c                     #源代码本身
```

下面对这个示例工程的构成进行简单的介绍。

.gn 文件为构建入口，如代码清单 4-1 所示。

代码清单 4-1　//.gn

```
# The location of the build configuration file.
buildconfig = "//build/config/BUILDCONFIG.gn"

# The source root location.
#root = "//build/"
```

这里为 buildconfig 配置了构建配置文件 BUILDCONFIG.gn 的路径。

因为编译脚本 1（即 //BUILD.gn 文件）已经在工程的根目录下，因此这里不需要再指定 root。如果把编译脚本 1 移到 //build/ 目录下，则需要在代码清单 4-1 中通过 root 指明编译脚本 1 的路径（即把最后一句的注释取消掉，并指明具体的路径）。

//BUILD.gn 编译脚本 1 是本工程的编译目标 all 及其依赖关系的具体描述，如代码清单 4-2 所示。

代码清单 4-2　//BUILD.gn

```
group("all") {
    deps = [
        "//src:hello",
    ]
}
```

//build/config/BUILDCONFIG.gn 是构建配置文件，它将默认的编译工具链设置为 clang，如代码清单 4-3 所示。

代码清单 4-3　//build/contig/BUILDCONFIG.gn

```
set_default_toolchain("//build/config/toolchains:clang")
```

//build/config/toolchains/BUILD.gn 的文件内容如代码清单 4-4 所示，其中详细描述了 clang 的两个编译命令的执行规则。这里暂不添加目前还用不到的其他命令。

代码清单 4-4　//build/config/toolchains/BUILD.gn

```
toolchain("clang") {
    tool("cc"){
        command = "clang -c {{source}} -o {{output}}"
        outputs = [ "{{source_out_dir}}/{{target_output_name}}.o" ]
    }
    tool("link"){
        exe_name = "{{root_out_dir}}/{{target_output_name}}{{output_extension}}"
        command = "clang {{inputs}} -o $exe_name"
        outputs = ["$exe_name"]
    }
    tool("stamp") {
        command = "touch {{output}}"
    }
}
```

//src/ 目录是本工程的代码和编译脚本存放目录，其中的编译脚本 BUILD.gn 描述了如何将 hello.c 编译成可执行程序 "hello"，如代码清单 4-5 所示。

代码清单 4-5　//src/BUILD.gn

```
executable("hello") {
    sources = [
        "hello.c"
    ]
}
```

接下来看一下 GnHelloWorld 示例工程的编译情况。具体来说，该示例工程的编译过程可分为 3 步：

- 执行 gn gen 命令；

- 执行 ninja 命令；

- 验证输出结果。

> **注意**　需要在开发环境中提前安装好 llvm (clang) 和 gcc 编译工具。

1．执行 gn gen 命令

在 Linux 命令行中，将路径切换到 GnHelloWorld 目录下，然后执行 "gn gen out"
命令。

这就对应前面 "gn cmd args" 流程的几个步骤了。

- 执行 "gn gen out" 命令，首先会生成 out/args.gn 文件记录 args 相关信息。本
  例中，只带 "out" 参数，没有其他的 args 参数。

- 找到.gn 文件，解析该文件以获取 buildconfig 和 root。如果没有配置 root，则默
  认的 root 为 "//"。

- 执行 buildconfig 指向的文件 BUILDCONFIG.gn，设置一个默认的编译工具链（本
  例中没有其他的全局参数）。

- 加载 root 指向的目录下的 BUILD.gn 文件，根据其内容加载它依赖的其他目录下的
  BUILD.gn 文件，解析后生成 out/build.ninja.d。

- 根据 out/build.ninja.d 中各个 BUILD.gn 的内容，递归解决各自的依赖关系。然
  后在 out/obj/对应目录下，生成各个依赖项的.ninja 文件，如文件列表 4-2 的
  "out/obj/src/hello.ninja" 所示。

- 解决掉所有的依赖关系后，在 out/目录下生成 build.ninja，如文件列表 4-2 所示。

"gn gen out" 命令执行结束后，会在 GnHelloWorld 目录下生成一个 out 目录。

此时，GnHelloWorld 目录的构成如文件列表 4-2 所示。

文件列表 4-2　./GnHelloWorld/

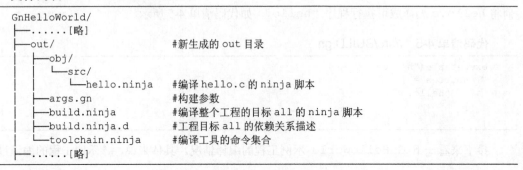

2. 执行 ninja 命令

建议在接下来的操作之前，先备份 out 目录（如执行"cp -r out out_bak"命令进行备份），以便对比和了解新生成的文件。

在 GnHelloWorld 目录下执行"ninja -C out"命令。

这就对应前面"ninja cmd args"流程的步骤了。Ninja 程序根据 build.ninja 文件所描述的规则和依赖关系，再结合其他各目标的 .ninja 文件，依次执行编译命令，用 clang 编译生成中间文件和最终的可执行文件"out/hello"。

"ninja -C out"命令执行结束后，会在 out 目录下生成一组新增文件，如文件列表 4-3 所示。

文件列表 4-3 ./GnHelloWorld/

```
GnHelloWorld/
├──......[略]
├──out_bak/                         #out 目录的副本
│   ├──obj/
│   │   └──src/
│   │       └──hello.ninja
│   ├──args.gn
│   ├──build.ninja
│   ├──build.ninja.d
│   └──toolchain.ninja
├──out/                             #out 目录有更新，见下面备注的"新增文件"
│   ├──obj/
│   │   ├──src/
│   │   │   ├──hello.ninja
│   │   │   └──hello.o           #编译工具根据规则生成的中间文件（新增文件）
│   │   └──all.stamp             #工程编译目标 all 的时间戳文件（新增文件）
│   ├──.ninja_deps               #工程的依赖关系的描述文件（新增文件）
│   ├──.ninja_log                #ninja 命令执行日志文件（新增文件）
│   ├──args.gn
│   ├──build.ninja
│   ├──build.ninja.d
│   ├──hello                     #工程编译最终生成的可执行程序文件（新增文件）
│   └──toolchain.ninja
├──......[略]
```

3. 验证输出结果

在 GnHelloWorld 目录下执行"./out/hello"命令，输出结果如代码清单 4-6 所示。

代码清单 4-6 运行 GnHelloWorld 工程

```
ohos@ubuntu:~/Ohos/Gn_Projs/GnHelloWorld$ ./out/hello
Hello Gn World!
```

在 GnHelloWorld 工程的基础上，可以进一步扩展出 GnHW_libs 和 GnHW_libs_tc 两个新的工程。

- GnHW_libs 工程：在 GnHelloWorld 工程的基础上，增加了编译静态库和动态链接库的配置。

- GnHW_libs_tc 工程：在 GnHW_libs 的基础上，增加了编译的配置项，并使用 gcc
  编译工具链来进行编译。

通过上述工程的学习，基本上就可以理解 GN 和 Ninja 的构建流程了。至于中间所涉及的
GN 和 Ninja 的语法、命令等相关的关键字，可以通过 gn 命令或者 Ninja 的 help 命令来查看。

比如，想了解 BUILD.gn 中的 group 关键字的具体含义，可以执行 "gn help group"
命令，如代码清单 4-7 所示。

代码清单 4-7　$gn help group

```
$gn help group
group: Declare a named group of targets.
  This target type allows you to create meta-targets that just collect a set of
  dependencies into one named target. Groups can additionally specify configs
  that apply to their dependents.

Variables
  Deps: data_deps, deps, public_deps
  Dependent configs: all_dependent_configs, public_configs

Example
  group("all") {
    deps = [
      "//project:runner",
      "//project:unit_tests",
    ]
  }
```

在代码清单 4-7 中可以看到，里面既有解释，也有相关的示例，非常直观。

还可以通过执行 "ninja -t list" 命令来查看 Ninja 支持的一些有用的工具。

```
ohos@ubuntu:~/Ohos$ ninja -t list
ninja subtools:
    browse  browse dependency graph in a web browser
     clean  clean built files
  commands  list all commands required to rebuild given targets
      deps  show dependencies stored in the deps log
     graph  output graphviz dot file for targets
......
```

如 graph 工具，可以为编译目标输出一张详细的编译流程图。

我们通过一个示例来看一下 graph 工具的使用。

在 Linux 命令行中，将路径切换到 GnHelloWorld 工程的 out 目录下，然后执行命令：

```
$ninja -t graph all | dot -Tpng -oall.png
```

> **注意**　执行该命令前需要先确保 Linux 系统安装了 graphviz 工具。

在执行该命令后会在 out 目录下生成一张名为 all.png 的图片。该图片直观地显示了整
个工程的编译流程，如图 4-1 所示。

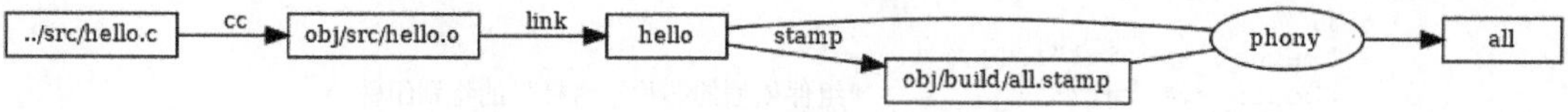

图 4-1　GnHelloWorld 工程的编译流程

如果把上述命令中的 all 替换成中间的编译目标，如 hello，就可以得到编译 hello 这个目标的局部流程图。

4.2　系统的裁剪和配置

OpenHarmony 从整体上遵从分层设计，在图 3-1 中，我们可以明显地看出 OpenHarmony 在水平方向上的几个层级。但是从系统功能的角度来看，OpenHarmony 则是按照 "系统->子系统->组件" 的关系逐级展开的。

子系统是一个逻辑概念，它由一个或多个具体的组件组成。组件则是系统中最小的可复用、可配置、可裁剪的功能单元，具有目录独立、可并行开发、可独立编译、可独立测试的特征。

本节将从系统功能的角度看一下 OpenHarmony 的系统裁剪与配置。

4.2.1　系统裁剪

在//build/lite/components/目录下，是 OpenHarmony 为小型系统、轻量系统提供的所有子系统列表。每一个 JSON 文件就是一个子系统的配置描述，每一个子系统内又包含了它的所有独立组件的相关信息，其中包括组件的名称、源码部署的路径、功能简介、是否必选、编译目标、RAM、ROM、编译输出、已适配的内核、可配置的特性和依赖关系等信息。

以多媒体（multimedia）子系统的 camera_lite 组件为例，该组件的 JSON 文件如代码清单 4-8 所示。

代码清单 4-8　//build/lite/components/multimedia.json

```
{
  "component": "camera_lite",                              #组件名称
  "description": "Camera service.",                        #一句话描述的组件功能简介
  "optional": "true",                                      #组件是否可选（true 为可选，false 为必选）
  "dirs": [                                                #组件源代码部署的路径
    "foundation/multimedia/camera_lite",
    "foundation/multimedia/utils/lite/hals"
  ],
  "targets": [                                             #组件编译的入口，具体的编译目标列表
    "//foundation/multimedia/camera_lite/frameworks:camera_lite"
  ],
  "rom": "131KB",                                          #组件占 ROM 的大小
  "ram": "",
  "output": [ "camera_lite.so" ],                          #组件的编译目标
  "adapted_kernel": [ "liteos_a" ],                        #组件适配的内核
  "features": [],                                          #组件提供的功能列表
  "deps": {                                                #组件的依赖关系
    "third_party": [                                       #组件依赖的第三方开源软件
      "bounds_checking_function"
```

```
        ],
      "kernel_special": {},
      "board_special": {          #组件依赖的芯片平台提供的特别组件
        "hi3516dv300": [
          "hi3516dv300_adapter"   #组件在Hi3516DV300芯片平台上需要依赖hi3516dv300_adapter
        ],
        "hi3518ev300": [
          "hi3518ev300_adapter"   #组件在Hi3518EV300芯片平台上需要依赖hi3518ev300_adapter
        ]
      },
      "components": [             #组件依赖的其他组件
        "hilog_lite",
        "permission",
        "surface"
      ]
    }
  },
```

就组件的源代码部署来说，源代码路径的命名规则一般为"{领域}/{子系统}/{组件}"。这里的{领域}就是源代码根目录下的一级子目录，如 applications、base、drivers 等；{子系统}就是二级子目录，如 foundation 领域下的 graphic、multimedia 等；{组件}本身的源代码的目录结构规则一般如文件列表 4-4 所示。

文件列表 4-4　组件源代码目录结构

```
component/
├──interfaces/       # 组件对外提供的接口
│   ├──innerkits/    # 供系统内部其他组件调用的内部接口
│   └──kits/         # 供应用开发者调用的外部应用接口
├──frameworks/       # 框架的实现
├──services/         # 服务的实现
├──test/             # 组件功能性测试用例的实现
└──BUILD.gn          # 用于组件构建的编译脚本
```

具体组件的代码目录树并不一定包含上面的全部信息，比如代码清单 4-8 中的 camera_lite 组件并没有为系统内部的其他组件提供接口，因此也就没有 innerkits 目录。

//vendor/hisilicon/目录下是具体产品的配置信息，里面包含产品的硬件配置、OS 的适配、组件的裁剪配置、系统服务启动配置等。在本章中，我们先只关注对组件的裁剪配置文件 config.json。比如//vendor/hisilicon/hispark_taurus/config.json 文件描述了 Hi3516 开发板要想正常运行起来而需要的子系统和组件列表。

config.json 文件列出来的子系统和组件必须在//build/lite/components/目录下有对应的子系统，以及在子系统中有定义过的组件，否则意味着 OpenHarmony 没有提供让产品、开发板运行起来所需的模块，从而使得产品配置校验步骤失败，导致无法编译。除非我们自行开发或引入了新的子系统和新的组件，并将它们添加到//build/lite/components/目录下，且可以被 config.json 使用。

config.json 文件没有列出来的子系统和组件，意味着本产品、芯片平台不需要它们，可以裁减掉。

简单来说，完整的 OpenHarmony 提供了若干个子系统，每个子系统又分别包含了一个或多个独立的组件。比如，内核子系统包含了 3 个互相独立的 LiteOS_M、LiteOS_A、Linux 内核组件。

在具体的产品上，可以根据实际需要对子系统和组件进行选择与配置，并以 config.json 文件的形式保存产品配置信息。

比如，对于 Hi3861V100 芯片平台的产品来说，iot_hardware 子系统是必选项，多媒体子系统可以完全裁掉；在内核方面，LiteOS_M 内核是必选项（LiteOS_M 内核固化在 ROM 中，未编译代码），因为硬件资源受限，所以可以将无法运行的 LiteOS_A、Linux 内核裁减掉。而对于 Hi3516DV300 芯片平台的产品来说，多媒体子系统、图形子系统等都是必选项，但可以裁减掉 iot_hardware 子系统；在内核方面，可选择 LiteOS_A 内核或 Linux 内核，而将 LiteOS_M 内核裁减掉。

对于小型系统产品来说，在编译的早期由 Gn 程序执行//build/lite/BUILD.gn 文件，并根据 config.json 的配置完成系统的裁剪。该 BUILD.gn 文件的内容代码清单 4-9 所示。

代码清单 4-9   //build/lite/BUILD.gn

```
group("ohos")   # 定义名为"ohos"的编译目标
{
  deps = []       # 初始化依赖关系列表为空
  # "hb build"和"hb build component"命令的入口，不带-T 参数
  # 要是"hb build -T Target1&&Target2" 则会执行 else 部分
  if (ohos_build_target == "")
  {
    # Step 1: Read 【product】 configuration profile.
    # 读取产品配置文件 config.json, 如【hispark_taurus 的配置】
    # //vendor/hisilicon/hispark_taurus/config.json
    # 【hispark_taurus 的配置】中的"kernel_type": "liteos_a"
    product_cfg = read_file("${product_path}/config.json", "json")
    kernel = product_cfg.kernel_type

    # Step 2: Loop subsystems configured by 【product】.
    # 对【hispark_taurus 的配置】的子系统做遍历: "aafwk","applications",......
    # 总计有 20 多个子系统，这里以"subsystem": "startup"为例来说明，标记为子系统【A】:
    #   "subsystem": "startup",
    #   "components":
    #   [
    #       { "component": "syspara", "features":[] },
    #       { "component": "bootstrap", "features":[] },
    #       { "component": "init", "features":[] },
    #       { "component": "appspawn", "features":[] }
    #   ]
    # 开始遍历【hispark_taurus 的配置】的 20 个子系统:
    foreach(product_configed_subsystem, product_cfg.subsystems)
    {
        # 对于子系统【A】"subsystem": "startup", 它的名字就是"startup"
        subsystem_name = product_configed_subsystem.subsystem
        subsystem_info = { }

        # Step 3: Read 【OS】 subsystems profile.
        # 到//build/lite/components/目录下打开并读取 OS（这里为 OpenHarmony）提供的子
        # 系统 *.json 文件，这里是 startup.json，标记为子系统【B】
        subsystem_info = read_file("//build/lite/components/${subsystem_name}.
json", "json")

        # Step 4: Loop components configured by 【product】.
```

```
# 对于子系统【A】中的组件逐一检查，看是否存在于【B】中：
#    "components":
#    [
#      { "component": "syspara", "features":[] },      # 【A1】
#      { "component": "bootstrap", "features":[] },   # 【A2】
#      { "component": "init", "features":[] },          # 【A3】
#      { "component": "appspawn", "features":[] }      # 【A4】
#    ]
# 开始遍历子系统【A】的 4 个组件【A1/A2/A3/A4】:
foreach(product_configed_component,                  # 【A1】"syspara"
        product_configed_subsystem.components)  # 【A1/A2/A3/A4】
{
    # Step 5: Check whether the component configured by product is exist.
    component_found = false

    # 针对【A1】"syspara"组件，遍历子系统【B】的"component"列表：
    # "syspara","bootstrap","init","appspawn",
    # 子系统【B】目前是 4 个组件，标记为【B1/B2/B3/B4】
    foreach(system_component,                    # 【B1】"syspara"
            subsystem_info.components)  # 【B1/B2/B3/B4】
    {
        # 如果【A1】和【B1】匹配，就将 component_found 设置为 true, 否则为 false
        if (product_configed_component.component == system_component.
        component)
        {
            component_found = true
        }
    }

    # component_found 为 false, 表示由 vendor 提供的【hispark_taurus 的配置】中,
    # 有【A1】组件在【OpenHarmony】的组件描述文件中找不到对应的组件，引发断言，终止编译。
    assert( component_found,
            "Component \"${product_configed_component.component}\
    " not found" +
            ", please check your product configuration.")

    # 没有引发断言，则表明【hispark_taurus 的配置】中的子系统【A】的所有组件，
    # 都在【OpenHarmony】的子系统【B】的组件描述文件中匹配正常。

    # Step 6: Loop OS components and check validity of product configuration.
    # 开始遍历【OpenHarmony】的子系统【B】的组件【B1/B2/B3/B4】:
    foreach(component,                            # 【B1】"syspara"
            subsystem_info.components)      # 【B1/B2/B3/B4】
    {
        kernel_valid = false
        board_valid = false

        # Step 6.1: Skip component which not configured by product.
        # 【B1】与【A1】匹配，则进入，
        # 不匹配就跳过【B1】组件。也就是说，【OpenHarmony】的子系统【B】的组件描
        # 述文件中比【hispark_taurus 的配置】多出来的组件，会跳过，
        # 比如【OpenHarmony】提供"component":"liteos_m"组件，但 Hi3516 平台
        # 不需要，就会跳过
        if (component.component == product_configed_component.component)
        {
            # Step 6.1.1: Loop OS components adapted kernel type.
            # 【B1】与【A1】匹配，还要对它们适配的内核组件再做一次匹配，
            # 【B1】组件适配的内核列表为"adapted_kernel":["liteos_a","liteos_m",
            # "linux"]
            # 【hispark_taurus 的配置】上的"kernel_type", 必须要在【B1】的
            # 适配列表上
```

```
                    foreach(component_adapted_kernel, component.adapted_kernel)
                    {
                            # 匹配上，就说明 OpenHarmony 支持【hispark_taurus 的配置】所
                            # 要求运行的内核
                            if (component_adapted_kernel == kernel && kernel_valid ==
                                false)
                            {
                                    kernel_valid = true
                            }
                    }

                    # 匹配不上，就说明 OpenHarmony 现在不支持【hispark_taurus 的配置】
                    # 要求的内核
                    # 这样 OpenHarmony 就没法在平台上运行，产生断言，终止编译。
                    assert(kernel_valid,
                            "Invalid component configed, ${subsystem_name}:
                            ${product_configed_component.component} " +
                            "not available for kernel: $kernel!")

                    # Step 6.1.2: Add valid component for compiling.
                    #  运行到这一步，说明【A1】与【B1】组件匹配没有问题
                    #  对【B1】组件的 targets 进行遍历，把 targets 全部添加到 ohos 的依
                    #  赖关系列表中去
                    #    "component": "syspara",
                    #    "targets": [
                    #    "//base/startup/syspara_lite/frameworks/parameter",
                    #    "//base/startup/syspara_lite/frameworks/token"
                    #    ],
                    foreach(component_target, component.targets)
                    {
                            deps += [ component_target ]
                    }
            } # 完成对匹配【A1】的【B1】组件收集依赖关系
        } # 完成遍历【OpenHarmony】的子系统【B】的组件【B1/B2/B3/B4】
    } # 完成遍历子系统【A】的 4 个组件【A1/A2/A3/A4】
} # 完成遍历【hispark_taurus 的配置】的 20 个子系统

# 对【hispark_taurus 的配置】中的 20 多个子系统执行完上面的遍历之后，
# deps 就会填入满足 hispark_taurus 运行所需要依赖的所有 target 的列表，
# OpenHarmony 有提供，但是 hispark_taurus 不需要的组件和 target 就不会加进来，
# 比如 Hi3516 平台不需要 LiteOS_M 组件对应的 target，就不会加进来。

# Step 7: Add device and product target by default.
# "device_path": "//device/hisilicon/hispark_taurus/sdk_liteos"
# "product_path": "//vendor/hisilicon/hispark_taurus",
# 默认把//device/hisilicon/hispark_taurus 和
# //vendor/hisilicon/hispark_taurus/这两个组件加进依赖关系
deps += [
    "${device_path}/../",
    "${product_path}"
    ]
}
else
{
    # "hb build -T Target1&&Target2" 会执行这里的代码
    # 可以一次编译多个 target，但是多个 target 之间用&&标记进行分割，并把参数指定的组件添加进来
    # "hb build"和"hb build component"不会执行这里的代码
    deps += string_split(ohos_build_target, "&&")
}
}
```

这就是小型系统产品对 OpenHarmony 进行裁剪的全部过程。不需要的子系统和组件会全部被裁剪掉，而留下来的就是要编译 ohos 这个目标的依赖目标列表，如代码清单 4-10 所示。

代码清单 4-10　小型系统的依赖目标列表

```
group("ohos")
{
  deps = [....
          "//base/startup/syspara_lite/frameworks/parameter",
          "//base/startup/syspara_lite/frameworks/token",
          "//base/startup/bootstrap_lite/services/source:bootstrap",
          "//base/startup/init_lite/services:init_lite",
          "//base/startup/appspawn_lite/services:appspawn_lite",
          ....]
}
```

作为对比，Hi3861 平台的 config.json 中的 startup 子系统如代码清单 4-11 所示。

代码清单 4-11　//vendor/hisilicon/hispark_pegasus/config.json

```
......
"subsystem": "startup",
"components": [
    { "component": "bootstrap", "features":[] },
    { "component": "syspara", "features":[] }
  ]
......
```

如果以这个配置执行代码清单 4-9 中的裁剪过程，得到的依赖目标列表就会如代码清单 4-12 所示。

代码清单 4-12　轻量系统的依赖目标列表

```
group("ohos")
{
  deps = [....
          "//base/startup/syspara_lite/frameworks/parameter",
          "//base/startup/syspara_lite/frameworks/token",
          "//base/startup/bootstrap_lite/services/source:bootstrap",
          ....]
}
```

上面是基于产品、开发平台的配置信息对 OpenHarmony 进行裁剪，如果我们想给自己的产品增加或者减少配置，该如何操作呢？请大家继续阅读下文。

4.2.2　增删子系统

在 LTS 3.0 分支代码中，适配 Hi3516 开发板的小型系统产品有两个，LiteOS_A 内核系统产品的配置文件为//vendor/hisilicon/hispark_taurus/config.json，Linux 内核系统产品的配置文件为//vendor/hisilicon/hispark_taurus_linux/config.json。通过对比这两个配置文件可以发现，Linux 内核系统产品的配置至少比 LiteOS_A 内核系统产品的配置多了一个 distributedhardware 子系统，如代码清单 4-13 所示。

代码清单 4-13　//vendor/hisilicon/hispark_taurus_linux/config.json

```
......
"subsystems": [
  ......
    {
      "subsystem": "distributedhardware",
      "components": [
        { "component": "devicemanager_lite", "features":[] }
      ]
    },
    ......
]
```

这个 `distributedhardware` 子系统在//build/lite/components/中有同名的 JSON 配置文件。可见，如果我们要增加子系统（无论是自己开发的还是从第三方移植过来的），只需要在//build/lite/components/中按照规则增加同名的子系统的 JSON 配置文件即可。

增加子系统，就意味着需要裁剪或者增加相应的组件（具体处理方式可参考 4.2.3 节）。删减子系统相对来说就比较简单了。比如可以直接删除 config.json 中的 test 子系统，这样可以避免编译和测试相关的代码。

4.2.3　增删组件

以 Hi3516 开发平台的 applications 子系统为例，//build/lite/components/applications.json 子系统的描述中有多个组件可用，但在 config.json 中只使用到了两个组件，如代码清单 4-14 所示。

代码清单 4-14　//vendor/hisilicon/hispark_taurus/config.json

```
"subsystem": "applications",
"components": [
  { "component": "camera_sample_app", "features":[] },
  { "component": "camera_screensaver_app", "features":[] }
]
```

如果 Hi3516 开发平台不需要 screensaver 功能，可以直接在这里把 camera_screensaver_app 这个组件删除掉。

而要增加新的组件，比如"component": "camera_sample_communication"组件，可以按照格式直接把这个组件添加进去，如代码清单 4-15 所示。

代码清单 4-15　//vendor/hisilicon/hispark_taurus/config.json

```
{
  "subsystem": "applications",
  "components": [
    { "component": "camera_sample_communication", "features":[] }, #增加新的组件
    { "component": "camera_sample_app", "features":[] },
    { "component": "camera_screensaver_app", "features":[] }
  ]
},
```

然后打开 applications.json 文件，查看该组件的信息，如代码清单 4-16 所示。这里

先保持不变。

代码清单 4-16 //build/lite/components/applications.json

```
{
  "component": "camera_sample_communication",
  "description": "Communication related samples.",
  "optional": "true",
  "dirs": [
    "applications/sample/camera/communication"              #组件代码部署目录
  ],
  "targets": [
    "//applications/sample/camera/communication:sample"     #组件代码编译目标
  ],
  ......
},
```

代码清单 4-16 中的组件代码部署目录下的 BUILD.gn 编译配置文件，如代码清单 4-17 所示。组件代码编译目标就是定义在这里的 "sample"，它又由 features 字段中列出来的多个独立的特性组成，在 features 列表中增加需要编译的特性，即可对它进行编译。

代码清单 4-17 //applications/sample/camera/communication/BUILD.gn

```
lite_component("sample") {
    features = [
        "wpa_supplicant:wpa_sample",
#        "hostapd:hostapd_sample",
        "wpa_cli:wpa_cli_sample"
    ]
}
```

4.2.4 增删特性

接着 4.2.3 节增加新组件的例子继续分享。如果在//applications/sample/camera/communication 目录下新增一个让小型系统自动连接 WiFi 热点的特性（类似于 wpa_supplicant），则可以直接在编译目标 sample 的 features 字段中增加相应的描述，如代码清单 4-18 所示。

代码清单 4-18 //applications/sample/camera/communication/BUILD.gn

```
lite_component("sample") {
    features = [
        "wifilink:wifilink",
#        "wpa_supplicant:wpa_sample",
#        "hostapd:hostapd_sample",
#        "wpa_cli:wpa_cli_sample"
    ]
}
```

同时,在同目录下增加 wifilink 目录,以及该目录下的源代码和 BUILD.gn 编译脚本(按照"wpa_supplicant:wpa_sample"的样式增加上去就可以)。

而 applications.jason 对"component": "camera_sample_communication"组件的信息可以完全保持不变。也可以增加一个新的编译目标的描述,以便对此新增目标做单独的描述和编译管理，如代码清单 4-19 所示。

代码清单 4-19 //build/lite/components/applications.json

```
{
    "component": "camera_sample_communication",
    "description": "Communication related samples.",
    "optional": "true",
    "dirs": [
        "applications/sample/camera/communication"        #组件代码部署目录
    ],
    "targets": [
        "//applications/sample/camera/communication:sample",    #组件代码编译目标
        "//applications/sample/camera/communication/wifilink:wifilink"  #组件新增代码
                                                                 #编译目标
    ],
    ......
},
```

要在组件内删除特性，直接将其注释掉或删除掉即可（见代码清单 4-18）。

4.3 编译流程分析

在配置好开发环境，下载好 OpenHarmony 源代码，第一次编译 OpenHarmony 系统时，会全编译整个系统，也就是在做完系统裁剪之后，剩下来的所有组件，全部都需要编译出对应的目标文件。以后再次编译时，就不需要全编译了，只做增量编译、组件编译或者目标编译即可。

4.3.1 全编译流程

OpenHarmony 官方给出的 hb 工具的编译流程如图 4-2 所示。

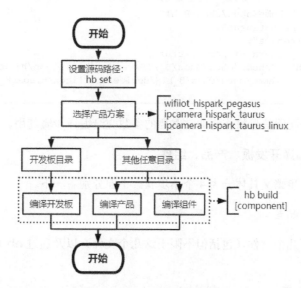

图 4-2 hb 工具的编译流程

在使用 hb 工具编译 OpenHarmony 时，主要分为设置和编译两个步骤。

- 设置（hb set）：设置 OpenHarmony 的源代码根目录和要编译的产品。

- 编译（hb build）：编译开发板、产品、组件。该过程又可细分为如下 4 个小步骤。

  - 读取开发板编译配置：根据产品选择的开发板，读取开发板 config.gni 文件内容（主要包括编译工具链、编译链接命令和选项等）。

  - 调用 Gn：调用 gn gen 命令，读取产品配置（主要包括开发板、内核、选择的组件等），生成解决方案 out 目录和 .ninja 文件。

  - 调用 Ninja：调用 ninja -C out 命令，启动编译。

  - 打包系统镜像：将组件编译产物打包，设置文件属性和权限，制作文件系统镜像。

下面我们详细看一下在使用 hb 工具编译 OpenHarmony 时，每一步主要做了哪些事情。

1．hb set：设置源代码根目录和要编译的产品

这一步是设置源代码根目录和要编译的产品名字，并在代码根目录生成 ohos_config.json 文件。

hb 命令的启动入口在 //build/lite/hb/_main_.py，它通过参数 set 来判断和执行 //build/lite/hb/set/set.py 脚本，然后结合系统环境变量 $PATH 等相关的必要信息来执行 set_root_path() 和 set_product() 函数，最终生成 //ohos_config.json 文件。

打开 ohos_config.json 文件，或者在命令行下执行 "hb env" 进行查看，如代码清单 4-20 所示。

代码清单 4-20　//ohos_config.json

```
{
  "root_path": "/home/ohos/Ohos/B_LTS",
  "board": "hispark_taurus",
  "kernel": "liteos_a",
  "product": "ipcamera_hispark_taurus",
  "product_path": "/home/ohos/Ohos/B_LTS/vendor/hisilicon/hispark_taurus",
  "device_path": "/home/ohos/Ohos/B_LTS/device/hisilicon/hispark_taurus/sdk_liteos"
}
```

该文件中的这些配置信息将作为非常重要的参数交给编译步骤使用。

2．hb build：编译开发板、产品、组件

前文提到，编译步骤又具体分为 4 个小步骤。下面分别看一下。

读取开发板编译配置

读取并解析以下几个文件（包括但不限于这几个文件）以及通过 hb build 命令传入的参数列表。

- //ohos_config.json

  项目全局配置信息。

- //build/lite/ohos_var.gni

  定义了用于所有组件的全局变量。

- //build/lite/BUILD.gn

  裁剪和编译系统（含打包镜像文件）的配置脚本。

- //device/hisilicon/hispark_taurus/sdk_liteos/config.gni #LTS 3.0 分支。

- //device/board/hisilicon/hispark_taurus/liteos_a/config.gni#Master 分支。

  编译 LiteOS_A 内核时需要用到的配置。

- //vendor/hisilicon/hispark_taurus/config.json

  产品全量配置表：子系统、组件列表等。

- 通过 hb build 命令传入的参数，如-n 表示编译 NDK，会将 ohos_build_ndk 变量由默认的 FALSE 改为 TRUE。

这一步仍然是通过 hb 的启动入口//build/lite/hb/_main_.py，来收集 build 命令以及参数（如 "-b release"）等信息，然后执行//build/lite/hb/build/build.py 脚本，其中的 exec_command(args)函数会调用 build = Build()。这个 Build 类定义在 build_process.py 脚本中。

build.py 脚本再次调用 self.config = Config()。这个 Config 类连同 Product 类、Device 类和 utils 组件提供的一组 API 都定义在//build/lite/hb/common/目录下，它们已经读取并解析上面的几个配置文件，并将其解析到各自的对象中（相当于对各参数和配置进行了预处理，为接下来真正的编译步骤提供支持）。

这里更多的处理细节，请读者自行阅读//build/lite/hb/目录下的 Python 脚本进行分析。

调用 GN 生成依赖关系

这一步对应 4.1 节中 GnHelloWorld 工程的第 2 步。在这里执行 build_process.py 脚本中的 gn_build()函数，如代码清单 4-21 所示。

代码清单 4-21 //build/lite/hb/build/build_process.py

```
def gn_build(self, cmd_args):
    # Clean out path
    remove_path(self.config.out_path)
    makedirs(self.config.out_path)
    # Gn cmd init and execute
    gn_path = self.config.gn_path
    gn_args = cmd_args.get('gn', [])
    gn_cmd = [gn_path,
              'gen',
```

```
                    self.config.out_path,
                    '--root={}'.format(self.config.root_path),
                    '--dotfile={}/.gn'.format(self.config.build_path),
                    '--script-executable=python3',
                    '--args={}'.format(" ".join(self._args_list))] + gn_args
            exec_command(gn_cmd, log_path=self.config.log_path)
```

在 gn_build() 函数里结合"读取开发板编译配置"小节中的各种配置参数，完成子系统、组件的裁剪和组件的依赖关系的整理，并生成 //out/hispark_taurus/ipcamera_hispark_taurus/ 目录下的 args.gn、build.ninja、build.ninja.d、toolchain.ninja 以及各个编译目标的 .ninja 文件。

调用 Ninja 启动编译

这一步对应 4.1 节中 GnHelloWorld 工程的第 3 步。在这里执行 build_process.py 脚本中的 ninja_build() 函数，如代码清单 4-22 所示。

代码清单 4-22 //build/lite/hb/build/build_process.py

```
    def ninja_build(self, cmd_args):
        ninja_path = self.config.ninja_path
        ninja_args = cmd_args.get('ninja', [])
        ninja_cmd = [ninja_path,
                    '-w',
                    'dupbuild=warn',
                    '-C',
                    self.config.out_path] + ninja_args
        exec_command(ninja_cmd, log_path=self.config.log_path, log_filter=True)
```

Ninja 程序解析 build.ninja 文件，调用编译工具链来编译源代码文件，生成 .o、.a、.so 和可执行程序等目标文件。其中，.so 文件会先在 //out/hispark_taurus/ipcamera_hispark_taurus/ 目录下生成，等编译完之后会转移到 //out/hispark_taurus/ipcamera_hispark_taurus/libs/usr/ 目录下。编译过程同时生成了 .ninja_log 和 .ninja_deps 等文件。

打包系统镜像

这一步通过执行 //build/lite/BUILD.gn 中定义的 action("gen_rootfs") 来执行 gen_rootfs.py 脚本。BUILD.gn 文件内容如代码清单 4-23 所示。

代码清单 4-23 //build/lite/BUILD.gn

```
if (ohos_build_target == "") {
  action("gen_rootfs") {
    deps = [ ":ohos" ]

    script = "//build/lite/gen_rootfs.py"
    outputs = [ "$target_gen_dir/gen_rootfs.log" ]
    out_dir = rebase_path("$root_out_dir")

    args = [
      "--path=$out_dir",
      "--kernel=$ohos_kernel_type",
      "--storage=$storage_type",
      "--strip_command=$ohos_current_strip_command",
```

```
        "--dmverity=$enable_ohos_security_dmverity",
    ]
  }
}
```

//build/lite/gen_rootfs.py 对上一步编译的产物进行打包，分别调用 gen_userfs、gen_systemfs、gen_rootfs 等函数，生成二进制系统镜像文件。这一步更多的处理细节，请自行阅读 gen_rootfs.py 以及相关的 Python 脚本进行分析。

4.3.2 增量编译

我们的源代码都是以文本文件的形式保存在文件系统中，每个源代码文件都记录着它的最后修改时间。而 .ninja 文件则记录了各个目标文件与相关源文件的依赖关系，只要比较目标文件和它依赖的源文件的时间戳信息，就可以确定是否需要再次编译源代码，以生成最新时间戳的目标文件。

如果源文件的时间戳晚于目标文件的时间戳，则说明自上次目标文件生成之后，源代码有过修改，目标文件已经过期了（out-of-date），此时需要重新编译源代码以生成最新时间戳的目标文件；反之，如果源文件的时间戳早于目标文件的时间戳，那么目标文件就是最新的，就不需要重新编译源代码。

同理，如果目标文件 A 依赖目标文件 B，但是目标文件 B 的时间戳晚于目标文件 A 的时间戳，说明自上次目标文件 A 生成之后，目标文件 B 有了修改，则目标文件 A 必须要重新生成。

4.1 节的提到的 GnHW_libs_tc 工程，我们通过 Ninja 的 graph 工具生成它的完整编译流程图，如图 4-3 所示。

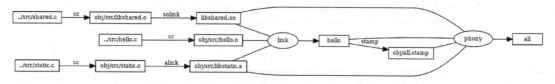

图 4-3 GnHW_libs_tc 工程编译流程图

在图 4-3 中可以看到，shared.c 的修改会导致重新编译和生成 libshared.o 和 libshared.so，也会触发重新运行 link 和 hello 的后继流程，但并不会重新编译和生成 hello.o 和 libstatic.a。

如果修改了 shared.h，但没有修改 shared.c，则会怎么处理呢？这时 GnHW_libs_tc 工程的 //build/config/toolchains/BUILD.gn 文件中的 stamp 命令就发挥作用了，如代码清单 4-24 所示。

代码清单 4-24 ./GnHW_libs_tc/build/config/toolchains//BUILD.gn

```
tool("stamp") {
    command = "touch {{output}}"
}
```

编译系统会对包含了 shared.h 文件的所有源文件都执行一次 stamp 操作，通过 touch 命令来更新源文件的时间戳，从而触发这些源文件都重新编译生成对应的目标文件。

4.3.3 单独编译组件和目标

在图 4-2 中可以看到，hb build [component] 命令可以单独编译某个组件。

//build/lite/components/ 目录下是子系统列表，子系统.json 文件内则包含了组件列表，所以要单独编译组件，可以打开子系统的.json 文件找到需要编译的组件，然后将组件的完整名字作为编译参数即可。

这里以 applications.json 子系统为例，来看一下如何单独编译组件。applications. json 文件的内容如代码清单 4-25 所示。

代码清单 4-25   //build/lite/components/applications.json

```
{
    "component": "camera_sample_app",
    "description": "Camera related samples.",
    "optional": "true",
    "dirs": [
        "applications/sample/camera/launcher",
        "applications/sample/camera/cameraApp",
        "applications/sample/camera/setting",
        "applications/sample/camera/gallery",
        "applications/sample/camera/media"
    ],
    "targets": [
        "//applications/sample/camera/launcher:launcher_hap",
        "//applications/sample/camera/cameraApp:cameraApp_hap",
        "//applications/sample/camera/setting:setting_hap",
        "//applications/sample/camera/gallery:gallery_hap",
        "//applications/sample/camera/media:media_sample"
    ],
    ......
}
```

要单独编译 camera_sample_app 组件，可以在代码根目录下执行：

```
$hb build camera_sample_app
```

需要注意的是，依赖于该组件的其他组件、子系统也会被触发编译，最终的结果会一并更新输出。这里实际的编译流程与 4.3.2 节的增量编译基本相同，但也存在一些差别，比如完全没有依赖关系的其他组件即使发生了修改，也不会被编译。

OpenHarmony 还支持更小的以 target 为单位的编译。

仍以上面的 applications.json 为例，可以单独编译 camera_sample_app 组件的某一个或几个 target。

例如，要单独编译 launcher_hap 这个 target，可以执行下面这两个命令中的任何一个：

```
$hb build -T launcher_hap
$hb build -T //applications/sample/camera/launcher:launcher_hap
```

如果要同时编译 launcher_hap 和 setting_hap 这两个 target，则在 target 之间用&&连接即可：

```
$hb build -T //applications/sample/camera/launcher:launcher_hap&&//applications/
sample/camera/setting:setting_hap
```

还可以跨组件同时编译不同的 target：

```
$hb build -T //base/startup/init_lite/services:init_lite&&//foundation/ai/engine
/services:ai
```

4.4　编译 LiteOS_M 内核和 SDK

对于运行轻量系统的 Hi3861 开发板，LiteOS_M 内核固化在开发板的 ROM 中。在 Hi3861 开发板的配置信息//vendo/hisilicon/hispark_pegasus/config.json 中，没有内核子系统和 LiteOS_M 组件的配置。这意味着在编译轻量系统时，在系统裁剪这一步就把 LiteOS_M 内核组件裁剪掉了，不会去编译 LiteOS_M 内核。

运行于 Hi3861 开发板的轻量系统不编译 LiteOS_M 内核，但会编译 hi3861_sdk 组件，也就是 wifiiot_sdk 这个目标，如代码清单 4-26 所示。

代码清单 4-26　//vendor/hisilicon/hispark_pegasus/config.json

```
{
  "subsystem": "vendor",
  "components": [
    {
      "component": "hi3861_sdk",
      "target": "//device/hisilicon/hispark_pegasus/sdk_liteos:wifiiot_sdk",
"features":[]
    }
  ]
},
# 注意，Master 分支上的编译目标路径为
# //device/soc/hisilicon/hi3861v100/sdk_liteos:wifiiot_sdk
```

hi3861_sdk 组件的 BUILD.gn 文件如代码清单 4-27 所示。

代码清单 4-27　//device/hisilicon/hispark_pegasus/sdk_liteos/BUILD.gn

```
# 注意，在 Master 分支下，该文件路径为
# //device/soc/hisilicon/hi3861v100/sdk_liteos/BUILD.gn
lite_subsystem("wifiiot_sdk") {
  subsystem_components = [ ":sdk" ]
}
lite_component("sdk") {
  features = []
  deps = [
    "//build/lite/config/component/cJSON:cjson_static",
    "//device/hisilicon/hispark_pegasus/hi3861_adapter/kal",
  ]
}
```

在代码清单 4-27 中可以看到，在编译 hi3861_sdk 组件时，同时也编译它所依赖的

hi3861_adapter/kal 组件。这个 kal 组件提供了用于对接内核的线程操作、时间操作等接口，直接对上层应用屏蔽了底层内核的实现。hi3861_adapter/hals/目录下的其他组件会由其他的子系统、组件来依赖和编译。

我们把 hi3861_adapter 和 sdk_liteos 的目录结构分别整理出来，分别如表 4-1 和表 4-2 所示。

表 4-1　hi3861_adapter 目录结构

LTS 3.0: //device/hisilicon/hispark_pegasus/hi3861_adapter/ Master: //device/soc/hisilicon/hi3861v100/hi3861_adapter/			
hals/	Hardware Abstract Layer（硬件抽象层）		
	communication/	通信相关	
		wifi_lite/	WiFi 相关
			wifiaware/	HalWifiXxx() 接口的实现
			wifiservice/	WiFi 相关服务的实现
	iot_hardware/	wifiiot_lite/	hal_iot_xxx 相关模块接口的实现
	update/		HotaHalXxx() 系统升级相关接口的实现
	utils/	file/	HalFileXxx() 文件操作接口的实现
kal/	Kernel Abstract Layer（内核抽象层）		
	cmsis/	CMSIS 标准实现的线程、时间管理相关 KAL 接口	
	posix/	POSIX 标准实现的文件、线程、时间管理相关 KAL 接口	

表 4-2　Hi3861 sdk_liteos 目录结构

LTS 3.0: //device/hisilicon/hispark_pegasus/sdk_liteos/ Master: //device/soc/hisilicon/hi3861v100/sdk_liteos/		
app/	app layer（应用层代码）	
	demo/	SDK 提供的示例代码目录
	wifiiot_app/	LiteOS 系统应用层代码
boot/	Flash BootLoader 代码和引导内核启动的相关配置	
build/	编译本 SDK 相关的配置（如 config/usr_config.mk 等）、脚本、预编译的库文件、编译日志等	
components/	本 SDK 提供的组件，包括 at、hilink、iperf2、wifi	
config/	LiteOS kernel 的相关配置定义 system_config.h	
include/	提供基于 SDK 开发的通用接口	
license/	SDK 开源 license 声明	

续表

ohos/	轻量系统编译生成的所有静态库和中间文件		
output/	轻量系统编译的最终输出烧录镜像		
platform/	platform 平台层：提供 SoC 系统板级支持包		
	include/	头文件提供接口	
	drivers/	芯片和外围器件驱动	
	os/	Huawei_LiteOS 操作系统	
	system/	系统管理	
third_party/	开源第三方软件目录，如 lwip_sack、mbedtls、u-boot		
3rd_sdk/	开发者自己移植的三方 SDK		
tools/	Linux 系统和 Windows 系统上使用的烧录、打包、签名等工具		
BUILD.gn	config.gni		
build.sh	build_patch.sh	hm_build.sh	SDK 的编译配置、编译脚本和 README 等
Makefile	factory.mk	non_factory.mk	
SConstruct	.sconsign.dblite		
NOTICE	README.md		

开发者如果需要在自己的项目中编译 LiteOS_M 内核，则基本上已经涉及系统移植相关的工作，此时可参考 Master 分支上已有的开源项目的配置进行操作，这里不再展开介绍。

『 4.5 编译 LiteOS_A 内核和 shell 』

LiteOS_A 内核的小型系统开发版本（即 debug 版本）提供了 shell 功能，支持调试常用的基本功能，包含系统、文件、网络和动态加载相关的命令。shell 支持的命令可以通过 help 命令打印出来。

> **注意** shell 功能仅供调试使用，在商用产品中禁止包含该功能。

在编译 OpenHarmony 小型系统时，可以分别执行以下命令来编译 debug 版本的系统和 release 版本的系统。

```
$hb build -b debug
$hb build -b release
```

小型系统单独编译内核的命令如下所示：

```
$hb build -T kernel
```

编译入口在//kernel/liteos_a/BUILD.gn 中，如代码清单 4-28 所示。

代码清单 4-28　//kernel/liteos_a/BUILD.gn【LTS 1.1】

```
declare_args() {
  enable_ohos_kernel_liteos_a_ext_build = true
  LOSCFG_TEST_APPS = false
  tee_enable = ""
}

lite_subsystem("kernel") {
  subsystem_components = []

  if (enable_ohos_kernel_liteos_a_ext_build == false) {
    .....
  } else {
    deps = [ ":make" ]
  }
}

build_ext_component("make") {
  exec_path = rebase_path(".", root_build_dir)
  tee_enable = "false"
  if (board_name == "hi3516dv300" && enable_tee_ree) {
    tee_enable = "tee"
  }
  prebuilts = "sh build.sh ${board_name} ${ohos_build_compiler} ${root_build_dir}
          ${ohos_build_type} ${tee_enable} \"${device_company}\" \"${product_
path}\""
  outdir = rebase_path(get_path_info(".", "out_dir"))
  command = "make clean OUTDIR=$outdir &&
          make rootfs VERSION=\"${ohos_version}\" -j 16 OUTDIR=$outdir"
}
```

在代码清单 4-28 中可以看到，内核子系统的编译依赖于 make 组件，而 make 组件则是通过执行同一目录下的 build.sh 进行预编译，然后通过 make 和 Makefile 来构建编译内核。

> 注意　在 LTS 3.0 分支和 Master 分支的代码上，代码清单 4-28 的内容稍有调整，但最终还是要依赖 make 组件和执行 build.sh 进行编译。

//kernel/liteos_a/.config 配置文件（在 LTS 3.0 分支的代码中，路径为//out/hispark_taurus/ipcamera_hispark_taurus/obj/kernel/liteos_a/make_out/.config）就是预编译时根据各种配置最终生成的编译内核的一组宏定义，相当于对内核又做了一次裁剪。比如，在编译 release 版本时，LOSCFG_SHELL 没有定义，内核应用 shell 是不编译的；而在编译 debug 版本时，LOSCFG_SHELL=y，因此会编译 shell（见//kernel/liteos_a/apps/module.mk；在 LTS 3.0 分支的代码中是 config.mk 文件）。

编译内核的中间产物全都位于//out/hispark_taurus/ipcamera_hispark_taurus/obj/kernel/liteos_a/目录下，我们暂且将它称为 kernel_out 目录。

通过查看 kernel_out/build.log，可以大致了解内核的编译过程。不过我们暂不深入去分析，这里主要看一下//kernel/liteos_a/apps/目录下的 LiteOS_A 内核自带的 3 个应用程序（shell、init、tftp）以及//kernel/liteos_a/shell/目录下的 full_shell 的编译。

full_shell 会编译成静态库 kernel_out/lib/libshell.a,后面会连同其他库文件链接到 liteos 镜像中。

shell、init、tftp 这 3 个应用程序会编译成同名的可执行程序生成在 kernel_out/bin/ 目录下,并连同 kernel_out/musl/ 目录下的动态库等文件,一起复制到 //out/hispark_taurus/ipcamera_hispark_taurus/rootfs/ 对应的目录中。

编译到 init_lite 组件时生成的 init 可执行程序,在执行 gen_rootfs 步骤时被复制到 rootfs/bin/ 中,并将已有的 LiteOS_A 内核自带的应用程序 init 替换掉(详见 5.2.6 节的分析)。

上面是针对 LTS 1.1 版本代码的小型系统的 LiteOS_A 内核和原生 shell 做出的简单分析。

在 LTS 3.0 版本的代码中,LiteOS_A 内核的小型系统增加了对第三方的 mksh 和 toybox 的支持。mksh 是一个 shell 脚本命令解释器,其代码和编译脚本位于 //third_party/mksh/ 目录下。真正执行具体 shell 命令的是 toybox 工具集,其代码和编译脚本位于 //third_party/toybox/ 目录下。

mksh 和 toybox 连同 LiteOS_A 内核原生 shell 一起编译出来,并同时部署在系统的 ./bin/ 目录下,LTS 3.0 分支代码的 //kernel/liteos_a/apps/BUILD.gn 如代码清单 4-29 所示。

代码清单 4-29　//kernel/liteos_a/apps/BUILD.gn

```
if (defined(LOSCFG_SHELL)) {
    deps += [
        "shell",
        "mksh",
        "toybox",
    ]
}
```

在生成 rootfs 烧录镜像时,会同时生成 rootfs_vfat.img 和 mksh_rootfs_vfat.img 这两个镜像。前者默认使用原生的 shell,后者默认使用 mksh。这两个镜像除了 shell 不同外,几乎没有差别。因此,在烧录开发板时,任选其一来烧录即可。

用户态根进程在启动时,加载的 init.cfg 会因 shell 的不同而有细微差别,详见代码清单 4-30 和代码清单 4-31。

代码清单 4-30　//vendor/hisilicon/hispark_taurus/BUILD.gn

```
group("hispark_taurus") {
    deps = [ "init_configs" ]
}
```

代码清单 4-31　//vendor/hisilicon/hispark_taurus/init_configs/BUILD.gn

```
copy("init_configs") {
    sources = [ "init_liteos_a_3516dv300.cfg" ]
```

```
    outputs = [ "$root_out_dir/config/init.cfg" ]    # 用 init.cfg 作为默认启动配置
}
copy("init_configs_mksh") {
  sources = [ "init_liteos_a_3516dv300_mksh.cfg" ]
  outputs = [ "$root_out_dir/config/init_mksh.cfg" ] # 默认不使用 init_mksh.cfg 启动配置
}
```

使用原生 shell 的 LiteOS_A 内核的小型系统，其提示符如下所示：

```
OHOS #
```

执行 "ls ./bin/" 命令时，可以看到包含 mksh 和 toybox 可执行程序。执行 "./bin/mksh" 命令，可以切换为使用 mksh，提示符会变为：

```
OHOS # ./bin/mksh
OHOS:/$
OHOS:/$ ./bin/shell
OHOS #
```

再次执行 "./bin/shell" 命令即可退出 mksh，返回到原生的 shell。

同样地，使用 mksh 的 LiteOS_A 内核的小型系统，也可以通过执行 "./bin/shell" 命令和 "./bin/mksh" 命令来切换使用不同的 shell。

Linux 内核的小型系统默认使用的是 mksh，如代码清单 4-32 所示。在该文件中也可以看到，标准系统使用的也是 mksh，不过编译成可执行程序后名字改成了 sh，其他不变。

代码清单 4-32　//base/startup/init_lite/services/BUILD.gn

```
if (defined(ohos_lite)) {
  # feature: init
  executable("init_lite") {
......
    if (ohos_kernel_type == "linux") {  #Linux 内核小型系统
      ......
      deps += [
        "//third_party/mksh",
        "//third_party/toybox",
      ]
    }
......
} else {
  ohos_executable("init") {   #标准系统 init 进程
    if (use_musl) {
      deps += [
        "//third_party/mksh:sh",   #默认 mksh，编译成可执行程序 sh
        "//third_party/toybox:toybox",
      ]
    }
  }
}
```

更具体的编译配置，读者可自行分析 //third_party/mksh/ 和 //third_party/toybox/ 目录下相关的编译脚本。

4.6　编译相关的目录结构

4.6.1　小型系统 build 相关的文件和目录结构

我们将小型系统 build 相关的目录和文件整理成表，如表 4-3 所示。

表 4-3　小型系统 build 相关的文件和目录结构

小型系统：编译构建系统 **build** 相关的文件和目录结构			
//ohos_config.json	hb set 命令生成的产品配置信息		
//build.py	编译脚本的软链接，链接到//build/lite/build.py		
//build/ lite/	小型系统、轻量系统编译入口		
	components/	所有子系统、组件、编译目标的描述文件（如 applications.json 等）	
	config/	编译相关的配置项	
		component/	组件相关的模板定义，包括静态库、动态库、扩展组件、模拟器库等
		cJSON、openssl、zlib	子目录下是第三方库的 BUILD.gn
		lite_component.gni	定义组件相关的模板
		kernel/	子目录内是编译内核的默认编译符号配置
		subsystem/	子系统模板
		aafwk、graphic、hiviewdfx、	子系统的配置和 BUILD.gn
		lite_subsystem.gni	子系统模板
		BUILD.gn	定义一组配置对象的定义，用于定义其他组件和编译目标
		BUILDCONFIG.gn	定义编译工具链等相关配置
		hap_pack.gni	hap 应用打包和签名相关配置模板
		test.gni	定义测试相关的模板
	hb/	hb 工具的源代码，包含 build、clean、set 等命令的 Python 源代码	
	ndk/	NDK（Native Development Kit）主要包括系统提供的 C/C++接口的库文件、编译工具链、编译脚本工具和接口描述文档等	
	toolchain/	编译工具链相关（clang、gcc），包括编译器路径、编译选项、链接选项、编译规则模板等	
	platform/*/ init.ld	开发板平台上电之后的引导程序，见子目录的 init.ld 文件（在 LTS 3.0 分支代码中已移除该子目录）	

续表

小型系统：编译构建系统 build 相关的文件和目录结构			
//build/ lite/	.gn	Gn 启动构建的入口文件；规则固定，会自动读取	
	BUILD.gn	定义生成 meta-targets"ohos"的依赖关系	
	ohos_var.gni	定义使用于所有组件的全局变量	
	build.py	编译脚本入口	
	testfwk/	make_rootfs/	gen_rootfs.py	一组编译相关的脚本文件
	build_ext_com ponents.py	copy_files.py	gen_module_notice_file.py	
	gn_scripts.py	hap_pack.py	setup.py/utils.py	
	figures/、README.md、README_zh.md			README 文档
//vendor/hisilicon/ hispark_taurus/	HiSpark_taurus(Hi3516DV300)参考开发板，编译框架适配、解决方案参考代码和脚本		
	config/	板级设备树的描述文件（.hcs）	
	hals/	硬件抽象层部分接口的实现	
	init_configs/ init_liteos_a_ 3516dv300.cfg、 BUILD.gn	编译生成//out/hispark_taurus/ipcamera_hispark_taurus/config/init.cfg，生成 rootfs 时打包到/etc/init.cfg，由用户态根进程调用，据此配置启动系统框架层 BUILD.gn 定义 target:init_configs 的生成规则	
	config.json	产品全量配置表（包含子系统、组件列表等信息）	
	BUILD.gn	定义生成 targets"hispark_taurus"的依赖关系	
//vendor/hisilicon/ hispark_pegasus/	HiSpark_pegasus（Hi3861V100）参考开发板，编译框架适配、解决方案参考代码和脚本		
	hals/	硬件抽象层部分接口的实现	
	config.json	产品全量配置表（包含子系统、组件列表等信息）	
	BUILD.gn	编译入口配置	

在 Master 分支和 LTS 3.0 分支的代码中，上述目录下的文件有部分调整，请读者注意区分。

4.6.2　小型系统 out 相关的文件和目录结构

我们将小型系统编译输出的 out 相关的目录和文件整理成表，如表 4-4 所示。

表 4-4 小型系统 out 相关的文件和目录结构

小型系统：编译构建输出结果**//out/hispark_taurus/ipcamera_hispark_taurus/相关的文件和目录结构**	
bin/init、appspawn... module_*Test.bin	系统用户态关键服务进程，打包到/rootfs/bin/目录下（只有一个 module_ActsUiInterfaceTest1.bin 被打包进 rootfs 中，其 余 module_*Test.bin 都没有打包进去）
config/init.cfg	打包到/rootfs/etc/目录下
data/.ini、.dat、.otf	用户数据和相关配置，打包到/userfs/data/目录下
dev_tools/bin/*	
etc/ai_engine_plugin. ini	打包到/rootfs/etc/目录下
gen/build/lite/	空目录
libs/*.a 和 usr/*.so	静态库和动态库文件，130 多个动态库会打包到 /rootfs/usr/libs/目录下
NOTICE_FILE/NOTICE	Copyright notice（版权声明）
obj/*.o、*.ninja、*.stamp	编译过程产生的.o 文件、.ninja 文件和时间戳文件
obj/foundation/distrib utedschedule/samgr_lite/ config/system_capability. json	文件来源于//foundation/distributedschedule/samgr_ lite/config/system_capability.json，打包到/rootfs/etc/ 目录下
obj/kernel/liteos_a/ musl/libc.so、libc++.so	内核的 libc 和 libc++库，打包到/rootfs/lib/目录下
suites/acts.zip 和 acts/	测试相关
system/internal/*.hap	系统内置的 hap 应用（目前 5 个），打包到/rootfs/system/ internal/目录下
test/unittest/*.bin	合规测试相关程序
test_info/*.mlf	合规测试相关信息
userfs/data/.ini、.dat、 .otf	由 data/目录复制过来
vendor/firmware/hi3881/ hi3881_fw.bin、wifi_cfg	WiFi 模组固件和配置文件，把下面两个文件复制到这里，最后打包到 /rootfs/vendor/firmware/目录下 LTS 3.0://device/hisilicon/drivers/firmware/common/ wlan/hi3881/hi3881_fw.bin 和 wifi_cfg Master://device/soc/hisilicon/common/platform/wifi/ hi3881v100/firmware/hi3881_fw.bin 和 wifi_cfg
.ninja_deps	描述 Ninja 程序执行的编译规则和相关依赖关系的二进制文件
.ninja_log	执行 Ninja 程序的日志文件

续表

小型系统：编译构建输出结果//out/hispark_taurus/ipcamera_hispark_taurus/相关的文件和目录结构	
error.log	编译出错的日志文件
build.log	编译过程的日志文件
args.gn	编译系统的入口参数描述
build.ninja.d	整个系统中需要编译的代码的 BUILD.gn 的路径集合
build.ninja	Gn 根据 build.ninja.d 生成 obj 目录下各个组件自己的 .ninja 文件，并引入 toolchain.ninja
toolchain.ninja	工具链相关编译规则和依赖关系的详细描述；它们结合 obj 目录下各个组件自己的 .ninja 文件，构成了整个系统的编译规则和依赖关系
liteos.bin	
rootfs.tar	根文件系统文件；在 OpenHarmony 系统启动阶段，初始化系统时，会挂载 /rootfs 文件系统，然后运行其上的 /bin/init 来启动用户态根进程，并根据 /etc/init.cfg 的配置启动系统框架层的关键服务；可以用 tar -tf rootfs.tar 查看里面的内容
rootfs_vfat.img	烧录到开发板的 rootfs 镜像
userfs_vfat.img	烧录到开发板的 userfs 镜像
OHOS_Image.bin	烧录到开发板的 OHOS 镜像
OHOS_Image	
OHOS_Image.asm	
OHOS_Image.map	map 文件，保存了整个工程的静态文本信息，里面有所有函数的入口地址，可以从中找到代码段(.text)、全局未初始化区(.bss)、数据段(.data)等
*.map	

在 Master 分支和 LTS 3.0 分支的代码中，上述目录下的文件有部分调整，请读者注意区分。

4.6.3 小型系统 rootfs 相关的文件和目录结构

我们将小型系统根文件系统 rootfs 解压出来，然后将目录和文件整理成表，如表 4-5 所示。

表 4-5 小型系统 rootfs 目录结构

小型系统：编译构建输出结果 rootfs 相关的文件和目录结构（执行 tar -tf rootfs.tar 命令进行解压）		
bin/	init	用户态根进程
	Shell、apphilogcat、foundation、bundle_daemon、appspawn、media_server、wms_server、sensor_service、ai_server	init.cfg 中启动的服务进程

续表

小型系统：编译构建输出结果 **rootfs** 相关的文件和目录结构（执行 **tar -tf rootfs.tar** 命令进行解压）		
bin/	Hilogcat、os_dump、tftp、module_ActsUiInterface Test1.bin	可以通过 shell 调用来启动的其他程序
etc/	init.cfg	将//vendor/hisilicon/hispark_taurus/init_configs/init_liteos_a_3516dv300.cfg 复制到//out/hispark_taurus/ipcamera_hispark_taurus/config/init.cfg，然后再复制到这里
	ai_engine_plugin.ini	编译生成，从//out/hispark_taurus/ipcamera_hispark_taurus/etc/ai_engine_plugin.ini 复制到这里
	system_capability.json	从源代码目录//foundation/distributedschedule/samgr_lite/config/system_capability.json 复制到//out/hispark_taurus/ipcamera_hispark_taurus/obj/foundation/distributedschedule/samgr_lite/config/system_capability.json，然后再复制到这里
	os-release	文本文件，记录了系统的版本号和系统编译时间
lib/	libc++.so	编译内核时生成的标准 C++库和标准 C 库；从//out/hispark_taurus/ipcamera_hispark_taurus/obj/kernel/liteos_a/musl/目录下复制到这里
	libc.so	
system/	external/	空
	internal/	系统内置的几个应用，其中包括 camera.hap、setting.hap 等
usr/	bin/	空
	lib/	130 多个动态链接库，包括 libVoiceEngine.so、lib_hiacs.so 等
vendor/	firmware/	表 4-4 中的 hi3881_fw.bin 和 wifi_cfg 会复制到这里

　　在 Master 分支和 LTS3.0 分支的代码中，上述目录下的文件有部分调整，请读者注意区分。

4.7　标准系统的编译流程

　　本节将基于 LTS 3.0 分支代码，对标准系统和 Linux 内核小型系统的一些编译细节进行梳理。Master 分支代码在部分细节上与 LTS 3.0 分支代码存在一些小差异，下文在遇到的地方会进行简单说明。

4.7.1　build 和 out 相关的文件和目录结构

　　标准系统的 build 目录和 out 目录也包含了小型系统和轻量系统的内容，如表 4-6 所示。

表 4-6　标准系统 build 和 out 相关的文件和目录结构

标准系统：编译构建系统 build 的文件和目录结构	
//ohos_config.json	小型系统、轻量系统通过 hb set 命令生成的产品配置信息
//build.py	小型系统、轻量系统编译脚本的软链接，链接到 //build/lite/build.py
//build/lite/	小型系统、轻量系统的编译入口，该目录与表 4-3 对应的目录类似
../OpenHarmony_prebuilts_pkgs/	代码根目录的同级目录，用于临时保存下载的预编译的二进制库文件，在系统编译成功后可以删除该目录，后续有需要的时候再执行 ./build/prebuilts_download.sh 脚本重新下载即可
//.ccache/	编译标准系统时使用 ccache 工具产生的缓存文件和日志文件
//ccache.log 和 ccache.log.old	
//build.sh	标准系统编译脚本的软链接，链接到 //build/build_scripts/build.sh
//.gn	编译入口文件的软链接，链接到 //build/core/gn/dotfile.gn
//build/	编译构建子系统入口	
	prebuilts_download.sh	下载和解压预编译的二进制库文件的脚本，包含配置 Node.js 环境和获取 Node_modules 依赖包的步骤
	OAT.xml 和 LICENSE	OAT（OSS Audit Tool，开源软件审查工具），与开源软件的 LICENSE 声明相关
	ohos_system.prop	ohos 系统的编译属性描述
	ohos.gni	编译模板相关定义，它会被各编译模块导入后使用
	ohos_var.gni	编译 ohos 的全局参数的定义，在 //out/build_configs/ 目录下还有其他的一些定义
	version.gni	编译 ohos 相关的版本信息
	test.gni	编译 ohos 测试模块相关的模板的定义
	subsystem_config.json	子系统列表信息，这些信息在预加载（preloader）阶段被加载，并根据子系统名称和路径信息查找对应路径下的 ohos.build 文件
	subsystem_config_example.json	
	print_python_deps.py	打印出指定模块的非系统性依赖关系（non-system dependencies）的脚本
	gn_helper.py	按 Gn 语法规则来写编译脚本时，可以通过 gn help 命令来打印帮助信息的脚本
	zip.py	打包文件系统时用到的脚本
	config/	与编译工具链相关的配置项

续表

标准系统：编译构建系统 build 的文件和目录结构			
//build/	core/	gn/	编译入口的.gn 文件和 BUILD.gn 文件
		build_scripts/	整体的编译相关脚本，被 build_scripts 下的脚本调用
	common/		"subsystem": "common"的编译配置，该子系统没有加入到 subsystem_config.json 中
	build_scripts/		整体的编译相关脚本
	scripts/		与编译相关的各种独立功能的 Python 脚本
	loader/		预加载（preloader）阶段执行的脚本，根据各个组件的配置和相关模板，生成各组件的详细信息文件，这些信息会被后继的编译步骤所使用
	misc/		不好归类的代码、脚本和模板等
	ohos/		各子系统、组件在编译和打包的过程中需要用到的模板、配置文件和 Python 脚本等
	templates/		C/C++编译模板定义
	toolchain/		编译工具链配置
	tool/		检查模块依赖性的脚本工具
//out/	编译 OpenHarmony 的输出目录（LTS 3.0 和 Master 分支的子目录稍有不同）		
	LTS 3.0: build_configs/ Master: preloader		标准系统的部分编译配置和产品组件列表（详见表 4-7）
	LTS 3.0: ohos-arm-release/ Master: hi3516 dv300/		编译标准系统的输出目录，位于该目录下的子目录大部分用于存放各子系统、组件编译出来的可执行程序和动态链接库：exe.unstripped/和 lib.unstripped/目录存放的是没有去除符号表信息的可执行程序和动态链接库；obj/目录存放的是静态库、.ninja 文件和其他中间文件；packages/phone/images/目录下存放的是可烧录的系统镜像文件
	KERNEL_OBJ/		标准系统的 Linux 内核源代码的副本，以及在这里编译 Linux 内核的中间文件、内核镜像等
	hispark_pegasus/		编译轻量系统（LiteOS_M 内核）的输出目录
	hispark_taurus/	ipcamera_hispark_taurus/	编译小型系统（LiteOS_A 内核）的输出目录
		ipcamera_hispark_taurus_linux/	编译小型系统（Linux 内核）的输出目录，子目录 kernel/是 Linux 内核源代码的副本，在这里编译 Linux 内核

在 LTS 3.0 分支和 Master 分支的 //build/ 目录下，会直接与 lite/ 目录并列存放编译标准系统的相关脚本和配置信息，请读者仔细区分，以免造成困惑。

另外，由于系统的快速迭代，LTS 3.0 分支和 Master 分支的部分目录和配置存在不同，请读者注意区分。

4.7.2　标准系统的编译流程

标准系统的编译入口是代码根目录下的 build.sh，它是 //build/build_scripts/ build.sh 的软链接。可以执行下述命令来查看帮助信息。

```
$./build.sh --help
```

全编译标准系统的基本命令如下所示：

```
$./build.sh --product-name Hi3516DV300 --ccache
```

标准系统的编译结果在 //out/ohos-arm-release/ 目录下。

编译标准系统 SDK 的命令如下所示：

```
$./build.sh --product-name ohos-sdk --ccache
```

SDK 的编译结果在 //out/ohos-arm64-release/ohos-sdk/ 目录下。

如果要单独编译某个指定的部件（part，等同于小型系统的组件 component），可以添加参数进行编译：

```
$./build.sh --product-name Hi3516DV300 --ccache parts_name
```

如果要单独编译某个指定的目标（target），如 linux kernel，可以添加参数进行编译：

```
$./build.sh --product-name Hi3516DV300 --ccache --build-target linux_kernel
```

标准系统的编译流程可以分为 5 个步骤来进行分析，其中一些步骤还可以细分为更小的步骤。下面我们来看一下。

> 注意　　　结合本书资源库中的 "Chapter4_7_标准系统的完整编译日志.txt" 文件，可更好地理解本节的内容。

1. 步骤 1：执行 build.sh 脚本

执行 build.sh 脚本（见代码清单 4-33），在该脚本所在的目录下查找 .gn 文件，解析其配置，并将其添加到当前的编译环境中。

代码清单 4-33　//build/build_scripts/build.sh

```
source_root_dir="${script_path}"
while [[ ! -f "${source_root_dir}/.gn" ]]; do
```

接下来执行 tools_checker.py 脚本，检查编译环境以及编译依赖工具是否满足需要。

然后再带参数执行 preloader.py 脚本，如代码清单 4-34 所示。需要注意的是，Master

分支代码的参数与这里的 LTS 3.0 分支代码的参数有一些差别。

代码清单 4-34 //build/build_scripts/build.sh

```
${PYTHON3} ${source_root_dir}/build/loader/preloader/preloader.py
  --product-name ${product_name}
  --source-root-dir ${source_root_dir}
  --products-config-dir "productdefine/common/products"
  --preloader-output-root-dir "out/build_configs"
```

在代码清单 4-34 中，前两个参数分别是产品名字 Hi3516DV300 和源代码的根目录，第三个参数是预定义的产品配置表 Hi3516DV300.json 的存放路径，第四个参数是 preloader.py 脚本执行的输出目录。

preloader.py 脚本的作用是根据上面的 4 个显式参数以及各种隐式的环境变量参数等，经过判断和组合，一步步生成//out/build_configs/目录下的各个配置文件，如表 4-7 所示。

表 4-7 预加载的产品重要信息

//out/build_configs/	执行//build/loader/preloader/preloader.py 生成的目录及重要信息	
subsystem_config.json	子系统列表以及相关的路径等重要信息	
Hi3516DV300/preloader/	也就是产品的全量配置信息	
	build.prop	以两种文件格式保存的 device、product、system 等重要参数
	build_config.json	
	parts.json	当前产品的部件列表
standard_system/	platforms.build	平台产品类型（phone）的 cpu 分类（arm、arm_64）以及对应的编译工具链信息（ohos_clang_arm、ohos_clang_arm_64）

这些配置文件将用作后继编译步骤的基础参数。注意，在 Master 分支代码中，表 4-7 中的所有内容全部生成到//out/preloader/Hi3516DV300/目录下。

再接下来就是带参数执行 build_standard.sh 脚本，以编译标准系统源代码并生成烧录镜像，如代码清单 4-35 所示。

代码清单 4-35 //build/build_scripts/build.sh

```
${source_root_dir}/build/build_scripts/build_${system_type}.sh
  --product-name ${product_name}
  --device-name ${device_name}
  --target-os ${target_os}
  --target-cpu ${target_cpu}
  ${build_params}

if [[ "${PIPESTATUS[0]}" -ne 0 ]]; then
    echo -e "\033[31m=====build ${product_name} error.\033[0m"
    exit 1
fi
echo -e "\033[32m=====build ${product_name} successful.\033[0m"
```

在 `build_standard.sh` 执行完后，要么编译成功，要么编译失败。但是，无论哪种情况，都会将成功或失败的信息回显到终端上。

2. 步骤 2：执行 build_standard.sh 脚本

要执行的 `build_standard.sh` 脚本如代码清单 4-36 所示。它的作用是引入 `parse_params.sh` 来分析参数，然后引入 `build_common.sh` 并执行其中的 `do_make_ohos()` 函数来执行编译操作。

代码清单 4-36　//build/build_scripts/build_standard.sh

```
source ${script_path}/parse_params.sh
system_type="standard"
source ${script_path}/build_common.sh
do_make_ohos
```

3. 步骤 3：执行 build_common.sh 脚本的 do_make_ohos()

`do_make_ohos()` 函数首先为 `build_ohos.sh` 脚本收集一组重要的编译参数，其中包含显式的 `gn_args` 和隐式的 `ninja_args` 等，然后带着这些参数执行 `build_ohos.sh` 脚本，开始编译整个系统。

上面这 3 个步骤的流程可以整理为图 4-4。

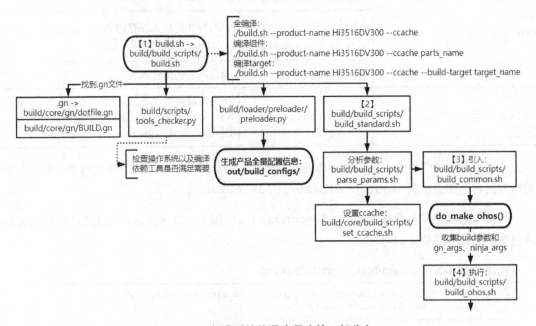

图 4-4　标准系统编译流程（第 1 部分）

4. 步骤 4：执行 build_ohos.sh 脚本

执行的 `build_ohos.sh` 脚本如代码清单 4-37 所示。

代码清单 4-37　//build/build_scripts/build_ohos.sh

```
main()
{
```

```
    source ${BUILD_SCRIPT_DIR}/pre_process.sh
    pre_process "$@"
    source ${BUILD_SCRIPT_DIR}/make_main.sh
    do_make "$@"
    source ${BUILD_SCRIPT_DIR}/post_process.sh
    post_process "$@"
    exit $RET
}
```

这一步可以细分为下面的 3 步。

● 引入//build/core/build_scripts/pre_process.sh 并执行 pre_process()：主要涉及参数的分析和处理、日志文件的处理、编译中途通过 Ctrl+C 组合键中断编译的后期处理。

● 引入//build/core/build_scripts/make_main.sh 并执行 do_make()：这是真正的编译主体，包含生成 build.log、执行 Gn 和 Ninja 等具体的编译步骤（详情见步骤 5 的分析）。

● 引入//build/core/build_scripts/post_process.sh 并执行 post_process()：完成编译后的收尾处理，或者执行 Ctrl+C 组合键中断编译的后期处理，其中包括计算编译时间、更新 pycache/ccache 状态，统计并打印编译统计数据等。

这 3 个细分步骤的流程可整理为如图 4-5 所示。

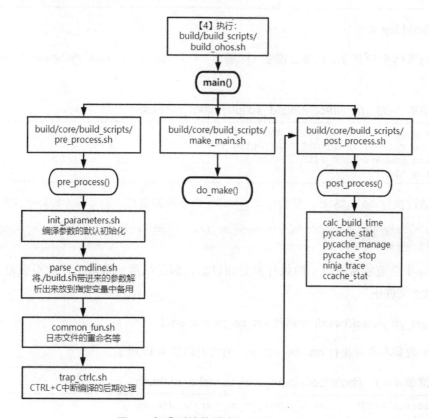

图 4-5 标准系统编译流程（第 2 部分）

5. 步骤 5：执行 make_main.sh 脚本的 do_make()

这一步也可细分为以下 4 步。

- 生成目标输出目录。

- 生成 build.log 文件。

- 引入 get_gn_parameters.sh 并执行 get_gn_parameters()。

- 收集 Ninja 的编译参数，并执行 ninja 命令开始编译。

这样一来，后两个小步就可以与 4.1 节分析的内容对应起来了。下面分别看一下这 4 个步骤。

生成目标输出目录

如代码清单 4-38 所示，目标输出目录 TARGET_OUT_DIR 由多个参数拼接而成，通过参数代入可以得知这个 TARGET_OUT_DIR 为.../out/ohos-arm-release。该目录不存在的话，就通过 mkdir 命令创建它。

代码清单 4-38　//build/core/build_scripts/make_main.sh

```
TARGET_OUT_DIR=${BASE_HOME}/${OUT_DIR}/${TARGET_OS}-${TARGET_ARCH}-${BUILD_VARIANT}
if [[ ! -d "${TARGET_OUT_DIR}" ]];then
    mkdir -p ${TARGET_OUT_DIR}
fi
```

生成 build.log 文件

如代码清单 4-39 所示，这里会准备（即新建）//out/ohos-arm-release/build.log 文件。

代码清单 4-39　//build/core/build_scripts/make_main.sh

```
# prepare to save build log
LOG_FILE=${TARGET_OUT_DIR}/build.log
log_prepare $LOG_FILE
log "$@"
```

然后通过执行 log "$@"，把执行 do_make 命令的参数打印到 build.log 文件中：

```
product_name=Hi3516DV300 target_os=ohos target_cpu=arm gn_args=is_standard_system=
true build_target=images
```

在这一步之前的所有脚本的执行信息和日志，都是回显到终端上，并不会记录到这个 build.log 文件中。

引入 get_gn_parameters.sh 并执行 get_gn_parameters()

接下来收集参数并执行 gn gen 命令，如代码清单 4-40 所示。

代码清单 4-40　//build/core/build_scripts/make_main.sh

```
source ${BUILD_SCRIPT_DIR}/get_gn_parameters.sh
get_gn_parameters
if [ "${SKIP_GN_PARSE}"x = falsex ]; then
```

```
        ${BUILD_TOOLS_DIR}/gn gen ${TARGET_OUT_DIR} \
            --args="target_os=\"${TARGET_OS}\" target_cpu=\"${TARGET_ARCH}\"
    is_debug=false \
            product_name=\"${PRODUCT_NAME}\" \
            is_component_build=true \
            ${GN_ARGS} ${TEST_BUILD_PARA_STRING}  ${IS_ASAN} \
            release_test_suite=${RELEASE_TEST_SUITE}" 2>&1 | tee -a $log
    fi
```

这里在执行 gn gen 命令时，将会根据.gn 文件的 root="//build/core/gn"参数，将 //build/core/gn/BUILD.gn 文件作为编译入口，按从上到下的顺序执行代码清单 4-41 和 代码清单 4-42 所示的 BUILD.gn 文件中的命令。

代码清单 4-41　//build/core/gn/BUILD.gn

```
build_loader_script = rebase_path("//build/loader/load.py")
_platforms_config_file = "//out/build_configs/standard_system/platforms.build"
_subsystem_config_file = "//out/build_configs/subsystem_config.json"
arguments += [......]
load_result = exec_script(build_loader_script, arguments, "string")
```

这里为 load.py 脚本收集 args 参数，然后执行 load.py 脚本。通过在 load.py 脚本 中加日志可打印出各个小步骤所做的事情，如日志清单 4-1 所示。

日志清单 4-1　标准系统编译时，Gn 解析并运行 BUILD.gn 脚本

```
//build/loader/load.py:
load.py: load: begin:#########################################
args: Namespace(build_platform_name='phone', build_xts=False, example_subsystem_
file=None, gn_root_out_dir='/home/ohos/Ohos/LTS60G/B_LTS3/out/ohos-arm-release',
ignore_api_check=['xts', 'common', 'subsystem_examples'], platforms_config_file=
'/home/ohos/Ohos/LTS60G/B_LTS3/out/build_configs/standard_system/platforms.build',
scalable_build=False, source_root_dir='/home/ohos/Ohos/LTS60G/B_LTS3/', subsystem_
config_file='/home/ohos/Ohos/LTS60G/B_LTS3/out/build_configs/subsystem_config.json',
target_cpu='arm', target_os='ohos')
load.py: load: create: config_output_relpath: out/ohos-arm-release/build_configs
load.py: load: create: //out/ohos-arm-release/build_configs/subsystem_info/*.json
load.py: load: create: //out/ohos-arm-release/build_configs/platforms_info/*.json
......【略】
load.py: load: create: /home/ohos/Ohos/LTS60G/B_LTS3/out/ohos-arm-release/build_
configs/parts_different_info.json
load.py: load: create: /home/ohos/Ohos/LTS60G/B_LTS3/out/ohos-arm-release/build_
configs/infos_for_testfwk.json & target_platforms_parts.json
load.py: load: end. #########################################
```

可以看出执行 load.py 脚本后生成了//out/ohos-arm-release/build_configs/ 目录下的几乎所有的编译配置文件，为接下来的系统编译提供了材料和依据。

继续执行//build/core/gn/BUILD.gn，如代码清单 4-42 所示。

代码清单 4-42　//build/core/gn/BUILD.gn

```
#product_name = Hi3516DV300
# gn target defined
if (product_name == "ohos-sdk") {  # 编译的产品名字是 ohos-sdk 时，会执行这里
  group("build_ohos_sdk") {
    deps = [ "//build/ohos/sdk:ohos_sdk" ]
  }
} else {  # 编译的产品名字不是 ohos-sdk 时，会执行这里去编译和生成 make_all 这个目标
```

```
    group("make_all") {
      deps = [
        ":images",
        ":make_inner_kits",
        ":packages",
      ]
    }
......
  }
```

这里的编译目标 make_all 就是标准系统的总的构建目标。根据 Gn 的编译规则，需要先遍历 make_all 依赖的组件（images、make_inner_kits、packages）和递归遍历依赖的其他组件，并生成所有编译目标对应的.ninja 文件，然后才会将这些依赖的组件汇总为构建目标 make_all。

收集 Ninja 的编译参数，并执行 ninja 命令开始编译

执行 ninja 命令，生成中间文件和最终的构建目标，如代码清单 4-43 所示。编译过程也会全部记录在 build.log 文件中。

代码清单 4-43　//build/core/build_scripts/make_main.sh

```
ninja_build_args="--source-root-dir ${BASE_HOME} --root-build-dir ${TARGET_
OUT_DIR}
        --build-target-name ${BUILD_TARGET_NAME}"
if [ "${TARGET_PLATFORM}" != "" ];then
    ninja_build_args="$ninja_build_args --target-platform ${TARGET_PLATFORM}"
fi
real_build_target=$(python ${BASE_HOME}/build/scripts/build_target_handler.py
$ninja_build_args)
......
${BUILD_TOOLS_DIR}/ninja -d keepdepfile
    -C ${TARGET_OUT_DIR} ${real_build_target} ${NINJA_ARGS} 2>&1 | tee -a $log
```

在 ninja 命令执行完毕后，do_make() 也就结束了，这意味着编译完成。

需要注意的是，有些模块（比如 Linux 内核模块）不使用 Gn 和 Ninja 来编译，而是在 BUILD.gn 中调用 shell 脚本来执行 make 程序解析 Makefile 进行编译。

4.7.3　Linux 内核编译流程

在标准系统中，单独编译 Linux 内核组件的命令如下所示：

```
$./build.sh --product-name Hi3516DV300 --ccache --build-target linux_kernel
```

在小型系统中，单独编译 Linux 内核组件的命令如下所示：

```
$hb build -T linux_kernel
```

> **注意**　本节的内容可以参考 9.5.2 节的 Linux 内核编译流程图进行理解。

内核组件的编译入口为//kernel/linux/build/BUILD.gn，如代码清单 4-44 所示。

代码清单 4-44 //kernel/linux/build/BUILD.gn

```
import("//build/ohos/kernel/kernel.gni")
if (defined(ohos_lite)) {
    # 小型系统的 Linux 内核编译入口
    build_ext_component("linux_kernel") {
    exec_path = rebase_path(".", root_build_dir)
    outdir = rebase_path("$root_out_dir")
    clang_dir = ""
    if (ohos_build_compiler_dir != "") {
        clang_dir = rebase_path("${ohos_build_compiler_dir}")
    }
    build_type = "small"      # 系统类型
    product_path_rebase = rebase_path(product_path, ohos_root_path)
    # 小型系统编译 Linux 内核的执行脚本
    command = "./kernel_module_build.sh ${outdir} ${build_type} ${clang_dir}
              ${product_path_rebase} ${board_name} ${kernel_version}"
    deps = [ "//build/lite:mark_as_prebuilts" ]
  }
} else {
    # 标准系统的 Linux 内核编译入口
    kernel_build_script_dir = "//kernel/linux/build"
    # 内核源代码目录
    kernel_source_dir = "//kernel/linux/$kernel_version"
    action("build_kernel") {
        # 标准系统编译 Linux 内核的执行脚本，会调用 kernel_module_build.sh
        script = "build_kernel.sh"
        sources = [ kernel_source_dir ]
        product_path="vendor/$product_company/$product_name"
        build_type = "standard"      # 系统类型
        outputs = [ "$root_build_dir/packages/phone/images/uImage" ]
        args = [
            rebase_path(kernel_build_script_dir, root_build_dir),
            rebase_path("$root_out_dir/../KERNEL_OBJ"),
            rebase_path("$root_build_dir/packages/phone/images"),
            build_type,
            rebase_path("$clang_base_path"),
            product_path,
            device_name,
            kernel_version
        ]
    }
    group("linux_kernel") {
        deps = [
            ":build_kernel",
        ]
    }
}
```

在这个文件的前面，有 import("//build/ohos/kernel/kernel.gni") 这一行代码。打开 kernel.gni，可以看到如代码清单 4-45 所示的内容。该文件中指定了编译的 Linux 内核版本。

代码清单 4-45 //build/ohos/kernel/kernel.gni

```
declare_args() {
    # 默认编译 5.10 版本的内核，这里可以改成编译 4.19 版本的内核
    linux_kernel_version = "linux-5.10"
}
```

小型系统与标准系统使用的编译 Linux 内核的脚本可以说是一样的，只是两者使用的编译参数稍有不同，导致 Linux 内核源代码复制到 out 目录下的路径有所不同。除此之外，其他流程都是一样的。

先看一下标准系统用来编译内核的 build_kernel.sh 脚本，如代码清单 4-46 所示。

代码清单 4-46　//kernel/linux/build/build_kernel.sh

```
./kernel_module_build.sh ${2} ${4} ${5} ${6} ${7} ${8}
mkdir -p ${3}
cp ${2}/kernel/src_tmp/${8}/arch/arm/boot/uImage ${3}/uImage
```

可以发现，这里就是去掉了${1}和${3}两个参数，去调用 kernel_module_build.sh，生成内核镜像 uImage。然后执行 mkdir 命令生成${3}目录，最后执行 cp 命令将生成的uImage 文件复制到${3}指定的目录下。

再看一下 kernel_module_build.sh 脚本，如代码清单 4-47 所示。

代码清单 4-47　//kernel/linux/build/kernel_module_build.sh

```
......(略 if...elif...fi)
make -f kernel.mk

if [ -f "${LINUX_KERNEL_UIMAGE_FILE}" ];then
    echo "uImage: ${LINUX_KERNEL_UIMAGE_FILE} build success"
else
    echo "uImage: ${LINUX_KERNEL_UIMAGE_FILE} build failed!!!"
    exit 1
fi

if [ "$2" == "small" ];then
    cp -rf ${LINUX_KERNEL_UIMAGE_FILE} ${OUT_DIR}/uImage_${DEVICE_NAME}_smp
fi
```

在代码清单 4-47 中，前面省略掉的一段 if...elif...fi 的处理，主要是为了配置 LINUX_KERNEL_OUT 路径和编译工具链参数等（标准系统和小型系统的配置有细微的差别）。

接下来是执行 "make -f kernel.mk" 命令。该命令无论是编译成功还是失败，都会回显相应的提示到终端。

如果编译成功，小型系统会在这里执行 cp 命令，将 uImage 镜像复制到${OUT_DIR}指定的目录下，并改名为 uImage_hi3516dv300_smp，而标准系统则在前面的 build_kernel.sh 脚本中执行 cp 命令，如代码清单 4-46 所示。

打开在代码清单 4-47 中执行的 kernel.mk 文件，可以发现在编译 Linux 内核时分为了 7步，如代码清单 4-48 所示。

代码清单 4-48　//kernel/linux/build/kernel.mk

```
$(KERNEL_IMAGE_FILE):
$(hide) echo "build kernel..."
#步骤1
$(hide) rm -rf $(KERNEL_SRC_TMP_PATH);
        mkdir -p $(KERNEL_SRC_TMP_PATH);
        cp -arfL $(KERNEL_SRC_PATH)/* $(KERNEL_SRC_TMP_PATH)/
```

```
#步骤2
$(hide) cd $(KERNEL_SRC_TMP_PATH) &&
        patch -p1 < $(HDF_PATCH_FILE) &&
        patch -p1 < $(DEVICE_PATCH_FILE)
步骤3
$(hide) cp -rf $(KERNEL_CONFIG_PATH)/. $(KERNEL_SRC_TMP_PATH)/
#步骤4
$(hide) $(KERNEL_MAKE) -C $(KERNEL_SRC_TMP_PATH)
        ARCH=$(KERNEL_ARCH) $(KERNEL_CROSS_COMPILE) distclean
#步骤5
$(hide) $(KERNEL_MAKE) -C $(KERNEL_SRC_TMP_PATH)
        ARCH=$(KERNEL_ARCH) $(KERNEL_CROSS_COMPILE) $(DEFCONFIG_FILE)
ifeq ($(KERNEL_VERSION), linux-5.10)
#步骤6
$(hide) $(KERNEL_MAKE) -C $(KERNEL_SRC_TMP_PATH)
        ARCH=$(KERNEL_ARCH) $(KERNEL_CROSS_COMPILE) modules_prepare
endif
#步骤7
$(hide) $(KERNEL_MAKE) -C $(KERNEL_SRC_TMP_PATH)
        ARCH=$(KERNEL_ARCH) $(KERNEL_CROSS_COMPILE) -j64 uImage
endif

.PHONY: build-kernel
build-kernel: $(KERNEL_IMAGE_FILE)
```

执行代码清单 4-48 中步骤 1 的命令，删除 KERNEL_SRC_TMP_PATH 目录下的 Linux Kernel 源代码副本，包括上一次编译生成的中间文件和镜像文件，然后重新生成一个空的目录，再将 KERNEL_SRC_PATH 目录整体复制过去。

KERNEL_SRC_PATH 即 //kernel/linux/linux-5.10/，这里存放着原始的 Linux 内核源代码，还未加入 OpenHarmony 的各种适配修改。

按编译 Linux 5.10 版本的内核来看，KERNEL_SRC_TMP_PATH 目录会因为系统类型的不同而不同。

- 标准系统：KERNEL_SRC_TMP_PATH 目录是 //out/KERNEL_OBJ/kernel/src_tmp/linux-5.10/。

- 小型系统：KERNEL_SRC_TMP_PATH 目录是 //out/hispark_taurus/ipcamera_hispark_taurus_linux/kernel/linux-5.10/。

执行代码清单 4-48 中步骤 2 的命令，进入 KERNEL_SRC_TMP_PATH，把 //kernel/linux/patches/linux-5.10/hi3516dv300_patch/ 目录下的 hdf.patch 和 hi3516dv300.patch 两个补丁（patch）加入到 Linux Kernel 中，然后一起编译进内核镜像里。

hdf.patch 会把 //drivers/framework、//drivers/adapter/khdf/linux、//drivers/framework/include 这 3 个目录软链接到 KERNEL_SRC_TMP_PATH/ 的下面 3 个符号上：

- drivers/hdf/framework；

- drivers/hdf/khdf；

● include/hdf。

hdf.patch 还修改了 Linux 内核上的 vmlinux.lds.S、Kconfig、Makefile 等几个文件，这是在 Linux 内核上适配 OpenHarmony 驱动框架时所需要做的一些必要修改。

hi3516dv300.patch 主要是在 Linux 内核上适配 hi3516dv300 平台的板级硬件所需要做的一些修改，包括编译配置、镜像生成配置、芯片架构适配、设备树文件、驱动模块代码嵌入等相关的修改。hi3516dv300.patch 相当于将 Linux 内核移植到 Hi3516 开发板上所需要做的一些处理。本书目前暂不涉及系统移植相关的内容，对此感兴趣的读者可自行阅读这个补丁文件和对应的源代码文件进行分析和理解。

执行代码清单 4-48 中步骤 3 的命令，将 //kernel/linux/config/linux-5.10/ 目录下的芯片架构相关的配置文件复制到 KERNEL_SRC_TMP_PATH 对应的子目录下，编译时据此针对性地编译相关模块。

执行代码清单 4-48 中步骤 4～步骤 7 的命令开始编译内核，具体过程这里不再赘述。

因为 Hi3516 开发板的 CPU 是 32 位的 ARM 架构芯片，编译生成的 uImage 镜像位于 KERNEL_SRC_TMP_PATH/arch/arm/boot/ 目录下。在代码清单 4-46 和代码清单 4-47 中，这个 uImage 镜像会被复制到对应的镜像输出目录下，然后就可以用烧录工具将内核镜像烧录到开发板上了。

在 KERNEL_SRC_TMP_PATH/arch/arm/boot/ 目录下，同时还生成了 Image、zImage、zImage-dtb 等几个镜像文件，在同目录的 Makefile 中有描述它们的生成规则，如代码清单 4-49 所示。

代码清单 4-49　KERNEL_SRC_TMP_PATH/arch/arm/boot/Makefile

```
$(obj)/Image: vmlinux FORCE
    $(call if_changed,objcopy)

$(obj)/compressed/vmlinux: $(obj)/Image FORCE
    $(Q)$(MAKE) $(build)=$(obj)/compressed $@

$(obj)/zImage:      $(obj)/compressed/vmlinux FORCE
    $(call if_changed,objcopy)

$(obj)/zImage-dtb:      $(obj)/zImage $(DTB_OBJS_FULL) FORCE
    @cat $(obj)/zImage $(DTB_OBJS_FULL) > $@
    @$(kecho) '  Kernel: $@ is ready'

$(obj)/uImage:      $(obj)/zImage-dtb FORCE
    @$(check_for_multiple_loadaddr)
    $(call if_changed,uimage)
```

在代码清单 4-49 中，先将内核源码编译生成的原始镜像 Image 压缩成 zImage，然后再把由 .dts 文件编译生成的 .dtb 文件拼接到 zImage 的后面，打包生成 zImage-dtb，最后再打包成 uImage（通过比对 zImage、zImage-dtb、uImage 这 3 个二进制文件的差异，也可以看得出来）。

所以在烧录 uImage 时，内核镜像和 dtb（设备树二进制信息块）会一起烧录到设备上。在执行 bootm 命令加载内核镜像时，也是将两者一并加载到内存中。这样，uboot 就可以正常引导内核和设备驱动程序的启动了。

4.7.4　单独编译部件和模块

标准系统中的部件（part）和模块（module），分别对应小型系统里的组件（component）和目标（target）。

在全编译标准系统时，会生成//out/build_configs/Hi3516DV300/preloader/parts.json 文件，其中列出了标准系统的各个子系统提供的部件列表。在各部件对应的代码目录下会有一个 ohos.build 文件，以//base/startup/appspawn_standard/ohos.build 文件为例，如代码清单 4-50 所示。

代码清单 4-50　//base/startup/appspawn_standard/ohos.build

```
"subsystem": "startup",
"parts": {
    "startup_l2": {
        "module_list": [
            "//base/startup/appspawn_standard:appspawn",
            "//base/startup/appspawn_standard:appspawn_server",
            "//base/startup/appspawn_standard:appspawn_socket_client",
            ......
        ],
        ......
    }
    ......
}
```

可以看到这是 startup 子系统的 startup_l2 部件，而部件下的 module_list 则列出了该部件的各模块的信息，包括了模块的代码部署路径和模块名字。

在执行编译命令时，加上--build-target 和部件名字，即可单独编译该部件：

```
$./build.sh --product-name Hi3516DV300 --ccache --build-target startup_l2
```

在执行编译命令时，加上--build-target 和模块名字（或带有路径的模块名字），即可单独编译该模块：

```
$./build.sh --product-name Hi3516DV300 --ccache --build-target appspawn_server
$./build.sh --product-name Hi3516DV300 --ccache --build-target base/startup/
appspawn_standard:appspawn_server
```

部件和模块的编译输出文件分为如下两类。

- 可执行程序和动态链接库：位于//out/ohos-arm-release/startup/startup_l2/目录下。

- 静态库、配置文件等：位于//out/ohos-arm-release/obj/base/startup/appspawn_standard/目录下。

单独编译部件和模块后，可以在对应的目录下找到新生成的文件。可以使用 hdc 工具将这些可执行程序、动态链接库、配置文件等推送到开发板对应的目录下，覆盖掉开发板上已有的同名文件。这些文件在重启开发板后就可以生效，这样可以避免反复烧录整个系统或者某个分区，提高开发效率。

## 第 5 章

启动流程

『 5.1 轻量系统（LiteOS_M）的启动流程 』

在 Hi3861 开发板中，主芯片 Hi3861 基于 RISC-V 32 位指令集架构，而不是基于 ARM 架构（我在初次编写本节内容时，误以为对应 cortex-m7_nucleo_f767zi_gcc 工程的适配代码）。

在//kernel/liteos_m/targets/目录下是 LiteOS_M 内核支持的开发板示例工程源码和编译相关的配置。当时看 OpenHarmony 官方文档对 LiteOS_M 内核的介绍，我误以为 Hi3861 开发板用的是 Nucleo-F767Zi 这个工程的适配代码，于是以此为基础，进行了轻量系统启动流程前 3 个阶段的简单分析（见 5.1.1 节~5.1.3 节）。

后来，LTS 1.1 分支代码把 targets 目录下的很多"不合规的示例工程"删除了，其中包括 cortex-m7_nucleo_f767zi_gcc。所以，现在 targets 目录下的内容相较于在最初写作本节内容时，已经有了很大的变化。

Hi3861 开发板不支持 LiteOS_M 内核的编译和烧录，因此无法验证启动流程的前 3 个阶段。另外，这里的启动流程分析，重点是第五阶段的框架层的启动（而不是前 4 个阶段），所以这里依然以 Nucleo-F767Zi 工程为例，简单介绍轻量系统启动流程的前 3 个阶段，大家也可以结合最新代码上的 riscv_nuclei_gd32vf103_soc_gcc 示例工程的代码进行理解。

5.1.1 第一阶段：BootLoader 阶段

Hi3861 开发板上电开机后，BootLoader 先对基础硬件进行初始化，再把系统镜像从闪存（FLASH）加载到内存（DDR）中，最后跳转到内存中指定的入口位置去运行内核。整个过程做了很多复杂的事情，这里暂不深入分析。

这里的"指定的入口位置"，定义在编译系统生成系统镜像（链接阶段）时所依据的链接脚本中。如代码清单 5-1 所示的链接脚本中的 ENTRY(Reset_Handler)就是定义的入口。

代码清单 5-1　//kernel/liteos_m/targets/cortex-m7_nucleo_f767zi_gcc/STM32F767ZITx_
FLASH.ld

```
**   Abstract     : Linker script for STM32F767ZITx series
**                  2048Kbytes FLASH and 512Kbytes RAM
**
**                  Set heap size, stack size and stack location according
**                  to application requirements.
**
**                  Set memory bank area and size if external memory is used.
......
/* Entry Point, 定义的入口是 Reset_Handler 标记*/
ENTRY(Reset_Handler)
......
```

5.1.2　第二阶段：汇编语言代码阶段

BootLoader 程序跳转到 ENTRY(Reset_Handler) 入口后，就完成了它的使命。从 Reset_Handler 开始，进入到汇编语言代码去引导启动 LiteOS_M 内核，如代码清单 5-2 所示。

代码清单 5-2　//kernel/liteos_m/targets/cortex-m7_nucleo_f767zi_gcc/startup_stm32f767xx.s

```
/**
 * @brief  This is the code that gets called when the processor first
 *         starts execution following a reset event. Only the absolutely
 *         necessary set is performed, after which the application
 *         supplied main() routine is called.
 * @param  None
 * @retval : None
*/
 .section  .text.Reset_Handler
 .weak   Reset_Handler
 .type   Reset_Handler, %function

Reset_Handler:
 ldr   sp, =_estack      /* set stack pointer */
......
/* Call the clock system initialization function.*/
 bl  SystemInit
/* Call static constructors */
 bl  __libc_init_array
/* Call the application's entry point.*/
 bl  main
 bx  lr
.size  Reset_Handler, .-Reset_Handler
```

Reset_Handler 开始运行并调用一些重要的函数，如 SystemInit()，以完成一些必要的软硬件初始化工作，最后调用 main() 函数进入下一个启动阶段。

SystemInit() 的实现如代码清单 5-3 所示。

代码清单 5-3　//kernel/liteos_m/targets/cortex-m7_nucleo_f767zi_gcc/Core/Src/system_
stm32f7xx.c

```
/**
 * @brief  Setup the microcontroller system
 *         Initialize the Embedded Flash Interface, the PLL and update the
```

```
 *         SystemFrequency variable.
 * @param None
 * @retval None
 */
void SystemInit(void)
{
  /* FPU settings ------------------------------------------------------------*/
#if (__FPU_PRESENT == 1) && (__FPU_USED == 1)
  SCB->CPACR |= ((3UL << 10*2)|(3UL << 11*2));  /* set CP10 and CP11 Full Access */
#endif

  /* Configure the Vector Table location ------------------------------------*/
#if defined(USER_VECT_TAB_ADDRESS)
  SCB->VTOR = VECT_TAB_BASE_ADDRESS | VECT_TAB_OFFSET; /* Vector Table Relocation
in Internal SRAM */
#endif /* USER_VECT_TAB_ADDRESS */
}
```

5.1.3　第三阶段：C 语言代码阶段

以 main() 函数为入口，开始运行使用 C 语言实现的 LiteOS_M 内核代码，如代码清单 5-4 所示。

代码清单 5-4　//kernel/liteos_m/targets/cortex-m7_nucleo_f767zi_gcc/Core/main.c

```
/* @brief  The application entry point.*/
int main(void)
{
  /* MCU Configuration--------------------------------------------------------*/
  /* Reset of all peripherals, Initializes the Flash interface and the Systick. */
  HAL_Init();

  /* Configure the system clock */
  SystemClock_Config();

  /* Initialize all configured peripherals */
  MX_GPIO_Init();
  MX_USART3_UART_Init();

  /* USER CODE BEGIN 2 */
  RunTaskSample();
  /* USER CODE END 2 */

  /* Infinite loop */
  while (1) {
  }
}
```

main() 函数主要执行一些外围硬件设备的初始化和系统时钟的配置。这里调用的 RunTaskSample() 在同目录下的 task_sample.c 文件内，如代码清单 5-5 所示。

代码清单 5-5　//kernel/liteos_m/targets/cortex-m7_nucleo_f767zi_gcc/Core/task_sample.c

```
VOID RunTaskSample(VOID)
{
    UINT32 ret;
    ret = LOS_KernelInit();
    if (ret == LOS_OK) {
        TaskSample();
```

```
            LOS_Start();
      }
   }
```

RunTaskSample()通过调用LOS_KernelInit()和LOS_Start()函数，开启LiteOS_M内核的核心功能。这两个函数的具体作用如下。

- LOS_KernelInit()：用于初始化 LiteOS_M 内核和各系统模块，其代码位于 //kernel/liteos_m/kernel/src/los_init.c中。

- LOS_Start()：由此开始系统的任务调度，其代码位于//kernel/liteos_m/kernel/src/los_init.c中。

> **注意** 在代码清单 5-5 中，除了上面这两个函数，还有一个 TaskSample()函数。该函数定义在 task_sample.c 文件内，当系统内核初始化成功后，它会创建两个示例任务空转。有关内核的更多内容，还请读者自行深入学习。

5.1.4 第四阶段：LiteOS SDK 启动阶段

在从 Hi3861 开发板上抓取的日志中，第一行就是"ready to OS start"，这表明 LiteOS_M内核已经成功启动，马上要切换到应用层去运行了。因为 Hi3861 开发板不支持编译和烧录 LiteOS_M 内核，导致无法验证，而且我也没有深入分析 LiteOS_M 的内核源代码，所以还不清楚具体从哪里切换以及如何切换的。但是，接下来切换到 sdk_liteos 去运行 SDK提供的入口，这一点是确定无疑的。

SDK 的入口函数是 app_main()，如代码清单 5-6 所示。

代码清单 5-6 //device/hisilicon/hispark_pegasus/sdk_liteos/app/wifiiot_app/src/app_main.c

```
// 注意，在 Master 分支下，该文件路径为
// //device/soc/hisilicon/hi3861v100/sdk_liteos/app/wifiiot_app/src/app_main.c
hi_void app_main(hi_void)
{
   printf("############################################################\n");
   printf("[app_main] LiteOS M Kernel inited.\n");
   printf("[app_main] app_main:: Begin:\n");
   ......
   //这里做了很多外围设备的初始化相关操作，以及 tcp/ip、wifi、hilink 等软件服务的初始化，
   //但调用的接口是封装了的，具体情况请查阅相关代码。
   ......
   printf("[app_main] ::OHOS_Main():\n");
   OHOS_Main();
   // OHOS_Main() -> OHOS_SystemInit() def @
   // //base/startup/services/bootstrap_lite/source/system_init.c
   printf("[app_main] app_main End!\n");
   printf("############################################################\n");
}
```

app_main()通过调用 OHOS_Main()函数来初始化和注册一个 AT 命令，然后再调用OHOS_SystemInit()，如代码清单 5-7 所示。

代码清单 5-7 //device/hisilicon/hispark_pegasus/sdk_liteos/app/wifiiot_app/src/ohos_main.c

```
// 注意，在 Master 分支下，该文件路径为
// //device/soc/hisilicon/hi3861v100/sdk_liteos/app/wifiiot_app/src/ohos_main.c
void __attribute__((weak)) OHOS_SystemInit(void)  //弱符号类型，在别的地方另有定义
{
    return;
}
void OHOS_Main()
{
#if defined(CONFIG_AT_COMMAND) || defined(CONFIG_FACTORY_TEST_MODE)
    ...//初始化 AT 模块并注册 AT 命令
#endif

    OHOS_SystemInit();
}
```

OHOS_SystemInit()在这里是一个弱符号类型的函数定义，该函数在//base/startup/bootstrap_lite/services/source/system_init.c 另有定义。从这个函数开始，OpenHarmony 就进入框架层的启动阶段。

5.1.5 第五阶段：系统框架层启动阶段

OpenHarmony 从 OHOS_SystemInit()函数开始启动系统框架层，如代码清单 5-8 所示。

代码清单 5-8 //base/startup/bootstrap_lite/services/source/system_init.c

```
void OHOS_SystemInit(void)
{
    MODULE_INIT(bsp);
    MODULE_INIT(device);
    MODULE_INIT(core);
    SYS_INIT(service);
    SYS_INIT(feature);
    MODULE_INIT(run);

    SAMGR_Bootstrap();
}
```

一开始，我并不知道这里调用的 MODULE_INIT(xxx)和 SYS_INIT(xxx)都会启动哪些具体的模块和服务，后来了解到，它们会执行通过 ohos_init.h 文件内定义的一组宏来修饰的对应函数。于是我在全系统代码中搜索使用这组宏修饰的函数，然后通过 printf()函数把启动的模块和服务的日志打印出来，这样就可以知道哪些模块和服务会启动，哪些不会启动了。这个办法对 LiteOS_A 内核系统也同样有效。

现在，读者当然不必用这么原始的办法，而是可以直接打开//out/hispark_pegasus/wifiiot_hispark_pegasus/Hi3861_wifiiot_app.map，在其中搜索".zInit"关键字，查看从__zinitcall_bsp_start 到__zinitcall_exit_end 之间的信息。这里面就是 MODULE_INIT(xxx)和 SYS_INIT(xxx)要启动的所有模块和服务。我们可以根据这里的.a 或.o 文件名，反推相关的代码路径，然后添加日志进行跟踪即可。

下面将通过如代码清单 5-9 所示的伪代码，以及本书资源库中的"Chapter5_1_Hi3861 开发板开机部分日志.txt"文件，来分析 OpenHarmony 的系统框架层服务和应用的启动步骤。

代码清单 5-9　OHOS_SystemInit()伪代码

```
void OHOS_SystemInit(void)
{
    printf("[system_init] HOS_SystemInit begin: %%%%%%%%%%%%\n");
    printf("[system_init] [7-1]: MODULE_INIT(bsp)=====================\n");
    MODULE_INIT(bsp);
    printf("[system_init] [7-2]: MODULE_INIT(device)=================\n");
    MODULE_INIT(device);
    printf("[system_init] [7-3]: MODULE_INIT(core)===================\n");
    MODULE_INIT(core);
    {
        # 日志系统服务的代码部署路径为//base/hiviewdfx/hiview_lite/hiview_config.c
        # CORE_INIT_PRI 的第 2 个参数是优先级别（priority），取值范围是[0, 4]，默认是 2
        printf("[hiview_config] CORE_INIT_PRI(HiviewConfigInit, 0)\n");
        # 优先级别为 0

        # 日志系统服务的代码部署路径为
        # //base/hiviewdfx/hilog_lite/frameworks/featured/hiview_log.c
        # CORE_INIT_PRI 的第 2 个参数是优先级别（priority），取值范围是[0, 4]，默认是 2
        printf("[hiview_log] CORE_INIT_PRI(HiLogInit, 0)\n");   #优先级别为 0

        # WiFi 模块系统服务的代码部署路径，LTS 3.0 分支和 Master 分支稍有不同，具体如下
        # LTS 3.0: //device/hisilicon/hispark_pegasus/目录下的
        # Master: //device/soc/hisilicon/hi3861v100/目录下的
        # hi3861_adapter/hals/communication/wifi_lite/
        # wifiservice/source/wifi_device_util.c
        printf("[wifi_device_util] CORE_INIT(InitWifiGlobalLock)\n");
        # 默认优先级别为 2
    }

    printf("[system_init] [7-4]: SYS_INIT(service)===================\n");
    SYS_INIT(service);
    {
        ---------------------------------------------------------
        # Bootstrap 系统服务的代码部署路径为
        # //base/startup/bootstrap_lite/services/source/bootstrap_service.c
        printf("[bootstrap_service] SYS_SERVICE_INIT(Init): Bootstrap\n");
        # 默认优先级别为 2
        # 这一步会先调用 SAMGR_GetInstance()获取 SAMGR 实例对象。
        SAMGR_GetInstance()
        {
            # 系统服务框架的代码部署路径为
            # //foundation/distributedschedule/samgr_lite/samgr/source/
            # samgr_lite.c
            printf("[samgr_lite] Init.\n");
            # 这里调用 Init()函数，对全局对象 g_samgrImpl 进行初始化
        }
        # 再将 Bootstrap 系统服务注册到 g_samgrImpl 中。
        ---------------------------------------------------------
        # Broadcast 系统服务的代码部署路径为:
        # //foundation/distributedschedule/samgr_lite/communication/
        # broadcast/source/broadcast_service.c
        printf("[broadcast_service] SYS_SERVICE_INIT(Init): Broadcast\n");
        # 默认优先级别为 2
        # 将 Broadcast 系统服务注册到 g_samgrImpl 中。
        ---------------------------------------------------------
        # hiview 系统服务的代码部署路径为//base/hiviewdfx/hiview_lite/hiview_
        # service.c
        printf("[hiview_service] SYS_SERVICE_INIT(Init): hiview\n");
        # 默认优先级别为 2
```

```
                    # 将 hiview 系统服务注册到 g_samgrImpl 中
                    ---------------------------------------------------------
               }

               printf("[system_init] [7-5]: SYS_INIT(feature)=====================\n");
               SYS_INIT(feature);
               {
                    # "Provider and Subscriber" 特性的代码部署路径为
                    # //foundation/distributedschedule/samgr_lite/communication/
                    # broadcast/source/pub_sub_feature.c
                    printf("[pub_sub_feature] Init. SYS_FEATURE_INIT(Init)
                            g_broadcastFeature: Provider and Subscriber\n");
               }

               printf("[system_init] [7-6]: MODULE_INIT(run)====================\n");
               # .zinitcall.run2.init 代码段里面的函数指针指向 SYS_RUN(APP) 修饰的 APP
               MODULE_INIT(run);
               {
                    # APP helloworld 的代码部署路径为
                    # //applications/sample/wifi-iot/app/helloworld/helloworld.c
                    printf("[helloworld] SYS_RUN(helloworld)\n");    #默认优先级别为 2

                    # APP LedEntry 的代码部署路径为
                    # //applications/sample/wifi-iot/app/iothardware/led.c
                    printf("[led] SYS_RUN(LedEntry)\n");    #默认优先级别为 2
               }

               # 系统服务框架的代码部署路径为
               # //foundation/distributedschedule/samgr_lite/samgr/source/samgr_lite.c
               printf("[system_init] [7-7]: SAMGR_Bootstrap()=====================\n");
               SAMGR_Bootstrap();
               {
                    printf("[samgr_lite] SAMGR_Bootstrap(status[1:BOOT_SYS_WAIT]).
                            Begin: \tsize=%d\n",size);
                    printf("\tInitializeAllServices: unInited services: size=%d\n",size);
                    Init service:Bootstrap TaskPool:0xfa408
                    Init service:Broadcast TaskPool:0xfaa78
                    Init service:hiview     TaskPool:0xfac38
                    static void InitializeAllServices(Vector *services)
                    printf("[samgr_lite] SAMGR_Bootstrap. End.\n");
               }
               printf("[system_init] HOS_SystemInit end. %%%%%%%%%%\n");
          }
```

通过系统成功运行之后的日志可以看到整个启动流程，如日志清单 5-1 所示。

日志清单 5-1　轻量系统框架层的启动流程

```
############################################################
[system_init] HOS_SystemInit begin: %%%%%%%%%%
[system_init] [7-1]: MODULE_INIT(bsp)======================
[system_init] [7-2]: MODULE_INIT(device)====================
[system_init] [7-3]: MODULE_INIT(core)====================
[hiview_config] CORE_INIT_PRI(HiviewConfigInit, 0)
[hiview_log] CORE_INIT_PRI(HiLogInit, 0)
[wifi_device_util] CORE_INIT(InitWifiGlobalLock)

注册三个系统服务
[system_init] [7-4]: SYS_INIT(service)=====================
[bootstrap_service] SYS_SERVICE_INIT(Init): Bootstrap
[samgr_lite] SAMGR_GetInstance(mutex=NULL): NO SAMGR instance, Init() to create ONE
[samgr_lite] Init. g_samgrImpl
```

```
[samgr_lite] Init. mutex[956100]. sharedPool[0-8] reset to 0. status[0-BOOT_SYS]
[samgr_lite] SAMGR_GetInstance(mutex=956100)
[samgr_lite] RegisterService(Name:Bootstrap)->Sid[0]

[broadcast_service] SYS_SERVICE_INIT(Init): Broadcast
[samgr_lite] RegisterService(Name:Broadcast)->Sid[1]

[hiview_service] SYS_SERVICE_INIT(Init): hiview
[samgr_lite] RegisterService(Name:hiview)->Sid[2]
[samgr_lite] RegisterFeatureApi(serviceName[hiview], feature[(null)])
[hiview_service] Init.InitHiviewComponent.
```

注册一个特性
```
[system_init] [7-5]: SYS_INIT(feature)=====================
[pub_sub_feature] Init. SYS_FEATURE_INIT(Init) g_broadcastFeature: Provider and
subscriber
[samgr_lite] RegisterFeature(serviceName:Broadcast, featureName:Provider and
subscriber)->Fid[0]
[pub_sub_implement] BCE_CreateInstance: set g_pubSubImplement.feature = &g_
broadcastFeature
[samgr_lite] RegisterFeatureApi(serviceName[Broadcast], feature[Provider and
subscriber])
```

两个应用程序成功运行
```
[system_init] [7-6]: MODULE_INIT(run)=====================
[helloworld] SYS_RUN(helloworld)
[led] SYS_RUN(LedEntry)
```

开始为记录在册的服务创建运行条件：消息队列和任务池
```
[system_init] [7-7]: SAMGR_Bootstrap()=====================
[samgr_lite] SAMGR_Bootstrap(status[1:BOOT_SYS_WAIT]). Begin:    size=3
        InitializeAllServices: unInited services: size=3
        -----------------------------------------------------
        Add service: Bootstrap    to TaskPool: 0x0...
                          TaskPool: 0xfa488...
                              Qid: 956424...
        InitializeSingleService(Bootstrap): SAMGR_SendSharedDirectRequest(handler
[HandleInitRequest])
        -----------------------------------------------------
        Add service: Broadcast    to TaskPool: 0x0...
                          TaskPool: 0xfaaf8...
                              Qid: 956468...
        InitializeSingleService(Broadcast): SAMGR_SendSharedDirectRequest(handler
[HandleInitRequest])
        -----------------------------------------------------
        Add service: hiview     to TaskPool: 0x0...
                          TaskPool: 0xfacb8...
                              Qid: 956512...
        InitializeSingleService(hiview): SAMGR_SendSharedDirectRequest(handler
[HandleInitRequest])
```

开始为记录在册的服务创建任务
```
-----------------------------------------------------
[task_manager] SAMGR_StartTaskPool:
        CreateTask[Bootstrap(Tid: 0xe87c0), size(2048), Prio(25)]-OK!
[task_manager] SAMGR_StartTaskPool:
        CreateTask[Broadcast(Tid: 0xe875c), size(2048), Prio(32)]-OK!
[task_manager] SAMGR_StartTaskPool:
        CreateTask[hiview(Tid: 0xe8824), size(2048), Prio(24)]-OK!
-----------------------------------------------------
[samgr_lite] InitCompleted: services[3-0] inited, OK! END!
```

```
[samgr_lite] SAMGR_Bootstrap. End.
[system_init] HOS_SystemInit end. %%%%%%%%%%%%
#############################################################
```

我在//applications/sample/wifi-iot/app/目录下放置了两个应用程序，相应的 BUILD.gn 文件如代码清单 5-10 所示。

代码清单 5-10　//applications/sample/wifi-iot/app/BUILD.gn

```
lite_component("app") {
    features = [
#        "startup",
        "helloworld:helloworld",
        "iothardware:led",
    ]
}
```

这两个应用程序的入口函数分别如下：

```
SYS_RUN(helloworld);
SYS_RUN(LedEntry);
```

这两个入口函数也都在代码清单 5-9 所示的伪代码段中的 MODULE_INIT(run)阶段被调用了。

5.1.6　系统服务的启动方式

OHOS_SystemInit()的启动流程如代码清单 5-8 所示。下面通过抓取的日志文件对相关函数进行简单的汇总。

- MODULE_INIT(bsp)和 MODULE_INIT(device)：无日志。从字面意思来看，应该是板级模块的初始化。

- MODULE_INIT(core)在 3 个地方运行：

```
[hiview_config] CORE_INIT_PRI(HiviewConfigInit, 0)
[hiview_log] CORE_INIT_PRI(HiLogInit, 0)
[wifi_device_util] CORE_INIT(InitWifiGlobalLock)
```

这 3 个地方的入口都用宏 CORE_INIT_PRI 或 CORE_INIT 来修饰函数，用来实现系统核心模块的初始化。

- SYS_INIT(service)在 3 个地方运行：

```
[bootstrap_service] SYS_SERVICE_INIT(Init): Bootstrap
[broadcast_service] SYS_SERVICE_INIT(Init): Broadcast
[hiview_service] SYS_SERVICE_INIT(Init): hiview
```

这 3 个地方的入口都用宏 SYS_SERVICE_INIT 来修饰函数，用来实现系统服务的注册和初始化。

- SYS_INIT(feature)在一个地方运行：

```
 [pub_sub_feature] Init. SYS_FEATURE_INIT(Init) g_broadcastFeature: Provider and
subscriber
```

这个地方的入口用宏 SYS_FEATURE_INIT 来修饰函数，用来实现广播服务的特性的注册和初始化。

- MODULE_INIT(run) 在两个地方运行：

```
[helloworld] SYS_RUN(helloworld)
[led] SYS_RUN(LedEntry)
```

这两个地方的入口都用宏 SYS_RUN 来修饰函数，用来启动应用程序。

这些函数的共同特点都是用一组宏来修饰入口函数，而在另一组宏指定的地方自动运行入口函数。我们来仔细看一下这些宏是如何发挥这种作用的。

修饰入口函数的一组宏定义在 ohos_init.h 文件中。这里以 SYS_SERVICE_INIT 为例，相应的 ohos_init.h 文件如代码清单 5-11 所示。

代码清单 5-11　//utils/native/lite/include/ohos_init.h

```
#define SYS_SERVICE_INIT(func) LAYER_INITCALL_DEF(func, sys_service, "sys.service")
#define SYS_SERVICE_INIT_PRI(func, priority) LAYER_INITCALL(func, sys_service,
"sys.service", priority)
// Default priority is 2, priority range is [0, 4]
#define LAYER_INITCALL_DEF(func, layer, clayer) LAYER_INITCALL(func, layer,
clayer, 2)
```

SYS_SERVICE_INIT 以及其他的宏最后都由 LAYER_INITCALL 来展开，如代码清单 5-12 所示。

代码清单 5-12　//utils/native/lite/include/ohos_init.h

```
typedef void (*InitCall)(void);
#define USED_ATTR __attribute__((used))
#ifdef LAYER_INIT_SHARED_LIB   //小型系统使用这个宏定义
......
#define LAYER_INITCALL(func, layer, clayer, priority)
    static __attribute__((constructor(CTOR_VALUE_##layer + LAYER_INIT_LEVEL_##
priority))) \
        void BOOT_##layer##priority##func() {func();}
#else   //轻量系统使用这个宏定义
#define LAYER_INITCALL(func, layer, clayer, priority)
    static const InitCall USED_ATTR __zinitcall_##layer##_##func
        __attribute__((section(".zinitcall." clayer #priority ".init"))) = func
#endif
//优先级范围[0，4]，默认优先级为2
#define LAYER_INITCALL_DEF(func, layer, clayer)
    LAYER_INITCALL(func, layer, clayer, 2)
```

在 Linux 命令行中，切换到代码根目录，然后执行下述命令，查找宏 LAYER_INIT_SHARED_LIB 定义的地方。

```
$find ./ -name *.gn | xargs grep -in "LAYER_INIT_SHARED_LIB"
```

在命令执行结果中可以找到这个宏定义所在的位置，如代码清单 5-13 所示。

代码清单 5-13　//foundation/distributedschedule/samgr_lite/samgr/BUILD.gn

```
config("external_settings_shared") {
  defines = [ "LAYER_INIT_SHARED_LIB" ]
```

```
    }
    if (ohos_kernel_type == "liteos_m") {
      static_library("samgr") {
        ......
      }
    }
    if (ohos_kernel_type == "liteos_a" || ohos_kernel_type == "linux") {
      shared_library("samgr") {
        ......
        public_configs += [ ":external_settings_shared" ]
      }
    }
```

从中可以看到轻量系统没有定义"LAYER_INIT_SHARED_LIB"，LAYER_INITCALL 用的是代码清单 5-12 的 "#else" 部分的定义：

```
#define LAYER_INITCALL(func, layer, clayer, priority)
    static const InitCall USED_ATTR __zinitcall_##layer##_##func
      __attribute__((section(".zinitcall." clayer #priority ".init"))) = func
```

这就涉及 __attribute__((section("section_name"))) 这个 section 属性的作用了。它用于告诉链接器，把用这个 section 修饰的函数链接到名为"section_name"的对应的段中。

把 SYS_SERVICE_INIT 修饰的 3 个 Init 函数：

```
[bootstrap_service] SYS_SERVICE_INIT(Init): Bootstrap
[broadcast_service] SYS_SERVICE_INIT(Init): Broadcast
[hiview_service] SYS_SERVICE_INIT(Init): hiview
```

代入到宏中展开，可以分别得到：

```
.zinitcall.sys.service2.init = Init  //Bootstrap 服务的 Init()函数
.zinitcall.sys.service2.init = Init  //Broadcast 服务的 Init()函数
.zinitcall.sys.service2.init = Init  //hiview 服务的 Init()函数
```

链接器根据 attribute 和 section 关键字的定义，把 3 个 Init 函数全都链接到.zinitcall.sys.service2.init 对应的段中。

用文本编辑器打开 Hi3861_wifiiot_app.map 文件，可以看到这 3 个系统服务都被链接到这里了，如代码清单 5-14 所示。

代码清单 5-14 //out/hispark_pegasus/wifiiot_hispark_pegasus/Hi3861_wifiiot_app.map

```
        0x00000000004b4110                      __zinitcall_sys_service_start = .
    *(.zinitcall.sys.service0.init)
    *(.zinitcall.sys.service1.init)
    *(.zinitcall.sys.service2.init)
    .zinitcall.sys.service2.init
        0x00000000004b4110        0x4 ohos/libs/libbootstrap.a(libbootstrap.
bootstrap_service.o)
    .zinitcall.sys.service2.init
        0x00000000004b4114        0x4 ohos/libs/libbroadcast.a(libbroadcast.
broadcast_service.o)
    .zinitcall.sys.service2.init
        0x00000000004b4118        0x4 ohos/libs/libhiview_lite.a(libhiview_
lite.hiview_service.o)
    *(.zinitcall.sys.service3.init)
```

```
    *(.zinitcall.sys.service4.init)
        0x00000000004b411c                          __zinitcall_sys_service_end = .
```

以同样的方法，可以查看 bsp、device、core、service、feature、run、app.service、app.feature 等段都链接了哪些模块。

在系统启动时，也就是在 OHOS_SystemInit() 函数中，会通过 MODULE_INIT、SYS_INIT 宏引导到 section_name 对应的段中找到记录的入口函数，并依次执行它们。

MODULE_INIT、SYS_INIT 宏定义如代码清单 5-15 所示。

代码清单 5-15　//base/startup/bootstrap_lite/services/source/core_main.h

```
#define MODULE_INIT(name)
    do {
        MODULE_CALL(name, 0);
    } while (0)

#define MODULE_CALL(name, step)
    do {
        InitCall *initcall = (InitCall *)(MODULE_BEGIN(name, step));
        InitCall *initend = (InitCall *)(MODULE_END(name, stop));
        for (; initcall < initend; initcall++) {
            (*initcall)();
        }
    } while (0)
```

这里以 SYS_INIT(service) 为例进行介绍。把系统服务名代进这个宏，然后展开（SYS_BEGIN 和 SYS_END 就不展开了）。这里的重点是 for 循环，我们简单看一下：

for 循环就是从 initcall 地址开始，到 initend 地址（不含）结束，依次调用*initcall 内的地址所指向的函数。

initcall 是一个指针，*initcall 是符号__zinitcall_sys_service_start 的地址，即 &__zinitcall_sys_service_start；

initend 是一个指针，*initend 是符号__zinitcall_sys_service_end 的地址，即 &__zinitcall_sys_service_end。

打开 Hi3861_wifiiot_app.map，搜索关键字"__zinitcall_sys_service_start"和"__zinitcall_sys_service_end"（结果见代码清单 5-14）。其中，__zinitcall_sys_service_start 标记的地址是 0x00000000004b4110，这也正是 Bootstrap 服务的入口函数 Init() 的地址。

所以，当 OHOS_SystemInit() 函数执行到 SYS_INIT(service) 的时候，会从__zinitcall_sys_service_start 开始，依次执行 3 个系统服务的 Init 函数，以注册和初始化系统服务。

对于接下来的 SYS_INIT(feature) 和 MODULE_INIT(run)，也是执行同样的处理流程，最终完成特性的注册、初始化和应用的启动。

这里需要注意的是，通过 MODULE_INIT、SYS_INIT 运行的初始化流程是串行的。也就是说，如果前一个服务、特性、应用程序没有运行完对应的入口函数，则后一个服务、特性、应用程序就不会运行。所以，在开发轻量系统的服务、特性、应用程序时，在用 SYS_SERVICE_INIT、SYS_RUN 等宏修饰的入口函数中不能执行太多的工作，特别是不能执行具有阻塞性质的任务。一般而言，是在入口函数中创建一个线程然后就退出，让这个线程另外去执行具体的任务。

OHOS_SystemInit() 函数的最后一步是调用 SAMGR_Bootstrap()，为服务创建消息队列、线程资源，并创建线程和启动线程（从这里开始，可以查看 7.2 节的详细流程分析）。

『 5.2 小型系统（LiteOS_A）的启动流程 』

5.2.1 第一阶段：BootLoader 阶段

LiteOS_A 内核的小型系统运行在 Hi3516 开发板上，开机的第一段日志如日志清单 5-2 所示。

日志清单 5-2 LiteOS_A 内核小型系统启动日志

```
System startup
Uncompress Ok!
U-Boot 2016.11 (......) hi3516dv300
............
............(省略)
Hit any key to stop autoboot: 0

MMC read: dev #0, block # 2048, count 16384  ...  16384 blocks read: OK
## Starting application at 0x80000000...
```

这一阶段是 BootLoader（即 u-boot）程序的工作内容。在完成必要的基础硬件的初始化后，u-boot 程序会根据 bootcmd、bootargs 命令和参数，将内核镜像从闪存（FLASH）中复制到内存（DDR）中的指定区域，然后再跳转（go）到 0x80000000 这个位置来运行内核的启动代码，从而进入汇编代码引导启动 LiteOS_A 内核的阶段。

5.2.2 第二阶段：汇编语言代码阶段

u-boot 程序引导启动 LiteOS_A 内核的入口，定义在编译系统生成系统镜像（链接阶段）时所依据的链接脚本中。如代码清单 5-16 所示的链接脚本中的 ENTRY(reset_vector) 就是这个入口。

代码清单 5-16 //kernel/liteos_a/tools/build/liteos_llvm.ld

```
ENTRY(reset_vector)
INCLUDE board.ld
SECTIONS
{
  ......
}
```

reset_vector 定义在 reset_vector_mp.S 中，如代码清单 5-17 所示。注意，在同一个目录下还有一个 reset_vector_up.S 文件。因为 Hi3516 开发板上的处理器是 ARM Cortex-A7 架构的双核处理器，所以使用的是 mp（multi-processor，多核）这个文件的入口。而 up（unique processor，单核）文件是供单核处理器平台使用的。

代码清单 5-17　　//kernel/liteos_a/arch/arm/arm/src/startup/reset_vector_mp.S

```
reset_vector:
    ......
    bl      main
_start_hang:
    b      _start_hang
```

系统从 reset_vector 处开始运行汇编代码，引导 LiteOS_A 内核的启动（至于具体都做了哪些事情，感兴趣的读者可以自行研究一下），然后一直运行到 main() 函数，最后执行 _start_hang 进入循环，至此结束本阶段的流程。

通过 main() 函数进入 LiteOS_A 内核的下一个启动阶段。

5.2.3　第三阶段：C 语言代码阶段

以 main() 函数为入口，开始运行使用 C 语言实现的 LiteOS_A 内核代码，如代码清单 5-18 所示。

> **注意**　　感兴趣的读者可以从这个入口进去阅读和深入理解 LiteOS_A 内核的源代码。这里只简单介绍其中的几个步骤，并不深入分析 LiteOS_A 内核。

代码清单 5-18　　//kernel/liteos_a/platform/main.c

```
// Hi3516 开发板上的处理器是 ARM Cortex-A7 架构的双核处理器
// 默认 CPU0 为 "main core"，main() 函数运行在 CPU0 上
LITE_OS_SEC_TEXT_INIT INT32 main(VOID)
{
    UINT32 uwRet;
    uwRet = OsMain();
    if (uwRet != LOS_OK) {
        return LOS_NOK;
    }
    CPU_MAP_SET(0, OsHwIDGet());
    OsSchedStart();   //开始系统调度
    while (1) {
        __asm volatile("wfi");
    }
}
```

main() 函数中调用的 OsMain() 函数其实做了非常多的工作，这里可以简单理解为对 LiteOS_A 内核的各个模块进行初始化。之后，调用 OsSchedStart() 函数，开始系统的任务调度，系统进入稳定的运行状态。

1. OsMain()函数

OsMain() 函数在 LTS 1.1 和 LTS 3.0 上的代码实现稍有差别，它在 LTS 3.0 上的实现更规整，如代码清单 5-19 所示。

代码清单 5-19　//kernel/liteos_a/platform/los_config.c【LTS 3.0 版本代码】

```
LITE_OS_SEC_TEXT_INIT INT32 OsMain(VOID)
{
    ......
    XxxInit();
    OsInitCall(LOS_INIT_LEVEL_XXX);    //level-x
    ......
    OsSystemInfo();   //打印系统信息
    PRINT_RELEASE("main core booting up...\n");
    ......
    YyyInit();
    OsInitCall(LOS_INIT_LEVEL_YYY);    //level-y
    ......
}
```

OsMain() 函数把内核的各个模块进行分类并按阶段依次进行初始化。我们选取部分函数进行简单说明。

- EarliestInit()：设置主任务（MainTask）的属性信息，并把它配置为当前任务（CurrTask），还设置了系统的时钟频率和每秒的节拍（tick）数。

- OsInitCall(LOS_INIT_LEVEL_EARLIEST)：初始化 shell 和 SMP（Symmetrical Multi-Processing，对称多处理）的配置。

- OsSystemInfo()：打印系统的一些基本信息，如日志清单 5-3 所示。

日志清单 5-3　OsSystemInfo()打印系统的一些基本信息

```
******************Welcome******************
Processor  : Cortex-A7*2
Run Mode   : SMP
GIC Rev    : GICv2
build time : ......
Kernel     : Huawei LiteOS 2.0.0.xxx
*******************************************

main core booting up...
......
```

- OsTaskInit()：任务工作环境的初始化，比如任务池总内存（常驻内存，不被释放）、空闲任务链表、需回收的任务链表、32 个双向循环链表（任务优先级队列）等的初始化。

- OsSysMemInit() 和 OsInitCall(LOS_INIT_LEVEL_VM_COMPLETE)：系统内存管理模块和虚拟内存管理模块的初始化。

- OsIpcInit()：LiteOS_A 内核的进程间通信模块环境（信号量、队列）的初始化。轻量级进程间通信模块初始化由后面的 OsLiteIpcInit() 完成。

- OsSystemProcessCreate()：内核进程的初始化，如代码清单 5-20 所示。

代码清单 5-20　//kernel/liteos_a/kernel/base/core/los_process.c

```
LITE_OS_SEC_TEXT_INIT UINT32 OsSystemProcessCreate(VOID)
{
```

```
    // 初始化进程模块的变量和相关进程的双向链表结构，包括：
    // g_kernelIdleProcess = 0
    // 0: The idle process ID of the kernel-mode process is fixed at 0
    // g_userInitProcess   = 1
    // 1: The root process ID of the user-mode process is fixed at 1
    // g_kernelInitProcess = 2
    // 2: The root process ID of the kernel-mode process is fixed at 2
    UINT32 ret = OsProcessInit();
    ......
    //以 Pid[2]获取 kernelInitProcess 的 LosProcessCB，
    //并创建 2 号内核进程 KProcess（内核模式，且优先级别为最高的 0）
    LosProcessCB *kerInitProcess = OS_PCB_FROM_PID(g_kernelInitProcess);  //2
    ret = OsProcessCreateInit(kerInitProcess, OS_KERNEL_MODE, "KProcess", 0);
    ......
    //以 Pid[0]获取 kernelIdleProcess 的 LosProcessCB，并配置 0 号内核进程的相关属性，
    //如 KIdle 进程（内核模式，且优先级别为最低的 31）
    LosProcessCB *idleProcess = OS_PCB_FROM_PID(g_kernelIdleProcess);  //0
    ret = OsInitPCB(idleProcess, OS_KERNEL_MODE, OS_TASK_PRIORITY_LOWEST, "KIdle");
    //但这里并没有重新“创建”0 号进程，即没有调用 OsProcessCreateInit()，
    //而是直接通过下面几句语句的配置，让 KIdle 进程共享 KProcess 进程的进程空间资源
    idleProcess->parentProcessID = kerInitProcess->processID;
    LOS_ListTailInsert(&kerInitProcess->childrenList, &idleProcess->siblingList);
    idleProcess->group = kerInitProcess->group;
    LOS_ListTailInsert(&kerInitProcess->group->processList,
                       &idleProcess->subordinateGroupList);
    ......
    //创建一个名为“Idle”的任务，其优先级为最低的 31，用于在 CPU 空闲时执行
    ret = OsIdleTaskCreate();  //父进程是 KIdle
    ......
}
```

从代码清单 5-20 所示的代码片段可以看出，这一步做了下面几件事情：

- 创建 2 号内核态进程 KProcess，其优先级为最高的 0；

- 创建 0 号内核态进程 KIdle，其优先级为最低的 31，共享 KProcess 的进程空间；

- 创建 KIdle 的子线程 Idle，其优先级为最低的 31，用于在 CPU 空闲时执行。

> **注意**　此时 1 号进程还没有创建，它是用户态根进程，要到后面才创建。

在系统成功运行后，可以通过 shell 执行 task 命令来打印系统的进程和线程信息。

- OsInitCall(LOS_INIT_LEVEL_PLATFORM)：在这里执行 blackbox 模块的 OsBBoxSystemAdapterInit()和 bsd 模块的 OsBsdInit()。OsBsdInit()就是 9.7.1 节分析的驱动框架部署在 LiteOS_A 内核的第一个入口。

- KModInit()：内部包含了对 OsSwtmrInit()的调用（即软时钟模块的初始化）。

- OsInitCall(LOS_INIT_LEVEL_KMOD_BASIC)：虚拟文件系统（VFS）模块的初始化。

- OsInitCall(LOS_INIT_LEVEL_KMOD_EXTENDED)：可以通过在代码根目录下执行下述命令，查找在 LOS_INIT_LEVEL_KMOD_EXTENDED 这一小步初始化的模块。

```
$find ./ -name *.c | xargs grep -in "LOS_INIT_LEVEL_KMOD_EXTENDED"
```

上述命令执行后，可以得到十几个搜索结果，如日志清单 5-4 所示。

日志清单 5-4 LOS_INIT_LEVEL_KMOD_EXTENDED 阶段初始化部分模块

```
//third_party/NuttX/drivers/pipes/pipe.c:381:
    LOS_MODULE_INIT(pipe_init, LOS_INIT_LEVEL_KMOD_EXTENDED);
//third_party/FreeBSD/sys/compat/linuxkpi/common/src/linux_workqueue.c:617:
    LOS_MODULE_INIT(OsSysWorkQueueInit, LOS_INIT_LEVEL_KMOD_EXTENDED);
//kernel/liteos_a/syscall/los_syscall.c:96:
    LOS_MODULE_INIT(OsSyscallHandleInit, LOS_INIT_LEVEL_KMOD_EXTENDED);
//kernel/liteos_a/kernel/base/ipc/los_futex.c:104:
    LOS_MODULE_INIT(OsFutexInit, LOS_INIT_LEVEL_KMOD_EXTENDED);
//kernel/liteos_a/kernel/extended/cpup/los_cpup.c:180:
    LOS_MODULE_INIT(OsCpupInit, LOS_INIT_LEVEL_KMOD_EXTENDED);
//kernel/liteos_a/kernel/extended/vdso/src/los_vdso.c:55:
    LOS_MODULE_INIT(OsVdsoInit, LOS_INIT_LEVEL_KMOD_EXTENDED);
//kernel/liteos_a/kernel/extended/liteipc/hm_liteipc.c:124:
    LOS_MODULE_INIT(OsLiteIpcInit, LOS_INIT_LEVEL_KMOD_EXTENDED);
//kernel/liteos_a/kernel/extended/trace/los_trace.c:423:
    LOS_MODULE_INIT(OsTraceInit, LOS_INIT_LEVEL_KMOD_EXTENDED);
//kernel/liteos_a/kernel/extended/power/los_pm.c:237:
    LOS_MODULE_INIT(OsPmInit, LOS_INIT_LEVEL_KMOD_EXTENDED);
//kernel/liteos_a/kernel/common/hidumper/los_hidumper.c:381:
    LOS_MODULE_INIT(OsHiDumperDriverInit, LOS_INIT_LEVEL_KMOD_EXTENDED);
//kernel/liteos_a/bsd/compat/linuxkpi/src/linux_workqueue.c:617:
    LOS_MODULE_INIT(OsSysWorkQueueInit, LOS_INIT_LEVEL_KMOD_EXTENDED);
//kernel/liteos_a/fs/proc/os_adapt/proc_init.c:73:
    LOS_MODULE_INIT(ProcFsInit, LOS_INIT_LEVEL_KMOD_EXTENDED);
//kernel/liteos_a/platform/los_hilog.c:346:
    LOS_MODULE_INIT(OsHiLogDriverInit, LOS_INIT_LEVEL_KMOD_EXTENDED);
//kernel/liteos_a/drivers/char/trace/src/trace.c:160:
    LOS_MODULE_INIT(DevTraceRegister, LOS_INIT_LEVEL_KMOD_EXTENDED);
//drivers/liteos/hievent/src/hievent_driver.c:377:
    LOS_MODULE_INIT(HieventInit, LOS_INIT_LEVEL_KMOD_EXTENDED);
```

其中的 `OsLiteIpcInit()` 实现轻量级进程间通信机制模块的初始化，`OsHiLogDriverInit()` 实现系统 HiLog 设备驱动的初始化等。读者可根据需要自行学习和理解其他模块。

- `OsSmpInit()`：让芯片的第二个内核开始工作。

- `OsInitCall(LOS_INIT_LEVEL_KMOD_TASK)`：可以通过在代码根目录下执行下述命令来查找在 LOS_INIT_LEVEL_KMOD_TASK 这一小步初始化的模块。

```
$find ./ -name *.c | xargs grep -in "LOS_INIT_LEVEL_KMOD_TASK"
```

在上述命令执行之后，可以得到 7 个搜索结果，如日志清单 5-5 所示。

日志清单 5-5 LOS_INIT_LEVEL_KMOD_TASK 阶段初始化部分模块

```
//kernel/base/vm/oom.c:250:
    LOS_MODULE_INIT(OomTaskInit, LOS_INIT_LEVEL_KMOD_TASK);
//kernel/base/mp/los_mp.c:108:
    LOS_MODULE_INIT(OsMpInit, LOS_INIT_LEVEL_KMOD_TASK);
//kernel/base/core/los_task.c:1690:
    LOS_MODULE_INIT(OsResourceFreeTaskCreate, LOS_INIT_LEVEL_KMOD_TASK);
//kernel/base/core/los_smp.c:59:
    OsInitCall(LOS_INIT_LEVEL_KMOD_TASK);    //第二颗内核的模块初始化工作
//kernel/extended/cpup/los_cpup.c:148:
    LOS_MODULE_INIT(OsCpupGuardCreator, LOS_INIT_LEVEL_KMOD_TASK);
//platform/los_config.c:322:
```

```
    OsInitCall(LOS_INIT_LEVEL_KMOD_TASK);
//platform/los_config.c:378:
    LOS_MODULE_INIT(OsSystemInit, LOS_INIT_LEVEL_KMOD_TASK);
```

这里也涉及几个重要模块的初始化，具体如下：

- 执行 OsResourceFreeTaskCreate()，创建 KProcess 进程的子线程 Resource Task，其优先级别为 5，用于资源回收；

- 执行 OsSystemInit()，通过 OsSystemInitTaskCreate()创建 KProcess 进程的子线程 SystemInit，用于系统软硬件的初始化。

读者可根据需要自行学习和理解其余模块。

至此，OsMain()执行完毕，系统开始任务调度工作。

2. SystemInit()函数

SystemInit 线程的入口函数是 SystemInit()，它是系统软硬件初始化的入口。这里需要先跳出内核代码，到 HI3516DV300 芯片平台的 SDK 提供的 SystemInit()中执行系统软硬件的初始化。这个 SDK 的代码和相关库也被编译并链接到内核镜像中，如代码清单 5-21 所示。

代码清单 5-21 //device/hisilicon/hispark_taurus/sdk_liteos/mpp/module_init/src/system_init.c

```
// 注意，在 Master 分支下，该文件路径为
// //device/soc/hisilicon/hi3516dv300/sdk_liteos/mpp/module_init/src/system_init.c
void SystemInit(void)
{
    dprintf("[system_init] SystemInit: Begin:\n");
    SystemInit_QuickstartInit();   //快速启动功能的初始化配置
    SystemInit_IPCM();
    SystemInit_RandomInit();
    SystemInit_MMCInit();
    SystemInit_MemDevInit();
    SystemInit_GpioDevInit();
    SystemInit_SDKInit();
    SystemInit_HDFInit();   //内核态驱动框架的启动入口
    SystemInit_NetInit();
    SystemInit_MountRootfs();   //挂载根文件系统
    SystemInit_ConsoleInit();
//不支持快速启动功能时，在这里完成部分设备驱动的加载
#ifndef LOSCFG_DRIVERS_QUICKSTART
    SystemInit1();
    SystemInit2();
    SystemInit3();
#endif
    SystemInit_UserInitProcess();   //创建用户态根进程
    dprintf("[system_init] SystemInit: End.\n");
}
```

SystemInit()依次调用各外围软硬件模块的初始化入口函数进行初始化，其中几个模块的简单说明如下所示。

- SystemInit_QuickstartInit()：实现 Quickstart 的设备节点和 Hook 函数的注册（详见 9.7.1 节）。

- SystemInit_SDKInit()：初始化 Hi3516DV300 特有的 SDK，比如用内部的 DSP 硬件来做视频编解码（这里只提供相关库文件，具体实现代码并未开源）。

- SystemInit_HDFInit()：启动内核态驱动框架，加载和启动设备驱动程序（详见 9.7.1 节）。

- SystemInit_NetInit()：初始化非硬件的网络模块。

- SystemInit_MountRootfs()：从闪存（FLASH）中加载根文件系统（rootfs）到内存（RAM）中。

- SystemInit_ConsoleInit()：初始化串口和控制台。

- SystemInit_UserInitProcess()：通过调用 OsUserInitProcess() 回到 LiteOS_A 内核代码，以创建 1 号进程 Init（即用户态根进程，其优先级别为 28），如代码清单 5-22 所示。

代码清单 5-22 //kernel/liteos_a/kernel/base/core/los_process.c

```
LITE_OS_SEC_TEXT_INIT UINT32 OsUserInitProcess(VOID)
{
    ......
    // 以 Pid[1]获取 userInitProcess 的 LosProcessCB，并创建 1 号进程，
    // 即用户态根进程 Init（用户模式，其优先级别为 28）
    LosProcessCB *processCB = OS_PCB_FROM_PID(g_userInitProcess);
    ret = OsProcessCreateInit(processCB, OS_USER_MODE, "Init",
                              OS_PROCESS_USERINIT_PRIORITY);  //28
    ......
    // 加载用户态根进程 Init 的初始化参数，包括 Text/Bss 段的入口地址
    // CHAR *userInitTextStart = (CHAR *)&__user_init_entry;
    // CHAR *userInitBssStart = (CHAR *)&__user_init_bss;
    // __user_init_entry 经过 LOS_VaddrToPaddrMmap()的处理，
    // 完成了从虚拟地址到物理地址的转换和映射
    ret = OsLoadUserInit(processCB);
    ......
    stack = OsUserInitStackAlloc(processCB, &size);
    ......
    // Init 进程的入口 TaskEntry 就是__user_init_entry 符号所指向的内存地址
    param.pfnTaskEntry = (TSK_ENTRY_FUNC)(CHAR *)&__user_init_entry;
    param.userParam.userSP = (UINTPTR)stack + size;
    param.userParam.userMapBase = (UINTPTR)stack;
    param.userParam.userMapSize = size;
    param.uwResved = OS_TASK_FLAG_PTHREAD_JOIN;
    ret = OsUserInitProcessStart(g_userInitProcess, &param);
    ......
}
```

用户态根进程 Init 的入口 TaskEntry 是__user_init_entry 所指向的地址，即会跳转到__user_init_entry 所指向的内存中的真实物理地址去执行 Init 进程的入口函数。

在编译生成的内核镜像文件中，__user_init_entry 这个符号本来是一个虚拟地址空间中的逻辑地址，经过在 OsLoadUserInit() 内调用的 LOS_VaddrToPaddrMmap() 函数的处理后，就完成了从逻辑地址到物理内存地址的转换。

用文本编辑器打开 OHOS_Image.map 文件，搜索关键字 "__user_init_entry"，如代

码清单 5-23 所示。

代码清单 5-23　//out/hispark_taurus/ipcamera_hispark_taurus/OHOS_Image.map

```
1000000 406dbe1c    1000    4096  .user_init
1000000 406dbe1c       0       1        . = ALIGN ( 0x4 )
1000000 406dbe1c       0       1        __user_init_load_addr = LOADADDR ( .user_
init )
1000000 406dbe1c       0       1        __user_init_entry = .
1000000 406dbe1c      1c       4        /home/ohos/Ohos/B_LTS/out/hispark_taurus/
ipcamera_hispark_taurus/obj/kernel/liteos_a/lib/libuserinit.O:(.user.entry)
1000000 406dbe1c       0       1            $a.0
1000000 406dbe1c      1c       1            OsUserInit
1000018 406dbe34       0       1            $d.1
100001c 406dbe38       0       1        . = ALIGN ( 0X4 )
100001c 406dbe38       0       1        __user_init_data = .
100001c 406dbe38       0       1        . = ALIGN ( 0X4 )
100001c 406dbe38       0       1        __user_init_bss = .
100001c 406dbe38     fe4       1        . = ALIGN ( 0x1000 )
1001000 406dce1c       0       1        __user_init_end = .
1001000 406dce1c       0       1  __user_init_size = __user_init_end - __user_init_
entry
```

可以看到运行 Init 进程的入口首先是 OsUserInit() 函数，这个函数的定义如代码清单 5-24 所示。

代码清单 5-24　//kernel/liteos_a/kernel/user/src/los_user_init.c

```
#ifndef LITE_USER_SEC_ENTRY    //用户态程序入口
#define LITE_USER_SEC_ENTRY    __attribute__((section(".user.entry")))
#endif

#ifdef LOSCFG_KERNEL_DYNLOAD
#include "los_syscall.h"

#define SYS_CALL_VALUE 0x900001
#ifdef LOSCFG_QUICK_START
LITE_USER_SEC_RODATA STATIC CHAR *g_initPath = "/dev/shm/init";
#else
LITE_USER_SEC_RODATA STATIC CHAR *g_initPath = "/bin/init";
#endif
LITE_USER_SEC_TEXT STATIC UINT32 sys_call3(UINT32 nbr, UINT32 parm1,
                                           UINT32 parm2, UINT32 parm3)
{
    register UINT32 reg7 __asm__("r7") = (UINT32)(nbr);
    register UINT32 reg2 __asm__("r2") = (UINT32)(parm3);
    register UINT32 reg1 __asm__("r1") = (UINT32)(parm2);
    register UINT32 reg0 __asm__("r0") = (UINT32)(parm1);
    __asm__ __volatile__
    (
        "svc %1"
        : "=r"(reg0)
        : "i"(SYS_CALL_VALUE), "r"(reg7), "r"(reg0), "r"(reg1), "r"(reg2)
        : "memory", "r14"
    );
    return reg0;
}
#endif
LITE_USER_SEC_ENTRY VOID OsUserInit(VOID *args)
{
#ifdef LOSCFG_KERNEL_DYNLOAD
```

```
    sys_call3(__NR_execve, (UINTPTR)g_initPath, 0, 0);
#endif
    while (1) {
    }
}
```

宏 LITE_USER_SEC_ENTRY 展开就是 __attribute__((section(".user.entry"))),
这个 attribute 和 section 关键字的作用就是告诉编译器把 OsUserInit() 链接到
".user.entry"段中,也就是代码清单 5-23 的 OHOS_Image.map 中 __user_init_entry
的位置。

从 LiteOS_A 内核成功运行起来,到挂载根文件系统,再到创建第一个用户态根进程 Init,
这些都运行在内核空间。然后,通过跳转到 __user_init_entry 指向的内存中的真实物理地
址来执行 OsUserInit() 函数,再通过系统调用 sys_call3,才真正切换到用户空间去运行
g_initPath = "/bin/init" 程序。

所以,用户态根进程实际上运行的是/bin/init 程序,而这个/bin/init 是由//base/
startup/init_lite 组件编译生成的,由此进入 OpenHarmony 的框架层(framework)
的启动流程。

5.2.4 第四阶段:系统框架层启动阶段

从这一阶段开始,可以结合本书资源仓库中"Chapter5_2_Hi3516 开发板 LiteOS_A
内核系统服务启动和注册的日志.txt"文件来进行理解。

/bin/init 是在编译 init_lite 组件时生成的可执行程序。LTS 1.1 代码中的
init_lite 组件只适配了 LiteOS_A 内核,它的启动步骤比较简单并且流程清晰。在 LTS 3.0
版本代码中, init_lite 组件还适配了 Linux 内核,并增加了几个步骤。不过,对于使用
LiteOS_A 内核的产品,启动步骤实际上还是一样的。

这里还是使用 LTS 1.1 版本代码对小型系统的框架层启动流程进行说明,如代码清单 5-25
所示。

代码清单 5-25 //base/startup/init_lite/services/src/main.c【LTS 1.1 版本代码】

```
int main(int argc, char * const argv[])
{
    PrintSysInfo()              //打印系统基本信息
    SignalInitModule()          //注册信号处理函数
    ExecuteRcs()                //Linux 内核系统执行 rcs 启动脚本
    InitReadCfg()               //读取和解析配置文件
    {
        ReadFileToBuf()         //读取/etc/init.cfg 文件
        cJAON_Parse()           //解析/etc/init.cfg 文件
        ParseAllServices()      //把解析出来的服务列表保存在 g_services 全局变量中
        ParseAllJobs()
        DoJob("pre-init")       //依次分阶段启动系统服务
        DoJob("init")
        DoJob("post-init")
    }
    printf("[Init] main, entering wait.\n");
```

```
    while (1) {
        (void)pause();
    }
}
```

下面我们来简单看一下 init_lite 组件的 main() 函数都做了哪些工作。

- PrintSysInfo()：打印系统基本信息（不是必需的），它调用了 syspara_lite 组件的接口来获取系统属性并打印出来。

- SignalInitModule()：注册 SIGCHLD、SIGTERM 这两个信号以及它们的处理函数。

- ExecuteRcs()：Linux 内核系统执行 rcs 启动脚本。

- InitReadCfg()：读取 /etc/init.cfg 文件进行分析，然后执行 init.cfg 文件中 jobs 标签下描述的命令。init.cfg 文件的 jobs 标签下包含了 pre-init、init、post-init 三个阶段需要执行的命令，这些命令包含了挂载设备、修改设备属性、创建文件路径和启动系统服务等。init.cfg 文件中还有一个 services 标签，这个标签下是一组系统服务的具体信息列表，这些具体信息包含了服务名字、可执行文件路径、权限和其他属性等信息。

这里的 DoJob("pre-init")、DoJob("init")、DoJob("post-init") 这 3 步，依次执行的是 jobs 标签下的 3 个阶段的命令。

- pre-init 阶段：启动系统服务之前需要先执行的操作，例如挂载文件系统、创建文件夹、修改相关权限等。

- init 阶段：系统服务启动阶段，依次执行 start 命令启动 shell、apphilogcat、…、ai_server 等系统服务进程。

- post-init 阶段：系统服务启动完后还需要执行的一些其他操作。

InitReadCfg() 这一步的更多细节，在 6.2.1 节有详细的分析。

- pause()：在执行完上面的流程之后，init 进程将进入后台运行，等待它的所有子进程的信号。当它的任意一个子进程退出时，系统会发送 SIGCHLD 信号给父进程 init。init 进程将根据 services 数组中对应进程的 once 和 importance 属性的定义来决定是重启单个进程还是重启整个系统。

once 属性标识当前服务进程是否为一次性进程，具体取值如下。

- 1：一次性进程，当该进程退出时，init 不会重新启动该服务进程。

- 0：常驻进程，当该进程退出时，init 收到 SIGCHLD 信号会重新启动该服务进程。

> **注意**　　对于常驻进程，若在 4 分钟之内连续退出 5 次，则在第 5 次退出时 init 将不会再重启该服务进程。

importance 属性标识当前服务进程是否为关键系统进程，具体取值如下。

- 1：关键系统进程，当该进程退出时，init 将重启整个系统。

- 0：非关键系统进程，当该进程退出时，init 不会重启整个系统，而是根据 once 属性来确定是否重启该进程。

5.2.5 系统服务的启动方式

在 5.2.4 节的 DoJob("init") 阶段，在启动的系统服务进程列表中，除了 shell、apphilogcat 和 media_server 这 3 个系统服务，其他进程依赖的系统服务（service）和特性（feature）的初始化入口函数都会用 SYS_SERVICE_INIT、SYS_FEATURE_INIT 等一组宏来修饰。这组宏与 5.1.6 节分析的轻量系统所使用的一组宏是同一组宏，如代码清单 5-26 所示。可以看到这组宏最后都由 LAYER_INITCALL 来展开。

代码清单 5-26 //utils/native/lite/include/ohos_init.h

```
typedef void (*InitCall)(void);
#define USED_ATTR __attribute__((used))
#ifdef LAYER_INIT_SHARED_LIB   //小型系统使用这个宏定义
......
#define LAYER_INITCALL(func, layer, clayer, priority)
    static __attribute__((constructor(CTOR_VALUE_##layer + LAYER_INIT_LEVEL_##
priority)))
        void BOOT_##layer##priority##func() {func();}
#else   //轻量系统使用这个宏定义
#define LAYER_INITCALL(func, layer, clayer, priority)
    static const InitCall USED_ATTR __zinitcall_##layer##_##func
        __attribute__((section(".zinitcall." clayer #priority ".init"))) = func
#endif
//优先级范围[0, 4]，默认优先级为2
#define LAYER_INITCALL_DEF(func, layer, clayer)
    LAYER_INITCALL(func, layer, clayer, 2)
```

在 Linux 命令行中，切换到代码根目录，然后执行下述命令，查找宏 LAYER_INIT_SHARED_LIB 定义的地方。

```
$find ./ -name *.gn | xargs grep -in "LAYER_INIT_SHARED_LIB"
```

在命令执行结果中可以找到这个宏定义所在的位置，如代码清单 5-27 所示。

代码清单 5-27 //foundation/distributedschedule/samgr_lite/samgr/BUILD.gn

```
config("external_settings_shared") {
  defines = [ "LAYER_INIT_SHARED_LIB" ]
}
if (ohos_kernel_type == "liteos_m") {
  static_library("samgr") {
  ......
  }
}
if (ohos_kernel_type == "liteos_a" || ohos_kernel_type == "linux") {
  shared_library("samgr") {
    ......
    public_configs += [ ":external_settings_shared" ]
  }
}
```

从中可以看到小型系统中定义了 LAYER_INIT_SHARED_LIB。为什么要将 LAYER_INIT_SHARED_LIB 定义在 samgr_lite/samgr 组件中呢？这与组件间的依赖关系有关，在 7.3.2 节会进行详细的分析。

小型系统的 LAYER_INITCALL 宏定义如下所示：

```
#define LAYER_INITCALL(func, layer, clayer, priority)           \
    static __attribute__((constructor(CTOR_VALUE_##layer + LAYER_INIT_LEVEL_##
priority))) \
        void BOOT_##layer##priority##func() {func();}
```

这就与轻量系统中的宏定义有差别了。这里使用了 __attribute__((constructor)) 属性，对应的还有一个 __attribute__((destructor))，它们的作用类似于 C++中的构造函数和析构函数。

- 如果函数被设定为 constructor 属性，则该函数会在 main() 函数开始执行之前，先自动地执行。

- 如果函数被设定为 destructor 属性，则该函数会在 main() 函数执行结束之后或者在 exit() 被调用后，自动地执行。

该属性在小型系统中非常有用。比如，某个进程的运行依赖服务 A 和特性 Aa，而且服务 A 和特性 Aa 的 Init() 函数都用 SYS_SERVICE_INIT、SYS_FEATURE_INIT 进行了修饰，那么在这个进程的 main() 函数执行之前，服务 A 和特性 Aa 的 Init() 函数就会先于 main() 函数被执行。所以在小型系统中，梳理清楚关键进程的服务和特性的依赖关系就显得非常重要了（7.3.2 节会进行详细的分析）。

在小型系统中，系统服务的启动方式不再是轻量系统中那种串行的启动方式，而是启动一个守护进程，通过这个进程的依赖关系来带动服务和特性的启动与运行，以此来为系统提供各种服务和特性（7.3 节会对系统服务的启动流程进行详细的分析）。

5.2.6　用户态根进程的来历

1. 内核应用 init

在//kernel/liteos_a/apps/目录下，是 LiteOS_A 内核自带的应用程序。这些应用程序将会运行在用户空间。在 LTS 1.1 版本的代码中，可以看到有 init、shell、tftp 这 3 个应用程序，而在 LTS 3.0 版本的代码中则增加了 mksh、toybox、trace 这 3 个应用程序。

以 LTS 1.1 版本代码为例，在编译 debug 版本系统时，会在//out/hispark_taurus/ipcamera_hispark_taurus/obj/kernel/liteos_a/bin/目录下生成同名的可执行文件，在 rootfs.tar 压缩包内的 bin 目录下也有 init、shell、tftp 这 3 个应用程序。

在编译 release 版本的系统时，只会编译 init，不编译 shell 和 tftp。

其中，init 做的事情很简单，就是创建（fork）一个新的用户态进程并运行 “/bin/shell” 命令，如代码清单 5-28 所示。

代码清单 5-28　//kernel/liteos_a/apps/init/src/init.c

```
int main(int argc, char * const *argv)
{
    int ret;
    const char *shellPath = "/bin/shell";
    ......
    ret = fork();
    if (ret < 0) {
        printf("Failed to fork for shell\n");
    } else if (ret == 0) {
        (void)execve(shellPath, NULL, NULL);
        exit(0);
    }

    while (1) {
        ret = waitpid(-1, 0, WNOHANG);
        if (ret == 0) {
            sleep(1);
        }
    };
}
```

2．OpenHarmony 系统服务 init

OpenHarmony 的 init_lite 组件负责处理从内核加载第一个用户态进程开始，到第一个应用程序启动之间的系统服务进程的启动过程。

在 init_lite 组件的代码中，查看 services 目录下的 BUILD.gn 编译配置文件，可以看到 init_lite 组件会被编译成 init 可执行程序，如代码清单 5-29 所示。

代码清单 5-29　//base/startup/init_lite/services/BUILD.gn

```
lite_component("init_lite") {
  features = [ ":init" ]
}
executable("init") {
  sources = [
    ......
    "src/main.c",
  ]
}
```

init 可执行程序会生成到//out/hispark_taurus/ipcamera_hispark_taurus/bin/ 目录下，在该目录下还有 foundation、appspawn 等可执行程序。

3．疑惑与解惑

在刚开始研究小型系统的启动流程时，我就有一个疑惑：从理论上来说，在 LiteOS_A 内核的启动流程中，当从内核态切换到用户态时，系统调用 sys_call3 去运行的 g_initPath = "/bin/init"，应该是 LiteOS_A 自带的内核应用 init，可为什么运行的是 OpenHarmony 的系统服务 init 呢？

原来，在编译 OpenHarmony 时，init、shell、tftp 这 3 个内核应用是首先编译和生成到//out/hispark_taurus/ipcamera_hispark_taurus/obj/kernel/liteos_a/ bin/目录下；在生成它们的同时，//out/hispark_taurus/ipcamera_hispark_taurus/目

录下也生成了一个 rootfs/临时目录,而在 rootfs/bin/目录下就有这 3 个内核应用的副本。

　　继续编译 OpenHarmony,生成的系统服务可执行程序(如 init、foundation、appspawn 等)一开始是临时存放在//out/hispark_taurus/ipcamera_hispark_taurus/bin/目录下。编译到最后一步生成 rootfs 烧录镜像时,会把这个 bin/目录下的可执行程序(测试用例除外)复制到 rootfs/bin/目录下,覆盖掉其中的 init 内核应用的副本,然后连同 rootfs/目录下的其他的文件夹和文件,制作成 rootfs 烧录镜像。

　　因此,在 OpenHarmony 系统启动用户态根进程时,实际运行的就是由 init_lite 组件编译生成的 init 程序了。

5.3　Linux 内核系统的启动流程

　　Linux 内核的小型系统和标准系统的启动流程可直接分成两大部分:

- Linux 内核的启动;

- 系统框架层的启动。

　　就 Linux 内核的启动来说,网络上已经有非常多且详细的分析文章了,本书不再赘述。不过 OpenHarmony 在 Linux 内核中加入了一套新的驱动框架,驱动开发者可以深入理解驱动框架跟随内核启动的流程(详见第 9 章的分析)。

　　就系统框架层的启动来说,小型系统的框架层启动流程与 5.2.4 节和 5.2.5 节的分析差不多,读者可以互相参考验证。

　　但是,标准系统的框架层启动的组件和服务会更多、更复杂,启动机制也与小型系统有较大的差别。在写作本书第 8 章和第 9 章的内容时,我对标准系统的启动流程已有一些局部的理解,但还未对其整体流程展开详细的分析。在本书资源库的相关日志文件中,有基本完整的 init 组件的启动流程日志,读者可以参考 5.2.4 节和 5.2.5 节的分析来验证。

第 6 章

子系统

『 6.1 内核子系统概述 』

内核是一个操作系统中最核心的部分，它为操作系统提供最基础的功能和特性，包括但不限于线程/进程管理（创建、销毁、调度、通信等）、时钟管理、中断管理、内存管理、文件系统管理等。有些内核的功能简单，但反应速度快，实时性能高；有些内核的功能完善，但功能实现复杂，时效性不佳；有些内核注重安全性；有些内核更偏向易用性……

OpenHarmony 是一个面向物联网时代的操作系统，它面对的是硬件性能和功能需求千差万别的设备。为了适应这些设备，OpenHarmony 设计了一个多内核的架构，也就是可以同时适配多个功能各异、尺寸不一的内核。厂商或者开发者可以根据设备的能力，选用不同的内核来提供满足要求的基础功能，而不需要为用不上的系统特性、内核特性浪费硬件能力和其他资源。

OpenHarmony 支持的内核目前包含已经发布的 LiteOS_M、LiteOS_A 和 Linux 这 3 个，相信未来肯定还会有更多的通用或专用的内核会开发、适配进来。

6.1.1 LiteOS_M 内核概述

LiteOS_M 内核是华为自研的轻量级物联网操作系统内核，它的代码结构简单，功能有限，但是体积小巧，性能高效，非常适合于资源受限的轻量级设备，比如 CPU 性能不高、ROM 在几 MB 以内、RAM 为 KB 级别的设备。

LiteOS_M 内核目前支持 ARM 架构的 Cortex-M 系列芯片和 RISC-V 架构的部分芯片。当前，OpenHarmony 官方、OpenHarmony 技术社区、第三方厂商正在展开不同架构芯片的适配移植工作，未来支持的芯片平台肯定会不断增多。

LiteOS_M 内核代码包含内核最小功能集、内核抽象层、可选组件以及工程目录等，其目录结构如表 6-1 所示。

表 6-1　节 LiteOS_M 内核一二级目录结构

`//kernel/liteos_m/`

components/	扩展模块提供的可选组件列表	
	backtrace/	回溯栈支持组件
	cppsupport/	C++支持组件
	cpup/	CPUP 功能
	dynlink/	动态加载与链接功能组件
	exchook/	异常钩子
	fs/	文件系统支持（FatFS、LittleFS）
	net/	网络功能支持（LWIP）
	power/	电源管理支持
	shell/	轻量级 shell
	trace/	trace 支持
kal/	内核抽象层，提供内核对外接口	
	cmsis/	CMSIS 标准实现 KAL
	posix/	POSIX 标准实现 KAL
kernel/	内核最小功能集的代码实现	
	arch/	内核指令架构层的实现，适配了 ARM、RISC-V 架构的部分芯片
	include/	各功能集的头文件
	src/	内核最小功能集的代码实现，包括了功能的开关和配置参数、事件、内存管理、线程管理、线程通信、时钟管理和基础数据结构的管理等
targets/	开发板示例工程源码和编译相关配置	
testsuits/	测试套件	
tools/	工具列表，如内存分析工具等	
utils/	通用公共目录，如 debug、error 等	

　　LiteOS_M 内核架构包含硬件相关层以及硬件无关层，如图 6-1 所示。其中硬件相关层（arch）按不同编译工具链、芯片架构分类，提供统一的 HAL（Hardware Abstraction Layer，硬件抽象层）接口，提升了硬件的易适配性，可满足 AIoT 类型丰富的硬件和编译工具链的拓展。

　　除 arch 之外的其他部分属于硬件无关层。其中，Kernel 模块提供内核的基础能力；Components 模块提供扩展的网络、文件系统等能力；Utils 模块提供错误处理、调测等能力；KAL 模块则对系统框架层提供统一的标准接口，以实现对 LiteOS_M 内核的隐藏。

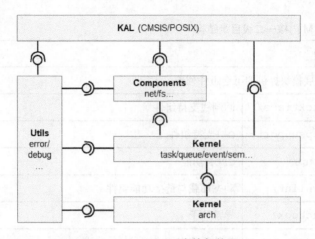

图 6-1　LiteOS_M 内核架构图

需要注意的是，LiteOS_M 内核中有内存管理模块，但是没有虚拟内存管理模块（需要 MMU 硬件支持），所以它不支持用户态和内核态的分离，也没有进程的相关概念，所有线程（应用线程和内核线程）都运行在同一个内存地址空间，任何一个线程的致命异常都会导致整个系统的崩溃。

由于本书并不打算深入分析 LiteOS_M 内核，所以更多技术细节请到 OpenHarmony 官网去查看相关资料。在 51CTO 开源基础软件社区中，"鸿蒙轻内核 LiteOS 源码分析"技术专栏对 LiteOS_M、LiteOS_A 内核进行了非常深入的分析，感兴趣的读者可以关注并深入学习。

6.1.2　LiteOS_A 内核概述

LiteOS_A 是介于 LiteOS_M 和 Linux 之间的一个物联网设备操作系统内核，它在 LiteOS_M 的基础上增加了很多特性，但又远比 Linux 内核轻量，因此适合于具备一定硬件能力的小型设备，如具有多核芯片平台、ROM 在 GB 级别、RAM 在百 MB 级别的设备。

相较于 LiteOS_M 内核，LiteOS_A 内核引入了一些比较复杂的特性，因此能力有了质的提升：

- 引入虚拟内存管理单元，支持用户态和内核态的分离，极大提高了系统的安全性和稳定性；

- 支持多线程和多进程的调度；

- 支持更多的文件系统，包括虚拟文件系统和网络文件系统；

- 支持 shell 调试工具；

- 支持在统一的驱动框架下进行驱动开发；

- ……

OpenHarmony 官方给出的 LiteOS_A 内核架构图如图 6-2 所示。

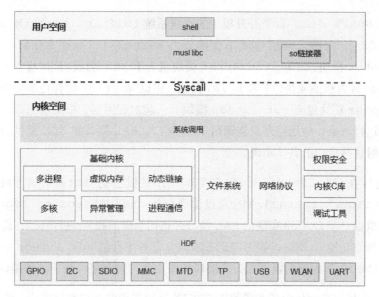

图 6-2　LiteOS_A 内核架构图

本书部分章节会对 LiteOS_A 内核的部分细节进行一些粗浅的分析。由于本书并不打算深入分析 LiteOS_A 内核，所以更多技术细节请到 OpenHarmony 官网去查看相关资料，在 51CTO 开源基础软件社区中，"鸿蒙内核源码分析"技术专栏对 LiteOS_A 内核进行了非常深入的分析，感兴趣的读者可以关注并深入学习。

6.1.3　Linux 内核概述

经过几十年的发展，无论是从技术角度、生态角度还是商业角度上来看，Linux 内核都是非常成熟和完备的，并且目前也没有另一个更优的方案能够在通用性和普适性方面替代 Linux 内核。因此，OpenHarmony 对 Linux 内核的适配，显然是必须的，也是必然的。目前，OpenHarmony 适配了 4.19 和 5.10 两个版本的 Linux 内核，开发者可以根据需要选择使用合适的内核版本。当前，OpenHarmony 官方、OpenHarmony 技术社区、第三方厂商也在进行其他版本的 Linux 内核的适配移植工作。

互联网上关于 Linux 内核的资料多如牛毛，相关的经典图书也不计其数，感兴趣的读者可自行学习，本书不再赘述。

不过需要提及的一点是，OpenHarmony 的驱动框架嵌入在 Linux 内核中，为 OpenHarmony 的设备驱动开发和跨内核部署提供了各种便利。因此，对于设备驱动开发者来说，还是非常有必要深入理解一下 OpenHarmony 的驱动开发框架（详见第 9 章）。

6.1.4　KAL 和 OSAL 概述

由图 3-1 可知，内核子系统目前的 3 个内核通过适配层的 KAL 与系统服务框架层解耦，通过 OSAL 与驱动子系统解耦，这样可以把不同内核之间的巨大差异屏蔽掉，从而对框架层和驱动框架分别提供统一的接口，实现多内核共存的架构。

运行在 HiSpark_WiFi_IoT 开发板上的轻量系统（wifiiot_hispark_pegasus），并不编译 LiteOS_M 内核，自然也就不会编译//kernel/liteos_m/kal/，它编译的是 hi3861_adapter 模块。hi3861_adapter 模块包含了 kal/目录（同时提供 CMSIS、POSIX 标准的 LiteOS_M 内核抽象接口）和 hals/目录（提供 witiiot 硬件控制能力的抽象接口），hi3861_adapter 模块结合 sdk_liteos 模块，一起对应用层、框架层隐藏内核和芯片平台接口的实现。这样一来，应用程序只需调用 KAL 接口、HAL 接口和 SDK 提供的接口即可，而无须知道内核对这些接口的具体实现。

而对于运行在 AI_Camera_Hi3516DV300 开发板上的 LiteOS_A 内核的小型系统（ipcamera_hispark_taurus），则会通过编译//kernel/liteos_a/compat/posix/组件，对上层提供以 POSIX 标准实现的 KAL 接口（包括基础的线程/进程管理、通信管理、内存管理、时间管理等功能）。同时，在 Hi3516DV300 芯片平台的 sdk_liteos 中，也包含了大量的适配了 LiteOS_A 内核的媒体相关的接口和库文件，对上层屏蔽了具体接口的实现。

而 Linux 内核本身就包含了大量的以 POSIX 标准实现的接口和标准库，它们都属于 KAL 的范畴，对上层屏蔽了相关接口在 Linux 内核的具体实现。

轻量系统、小型系统和标准系统都适配了 OpenHarmony 驱动框架。在//drivers/adapter/khdf/目录下，有基于 3 个内核分别实现的 OSAL 接口，驱动框架或驱动程序在使用内核提供的功能时（如内存管理、进程/线程管理、时间管理等），直接使用 OSAL 封装好的接口，就可以实现驱动与内核的解耦。因此，一次开发的驱动程序，可以多次部署在不同内核的系统上。

驱动框架或驱动程序对系统服务层、框架层、应用层也有一套统一的 HDI 接口，可以让上层模块以统一的方式访问驱动提供的服务。

『 6.2　启动恢复子系统 』

启动恢复子系统负责处理从内核加载第一个用户态进程开始，到第一个应用程序启动之间的系统服务进程的启动过程。启动恢复子系统除了负责加载和启动 OpenHarmony 的关键系统服务进程，还需要在启动它们的同时设置对应权限，并在 init 的各子进程启动后对指定的进程实行保活（重新启动意外退出的子进程）。在特殊进程意外退出时，启动恢复子系统还要执行系统重启操作。

启动恢复子系统包含以下 5 个组件，全都部署在//base/startup/目录下。

- init_lite：启动引导组件 init，同时适配小型系统和标准系统。init 启动引导组件对应的进程为 init 进程，这是内核完成初始化后启动的第一个用户态进程。init 进程启动之后，读取 init.cfg 配置文件，并根据解析结果执行相应的命令，依次启动各系统服务进程，同时设置其对应权限。init.cfg 配置文件仅支持 JSON 格式，烧写到开发板之后变成只读模式，修改该文件后必须重新打包和烧写根文件系统镜像。

- appspawn_standard: 应用孵化组件 appspawn, 只适配标准系统。负责接收用户程序框架的命令去孵化应用进程, 以及设置新进程的权限, 并调用应用程序框架的入口函数。

- appspawn_lite: 应用孵化组件 appspawn, 只适配小型系统。功能与 appspawn_standard 相同, 但实现方式不一样。

- bootstrap_lite: 服务启动组件 Bootstrap, 只适配轻量系统。提供了各服务 (service) 和特性 (feature) 的启动入口标识。在系统服务框架启动时, 由系统服务框架调用 Boostrap 标识的入口函数, 以启动相应的系统服务和特性。

- syspara_lite: 系统属性组件 syspara, 同时适配了轻量系统、小型系统和标准系统。该组件根据产品兼容性规范的要求提供获取设备信息的接口, 如产品名、品牌名、厂家名等, 同时提供设置、读取系统属性的接口。系统属性各字段由 OEM 厂商负责定义, 需要根据具体产品进行调整。

启动恢复子系统的目录结构如表 6-2 所示。

表 6-2　启动恢复子系统目录结构

//base/startup/			
init_lite/	启动引导组件 init, 适配标准系统和小型系统（该组件对标准系统的适配比较复杂, 增加了很多功能模块）		
	services/	服务的实现代码	
		include/*.h	头文件
		src/main.c	读取、分析、运行/etc/init.cfg
appspawn_ standard/	应用孵化组件 appspawn, 只适配标准系统		
	src/	appspawn 进程的实现代码和 appspawn_server 的实现代码	
	BUILD.gn、ohos.build、appspawn.gni、appspawn.cfg、appspawn.rc	编译配置脚本和服务自动启动的配置信息	
appspawn_ lite/	应用孵化组件 appspawn, 只适配小型系统（包含 LiteOS_A、Linux 内核的小型系统）		
	services/	appspawn 进程的实现代码和 appspawn_server 的实现代码	
		include/*.h	头文件
		src/main.c	main()调用 HOS_SystemInit(), HOS_SystemInit()再调用 SAMGR_Bootstrap()
		src/appspawn_ service.c	SYSEX_SERVICE_INIT(AppSpawnInit)
bootstrap_ lite/	服务启动组件 Bootstrap, 只适配轻量系统		
	services/source	Bootstrap 服务的实现代码	

续表

bootstrap_lite/	services/source	core_main.h	SYS_INIT、MODULE_INIT 等宏的定义
		system_init.c	OHOS_SystemInit()通过SYS_INIT、MODULE_INIT 注册服务和启动应用，并调用 SAMGR_Bootstrap()去启动服务
		bootstrap_service.c	SYS_SERVICE_INIT(Init)
syspara_lite/	系统属性组件 syspara，适配轻量系统、小型系统、标准系统		
	interface/	kits/*.h	供上层应用调用的接口，通过SetXxx()和GetXxx()来设置和获取系统属性
	frameworks/	框架层的实现代码	
		parameter/*	如果是 LiteOS_M 内核系统，则编译成静态库；如果是 LiteOS_A/Linux 内核系统，则编译成动态链接库
		token/*	
	hals/	*.h	HAL 层接口的头文件

6.2.1　启动引导组件

启动引导组件（init_lite）只用于小型系统和标准系统。

查看//base/startup/init_lite/services/BUILD.gn 编译配置文件，可以看到下述信息。

- 小型系统：init_lite 被编译成一个 init 可执行程序，生成在//out/hispark_taurus/ipcamera_hispark_taurus(_linux)/bin/目录下，在生成根文件系统时被复制到//out/.../rootfs/bin/目录下替换掉内核应用 init，成为 OpenHarmony 从内核态切换到用户态时运行的第一个用户态进程（见 5.2.6 节的分析）。

- 标准系统：init_lite 也被编译成一个 init 可执行程序，生成在//out/ohos-arm-release/packages/phone/system/bin/目录下，最后打包到根文件系统的./bin/目录下。

LTS 1.1 中的启动引导组件只支持 LiteOS_A 内核的小型系统，组件的构成比较简单，仅有 init 进程的实现代码和辅助函数（init 进程的工作流程见 5.2.4 节的分析）。这里我们重点看一下 InitReadCfg()函数的流程，可分为以下 7 步。

1. 通过 ReadFileToBuf()读取/etc/init.cfg，它是//vendor/hisilicon/hispark_taurus(_linux)/init_configs/init_liteos_a_3516dv300.cfg 的副本，在生成根文件系统时被 BUILD.gn 的 copy("init_configs")操作复制到/etc/目录

下。init.cfg 在烧录到开发板之后变成只读模式，如果内容有修改，则必须重新打包和烧录根文件系统镜像。这个配置文件只支持 JSON 格式，是开发板运行起来所需的一些操作的集合，由开发板供应商提供。

2. 调用第三方库 cJSON 的接口 cJSON_Parse() 来分析 init.cfg 文件，将文件的数据解析成以 cJSON 结构体形式保存的数据。

3. 通过 ParseAllServices() 将第 2 步解析出来的 cJSON 结构体中 services 字段的数据全部提取出来，保存在全局变量 Service* g_services 数组中，将 services 中单元的数量保存在全局变量 g_servicesCnt 中。

4. 通过 ParseAllJobs() 将 cJSON 结构体中 jobs 字段中的 3 个阶段（分别为 pre-init、init、post-init）的命令提取出来，保存在全局变量 g_jobs 和 g_jobCnt 中。每个阶段的工作又包含了若干条命令行（CmdLine），后面会依次执行它们。

5. 由于 cJSON 结构体的数据都已经提取出来保存到全局变量，因此可以执行 cJSON_Delete() 来删除 cJSON 结构体以释放资源。

6. DoJob(xxx) 依次执行 g_jobs 中记录的 g_jobCnt（即 3）个阶段的所有命令行。其中在执行 init 阶段的 start XxxService 命令后返回的成功结果，仅表示系统已经为这个 XxxService 进程准备好了运行环境，而不是说这个 XxxService 进程已经能对系统提供服务了。XxxService 进程还需要做包括服务和特性的注册等工作（详情见 7.3 节的分析）。之后，XxxService 进程才真正开始为 OpenHarmony 提供服务。

7. 在 jobs 的所有命令行都执行完毕后，调用 ReleaseAllJobs() 将 g_jobs 全局变量删除，释放掉资源。但是前面的 g_services 数组需要继续保留，以便后台的 init 进程重新启动意外退出的子进程。

在 LTS 3.0 分支的代码中，OpenHarmony 增加了对小型系统（Linux 内核）和标准系统的支持，启动引导组件也增加了不少新的特性（包括 uevent、quickstart 等），init 进程的启动流程也针对标准系统做了一些调整。而在后来的 LTS 3.1 分支和 Master 分支的代码上，init 进程又做了架构上的大幅调整。由于标准系统的 init 进程的流程还没有完全固化，本书暂不深入分析标准系统的启动流程，但作者在技术专栏上已经写了一些分析文章可供读者参考。

6.2.2 应用孵化组件

应用孵化组件分为 appspawn_lite 和 appspawn_standard 两个，其中 appspawn_lite 用于小型系统，appspawn_standard 用于标准系统。本节以 appspawn_lite 为例进行分析，而 appspawn_standard 与 appspawn_lite 类似，只是实现方式不一样而已。

查看//base/startup/appspawn_lite/services/BUILD.gn 编译配置文件，可以看到 appspawn_lite 被编译成一个 executable("appspawn")，生成在//out/.../bin/目录下，在生成根文件系统镜像时被复制到//out/.../rootfs/bin/目录下，由 init 进程

在 DoJob(xxx) 步骤通过 start appspawn 命令启动。

虽然 appspawn 的 start 命令比其他系统服务进程更早执行，但是由于它依赖 bundle_lite:bundle 组件，因此必须要等 foundation 进程运行之后才能运行。但是 foundation 进程依赖的组件非常多，启动速度较慢，所以 appspawn 实际上成为最后启动的系统服务进程。appspawn 在启动起来之后，就可以孵化出第一个应用程序进程 launcher 了。

在 appspawn_lite 组件的代码 appspawn_service.c 中，AppSpawnInit() 函数被 SYSEX_SERVICE_INIT 宏修饰，按 5.2.5 节的解释，这个 AppSpawnInit() 会在 appspawn 进程的 main() 函数之前被调用，也就是会向 samgr 模块注册服务和特性，如代码清单 6-1 所示。

代码清单 6-1　//base/startup/appspawn_lite/services/src/appspawn_service.c

```
void AppSpawnInit(void)
{
    SAMGR_GetInstance()->RegisterService((Service *)&g_appSpawnService)
    SAMGR_GetInstance()->RegisterDefaultFeatureApi(APPSPAWN_SERVICE_NAME,
        GET_IUNKNOWN(g_appSpawnService))
}
SYSEX_SERVICE_INIT(AppSpawnInit);
```

appspawn 进程的 main() 函数会通过 HOS_SystemInit() 来调用 SAMGR_Bootstrap() 函数。这个 SAMGR_Bootstrap() 函数就是 samgr 为 appspawn 服务创建消息队列、创建任务池和启动任务的入口，接下来的流程可以参考 7.3.2 节的分析来进行理解。

appspawn 进程的 main() 函数还会注册 SIGCHLD 信号和对信号的处理函数(handler)。通过 appspawn 孵化出来的应用进程，如果意外退出，作为父进程的 appspawn 会收到 SIGCHLD 信号，并调用处理函数做出相应的处理。

那么，appspawn 如何孵化一个应用呢？要回答这个问题，首先需要提前理解一下第 7 章的内容。

appspawn 被 init 进程启动后，会向 samgr 注册服务名称，之后就进入后台，等待接收 IPC 消息。

appspawn 注册的服务名称为 appspawn，可通过包含"//base/startup/appspawn_lite/services/include/appspawn_service.h"头文件，获取服务名称对应的宏 APPSPAWN_SERVICE_NAME 的定义。

在安全子系统限制规则下，目前仅有元能力管理服务（Ability Manager Service）有权限向 appspawn 发送 IPC 消息以请求孵化应用。元能力管理服务在小型系统中以 abilitymgr_lite 组件的形式部署在//foundation/aafwk/aafwk_lite/目录下（在 Master 分支代码中则部署在//foundation/ability/ability_lite/目录下）。

abilitymgr_lite 组件的 app_manager 服务在合适的时候，尝试通过 app_spawn_client 来孵化一个应用，比如 launcher。app_spawn_client 的 AppSpawnClient 类对象在创建和初始化的时候，会通过 IPC 消息向 samgr 服务查询到 appspawn 进程的

appspawn 服务的相关信息，包括 handle、token 和 proxy 接口等。所以，当 app_manager 要孵化 launcher 应用进程时，只需要把应用进程的 bundleName 等相关信息封装好，然后作为参数调用 spawnClient_.SpawnProcess() 即可。SpawnProcess() 函数最终会调用 spawnClient_->Invoke()，也就是通过 IPC 去调用 appspawn 服务的 Invoke() 孵化 launcher 应用进程（中间的详细流程可以参考 7.2.6 节对运行日志的分析）。

appspawn 服务的 Invoke() 函数做的工作其实也很简单，就是通过执行 CreateProcess (&msgSt) 操作（最终执行 fork() 函数），复制一个进程出来，然后把新进程的 Pid 返回给 abilitymgr_lite 的 app_manager，应用进程就算孵化完成了。

6.2.3 服务启动组件

服务启动组件（bootstrap_lite）只用于轻量系统，它通过 Bootstrap 服务为系统提供阶段性的启动相关的服务。

服务启动组件实现了服务的自动初始化，即服务的初始化函数无须显式调用，只需使用宏定义的方式将其声明，就会在系统启动时自动执行。实现原埋是将服务启动的函数用一组宏修饰，在编译链接时将其放在预定义好的 zInit 代码段中，系统在启动时调用 OHOS_SystemInit() 函数，遍历 zInit 代码段并调用其中的函数。因此，需要在链接脚本中添加 zInit 代码段，并在 main() 函数里调用 OHOS_SystemInit()。

可参考 Hi3861 开发板的 sdk_liteos/build/link/link.ld.S 的样式将 zInit 代码段添加到链接脚本中。这个 sdk_liteos 目录在 LTS 3.0 分支代码中位于 //device/ hisilicon/hispark_pegasus/ 目录下，在 Master 分支代码中位于 //device/soc/ hisilicon/hi3861v100/ 目录下。

> **注意** 轻量系统的系统服务启动的详细流程分析，见 5.1.6 节和 7.2.2 节。

不管是轻量系统还是小型系统，在系统服务自动初始化之后，最终都需要通过服务框架子系统的 samgr_lite 组件提供的 SAMGR_Bootstrap()，为系统服务创建运行的资源（包括消息队列、任务池等），然后启动任务（详见第 7 章的分析）。

6.2.4 系统属性组件

系统属性组件（syspara）可用于轻量系统、小型系统和标准系统。

系统属性组件提供获取或设置操作系统相关系统属性的接口，它支持的系统属性包括默认系统属性、OEM 厂商系统属性和自定义系统属性。就 OEM 厂商的系统属性来说，仅提供默认值，其具体值需 OEM 厂商根据具体的产品自行调整。

系统属性组件代码的目录结构如表 6-3 所示，系统属性组件提供的接口列表如表 6-4 所示。

表 6-3　系统属性组件代码的目录结构

//base/startup/syspara_lite/			系统属性组件，根据产品兼容性规范的要求提供获取设备信息的接口，如产品名、品牌名、厂家名等，同时提供设置、读取系统属性的接口	App 会调用 B、C
interfaces/	系统属性组件提供的对外接口（见表 6-4）			
	kits/	parameter.h	SetParameter()、GetParameter() 和一组 GetXxx() 函数的声明	B 的声明
		token.h	ReadToken()、WriteToken() 等接口的声明	C 的声明
frameworks/	系统属性组件的实现代码			
	parameter/src/	系统属性源代码文件		
		parameter_common.c	GetParameter()、SetParameter() 的实现调用 D，其他 GetXxx() 则调用 E 声明的 HalGetXxx() 接口	B 的实现（会调用 D、E）
		param_adaptor.h	GetSysParam()、SetSysParam() 的声明	D 的声明
		param_impl_hal/param_impl_hal.c	用 UtilsFileXxx() 实现的 GetSysParam()、SetSysParam()	D 的实现
		param_impl_posix/param_impl_posix.c	按 POSIX 标准实现的 GetSysParam()、SetSysParam()	D 的实现
	token/src/	系统属性源代码文件		
		token_impl_hal/token.c	用 UtilsFileXxx() 实现的 ReadToken()、WriteToken()	C 的实现（会调用 F）
		token_impl_posix/token.c	按 POSIX 标准实现的 ReadToken()、WriteToken()	C 的实现（会调用 F）
	unittest/	parameter/parameter_test.cpp	测试代码	调用 B
hals/	系统属性组件 HAL 头文件目录			
	hal_sys_param.h	HalGetXxx() 的声明		E 的声明
	hal_token.h	HalReadToken()、HalWriteToken() 的声明		F 的声明

续表

（Hi3516 开发板）//vendor/hisi-licon/hispark_taurus/	hals/utils/sys_param/hal_sys_param.c	HalGetXxx()的实现	E 的实现
	hals/utils/token/hal_token.c	HalReadToken()、HalWriteToken()的实现	F 的实现
（Hi3861 开发板）//vendor/hisi-licon/hispark_pegasus/	hals/utils/sys_param/hal_sys_param.c	HalGetXxx()的实现	E 的实现
	hals/utils/tokenhal_token.c	HalReadToken()、HalWriteToken()的实现	F 的实现

表 6-4　系统属性组件接口列表

系统属性组件接口列表和说明	
接口	描述
int SetParameter(const char* key, const char* value)	设置或更新系统参数；仅支持 UID 大于 1000 的应用调用
int GetParameter(const char* key, const char* def, char* value, unsigned int len)	获取系统参数；仅支持 UID 大于 1000 的应用调用
char* GetProductType(void)	返回当前设备类型
char* GetManufacture(void)	返回当前设备生产厂家信息
char* GetBrand(void)	返回当前设备品牌信息
char* GetMarketName(void)	返回当前设备传播名
char* GetProductSeries(void)	返回当前设备产品系列名
char* GetProductModel(void)	返回当前设备认证型号
char* GetSoftwareModel(void)	返回当前设备内部软件子型号
char* GetHardwareModel(void)	返回当前设备硬件版本号
char* GetHardwareProfile(void)	返回当前设备的硬件配置（hardwareprofile）
char* GetSerial(void)	返回当前设备序列号（SN 号）
char* GetOsName(void)	返回操作系统名
char* GetDisplayVersion(void)	返回当前设备用户可见的软件版本号
char* GetBootloaderVersion(void)	返回当前设备 BootLoader 版本号
char* GetSecurityPatchTag(void)	返回安全补丁标签
char* GetAbiList(void)	返回当前设备支持的指令集（Abi）列表
char* GetSdkApiLevel(void)	返回与当前系统软件匹配的 SDK API 级别

系统属性组件接口列表和说明	
接口	描述
char* GetFirstApiLevel(void)	返回系统软件首版本 SDK API 级别
char* GetIncrementalVersion(void)	返回差异版本号
char* GetVersionId(void)	返回版本 ID
char* GetBuildType(void)	返回构建类型
char* GetBuildUser(void)	返回构建账户用户名
char* GetBuildHost(void)	返回构建主机名
char* GetBuildTime(void)	返回构建时间
char* GetBuildRootHash(void)	返回当前版本的哈希值
int ReadToken(char *token, unsigned int len)	从设备中读取令牌值（token）
int WriteToken(const char *token, unsigned int len)	将令牌值写入设备
int GetAcKey(char *acKey, unsigned int len)	从设备中读取 AcKey
int GetProdId(char *productId, unsigned int len)	从设备中读取产品的 ID（ProdId）
int GetProdKey(char *productKey, unsigned int len)	从设备中读取产品的 Key（ProdKey）

表 6-4 所示的接口的使用都比较简单。可以通过编写简单的测试程序来调用这些接口，读取或者改写相关属性进行验证。

6.3 公共基础库子系统

公共基础库中存放着 OpenHarmony 通用的基础组件，这些基础组件可用于各业务子系统和上层应用程序。

这些基础组件为不同的系统提供的能力如下所示。

- LiteOS_M 内核的轻量系统：键值对存储、文件操作、IoT 外设控制、Dump 系统属性。

- LiteOS_A 内核的小型系统：键值对存储、定时器、用于数据和文件存储的 JavaScript API、Dump 系统属性。

轻量系统和小型系统共用的轻量公共基础库组件部署在//utils/native/lite/目录下，其目录结构如表 6-5 所示。

表 6-5 轻量公共基础库组件的目录结构（基于 LTS 1.1）

utils/native/ lite/	轻量系统和小型系统共用的轻量公共基础库组件部署路径			App 调用 B、C、F 等
include/	轻量公共基础库组件对外接口头文件，系统其他模块或者应用程序可以直接调用这里声明的 API（适配 LiteOS_M 和 LiteOS_A 内核系统）			
	kv_store.h	提供获取、设置、删除键值对的接口声明，供应用程序调用		B 的声明
	ohos_errno.h	定义了应用程序、系统框架和系统内核都可使用的错误代码		
	ohos_init.h	定义了 SYS_SERVICE_INIT、SYS_RUN 等一组宏（这些宏非常重要，启动恢复子系统会用到它们）		
	ohos_type.h	定义了应用程序、系统框架和系统内核都可使用的基本数据类型		
	utils_config.h	定义了本组件用到的一组配置宏（主要是键值对相关的，如宏 FEATURE_KV_CACHE 表示键值对存储在缓存中，而非文件中）		
	utils_list.h	定义了双向链表的实现和相关的宏		
	utils_file.h	定义了文件操作的部分宏，声明文件操作接口，如 UtilsFileXxx()		C 的声明
file/	文件接口实现（只适配 LiteOS_M 内核系统，而 LiteOS_A 内核系统不编译这个模块）			
	src/	file_impl_hal/ file.c	UtilsFileXxx() 的实现，调用 HalFileXxx()，为键值对存储提供支持	C 的实现（调用 D 的声明接口）
hals/	文件接口调用的 HAL 头文件，目前只有文件模块，未来可能会有其他模块加入			
	file/	hal_file.h	HalFileXxx() 的声明	D 的声明
		HalFileXxx() 接口的实现在 //device/hisilicon/ hispark_pegasus/hi3861_adapter/hals/utils/ file/src/hal_file.c 中。注意，在 LTS 3.1 分支和 Master 分支代码中，该文件在 //device/soc/ hisilicon/hi3861v100/hi3861_adapter/ 对应的路径下。HalFileXxx() 接口的实现又调用 LiteOS_M 内核提供的文件操作接口		D 的实现（调用 E 的声明接口）
		LiteOS_M 内核提供的文件操作接口的头文件定义在 //device/hisilicon/hispark_pegasus/sdk_ liteos/include/hi_fs.h 中。注意，在 LTS 3.1 分支和 Master 分支代码中，该文件在 //device/soc/ hisilicon/hi3861v100/sdk_liteos/include/ hi_fs.h 中		E 的声明
js/	提供获取设备信息、文件操作、键值对存储的 JavaScript API（适配 LiteOS_A 内核系统，在 ace_lite 组件中使用这里的 API）			
	builtin/	common/	公共部分	

续表

utils/native/ lite/	轻量系统和小型系统共用的轻量公共基础库组件部署路径			App 调用 B、C、F 等
js/	builtin/	deviceinfokit/	设备信息相关工具套件	
		filekit/	文件操作相关工具套件	
		kvstorekit/	键值对存储相关工具套件	
		simulator/	模拟器	
memory/	提供申请和释放内存等操作的相关接口（适配 LiteOS_A 内核系统）			
	include/	ohos_mem_pool.h	内存池管理接口 OhosMalloc()、OhosFree()，这里只有这两个接口的声明，没有具体的实现	
kv_store/	为应用程序提供键值对存储机制（适配 LiteOS_M 和 LiteOS_A 内核系统）			
	innerkits/	kvstore_env.h	定义键值对存储内部接口 UtilsSetEnv()	B 的实现
	src/	键值对存储的实现代码		
		src/kvstore_common/ kvstore_common.c	定义一组公共的辅助函数	
		src/kvstore_impl_ hal/kv_store.c	LiteOS_M 内核系统使用的 UtilsSetEnv()接口的实现（调用文件操作接口 UtilsFileXxx()来实现）	
		src/kvstore_impl_ posix/kv_store.c	LiteOS_A 内核系统使用的 UtilsSetEnv()接口的实现（调用按 POSIX 标准实现的文件操作接口来实现）	
os_dump/	Dump 系统属性（对于 LiteOS_M 内核系统，在串口中执行"AT+SYSPARA"命令，即可打印当前系统参数；对于 LiteOS_A 内核系统，在 shell 中执行"./bin/os_dump syspara"命令，即可打印当前系统参数）			执行 Dump 调用 X
	os_dump.c	编译成可执行程序 os_dump，并将其部署到根文件系统的/bin/目录下		X 的实现（调用 Y 的接口）
	dump_syspara.h	QuerySysparaCmd()函数的声明		
	dump_syspara.c	在 SysParaInfoItem SYSPARA_LIST[]数组中调用一组 GetXxx()接口获取属性		
		GetXxx()接口的实现在//base/startup/syspara_lite/frameworks/parameter/src/parameter_common.c 中，又会再次调用 HalGetXxx()接口		Y 的实现（调用 Z 的接口）
		HalGetXxx()接口的实现在//vendor/hisilicon/产品名/hals/utils/sys_param/hal_sys_param.c 中。注意，不同的开发板产品对 HalGetXxx()接口有不同的实现		Z 的实现

续表

utils/native/ lite/	轻量系统和小型系统共用的轻量公共基础库组件部署路径			App 调用 B、C、F 等
timer_ task/	计时器（Timer）的实现（适配 LiteOS_A 内核系统，依赖 kal_timer 动态库；//foundation/ace/ace_engine_lite/组件会调用这里的计时器接口）			
	include/	nativeapi_ timer_task.h	TimerTask 的 InitTimerTask()、StartTimerTask()、StopTimerTask()这 3 个 API 的声明	F 的声明
	src/	nativeapi_ timer_task.c	TimerTask 的 3 个 API 的实现（调用 kal/timer 提供的 KalTimerXxx()来实现）	F 的实现（调用 G 的声明接口）
kal/	KAL 目录（适配 LiteOS_A 内核系统）			
	timer/	计时器（Timer）的 KAL 层的定义和实现（编译成动态链接库 kal_timer）		
		include/kal.h	KalTimerXxx()的声明	G 的声明
		src/kal.c	KalTimerXxx()的实现，调用内核的计时器相关模块	G 的实现
		LiteOS_A 内核的计时器实现在 //kernel/liteos_a/compat/posix/include/ time_posix.h 和//kernel/liteos_a/compat/ posix/src/time.c 中		

ohos_init.h 文件定义的一组宏的展开及其生效的方式，可见 5.1.6 节和 5.2.5 节的解释。

在 DFX 子系统中，在将系统日志保存到文件系统中时，会涉及文件操作，读者可自己写一个简单的测试程序将保存下来的日志文件读出来看看。也可以写一个测试程序，用 6.2.4 节的系统属性接口将系统属性读出来，然后重新统一写到一个文件中，再通过另外一个应用读取文件并显示其内容，确认其是否与预期的一样。

键值对存储也比较简单，读者直接写测试程序进行验证即可。

os_dump 功能按表 6-5 中的说明进行操作即可验证。实际上 os_dump 功能大量调用了系统属性组件提供的接口来获取系统属性信息并转储到文件中。

总体来说，公共基础库子系统提供的功能都非常基础，也很容易验证，读者可自行编写测试程序进行验证。

适配标准系统的公共基础库组件对轻量公共基础库组件（//utils/native/lite/）进行了扩展，提供了 C++实现的工具类和接口，以及系统相关的预定义值和各子系统需要的 SELinux 安全策略配置等。限于篇幅，这里不再深入展开分析。

『 6.4 DFX 子系统 』

DFX（Design For X）是面向产品生命周期的设计，X 代表产品生命周期的某一环节或特性。DFX 主要包括可制造性设计（DFM，Design For Manufacturability）、可装配性设计（DFA，Design For Assembly）、可靠性设计（DFR，Design For Reliability）、可服务性设计（DFS，Design For Serviceability）、可测试性设计（DFT，Design for Test）、面向环保的设计（DFE，Design for Environment）等。有关 DFX 的更多信息，请各位读者自行学习或了解。

OpenHarmony 的 DFX 子系统提供了一个功能非常强大的组件集合，可方便开发者针对性地跟踪程序流程，排查异常和解决实际问题。不过，这里我们先介绍有关日志的打印功能，因为几乎所有的子系统、组件都不可避免地要用到它。善用日志，可非常有效地帮助我们理解 OpenHarmony 各个模块的工作流程和相关细节。

LiteOS_M 内核很紧凑，没有提供日志相关的模块，所以轻量系统的 DFX 子系统功能全部由框架层实现。而 LiteOS_A 内核和 Linux 内核提供了日志模块和相关接口，框架层只需实现一部分功能即可。

下面分别看一下 3 个系统的日志功能在 LTS 3.0 分支代码上的实现，以及在使用上的一些细节。

6.4.1 轻量系统的日志组件

下面从"目录结构""初始化和启动""使用和流程分析"这 3 个部分来分析轻量系统的 DFX 子系统的日志功能组件。

1.目录结构

我们先查看一下 //vendor/hisilicon/hispark_pegasus/config.json 和 //build/lite/components/hiviewdfx.json 这两个文件，把轻量系统的 DFX 子系统的相关信息整理出来，如表 6-6 所示。

表 6-6 轻量系统的 DFX 子系统组件依赖表

//vendor/hisilicon/hispark_pegasus/config.json			
子系统	hiviewdfx		
组件	hilog_lite、hievent_lite、blackbox、hidumper_mini		
//build/lite/components/hiviewdfx.json			
组件	部署路径：//base/hiviewdfx/	编译目标	依赖的组件
hilog_lite	hilog_lite/frameworks/mini/	hilog_lite	hiview_lite
hievent_lite	hievent_lite/	hievent_lite	hiview_lite
blackbox	blackbox/	blackbox	
hidumper_mini	hidumper_lite/mini/	hidumper_mini	
hiview_lite	hiview_lite/	hiview_lite	

　　我们将关注重点放在 hilog_lite、hievent_lite 和 hiview_lite 组件对日志的打印上，blackbox 和 hidumper_mini 这两个组件暂不深入分析。我们将这 3 个组件的代码以及对它们提供支持的外部模块整理出来，如表 6-7 所示。

表 6-7　轻量系统的 DFX 子系统组件目录结构

//base/hiviewdfx/				调用关系
hilog_lite/	轻量系统的 hilog_lite 框架，实现了日志的打印、输出和流控功能			
	command/	hilog_lite_command.c	定义了在轻量系统上动态查询和修改日志的打印模块、打印级别等相关属性的接口（需要开发者添加 AT 命令来执行这些命令）	AT 命令
	interfaces/native/kits/hilog_lite/	轻量系统的日志功能对外接口，由 APP 调用（注意，同级目录下的 hilog/ 以及 innerkits/hilog/ 头文件用于小型系统）		B 的声明（由 App 调用）
		hiview_log.h	宏 HILOG_XXX 的定义（通过调用 HiLogPrintf() 实现功能）	
		log.h	包含 hiview_log.h	
	frameworks/mini/	轻量系统的日志功能对外接口的实现（注意，同级目录下的 featured/ 用于小型系统）		B 的实现（调用 C 的声明和实现）
		hiview_log.c	通过 CORE_INIT_PRI(HiLogInit, 0) 实现服务的自动启动；同时有 HiLogPrintf() 函数的实现（会调用到 OutputLog() 等 API）	
		hiview_output_log.c	OutputLog() 等函数的实现（会调用 hiview_lite 组件提供的接口）	
		hiview_log_limit.c	LogIsLimited() 等函数的实现（会调用 hiview_lite 组件提供的接口）	
hievent_lite/	轻量系统为系统内的业务组件提供的 3 类事件（故障、用户行为、功耗统计）的打点接口（即在软件流程的关键位置打印程序运行过程中的一些重要信息，以辅助开发者定位问题）；支持对事件进行序列化处理			
	interfaces/native/innerkits/	对内使用的接口		
		hiview_event.h	定义了一组宏，包括 HIEVENT_FAULT_REPORT、HIEVENT_UE_REPORT、HIEVENT_STAT_REPORT 等，这些宏通过调用 HiEventPrintf() 来实现打点功能	
		event.h	包含 hiview_event.h	
	command/	hievent_lite_command.c	HieventCmdProc() 的实现，通过调用 HieventSetProc() 来设置 hievent_lite 组件的功能开关 HIVIEW_FEATURE_ON/OFF（需要开发者添加 AT 命令来执行这些命令）	AT 命令

续表

//base/hiviewdfx/			调用关系
hievent_ lite/	frameworks/	hiview_event.c	通过 CORE_INIT_PRI(HiEventInit, 1) 实现服务的自启动；同时还有 HiEvent Printf() 函数和一组 HiEventXxx() 函数的实现（会调用 Event、Cache、File 等模块的接口和 hiview_lite 组件提供的接口）	
		hiview_output_ event.c	Event、Cache、File 等模块的接口，为 hiview_event.c 提供支持（会调用 hiview_lite 组件提供的接口）	
hiview_ lite/	为轻量系统的 DFX 子系统提供初始化功能的入口（CORE_INIT、SYS_SERVICE_INIT），控制各组件按需启动； 为 hievent_lite 和 hilog_lite 组件的功能实现提供基础支持，如提供缓存、文件读写、内存管理、线程信号量等接口		C 的声明和实现（会调用 D，D 是外部组件提供的内存操作、线程/信号量操作和文件操作相关的接口）
	hiview_def.h	hiview_service 相关的宏和结构体的定义	
	hiview_ config.c	通过 CORE_INIT_PRI(HiviewConfigInit, 0) 实现服务的自启动；对全局配置 g_hiviewConfig 进行初始化，此时不涉及内存操作	
	hiview_ service.c	通过 SYS_SERVICE_INIT(Init) 实现服务的自启动；定义了 hiview 服务的生命周期函数，以及 HiviewSendMessage() 和一组消息处理函数	
	hiview_ cache.c	日志缓存的接口 WriteToCache() 和 ReadFromCache() 的实现（会用到信号量操作、内存操作的相关接口）	
	hiview_ file.c	日志存盘的接口 WriteToFile() 和 ReadFromFile() 的实现（会使用到文件操作相关接口）	
	hiview_ util.c	定义和实现下面一组工具 API，用于实现对底层细节的封装 HIVIEW_MemXxx()　#内存操作接口 HIVIEW_MutexXxx() #线程和信号量操作接口 HIVIEW_FileXxx()　#文件操作接口 通过 DFX 子系统的外部提供的支持来实现	
轻量系统的 DFX 子系统外部提供的支持（内存操作、线程操作、文件操作）			
.../sdk_liteos/platform/os/Huawei_LiteOS/components/lib/libc/musl/include/malloc.h		内存操作：libc 库提供的 malloc()、free() 等 API 实现，被 HIVIEW_MemXxx() 调用	D 的声明和实现，以及更底层的实现
.../hi3861_adapter/kal/cmsis/cmsis_ os2.c		线程操作：线程和信号量操作接口的声明和实现，被 HIVIEW_MutexXxx() 等线程相关的 API 调用	
//utils/native/lite/include/utils_ file.h		文件操作：UtilsFileXxx() 的声明，被 HIVIEW_FileXxx() 调用	
//utils/native/lite/file/src/file_ impl_hal/file.c		文件操作：UtilsFileXxx() 的实现（调用了 HalFileXxx()）	
.../hi3861_adapter/hals/utils/file/src/hal_file.c		文件操作：HalFileXxx() 的实现（调用了 hi_xxx()）	
.../sdk_liteos/include/hi_fs.h		文件操作：hi_xxx() 的声明（在内核中实现）	

注意，表6-7 中的 hi3861_adapter 和 sdk_liteos，在 LTS 3.0 分支代码中位于//device/hisilicon/hispark_pegasus/目录下，在 Master 分支上则位于//device/soc/hisilicon/hi3861v100/目录下。

2. 初始化和启动

轻量系统在启动到 SystemInit() 阶段时，会依次调用通过 CORE_INIT_PRI 宏修饰的 HiviewConfigInit() 和 HiLogInit()，以及通过 SYS_SERVICE_INIT 宏修饰的 hiview 服务的 Init()，以此启动 DFX 子系统相关的组件。启动这些组件时生成的日志如日志清单 6-1 所示。

日志清单 6-1　轻量系统的 DFX 子系统组件的启动日志

```
[system_init] HOS_SystemInit begin:
[system_init] [7-3]: MODULE_INIT(core)==========================
[hiview_config]     CORE_INIT_PRI(HiviewConfigInit, 0)   //见步骤1的分析
[hiview_log] [mini]: CORE_INIT_PRI(HiLogInit, 0)         //见步骤2的分析
[hiview_event]      CORE_INIT_PRI(HiEventInit, 1)        //略
[system_init] [7-4]: SYS_INIT(service)==========================
[hiview_service] SYS_SERVICE_INIT(Init)# hiview          //见步骤3的分析
```

下面我们来看一卜这儿步分别都做了些什么事情。

> **注意**　　下面的步骤 1 和步骤 2 都是初始化一些配置信息而已，并不涉及内存、文件等相关操作，要等步骤 3 的 hiview 服务运行起来之后才会涉及内存、文件等操作。

步骤 1：配置全局参数

这 一 步 通 过 执 行 HiviewConfigInit() 初 始 化 全 局 变 量 g_hiviewConfig。HiviewConfigInit() 的实现如代码清单 6-2 所示。

代码清单 6-2　//base/hiviewdfx/hiview_lite/hiview_config.c

```
HiviewConfig g_hiviewConfig = {
    .outputOption = OUTPUT_OPTION,        //默认为1
    .level = OUTPUT_LEVEL,                //默认为1: 1(debug)/3(release)
    .logSwitch = HILOG_LITE_SWITCH,       //默认为1: log on
    .dumpSwitch = DUMP_LITE_SWITCH,       //默认为0: dump off
    .eventSwitch = HIEVENT_LITE_SWITCH,   //默认为1: hievent on
};

static void HiviewConfigInit(void)
{
    g_hiviewConfig.hiviewInited = FALSE;
    g_hiviewConfig.logOutputModule = (uint64_t)LOG_OUTPUT_MODULE;
    g_hiviewConfig.writeFailureCount = 0;
}
CORE_INIT_PRI(HiviewConfigInit, 0);
```

g_hiviewConfig 各字段的默认值的定义如代码清单 6-3 所示。

代码清单 6-3　//base/hiviewdfx/hiview_lite/BUILD.gn

```
declare_args() {
  ohos_hiviewdfx_hiview_lite_output_option = 0
  ohos_hiviewdfx_hiview_lite_output_option_release = 1
```

```
    ohos_hiviewdfx_hilog_lite_level = 1
    ohos_hiviewdfx_hilog_lite_level_release = 3
    ohos_hiviewdfx_hilog_lite_log_switch = 1
    ohos_hiviewdfx_dump_lite_dump_switch = 0
    ohos_hiviewdfx_hievent_lite_event_switch = 1
    ohos_hiviewdfx_hiview_lite_output_module = -1
    ohos_hiviewdfx_hiview_lite_dir = ""
}
config("hiview_lite_config") {
  defines = [ "HIVIEW_FILE_DIR = \"$ohos_hiviewdfx_hiview_lite_dir\"" ]
  ......
}
......
defines = [
#   "OUTPUT_OPTION = $ohos_hiviewdfx_hiview_lite_output_option",
    "HILOG_LITE_SWITCH = $ohos_hiviewdfx_hilog_lite_log_switch",
    "DUMP_LITE_SWITCH = $ohos_hiviewdfx_dump_lite_dump_switch",
    "HIEVENT_LITE_SWITCH = $ohos_hiviewdfx_hievent_lite_event_switch",
    "LOG_OUTPUT_MODULE = $ohos_hiviewdfx_hiview_lite_output_module",
  ]
  if (ohos_build_type == "debug") {
    defines += [ "OUTPUT_LEVEL = $ohos_hiviewdfx_hilog_lite_level" ]
    defines += [ "OUTPUT_OPTION = $ohos_hiviewdfx_hiview_lite_output_option" ]
  } else {
    defines += [ "OUTPUT_LEVEL = $ohos_hiviewdfx_hilog_lite_level_release" ]
    defines += [ "OUTPUT_OPTION = $ohos_hiviewdfx_hiview_lite_output_option_release" ]
  }
  ......
}
```

HiviewConfig 结构体的定义如代码清单 6-4 所示。

代码清单 6-4   //base/hiviewdfx/hiview_lite/hiview_config.h

```
typedef struct {
    const uint8 outputOption : 4;   /* 控制日志的输出模式（系统运行中不可修改此字段）*/
    uint8 hiviewInited : 1;         /* hiview 服务是否已启动的标记 */
    uint8 level : 3;                /* 控制日志的输出级别：HILOG_LV_XXX */
    uint8 logSwitch : 1;            /* 日志组件是否启用的标记 */
    uint8 eventSwitch : 1;          /* 事件组件是否启用的标记 */
    uint8 dumpSwitch : 1;           /* 转储组件是否启用的标记 */
    uint64 logOutputModule;         /* 控制输出日志的模块 */
    uint16 writeFailureCount;
} HiviewConfig;
```

下面我们看一下该结构体中的各个字段。

- outputOption

该字段用于控制日志的输出模式，默认设置为 1，即 OUTPUT_OPTION_FLOW，但这个默认配置不会实时打印日志。我们编译调试（debug）版本的轻量系统时，建议将该字段配置成 OUTPUT_OPTION_DEBUG，编译发行（release）版本的轻量系统时，不允许将其配置为 OUTPUT_OPTION_DEBUG，因此可使用默认配置。其他配置的详情如代码清单 6-5 所示。

代码清单 6-5   //base/hiviewdfx/hiview_lite/hiview_config.h

```
typedef enum {
    //不经过缓存，直接在终端上实时打印日志，调试版本建议用这个
```

```
    //商业发行版禁止配置为 OUTPUT_OPTION_DEBUG
    OUTPUT_OPTION_DEBUG = 0,
    //不会实时打印日志，日志先保存到缓存里，满足条件时才会通过 samgr 组件
    //发消息给 hiview 服务，一次性打印一条或多条日志到终端上
    OUTPUT_OPTION_FLOW,
    //不会实时打印日志，日志先保存到缓存里，满足条件时才会通过 samgr 组件
    //发消息给 hiview 服务，将缓存里的日志写入文本文件 debug.log 中
    //debug.log 文件的保存路径由 HIVIEW_FILE_PATH_LOG 指定
    OUTPUT_OPTION_TEXT_FILE,
    //不会实时打印日志，先保存到缓存里，满足条件时才会通过 samgr 组件
    //发消息 hiview 服务，将缓存里的日志写入二进制文件
    OUTPUT_OPTION_BIN_FILE,
    //LTS 3.0 新增的选项，它类似 OUTPUT_OPTION_DEBUG，直接实时打印日志到终端
    OUTPUT_OPTION_PRINT = 8,
    OUTPUT_OPTION_MAX
} HiviewOutputOption;
```

- `hiviewInited`

该字段用于标记 hiview 服务是否已经完成初始化。在 hiview 服务完成初始化之前，所有的日志都只能保存在缓存（cache）中，如代码清单 6-6 所示。

代码清单 6-6　//base/hiviewdfx/hilog_lite/frameworks/mini/hiview_output_log.c

```
void OutputLog(const uint8 *data, uint32 len)
{
    /* When the init of kernel is not finished, data is cached in the cache. */
    if (g_hiviewConfig.hiviewInited == FALSE) {
        if (WriteToCache(&g_logCache, data, len) != (int32)len) {
            HILOG_INFO(HILOG_MODULE_HIVIEW, "Write log to cache failed.");
        }
        return;
    }
    ......
}
```

hiview 服务完成初始化之后，它的任务和消息队列才能开始提供服务，去处理日志相关的消息，如代码清单 6-7 所示。

代码清单 6-7　//base/hiviewdfx/hiview_lite/hiview_service.c

```
static BOOL Initialize(Service *service, Identity identity)
{
    ......
    /* The communication of task can be use after the service is running. */
    g_hiviewConfig.hiviewInited = TRUE;
    ......
    return TRUE;
}
```

- `level`

该字段用于控制日志的输出级别，编译调试版本的轻量系统时默认设置为 1，即 HILOG_LV_DEBUG；编译发行版本的轻量系统时默认设置为 3，即 HILOG_LV_WARN。小于这个标记级别的日志不会打印出来，也不会被记录到文本文件或二进制文件里。

日志的输出级别的定义如代码清单 6-8 所示。

代码清单 6-8 //base/hiviewdfx/hilog_lite/interfaces/native/kits/hilog_lite/hiview_log.h

```
#define HILOG_LV_INVALID    0
#define HILOG_LV_DEBUG      1
#define HILOG_LV_INFO       2
#define HILOG_LV_WARN       3
#define HILOG_LV_ERROR      4
#define HILOG_LV_FATAL      5
#define HILOG_LV_MAX        6
```

● logSwitch、dumpSwitch、eventSwitch

这 3 个字段分别标记日志的开关、转储功能的开关、三类事件（故障、用户行为、功耗统计）打点功能的开关，这 3 个字段的默认值分别为 On、Off、On。

logSwitch 若为 Off 状态，则所有日志都不会打印出来。

dumpSwitch 无论是 On 还是 Off 状态，都可以通过 AT 命令 "AT+SYSPARA" 把系统参数转储出来。

eventSwitch 在 LTS 3.0 中默认为 On 状态，在轻量系统启动的 MODULE_INIT(core) 阶段会自动执行 HiEventInit() 函数，对事件组件的配置进行初始化。

在代码清单 6-2 中，全局变量 g_hiviewConfig 的配置可以通过添加自定义 AT 命令去调用 HilogCmdProc(const char *cmd) 和 HieventCmdProc(const char *cmd) 两个 API 进行动态修改，如代码清单 6-9 中的 "+HILOG" 命令所示。

代码清单 6-9 //device/hisilicon/hispark_pegasus/sdk_liteos/app/wifiiot_app/src/ohos_main.c

```
// 注意，在 Master 分支下，该文件路径为
// //device/soc/hisilicon/hi3861v100/sdk_liteos/app/wifiiot_app/src/ohos_main.c
void __attribute__((weak)) HilogCmdProc(const char *cmd)    //弱符号类型接口定义
{
    //强符号类型定义在.../hilog_lite/command/hilog_lite_command.c 内
    return;
}
int HilogCmd(int argc, const char* argv[])
{
    HilogCmdProc(argv[0]);
    return 0;
}
static const at_cmd_func G_OHOS_AT_FUNC_TBL[] = {
    {"+SYSPARA", 8, 0, 0, 0, (at_call_back_func)QuerySysparaCmd},
    {"+HILOG",   6, 0, 0, (at_call_back_func)HilogCmd, 0},    //添加自定义 AT 命令动态
                                                             //调整日志参数
};
```

增加这条 "+HILOG" 命令后，就可以在轻量系统运行期间，通过执行 "AT+HILOG" 命令来动态调整日志的打印级别和打印模块了。

执行 "AT+HILOG=-h" 命令可以打印如下的帮助信息。

```
AT+HILOG=-h
hilog [-h] [-l level/mod] [-c level=<2>] [-c mod=<3>]
 -h        Help
```

```
-l          Query the level and module definition information
-l level    Query the level definition information
-l mod      Query the level definition information
-c          Enable all level logs of all modules
-c level=<id> Set the lowest log level
-c mod=<id>   Enable the logs of a specified module and disable other modules
```

根据上述帮助信息的说明，要将日志的打印级别修改为 3，可执行以下 AT 命令：

```
AT+HILOG=-c level=3
```

这样，低于 HILOG_LV_WARN 级别的 DEBUG 和 INFO 日志就都不会打印了。

读者可自行尝试其他 AT 命令，还可以添加自定义的参数来执行其他的功能。

步骤 2：配置 HiLog 组件参数

在这一步通过执行 HiLogInit() 来初始化 HiLog 来组件的配置。HiLogInit() 的实现如代码清单 6-10 所示。

代码清单 6-10 //base/hiviewdfx/hilog_lite/frameworks/mini/hiview_log.c

```c
/* The first step does not involve memory allocation. */
static void HiLogInit(void)
{
    HIVIEW_UartPrint("[hiview_log] [mini]: CORE_INIT_PRI(HiLogInit, 0)\n");
    InitCoreLogOutput();

    /* The module that is not registered cannot print the log. */
    if (HiLogRegisterModule(HILOG_MODULE_HIVIEW,  "HIVIEW") == FALSE ||
        HiLogRegisterModule(HILOG_MODULE_SAMGR,   "SAMGR")  == FALSE ||
        ......
        HiLogRegisterModule(HILOG_MODULE_SOFTBUS, "SOFTBUS") == FALSE ||
        HiLogRegisterModule(HILOG_MODULE_POWERMGR, "POWERMGR") == FALSE) {
        return;
    }

    HiviewRegisterInitFunc(HIVIEW_CMP_TYPE_LOG, InitLogOutput);
    HiviewRegisterInitFunc(HIVIEW_CMP_TYPE_LOG_LIMIT, InitLogLimit);
    HILOG_DEBUG(HILOG_MODULE_HIVIEW, "hilog init success.");
}
CORE_INIT_PRI(HiLogInit, 0);
```

我们看一下这里调用的 3 个函数都做了些什么事情。

- InitCoreLogOutput()

该函数用于初始化全局变量 g_logCache 的配置，以及注册几个消息的处理函数，如代码清单 6-11 所示。

代码清单 6-11 //base/hiviewdfx/hilog_lite/frameworks/mini/hiview_output_log.c

```c
static uint8 g_logCacheBuffer[LOG_STATIC_CACHE_SIZE];   //1024 字节
static HiviewCache g_logCache = {
    .size = 0,
    .buffer = NULL,
};
static HiviewFile g_logFile = {
    .path = HIVIEW_FILE_PATH_LOG,
    .outPath = HIVIEW_FILE_OUT_PATH_LOG,
```

```
    .pFunc = NULL,
    .mutex = NULL,
    .fhandle = -1,
};
void InitCoreLogOutput(void)
{
    InitHiviewStaticCache(&g_logCache, LOG_CACHE, g_logCacheBuffer, sizeof(g_
logCacheBuffer));
    HiviewRegisterMsgHandle(HIVIEW_MSG_OUTPUT_LOG_TEXT_FILE, OutputLog2TextFile);
    HiviewRegisterMsgHandle(HIVIEW_MSG_OUTPUT_LOG_BIN_FILE, OutputLog2BinFile);
    HiviewRegisterMsgHandle(HIVIEW_MSG_OUTPUT_LOG_FLOW, OutputLogRealtime);
}
```

HiviewCache 结构体的定义如代码清单 6-12 所示。

代码清单 6-12　//base/hiviewdfx/hiview_lite/hiview_cache.h

```
typedef struct {
    HiviewMutexId_t mutex;
    uint16 wCursor;   // 0-65535
    uint16 usedSize;  // 0-65535，已经使用掉的缓存的大小
    uint16 size;      // 0-65535，LOG_STATIC_CACHE_SIZE 指定的缓存大小（1024 字节）
    HiviewCacheType type;
    uint8 *buffer;    // 指向环形缓冲区（Circular buffer）的指针（即指向 g_logCacheBuffer
                      // [1024]）
} HiviewCache;
```

在代码清单 6-2 中，将 g_hiviewConfig.outputOption 字段设置为 OUTPUT_OPTION_
TEXT_FILE 或 OUTPUT_OPTION_BIN_FILE 时，才会用得上全局变量 g_logFile 的配置。

InitCoreLogOutput() 接下来会注册 3 个消息处理函数（在 HiEventInit() 中调用的
InitCoreEventOutput() 也会注册两个消息处理函数），这些消息处理函数全部记录到
hiviewMsgHandleList[] 里面。

在 hiview 服务收到相关消息时，会将 g_logCache 的 g_logCacheBuffer 中的日志
写入文件或者在默认终端上打印出来。

● HiLogRegisterModule()

在该函数中注册日志的模块列表。按照 Hilog_lite 开发指导文档中的例子进行配置即可。

● HiviewRegisterInitFunc()

在该函数中注册 InitLogOutput() 和 InitLogLimit() 两个初始化函数。

注册 InitLogOutput() 的目的是在 hiview 服务初始化时创建并初始化日志输出的文本
文件和二进制文件。在代码清单 6-2 中将 g_hiviewConfig.outputOption 字段设置为
OUTPUT_OPTION_DEBUG、OUTPUT_OPTION_FLOW 时，不需要创建这些文件。

注册 InitLogLimit() 的目的是在 hiview 服务初始化时给日志的打印设置一些限制条
件，如代码清单 6-13 所示。

代码清单 6-13　//base/hiviewdfx/hilog_lite/frameworks/mini/hiview_log_limit.c

```
void InitLogLimit(void)
{
```

```
......
    SetLimitThreshold(HILOG_MODULE_HIVIEW, LOG_LIMIT_LEVEL3);
    SetLimitThreshold(HILOG_MODULE_APP, LOG_LIMIT_LEVEL2);
}
```

通过设置限制条件可避免过于频繁地打印日志,但是这也有可能会导致真正有用的日志丢失。

步骤 3: 初始化 hiview 服务

这一步通过执行 Init() 初始化 hiview 服务,并向 samgr 注册服务和特性。Init() 的
实现如代码清单 6-14 所示。

代码清单 6-14　//base/hiviewdfx/hiview_lite/hiview_service.c

```
static HiviewService g_hiviewService = {
    .GetName = GetName,
    .Initialize = Initialize,
    .MessageHandle = MessageHandle,
    .GetTaskConfig = GetTaskConfig,
    DEFAULT_IUNKNOWN_ENTRY_BEGIN,
    .Output = Output,
    DEFAULT_IUNKNOWN_ENTRY_END,
};

//g_hiviewInitFuncList[0-HIVIEW_CMP_TYPE_DUMP]        = NULL(??)
//g_hiviewInitFuncList[1-HIVIEW_CMP_TYPE_LOG]         = InitLogOutput()
//g_hiviewInitFuncList[2-HIVIEW_CMP_TYPE_LOG_LIMIT]   = InitLogLimit()
//g_hiviewInitFuncList[3-HIVIEW_CMP_TYPE_EVENT]       = InitEventOutput()
static HiviewInitFunc g_hiviewInitFuncList[HIVIEW_CMP_TYPE_MAX] = { NULL };

//g_hiviewMsgHandleList[0-HIVIEW_MSG_OUTPUT_LOG_FLOW]       = OutputLogRealtime()
//g_hiviewMsgHandleList[1-HIVIEW_MSG_OUTPUT_LOG_TEXT_FILE]  = OutputLog2TextFile()
//g_hiviewMsgHandleList[2-HIVIEW_MSG_OUTPUT_LOG_BIN_FILE]   = OutputLog2BinFile()
//g_hiviewMsgHandleList[3-HIVIEW_MSG_OUTPUT_EVENT_FLOW]     = OutputEventRealtime()
//g_hiviewMsgHandleList[4-HIVIEW_MSG_OUTPUT_EVENT_BIN_FILE] = OutputEvent2Flash()
static HiviewMsgHandle g_hiviewMsgHandleList[HIVIEW_MSG_MAX] = { NULL };
static void InitHiviewComponent(void);

static void Init(void)
{
    HIVIEW_UartPrint("[hiview_service][Hi3861]      SYS_SERVICE_INIT(Init)# %s\n",
HIVIEW_SERVICE);
    SAMGR_GetInstance()->RegisterService((Service *)&g_hiviewService);
    SAMGR_GetInstance()->RegisterDefaultFeatureApi(HIVIEW_SERVICE, GET_IUNKNOWN
(g_hiviewService));
    InitHiviewComponent();
}
SYS_SERVICE_INIT(Init);
```

在代码清单 6-14 中可以看到,通过 Init() 向 samgr 注册了 g_hiviewService 以及
FeatureApi,然后通过 InitHiviewComponent() 依次执行 g_hiviewInitFuncList[]
中的 InitLogOutput() 和 InitLogLimit() 以进行相关的配置。

注意,这里仅仅是向 samgr 注册服务和特性而已,只有在 samgr 把任务池和消息队列等
资源环境配置好,开始运行任务后,才会调用 hiview 服务的 Initialize() 函数去初始化和
运行 hiview 服务,才能提供打印日志相关的服务。更详细的启动流程,请参考 7.1.3 节的分析。

在执行完这一阶段后,内存管理、文件系统就可以正常启动和运行了。hiview 服务可以

按需申请内存和创建文件，将日志保存到文本文件或二进制文件中。

3. 使用和流程分析

在接下来的系统启动过程、系统运行过程、应用运行过程中，只要调用了表 6-7 中的 `log.h`、`hiview_log.h` 头文件定义的宏来打印日志，就都会执行到本节所分析的流程中去。

`hiview_log.h` 定义了一组宏和相关的辅助函数，用于实现轻量系统的日志服务功能，如代码清单 6-15 所示。

代码清单 6-15 //base/hiviewdfx/hilog_lite/interfaces/native/kits/hilog_lite/hiview_log.h

```
void HiLogPrintf(uint8 module, uint8 level, const char *nums,
                 const char *fmt, ...) __attribute__((format(printf, 4, 5)));
......
#define HILOG_INFO(mod, fmt, ...) HiLogPrintf(mod, HILOG_LV_INFO,
        FUN_ARG_NUM(__VA_ARGS__), fmt, ##__VA_ARGS__)
......
```

注意，从 `hilog_lite/frameworks/mini/BUILD.gn` 的 `include_dirs` 字段可以看到，轻量系统的 `hiview_log.h` 是：

```
//base/hiviewdfx/hilog_lite/interfaces/native/kits/hilog_lite/hiview_log.h
```

而不是：

```
//base/hiviewdfx/hilog_lite/interfaces/native/innerkits/hilog_lite/hiview_log.h
```

这个 `innerkits` 是供小型系统使用的。

建议不要直接使用 `HiLogPrintf()` 或者 `printf()` 打印日志，因为这样打印的日志不受 DFX 子系统的控制，无法动态地调整日志打印参数。不过，在 hiview 服务启动前的日志，还是只有使用 `printf()` 才能打印到终端上。

通过代码清单 6-15 中定义的一组宏（包括 `HILOG_DEBUG`、`HILOG_INFO`、`HILOG_WARN`、`HILOG_ERROR`、`HILOG_FATAL`）来分级别、分类型地打印日志，这样打印出来的日志就可以受到 DFX 子系统的控制，因此也就支持动态地调整日志打印参数了。

开发者可以直接使用系统已经定义好的 `HILOG_MODULE_XXX` 来打印各个模块的日志，也可以在 `HiLogModuleType` 枚举中添加自定义的日志模块（如 `HILOG_MODULE_A`），然后在代码清单 6-10 中，按格式注册 `HiLogRegisterModule(HILOG_MODULE_A, "MODA")` 模块，最后在需要打印该模块日志的 `.c` 文件中包含 `log.h` 头文件，并调用如下接口就可以打印日志了：

```
HILOG_INFO(HILOG_MODULE_A, "log test");
```

总体来说，轻量系统的日志模块的工作流程可以用图 6-3 进行概括。

`HiLogPrintf()` 在经过一些判断后会调用 `OutputLog()` 函数，最终将日志打印到终端或者文件中。

`LogContentFmt()` 会对日志进行一些格式化处理，在日志头部增加时间戳和线程号等信息。如果在日常开发中用不到这些信息，可以到这个函数中进行相关的修改，使其不打印这些信息。

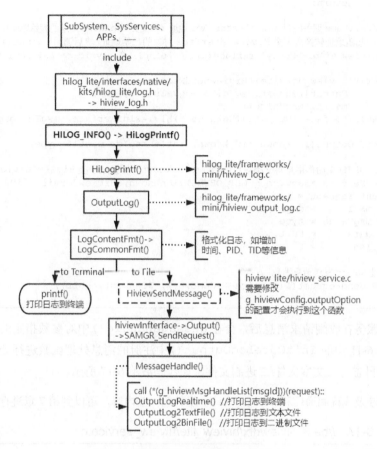

图 6-3　轻量系统日志模块的工作流程

如果将 g_hiviewConfig.outputOption 配置为 OUTPUT_OPTION_DEBUG，则可以直接在终端把日志打印出来并返回，而并不会将日志写入文件。

如果 g_hiviewConfig.hiviewInited 为 FALSE，表示 hiview 服务还没有完成启动，此时日志只能写到缓存中，不能写入文件。

当日志打印模块检测到 g_logCache.usedSize 大于或等于 HIVIEW_HILOG_FILE_BUF_SIZE 时，表示缓存已经写满日志，需要发送消息给 hiview 服务，让 hiview 服务根据参数调用对应的 API 去处理日志相关的消息，如代码清单 6-16 所示。

代码清单 6-16　//base/hiviewdfx/hiview_lite/hiview_service.c

```
void HiviewSendMessage(const char *srvName, int16 msgId, uint16 msgValue)
{
    static HiviewInterface *hiviewInfterface = NULL;
    printf("[hiview_service] HiviewSendMessage(srvName[%s],
            request:msgId[%d]msgValue[%d])\n",
            srvName, msgId, msgValue);
    if (hiviewInfterface == NULL) {
        //通过 samgr 的实例获取 HIVIEW_SERVICE 的 DefaultFeatureApi，
```

```
        //这个 DefaultFeatureApi 已经在 Init() 函数中向 samgr 注册
        IUnknown *hiviewDefApi = SAMGR_GetInstance()->GetDefaultFeatureApi(srvName);
        if (hiviewDefApi == NULL) {
            return;
        }
        //srvName 服务的 DefaultFeatureApi 地址（即父类 IUnknown 对象的起始地址），这里将这个
        //起始地址转换成子类 HiviewInterface 对象的起始地址,然后调用 Output() 函数去发送消息
        hiviewDefApi->QueryInterface(hiviewDefApi, 0, (void **)&hiviewInfterface);
    }
    printf("[hiview_service] HiviewSendMessage:
            Output(request:msgId[%d]msgValue[%d])\n",
            msgId, msgValue);
    hiviewInfterface->Output((IUnknown *)hiviewInfterface, msgId, msgValue);
}
static void Output(IUnknown *iUnknown, int16 msgId, uint16 type)
{
    //GET_OBJECT 的作用是将父类对象的指针（iUnknown）转换成子类 HiviewService 对象的指针
    HiviewService *service = GET_OBJECT(iUnknown, HiviewService, iUnknown);
    Request request = {
        .msgId     = msgId,
        .msgValue  = type,
        .data      = NULL,
        .len       = 0
    };
    //通过 samgr 发送请求消息
    SAMGR_SendRequest(&(service->identity), &request, NULL);
}
```

hiview 服务在收到请求消息后，会在 MessageHandle() 中对参数指定的事件，分别调用在代码清单 6-11 中的 InitCoreLogOutput() 中注册的消息处理函数进行处理，把日志打印到终端或把日志写入文本文件/二进制文件，如代码清单 6-17 所示。

这中间会涉及线程间通信和 samgr_lite 组件的一些内容，可以到第 7 章进行深入理解。

代码清单 6-17　//base/hiviewdfx/hiview_lite/hiview_service.c

```
static BOOL MessageHandle(Service *service, Request *request)
{
    ......
    //g_hiviewMsgHandleList[0-HIVIEW_MSG_OUTPUT_LOG_FLOW]      = OutputLogRealtime()
    //g_hiviewMsgHandleList[1-HIVIEW_MSG_OUTPUT_LOG_TEXT_FILE] = OutputLog2TextFile()
    //g_hiviewMsgHandleList[2-HIVIEW_MSG_OUTPUT_LOG_BIN_FILE]  = OutputLog2BinFile()
    //g_hiviewMsgHandleList[3-HIVIEW_MSG_OUTPUT_EVENT_FLOW]    = OutputEventRealtime()
    //g_hiviewMsgHandleList[4-HIVIEW_MSG_OUTPUT_EVENT_BIN_FILE]= OutputEvent2Flash()
    //static HiviewMsgHandle g_hiviewMsgHandleList[HIVIEW_MSG_MAX] = { NULL };
    if (g_hiviewMsgHandleList[request->msgId] != NULL) {
        (*(g_hiviewMsgHandleList[request->msgId]))(request);
        //根据参数，调用上述函数进行针对性处理
    }
    return TRUE;
}
```

在代码清单 6-17 中，这组消息处理函数会分别调用表 6-7 所示的 hiview_cache.c、hiview_file.c、hiview_util.c 等文件内定义的辅助函数，以及 DFX 子系统外部提供的支持，以完成相关的内存操作、线程操作和文件操作，最终将日志写入磁盘文件。

6.4.2　小型系统的日志组件

下面从"目录结构""初始化和启动""使用和流程分析"这 3 个部分来分析小型系统的 DFX

子系统的日志功能组件，然后再看一下 apphilogcat 和 hilogcat 这两个系统服务的详情。

1. 目录结构

先去查看一下 LiteOS_A 内核和 Linux 内核的两个小型系统的产品配置表//vendor/
hisilicon/hispark_taurus(_linux)/config.json，然后结合 DFX 子系统组件列表
//build/lite/components/hiviewdfx.json，把相关信息整理出来，如表 6-8 所示。

表 6-8　小型系统的 DFX 子系统组件依赖表

//vendor/hisilicon/hispark_taurus/config.json			
//vendor/hisilicon/hispark_taurus_linux/config.json			
子系统	hiviewdfx		
组件	hilog		
//build/lite/components/hiviewdfx.json			
组件	组件部署路径：//base/hiviewdfx/hilog_litc/	编译目标	依赖关系
hilog	frameworks/featured/	hilog_static 或 hilog_shared	
	services/apphilogcat/	apphilogcat	hilog_shared

注意，这里的 hilog 组件是//base/hiviewdfx/hilog_lite/目录下的 hilog 组件，
而不是标准系统使用的//base/hiviewdfx/hilog/目录下的 hilog 组件。

把//base/hiviewdfx/hilog_lite/目录下的 hilog 组件的相关代码结构整理出来，
如表 6-9 所示。

表 6-9　小型系统的 DFX 子系统组件目录结构

//base/hiviewdfx/hilog_lite/: hilog 框架，实现了日志的打印、输出和流控功能				调用关系
interfaces/native/	kits/	hilog/	小型系统的日志模块的对外接口，给应用程序调用	App 或系统其他组件调用这里声明的接口来打印日志
			log.h	与下面的对内接口 hiview_log.h 基本一致	
	innerkits/	hilog/	小型系统的日志模块的对内接口定义，供其他子系统组件调用	
			hiview_log.h	一组宏的定义，包括 HILOG_DEBUG、HILOG_INFO、HILOG_WARN、HILOG_ERROR、HILOG_FATAL 等，这些宏通过调用 HiLogPrint()来实现打印日志功能	
			hilog_cp.h	HiLog 类的声明，它的 5 个成员函数的功能对应上面的 5 个宏定义的功能	
			log.h	包含 hilog_cp.h	

//base/hiviewdfx/hilog_lite/: hilog 框架，实现了日志的打印、输出和流控功能			调用关系
frameworks/	featured/	小型系统的日志模块的接口实现	上面声明的打印日志的接口的具体实现（又会使用内核提供的支持来实现）
		hilog.cpp	通过 HILOG_VA_ARGS_PRORESS 宏定义调用 HiLogPrintArgs() 来实现 HiLog 类的 5 个成员函数	
		hiview_log.c	HiLogPrint() 调用 HiLogPrintArgs()，HiLogPrintArgs() 再调用 HiLog_Printf() 实现日志的打印功能（如果定义了 LOSCFG_BASE_CORE_HILOG[1]，则调用内核的 HiLogWriteInternal() 接口，否则直接调用标准库接口 write(g_hilogFd) 来实现）	
		小型系统的 DFX 子系统外部提供的支持（没有内存操作、线程和信号量操作，而文件操作则直接使用标准 C 库的接口）	内核提供的支持
		//kernel/liteos_a/platform/include/menuconfig.h	LOSCFG_BASE_CORE_HILOG[1]	
		//kernel/liteos_a/kernel/common/los_hilog.c	内核提供的一组 HiLogXxx() 接口的实现，为框架层提供打印日志的支持	
services/	apphilogcat/	小型系统的日志的落盘服务，编译成可执行程序 apphilogcat，在 init.cfg 中配置为自动启动并提供服务	
		hiview_applogcat.c	apphilogcat 服务进程的入口，负责从日志仓库（dev/hilog）读取数据，格式化输出到终端，同时也写入磁盘文件。该进程直接使用标准库提供的文件操作接口，不依赖于 hiview_lite 组件	
	hilogcat/	小型系统的日志的 hilogcat 程序，编译成可执行程序 hilogcat，不会自动启动	
		hiview_logcat.c	在命令行下执行 hilogcat 程序，可以通过参数动态修改日志的打印模块、打印级别等相关属性	

表 6-9 所示的小型系统中的 DFX 子系统相关组件，虽然与轻量系统中的 DFX 子系统相关组件都在同一个//base/hiviewdfx/hilog_lite/目录下，但它们完全是各自独立的，没有共用部分的代码。

从表 6-9 的 hilog_lite 的 3 个子目录就可以看出，hilog_lite 组件分成 3 大部分：interfaces、frameworks、services。

下面分别来看一下这 3 个部分。

- interfaces

提供了供 APP 调用的对外接口和供系统组件调用的对内接口，其中对内接口还提供了一个
C++实现的 HiLog 类，其成员函数也通过调用 HiLogPrintArgs() 实现了日志的打印功能。

- frameworks

通过 featured/hiview_log.c 实现了 HiLogPrint()、HiLogPrintArgs()、
HiLog_Printf()等一组函数，其中 HiLogPrintArgs()的部分代码如代码清单 6-18 所示。

代码清单 6-18 //base/hiviewdfx/hilog_lite/frameworks/featured/hiview_log.c

```
int HiLogPrintArgs(......)
{
    ......
#ifdef LOSCFG_BASE_CORE_HILOG
    //LiteOS_A 内核的小型系统会执行这里
    ret = HiLogWriteInternal(buf, strlen(buf) + 1);
#else
    //Linux 内核的小型系统会执行这里
    if (g_hilogFd == -1) {
        //HILOG_DRIVER：/dev/hilog
        g_hilogFd = open(HILOG_DRIVER, O_WRONLY | O_CLOEXEC);
    }
    if (g_hilogFd == -1) {
        return 0;
    }
    ret = write(g_hilogFd, buf, strlen(buf) + 1);
#endif
    return ret;
}
```

对于 LiteOS_A 内核的小型系统，会通过编译时配置的 LOSCFG_BASE_CORE_HILOG，
调用内核提供的 HiLogWriteInternal()接口，将用户空间的日志写入/dev/hilog 设备的
环形缓冲区，由内核的日志模块进行后继处理。

而对于 Linux 内核的小型系统，由于没有定义 LOSCFG_BASE_CORE_HILOG，因此会直
接调用标准文件操作接口 open()和 write()，将用户空间的日志写入/dev/hilog 设备的环
形缓冲区，由内核的日志模块进行后继处理。

- services

这里是 apphilogcat 和 hilogcat 这两个系统服务程序的实现代码，它们都实现了从日
志仓库中读取日志，进行过滤和格式化处理，然后输出到终端的功能。但是，两者在实现和使
用上又存在一些差别。

apphilogcat 服务程序的入口在 hilog_lite/services/apphilogcat/hiview_
applogcat.c 中。该服务被配置进 init.cfg 中，在系统启动阶段会自动运行，负责从日志
仓库读取日志，按默认参数过滤和格式化后输出到终端。该服务也通过标准库提供的文件操作
接口，将日志写入文件。

hilogcat 服务程序的入口在 hilog_lite/services/hilogcat/hiview_logcat.c 中。
该服务部署在/bin/目录下，不会随系统的启动而自动运行，而是需要通过 shell 执行。它可
以根据传入的参数动态修改打印日志的模块、级别等，然后读取日志仓库的日志，按修改后的

参数过滤和格式化日志后，输出到终端（默认不会将日志写入文件）。

这两个系统服务程序的详细的工作流程，在本节后文会做详细分析。

2. 初始化和启动

在 5.2.4 节的分析中提到，小型系统会通过执行 /etc/init.cfg 文件描述的命令来启动框架层的系统服务。这个文件中描述的 init 阶段，就有一个 start apphilogcat 命令用于启动 apphilogcat 服务。apphilogcat 服务的依赖关系非常简单（详见 7.3.2 节的分析），因此它也启动得非常快，它运行起来后会循环读取日志仓库的日志，格式化后输出到终端，也通过标准库提供的文件操作接口，将日志写入文件。

3. 使用和流程分析

应用程序或者其他的系统组件在自己的 BUILD.gn 的依赖关系中添加依赖 hilog_shared 库：

```
//base/hiviewdfx/hilog_lite/frameworks/featured:hilog_shared
```

在 BUILD.gn 的 include_dirs 中添加包含的头文件路径：

```
"//base/hiviewdfx/hilog_lite/interfaces/native/kits"          #应用程序用这个
"//base/hiviewdfx/hilog_lite/interfaces/native/innerkits"     #系统服务用这个
```

然后在源代码文件中包含 hilog/log.h 文件，就可以直接使用对应的宏或者 HiLog 类对象来打印相关日志了。

打印日志的宏定义以及 HiLogPrint() 的声明如代码清单 6-19 所示。

代码清单 6-19 //base/hiviewdfx/hilog_lite/interfaces/native/**innerkits**/hilog/hiview_log.h

```
int HiLogPrint(LogType type, LogLevel level, unsigned int domain,
               const char* tag, const char* fmt, ...) ;

#define HILOG_DEBUG(type, ...) ((void)HiLogPrint(LOG_CORE, LOG_DEBUG,
                               LOG_DOMAIN, LOG_TAG, __VA_ARGS__))
```

HiLogPrint() 函数的参数列表如下所示。

- LogType type：表示日志的类型，默认是 LOG_CORE，第三方应用则应使用新定义的 LOG_APP。

- LogLevel level：表示日志的级别，分为 LOG_DEBUG、LOG_INFO、LOG_WARN、LOG_ERROR、LOG_FATAL。

- unsigned int domain：表示日志的领域，这是一个取值范围为 0x00000~0xFFFFF 的十六进制数值。推荐用 0xAAABB 格式的值，其中 AAA 表示子系统，BB 表示模块。

- const char* tag：表示日志的标签，这是一个字符串，用于标记日志所在的函数、文件。开发者也可自定义这个标签。

我们一般会在打印日志的源代码文件前面重新定义 LOG_TAG 和 LOG_DOMAIN，用以标记当前打印日志的标签和领域，以方便对打印出来的日志进行归类和过滤，如代码清单 6-20 所示。

代码清单 6-20　//foundation/distributedschedule/samgr_lite/samgr/source/samgr_lite.c

```
#undef LOG_TAG
#undef LOG_DOMAIN
#define LOG_TAG "Samgr"
#define LOG_DOMAIN 0xD001800
```

- `const char* fmt`：增强型的格式化字符串，支持隐私参数标识符，其中：

  - `%{private}`标识的参数是隐私参数，日志不会打印出来，格式化输出的参数不带`{private}`标记，默认是隐私参数；

  - `%{public}`标识的参数是非隐私参数，日志会正常打印出来，不带`{public}`标记的字符串，默认是非隐私参数。

- `...`（可变参数）：表示可变参数列表。可变参数的数量和类型必须与 `fmt` 参数中的占位符数量和类型相匹配。

通过上述宏打印的日志，会进入 `HiLogPrint()`、`HiLogPrintArgs()`、`HiLog_Printf()`、`HiLogSecVsnprintfImpl()`、`HiLogSecOutputS()` 一系列接口的调用链中。

这里的 `HiLogSecOutputS()` 的功能，就是将用户打印的日志中的各种占位符、参数、可变参数等，进行解析和处理，对隐私参数进行隐藏，对非隐私参数进行数据替换，把最终要打印的内容保存到大小为 1024 字节的缓存中。例如：

```
HILOG_DEBUG(HILOG_MODULE_SAMGR, "Find Feature<%s, %s> id<%d, %d> ret:%d",
            service, feature, identity->handle, identity->token, ret);
```

这样一句打印日志的语句在经过 `HiLogPrintArgs()` 的 `snprintf_s()` 添加前缀 "D 01800/Samgr:" 以及 `HiLog_Printf()` 的处理后，在缓存中将会成为下面这样：

```
D 01800/Samgr: Find Feature<WMS, (null)> id<16, 0> ret:0
```

在接下来的代码段中（见代码清单 6-18），小型系统的//kernel/liteos_a/platform/include/menuconfig.h 中将 LOSCFG_BASE_CORE_HILOG 定义为 1，这将通过内核提供的 `HiLogWriteInternal()` 对缓存中的数据进行进一步的处理，比如添加 `HiLogEntry` header 信息，包括打印日志的时间信息、打印日志的任务信息（pid、taskId）等。`HiLogEntry` 的定义如代码清单 6-21 所示。

代码清单 6-21　//base/hiviewdfx/hilog_lite/interfaces/innerkits/hilog/hiview_log.h

```
struct HiLogEntry {
    unsigned int len;
    unsigned int hdrSize;
    unsigned int pid : 16;
    unsigned int taskId : 16;
    unsigned int sec;
    unsigned int nsec;
    unsigned int reserved;
    char msg[0];    //经格式化处理后的具体日志的内容
};
```

在代码清单 6-21 中，char msg[0] 就是日志字符串 "D 01800/Samgr: Find Feature<WMS, (null)> id<16, 0> ret:0" 的起始位置。

总体来说，小型系统的日志模块的工作流程可以用图 6-4 进行概括。

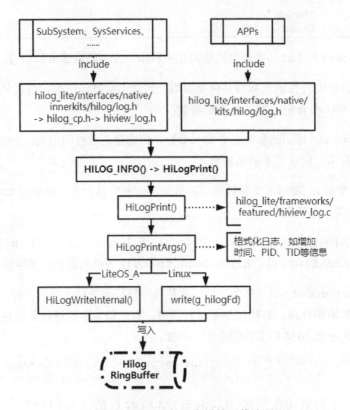

图 6-4　小型系统的日志模块工作流程

经过处理之后的完整的日志信息会分别写入内核的日志模块进行缓存，等待进一步的处理。

4．apphilogcat 服务

在 apphilogcat 服务程序启动时，会先通过 open() 函数打开 HILOG_DRIVER 设备节点（即 /dev/hilog 设备节点，该节点上挂载着内核的 hilog 字符设备：g_hiLogDev），然后创建并打开两个日志文件（文件句柄分别为 fp1 和 pf2）。apphilogcat 首先选择将日志写入 fp1 文件中，如代码清单 6-22 所示。

代码清单 6-22　//base/hiviewdfx/hilog_lite/services/apphilogcat/hiview_applogcat.c

```
int main(int argc, char *argv[])
{
    ......
    fd = open(HILOG_DRIVER, O_RDONLY);        //打开/dev/hilog 设备节点
    FILE *fp1 = fopen(HILOG_PATH1, "at");      //文件路径为/storage/data/log/hilog1.txt
    FILE *fp2 = fopen(HILOG_PATH2, "at");      //文件路径为/storage/data/log/hilog2.txt
    fpWrite = SelectWriteFile(&fp1, fp2);      //首先选择将日志写入 fp1 文件中
    ......
    while (1) {
        ......
```

```
            //循环读取日志仓库的数据，经过判断和过滤处理后，打印到终端和文件中
            printf(...);                 //日志输出到终端
            fprintf(fpWrite, ...);       //日志输出到文件
        }
    }
```

进入 while(1) 循环后，apphilogcat 会读取 /dev/hilog 的数据到临时缓冲区。读取的数据如果小于 HiLogEntry 的大小，表示 hilog 字符设备中没有日志缓存，不用处理；否则说明在 hilog 字符设备缓存中有日志，需将其读取到临时缓冲区中。

将临时缓冲区中的内容转化回代码清单 6-21 所示的 HiLogEntry 格式，取出其中的 sec 字段，转换成 GMT 时间格式，然后连同其他信息一起格式化后打印到终端：

```
printf("%02d-%02d %02d:%02d:%02d.%03d %d %d %s\n",
        info->tm_mon + 1, info->tm_mday, info->tm_hour, info->tm_min,
        info->tm_sec, head->nsec/NANOSEC_PER_MIRCOSEC,
        head->pid, head->taskId, head->msg);
```

最终在终端看到的就是下面这一句日志：

```
01-01 00:05:39.664 5 55 D 01800/Samgr: Find Feature<WMS, (null)> id<16, 0> ret:0
```

在 while(1) 循环中，还会通过 fprintf() 函数同时将这句日志打印到文件句柄 fpWrite 指向的日志文件中（fpWrite 就是前面打开的两个文件句柄 fp1 和 pf2 中的一个）。fprintf() 函数会把日志交替写入这两个日志文件中，写满文件 1 后就改为写入文件 2，写满文件 2 后再次改为写入文件 1 并把文件 1 原有的日志覆盖掉，如此反复以实现日志的存盘功能。这两个日志文件的大小默认只有 2KB，所以实际可以保存的日志信息并不多，开发者可以根据实际需要调整日志文件的大小，以便保存更多的日志。

apphilogcat 服务还会根据系统默认配置的限制条件，通过 FilterLevelLog() 和 FilterModuleLog() 函数对读取到的日志进行过滤，然后再显示到终端和保存到文件中。而直接通过 printf()、cout 等标准库函数打印的日志不经过 apphilogcat 的处理，也不会保存在日志文件中，只是直接打印到终端上。

5. hilogcat 服务

通过 shell 执行 hilogcat 服务程序，并传入 -h 参数，可以打印如下的帮助信息。

```
OHOS # ./bin/hilogcat -h
hilog [-h] [-l level/mod] [-C level <1>] [-C mod <3>]
 -h             Help
 -l             Query the level and module definition information
 -l level       Query the level definition information
 -l mod         Query the level definition information
 -C             Enable all level logs of all modules
 -C level <id>  Set the lowest log level
 -C mod <id>    Enable the logs of a specified module and disable other modules
 -f <filename>  Enable the logs to a specified file
```

如果执行 hilogcat 服务程序时传入的参数是查询类参数（如 -h、-l 等），hilogcat 会调用 HilogCmdProc() 来打印查询类信息，然后 HilogCmdProc() 的返回值是 0，这会导致 hilogcat 程序直接退出，但不影响当前 apphilogcat 服务进程正常打印日志。

如果执行 hilogcat 服务程序时传入的参数是设置类参数（如-C、-f 等），以此去动态修改打印日志的模块、级别等，如执行下述命令：

```
OHOS # ./bin/hilogcat -C level 5
```

hilogcat 会调用 HilogCmdProc() 以更新全局变量 g_hiviewConfig 的相关字段的配置，然后 HilogCmdProc() 的返回值是 1，这样 hilogcat 程序就不会直接退出了，而是继续往下执行，打开 HILOG_DRIVER，并从/dev/hilog 设备上读取日志，然后进行处理和显示到终端。因为 hilogcat 读取了/dev/hilog 设备上的日志，apphilogcat 再去读时就读不到有效的日志了，就只会在 while 中循环而不会打印任何日志内容到终端和文件中。

hilogcat 程序在读取了日志数据之后，会使用新配置的条件在 FilterLevelLog() 和 FilterModuleLog() 这两个函数中对日志进行过滤。对不符合条件的日志，将 printFlag 标记为 FALSE，因此不执行相应的日志打印函数（即不打印）；而符合条件的日志则按 apphilogcat 服务中的办法进行格式化后输出到终端（但并不会保存到日志文件中。如果有需要，开发者也可以自行添加代码，将日志保存到文件中）。

apphilogcat 服务和 hilogcat 服务打印日志的工作流程如图 6-5 所示。

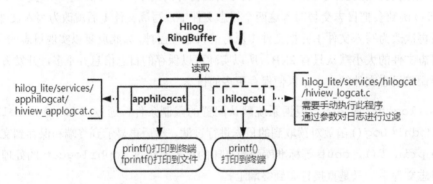

图 6-5　apphilogcat 和 hilogcat 打印日志的流程

6.4.3　标准系统的日志组件

下面从"目录结构""初始化和启动""使用和流程分析"这 3 个部分来分析标准系统的 DFX 子系统的日志功能组件，然后再看一下 hilogd 和 hilog 两个系统服务的详情。

1.　目录结构

先查看标准系统的产品配置表//productdefine/common/products/Hi3516DV300.json 和//base/hiviewdfx/目录，然后把标准系统依赖的 DFX 子系统的组件都整理出来，整理后的结果如表 6-10 所示。

表 6-10　标准系统 DFX 子系统组件依赖表

//productdefine/common/products/Hi3516DV300.json

子系统	部件列表	编译脚本部署路径： //base/hiviewdfx/	备注
hiviewdfx	hiviewdfx_hilog_native	hilog/ohos.build	本节会重点关注
	hilog_native		
	hilog_service		
	hisysevent_native	hisysevent/ohos.build	暂不深入分析
	hiappevent_js	hiappevent/ohos.build	
	hiview	hiview/ohos.build	
	faultloggerd	faultloggerd/ohos.build	
	hitrace_native	hitrace/ohos.build	
	hicollie_native	hicollie/ohos.build	

本节重点关注打印日志的 hilog 组件，其他的组件暂不深入分析。

打开//base/hiviewdfx/hilog/ohos.build，可以看到 hiviewdfx_hilog_native 组件的 module_list 是空的，因此可以先不管。我们重点看表 6-10 中 hilog_native 和 hilog_service 这两个组件的配置，如代码清单 6-23 所示。

代码清单 6-23　//base/hiviewdfx/hilog/ohos.build

```
     "hilog_native": {
       "module_list": [
[1]      "//base/hiviewdfx/hilog/frameworks/native/hilog_ndk:hilog_ndk",
[2]      "//base/hiviewdfx/hilog/frameworks/native:libhilogutil",
[3]      "//base/hiviewdfx/hilog/interfaces/native/innerkits:libhilog"
       ],
       "inner_kits": [
         {
           "name": "//base/hiviewdfx/hilog/interfaces/native/innerkits:libhilog",
           "header": {
             "header_files": [
               "hilog/log.h",
               "hilog/log_c.h",
               "hilog/log_cpp.h"
             ],
             "header_base": "//base/hiviewdfx/hilog/interfaces/native/innerkits/include"
           }
         }
       ]
     },
     "hilog_service": {
       "variants": [
         "phone",
         "wearable"
       ],
       "module_list": [
[4]      "//base/hiviewdfx/hilog/services/hilogtool:hilog",
[5]      "//base/hiviewdfx/hilog/services/hilogd:hilogd"
```

```
        ]
    }
```

为代码清单 6-23 中的模块按从上到下的顺序添加编号，然后整理各模块的依赖关系，省略掉非 hiviewdfx 子系统的依赖组件和重复的依赖组件，整理后的依赖关系结果如表 6-11 所示。

表 6-11　标准系统的 DFX 子系统依赖组件的整理结果

//base/hiviewdfx/hilog/ohos.build		定义：hilog_path = //base/hiviewdfx/hilog	
部件列表	模块列表（见代码清单 6-23）	依赖的组件	依赖的组件再次依赖的目标
hilog_native	[1] "hilog_path/frameworks/native/hilog_ndk:hilog_ndk"	[6] "hilog_native:libhilog" libhilog 组件定义在 hilog_path/interfaces/native/innerkits/BUILD.gn 文件中，它再次依赖[7]和[8]两个组件	[7] "hilog_path/adapter:libhilog_os_adapter" [8] "hilog_path/frameworks/native:libhilog_source"，再次依赖组件[9] [9] "hilog_path/frameworks/native:libhilogutil"
	[2] "hilog_path/frameworks/native:libhilogutil"	[7]	
	[3] "hilog_path/interfaces/native/innerkits:libhilog"	[7][8][9]	
hilog_service	[4] "//base/hiviewdfx/hilog/services/hilogtool:hilog"	[7][9][3] （即[7][8][9]）	
	[5] "//base/hiviewdfx/hilog/services/hilogd:hilogd"	[7][9][3] （即[7][8][9]）	

由表 6-11 可以看出标准系统的 hilog 组件依赖的重点都在[7]、[8]、[9]这 3 个目标（target）上。

再整理一下 //base/hiviewdfx/hilog/ 目录下的代码，整理后的结果如表 6-12 所示。

表 6-12　标准系统 DFX 子系统依赖组件的目录结构

//base/hiviewdfx/hilog/		
adapter/	socket 服务器的适配代码	
frameworks/native/	hilog native 框架的实现代码	
	hilog_printf.cpp	实现了 HiLogPrint()、HiLogPrintArgs() 函数
	hilog.cpp	调用 HiLogPrintArgs() 来实现 log_cpp.h 中声明的 HiLog 类的成员函数

续表

frameworks/ native/	hilog_ndk/hilog_ndk.c	调用 HiLogPrintArgs() 来实现 OHOSHiLogPrint()	
	hilog_input_socket_client.cpp	打印日志时, 客户端(client)将格式化好的日志内容通过 socket 机制传输给 hilogd 服务器(server)	
	hilog_input_socket_server.cpp		
	format.cpp 和其他 *.cpp	编译生成 libhilogutil。format.cpp 用于格式化日志,其他部分完成 socket 的客户端与服务器的交互实现	
interfaces/ native/	innerkits/include/hilog/	对内部子系统暴露的头文件	
		log_c.h	打印日志的宏 HILOG_XXX 的定义,以及 HiLogPrint() 的声明(在 hilog_printf.cpp 中实现)
		log_cpp.h	定义 HiLogLabel 和 HiLog 类
		log.h	包含 log_c.h 和 log_cpp.h 两个头文件
	kits/include/hilog/log.h	对应用暴露的头文件,与 innerkits 中的 log_c.h 基本一致	
services/	日志相关服务的实现		
	hilogd/	日志常驻服务 hilogd 的实现。用户态模块调用日志接口,将格式化好的日志内容通过 socket 机制传输给该服务,然后由该服务将日志存储在一个环形缓冲区中	
	hilogtool/	日志工具 hilog 的实现。可以在终端执行 ./bin/hilog -h 命令查看帮助信息。执行 hilog 命令可以将环形缓冲区中的日志读取、过滤(如 hilog|grep "MY_TAG")和打印到终端上,或打印到文件中	

在表 6-12 中可以看到,标准系统的 DFX 子系统的目录结构也是完全独立的。该子系统的目录结构可以分为以下几个部分。

● adapter

这是 socket 服务器的适配代码。

● frameworks

通过子目录 native 内的代码实现了 HiLogPrint()、HiLogPrintArgs() 等一组接口。当用户态模块调用日志接口时,会通过 hilog_input_socket_client.c 中定义的 static HilogInputSocketClient g_hilogInputSocketClient 全局对象,使用 socket 机制将格式化好的日志内容传输给 hilogd 服务器。

● interfaces

提供了供应用程序调用的外部接口和供系统组件调用的内部接口,其中内部接口还提供了一个用 C++ 实现的 HiLog 类, 其成员函数也通过调用 HiLogPrintArgs() 实现了 HILOG_XXX 这组宏提供的功能。

● services

这里实现了 hilogd 服务程序和 hilog 服务程序。

hilogd 服务程序的入口在 //base/hiviewdfx/hilog/services/hilogd/main.cpp 中。该服务程序的启动配置文件为 hilog/services/hilogd/etc/hilogd.cfg, 该配置文件会被复制到 /system/etc/init/ 目录下, 并在系统启动阶段被加载和解析, 然后执行其中的 start hilogd 命令来启动 hilogd 服务程序。hilogd 服务程序通过 socket 接收打印日志的客户端传过来的日志内容, 并保存到环形缓冲区内。

hilog 服务程序的入口在 //base/hiviewdfx/hilog/services/hilogtool/main.cpp 中。该服务程序被部署在 /bin/ 目录下, 不会随系统的启动而运行。可以在终端执行"./bin/hilog -h"命令查看该程序的帮助信息。执行 hilog 命令可以将环形缓冲区中的日志读取出来, 并在进行过滤后打印到终端或打印到文件中。

2. 初始化和启动

标准系统在启动 init 进程时会按规则读取和解析 /system/etc/init/ 目录下的所有 .cfg 文件, 根据 .cfg 文件描述的规则和命令对各个模块执行启动流程。对标准系统的 hilog 组件的 hilogd 服务程序, hilogd.cfg 文件配置了启动和运行 hilogd 服务程序的详细信息, init 进程执行其中的 start hilogd 命令为 hilogd 服务程序创建独立进程。hilogd 服务器在指定的 socket 端口等待接收消息, 并将接收到的消息 (包含客户端发送过来的日志内容) 保存到环形缓冲区中。

3. 使用和流程分析

APP 或者系统的其他组件需要在自己的 BUILD.gn 的依赖关系中添加依赖 libhilog 库:

```
"//base/hiviewdfx/hilog/interfaces/native/innerkits:libhilog",
```

并在 include_dirs 字段中添加头文件路径:

```
"//base/hiviewdfx/hilog/interfaces/native/kits/include"      #应用使用这个
"//base/hiviewdfx/hilog/interfaces/native/innerkits/include" #系统的其他组件使用这个
```

在源代码文件中包含头文件 hilog/log.h 后, 就可以直接使用 HILOG_XXX 这组宏或者 HiLog 类对象来打印相关的日志了。

在标准系统中, 打印日志的宏定义以及 HiLogPrint()、HiLogPrintArgs() 的实现与小型系统中的类似, 只不过小型系统会通过内核提供的 HiLogWriteInternal() 对日志进行缓存, 而标准系统则是通过 socket 客户端将日志内容传给 hilogd 服务器, 然后将日志内容保存到环形缓冲区, 如图 6-6 所示。

4. hilogd 服务和 hilog 服务

标准系统中的 hilogd 服务类似小型系统的 apphilogcat 服务, 会在系统启动时自动启动, 然后在后台等待接收 socket 客户端传过来的日志内容, 将其保存在环形缓冲区内 (见

图 6-6），然后等待 hilog 服务来读取环形缓冲区中的日志内容。

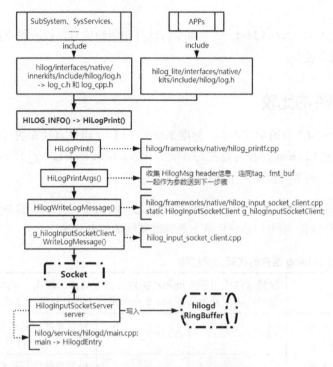

图 6-6　标准系统的日志处理流程

标准系统中的 hilog 服务类似小型系统的 hilogcat 服务，部署在/bin/目录下，不会随着系统的启动而自动启动。在需要的时候可以在终端执行 hilog 命令，将环形缓冲区中的日志读取并打印到终端上。hilog 服务打印日志的流程如图 6-7 所示。

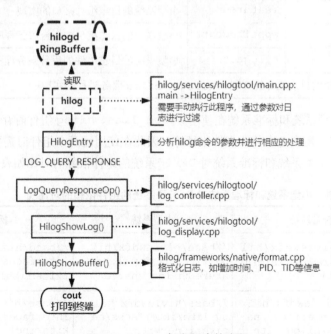

图 6-7　hilog 打印日志的流程

可以根据需要在 hilog 命令中加入不同的参数，实现日志过滤或者将日志保存到文件中的功能。

在终端中执行"./bin/hilog -h"命令可以打印帮助信息，以查看支持的参数，并根据帮助信息来使用这个服务。

6.4.4　日志组件的比较

通过 6.4.1 节～6.4.3 节的学习得知，标准系统的 hilog 组件有独立的目录，而轻量系统和小型系统的 hilog_lite 组件尽管都在//base/hiviewdfx/hilog_lite/目录下，但实际上也是互相独立的，两者并没有共用的代码。

在表 6-13 中可以看到，hilog_lite/目录下无底纹的是轻量系统的部分代码，有底纹的是小型系统的部分代码，而 hilog/目录下是标准系统的部分代码。

表 6-13　三个系统的 hilog 组件的代码目录结构

	command/		轻量系统中用于查询和动态修改日志的打印模块、打印级别等相关属性的接口；需要开发者添加 AT 命令来作为执行这些命令的入口	
hilog_ lite/	interfaces/ native/	kits/	hilog_lite/	轻量系统的日志组件对外接口的定义，供 App 调用
		kits/	hilog/	小型系统的日志组件对外接口的定义，供 App 调用
		innerkits/	hilog/	小型系统的日志组件对内接口的定义，供其他子系统组件调用
	frameworks/	mini/	轻量系统的日志组件接口的实现	
		featured/	小型系统的日志组件接口的实现	
	services/	apphilogcat/	小型系统的日志组件的后台服务程序 apphilogcat	
		hilogcat/	小型系统的日志组件的后台服务程序 hilogcat	
hilog/	标准系统的日志组件的实现和 hilogd、hilog 服务进程的实现			

轻量系统、小型系统和标准系统在使用 hilog_lite、hilog 组件时存在细微的差别，比如依赖的组件名字、需要包含的头文件路径等。因此在使用这两个组件时需要谨慎，以免引起混淆。轻量系统、小型系统和标准系统对 DFX 子系统的组件依赖的对比如表 6-14 所示。

表 6-14　轻量系统、小型系统和标准系统对 DFX 子系统的组件依赖的对比表

	轻量系统	小型系统	标准系统
代码路径和编译目标	//base/hiviewdfx/hilog_lite/frameworks/mini:hilog_lite	//base/hiviewdfx/hilog_lite/frameworks/featured:hilog_shared	//base/hiviewdfx/hilog/interfaces/native/innerkits:libhilog
头文件目录	//base/hiviewdfx/hilog_lite/interfaces/native/kits/hilog_lite	//base/hiviewdfx/hilog_lite/interfaces/native/innerkits	//base/hiviewdfx/hilog/interfaces/native/innerkits/include

续表

	轻量系统	小型系统	标准系统
头文件名字	hilog/log.h		
后台服务	//base/hiviewdfx/hiview_lite/hiview_service.c:hiview	//base/hiviewdfx/hilog_lite/services/apphilogcat:apphilogcat	//base/hiviewdfx/hilog/services/hilogd:hilogd
日志工具	开发者自己添加 AT 命令，调用 hilog_lite_command.c 和 hievent_lite_command.c 定义的接口，实现动态调整日志的打印级别等功能	//base/hiviewdfx/hilog_lite/services/hilogcat:hilogcat	//base/hiviewdfx/hilog/services/hilogtool:hilog

6.4.5 init 进程的日志

小型系统的 apphilogcat 服务进程需要 init 进程来启动，那么 init 进程自己的日志岂不是没法打印出来了？事实上确实如此。

小型系统和标准系统的 init 进程的日志打印流程分别如图 6-8 中的左右两部分所示。

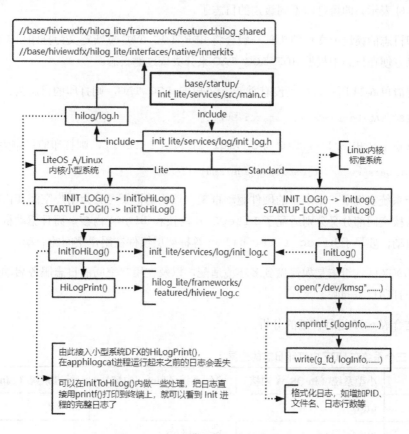

图 6-8　init 进程的日志打印流程

要查看 init 进程的完整日志，可以在小型系统调用的 InitToHiLog() 函数中增加一些处理，直接用 printf() 函数将日志打印到终端，这样就可以看到 init 进程的全部日志了。

对于标准系统来说，由于 init 进程的日志在通过 InitLog() 函数的处理后直接写入/dev/kmsg（即通过 printk()打印到终端），所以它的 init 进程的完整日志可以在终端上看到。

6.4.6 驱动框架的日志

另外一个完整体现前面所有分析细节的日志的打印示例，就是第 9 章中驱动子系统对日志的处理。这将是本书的重点内容，所以这里提前介绍它的一些相关细节。

驱动子系统中典型的日志打印方法如代码清单 6-24 所示。

代码清单 6-24   //drivers/framework/core/common/src/devmgr_service_start.c

```
#include "hdf_log.h"    //会包含 hdf_log_adapter.h 文件，该文件内定义了 LOG_DOMAIN
#undef HDF_LOG_TAG
#define HDF_LOG_TAG devmgr_service_start
//使用 HDF_LOGI 宏来打印日志
HDF_LOGI("DeviceManagerStart: Enter");
```

在需要打印日志的地方，直接使用 HDF_LOGI(…)、HDF_LOGE(…) 等一组宏（下文用 HDF_LOGX()表示）即可打印不同级别的日志了。

在打印日志的模块或文件的头部一般会将 HDF_LOG_TAG 重新定义为打印日志的模块名或文件名，以方便在日志中根据 HDF_LOG_TAG 来分类或过滤日志。

如代码清单 6-24 所示，如果没有重新定义 HDF_LOG_TAG，则打印的日志为：

```
[HDF_LOG_TAG]DeviceManagerStart: Enter
```

如果重新定义 HDF_LOG_TAG 为 devmgr_service_start，则打印的日志为：

```
[devmgr_service_start]DeviceManagerStart: Enter
```

驱动子系统实现了一个全新的硬件驱动框架，该驱动框架可分为用户空间和内核空间上下两部分，内核空间部分又分别适配了 LiteOS_A 内核和 Linux 内核，而且驱动框架在内核空间部分的启动，要早于 hilog_lite、hilog 等框架层组件在用户空间的启动。

HDF_LOGX()这组宏是如何做到多环境适配，以及在用户空间的日志服务启动之前，在不同的内核中打印日志的呢？

下面结合表 6-15 进行详细的分析。

表 6-15   三个系统在 HDF 中打印日志的差异

	小型系统（LiteOS_A 内核）	小型系统（Linux 内核）	标准系统（Linux 内核）
用户空间	uhdf		uhdf2
内核空间	khdf-liteos	khdf-linux	

如表 6-15 所示，可把驱动框架中打印日志的差异分为 4 个部分。

驱动框架内几乎所有的源文件都会包含一个 hdf_log.h 头文件，该文件定义了一组驱动框架专用的打印日志的宏。以 HDF_LOGI 为例，相应的头文件如代码清单 6-25 所示。

代码清单 6-25　//drivers/framework/include/utils/hdf_log.h

```
#include "hdf_log_adapter.h"   //表6-15 中的 4 个部分会包含各自不同的 hdf_log_adapter.h 文件

#define HDF_LOGI(fmt, args...) HDF_LOGI_WRAPPER(fmt, ##args)
```

这里会用宏 HDF_LOGI_WRAPPER 对 HDF_LOGI 再做一层适配。对于整个驱动框架，统一使用 HDF_LOGI 即可。但是对于表 6-15 内的 4 个部分，会分别在各自的 hdf_log_adapter.h 文件中对 HDF_LOGI_WRAPPER 再做一次稍有差别的定义，以此来达到四合一的效果。

1. uhdf 和 khdf-liteos

在表 6-14 中可以看到，小型系统的日志需要依赖的组件为：

```
//base/hiviewdfx/hilog_lite/frameworks/featured:hilog_shared
```

需要包含的头文件的目录为：

```
//base/hiviewdfx/hilog_lite/interfaces/native/innerkits
```

uhdf 部分对 HDF_LOGI_WRAPPER 进行再适配所使用的 hdf_log_adapter.h 文件如代码清单 6-26 所示。

代码清单 6-26　//drivers/adapter/uhdf/posix/include/hdf_log_adapter.h

```
#include "hilog/log.h"
#define HDF_LOGI_WRAPPER(fmt, arg...) HILOG_INFO(LOG_DOMAIN, fmt, ##arg)
```

khdf-liteos 部分对 HDF_LOGI_WRAPPER 进行再适配所使用的 hdf_log_adapter.h 文件如代码清单 6-27 所示。

代码清单 6-27　//drivers/adapter/khdf/liteos/osal/include/hdf_log_adapter.h

```
#include "hilog/log.h"
#define HDF_LOGI_WRAPPER(fmt, arg...) HILOG_INFO(LOG_DOMAIN, fmt, ##arg)
```

uhdf 和 khdf-liteos 两部分所包含的虽然不是同一个 hdf_log_adapter.h 文件，但是它们各自的 hdf_log_adapter.h 文件内对 HDF_LOGI_WRAPPER 宏的定义却是相同的。

首先，它们包含的 hilog/log.h 文件都是 //base/hiviewdfx/hilog_lite/interfaces/native/innerkits/hilog/log.h。这个 log.h 文件会再次包含同目录下的 hilog_cp.h 文件，而 hilog_cp.h 文件最终又会包含同目录下的 hiview_log.h 文件。

其次，它们对 HDF_LOGI_WRAPPER 宏的定义都是用 HILOG_INFO(LOG_DOMAIN, fmt, ##arg) 来实现打印日志功能的。

在 hiview_log.h 中有 HILOG_INFO 的定义，如代码清单 6-28 所示。

代码清单 6-28　//base/hiviewdfx/hilog_lite/interfaces/native/**innerkits**/hilog/hiview_log.h

```
#define HILOG_INFO(type, ...) ((void)HiLogPrint(LOG_CORE, LOG_INFO, LOG_DOMAIN,
LOG_TAG, __VA_ARGS__))
```

这里使用的 HiLogPrint() 函数的定义和实现位于//base/hiviewdfx/hilog_lite/ frameworks/featured/hiview_log.c 中，而不是位于.../frameworks/mini/hiview_ log.c 中的 HiLogPrintf()（mini 目录下的这个 HiLogPrintf() 是供轻量系统使用的）。

上面提到的几个文件之间的引用关系以及驱动框架打印日志的流程如图 6-9 所示。

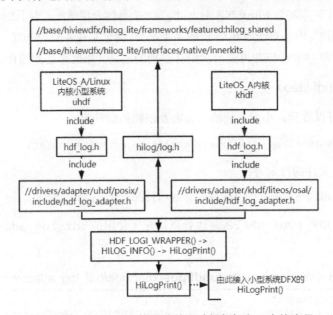

图 6-9　LiteOS_A 内核系统的驱动框架打印日志的流程

图 6-9 中的 HiLogPrint() 通过调用 HiLogPrintArgs() 函数，将日志写入内核的日志处理模块，如代码清单 6-29 所示。

代码清单 6-29　//base/hiviewdfx/hilog_lite/frameworks/**featured**/hiview_log.c

```
int HiLogPrintArgs(......)
{
    ......
#ifdef LOSCFG_BASE_CORE_HILOG
    //LiteOS_A 内核的小型系统运行这里
    ret = HiLogWriteInternal(buf, strlen(buf) + 1);
#else
    //Linux 内核的小型系统运行这里
    if (g_hilogFd == -1) {
        g_hilogFd = open(HILOG_DRIVER, O_WRONLY | O_CLOEXEC);  //"/dev/hilog"
    }
    if (g_hilogFd == -1) {
        return 0;
    }
    ret = write(g_hilogFd, buf, strlen(buf) + 1);
#endif
    return ret;
}
```

可见，在小型系统中，用户空间和内核空间的日志都会先写入内核的日志处理模块。

对于 LiteOS_A 内核的小型系统，是通过 HiLogWriteInternal() 写入 g_hiLogDev.buffer 环形缓冲区。在该缓冲区没有准备好之前（即 g_hiLogDev.buffer 为 NULL）生成的日志，会直接通过 PRINTK("%s\n", buffer) 打印到终端（见代码清单 6-30）。

对于 Linux 内核的小型系统，会直接通过文件操作函数 open() 和 write() 将日志写入 /dev/hilog 设备节点，交由 hilog 驱动进行缓存。

用户空间的 apphilogcat 服务在运行之后，会打开并读取 /dev/hilog 设备缓存的日志，并打印到终端（也同时打印到文件中），这样就可以在终端上（也可以通过文件）查看日志了。

但是，在 apphilogcat 服务运行之前，驱动框架早就已经在内核中启动了，这意味着我们无法在终端上查看驱动框架启动过程的日志。

要解决这个问题，办法有多个。比如，直接把 hdf_log.h 中的

```
#define HDF_LOGI(fmt, args...) HDF_LOGI_WRAPPER(fmt, ##args)
```

换成

```
#define HDF_LOGI(fmt, args...) dprintf(fmt "\r\n", ##args)
```

或者，把 //drivers/adapter/**khdf/liteos/osal**/include/hdf_log_adapter.h 中的

```
#define HDF_LOGI_WRAPPER(fmt, arg...) HILOG_INFO(LOG_DOMAIN, fmt, ##arg)
```

换成

```
#define HDF_LOGI_WRAPPER(fmt, arg...) dprintf(fmt "\r\n", ##arg)
```

又或者直接在驱动框架代码中用 dprintf() 来打印日志。

但是这些办法都会产生一些问题，比如日志会缺少部分头部信息、与 Linux 内核系统无法兼容等。

我用了另外一个办法，可使得在无须改动上面几个宏定义的情况下，也能保证驱动框架的日志打印方法可同时兼容 LiteOS_A 内核和 Linux 内核。

这个方法具体如下。

通过查看 los_hilog.c 中的 HiLogWriteInternal() 可知，在 g_hiLogDev.buffer 环形缓冲区没有准备好之前生成的日志，会直接通过 PRINTK("%s\n", buffer) 打印到终端。那么，在环形缓冲区准备好之后，在 apphilogcat 服务运行之前，同样也可以用 PRINTK("%s\n", buffer) 把驱动框架的日志打印到终端，如代码清单 6-30 所示。

代码清单 6-30 //kernel/liteos_a/platform/los_hilog.c

```
int HiLogWriteInternal(const char *buffer, size_t bufLen)
{
    ......(略)
    if ((g_hiLogDev.buffer == NULL) || (OS_INT_ACTIVE) ||
        (runTask->taskStatus & OS_TASK_FLAG_SYSTEM_TASK)) {
        //环形缓冲区准备好之前 g_hiLogDev.buffer 为 NULL，执行这里
```

```
        PRINTK("%s\n", buffer);
        return -EAGAIN;
    }
#if LKZ_DEBUG     //打印驱动框架的日志到终端
//buffer 中的内容: [I][02500/devmgr_service_start] DeviceManagerStart: Enter
if(0 == strncmp(buffer+4, "025", 3)) {    //驱动框架日志的 LOG_DOMAIN 为 0xD002500
    PRINTK("%s\n", buffer);
}
#endif     //打印驱动框架的日志到终端
......(略)
}
```

在代码清单 6-30 中，用#if LKZ_DEBUG 语句包住的代码段用于过滤驱动框架的日志，让它在这里直接通过 PRINTK() 打印到终端。而在 apphilogcat 服务读取 g_hiLogDev.buffer 环形缓冲区的日志，并准备打印到终端的时候，只需执行一下过滤，避免重复打印即可，如代码清单 6-31 所示。

代码清单 6-31　//base/hiviewdfx/hilog_lite/services/apphilogcat/hiview_applogcat.c

```
int main(int argc, char *argv[])
{
    while (1) {
        if (g_hiviewConfig.silenceMod == SILENT_MODE_OFF) {
            if((0 == strncmp((head->msg)+4, "0250", 4)) ||
            //0250x 属于内核态的驱动框架的日志
                (0 == strncmp((head->msg)+4, "0251", 4)))
            //0251x 属于用户态的驱动框架的日志
            {
                //对于 LiteOS_A 内核系统，驱动框架的所有日志都会在 los_hilog.c 中
                //打印到终端，所以这里不要重复打印驱动框架的日志
            } else {
                //其他模块的日志，在这打印到终端
                printf(.....);
            }
        }
        ......
    }
}
```

这样一来，整个驱动框架的日志都能完整且不重复地打印到终端上了。

2．uhdf2 和 khdf-linux

在表 6-14 中可以看到，标准系统的日志需要依赖的组件为：

```
//base/hiviewdfx/hilog/interfaces/native/innerkits:libhilog
```

需要包含的头文件的目录为：

```
//base/hiviewdfx/hilog/interfaces/native/innerkits/include
```

uhdf2 部分对 HDF_LOGI_WRAPPER 进行再适配所使用的 hdf_log_adapter.h 文件如代码清单 6-32 所示。

代码清单 6-32 //drivers/adapter/**uhdf2/osal**/include/hdf_log_adapter.h

```
#include "hilog/log.h"
#define HDF_LOGI_WRAPPER(fmt, arg...) HILOG_INFO(LOG_CORE, fmt, ##arg)
```

这里包含的 hilog/log.h 文件是 //base/hiviewdfx/hilog/interfaces/native/ innerkits/include/hilog/log.h，它会包含同目录下的 log_c.h 文件，而 log_c.h 文件中有 HILOG_INFO 的定义，如代码清单 6-33 所示。

代码清单 6-33 //base/hiviewdfx/hilog/interfaces/native/innerkits/include/hilog/log_c.h

```
#define HILOG_INFO(type, ...) ((void)HiLogPrint((type), LOG_INFO, LOG_DOMAIN,
LOG_TAG, __VA_ARGS__))
```

HiLogPrint() 的实现可见 //base/hiviewdfx/hilog/frameworks/native/hilog_ printf.cpp 文件。

HiLogPrint() 调用 HiLogPrintArgs()，在 HiLogPrintArgs() 中再调用 HilogWrite LogMessage() 函数，而 HilogWriteLogMessage() 函数则通过 HilogInputSocket Client 类对象的 WriteLogMessage() 函数，将日志写入 hilogd 服务的环形缓冲区。

uhdf2 部分打印日志的流程如图 6-10 的左半部分所示。

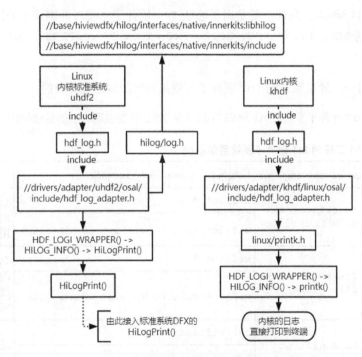

图 6-10 Linux 内核系统的驱动框架打印日志的流程

如需将日志打印到终端，需要在终端上执行./bin/hilog 命令并加上参数，将日志从环形缓冲区读出，然后根据参数过滤后打印到终端（详情可参考 6.4.3 节的分析）。

khdf-linux 部分对 HDF_LOGI_WRAPPER 进行再适配所使用的 hdf_log_adapter.h 文件如代码清单 6-34 所示。

代码清单 6-34　//drivers/adapter/**khdf/linux/osal**/include/hdf_log_adapter.h

```
#include "hilog/log.h"
#define HDF_LOGI_WRAPPER(fmt, args...) printk(KERN_INFO HDF_FMT_TAG(HDF_LOG_TAG,
I) fmt "\r\n", ## args)
```

这里直接使用内核的 printk() 函数将 khdf-linux 的日志打印到终端上，如图 6-10 的右半部分所示（类似于前面的 uhdf 和 khdf-liteos 部分中直接用 PRINTK() 将日志打印到终端上的行为）。所以 Linux 内核的小型系统和标准系统的内核态驱动框架在启动时，不需要做任何修改就可以直接将完整的日志打印到终端上了。

6.5　IoT 硬件子系统

6.5.1　概述和目录结构

IoT 硬件子系统是 OpenHarmony 轻量系统的一个子系统，在 OpenHarmony LTS 1.1 版本中仅支持 Hi3861 开发板，后来开始支持搭载了其他芯片的开发板，不过需要根据芯片的能力来适配和实现在框架层定义好的相关接口。

我们使用 Hi3861 开发板主要是用于验证 IoT 硬件子系统对外围设备的操控能力，相关的操控接口包括 ADC、AT、FLASH、GPIO、I2C、I2S、PARTITION、PWM、SDIO、UART、WATCHDOG 等。

本节我们看一下轻量系统的 IoT 硬件子系统是如何控制这些外设的。

先看一下 IoT 硬件子系统在 Hi3861 工程（见 2.5.6 节的说明）中的目录结构，如表 6-16 所示。

表 6-16　Hi3861 工程的 IoT 硬件子系统目录结构

//applications/sample/wifi-iot/app/iothardware/led_example.c				示例程序
//base/iot_hardware/	interfaces/kits/wifiiot_lite/	wifiiot_*.h		IoT 外设控制接口的声明（供上层应用调用）
		wifiiot_gpio.h、wifiiot_i2c.h ...		
	frameworks/wifiiot_lite/src/	wifiiot_*.c		IoT 外设控制接口的实现（通过调用适配层 HAL 接口来实现）
		wifiiot_gpio.c、wifiiot_i2c.c ...		
	hals/wifiiot_lite/	hal_wifiiot_*.h		适配层 HAL 接口的声明
		hal_wifiiot_gpio.h、hal_wifiiot_i2c.h ...		
//vendor/hisi/hi3861/	hi3861_adapter/hals/	iot_hardware/wifiiot_lite/	hal_wifiiot_*.c	适配层 HAL 接口的实现（通过调用芯片平台驱动层接口来实现）
			hal_wifiiot_gpio.c、hal_wifiiot_i2c.c ...	

续表

//vendor/ hisi/ hi3861/	hi3861/	include/	hi_*.h	芯片平台驱动层接口的声明
			hi_gpio.h、 hi_i2c.h ...	
		platform/ drivers/	子目录如: adc/i2c ...	芯片平台驱动层接口的实现（通过操作硬件、寄存器来实现）
			i2c/i2c.h 和 i2c.c	

再看看 IoT 硬件子系统在 LTS 3.0 分支代码中的目录结构，如表6-17 所示。

表6-17 LTS 3.0 分支代码中的 IoT 硬件子系统目录结构

//applications/sample/wifi-iot/app/iothardware/led_example.c				示例程序
//base/iot_ hardware/	peripheral/interfaces/kits/		iot_*.h	IoT 外设控制接口的声明（供上层应用调用）
			iot_gpio.h、 iot_i2c.h ...	
//device/ hisilicon/ hispark_ pegasus/	hi3861_adapter/ hals/	iot_hardware/ wifiiot_lite/	hal_iot_*.c	适配层 HAL 接口的实现（通过调用芯片平台驱动层接口来实现）
			hal_iot_gpio.c、 hal_iot_i2c.c ...	
	sdk_liteos/	include/	hi_*.h	芯片平台驱动层接口的声明
			hi_gpio.h、 hi_i2c.h ...	
		platform/ drivers/	子目录如: adc/i2c ...	芯片平台驱动层接口的实现（通过操作硬件、寄存器来实现）
			i2c/i2c.h 和 i2c.c	

注意，表6-17 中的 hi3861_adapter 和 sdk_liteos，在 LTS 3.0 分支上位于//device/hisilicon/hispark_pegasus/目录下，在 Master 分支上位于//device/soc/hisilicon/hi3861v100/目录下。

通过表6-16 和表6-17 的目录结构对比和具体接口实现代码的对比，可以明显看出 LTS 3.0 分支代码中的 API 实现与调用层次比 Hi3861 工程少了一层，相对简洁了不少。

在 LTS 3.0 分支代码中，在框架层只提供接口的声明，而接口的实现则通过在芯片平台的适配层调用硬件驱动的相关接口操作硬件来完成。当框架层没有提供需要的接口时，我们可以在框架层添加新的接口声明，并在适配层添加对应接口的实现即可（适配层接口再使用芯片平台驱动层提供的接口实现功能）。当需要适配其他芯片时，只需要在芯片的适配层实现对应的接口，而不需要改动框架层的任何代码。

我们看一下 LTS 3.0 分支代码中示例程序的代码部署目录//applications/sample/

wifi-iot/app/iothardware/，该目录下只有 BUILD.gn 和 led_example.c 这两个文件。

先看 BUILD.gn 文件的配置，如代码清单 6-35 所示。

代码清单 6-35　//applications/sample/wifi-iot/app/iothardware/BUILD.gn

```
include_dirs = [
    "//utils/native/lite/include",
    "//kernel/liteos_m/kal/cmsis",
    "//base/iot_hardware/peripheral/interfaces/kits",
]
```

● "//utils/native/lite/include"

这是公共基础库子系统提供的头文件（见 6.3 节的介绍）。

本示例程序会用到在该路径下的 ohos_init.h 文件中定义的宏 SYS_RUN()，通过 SYS_RUN(LedExampleEntry) 来指定示例程序的入口函数为 LedExampleEntry()。

关于宏 SYS_RUN()（以及与之对应的 MODULE_INIT(run)宏）的展开和运作机制，详见 5.1.6 节的分析。

● "//kernel/liteos_m/kal/cmsis"

这是 CMSIS 模块提供的线程相关接口的头文件。

CMSIS 模块中包含了按照 CMSIS-RTOS v2 标准来实现的一组 KAL 接口，这些接口涉及对基础内核、线程、定时器、事件、互斥锁、信号量、队列等相关的管理。

在系统启动阶段会去执行示例程序的入口函数 LedExampleEntry()，该函数内不能做会引起阻塞的事情，否则会影响其他应用的启动（见 5.1.6 节的分析）。因此，在 LedExampleEntry() 中会调用 CMSIS 模块提供的 osThreadNew() 函数来创建一个 LedTask 线程，由 LedTask 线程去控制 Led 灯的开关。

● "//base/iot_hardware/peripheral/interfaces/kits"

这是 IoT 硬件子系统对框架层暴露的用于控制外设的接口声明头文件（见表 6-17）。

再看 led_example.c 的实现代码，可知示例程序的工作流程大概如下：

通过 SYS_RUN(LedExampleEntry) 指定示例程序的入口函数为 LedExampleEntry()。在系统启动阶段自动执行 LedExampleEntry()，在该入口函数中先配置 GPIO 的参数和工作模式，然后调用 osThreadNew()创建 LedTask 线程，就退出了。在 LedTask 线程的循环中，根据 g_ledState 的值，调用表 6-17 中的 HAL 接口，层层往下调用，最终实现点亮或熄灭 Hi3861 开发板上的 LED 灯的功能。

下面我们对示例程序的代码进行简单修改，使得可以使用开发板上的 USER 按键来切换 LED 灯的亮灯模式。

通过查看 Hi3861 开发板的原理图（润和官网可下载），可以知道开发板上的 USER 按键连接在主芯片的 GPIO5 上，这个 GPIO5 是一个可复用的 IO 口。开发板通电时，OpenHarmony

系统会根据 CONFIG_UART1_SUPPORT 的配置，默认将 GPIO5 配置为 UART1 串口的一个信号引脚，如代码清单 6-36 所示。

代码清单 6-36　//device/hisilicon/hispark_pegasus/sdk_liteos/app/wifiiot_app/init/app_io_init.c

```
// 注意，在 Master 分支下，该文件路径为
// //device/soc/hisilicon/hi3861v100/sdk_liteos/app/wifiiot_app/init/app_io_init.c
hi_void app_io_init(hi_void)
{
    ......
#ifdef CONFIG_UART1_SUPPORT
    /* uart1 AT 命令串口 */
    hi_io_set_func(HI_IO_NAME_GPIO_5, HI_IO_FUNC_GPIO_5_UART1_RXD); /* uart1 rx */
    hi_io_set_func(HI_IO_NAME_GPIO_6, HI_IO_FUNC_GPIO_6_UART1_TXD); /* uart1 tx */
#endif
    ......
}
```

CONFIG_UART1_SUPPORT 定义在.../sdk_liteos/build/config/usr_config.mk 文件内。将该文件备份后打开，找到 "CONFIG_UART1_SUPPORT=y" 这一行，在行首添加 "#" 将其注释掉，即不编译 UART1 功能。

打开//applications/sample/wifi-iot/app/目录下的 BUILD.gn，在 features 列表中增加"iothardware:led_example"，让 led_example 参与编译，如代码清单 6-37 所示。

代码清单 6-37　//applications/sample/wifi-iot/app/BUILD.gn

```
lite_component("app") {
    features = [
        "startup",
        "iothardware:led_example",
    ]
}
```

打开 led_example.c 文件，在 LedExampleEntry() 函数前增加 GPIO5 的宏定义以及用来响应 USER 按键中断的回调函数的定义。在 LedExampleEntry() 函数内，在 GPIO9 初始化的下面，增加 GPIO5 的初始化和相关配置，如代码清单 6-38 所示。

代码清单 6-38　//applications/sample/wifi-iot/app/iothardware/led_example.c

```
#include "iot_gpio.h"
#define LED_TEST_GPIO        9
#define IOT_IO_NAME_GPIO_5   5   //USER 按键
static void UsrButtonPressed(char *arg)
{
    (void)arg;
    g_ledState = (g_ledState+1)%LED_MAX;
    printf("[LedExample] UsrButtonPressed: g_ledState[%d]\n", g_ledState);
    return;
}

static void UsrButtonInit(void)
{
    IoTGpioInit(IOT_IO_NAME_GPIO_5);
    IoTGpioSetFunc(IOT_IO_NAME_GPIO_5, 0);   //0-HI_IO_FUNC_GPIO_5_GPIO,复用为 GPIO
    IoTGpioSetDir(IOT_IO_NAME_GPIO_5, IOT_GPIO_DIR_IN);   //输入模式
```

```
    IoTGpioSetPull(IOT_IO_NAME_GPIO_5, 1);   //1-HI_IO_PULL_UP,初始化为上拉模式
    IoTGpioRegisterIsrFunc( IOT_IO_NAME_GPIO_5,              //注册中断回调函数
                            IOT_INT_TYPE_EDGE,               //边沿触发
                            IOT_GPIO_EDGE_FALL_LEVEL_LOW,    //下降沿触发
                            UsrBtnDetected,                  //中断回调函数
                            NULL);
}

static void LedExampleEntry(void)
{
    IoTGpioInit(LED_TEST_GPIO);
    IoTGpioSetDir(LED_TEST_GPIO, IOT_GPIO_DIR_OUT);
    UsrButtonInit();   //USER 按键的初始化配置
    ......
}
```

因为 `IoTGpioSetFunc()` 和 `IoTGpioSetPull()` 这两个函数在 LTS 3.0 分支代码中并没有定义，需要我们自己参考 D_Hi3861 工程的代码，添加声明和定义。为此，可按下面的两步操作通过修改 iot_gpio.h 和 hal_iot_gpio.c 来实现。

打开 iot_gpio.h 头文件，在文件末尾添加这两个函数的声明，如代码清单 6-39 所示。

代码清单 6-39　//base/iot_hardware/peripheral/interfaces/kits/iot_gpio.h

```
unsigned int IoTGpioSetPull(unsigned int id, unsigned char val);
unsigned int IoTGpioSetFunc(unsigned int id, unsigned char val);
```

打开 hal_iot_gpio.c 文件，在文件末尾添加这两个函数的定义，如代码清单 6-40 所示。

代码清单 6-40　//device/hisilicon/hispark_pegasus/hi3861_adapter/hals/iot_hardware/ wifiiot_lite/hal_iot_gpio.c

```
// 注意，在 Master 分支下，该文件路径为
// //device/soc/hisilicon/hi3861v100/hi3861_adapter/hals/iot_hardware/wifiiot_
//    lite/hal_iot_gpio.c

#include "hi_io.h"      //需要包含 sdk_liteos 的接口头文件
unsigned int IoTGpioSetPull(unsigned int id, unsigned char val)
{
    if (id >= HI_GPIO_IDX_MAX) {
        return IOT_FAILURE;
    }
    return hi_io_set_pull((hi_gpio_idx)id, (hi_io_pull)val);
}
unsigned int IoTGpioSetFunc(unsigned int id, unsigned char val)
{
    if (id >= HI_GPIO_IDX_MAX) {
        return IOT_FAILURE;
    }
    return hi_io_set_func((hi_gpio_idx)id, val);
}
```

重新编译 LTS 3.0 分支的轻量系统，将新生成的烧录镜像烧录到开发板上，在重启开发板之后，通过 USER 按键就可以控制 LED 灯的点亮和熄灭了。

代码清单 6-38～代码清单 6-40 不仅展示了如何控制开发板上的 GPIO 去实现简单的功能，也演示了如何利用 sdk_liteos 提供的 hi_xxx() 接口去封装和实现 HAL 层接口。

Hi3861 开发套件除核心板之外还有其他的扩展板（包括通用底板、显示屏板、NFC 板、智能三色灯板等），而且开发板上不同的硬件可以分别通过不同的接口去进行控制。在实际开发调试前，可以根据相关的使用说明需要修改 usr_config.mk 的配置从而修改对应硬件的初始化配置，之后就可以进行开发调试了。具体的调试方法和相关控制流程与上面对 LED 灯的控制基本类似，这里不再赘述。

6.5.2 设备驱动开发路径

打开 Hi3861 开发板的产品配置表，可以看到与设备驱动开发相关的子系统和组件有 4 个，如代码清单 6-41 所示。

代码清单 6-41 //vendor/hisilicon/hispark_pegasus/config.json

```
{
    "subsystem": "applications",
    "components": [
    { "component": "wifi_iot_sample_app", "features":[]}
    ]
},
{
    "subsystem": "iot_hardware",
    "components": [
    { "component": "iot_controller", "features":[]}
    ]
},
{
    "subsystem": "iot",
    "components": [
    { "component": "iot_link", "features":[]}
    ]
},
{
    "subsystem": "vendor",
    "components": [
    { "component": "hi3861_sdk", "target": "//device/hisilicon/hispark_pegasus/
sdk_liteos:wifiiot_sdk", "features":[]}
    ]
},
# 注意，在 Master 分支上，target 路径为
# //device/soc/hisilicon/hi3861v100/sdk_liteos:wifiiot_sdk
```

从层次结构上来看，这四者的位置关系为 applications 在上层，iot_hardware 和 iot 在中间层，vendor 的 wifiiot_sdk 在底层。wifiiot_sdk 为中间层提供从 LiteOS_M 内核抽象出来的基础能力支持；中间层对上层提供接口，实现应用层与系统内核的隔离；上层使用中间层提供的接口实现业务逻辑。

在为轻量系统开发设备驱动时，可以沿以下 3 条开发路径进行开发。

1. 路径 1: app->iot_hardware->wifiiot_sdk

这条路径是最常规的，OpenHarmony 技术社区里有非常多的现成案例。6.5.1 节讲到的通过 GPIO5 控制 LED 灯就是采取这条路径开发的。

在采用这条路径进行开发时，基本可以分为如下 4 步。

步骤 1：取得开发板和外设后研究相关的原理图，确认相关引脚的连线，找出需要控制的接口。

如 WLAN 模组的 LED 灯的引脚是 GPIO9，USER 按键的引脚是 GPIO5，OLED 显示屏的 I2C 控制引脚分别是 GPIO13 和 GPIO14（这两个 GPIO 引脚复用为 I2C0 的 SDA 和 SCL 两个信号引脚）。

步骤 2：到 usr_config.mk 中找到并打开或关闭相关的宏，让底层打开或关闭对应的引脚功能。

比如，默认情况下 GPIO5 是作为 UART1 的 Rx 信号线引脚来使用的，要将 GPIO5 用到 USER 按键上，则需要把 "CONFIG_UART1_SUPPORT=y" 注释掉，并修改成 "# CONFIG_UART1_SUPPORT is not set"。

在编写 OLED 显示屏的驱动程序时，由于默认情况下 "# CONFIG_I2C_SUPPORT is not set"，因此需要将其配置为 "CONFIG_I2C_SUPPORT=y"，这样才会打开 I2C 支持功能。

步骤 3：到 app_io_init.c 文件的 app_io_init() 函数内，对相关的引脚做一些初始配置。

这一步并不是必需的，也可以到具体使用这些引脚的地方再做初始化。这里根据实际需要处理即可。

比如，在将 "CONFIG_UART1_SUPPORT=y" 注释掉之后，代码清单 6-36 中的 UART1 串口配置就不再编译。此时 GPIO5 处于未配置的默认状态，接下来可以到使用 GPIO5 的地方通过 iot_hardware 组件提供的接口对其进行初始化（步骤 4 有介绍）。

而将 "CONFIG_I2C_SUPPORT=y" 取消注释之后，最好在 app_io_init() 中增加代码，让 GPIO13、GPIO14 在系统启动阶段就默认配置为 I2C0 的两个信号引脚。因为轻量系统会在 app_io_init() 中统一配置所有硬件引脚的复用关系，并在紧随其后的代码中配置引脚复用功能的默认工作参数（如代码清单 6-42 中配置的 I2C0 的默认工作参数），所以最好在 app_io_init() 中增加如代码清单 6-43 所示的代码，预先配置好引脚的复用关系。

代码清单 6-42 //device/hisilicon/hispark_pegasus/sdk_liteos/app/wifiiot_app/src/app_main.c

```
// 注意，在 Master 分支下，该文件路径为
// //device/soc/hisilicon/hi3861v100/sdk_liteos/app/wifiiot_app/src/app_main.c
hi_void peripheral_init(hi_void)
{
    ......
    //在这个函数里配置所有硬件引脚的复用关系
    app_io_init();
    ......
#ifdef CONFIG_I2C_SUPPORT
    //配置 I2C0 的默认工作参数
    ret = hi_i2c_deinit(HI_I2C_IDX_0);
    ret |= hi_i2c_init(HI_I2C_IDX_0, 100000); /* baudrate: 100000 */
    if (ret != HI_ERR_SUCCESS) {
        err_info |= PERIPHERAL_INIT_ERR_I2C;
```

```
    }
#endif
    ......
    }
```

在 `app_io_init()` 中预先配置好 GPIO13 和 GPIO14 两个引脚的复用关系，如代码清单 6-43 所示。

代码清单 6-43　//device/hisilicon/hispark_pegasus/sdk_liteos/app/wifiiot_app/init/app_io_init.c

```
// 注意，在 Master 分支下，该文件路径为
// //device/soc/hisilicon/hi3861v100/sdk_liteos/app/wifiiot_app/init/app_io_init.c
hi_void app_io_init(hi_void)
{
    ......
#ifdef CONFIG_I2C_SUPPORT
    /* I2C0 */
    hi_io_set_func(HI_IO_NAME_GPIO_13, HI_IO_FUNC_GPIO_13_I2C0_SDA);
    hi_io_set_func(HI_IO_NAME_GPIO_14, HI_IO_FUNC_GPIO_14_I2C0_SCL);
#endif
    ......
    }
```

步骤 4：应用程序通过调用 iot_hardware 的接口实现业务逻辑，实现硬件驱动的功能。

这一步就是到//applications/sample/wifi-iot/app/目录下，按照应用的开发流程创建工程，并调用 iot_hardware 的接口实现业务逻辑，以及实现硬件驱动的功能。

如 USER 按键功能的实现见代码清单 6-38。

而对于 I2C0，如果已经按步骤 3 进行了配置和初始化，这一步就不再需要进行初始化，除非是要修改默认的配置参数（该参数也可以在 peripheral_init() 中修改），如代码清单 6-44 所示。

代码清单 6-44　//domains/iot/link/demolink/demosdk_adapter.c

```
#define IOT_I2C0_IDX  (0)
//I2C 总线的数据传输速率
//在 peripheral_init() 中默认配置为 100kbit/s
//根据需要修改为 400kbit/s
#define IOT_I2C0_BAUD (400000)
void I2C_Init(void)
{
    #if 0
    //如果已经在 app_io_init() 中配置了 I2C0 引脚的复用关系，这里就不需要再做配置
    //否则需要在这里先配置引脚的复用关系，再设置 I2C0 功能的默认工作参数
    IoTGpioInit(IOT_GPIO_13);
    IoTGpioInit(IOT_GPIO_14);
    IoTGpioSetFunc(IOT_GPIO_13, 6);    //HI_IO_FUNC_GPIO_13_I2C0_SDA
    IoTGpioSetFunc(IOT_GPIO_14, 6);    //HI_IO_FUNC_GPIO_14_I2C0_SCL
    #endif

    //如果不是为了修改 I2C0 的数据传输率参数，这里也不需要执行 IoTI2cInit()
    if(0 != IoTI2cInit(IOT_I2C0_IDX, IOT_I2C0_BAUD)) {
        printf("I2C_Init: IoTI2cInit(I2C0, 400K) NG\n");
    }
}
```

iot_hardware 组件提供的接口在//base/iot_hardware/peripheral/interfaces/
kits/目录下的头文件中有声明，如果使用 OpenHarmony 代码中没有声明和实现的接口，就
需要开发者根据底层的 wifiiot_sdk 组件提供的接口资源自己进行声明和实现了（见代码清
单 6-39 和代码清单 6-40）。

在开发者对所有代码都有控制权的情况下，比较适合采用路径 1 的开发方式。但是在很多
情况下，我们拿不到实际项目中使用的外围设备的完整代码，因为设备厂商出于保护商业机密
的目的，对部分核心的功能实现只提供编译好的库文件和相关的接口声明。开发者只能自己调
用库文件中提供的接口，或者自行实现库文件中预定义的回调接口。

此时就需要通过第二条路径进行驱动开发了。

2．路径 2：app->3rd_sdk->iot_hardware->wifiiot_sdk

这就是官方给出的将第三方 SDK 集成到 OpenHarmony 中的方法，详细情况见
OpenHarmony 官方文档"设备开发->WLAN 连接类产品->集成三方 SDK"的说明。

建议读者先访问本书的资源库，把第 6 章中的 libdemosdk.a 库和 demolink 的源代码
下载到本地备用。

这个 libdemosdk.a 库是以//domains/iot/link/libbuild/为范本，并加入
Hi3861 开发板的 OLED 显示屏的相关驱动代码后预编译出来的。这里我们将这个库当作 OLED
设备厂商提供的不对外开放的核心代码库。

libdemosdk.a 库提供了一个供外部调用的接口 int DemoSdkEntry(void)，该接口
的声明在//domains/iot/link/libbuild/demosdk.h 中。开发者可以把这个头文件部署
到应用所在的代码目录中（也可以先保持目前默认的目录不动）。如在//applications/
sample/wifi-iot/app/demolink/BUILD.gn 文件的 include_dirs 字段中就已经包含了
"//domains/iot/link/libbuild"路径，在与 BUILD.gn 文件同目录下的 helloworld.c
中包含了#include "demosdk.h"语句，因此在 helloworld.c 中可以直接调用
DemoSdkEntry()函数。

这个库同时要求开发者实现 I2C 的两个接口，以便库文件将数据写入到硬件设备中，如代
码清单 6-45 所示。

代码清单 6-45　第三方库要求开发者实现的两个 I2C 接口

```
//I2C 总线的初始化接口和写数据接口
unsigned int I2C_Init(void);
unsigned int I2C_Write(unsigned short deviceAddr, const unsigned char *data,
unsigned int len);
```

一般来说，在第三方提供库文件时，也会提供头文件的函数声明（见代码清单 6-45），要求
开发者在移植代码、库文件时实现相关函数。方便起见，这里一并将这两个函数的声明和实现
放在//domains/iot/link/demolink/目录下的 demosdk_adapter.h 和 demosdk_
adapter.c 文件中，与示例程序中的 DemoSdkCreateTask() 和 DemoSdkSleepMs() 函数
一起实现。在实际的项目开发中，开发者按需部署在合适的路径下即可。

下面以使用 libdemosdk.a 库为例，简单介绍一下相应的开发步骤。

在使用第二条路径开发时，可以分为 5 个步骤。其中前 3 个步骤与第一条路径中的步骤相同，这里不再赘述。我们直接从步骤 4 开始。

步骤 4：将 libdemosdk.a 部署到工程中合适的路径下。

HI3861V100 芯片平台默认将第三方库统一部署到.../sdk_liteos/3rd_sdk/demolink/libs/目录下。也可以将 libdemosdk.a 库文件部署在其他路径下，为此可参考 HI3861V100 芯片平台的 sdk_liteos/hm_build.sh 中的做法，通过如下语句将库文件复制到.../sdk_liteos/ohos/libs/目录下即可。

```
find $CROOT/3rd_sdk/ -name '*.a' -exec cp "{}" $OHOS_LIBS_DIR  \;
```

在轻量系统的编译后期会将.../sdk_liteos/ohos/libs/目录下的库文件一起打包和链接到系统镜像中进行烧录。

步骤 5：实现第三方库要求的接口，建立第三方库与芯片平台的连接关系。

将本书资源库提供的 demolink/目录与 OpenHarmony 的//domains/iot/link/demolink/目录进行对比，对修改到的源代码文件进行合并，然后修改//domains/iot/link/BUILD.gn，在它的 features 字段增加对应的编译目标，如代码清单 6-46 所示。

代码清单 6-46　//domains/iot/link/BUILD.gn

```
lite_component("link") {
    features = [
        "demolink:demolinkadapter"
    ]
}
```

然后修改//applications/sample/wifi-iot/app/BUILD.gn，在它的 features 字段增加对应的编译目标，如代码清单 6-47 所示。

代码清单 6-47　//applications/sample/wifi-iot/app/BUILD.gn

```
lite_component("app") {
    features = [
        "demolink:example_demolink",
    ]
}
```

最后编译 hispark_pegasus 工程，把生成的二进制镜像烧录到 Hi3861 开发板。在开发板重新上电后，显示屏显示的内容如日志清单 6-2 所示。

日志清单 6-2　Hi3861 开发板 OLED 显示屏显示的内容

```
Hello, OHOS!
3rd-SDK Test
libdemosdk.a
```

同时在终端上每秒打印出一条日志（见日志清单 6-3），就表示移植的 libdemosdk.a 库已经正常工作了。

日志清单 6-3　Hi3861 开发板终端上打印的日志

```
[demosdk] DemoSdkBiz: hello world.
[demosdk] DemoSdkBiz: hello world.
[demosdk] DemoSdkBiz: hello world.
......
```

第三方库的调用流程如图 6-11 所示。

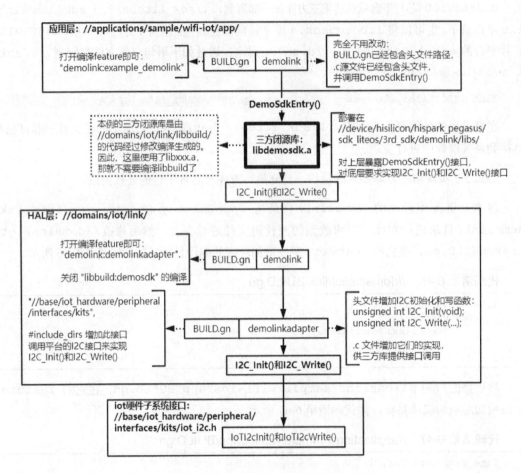

图 6-11　第三方库 `libdemosdk.a` 的调用流程

应用层的 demolink 程序通过调用第三方库提供的接口 DemoSdkEntry() 进入 libdemosdk.a，以执行 OLED 驱动程序的流程来点亮 OLED 显示屏。OLED 驱动程序通过调用 I2C_Init() 和 I2C_Write() 接口来写 OLED 的寄存器，这两个接口通过调用 HI3861V100 芯片平台的 iot_hardware 接口实现 I2C 功能，最终实现硬件的驱动。至于具体写了些什么数据来驱动 OLED 显示屏，这就是第三方库保密的内容了。

第三方库还可以提供更多的接口，以实现更复杂的功能，比如可以读取或修改 OLED 的显示状态、根据条件改变 OLED 显示的内容等。

3．路径 3：app->HDI->HDF driver

LiteOS_M 内核的轻量系统针对驱动框架进行了适配，具体可见//drivers/adapter/

khdf/liteos_m/README_zh.md 中的说明。在//drivers/adapter/khdf/liteos_m/ 目录下主要存放将驱动框架适配到 LiteOS_M 内核的代码和编译脚本,在 LiteOS_M 内核中完成 OpenHarmony 驱动框架的部署。这也为轻量系统的设备驱动开发提供了第三条开发路径。

由于运行在 Hi3861 开发板的轻量系统,既不编译不烧录 LiteOS_M 内核,也没有使用驱动框架进行相关硬件驱动的开发,因此暂时无法通过实际操作来验证这条开发路径。

不过,在最新的 LTS 3.1 分支和 Master 分支的代码中,都已经有在轻量系统上部署驱动框架的项目实例了,读者可自行参考相关项目的驱动适配代码,学习采用这条路径的设备驱动开发流程。

第 7 章

分布式任务调度子系统

分布式任务调度子系统是 OpenHarmony 的核心子系统之一，它基于分布式软总线、分布式设备管理、分布式数据管理、分布式配置文件（Profile）等技术特性，提供了统一的分布式服务管理能力，包括服务的启动、注册、发现、同步、调用等能力。

分布式任务调度子系统支持分布式场景下的跨设备应用协同，包括应用的远程启动、远程连接、远程调用、业务迁移等操作，能够根据不同设备的能力、位置、业务运行状态、资源使用情况，并结合用户的使用习惯智能分析用户意图，以选择合适的设备来运行分布式任务。

分布式任务调度子系统目前分为下面 3 个模块。

- 分布式管理服务框架（Distributed Management Service Framework, dmsfwk）：负责跨设备组件的管理。
- 系统能力框架（System Ability Framework, safwk）：负责系统服务的启动和注册。
- 系统能力管理者（System Ability Manager, samgr）：负责系统服务的生命周期管理。

在 OpenHarmony 中，所有的系统能力都以服务的形式部署，因此这三大模块又统称为系统服务框架。

我在开始阅读分析 OpenHarmony 系统服务框架代码（基于 LTS 1.1 版本）时，标准系统的代码尚未开源，小型系统也还无法验证跨设备组件的调度能力，因此本章只针对轻量系统和小型系统的 safwk_lite 与 samgr_lite 模块进行深入分析。针对小型系统的 dmsfwk_lite 模块和标准系统的 3 个模块（dmsfwk、safwk、samgr）的分析，会在本书的更新版本中酌情补上。

『 7.1 系统服务框架概述 』

系统服务框架是指为了屏蔽不同的硬件架构、平台资源、运行形态等软硬件差异，而提供的统一的系统服务开发框架。开发者可以基于这个服务开发框架，开发自定义的服务（Service）、特性（Feature）和对外接口（external APIs based on IUnknown）等，并加入到 OpenHarmony

的系统服务框架中，由 samgr 进行统一的管理，以实现特定的业务逻辑和提供定制化的系统能力。

目前，OpenHarmony 对 RISC-V 架构和 ARM 架构的处理器都提供了相应的支持。根据硬件平台所使用的处理器的能力不同，可以将它们划分为下面两类硬件平台。

- M 核平台：使用架构为 Cortex-M 或同等处理能力的处理器的硬件平台；系统内存一般低于 512KB；无文件系统或者仅提供一个可有限使用的轻量级文件系统；遵循 CMSIS 接口规范或者 POSIX 接口规范。

- A 核平台：使用架构为 Cortex-A 或同等处理能力的处理器的硬件平台；系统内存一般大于 512KB；文件系统完善，可存储大量数据；遵循 POSIX 接口规范。

系统服务框架基于面向服务的架构（Service-Oriented Architecture，SOA），提供了服务、特性和对外接口的开发框架，以及多服务共进程、跨进程服务调用等能力。其中，M 核平台包含服务、特性、对外接口和多服务共进程的开发框架；A 核平台在 M 核平台的能力基础之上，增加了跨进程服务调用、跨进程服务调用权限控制、跨进程服务接口开发等能力。

在依赖关系上，M 核平台依赖 Bootstrap 服务，在系统启动函数中调用 HOS_SystemInit() 函数来启动服务；而 A 核平台则依赖 samgr 服务，在 main() 函数中调用 SAMGR_Bootstrap() 函数来启动服务。

轻量型组件代码结构

在 //foundation/distributedschedule/ 目录下是分布式调度子系统各个模块的代码，轻量系统和小型系统的系统服务框架都是轻量型（lite）的，我们先只看 dmsfwk_lite、safwk_lite、samgr_lite 这 3 个子目录的代码结构，如表 7-1 所示。

表 7-1 系统服务框架代码的目录结构

分布式任务调度子系统的 3 个轻量型组件。其中轻量系统编译该表中带有灰色底纹的文件，小型系统编译该表中全部的文件			
dmsfwk_ lite/	分布式任务调度服务框架，负责跨设备组件的管理，提供访问和控制远程组件的能力，支持分布式场景下的应用协同		
	BUILD.gn	LiteOS_A 内核和 Linux 内核的小型系统才会将此模块编译为 dmslite 动态链接库	
	include/	dmslite_ inner_ common.h	分布式调度内部通用文件
		dmslite_ log.h	日志模块
		*.h	其他的 .h 文件，提供 API 的声明，与下面的 source 目录下的 .c 文件分别对应
	interfaces/	innerkits/	dmsfwk_interface.h	StartRemoteAbility() 的声明

续表

		adapter/dms/	dmslite_famgr.c	
dmsfwk_lite/	source/	adapter/softbus/	dmslite_session.c	
		dmslite.c	服务的生命周期函数	
		dmslite_devmgr.c	设备管理	
		dmslite_famgr.c	FA 管理	
		dmslite_feature.c	特性的生命周期函数	
		dmslite_msg_handler.c	消息的处理函数	
		dmslite_pack.c	消息的拆包、打包处理	
		dmslite_parser.c	消息的分析处理	
		dmslite_permission.c	权限管理	
		dmslite_session.c	跨设备通信会话管理	
		dmslite_tlv_common.c	TLV（Type-Length-Value）格式数据解析	
	moduletest/	dtbschedmgr_lite/	source/*_test.cpp	单元测试用例
safwk_lite/	safwk_lite 组件负责提供基础服务运行的空进程的实现（即 foundation 进程的实现）			
	BUILD.gn	LiteOS_A 内核和 Linux 内核的小型系统会将此模块编译为 foundation 可执行程序			
	src/main.c	foundation 可执行程序的实现			
samgr_lite/	samgr 服务的实现			
	BUILD.gn	为 M 核平台、A 核平台分别配置要编译的代码			
	config/	system_cap-ability.json	M 核平台不编译此文件。对 A 核平台，该文件详细描述了系统提供的能力，编译时会被打包到/rootfs/etc/system_capability.json	
	interfaces/	对内和对外的接口定义（M 核平台和 A 核平台都一样）		
		innerkits/	对内接口定义	
			distributed_service_interface.h	一组枚举和结构体的定义

续表

			对外接口定义	
samgr_lite/	interfaces/	kits/	communication/br-oadcast/broadcast_interface.h	M核平台和A核平台的事件广播服务的对外接口定义
			registry/iproxy_client.h、iproxy_server.h、registry.h	A核平台进程间服务调用的对外接口定义
			samgr/*.h	M核平台和A核平台系统服务框架的对外接口定义
	communication/	broadcast/source/	M核平台和A核平台事件广播服务的实现代码	
			broadcast_service.c	Broadcast服务的生命周期函数的实现
			pub_sub_feature.c	pub_sub_feature特性的生命周期函数的实现
			pub_sub_implement.c	PubSubImplement g_pubSubImplement对pub_sub_feature特性的管理以及对PubSubInterface接口的实现（包括Subscriber、Provider的接口）
	samgr/		samgr服务的实现代码	
		source/	M核平台和A核平台系统服务开发框架基础代码	
			samgr_lite.c、samgr_lite_inner.h	SamgrLiteImpl g_samgrImpl对象的初始化及其生命周期函数的实现
			service.c、service_impl.h	samgr对具体的服务、特性对象的生命周期的管理函数的实现
			feature.c、feature_impl.h	samgr对特性的接口管理函数的实现
			task_manager.c、task_manager.h	samgr对服务的任务管理函数的实现（包括创建任务、释放资源、消息分发等）
			message.c、message_inner.h	samgr对服务任务上的消息的管理函数的实现（包括收取消息、解包分析转发、打包消息、发送消息等）
			common.c	对向量数据结构（VECTOR）的基本操作接口的实现
			iunknown.c、iunknown.h	对IUnknown对象的引用计数操作接口的实现

samgr_lite/	samgr/	registry/	service_registry. c、service_regis- try.h	M 核平台的服务注册、发现的桩函数（A 核平台不编译该文件）。文件内定义了 3 个弱符号类型的桩函数：SAMGR_RegisterServiceApi()、SAMGR_FindServiceApi()、SAMGR_RegisterFactory()，这 3 个桩函数在下面的/samgr_server/source/samgr_server.c 中有实现，但 M 核平台不编译 samgr_server.c 文件，即 M 核平台的上述 3 个函数其实没做什么工作
		adapter/	CMSIS 和 POSIX 接口适配层，用于屏蔽 M 核平台和 A 核平台的差异	
			memory_adapter.h	对调用者屏蔽了平台差异性的统一接口的声明，具体的实现与内核相关，可分成 CMSIS 实现和 POSIX 实现，具体如下面 cmsis/和 posix/的代码实现所示
			queue_adapter.h	
			thread_adapter.h	
			time_adapter.h	
			cmsis/ memory_adapter.c、 queue_adapter.c、 thread_adapter.c、 time_adapter.c	M 核平台适配的 CMSIS 接口的实现
			posix/memory_ adapter.c、queue_ adapter.c、thread_ adapter.c、time_ adapter.c、lock_ free_queue.c、lock_ free_queue.h	A 核平台适配的 POSIX 接口的实现
	samgr_client/	A 核平台的跨进程的服务注册与发现等函数的实现（M 核平台不编译此模块）		
		source/	remote_register.c、 remote_register.h	跨进程的服务注册与发现等函数的实现
	samgr_server/	A 核平台跨进程的服务调用的 IPC 地址管理和访问控制等函数的实现（M 核平台不编译此模块）		
		source/	samgr_server.c、 samgr_server.h	samgr 服务的生命周期函数、跨进程的 IPC 消息处理等函数的实现
	samgr_ endpoint/	A 核平台 IPC 通信的消息收发和相关包管理等函数的实现（M 核平台不编译此模块）		
		source/	client_factory.c、 client_factory.h	客户端代理的创建、注册、获取等函数实现

续表

samgr_lite/	samgr_endpo-int/	source/	default_client.c、default_client.h	查询、获取默认客户端代理的一组接口的实现
			endpoint.c、endpoint.h	围绕通信终端提供的一组操作函数的实现
			sa_store.c、sa_store.h	类似于 VECTOR 的数据结构的实现
			token_bucket.c、token_bucket.h	令牌桶流量控制的实现

1. 轻量系统

在轻量系统中，//vendor/hisilicon/hispark_pegasus/config.json 中的 distributed_schedule 子系统只依赖 samgr_lite 组件。通过查看该组件代码目录下的 BUILD.gn 和它所依赖的子目录下的 BUILD.gn，可以把轻量系统在 samgr_lite 组件中需要编译的代码文件在表 7-1 用灰色底纹标记出来。

其中：

- samgr_lite/interfaces/目录下是对内、对外的接口声明，都是头文件；

- samgr_lite/samgr/adapter/目录下是按 CMSIS 标准实现的一组接口，用于屏蔽内核和平台的差异性的相关声明与实现；

- samgr_lite/samgr/registry/目录下的代码，定义了 3 个弱符号类型的桩函数，分别为 SAMGR_RegisterServiceApi()、SAMGR_FindServiceApi()、SAMGR_RegisterFactory()。前两个桩函数的实现在 samgr_lite/samgr_client/source/remote_register.c 中，后一个桩函数的实现在 samgr_lite/samgr_endpoint/source/client_factory.c 中。对于运行在 M 核平台上的轻量系统，并不编译 samgr_client、samgr_server、samgr_endpoint 这 3 部分的代码，因此轻量系统上的这 3 个桩函数，其实没做什么工作。

对于轻量系统的系统服务框架，我们只需重点关注以下两个目录的代码即可：

```
//foundation/distributedschedule/samgr_lite/communication/broadcast/source/
//foundation/distributedschedule/samgr_lite/samgr/source/
```

因为轻量系统的 samgr 服务的启动实际上还需要依赖 Bootstrap 服务，所以我们还需要关注下面这个目录中的代码：

```
//base/startup/services/bootstrap_lite/
```

通过这样整理轻量系统中系统服务框架的相关代码和模块关系，就会发现逻辑清晰简单，理解起来也会相对容易一些。7.2 节将会展开对轻量系统的系统服务框架的详细分析。

2. 小型系统

在小型系统中，//vendor/hisilicon/hispark_taurus/config.json 中的

distributed_schedule 子系统依赖表 7-1 中的 3 个组件（即 dmsfwk_lite、safwk_lite 和 samgr_lite）。7.3 节将会在 7.2 节的基础上进一步展开小型系统的系统服务框架的详细分析。

7.2 轻量系统的系统服务框架

7.2.1 关键结构体的解析

我们先看一下系统服务框架中用到的下面这几个重要结构体的定义。在使用 C 语言来实现面向对象编程模型时，这些结构体可等同于 C++ 语言中的类，因此下文直接将它们称为类。

- SamgrLiteImpl 类；

- ServiceImpl 类；

- FeatureImpl 类；

- Service 类及其子类；

- Feature 类及其子类；

- IUnknown 接口类；

> **注意**　在下文的分析、代码、日志中，ServiceID 简写为 Sid，FeatureID 简写为 Fid，QueueID 简写为 Qid，ServiceName 简写为 SName，FeatureName 简写为 FName。

1. SamgrLiteImpl 类

SamgrLiteImpl 类的定义如代码清单 7-1 所示。

代码清单 7-1　//foundation/distributedschedule/samgr_lite/samgr/source/samgr_lite_inner.h

```
typedef struct SamgrLiteImpl SamgrLiteImpl;
struct SamgrLiteImpl  {
    SamgrLite vtbl;        //SAMGR_GetInstance()返回这个 SamgrLite 实例的引用
    MutexId mutex;
    BootStatus status;  //请参考 BootStatus 结构体的定义
    Vector services;        //记录着所有系统服务的向量结构
    TaskPool *sharedPool[MAX_POOL_NUM];  //共享任务池，MAX_POOL_NUM 定义为 8
};
```

SamgrLiteImpl 类的实例是一个静态的全局对象 g_samgrImpl，该对象也是 samgr 服务在轻量系统中的唯一实例对象，如代码清单 7-2 所示。

当系统启动到注册第一个系统服务的时候，第一个系统服务会通过调用 SAMGR_GetInstance() 来获取 g_samgrImpl 对象内部的 SamgrLite vtbl 实例对象的指针，如代码清单 7-2 所示。

代码清单 7-2　//foundation/distributedschedule/samgr_lite/samgr/source/samgr_lite.c

```
static SamgrLiteImpl g_samgrImpl;        //静态全局对象
static SamgrLiteImpl *GetImplement(void)
{
    return &g_samgrImpl;
}
SamgrLite *SAMGR_GetInstance(void)
{
    if (g_samgrImpl.mutex == NULL) {    //g_samgrImpl 还没有初始化，需要先初始化
        Init();
    }
    return &(GetImplement()->vtbl);    //返回对 g_samgrImpl 的 vtbl 成员的引用
}
```

如果 g_samgrImpl 对象已经初始化，则直接返回对 g_samgrImpl 内的 SamgrLite vtbl 对象的引用；否则就需要先通过 Init() 函数对 g_samgrImpl 对象进行初始化并完成相关的配置之后，再返回对 SamgrLite vtbl 对象的引用。

这里的 Init() 函数的操作包括为 g_samgrImpl 的 SamgrLite vtbl 成员绑定一组具体的实现函数、为 g_samgrImpl 创建一个空的 Vector 等。

将完成初始化的 g_samgrImpl 对象按图的形式展开，如图 7-1 所示。

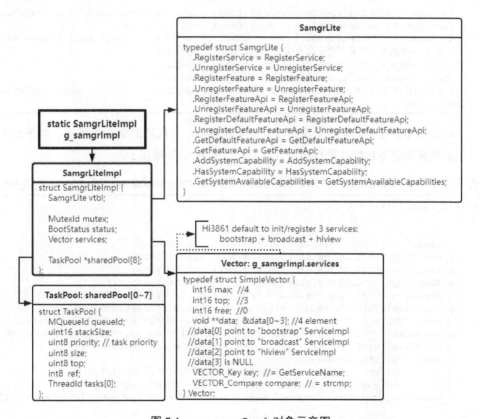

图 7-1　g_samgrImpl 对象示意图

在以后的系统运行中，samgr 就可以通过 g_samgrImpl 中的 SamgrLite vtbl 对象的成员函数来对系统服务和特性进行管理了。

下面把 SamgrLiteImpl 类的定义再进一步展开来详细看一下。

SamgrLite vtbl

vtbl 是 SamgrLite 类的实例，也是 SamgrLiteImpl 类的一个重要成员。在系统启动到注册第一个系统服务时，通过 SAMGR_GetInstance() 获取指向 vtbl 实例的指针，以此使用 vtbl 中定义的函数来完成系统服务的注册流程。

SamgrLite 类定义了一组函数指针，如代码清单 7-3 所示（有关这组函数指针的更详细的说明，请见 SamgrLite 在代码中的定义和对应的函数指针的注释信息）。

代码清单 7-3 //foundation/distributedschedule/samgr_lite/interfaces/kits/samgr/samgr_lite.h

```
typedef struct SamgrLite {
    //以下 4 个函数指针分别用于向 samgr 注册、注销参数指定的服务和特性
    BOOL (*RegisterService)(Service *service);
    Service *(*UnregisterService)(const char *name);
    BOOL (*RegisterFeature)(const char *serviceName, Feature *feature);
    Feature *(*UnregisterFeature)(const char *serviceName, const char *featureName);
    //以下 6 个函数指针分别用于向 samgr 注册、注销、获取参数指定的默认特性接口、特性接口
    BOOL (*RegisterDefaultFeatureApi)(const char *service, IUnknown *publicApi);
    IUnknown *(*UnregisterDefaultFeatureApi)(const char *service);
    BOOL (*RegisterFeatureApi)(const char *service, const char *feature, Iunknown
*publicApi);
    IUnknown *(*UnregisterFeatureApi)(const char *service, const char *feature);
    IUnknown *(*GetDefaultFeatureApi)(const char *service);
    IUnknown *(*GetFeatureApi)(const char *serviceName, const char *feature);
    //以下 3 个函数指针分别用于向 samgr 添加、查询、获取系统能力
    int32 (*AddSystemCapability)(const char *sysCap);
    BOOL (*HasSystemCapability)(const char *sysCap);
    int32 (*GetSystemAvailableCapabilities)(char sysCaps[...][...], int32 *sysCapNum);
} SamgrLite;
```

g_samgrImpl 在初始化时会绑定对应的实现函数，如代码清单 7-4 所示。接下来就可以通过这组函数来对服务和特性进行注册、注销、获取 API 等操作了。

代码清单 7-4 //foundation/distributedschedule/samgr_lite/samgr/source/samgr_lite.c

```
static void Init(void)
{
    ......
    g_samgrImpl.vtbl.RegisterService = RegisterService;
    g_samgrImpl.vtbl.UnregisterService = UnregisterService;
    g_samgrImpl.vtbl.RegisterFeature = RegisterFeature;
    g_samgrImpl.vtbl.UnregisterFeature = UnregisterFeature;
    g_samgrImpl.vtbl.RegisterFeatureApi = RegisterFeatureApi;
    g_samgrImpl.vtbl.UnregisterFeatureApi = UnregisterFeatureApi;
    g_samgrImpl.vtbl.RegisterDefaultFeatureApi = RegisterDefaultFeatureApi;
    g_samgrImpl.vtbl.UnregisterDefaultFeatureApi = UnregisterDefaultFeatureApi;
    g_samgrImpl.vtbl.GetDefaultFeatureApi = GetDefaultFeatureApi;
    g_samgrImpl.vtbl.GetFeatureApi = GetFeatureApi;
    g_samgrImpl.vtbl.AddSystemCapability = AddSystemCapability;
    g_samgrImpl.vtbl.HasSystemCapability = HasSystemCapability;
    g_samgrImpl.vtbl.GetSystemAvailableCapabilities = GetSystemAvailableCapabilities;

    g_samgrImpl.status = BOOT_SYS;
    g_samgrImpl.services = VECTOR_Make((VECTOR_Key)GetServiceName, (VECTOR_
Compare)strcmp);
    ......
}
```

如具体的服务和特性在各自的初始化阶段，会通过 g_samgrImpl 的 SamgrLite 实例调用这里的注册函数 RegisterService()，向 g_samgrImpl 注册自己和对应的 API，把自己纳入 samgr 的管理体系中。然后 samgr 为服务和特性创建消息队列（queue）、任务池（taskpool）、任务（task）等运行环境（7.2.2 节会对此展开详细分析）。

MutexId mutex

mutex 是一个互斥锁，用于对关键代码段加锁，保证共享代码段的操作在多线程环境下的完整性。

在 g_samgrImpl 初始化时会通过 MUTEX_InitValue() 生成互斥锁 mutex，MUTEX_InitValue() 函数声明在 thread_adapter.h 中，它的实现则因 M 核平台和 A 核平台所选用的实现标准不同而有所差异（见表 7-1 中 adapter 目录下的 cmsis/ 和 posix/ 的文件列表中的实现）。

类似互斥锁这种与具体平台的实现相关的操作还有内存、队列、线程、计时器等，它们的实现取决于平台使用的处理器的能力（M 核平台用 CMSIS 接口来实现，A 核平台使用 POSIX 接口来实现），在表 7-1 的 adapter 目录下已经将它们一并整理出来了。

BootStatus status

系统在启动阶段的状态标记的枚举值如代码清单 7-5 所示。

代码清单 7-5　//foundation/distributedschedule/samgr_lite/samgr/source/samgr_lite_inner.h

```
typedef enum {
    BOOT_SYS = 0,
    BOOT_SYS_WAIT = 1,
    BOOT_APP = 2,
    BOOT_APP_WAIT = 3,
    BOOT_DYNAMIC = 4,
    BOOT_DYNAMIC_WAIT = 5,
} BootStatus;
```

Hi3861 开发板在上电后，运行到 OHOS_SystemInit() 函数，通过 SYS_INIT() 启动系统服务和特性，如代码清单 7-6 所示。

代码清单 7-6　//base/startup/bootstrap_lite/services/source/system_init.c

```
void OHOS_SystemInit(void)
{
    ......
    SYS_INIT(service);
    SYS_INIT(feature);
    SAMGR_Bootstrap();
}
```

在代码清单 7-6 中，通过 SYS_INIT() 启动的都是用宏 SYS_SERVICE_INIT 和 SYS_FEATURE_INIT 修饰的服务与特性。这属于 BOOT_SYS 阶段。

在系统完成 BOOT_SYS 阶段的启动，进入到 BOOT_APP 阶段时，会由 Bootstrap 服务通过调用 INIT_APP_CALL() 来启动 APP 阶段的服务和特性，如代码清单 7-7 所示。在 BOOT_APP

阶段启动的服务和特性，则全都是通过 SYSEX_SERVICE_INIT、APP_SERVICE_INIT、SYSEX_FEATURE_INIT、APP_FEATURE_INIT 等宏进行修饰的。

代码清单 7-7 //base/startup/bootstrap_lite/services/source/bootstrap_service.c

```
static BOOL MessageHandle(Service *service, Request *request)
{
    ......
    switch (request->msgId) {
        case BOOT_SYS_COMPLETED:  //BOOT_SYS 阶段已经完成
            if ((bootstrap->flag & LOAD_FLAG) != LOAD_FLAG) {
                INIT_APP_CALL(service);  //启动由 SYSEX_*、APP_*宏进行修饰的服务
                INIT_APP_CALL(feature);  //启动由 SYSEX_*、APP_*宏进行修饰的特性
                bootstrap->flag |= LOAD_FLAG;
            }
            (void)SAMGR_SendResponseByIdentity(&bootstrap->identity, request, NULL);
            break;
    }
    ......
}
```

系统启动到 BOOT_DYNAMIC 阶段时，意味着系统所有的应用服务都启动完毕，进入了一个比较稳定的状态。

在系统进入稳定状态后，为了接着让 //applications/sample/wifi-iot/app/samgr/ 目录下的示例程序自动运行起来，我在 BootStatus 的定义中增加了 BOOT_DEBUG 和 BOOT_DEBUG_WAIT 这两个状态，同时在 BootMessage 中增加了一个 BOOT_TEST_RUN 消息类型，然后通过调用 INIT_TEST_CALL() 来运行示例程序，如代码清单 7-8 所示。

代码清单 7-8 //base/startup/bootstrap_lite/services/source/bootstrap_service.c

```
static BOOL MessageHandle(Service *service, Request *request)
{
    ......
    switch (request->msgId) {
      #if LKZ_SAMGR_TEST_CASE
      case BOOT_TEST_RUN:
            INIT_TEST_CALL();   //启动用宏 TEST_INIT 修饰的测试示例程序
            (void)SAMGR_SendResponseByIdentity(&bootstrap->identity, request, NULL);
            break;
      #endif
    ......
}
```

示例程序运行的日志见本书资源库中提供的 "Chapter5_1_Hi3861 开发板开机部分日志.txt" 文件。

当然也可以不用这么复杂，也是可以直接把示例程序中的 TEST_INIT(RunTestCase) 修改成 SYS_RUN(RunTestCase)，这样的话，示例程序就会在 BOOT_APP 阶段自动运行了。

Vector services

g_samgrImpl 的初始化如代码清单 7-4 所示。

在代码清单 7-4 中，通过 VECTOR_Make() 函数创建了一个空的向量 (Vector)：{0, 0, 0,

NULL, key, compare}，并为 key 和 compare 两个函数指针赋值，分别指向 GetServiceName()
函数和 strcmp()函数。Vector 结构体的定义如代码清单 7-9 所示。

代码清单 7-9　//foundation/distributedschedule/samgr_lite/interfaces/kits/samgr/common.h

```
typedef struct SimpleVector {
    int16 max;
    int16 top;
    int16 free;
    void **data;
    VECTOR_Key key;              //函数指针指向 GetServiceName()函数
    VECTOR_Compare compare;      //函数指针指向 strcmp()函数
} Vector;
```

它的各个字段的含义分别如下所示。

- max：表示**data 指针数组的大小（size），也就是 data[max]所能存储的最大指针数目。

- top：表示指针数组当前已使用的最高位置 data[top]，当 top 等于 max 且 free 为 0 时，表示 data[max]已经装满了，需要扩容。每一次扩容会增加 4 个单元，指针数组变成 data[max+4]。

- free：表示指针数组在 0 到 top 之间的空闲位置的数量。当记录在册的服务注销时，对应的记录这个服务的 Impl 对象指针的 data[i]位置会被清空，free 的值将加 1；下次有新的服务需要注册时，samgr 会优先使用 data[0]到 data[top]之间的第一个空闲的位置来记录新服务的 Impl 对象指针，此时 free 的值减 1。如果新服务注册时 free 的值为 0，则新服务会被记录在 data[top]位置上（top 到达 max 位置时，则会自动扩容）。

- **data：表示指针数组 data[max]的起始位置，每一个 data[i]单元记录了一个服务对应的 ServiceImpl 对象的指针。该数组初始化为 NULL，使用时通过 VECTOR_Add()函数来扩容。

- key：指向 samgr_lite.c 中定义的 GetServiceName()函数的函数指针，GetServiceName()函数可以通过参数来获取对应的服务的名字字符串。

- compare：指向 strcmp()函数的函数指针，strcmp()函数是 string 标准库提供的字符串比较函数。

samgr 通过这个 Vector 来管理所有注册的服务（当然实际上管理的是服务对应的 serviceImpl 对象）。

每个服务可以有 0 个、1 个、多个特性，每个服务也是通过自己的 serviceImpl 对象的 Vector 字段来管理自己的特性。

与 Vector 数据结构相关的操作定义在.../samgr_lite/samgr/source/common.c 文件中。在该文件中需要注意如下几处要点。

- VECTOR_Make()：创建一个值为{0, 0, 0, NULL, key, compare}的 Vector，当需要向 Vector 中添加元素时，会通过 VECTOR_Add()来扩容。

- VECTOR_Add()：如果 Vector 的 data[max]空间用尽，就会重新申请一块增大了 4 个单元的内存空间 Newdata[max+4]。这样一来，在把旧的 data[x]全部复制过去之后，还有 4 个新的空余的位置。g_samgrImpl.services.data 重新指向 Newdata，并释放掉旧的 data 数组占用的空间，这样新的元素（即 ServiceImpl 对象的指针）就可以记录进来了。

- VECTOR_Swap()：删除一个已经记录在册的元素（即注销一个服务），把它对应的 data[x]置为 NULL，free 的值加 1，空出的位置会优先给未来新注册的服务使用。

- VECTOR_Find()、VECTOR_FindByKey(Vector *vector, const void *key)：用于查找元素（即 serviceImpl 对象），并返回它在数组中的位置下标。

在 VECTOR_FindByKey()中，第二个参数 void *key 实际上是一个服务的名字字符串，如 "Broadcast"。VECTOR_FindByKey()函数会遍历 data[0~top]中的 ServiceImpl 对象，取出对应服务的名字，然后将其通过 compare 函数指针指向的 strcmp()函数与 void *key 参数的服务名字进行对比，如果匹配则返回对应的 data[i]的下标 i，如果没有匹配的结果，则表示找不到想要的服务，返回一个无效的下标（INVALID_INDEX，即-1）。

TaskPool *sharedPool[]

在 Hi3861 开发板上运行的轻量系统启动到 OHOS_SystemInit()的最后一步时，会调用 SAMGR_Bootstrap()启动已经注册的服务，如代码清单 7-10 所示。

代码清单 7-10　//base/startup/bootstrap_lite/services/source/system_init.c

```
void OHOS_SystemInit(void)
{
    ......
    SAMGR_Bootstrap();
}
```

在 SAMGR_Bootstrap()中，samgr 会为服务创建消息队列和任务池资源，每个服务都有一个 GetTaskConfig()函数，用以返回这个服务对应的任务配置参数，如代码清单 7-11 所示的函数就是 Bootstrap 服务的 GetTaskConfig()函数。

代码清单 7-11　//base/startup/bootstrap_lite/services/source/bootstrap_service.c

```
static TaskConfig GetTaskConfig(Service *service)
{
    (void)service;
    //Bootstrap 服务使用一个 2KB 的栈空间和一个最大 20 个元素的消息队列
    //开发者可根据实际需要调整这组参数
    TaskConfig config = {LEVEL_HIGH, PRI_NORMAL, 0x800, 20, SHARED_TASK};
    return config;
}
```

请读者自行查看 TaskConfig 结构体的定义（见.../samgr_lite/interfaces/kits/samgr/service.h），这里我们重点关注 SHARED_TASK 类型的任务。在 samgr 的 AddTaskPool()

函数中会对 SHARED_TASK 类型的任务进行特别的处理，如代码清单 7-12 所示。

代码清单 7-12 //foundation/distributedschedule/samgr_lite/samgr/source/samgr_lite.c

```c
static void AddTaskPool(ServiceImpl *service, TaskConfig *cfg, const char *name)
{
    ......
    switch (cfg->taskFlags) {
        //Hi3861: Bootstrap[bootstrap_service.c]:
        //          {LEVEL_HIGH, PRI_NORMAL[24], 0x800, 20, SHARED_TASK}
        //Hi3516: appspawn[appspawn_service.c]:
        //          {LEVEL_HIGH, PRI_BELOW_NORMAL[16], 0x800, 20, SHARED_TASK}
        //Hi3516: WMS[samgr_wms.cpp]:
        //          {LEVEL_HIGH, PRI_BELOW_NORMAL[16], 0x800, 20, SHARED_TASK}
        case SHARED_TASK:
            int pos = (int)cfg->priority / PROPERTY_STEP;   //24/8 = 3
            SamgrLiteImpl *samgr = GetImplement();
            if (samgr->sharedPool[pos] == NULL) { //g_samgrImpl->sharedPool[x]
                //Bootstrap: TaskConfig 的参数会被 DEFAULT_TASK_CFG 宏引入的参数替换掉
                //{LEVEL_HIGH, 25, 0x800, 25[queueSize], SHARED_TASK}
                TaskConfig shareCfg = DEFAULT_TASK_CFG(pos);
                samgr->sharedPool[pos] = SAMGR_CreateFixedTaskPool(&shareCfg,
                name, DEFAULT_SIZE);
            }
            service->taskPool = samgr->sharedPool[pos];
            if (SAMGR_ReferenceTaskPool(service->taskPool) == NULL) {
                samgr->sharedPool[pos] = NULL;
            }
            break;
        ......
    }
}
```

在代码清单 7-12 中，通过 "case SHARED_TASK" 的操作和对 g_samgrImpl.sharedPool[] 的使用，可以为若干个标记为 SHARED_TASK 的服务共用一个消息队列和任务池，以节约系统资源。服务的任务入口函数 TaskEntry() 在消息队列中收到消息时，可以通过消息结构体 Exchange 中的 Identity 字段解析出 Sid、Fid、Qid 信息，以此来确认到底是哪个服务或特性需要处理这个消息。

TaskConfig 中的 priority 字段则确定了服务用的是哪个 sharePool[x]，priority 字段的值越大，经过换算得到的 x 值也越大。

我们可以在代码中全局搜索 "SHARED_TASK" 关键字，查看哪些服务使用的是 samgr 的 sharedPool[] 资源，再通过 priority 字段的值，计算出它们分别用了哪个 sharePool[x]，以及哪几个服务会共用同一个 sharePool[x]。

不属于 SHARED_TASK 类型的服务有自己独立的消息队列和任务池，并不会记录在 g_samgrImpl.sharedPool[] 中，而是记录在各自服务的 serviceImpl 对象的任务池中。

2. ServiceImpl 类

ServiceImpl 类的定义如代码清单 7-13 所示。

代码清单 7-13 //foundation/distributedschedule/samgr_lite/samgr/source/service_impl.h

```c
struct ServiceImpl {
    Service *service;
```

```
        IUnknown *defaultApi;
        TaskPool *taskPool;
        Vector features;
        int16 serviceId;
        uint8 inited;
        Operations ops;
    };
```

在 g_samgrImpl 全局变量的 Vector services 字段中，只记录 ServiceImpl 对象的指针，并不直接记录和管理服务对象本身。服务在向 samgr 注册时，samgr 会首先为服务生成一个 ServiceImpl 对象，然后将服务对象的指针记录在 ServiceImpl 的 Service *service 字段中，而 ServiceImpl 对象本身则记录在 g_samgrImpl.services.data[i] 中。这样就建立了 g_samgrImpl 与具体服务的联系，如图 7-2 所示（图 7-4～图 7-6 也可以作为参考）。

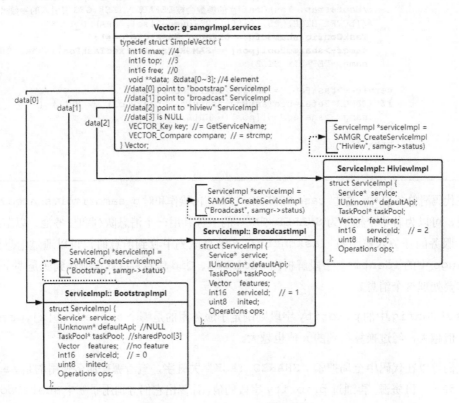

图 7-2 ServiceImpl 类示意图

下面展开 ServiceImpl 类，我们再仔细看一下它内部各个字段的具体意思。

Service *service

指向当前 ServiceImpl 对象所对应的具体服务的对象（详见"4.Service 类及其子类"小节的分析）。

IUnknown *defaultApi

继承了 IUnknown 接口（INHERIT_IUNKNOWN）的服务或特性，都具有 IUnknown 的

一组默认接口（总共 3 个），这组默认接口主要是用于记录服务或特性的对象的引用数量。还可以通过其中的 QueryInterface() 接口实现父类 IUnknown 指针到具体的服务或特性子类对象指针的类型转换，以获取子类提供的额外服务（详见 "6.IUnknown 接口类" 小节的分析）。

TaskPool *taskPool

这是 samgr 为服务创建的任务池指针，同时还创建对应的消息队列（消息队列的 queueId 同时保存在这个任务池结构体中）。

如果服务的任务是 SHARED_TASK 类型的，则会有多个服务共享一个任务池和消息队列，这个任务池指针就会指向 g_samgrImpl 中对应优先级别的 sharedPool[x]。

如果服务的任务不是 SHARED_TASK 类型的，这个任务池指针就会指向本服务专用的任务池，而不会与 g_samgrImpl 的 sharedPool[x] 产生联系。

Vector features

特性需要依赖对应的服务才能注册和运行，一个服务可以有 0 个、1 个、多个特性。服务本身不记录它对应的特性的信息，而是由 ServiceImpl 的 Vector features 字段来记录。Vector features 字段类似于 g_samgrImpl 中用于记录 ServiceImpl 的 Vector services 字段。

一个服务没有特性时，Vector features 字段就保持初始化的样子，对应的 features.data[x] 都是 NULL。

一个服务有若干个特性时，就会在每一个特性注册时由 samgr 创建一个 FeatureImpl 对象，并将此对象与具体的特性对象关联起来，再将 FeatureImpl 对象的指针保存在 features.data[i] 中，然后将这个序号 i 作为对应特性的 ID 另行保存。

以后 samgr 就可以通过 g_samgrImpl 的 Vector services 字段找到具体的 ServiceImpl 对象，再进一步通过这个 ServiceImpl 对象的 Vector features 字段，找到具体的 FeatureImpl 对象，从而找到想要的特性对象。

int16 serviceId

在 g_samgrImpl 的 Vector services 字段中的 data[x] 中保存着指向当前 ServiceImpl 对象的指针，则这个下标 x 就作为当前服务的 ID 保存在 serviceId 字段中。这个 serviceId 同时也保存在具体的服务对象的 Identity 结构体中。

uint8 inited

标记当前 ServiceImpl 对应的服务的状态（3 种状态分别为 SVC_INIT、SVC_IDLE、SVC_BUSY）。服务处于 SVC_INIT 状态才能注册特性；服务处于 SVC_IDLE 状态才能去处理消息事件，在处理消息事件前需要将状态修改为 SVC_BUSY，处理完消息后再改回 SVC_IDLE。

更详细的对该标记的使用细节，请参考 .../samgr_lite/samgr/source/samgr_lite.c

中对 inited 字段的判断和使用。

Operations ops

记录了服务处理消息事件的时间戳、消息数量、处理步骤以及是否存在异常等信息。Operations ops 与跨设备的服务调用和消息的同步处理相关。

3. FeatureImpl 类

FeatureImpl 类的定义如代码清单 7-14 所示。

代码清单 7-14 //foundation/distributedschedule/samgr_lite/samgr/source/feature_impl.h

```
typedef struct FeatureImpl FeatureImpl;
struct FeatureImpl {
    Feature *feature;
    IUnknown *iUnknown;
};
```

FeatureImpl 类看起来相对简单,首先是一个 Feature 类型的指针指向具体的特性对象(或指向 Feature 类的子类对象),然后是一个 IUnknown 类型的指针指向一组可以为具体的特性对象提供额外功能的接口(interface)。

图 7-3 中的 PubSubImplement 类就是 FeatureImpl 类的一个子类。

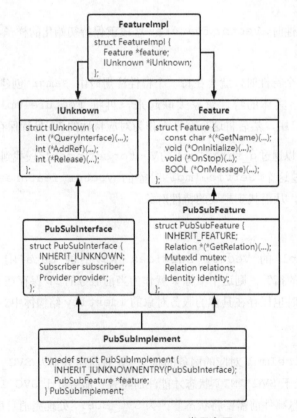

图 7-3 FeatureImpl 类示意图

在图 7-3 中，FeatureImpl 类的 IUnknown *iUnknown 与 ServiceImpl 类的 IUnknown *defaultApi 其实是一样的，它们都指向一个特性或服务所继承的接口中 IUnknown 接口所在的位置（详见"2.ServiceImpl 类"小节和"6.IUnknown 接口类"小节的分析）。

4．Service 类及其子类

Service 类的定义如代码清单 7-15 所示。

代码清单 7-15　//foundation/distributedschedule/samgr_lite/interfaces/kits/samgr/service.h

```
struct Service {
    const char *(*GetName)(Service *service);                    //获取服务名称
    BOOL (*Initialize)(Service *service, Identity identity);     //服务的初始化
    BOOL (*MessageHandle)(Service *service, Request *request);   //服务的消息处理函数
    TaskConfig (*GetTaskConfig)(Service *service);               //获取服务任务运行的配置
}
```

Service 类是所有服务类的父类，每一个具体的服务类都继承自这个 Service 类，然后扩展自己独特的功能。Service 类声明了 4 个函数指针，其中的每个函数是每个服务都必须实现的生命周期函数。

下面分别看一下在轻量系统中 Service 类的 3 个子类的具体实现。

Bootstrap 类

Bootstrap 类的定义如代码清单 7-16 所示。

代码清单 7-16　//base/startup/bootstrap_lite/services/source/bootstrap_service.c

```
typedef struct Bootstrap {
    INHERIT_SERVICE;       //继承 Sevice 类
    Identity identity;     //Bootstrap 类对象的 id 信息
    uint8 flag;
} Bootstrap;
```

在代码清单 7-16 中可以看到，Bootstrap 类除了继承 Service 类之外，还增加了下面两个字段。

- Identity identity：这是 Service 类对象或 Feature 类对象的身份信息，里面包括了 serviceId、featureId、queueId 这 3 个信息。

- serviceId：Bootstrap 类对象（bootstrap）对应的 ServiceImpl 类对象（BootstrapImpl）在 g_samgrImpl.services 向量的 data[]字段中的存放位置，这里的值为 0（见图 7-4）。

- featureId：Bootstrap 服务不带特性，所以这里值为-1。

- queueId：Bootstrap 服务启动时，samgr 会为其创建消息队列，消息队列的 ID（是一串数字）就记录在这个 queueId 中。

- uint8 flag：LOAD_FLAG 标记，目前只用到 0x01 这一个位，用来标记由 SYSEX_*、APP_* 宏进行修饰的服务和特性是否已经启动（见代码清单 7-7 中对 flag 的使用）。

Bootstrap 类的对象 bootstrap 与 ServiceImpl 类的对象 BootstrapImpl 的关系如图 7-4 所示。

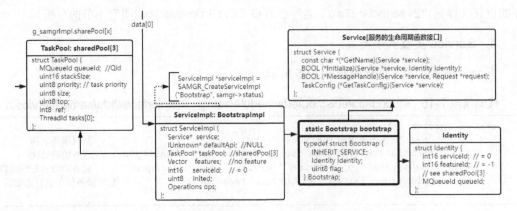

图 7-4 Bootstrap 类对象与 ServiceImpl 类对象的关系示意图

BroadcastService 类

BroadcastService 类的定义如代码清单 7-17 所示。

代码清单 7-17 //foundation/distributedschedule/samgr_lite/communication/broadcast/source/broadcast_service.h

```
typedef struct BroadcastService BroadcastService;
struct BroadcastService {
    INHERIT_SERVICE;
};
```

在代码清单 7-17 中可以看到，BroadcastService 类仅仅直接继承了 Service 类（可以确保 BroadcastService 类对象的生命周期的完整性），而没有 Identity identity 字段。因为 BroadcastService 类的对象还具有对应的特性，将会在具体的特性对象中保存 Identity identity 信息和其他的扩展信息（详见 "5.Feature 类及其子类" 小节的分析）。

BroadcastService 类的对象 g_broadcastService 与 ServiceImpl 类的对象 BroadcastImpl 的关系如图 7-5 所示。

HiviewService 类

HiviewService 类的定义如代码清单 7-18 所示。

代码清单 7-18 //base/hiviewdfx/hiview_lite/hiview_service.h

```
typedef struct {
    INHERIT_IUNKNOWN;  //继承 IUnknown 接口类
    void (*Output)(IUnknown *iUnknown, int16 msgId, uint16 type);
} HiviewInterface;

typedef struct {
    INHERIT_SERVICE;  //继承 Service 类
    INHERIT_IUNKNOWNENTRY(HiviewInterface);  //继承 HiviewInterface 接口类
    Identity identity;
} HiviewService;
```

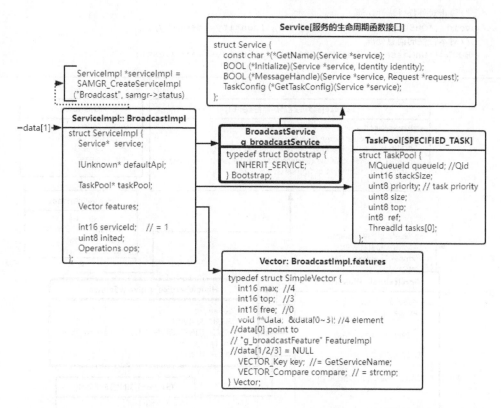

图 7-5 BroadcastService 类对象与 ServiceImpl 类对象的关系示意图

在代码清单 7-18 中可以看到，HiviewService 类除了继承 Service 类实现服务的生命周期函数，还通过 INHERIT_IUNKNOWNENTRY(HiviewInterface) 继承了 HiviewInterface 接口类。这个 HiviewInterface 类又继承了 IUnknown 接口类（即 INHERIT_IUNKNOWN）。这种多继承机制既实现了服务所需的生命周期函数，又具备了类似特性的扩展功能（尽管 HiviewService 对象实际上不带特性）。IUnknown 接口类的详情见 "6.IUnknown 接口类" 小节的分析。

Identity identity 字段是 HiviewService 类对象的身份信息，同样包括 serviceId、featureId、queueId 这 3 个信息。

HiviewService 类的对象 g_hiviewService 与 ServiceImpl 类的对象 HiviewImpl 的关系如图 7-6 所示。

5. Feature 类及其子类

Feature 类的定义如代码清单 7-19 所示。

代码清单 7-19 //foundation/distributedschedule/samgr_lite/interfaces/kits/samgr/feature.h

```
struct Feature {
    //获取特性的名字
    const char *(*GetName)(Feature *feature);
    //特性的初始化
    void (*OnInitialize)(Feature *feature, Service *parent, Identity identity);
```

```
    //停止对外提供特性功能
    void (*OnStop)(Feature *feature, Identity identity);
    //对本特性的消息处理
    BOOL (*OnMessage)(Feature *feature, Request *request);
};
```

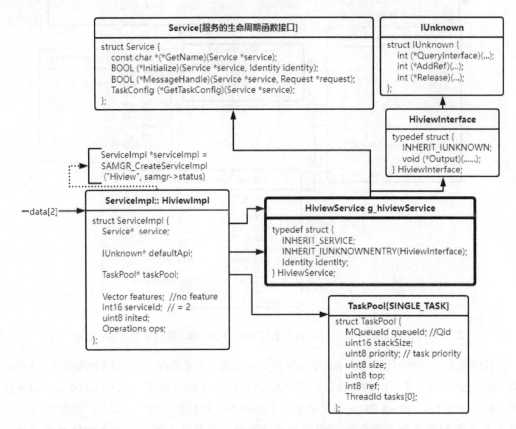

图 7-6　HiviewService 类对象与 ServiceImpl 类对象的关系示意图

Feature 类是所有特性类的父类，每一个具体的特性类都继承自这个 Feature 类，然后扩展自己独特的功能。Feature 类声明了 4 个函数指针，其中的每个函数是每个特性都必须实现的生命周期函数。

下面分别看一下在轻量系统中 Feature 类的一个子类的具体实现。

PubSubFeature g_broadcastFeature

BroadcastService 类对象具有的特性由 PubSubFeature 类的一个对象来提供，PubSubFeature 类的定义如代码清单 7-20 所示。

代码清单 7-20　//foundation/distributedschedule/samgr_lite/communication/broadcast/source/pub_sub_feature.h

```
typedef struct PubSubFeature PubSubFeature;
struct PubSubFeature {
    INHERIT_FEATURE;    //继承 Feature 类
    Relation *(*GetRelation)(PubSubFeature *feature, const Topic *topic);
    MutexId mutex;
```

```
    Relation relations;
    Identity identity;
};
```

PubSubFeature 类对象被 FeatureImpl 类对象以及后面要介绍的 PubSubImplement 类对象引用。

FeatureImpl 对象又会被记录在 ServiceImpl 类对象的 Vector features 字段中(即 features.data[i] 记录了指向 FeatureImpl 对象的指针),这里的下标 i 就作为 PubSubFeature 类对象的 ID,记录在 Identity identity 的 featureId 字段中。

PubSubFeature 还提供了一个双向链表结构的 Relation relations 字段,以及在这个双向链表结构中查找节点的 GetRelation() 函数。

PubSubImplement g_pubSubImplement

PubSubImplement 类的定义如代码清单 7-21 所示。

代码清单 7-21 //foundation/distributedschedule/samgr_lite/interfaces/kits/communication/ broadcast/broadcast_interface.h

```
typedef struct PubSubInterface PubSubInterface;
struct PubSubInterface {
    INHERIT_IUNKNOWN;    //继承 IUnknown 接口类
    Subscriber subscriber;
    Provider provider;
};
typedef struct PubSubImplement {
    INHERIT_IUNKNOWNENTRY(PubSubInterface);    //继承 PubSubInterface 接口类
    PubSubFeature *feature;    //指向 PubSubFeature 类对象
} PubSubImplement;
```

PubSubImplement 类通过 INHERIT_IUNKNOWNENTRY(PubSubInterface) 继承了 PubSubInterface 接口类。这个 PubSubInterface 接口类除了继承 IUnknown 接口类(即 INHERIT_IUNKNOWN),还通过 Subscriber 类和 Provider 类为 PubSubImplement 类对象提供额外的功能。

PubSubImplement 类的对象还会引用代码清单 7-20 中的 PubSubFeature 类的对象,并记录在 PubSubFeature *feature 字段上。

PubSubFeature 类的对象 g_broadcastFeature 与 PubSubImplement 类的对象 g_pubSubImplement 的关系如图 7-7 所示。它们与 BroadcastService 类的对象 g_broadcastService、ServiceImpl 类的对象 BroadcastImpl 之间的关系非常密切,一并在图 7-7 中展示出来。

如果继续深究 PubSubFeature 类对象与 PubSubImplement 类对象的关系,就要涉及面向服务的架构的实现了,具体可见 7.2.3 节的分析。

6. IUnknown 接口类

IUnknown 接口类类似于 C++中的抽象基类,它提供了一组基础的公共接口,在继承了

IUnknown 接口类的 Service 类的对象或 Feature 类的对象对外暴露接口时,这组基础的公共接口可以用于修改对象的引用计数和查询对外暴露的接口。

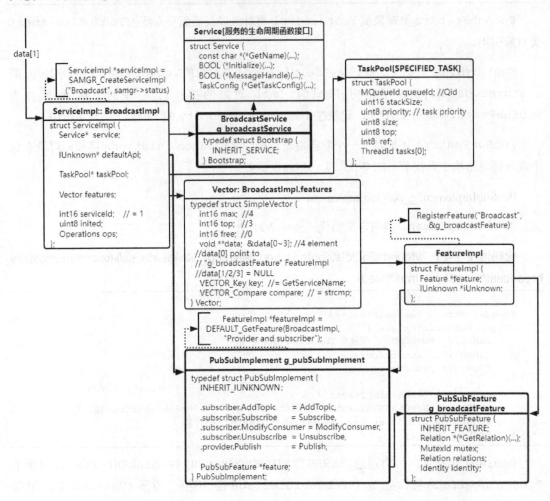

图 7-7 PubSubFeature 类对象与 PubSubImplement 类对象的关系图

我们以 HiviewService 类和 PubSubImplement 类为例,先从这两个类的定义看看它们是如何继承 IUnknown 接口类的(见图 7-8)。

```
typedef struct {
    INHERIT_IUNKNOWN;
    void (*Output)(......);
} HiviewInterface;

typedef struct {
    INHERIT_SERVICE;
    INHERIT_IUNKNOWNENTRY(HiviewInterface);
    Identity identity;
} HiviewService;
```

```
typedef struct PubSubInterface PubSubInterface;

struct PubSubInterface {
    INHERIT_IUNKNOWN;
    Subscriber subscriber;
    Provider provider;
};

typedef struct PubSubImplement {
    INHERIT_IUNKNOWNENTRY(PubSubInterface);
    PubSubFeature *feature;
} PubSubImplement;
```

图 7-8 HivieService 类和 PubSubImplement 类定义的对比

在图 7-8 中可以看到，这两个类都通过 INHERIT_IUNKNOWNENTRY(T) 这个宏来分别继承 HiviewInterface 接口类和 PubSubInterface 接口类，而 HiviewInterface 类和 PubSubInterface 类又都通过 INHERIT_IUNKNOWN 来继承 IUnknown 接口类。

INHERIT_IUNKNOWNENTRY(T) 和 INHERIT_IUNKNOWN 两个宏的定义如代码清单 7-22 所示。

代码清单 7-22　//foundation/distributedschedule/samgr_lite/interfaces/kits/samgr/iunknown.h

```
/**
 * @brief Defines the macro for inheriting the <b>IUnknown</b> interface.
 * When developing a subclass of the <b>IUnknown</b> class, you can use
 * this macro to inherit the structures of the <b>IUnknown</b> interface. \n
 */
#define INHERIT_IUNKNOWN                                                    \
    int (*QueryInterface)(IUnknown *iUnknown, int version, void **target); \
    int (*AddRef)(IUnknown *iUnknown);                                     \
    int (*Release)(IUnknown *iUnknown)

/**
 * @brief Defines the macro for inheriting the classes that implement
 * the <b>IUnknown</b> interface.
 * When developing a subclass of a class that implements the <b>IUnknown</b>
 * interface, you can use this macro to inherit the structures of
 * the <b>IUnknown</b> implementation class. \n
 */
#define INHERIT_IUNKNOWNENTRY(T) \
    uint16 ver;                  \
    int16 ref;                   \
    T iUnknown
```

INHERIT_IUNKNOWN 宏定义是为了方便用 C 语言的形式"继承" IUnknown 接口类。

INHERIT_IUNKNOWNENTRY(T) 宏定义是为了方便用 C 语言的形式"继承" IUnknownEntry 接口类。

下面按定义将这两个宏展开到结构体的形式，如代码清单 7-23 所示。

代码清单 7-23　//foundation/distributedschedule/samgr_lite/interfaces/kits/samgr/iunknown.h

```
/**
 * @brief Defines the <b>IUnknown</b> class.
 * You need to inherit this structure when developing
 * a subclass of the <b>IUnknown</b> interface. \n
 */
struct IUnknown {
    /** Queries the subclass object of the <b>IUnknown</b>
      interface of a specified version (downcasting).
     */
    int (*QueryInterface)(IUnknown *iUnknown, int version, void **target);
    /** Adds the reference count. */
    int (*AddRef)(IUnknown *iUnknown);
    /** Release the reference to an <b>IUnknown</b> interface. */
    int (*Release)(IUnknown *iUnknown);
};

/**
 * @brief Defines the <b>IUnknown</b> implementation class.
 * You need to inherit this structure when developing a subclass
```

```
 * of the <b>IUnknown</b> implementation class. \n
 * Each <b>IUnknown</b> interface must correspond to one or more
 * <b>IUnknown</b> implementation classes.
 */
typedef struct IUnknownEntry {
    /** Version information of <b>IUnknown</b> interface. */
    uint16 ver;
    /** Reference count of <b>IUnknown</b> interface. */
    int16 ref;
    /**
     * Implementation of <b>IUnknown</b> interface, which is related
     * to the specific definition implementation.
     */
    IUnknown iUnknown;
} IUnknownEntry;
```

在代码清单 7-23 中可以看到，IUnknown 是父类，IUnknownEntry 是子类，IUnknownEntry 是 IUnknown 的一个实现（implement）。

按照代码清单 7-23 中的定义把 HiviewService 类彻底展开，如代码清单 7-24 所示。

代码清单 7-24　HiviewService 类的展开

```
typedef struct {
    //INHERIT_SERVICE;
    //{
    const char *(*GetName)(Service * service);
    BOOL (*Initialize)(Service * service, Identity identity);
    BOOL (*MessageHandle)(Service * service, Request * request);
    TaskConfig (*GetTaskConfig)(Service * service)
    //}

    //INHERIT_IUNKNOWNENTRY(HiviewInterface);
    //{
    uint16 ver;
    int16  ref;
    //HiviewInterface iUnknown
    //这里是 iUnknown 对象的起始地址，通过对它在 HiviewInterface 类和
    //HiviewService 类中的偏移量（Offset）的计算，可以向下转型（downcast）
    //得到 HiviewInterface 类对象和 HiviewService 类对象
    //INHERIT_IUNKNOWN;
    ////{
    int (*QueryInterface)(IUnknown *iUnknown, int version, void **target);
    int (*AddRef)(IUnknown *iUnknown);
    int (*Release)(IUnknown *iUnknown)
    ////}
    void (*Output)(IUnknown *iUnknown, int16 msgId, uint16 type);
    //}

    Identity identity;
} HiviewService;
```

在 HiviewService 类的全局对象 g_hiviewService 完成初始化后，也按照上面的形式展开，如代码清单 7-25 所示。

代码清单 7-25　HiviewService 全局对象 g_hiviewService 的展开

```
static HiviewService g_hiviewService = {
    //返回服务名字 hiview
    .GetName = GetName(Service *service)
```

```
//设置 hiview 服务的 identity 并把 g_hiviewConfig.hiviewInited 置为 TRUE
.Initialize = Initialize(Service *service, Identity identity)
//static HiviewMsgHandle g_hiviewMsgHandleList[HIVIEW_MSG_MAX]:
//HIVIEW_MSG_OUTPUT_LOG_FLOW = 0,          //OutputLogRealtime
//HIVIEW_MSG_OUTPUT_LOG_TEXT_FILE,         //OutputLog2TextFile
//HIVIEW_MSG_OUTPUT_LOG_BIN_FILE,          //OutputLog2BinFile
//通过调用 *(g_hiviewMsgHandleList[request->msgId])来处理请求消息
.MessageHandle = MessageHandle(Service *service, Request *request)
//获取任务配置信息结构体: {LEVEL_LOW, PRI_NORMAL, 0x800, 10, SINGLE_TASK}
.GetTaskConfig = GetTaskConfig(Service *service)

//通过 INHERIT_IUNKNOWNENTRY(HiviewInterface)获取的两个字段
.ver = 0x20,    //接口版本信息
.ref = 1,             //对象引用计数器

//GET_IUNKNOWN(T)可以获取这个 iUnknown 字段的地址
//从子类对象（subclass object）T 中，获取（Obtains）
//IUnknown 接口对象（interface object）的指针（pointer）
//即 iUnknown 对象的起始地址，通过对它在 HiviewInterface 类和
//HiviewService 类中的偏移量（Offset）进行计算，可以向下转型（downcast）
//得到 HiviewInterface 类对象和 HiviewService 类对象
.iUnknown =
{
    //将.iUnknown 的这 4 个 API 的入口地址通过*target=iUnknown 交给
    //GET_IUNKNOWN(T)的调用者，以此获取 hiview 服务对外暴露的这 4 个接口
    //同时 g_hiviewService 全局对象的引用计数加 1
    .QueryInterface = IUNKNOWN_QueryInterface(IUnknown *iUnknown,
                                              int ver, void **target)

    //g_hiviewService 全局对象的引用计数加 1 的具体操作接口
    .AddRef = IUNKNOWN_AddRef(IUnknown *iUnknown)

    //g_hiviewService 全局对象的引用计数减 1，并确认是否需要删除该对象
    .Release = IUNKNOWN_Release(IUnknown *iUnknown)

    //hilog 或 hievent 组件会在需要的时候通过调用 HiviewSendMessage()
    //向 hiview 服务的消息队列发送消息
    //在发送消息之前需要先通过 QueryInterface()查询并获取 HiviewInterface 对象
    //然后调用 HiviewInterface 对象的 Output()接口向 hiview 服务的消息队列发送消息
    .Output  = Output(IUnknown *iUnknown, int16 msgId, uint16 type)
}
    Identity identity;     //记录了 HiviewService 类对象的 ID 信息
};
```

从代码清单 7-25 中可以看到，.iUnknown 的地址、HiviewService 类型、g_hiview Service 的地址（即引用或指针）之间可以通过计算来进行类型转换。这三者之间的类型转换是借助于 GET_IUNKNOWN(T)、GET_OFFSIZE(T, member)、GET_OBJECT(Ptr, T, member)这 3 个宏来实现的。下面分别来看一下这 3 个宏的详情。

● GET_IUNKNOWN(T)

GET_IUNKNOWN(T)宏的定义如代码清单 7-26 所示。

代码清单 7-26 //foundation/distributedschedule/samgr_lite/interfaces/kits/samgr/iunknown.h

```
/**
 * @brief Obtains the pointer of the <b>IUnknown</b> interface object
 * from the subclass object T (generic macro) of the <b>IUnknown</b>
 * implementation class.
```

```
 * Use this macro when registering <b>IUnknown</b> interfaces with Samgr
 * so that you can obtain the interfaces from the subclass objects of
 * different <b>IUnknown</b> implementation classes. \n
 */
#define GET_IUNKNOWN(T) (IUnknown *)(&((T).iUnknown))
```

可以看到，这个宏的主要目的是从 T 类对象（如 g_hiviewService 对象）中获取其内部的 .iUnknown 字段（成员或对象）的地址。

在图 7-6 中可以看到，HiviewImpl 对象的 IUnknown *defaultApi 字段的值，就是通过 GET_IUNKNOWN(g_hiviewService) 获取的 g_hiviewService.iUnknown 的地址。

- GET_OFFSIZE(T, member)

- GET_OBJECT(Ptr, T, member)

GET_OFFSIZE(T, member) 和 GET_OBJECT(Ptr, T, member) 宏的定义如代码清单 7-27 所示。

代码清单 7-27 //foundation/distributedschedule/samgr_lite/interfaces/kits/samgr/common.h

```
/**
 * @brief Calculates the offset of the member in the T type.
 * @param Indicates the T type.
 * @param member Indicates the name of the T member variable.
 */
#define GET_OFFSIZE(T, member) (long)((char *)&(((T *)(0))->member))
/**
 * @brief Downcasts the pointer to the T type.
 * @param Ptr Indicates the current pointer, which is the address of the T member
variable.
 * @param T Indicates the target type of the downcast.
 * @param member Indicates the name of the {@code Ptr} as a T member variable.
 */
#define GET_OBJECT(Ptr, T, member) (T *)(((char *)(Ptr)) - GET_OFFSIZE(T, member))
```

在代码清单 7-27 中可以看到，这两个宏的作用分别是计算指定的成员（member）在 T 类型中的偏移量和从 .iUnknown 父类对象向下转型（downcast）以获取子类对象（如代码清单 7-25 中的 HiviewInterface 类对象或 HiviewService 类对象 g_hiviewService 所示）。

对于代码清单 7-25 中的 g_hiviewService，对 QueryInterface() 接口的使用出现在 hiview_service.c 的 HiviewSendMessage() 中，如代码清单 7-28 所示。

代码清单 7-28 //base/hiviewdfx/hiview_lite/hiview_service.c

```
void HiviewSendMessage(const char *srvName, int16 msgId, uint16 msgValue)
{
    static HiviewInterface *hiviewInfterface = NULL;
    if (hiviewInfterface == NULL) {
        //通过 samgr 获取 g_hiviewService.iUnknown 的地址
        IUnknown *hiviewDefApi = SAMGR_GetInstance()->GetDefaultFeatureApi(srvName);
        if (hiviewDefApi == NULL) {
            return;
        }
        //QueryInterface()中有对 GET_OBJECT(...)宏的使用，把 IUnknown 类型的
        //hiviewDefApi 向下转型到 HiviewInterface 类型的 hiviewInfterface
        hiviewDefApi->QueryInterface(hiviewDefApi, 0, (void **)&hiviewInfterface);
```

```
    }
    //使用 hiviewInfterface 的 Output()向 hiview 服务的消息队列发送消息
    hiviewInfterface->Output((IUnknown *)hiviewInfterface, msgId, msgValue);
}
```

在需要使用 hiview 服务的任务中,会调用这个 HiviewSendMessage()来向 hiview 服务发送消息。

在代码清单 7-28 中可以看到,HiviewSendMessage()先通过向 samgr 查询和获取 hiview 服务的 defaultApi(即 QueryInterface()、AddRef()、Release()这 3 个默认的接口)。然后使用 QueryInterface()去查询和获取指定版本的 IUnknown 接口的子类对象(即把 IUnknown 类型的 defaultApi 向下转型到 HiviewInterface 类型的 hiviewInfterface),同时增加对该子类对象的引用次数,再通过这个子类对象就可以调用这个子类(HiviewInterface 类)中额外定义的其他接口(如 Output())。最后通过 Output()中的操作向 hiview 服务的消息队列发送消息,以此来使用 hiview 服务。

7.2.2 系统服务的启动流程

> **注意**　　建议结合本书资源库中的 "Chapter5_1_Hi3861 开发板开机部分日志.txt" 文件来学习和理解本节的内容。

Hi3861 开发板在上电启动后,会执行 OHOS_SystemInit()函数进行系统的初始化工作。该函数如代码清单 7-29 所示。

代码清单 7-29　//base/startup/bootstrap_lite/services/source/system_init.c

```
void OHOS_SystemInit(void)
{
    ......
    SYS_INIT(service);    //注册系统服务
    SYS_INIT(feature);    //注册系统服务提供的特性
    ......
    SAMGR_Bootstrap();    //通过 samgr 启动并管理系统服和特性
}
```

在上述代码中可以看到,OHOS_SystemInit()函数主要执行了下述 3 个步骤。

- 注册系统服务。

- 注册系统服务提供的特性。

- 通过 samgr 启动并管理系统服务和特性。

下面我们结合 7.2.1 节的分析和启动日志,看看这 3 个步骤具体都做了哪些工作。

1. 注册系统服务

在日志清单 7-1 中可以看到,在 SYS_INIT(service)这一步注册了 3 个系统服务。

日志清单 7-1　注册系统服务

```
[system_init] [7-4]: SYS_INIT(service)=======================
[bootstrap_service] SYS_SERVICE_INIT(Init): Bootstrap
[samgr_lite] SAMGR_GetInstance(mutex=NULL): NO SAMGR instance, Init() to create ONE
[samgr_lite] Init. g_samgrImpl
[samgr_lite] Init. mutex[956036]. sharedPool[0-8] reset to 0. status=0[BOOT_SYS]
[samgr_lite] SAMGR_GetInstance(mutex=956036)
[samgr_lite] RegisterService(Name:Bootstrap)->Sid[0]

[broadcast_service] SYS_SERVICE_INIT(Init): Broadcast
[samgr_lite] RegisterService(Name:Broadcast)->Sid[1]

[hiview_service] SYS_SERVICE_INIT(Init): hiview
[samgr_lite] RegisterService(Name:hiview)->Sid[2]
[samgr_lite] RegisterFeatureApi(serviceName[hiview], feature[(null)])
[hiview_service] Init.InitHiviewComponent.
```

第一个注册的系统服务是 Bootstrap（为轻量系统的其他系统服务提供阶段性的启动服务，见 6.2.3 节的介绍）。该服务在 bootstrap_service.c 的 Init() 函数内执行如下代码来向 samgr 注册服务：

```
SAMGR_GetInstance()->RegisterService((Service *)&bootstrap);
```

由于此时 samgr 的全局实例对象 g_samgrImpl 还没有初始化，因此 SAMGR_GetInstance() 需要先通过 Init() 初始化 g_samgrImpl，相关代码如代码清单 7-30 所示。

代码清单 7-30　//foundation/distributedschedule/samgr_lite/samgr/source/samgr_lite.c

```
SamgrLite *SAMGR_GetInstance(void)
{
    if (g_samgrImpl.mutex == NULL) {
        printf("[samgr_lite] SAMGR_GetInstance(mutex=NULL):
                NO SAMGR instance, Init() to create ONE\n");
        Init();
        printf("[samgr_lite] SAMGR_GetInstance(mutex=%d)\n", g_samgrImpl.mutex);
    }
    return &(GetImplement()->vtbl);
}
```

然后才能调用 RegisterService((Service *)&bootstrap) 来向 g_samgrImpl 注册 Bootstrap 服务，如代码清单 7-31 所示。

代码清单 7-31　//foundation/distributedschedule/samgr_lite/samgr/source/samgr_lite.c

```
static BOOL RegisterService(Service *service)
{
    //创建一个 ServiceImpl 类对象，然后把它添加到 g_samgrImpl 的向量中进行管理
    ServiceImpl *serviceImpl = SAMGR_CreateServiceImpl(service, samgr->status);
    ......
    //ServiceImpl 类对象记录在 g_samgrImpl 的向量中的 data[i] 位置，这个下标 i
    //就作为 ServiceImpl 类对象对应的服务的 serviceId
    serviceImpl->serviceId = VECTOR_Add(&(samgr->services), serviceImpl);
    printf("[samgr_lite] RegisterService(Name:%s)->Sid[%d]\n",
           service->GetName(service),serviceImpl->serviceId);
    ......
}
```

在代码清单 7-31 中，调用了 SAMGR_CreateServiceImpl() 为 Bootstrap 服务创建一

个 ServiceImpl 对象，并把 Bootstrap 服务对象与 ServiceImpl.service 关联起来。同时也为 ServiceImpl.features 创建了一个默认的空向量，以便下一步为服务关联对应的特性。然后，通过 VECTOR_Add(…) 操作，将 ServiceImpl 对象的指针加入 g_samgrImpl.services 向量中，并返回它在向量中的位置 0，以此作为 Bootstrap 服务的 serviceId。

接下来注册的是第二个服务 Broadcast（提供线程间的事件广播服务）和第三个服务 hiview（为轻量系统提供日志打印服务，见 6.4.1 节的分析）。g_samgrImpl 已经在 Bootstrap 服务注册时完成初始化，因此这两个服务可以直接通过 RegisterService((Service *) Xxx) 注册到 g_samgrImpl.services 向量中，且其各自的 serviceId 分别是 [1] 和 [2]。这两个服务的注册过程与上面 Bootstrap 服务的注册过程一样，这里不再赘述。

2. 注册系统服务提供的特性

在日志清单 7-2 中可以看到，在 SYS_INIT(feature) 这一步注册了 Broadcast 服务的特性：PUB_SUB_FEATURE。相关代码如代码清单 7-32 所示。

日志清单 7-2 注册系统服务提供的特性

```
[system_init] [7-5]: SYS_INIT(feature)======================
[pub_sub_feature]              SYS_FEATURE_INIT(Init): Provider and subscriber
[samgr_lite] RegisterFeature(serviceName[Broadcast], feature[Provider and
subscriber])->Fid[0]
[pub_sub_implement] BCE_CreateInstance: set g_pubSubImplement.feature =
&g_broadcastFeature
[samgr_lite] RegisterFeatureApi(serviceName[Broadcast], feature[Provider and
subscriber])
```

代码清单 7-32 //foundation/distributedschedule/samgr_lite/communication/broadcast/source/pub_sub_feature.c

```
static void Init(void)
{
    printf("[pub_sub_feature]    SYS_FEATURE_INIT(Init): %s\n",PUB_SUB_FEATURE);
    PubSubFeature *feature = &g_broadcastFeature;
    ......
    //步骤1：注册特性
    SAMGR_GetInstance()->RegisterFeature(BROADCAST_SERVICE, (Feature *)feature);
    //步骤2：创建特性的实例
    PubSubImplement *apiEntry = BCE_CreateInstance((Feature *)feature);
    //步骤3：注册特性的默认接口
    SAMGR_GetInstance()->RegisterFeatureApi(BROADCAST_SERVICE,
                                        PUB_SUB_FEATURE, GET_IUNKNOWN
(*apiEntry));
}
SYS_FEATURE_INIT(Init);
```

特性的注册和运行需要依赖对应的服务。

PUB_SUB_FEATURE 特性需要执行下面 3 个步骤才能完成注册。

- 步骤 1：注册特性。

- 步骤 2：创建特性的实例。

- 步骤 3：注册特性的默认接口。

下面我们分别来看一下这 3 个步骤具体完成的操作。

步骤 1：注册特性

通过调用 RegisterFeature(service, feature)来注册特性并将其与对应的服务关联在一起，如代码清单 7-33 所示。

代码清单 7-33   //foundation/distributedschedule/samgr_lite/samgr/source/samgr_lite.c

```
static BOOL RegisterFeature(const char *serviceName, Feature *feature)
{
    ......
    //通过服务名字获取 ServiceImpl 对象
    ServiceImpl *serviceImpl = GetService(serviceName);
    ......
    //如果特性已经注册到 serviceImpl.features 向量中，直接返回即可；不能重复注册
    if (DEFAULT_GetFeature(serviceImpl, feature->GetName(feature)) != NULL) {
        return FALSE;
    }
    //把特性注册到 serviceImpl->features 向量中，并返回它在向量中的位置作为 featureId
    int16 featureId = DEFAULT_AddFeature(serviceImpl, feature);
    printf("[samgr_lite] RegisterFeature   (serviceName[%s], feature[%s])->Fid[%d]\n",
            serviceName, feature->GetName(feature), featureId);
    ......
}
```

在代码清单 7-33 中，samgr 首先通过服务名字找到"注册系统服务"小节中注册的对应的 ServiceImpl 对象，然后将其与特性对象一起作为参数传递给 DEFAULT_AddFeature()，如代码清单 7-34 所示。

代码清单 7-34   //foundation/distributedschedule/samgr_lite/samgr/source/service.c

```
int16 DEFAULT_AddFeature(ServiceImpl *serviceImpl, Feature *feature)
{
    ......
    FeatureImpl *impl = FEATURE_CreateInstance(feature);
    ......
    int16 featureId = VECTOR_Add(&(serviceImpl->features), impl);
    ......
}
```

在 DEFAULT_AddFeature()函数中，会通过 FEATURE_CreateInstance()函数先创建一个 FeatureImpl 对象，再通过 VECTOR_Add()函数将 FeatureImpl 对象的指针加入到 ServiceImpl->features 向量中，并返回它在向量中的位置[0]，以此作为 PUB_SUB_FEATURE 的 featureId。这就完成了特性与服务的关联，也就完成了特性的注册工作。

步骤 2：创建特性的实例

通过 BCE_CreateInstance()函数让 g_broadcastFeature 和 g_pubSubImplement 产生联系，如代码清单 7-35 所示。

代码清单 7-35   //foundation/distributedschedule/samgr_lite/communication/broadcast/source/pub_sub_implement.c

```
PubSubFeature *feature = &g_broadcastFeature;
PubSubImplement *apiEntry = BCE_CreateInstance((Feature *)feature);
```

```
//步骤 2：创建特性的实例
PubSubImplement *BCE_CreateInstance(Feature *feature)
{
    printf("[pub_sub_implement] BCE_CreateInstance:
            set g_pubSubImplement.feature = &g_broadcastFeature\n");
    g_pubSubImplement.feature = (PubSubFeature *)feature;
    return &g_pubSubImplement;
}
```

在代码清单 7-35 中可以看到，步骤 2 做的事情是很简单的，但并不容易理解，需要结合图 7-7 和 7.2.3 节的内容去深入理解这两个全局对象的关系。

步骤 3：注册特性的默认接口

通过 RegisterFeatureApi() 函数将 g_pubSubImplement.iUnknown 关联到 serviceImpl->defaultApi 或者 featureImpl->iUnknown，如代码清单 7-36 所示。

代码清单 7-36 //foundation/distributedschedule/samgr_lite/samgr/source/samgr_lite.c

```
static BOOL RegisterFeatureApi(const char *serviceName,
                               const char *feature, IUnknown *publicApi)
{
    if (feature == NULL) {
        if (serviceImpl->defaultApi != NULL) {
            return FALSE;
        }
        //服务没有特性，直接记录到 defaultApi
        serviceImpl->defaultApi = publicApi;
        return TRUE;
    }
    //服务有特性且特性已经注册到 serviceImpl->features 向量中
    FeatureImpl *featureImpl = DEFAULT_GetFeature(serviceImpl, feature);
    if (featureImpl == NULL) {
        return FALSE;
    }
    //记录到 featureImpl->iUnknown
    return SAMGR_AddInterface(featureImpl, publicApi);
}
```

3. 通过 samgr 启动并管理系统服务和特性

经过"注册系统服务"和"注册系统服务提供的特性"两步操作，系统中已经构建出 samgr 与服务、特性之间的树形关系：g_samgrImpl 的 services 向量中，已经记录了注册进来的所有系统服务的 ServiceImpl 对象的指针，而每个 ServiceImpl 的 features 向量中，又记录了注册进来的对应特性的 FeatureImpl 对象的指针（完整的树形关系图可见本书资源库第 7 章的大图）。不过此时 samgr 与服务、特性之间的关系还是静态的（服务的任务还没有创建和运行起来，各个服务之间还没有消息和数据的交换）。

在接下来的系统启动和运行中，samgr 会根据树形关系中记录下来的各种信息（包括服务和特性的名字、ID、服务的任务属性等），为服务创建任务、任务池、消息队列等运行条件，然后启动服务和特性，如此 samgr 与各个服务、特性之间才会进入动态的交互状态。

下面我们看一下系统服务的启动流程和相关细节。

在代码清单 7-29 中，OHOS_SystemInit() 通过调用 SAMGR_Bootstrap() 函数进入启

动服务和特性的流程（请读者自行查阅 SAMGR_Bootstrap() 函数的具体实现）。在日志清单 7-3 中只把 SAMGR_Bootstrap() 函数中的关键步骤的信息打印出来，以作验证。

日志清单 7-3　samgr 启动系统服务和特性

```
[system_init] [7-7]: SAMGR_Bootstrap()=====================
[samgr_lite] SAMGR_Bootstrap(status[1:BOOT_SYS_WAIT]). Begin:    size=3
      InitializeAllServices: unInited services: size=3
      ------------------------------------------------
      Add service: Bootstrap    to TaskPool: 0x0...
                         TaskPool: 0xfa488...
                             Qid: 956424...
      InitializeSingleService(Bootstrap): SAMGR_SendSharedDirectRequest(handler
[HandleInitRequest])
   [message] SAMGR_SendSharedDirectRequest: Put Exchange into Qid:[956424],type[4],
request.msgId[0]+msgValue[0]:
      ------------------------------------------------
      Add service: Broadcast    to TaskPool: 0x0...
                         TaskPool: 0xfaaf8...
                             Qid: 956468...
      InitializeSingleService(Broadcast): SAMGR_SendSharedDirectRequest(handler
[HandleInitRequest])
   [message] SAMGR_SendSharedDirectRequest: Put Exchange into Qid:[956468],type[4],
request.msgId[0]+msgValue[0]:
      ------------------------------------------------
      Add service: hiview      to TaskPool: 0x0...
                         TaskPool: 0xfacb8...
                             Qid: 956512...
      InitializeSingleService(hiview): SAMGR_SendSharedDirectRequest(handler
[HandleInitRequest])
   [message] SAMGR_SendSharedDirectRequest: Put Exchange into Qid:[956512],type[4],
request.msgId[0]+msgValue[0]:
   ------------------------------------------------
   [task_manager] SAMGR_StartTaskPool:
      CreateTask[Bootstrap(Tid: 0xe87c0), size(2048), Prio(25)]-OK!
   [task_manager] SAMGR_StartTaskPool:
      CreateTask[Broadcast(Tid: 0xe875c), size(2048), Prio(32)]-OK!
   [task_manager] SAMGR_StartTaskPool:
      CreateTask[hiview(Tid: 0xe8824), size(2048), Prio(24)]-OK!
   ------------------------------------------------
[samgr_lite] InitCompleted: services[3-0] inited, OK! END!
[samgr_lite] SAMGR_Bootstrap. End.
```

对 SAMGR_Bootstrap() 函数中的一些重要步骤的简单介绍如下。

首先，samgr 创建一个空的临时向量 initServices，用于收集还没有初始化的服务：

```
Vector initServices = VECTOR_Make(NULL, NULL);
```

其次，samgr 通过一个 for 循环遍历 g_samgrImpl->services 向量中记录的所有 ServiceImpl 对象：

```
for (i = 0; i < size; ++i) {
    ServiceImpl *serviceImpl = (ServiceImpl *)VECTOR_At(&(samgr->services), i);
    if (serviceImpl == NULL || serviceImpl->inited != SVC_INIT) {
        continue;  //服务已经初始化，继续遍历下一个服务
    }
    VECTOR_Add(&initServices, serviceImpl);  //服务未初始化，将其加入临时向量中
}
```

在 for 循环中依次查看 ServiceImpl 对象的 inited 状态是否为 SVC_INIT。如果是，则表示对应的服务需要进行初始化，并通过 VECTOR_Add() 函数将其加入到临时的向量中；反之则表示对应的服务已经初始化过，不需要再次初始化，更不需要加入到临时的向量中。

然后，调用 InitializeAllServices() 函数：

```
InitializeAllServices(&initServices);    //初始化临时向量中记录的服务
```

这个函数把记录在临时向量 initServices 中的 ServiceImpl 对象依次初始化一遍（即根据具体服务提供的名字和任务参数创建消息队列和任务池等运行环境），相关操作如代码清单 7-37 所示。

代码清单 7-37　//foundation/distributedschedule/samgr_lite/samgr/source/samgr_lite.c

```c
static void InitializeAllServices(Vector *services)
{
    ......
    for (i = 0; i < size; ++i) {
        TaskConfig config = serviceImpl->service->GetTaskConfig(serviceImpl->service);
        const char *name  = serviceImpl->service->GetName(serviceImpl->service);
        //printf("\t-------------                --------------------------------\n");
        //printf("\tAdd service: %s\t to TaskPool: %s\n",
        //          name, (config.taskFlags==SHARED_TASK)?"SHARED_TASK":"");

        AddTaskPool(serviceImpl, &config, name);
        //printf("\t              TaskPool: %p...\n", serviceImpl->taskPool);
        //printf("\t              Qid: %d...\n", serviceImpl->taskPool->queueId);

        InitializeSingleService(serviceImpl);
    }
    ......
    for (i = 0; i < size; ++i) {
        ......
        SAMGR_StartTaskPool(serviceImpl->taskPool, name);    //为服务创建任务
    }
    ......
}
```

在执行完 AddTaskPool() 函数之后，各个服务都有了自己的消息队列和任务池。然后，再执行 InitializeSingleService(serviceImpl) 函数，向各个服务的消息队列发送类型为 MSG_DIRECT（即 type[4]）的消息，并指定消息处理函数（handler）为 HandleInitRequest()，然后等待处理（见日志清单 7-3）。

接下来就是启动服务对应的任务了。

在代码清单 7-37 中，依次为临时向量 initServices 中的每个 ServiceImpl 对象调用 SAMGR_StartTaskPool() 来为服务创建对应的任务。SAMGR_StartTaskPool() 的定义如代码清单 7-38 所示。

代码清单 7-38　//foundation/distributedschedule/samgr_lite/samgr/source/task_manager.c

```c
int32 SAMGR_StartTaskPool(TaskPool *pool, const char *name)
{
    ......
    //printf("[task_manager] SAMGR_StartTaskPool:\n");
    ThreadAttr attr = {name, pool->stackSize, pool->priority, 0, 0};
```

```
        while (pool->top < pool->size) {
            register ThreadId threadId = (ThreadId)THREAD_Create(TaskEntry, pool->
queueId, &attr);
            //printf("\tCreateTask[%s(Tid: %p), size(%d), Prio(%d)]-%s!\n",
            //           name, threadId, pool->stackSize, pool->priority,(threadId ==
NULL)?"NG":"OK");
            if (threadId == NULL) {
                break;
            }
            pool->tasks[pool->top] = threadId;
            ++(pool->top);
        }
        return EC_SUCCESS;
    }
```

SAMGR_StartTaskPool() 中通过 THREAD_Create() 创建服务线程（即任务），并绑定 TaskEntry() 为线程的入口函数（服务线程创建成功后会马上运行这个入口函数）。TaskEntry() 的定义如代码清单 7-39 所示。

代码清单 7-39　//foundation/distributedschedule/samgr_lite/samgr/source/task_manager.c

```
static void *TaskEntry(void *argv)
{
    ......
    while (TRUE) {
        uint32 msgRcvRet = SAMGR_MsgRecv((MQueueId)argv, (uint8 *)&exchange,
sizeof(Exchange));
        ......
        ProcResponse(&exchange);                    //2-MSG_ACK
        ProcDirectRequest(&exchange);               //4-MSG_DIRECT
        ProcRequest(&exchange, serviceImpl); //0/1/3-NOT (MSG_ACK | MSG_DIRECT)
    }
    ....
    }
```

各个服务的任务（主体为线程的入口函数 TaskEntry()）监控着各自的消息队列，从中检出消息并获取封装的数据，然后根据数据中的相关标记调用对应的消息处理函数进行处理。

至此，SAMGR_Bootstrap() 函数运行完毕，samgr 与各个服务之间形成了一种动态的互动关系。

在所有服务的消息队列和任务都开始工作后，在 InitializeSingleService(serviceImpl) 中发送的 MSG_DIRECT 类型的消息就会被各服务的任务收到并进行处理。

第一个服务的线程启动并进入 while(TRUE) 循环，监控自己的消息队列并获取消息，然后通过解析消息数据中的 Sid、Qid、消息类型等字段得知这是 Broadcast 服务收到的一个 MSG_DIRECT 类型的消息。MSG_DIRECT 类型消息的消息处理函数（handler）已经在消息中指定为 HandleInitRequest()，这个函数将会调用 Broadcast 服务的 Initialize() 函数对服务进行初始化。因为 Broadcast 服务有对应的特性，所以 HandleInitRequest() 中也会调用特性的 OnInitialize() 函数对特性进行初始化，如日志清单 7-4 所示。

日志清单 7-4　Broadcast 系统服务的启动日志

```
        TaskEntry(Qid:956468) into while(1) wait for MSG from queue....
        TaskEntry(Qid:956468) Recv MSG:
```

```
                request.msgId[0]+msgValue[0]  -->> Sid[1],Fid[-1],Qid[0]
                type[4]:MSG_DIRECT/DirectRequest by handler
    [samgr_lite] HandleInitRequest. to Init service:[Broadcast]Sid[1] and its features,
updating Qid-->>
    [broadcast_service] Initialize.[Sid:1, Fid:-1, Qid:956468]
    [pub_sub_feature] OnInitialize(featureName[Provider and subscriber], [Sid:1, Fid:0,
Qid:956468])
        -->>updated Qid[956468]
    [samgr_lite] InitCompleted: services[3-0] inited, OK! END!
```

第二个服务的线程启动并进入 while(TRUE) 循环，监控自己的消息队列并获取消息，然后通过解析消息数据中的 Sid、Qid、消息类型等字段得知这是 Bootstrap 服务收到的一个 MSG_DIRECT 类型的消息。MSG_DIRECT 类型消息的消息处理函数（handler）已经在消息中指定为 HandleInitRequest()，这个函数将会调用 Bootstrap 服务的 Initialize() 函数对服务进行初始化（Bootstrap 服务没有对应的特性），如日志清单 7-5 所示。

日志清单 7-5　Bootstrap 系统服务的启动日志

```
                TaskEntry(Qid:956424) into while(1) wait for MSG from queue....
                TaskEntry(Qid:956424) Recv MSG:
                request.msgId[0]+msgValue[0]  >> Sid[0],Fid[-1],Qid[0]
                type[4]:MSG_DIRECT/DirectRequest by handler
    [samgr_lite] HandleInitRequest. to Init service:[Bootstrap]Sid[0] and its features,
updating Qid-->>
    [bootstrap_service] Initialize.[Sid:0, Fid:-1, Qid:956424]
        -->>updated Qid[956424]
    [samgr_lite] InitCompleted: services[3-2] inited, OK! END!
```

第三个服务的线程启动并进入 while(TRUE) 循环，监控自己的消息队列并获取消息，然后通过解析消息数据中的 Sid、Qid、消息类型等字段得知这是 hiview 服务收到的一个 MSG_DIRECT 类型的消息。MSG_DIRECT 类型消息的消息处理函数（handler）已经在消息中指定为 HandleInitRequest()，这个函数将会调用 hiview 服务的 Initialize() 函数对服务进行初始化（hiview 服务没有对应的特性），如日志清单 7-6 所示。

日志清单 7-6　hiview 系统服务的启动日志

```
                TaskEntry(Qid:956512) into while(1) wait for MSG from queue....
                TaskEntry(Qid:956512) Recv MSG:
                request.msgId[0]+msgValue[0] -->> Sid[2],Fid[-1],Qid[0]
                type[4]:MSG_DIRECT/DirectRequest by handler
    [samgr_lite] HandleInitRequest. to Init service:[hiview]Sid[2] and its features,
updating Qid-->>
    [hiview_service] Initialize([Sid:2, Fid:-1, Qid:956512])
        -->>updated Qid[956512]
    [samgr_lite] InitCompleted: services[3-3] inited, OK! ...
```

从 "InitCompleted: services[3-3] inited, OK!" 这句日志可以知道，3 个系统服务（包括它们的特性）都已经启动完毕。InitCompleted() 如代码清单 7-40 所示。

代码清单 7-40　//foundation/distributedschedule/samgr_lite/samgr/source/samgr_lite.c

```
static int32 InitCompleted(void)
{
    ......
    if (manager->status == BOOT_SYS_WAIT) {
        manager->status = BOOT_APP;
```

```
        MUTEX_Unlock(manager->mutex);
        WDT_Reset(WDG_SVC_REG_TIME);
        return SendBootRequest(BOOT_SYS_COMPLETED, pos);
    }
    ......
}
```

到这里，第一阶段的系统服务启动完毕（启动了用 SYS_SERVICE_INIT() 和 SYS_FEATURE_INIT() 修饰的服务与特性），status 字段也从 1[BOOT_SYS_WAIT] 修改为 2[BOOT_APP]。

接下来进入 BOOT_APP 阶段，在该阶段 samgr 会发送 BOOT_SYS_COMPLETED 消息给 Bootstrap 服务，相应的日志如日志清单 7-7 所示。

日志清单 7-7　第一阶段的系统服务启动完毕

```
[samgr_lite] InitCompleted: status[1->2:BOOT_APP], all core system services
Initialized!
        Going to SendBootRequest(msgId[0-BOOT_SYS_COMPLETED], msgValue:3)
[samgr_lite] SendBootRequest(to Bootstrap(Sid:0, Qid:956424), request.msgId[0]+
msgValue[3]) ->Handler: SAMGR_Bootstrap()
[message] SAMGR_SendRequest: Put Exchange into Qid:[956424],type[1], request.
msgId[0]+msgValue[3]:
```

Bootstrap 服务的消息队列收到 BOOT_SYS_COMPLETED 消息后，会通过自己的 Message-Handle() 来处理该消息，相应的日志如日志清单 7-8 所示。

日志清单 7-8　Bootstrap 服务的 MessageHandle()

```
        TaskEntry(Qid:956424) Recv MSG:
                request.msgId[0]+msgValue[3] -->> Sid[0],Fid[-1],Qid[956512]
                type[1]:0MSG_NON/1CON/3SYNC/Request by service MessageHandle
[bootstrap_service] MessageHandle(Bootstrap, request.msgId[0]+msgValue[3])
        case BOOT_SYS_COMPLETED[0]: flag[0]
        todo INIT_APP_CALL(service)/INIT_APP_CALL(feature)
```

Bootstrap 的消息处理函数 MessageHandle() 在处理 BOOT_SYS_COMPLETED 消息时，通过调用 INIT_APP_CALL(service)、INIT_APP_CALL(feature) 来注册和启动 APP 服务与特性（即使用 SYSEX_SERVICE_INIT()、APP_SERVICE_INIT()、SYSEX_FEATURE_INIT()、APP_FEATURE_INIT() 这组宏修饰的服务和特性）。

在轻量系统中，默认没有启动 APP 服务和特性。我们可以打开编译 samgr 示例程序中的 service_example 和 feature_example 这两个示例程序来进行验证。

在 Bootstrap 的消息处理函数 MessageHandle() 中执行 INIT_APP_CALL(service) 时会注册 service_example 服务，相应的日志如日志清单 7-9 所示。

日志清单 7-9　注册 service_example 服务的日志

```
[service_example] SYSEX_SERVICE_INIT(Init). example_service
[samgr_lite] RegisterService(Name:example_service)->Sid[3]
[samgr_lite] RegisterFeatureApi(serviceName[example_service], feature[(null)])
```

而执行 INIT_APP_CALL(feature) 时会注册 example_feature 特性，相应的日志如日志清单 7-10 所示。

日志清单 7-10 注册 example_feature 特性的日志

```
[feature_example] SYSEX_FEATURE_INIT(Init). example_service:example_feature
[samgr_lite] RegisterFeature(serviceName:example_service, featureName:example_
feature)->Fid[0]
[samgr_lite] RegisterFeatureApi(serviceName[example_service], feature[example_
feature])
                          -->>flag[1](0x01:LOAD_FLAG)
[message] SAMGR_SendResponseByIdentity(Sid[0],Fid[-1],Qid[956424]): request.msgId
[0]+msgValue[3]
[message] SAMGR_SendResponse: Put Exchange into Qid:[956424],type[2], request.
msgId[0]+msgValue[3]:
```

接下来 samgr 会对新注册的 service_example 服务和 feature_example 特性，重新执行启动服务和特性的所有步骤，与前面的提到的 Broadcast 服务、Bootstrap 服务、hiview 服务以及相关特性的启动流程没有差别。

至此，APP 服务和特性全部启动完毕，所有服务的任务都在监控自己的消息队列并随时处理收到的消息，系统进入 BOOT_DYNAMIC_WAIT 稳定状态。

7.2.3 面向服务架构的实现

面向服务的架构（Service-Oriented Architectur, SOA）是一种软件架构或者软件模型。在这种架构下，系统提供的各种功能都会以服务的形式，供用户或者系统内外的其他服务使用。而且，服务与服务之间是松耦合的关系，互相之间使用中立的接口和标准的方式进行通信和交互，与硬件平台、操作系统、编程语言没有相关性。这种架构特别适合在分布式的环境中使用。作为一个分布式的操作系统，OpenHarmony 自然采用了这种架构。

在面向服务的架构中包括下面三种角色，这三者的关系如图 7-9 所示。

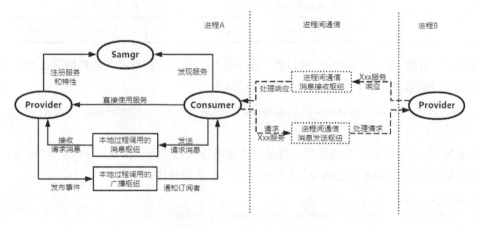

图 7-9 面向服务的架构图

- Provider：服务的提供者，负责为系统提供能力（即对外接口）。它接受和执行来自服务消费者的请求。它将自己的服务和接口发布到服务管理中心，以便服务的消费者可以发现和访问该服务。

- Consumer：服务的消费者，调用服务提供的能力（即对外接口）来达成某种结果。它可以是一个应用程序、一个软件模块或者另一个服务。它向服务管理中心中的服务发起查询并进行绑定，然后执行服务提供的能力。

- Samgr：服务管理中心，管理着 Provider 提供的能力，同时帮助 Consumer 发现 Provider 的能力。

7.2.1 节在分析 PubSubFeature 和 PubSubImplement 两个类的对象时，提到了它们是面向服务的架构的实现，本节就来具体分析一下它们是如何实现的。

PubSubImplement g_pubSubImplement 对象展开后如图 7-7 所示。把展开后的 g_pubSubImplement 整理成如表 7-2 所示的表格。

表 7-2　展开的 g_pubSubImplement

	g_pubSubImplement	
PubSubInterface	uint16 ver	
	int16 ref	
	T iUnknown	QueryInterface()
		AddRef()
		Release()
	Subscriber subscriber	AddTopic()
		Subscribe()
		ModifyConsumer()
		Unsubscribe()
	Provider provider	Publish()
	PubSubFeature *feature	&g_broadcastFeature

在 7.2.1 节的 "6.IUnknown 接口类" 小节讲到，任何应用或者其他模块通过调用下面这行代码就可以获取表 7-2 中 T iUnknown 的地址：

```
IUnknown *iUnknown = SAMGR_GetInstance()->GetFeatureApi(BROADCAST_SERVICE, PUB_
SUB_FEATURE);
```

在获取 T iUnknown 的地址后，再通过下述两行代码就可以恢复出 PubSubInterface 对象的地址（即表中 ver 字段的地址）并保存到 fapi 指针中：

```
PubSubInterface *fapi = NULL;
iUnknown->QueryInterface(iUnknown, DEFAULT_VERSION, (void **)&fapi);
```

有了 fapi 指针之后，就可以访问 subscriber 和 provider 的 API 了，具体的使用示例如代码清单 7-28 所示。

再展开 PubSubFeature g_broadcastFeature，结果如图 7-10 所示。

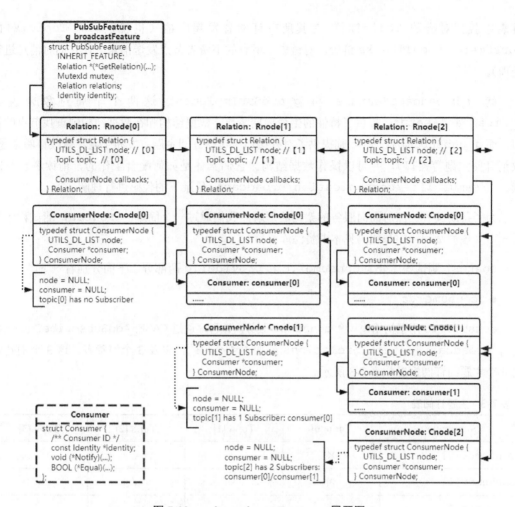

图 7-10 g_broadcastFeature 展开图

我们重点关注 Relation relations 这个双重的双向链表及其节点上所挂载的东西。

注意　　在图 7-10 中，双向链表的头部节点和尾部节点的指针会互相指向对方，形成闭环，这里没有画出来。

g_pubSubImplement 主要提供了一组标准的对外接口，外部程序可以通过这组接口来：

- 为 Consumer 订阅主题（Subscribe Topic）；

- 为 Provider 发布主题（Publish Topic）。

当 Consumer[i] 要订阅 Topic[x] 时，首先需要通过 AddTopic(Topic[x])将 Topic[x]添加到 relations 链表中。而且在添加时会进行检查和判断，以确保 Topic[x] 不会重复添加到 relations 链表上。在添加完毕之后，再通过 Subscribe(Topic[x], Consumer[i])来订阅 Topic[x]（实际上就是把 Consumer[i]添加到 Topic[x]的双向链表中去，以实现对 Topic[x]的订阅）。

当某个 Provider 发布一个 Topic[x]时，g_broadcastFeature 对象会从 relations

链表中找到对应的 Topic[x]，对其所有订阅者发起广播（也就是遍历 Topic[x] 的 ConsumerNode callbacks 链表，对链表上所有的消费者节点发送消息，让它们对消息进行处理）。

就 g_broadcastFeature 和 g_pubSubImplement 这两个全局对象来说，g_broadcastFeature 提供了特性的生命周期函数、数据结构和在数据结构中查找节点的接口，而 g_pubSubImplement 则提供了对外接口（包括订阅主题、发布主题、修改订阅主题、取消订阅主题等接口），并可以操作数据结构。它们具体是如何配合工作的，请读者自行阅读 .../samgr_lite/communication/broadcast/ 目录下的代码进行理解。

为了帮助读者加深对面向服务的架构的理解，我们通过一个简单的 soatest 测试程序来看一下（该测试程序的源代码见本书资源库）。

soatest 测试程序分为 consumer.c 和 provider.c 两部分，下面分别看一下。

- consumer.c

consumer.c 用于初始化一个 consumer 服务，该程序通过 CASE_AddSubscribeTopic() 向 g_broadcastFeature->relations 添加了 4 个主题，以及 3 个消费者。这 3 个消费者对 4 个主题的订阅情况如表 7-3 所示。

表 7-3　主题订阅表

Subscribe	Topic[0]	Topic[1]	Topic[2]	Topic[3]
Consumer[0]	×	√	√	√
Consumer[1]	×	×	√	√
Consumer[2]	×	×	×	√

当 Topic[x] 发布时，订阅了 Topic[x] 的 Consumer[y] 会收到消息，并通过调用回调函数对 Topic[x] 的请求消息做针对性的处理。

- provider.c

provider.c 是一个 provider 应用程序，它检测到 Hi3861 的 USER 按键按下后就发布一个随机的 Topic[x]，以检验表 7-3 中的 Consumer[y] 对各自订阅的主题的处理。

读者可自己运行一下 soatest 测试程序，并结合日志来阅读代码，以理解其工作流程。

7.3　小型系统的系统服务框架

在小型系统中，//vendor/hisilicon/hispark_taurus(_linux)/config.json 中的 distributed_schedule 子系统依赖 dmsfwk_lite、safwk_lite、samgr_lite 这 3 个组件。通过查看这 3 个组件对应目录下的 BUILD.gn 以及它们所依赖的其他组件或编译目标对应目录下的 BUILD.gn，可以知道小型系统需要编译表 7-1 中的所有代码（除 samgr_ `lite/samgr/registry/`目录外）。另外，7.2.1 节对关键结构体的解析仍然适用于小型系统，相较于轻量系统新增的结构体，将会在后面用到的地方进行解释。

建议读者结合本书资源库中对应的"LTS1.1_LiteOS_A_小型系统服务启动和注册完整日志.txt"文件来进行理解下文，以达到更好的学习效果。

7.3.1 线程/进程及其通信模型

我们首先来简单了解一下 OpenHarmony 中线程/进程的概念和它们之间的通信模型。

1．线程

在轻量系统（LiteOS_M 内核）和小型系统（LiteOS_A 内核）中，一个任务就表示一个线程。

线程是系统的最小运行单元，线程可以独立于其他线程运行，且互相之间以竞争的方式使用 CPU、内存等硬件资源。线程一共有 32 个优先级（0～31），最高优先级为 0，最低优先级为 31。在创建线程时，通过线程的属性参数指定线程的优先级和其他一些必要的属性，如线程名称、运行的主体函数和线程栈的大小等。在内核中，任务调度采用抢占式调度机制，高优先级的任务可抢占低优先级任务，低优先级任务必须在高优先级任务阻塞或结束后才能得到调度。在 LiteOS_M 内核中，相同优先级的任务采用时间片轮转调度机制，而在 LiteOS_A 内核中，相同优先级的任务默认采用时间片轮转调度机制，同时支持 FIFO 调度机制。

在轻量系统中，只有线程的概念，没有进程的概念，各种服务和程序都是以线程的形式运行的。比如，在系统启动时运行的每个服务都是一个线程；开发者自己编写的程序，在通过 SYS_RUN() 运行时，也是以一个或多个线程的形式运行的。

在小型系统和标准系统中，则同时有进程和线程的概念。每个进程内的线程独立运行、独立调度，且当前进程内线程的调度不受其他进程内线程的影响。

在轻量系统中，线程可以按照 CMSIS 接口标准实现，如使用 osThreadNew() 接口创建线程；也可以按照 POSIX 接口标准实现，如使用 pthread_create() 接口创建线程。

在小型系统中，线程则是按照 POSIX 接口标准实现的。

在分布式任务调度子系统中，使用封装后的线程相关接口来屏蔽内核实现的差异，如 THREAD_Create() 分别使用了 CMSIS 接口和 POSIX 接口来创建线程，相关代码分别如代码清单 7-41 和代码清单 7-42 所示。

代码清单 7-41 //foundation/distributedschedule/samgr_lite/samgr/adapter/cmsis/thread_adapter.c

```
//CMSIS 实现
ThreadId THREAD_Create(Runnable run, void *argv, const ThreadAttr *attr)
{
    osThreadAttr_t taskAttr = {attr->name, 0, NULL, 0, NULL, attr->stackSize,
attr->priority, 0, 0};
    return (ThreadId)osThreadNew((osThreadFunc_t)run, argv, &taskAttr);
}
```

代码清单 7-42　//foundation/distributedschedule/samgr_lite/samgr/adapter/posix/thread_
adapter.c

```
//POSIX 实现
ThreadId THREAD_Create(Runnable run, void *argv, const ThreadAttr *attr)
{
    pthread_attr_t threadAttr;
    ......
    pthread_t threadId = 0;
    int errno = pthread_create(&threadId, &threadAttr, run, argv);
    ......
    return (ThreadId)threadId;
}
```

线程相关操作（如加上或去除互斥锁等）的适配代码在 `.../samgr_lite/samgr/`
`adapter/thread_adapter.c` 文件中。

在轻量系统中，系统服务框架实现只涉及线程间通信。在小型系统和标准系统中，系统服
务框架的实现除了涉及线程间通信，还涉及进程间通信。

下面我们看一下线程间通信涉及的技术要点。

2. 线程间的通信

在只有线程概念的轻量系统中，或者在小型系统的同一个进程内部，不同的线程在同一个
虚拟地址空间内，互相之间的通信也比较简单，而且也有很多成熟的标准方法。这里仅结合代
码简单介绍一下 samgr 模块使用的消息队列机制以及相关的流程。

前文提到，在轻量系统中，SamgrLiteImpl g_samgrImpl 管理着一张树形图，这张图
由本系统内所有的服务和特性的关键信息构成，如 Sid、Fid、Qid、Tid 等。要向某个服务
发送消息，只要向 g_samgrImpl 查询服务的名字，就可以获得该服务的身份信息（包含了
Qid），继而可以对其发送消息。而每一个服务都有一个线程监控自己的 Qid 消息队列，随时从
中读取消息进行处理和回复应答。

线程间通信的主要实现代码都在 task_manager.c 和 message.c 这两个文件中。

task_manager.c 文件中定义了一组函数，具体如下。

- SAMGR_CreateFixedTaskPool()：为每一个服务创建消息队列和任务池。

- SAMGR_StartTaskPool()：创建并运行监控线程。

- TaskEntry()：监控线程的主体，负责循环监控消息队列，并调用相关的 API 对消息
  进行处理。

- ProcResponse()：处理 MSG_ACK 类型的响应消息。

- ProcDirectRequest()：处理 MSG_DIRECT 类型的直接请求消息（在处理完该消息
  后不需要回复处理结果）。

- ProcRequest()：处理 MSG_NON/MSG_CON 类型的请求消息（在处理完 MSG_NON 类

型消息后，不需要回复处理结果；在处理完 MSG_CON 类型消息后，需要回复处理结果）。

- 其他函数略。

message.c 文件中定义了一组具体的消息处理函数，可用于对不同类型的消息进行打包、发送、收取、解包、转发等操作。

我们看一下几个主要的消息相关的结构体。

Exchange 结构体

Exchange 结构体定义了在各线程的消息队列间交换的全部信息，它的定义如代码清单 7-43 所示。

代码清单 7-43　//foundation/distributedschedule/samgr_lite/samgr/source/message_inner.h

```
struct Exchange {
    Identity id;              //消息接收者的身份信息结构体，见下面对 Identity 的解释
    Request request;          //请求消息的主体，见下面对 Request 的解释
    Response response;        //响应消息的主体，见下面对 Response 的解释
    Short type;               //消息的类型，见下面对 ExchangeType 的解释
    //响应消息指定的收到响应消息后的异步响应回调函数，为空则表示不需要响应该消息
    //或者，请求消息指定的消息处理函数，为空表示用消息接收者的消息处理函数来处理本消息
    Handler handler;
    //当发送的请求消息中的*data 或者响应消息中的*data 不为空时，表示*data 指向的数据
    //可以在消息发送者和消息接收者之间共享，这个*sharedRef 指针指向的（也是在消息发送者
    //和消息接收者之间共享的）值就记录了*data 被引用的次数
    //当*data 被引用的次数降到 0 时，就会释放并回收*data 指向的内存空间
    uint32 *sharedRef;
};
struct Identity {
    int16 serviceId;    //消息接收者的服务 ID
    //消息接收者服务下面可能没有或者有多个特性，这个 featureId 指定了要处理本消息的
    //对应特性的 ID；如果这个 featureId 指定的特性不存在，则默认会调用服务本身的
    //MessageHandle()函数来处理本消息
    int16 featureId;
    //在发送消息前这里写的是消息接收者的消息队列 ID；
    //如果要求消息接收者在处理该消息后返回响应消息，则需要在发送消息时把这个值修改为
    //消息发送者的消息队列 ID，消息接收者在处理该消息后向这个消息队列 ID 回复响应消息
    MQueueId queueId;
};
```

ExchangeType 结构体

ExchangeType 结构体定义了消息的具体类型，它的定义如代码清单 7-44 所示。

代码清单 7-44　//foundation/distributedschedule/samgr_lite/samgr/source/message_inner.h

```
enum ExchangeType {
    //终止消息处理任务：线程向自己的消息队列发送该消息来自杀
    MSG_EXIT = -1,
    //不需要响应的请求消息：服务收到该消息时调用服务的 MessageHandle()
    //或者指定特性的 OnMessage()进行处理即可，不需要回复响应消息
    MSG_NON = 0,
    //需要响应的请求消息：服务收到该消息时调用服务的 MessageHandle()
    //或者指定特性的 OnMessage()进行处理后，需要回复响应消息
    MSG_CON = 1,
    //响应消息
```

```
    MSG_ACK = 2,
    //同步消息（暂未见到使用之处）
    MSG_SYNC = 3,
    //不需要响应的直接请求消息：消息接收者通过调用消息中指定的回调函数（handler）
    //来处理该消息（即借用消息接收者线程去执行消息发送者指定的函数）
    MSG_DIRECT = 4,
};
```

Request 结构体

Request 结构体定义了发送的请求消息的具体内容，它的定义如代码清单 7-45 所示。

代码清单 7-45 //foundation/distributedschedule/samgr_lite/interfaces/kits/samgr/message.h

```
struct Request {
    int16 msgId;  //具体消息的 ID，消息接收者据此区分并处理消息
    int16 len;    //本消息传递的数据的大小（即*data 字段指向的数据的大小）
    //本消息传递的数据内容
    //这是一个指针，指向本消息传递的具体数据在内存中的起始位置，意味着消息发送方
    //和消息接收方看到的是同一块内存区域，虽然双方在不同的线程中，但它们所在的
    //虚拟地址空间是相同的，所以，这个*data 指向的内存空间是可以跨线程访问的
    //如果两个线程位于不同的虚拟地址空间（即在不同的进程空间内），则不能这样共享同一个内存块
    void *data;
    //由开发者自定义的消息值字段（即额外信息）；实际交换的消息比较简单，只用 msgId 和
    //msgValue 两个字段就可以表达完整的消息内容了，所以很多时候用不到 len 和*data 两个字段
    uint32 msgValue;
};
```

Response 结构体

Response 结构体定义了消息接收者返回给消息发送者的响应消息的具体内容，它的定义
如代码清单 7-46 所示。

代码清单 7-46 //foundation/distributedschedule/samgr_lite/interfaces/kits/samgr/message.h

```
struct Response {
    void *data; //本消息传递的数据内容（与 Request 结构体中的*data 一样）
    int16 len;  //本消息传递的数据的大小（即*data 字段指向的数据的大小）
};
```

消息发送者在发送消息时，除了要填写 Exchange 结构体中的 Request 字段，也可以选
择填写这个 Response 字段来传送一些额外的信息，以便消息接收者能够快速获取信息并进行
处理，例子见 7.3.5 节 endpoint.c 中的 Dispatch()函数。

消息的接收和分发处理的实现机制在 TaskEntry()函数中实现，如代码清单 4-47 所示。

代码清单 7-47 //foundation/distributedschedule/samgr_lite/samgr/source/task_manager.c

```
static void *TaskEntry(void *argv)
{
    ......
    while (TRUE) {
        Exchange exchange;
        uint32 msgRcvRet = SAMGR_MsgRecv((MQueueId)argv,
                                         (uint8 *)&exchange, sizeof(Exchange));
        if (msgRcvRet != EC_SUCCESS) {
            continue;
        }
        if (exchange.type == MSG_EXIT) {
```

```
        SAMGR_FreeMsg(&exchange);
        break;
    }
    serviceImpl = CorrectServiceImpl(&exchange, serviceImpl);
    BeginWork(serviceImpl);
    ProcResponse(&exchange);                    //2-MSG_ACK
    ProcDirectRequest(&exchange);               //4-MSG_DIRECT
    ProcRequest(&exchange, serviceImpl);  //0/1/3-NOT (MSG_ACK | MSG_DIRECT)

    EndWork(serviceImpl, &exchange);
    SAMGR_FreeMsg(&exchange);
    }
    QUEUE_Destroy((MQueueId)argv);
    return NULL;
}
```

在代码清单 7-47 中可以看到，首先是从消息队列中提取 Exchange 结构体中保存的消息内容，如果没有消息则继续循环监控；如果有消息且类型是 MSG_EXIT，则意味着线程要注销并退出（消息队列和线程池等资源会被系统回收）。

其他类型的消息将会由下面 3 个 ProcXxx() 函数中的一个来处理。这 3 个消息处理函数是互斥的，也就是说一个消息只能由其中一个 ProcXxx() 函数来处理。

- ProcResponse()：只处理响应消息。该函数实际上是直接使用 Exchange 结构体中的 handler 字段指向的函数来处理该消息。

- ProcDirectRequest()：只处理不需要响应的直接请求消息。该函数实际上是直接使用 Exchange 结构体中的 handler 字段指向的函数来处理该消息。

- ProcRequest()：处理其他类型的消息。该函数使用服务或特性的 MessageHandle() 函数来处理该消息。如果该消息需要返回响应消息，则在 MessageHandle() 函数处理完消息后直接回复一个响应消息即可。

线程间以消息队列的方式进行通信的相关内容主要就这么多，更具体的消息处理流程（包括消息的重新打包转发等）请自行阅读相关代码进行理解。

3. 进程

进程是系统资源管理的独立单元。进程可以独立于其他进程运行，且互相之间以竞争的方式使用 CPU、内存等硬件资源。进程一共有 32 个优先级（0～31），用户态进程可配置的优先级有 22 个（10～31），最高优先级为 10，最低优先级为 31。在内核中，进程调度采用抢占式调度机制，高优先级的进程可抢占低优先级进程，低优先级进程必须在高优先级进程阻塞或结束后才能得到调度，相同优先级的进程则采用时间片轮转调度机制。

在 OpenHarmony 中，进程可分为两大类：应用程序进程和系统进程。系统进程又可进一步分为内核态系统进程和用户态系统进程。

- 应用程序进程：属于 OpenHarmony 最上层的应用开发相关的概念，本书并不涉及，但每一个应用程序进程作为一个独立的进程，也同样受到系统进程管理模块的调度和管理。

- 内核态系统进程：在操作系统的内核启动阶段创建，并一直工作在内核态，负责为上层所有的进程/线程提供管理、调度、通信等基础的运行保障（本书也不涉及）。

- 用户态系统进程：承担着承下启上的作用，在系统内核进程提供的基础保障之上，为上层应用进程提供各种必要的基础服务，以帮助应用开发者更方便、快捷、有效地实现上层的业务逻辑，最终向用户呈现数量众多的各种 APP 和丰富多彩的用户体验。用户态系统进程是本书的主要分析内容。

所有的用户态系统进程都是由用户态根进程 init 创建的，它读取并分析 /etc/init.cfg 配置文件，然后根据配置文件中的记录，按顺序启动几个关键的用户态系统服务进程。每一个系统服务进程拥有独立的进程空间，进程之间是隔离的，相互之间不可直接访问。每一个系统服务进程内部又由若干个互相独立的线程组成，各线程分别对进程内部或外部提供具体的服务和功能。

既然要对进程外部提供服务，那就要涉及跨进程的通信和远程 API 的调用，下面我们看一下 OpenHarmony 的进程间通信机制。

4．进程间的通信

进程之间的通信也有很多标准方式，但基于通信效率的考虑（OpenHarmony 的进程间通信效率是非常高的），小型系统使用共享内存机制作为进程间的通信方式。

我们知道，不同的进程都在独立的虚拟内存地址空间内工作，进程不能直接访问物理内存，只有在内核中的内存管理模块实现了物理内存地址与虚拟地址之间的映射之后，进程才可以通过虚拟地址来访问物理内存。如果进程 A 的一小块虚拟内存 Aa 和进程 B 的一小块虚拟内存 Bb，在经过内核中的内存管理模块针对性地处理之后，都映射到同一块物理内存 Mm，这样进程 A 和进程 B 就都可以访问这块物理内存 Mm 了。只要进程 A 和进程 B 按预先约定的规则去读写各自的虚拟内存 Aa 和 Bb，则它们最终读写的就是这块共享的物理内存 Mm。这样一来，这两个进程就可以互相通信了。如果多个进程都共享这块物理内存，则多个进程之间也可以互相通信。

这几句话说起来很简单，但实现起来还是很复杂的，其中会涉及非常多的内容。这里也不展开分析了，感兴趣的读者请自行寻找内核分析的相关文章进行阅读理解。

进程间的通信有个非常基本的问题，就是如何获悉另一个进程的通信地址？比如，假设上面的进程 A 向共享内存中写入了消息，那么我们是如何知道这个消息是写给哪个进程的呢？

如前所述，线程是操作系统进行资源调度的最小单元，而进程间的通信实际上是通过线程来执行的，即由线程来接收和发送进程间的消息。假设进程 A 中有若干个线程，进程 B 中也有若干个线程，其中进程 A 中的 a 线程与进程 B 中的 b 线程建立了通信，我们就可以说进程 A 和进程 B 建立了通信，而进程的通信地址实际上是进程内某个线程（比如这里的 a 和 b）的通信地址，线程的通信地址则是该线程的 ID。

为了顺利获得进程的通信地址并高效地完成进程间通信，OpenHarmony 引入了两个概念：Router（服务单元）和 Endpoint（通信终端）。

- Router：是某个进程对外（别的进程）提供服务或特性的一个服务单元。一个 Router 一般是一个服务（如果它没有特性的话），或者是服务的一个特性（如果服务对外提供多个特性，那每个特性就是一个 Router）。进程内不对外提供功能的服务和特性，不会加入到 Router 列表中。

- Endpoint：通信终端（后文统一简称为 EP），每个依赖 samgr 组件的进程都对应一个 EP（foundation 进程比较特别，它有两个 EP：一个普通的客户端 EP 和一个特殊的 samgr EP），每个 EP 都创建一个专门的 boss 线程用于与其他 EP 进行进程间通信（IPC）。不依赖 samgr 组件的进程则没有对应的 EP（这些进程通过其他机制实现 IPC，如 shell、apphilogcat 等进程），这些进程不在本章的讨论范围。

但 EP 与 EP 之间，仍然存在基本的通信地址的问题。这时，foundation 进程中特殊的 samgr EP 就可以发挥关键的作用了。

samgr EP 的名字是"samgr"，它是服务器 EP，它的数据结构由服务管理者（SamgrServer g_server）进行维护。samgr EP 在全系统中是唯一的，它的通信地址也是人为设定的，其他所有的客户端 EP 都知道该地址，所以 samgr EP 也被称为"知名 EP"。

除 samgr EP 之外的其他所有 EP 的名字都是"ipc client"，它们是客户端 EP。客户端 EP 的数据结构由本 EP 所在进程的全局变量 RemoteRegister g_remoteRegister 进行维护。所有的客户端 EP 都会主动向服务管理者进行注册。在注册时，不仅注册自己的通信地址（boss 线程的 Tid），也会注册本 EP 对外提供的 Router 列表，服务管理者把这些信息记录在相应的结构体中。这样一来，假设进程 A 想要使用进程 B 的某项服务，它需要先发送消息到 samgr EP，向服务管理者查询登记在册的进程 B 提供的对应的服务接口，从而获得进程 B 的通信地址（handle）和服务单元（Router）的 ID（token），这样进程 A 就可以向进程 B 发送 IPC（进程间通信）消息，调用它的服务了。

我们简单看一下几个重要的结构体以及它们之间的关系，如图 7-11 所示。然后，后文将详细梳理这些关系的建立过程和使用过程。

在小型系统中，每一个依赖 samgr 组件（更具体应该是依赖 samgr_client:client 组件）的进程都有一个 RemoteRegister g_remoteRegister 全局变量，由它维护进程对应的客户端 EP 的数据结构。RemoteRegister 结构体的定义如代码清单 7-48 所示。

代码清单 7-48　//foundation/distributedschedule/samgr_lite/samgr_client/source/remote_register.h

```
struct RemoteRegister {
    MutexId mtx;
    Endpoint *endpoint;  //当前进程的 EP 信息
    //记录其他进程提供的服务接口的身份信息（记录在这个向量中的服务接口
    //是本进程曾经调用过的接口，详见 7.3.6 节）
    Vector clients;
};
```

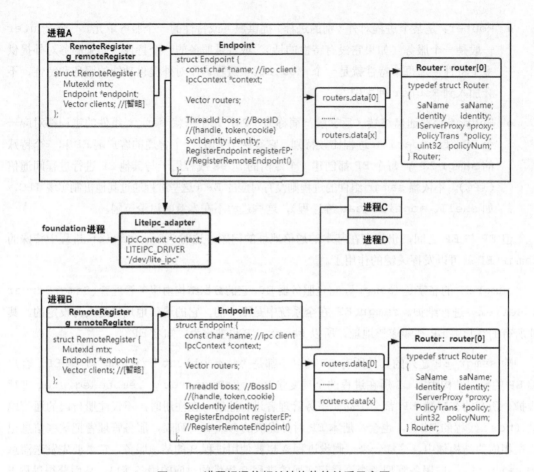

图 7-11　进程间通信相关结构体的关系示意图

Endpoint 结构体的定义如代码清单 7-49 所示。

代码清单 7-49　//foundation/distributedschedule/samgr_lite/samgr_endpoint/source/endpoint.h

```
struct Endpoint {
    const char *name;        //EP 的名字（samgr 或 ipc client）
    IpcContext *context;   //IPC 的上下文："/dev/lite_ipc"
    Vector routers;   //routers.data[x]=Router *router：{SName, FName}+IUnknown
    ThreadId boss;      //本 EP 用来接收其他 EP 的 IPC 信息的监控线程
    uint32 deadId;
    Int running;
    SvcIdentity identity;     //本 EP 的对外身份信息（非常重要）
    //     "samgr": RegisterSamgrEndpoint()
    //"ipc client": RegisterRemoteEndpoint()
    RegisterEndpoint registerEP;   //本 EP 向管理者注册自己的方法
    TokenBucket bucket;
};
```

下面我们先简单介绍一下 Endpoint 中 3 个非常重要的字段（其他字段在用到的时候再做介绍）：

- Vector routers;

- SvcIdentity identity;

● RegisterEndpoint registerEP。

在 Endpoint 中，Vector routers 字段是一个向量，前文在介绍向量的数据结构时曾经提到，它有一个 **data 指针数组。在该向量中的每一个 data[x] 都是一个指向 Router 结构体对象的指针。Router 结构体记录当前进程对外提供的某个具体服务的一些关键信息，如代码清单 7-50 所示。

代码清单 7-50 //foundation/distributedschedule/samgr_lite/samgr_endpoint/source/endpoint.c

```
typedef struct Router
{
    SaName saName;          //{服务名字，特性名字}二元组
    Identity identity;      //{Sid, Fid, Qid}三元组
    IServerProxy *proxy;    //服务或特性的 IUnknown *iUnknown 代理
    PolicyTrans *policy;
    uint32 policyNum;
} Router;
```

在 Endpoint 中，SvcIdentity identity 字段是本 EP 的身份信息，其定义如代码清单 7-51 所示，其中包含的 handle 字段非常重要。

代码清单 7-51 //foundation/communication/ipc_lite/interfaces/kits/serializer.h

```
typedef struct {
    //本 EP 的 boss 线程 ID 在经过内核的映射后得到的一个句柄
    uint32_t handle;
    //其他 EP 要访问本 EP 中的 Vector routers 列表中具体 Router 的编号
    //最终会通过 routers.data[token]来获取对应的 Router 指针
    uint32_t token;
    uint32_t cookie;    //代码中未见使用的地方
#ifdef __LINUX__
    IpcContext* ipcContext; //Linux 内核的小型系统的 IPC 上下文
#endif
} SvcIdentity;
```

在 Endpoint 中，RegisterEndpoint registerEP 字段在本 EP 向服务管理者注册 EP 时会用到。

samgr EP 会使用 RegisterSamgrEndpoint()注册，而其他的客户端 EP 则使用 Register-RemoteEndpoint()注册。

7.3.2 系统服务的启动流程

小型系统在从内核态切换到用户态时，运行的是用户态根进程 init。该进程会读取并分析/etc/init.cfg 配置文件（也就是//vendor/hisilicon/hispark_taurus/init_configs/init_liteos_a_3516dv300.cfg 的副本），根据 init.cfg 的配置按顺序启动几个关键的系统进程。init.cfg 配置文件的内容如代码清单 7-52 所示。

代码清单 7-52 //vendor/hisilicon/hispark_taurus/init_configs/init_liteos_a_3516dv300.cfg

```
{
    "name" : "init",
```

```
    "cmds" : [
        "start shell",
        "start apphilogcat",
        "start foundation",
        "start bundle_daemon",
        "start appspawn",
        "start media_server",
        "start wms_server",
        "start hiview",
        "start sensor_service",
        "start ai_server"
    ]
},
```

系统进程在启动过程中生成的日志如日志清单 7-11 所示。

日志清单 7-11　系统进程的启动日志

```
[init_service_manager] StartServiceByName:idx[10- 2]:[[shell]]:
[init_service]                         ServiceStart:[[shell]]:OK, pid[3].
[init_service_manager] StartServiceByName:idx[10- 4]:[[apphilogcat]]:
[init_service]                         ServiceStart:[[apphilogcat]]:OK, pid[4].
[init_service_manager] StartServiceByName:idx[10- 1]:[[foundation]]:
[init_service]                         ServiceStart:[[foundation]]:OK, pid[5].
[init_service_manager] StartServiceByName:idx[10- 7]:[[bundle_daemon]]:
[init_service]                         ServiceStart:[[bundle_daemon]]:OK,pid[6].
[init_service_manager] StartServiceByName:idx[10- 3]:[[appspawn]]:
[init_service]                         ServiceStart:[[appspawn]]:OK, pid[7].
[init_service_manager] StartServiceByName:idx[10- 5]:[[media_server]]:
[init_service]                         ServiceStart:[[media_server]]:OK, pid[8].
[init_service_manager] StartServiceByName:idx[10- 6]:[[wms_server]]:
[init_service]                         ServiceStart:[[wms_server]]:OK, pid[9].
[init_service_manager] StartServiceByName:idx[10- 8]:[[hiview]]:
[init_service_manager] StartServiceByName           :[[hiview]]:NG!
[init_service_manager] StartServiceByName:idx[10- 9]:[[sensor_service]]:
[init_service]                         ServiceStart:[[sensor_service]]:OK, pid[10].
[init_service_manager] StartServiceByName:idx[10-10]:[[ai_server]]:
[init_service]                         ServiceStart:[[ai_server]]:OK, pid[11].
```

这里的 "[init_service] ServiceStart:[[xxxx]]:OK, pid[x]." 仅表明用户态根进程已经为系统服务进程创建好了运行的基础环境并拿到了服务进程的 Pid，并不代表服务进程已经完全可以正常工作。

服务进程要想运行起来，需要执行自己的 main() 函数，而在这之前则需要先运行它依赖的所有的服务和特性的 __attribute __((constructor)) 函数。在 main() 函数的最后一步，一般是进入 while(1) { pause() } 状态（即服务进程进入后台，守护着本进程以及它的所有子进程/子线程）。服务进程对内/外提供的服务、特性、接口等具体工作，则是由它的子进程/子线程来完成的。只有在子进程发生异常需要退出或者重启时，才需要唤醒服务进程去根据信号做对应的处理。

上面提到，一个服务进程（特别是 foundation 进程）与其他组件的依赖关系非常重要。这里对日志清单 7-11 中 "init xxxx OK" 的 9 个进程的依赖关系进行了一些梳理，把每个进程的依赖关系整理成了一个很大的表格，这里只截取一小部分作为示例进行说明，如表 7-4 所示。

表 7-4　shell 进程和 apphilogcat 进程的依赖关系表

进程名	**shell**	**shell 进程**	**独立组件，不依赖其他进程/服务/组件**
入口函数	//kernel/liteos_a/apps/shell/src/main.c 以及//kernel/liteos_a/shell/		
依赖关系	//kernel/liteos_a/shell/BUILD.gn		
进程名	**apphilogcat**	**日志后台进程**	**独立组件，依赖 hiviewdfx 子系统代码生成的 hilog_shared 库**
入口函数	//base/hiviewdfx/hilog_lite/services/apphilogcat/hiview_applogcat.c		
依赖关系	//base/hiviewdfx/hilog_lite/services/apphilogcat/BUILD.gn		
		//base/hiviewdfx/hilog_lite/frameworks/featured:hilog_shared	

由表 7-4 可见，shell 进程是完全独立的，不依赖其他组件；apphilogcat 进程仅依赖 hilog_lite 组件的 hilog_shared 库。shell 进程和 apphilogcat 进程的依赖关系非常简单，但接下来的 foundation 进程的依赖关系就非常复杂了，整理后的依赖关系如表 7-5 所示。

表 7-5　foundation 进程的依赖关系表

进程名	**foundation**	运行基础服务的空进程，需要依赖大量的核心组件和服务
入口函数	//foundation/distributedschedule/safwk_lite/src/main.c	
依赖关系	//foundation/distributedschedule/safwk_lite/BUILD.gn	

```
"${aafwk_lite_path}/services/abilitymgr_lite:abilityms",
  "${appexecfwk_lite_path}/frameworks/bundle_lite:bundle",
    "${aafwk_lite_path}/frameworks/want_lite:want",
    "//base/security/permission/services/permission_lite/pms_client:
pms_client",
      "//base/security/permission/services/permission_lite/pms_base:
pms_base",
        "//foundation/communication/ipc_lite:liteipc_adapter",
          "//foundation/distributedschedule/samgr_lite/samgr:samgr",
          "samgr"
            //foundation/distributedschedule/samgr_lite/samgr/adapter:
samgr_adapter,
              "//foundation/distributedschedule/samgr_lite/samgr/source:
samgr_source",
              "//foundation/distributedschedule/samgr_lite/samgr_client:
client",
            "communication/broadcast"
```

进程名	foundation	运行基础服务的空进程，需要依赖大量的核心组件和服务						
						"samgr_server:server"		
							"//foundation/distributedschedule/samgr_lite/samgr_endp-oint:store_source",	
						"samgr_client:client"		
							"//foundation/distributedschedule/samgr_lite/samgr_endp-oint:endpoint_source",	
					//foundation/graphic/surface			
						//foundation/graphic/utils:lite_graphic_utils		
						"//drivers/peripheral/display/hal:hdi_display",		
							"//device/hisilicon/hardware/display/libs:hdi_display"	
								//device/hisilicon/build/hi3516dv300:hi3516dv300_image
								//kernel/liteos_a:kernel
								":make"
				"${appexecfwk_lite_path}/services/bundlemgr_lite:bundlems",				
					"//base/global/resmgr_lite/frameworks/resmgr_lite:global_resmgr",			
					"//base/security/appverify/interfaces/innerkits/appverify_lite:verify",			
						"//base/security/appverify/interfaces/innerkits/appverify_lite/products/ipcamera:verify_base",		
							"//base/startup/syspara_lite/frameworks/parameter:parameter",	
							"$ohos_product_adapter_dir/utils/sys_param:hal_sysparam",	
			"//base/security/permission/services/permission_lite/ipc_auth:ipc_auth_target",					
			"//base/security/permission/services/permission_lite/pms:pms_target",					
				"${ohos_product_adapter_dir}/security/permission_lite:hal_pms",				
					"//drivers/adapter/uhdf/platform:hdf_platform",			
						"//drivers/adapter/uhdf/manager:hdf_core",		
							"//drivers/adapter/uhdf/posix:hdf_posix",	
							":hdf_posix_osal"	
			"//foundation/distributedschedule/dmsfwk_lite:dtbschedmgr",					
			"${aafwk_lite_path}/frameworks/abilitymgr_lite:aafwk_abilityManager_lite",					
			"//base/security/huks/frameworks/huks_lite/source:huks",					
			"//foundation/communication/softbus_lite:softbus",					
				"//base/security/deviceauth/frameworks/deviceauth_lite/source:hichainsdk",				

在表 7-5 中，已经按照从上到下的顺序把 foundation 进程对第三方库的依赖、重复出现的依赖，以及对前面 featured:hilog_shared 的依赖，都去掉了。比如 foundation 进程对"samgr_lite/samgr:samgr"的依赖就重复出现多次，而表 7-5 中只保留了第一次出现的"permission_lite/pms_base:pms_base"组件对它的依赖（用灰色底纹标注）。

在 5.2.5 节曾经提到，为什么要将 LAYER_INIT_SHARED_LIB 的定义放在 samgr_lite/samgr 组件中？这是因为轻量系统不用__attribute __((constructor))这个机制，因此 LAYER_INIT_SHARED_LIB 的定义放在哪里对轻量系统来说无所谓。而在小型系统中，通过查看所有系统服务进程的依赖关系可知，shell、apphilogcat、media_server 这 3 个进程不依赖其他的服务和特性，也不依赖 samgr 组件，所以对它们来说，LAYER_INIT_SHARED_LIB 的定义放在哪里也无所谓。但是，其他系统进程都需要依赖 samgr 组件，并且由 samgr 来管理和启动该进程所依赖的所有服务和特性，所以 LAYER_INIT_SHARED_LIB 的定义放在 samgr 组件中是非常合适的，这样可以把系统组件的耦合程度降到最低。

本书资源库中的"LTS1.1_LiteOS_A_小型系统服务启动和注册完整日志.txt"文件，是系统启动过程的完整日志，用关键字"Process"对该日志文件进行搜索和过滤，得到的结果如日志清单 7-12 所示。这是代码清单 7-52 中启动的 9 个进程完成启动的实际顺序。

日志清单 7-12　系统进程实际启动顺序

```
Line 206: {Process[03]:shell}           [apps_main]
Line 209: {Process[04]:apphilogcat}     [hiview_applogcat]
Line 229: {Process[10]:sensor_service}  [sensor_service:proc]
Line 232: {Process[06]:bundle_daemon}   [bundle_daemon:main.cpp]
Line 233: {Process[11]:ai_server}       [start_server]
Line 239: {Process[09]:wms_server}      [wms.cpp]
Line 251: {Process[08]:media_server}    [media_main]
Line 277: {Process[05]:foundation}      [safwk_lite:main]
Line 376: {Process[07]:appspawn}        [appspawn:main]
```

由日志清单 7-12 可以看出，这 9 个进程完成启动的实际顺序与代码清单 7-52 所示的顺序并不一一对应。这是因为有些进程依赖的组件很少，所以会启动得快一些，而 foundation 进程依赖的组件非常多，所以启动得非常慢。

下面以 wms_server 进程为例，深入分析一下系统进程的启动流程。之所以选择 wms_server 进程，是因为这个进程的难易度和复杂度比较适中。

打开//foundation/graphic/wms/BUILD.gn 文件，整理并简化 wms_server 进程的依赖关系，如代码清单 7-53 所示。

代码清单 7-53　//foundation/graphic/wms/BUILD.gn

```
commonDeps = [
  "//foundation/distributedschedule/samgr_lite/samgr:samgr",  #依赖 samgr 组件
  #依赖 broadcast 组件：服务名[Broadcast]/特性名[Provider and subscriber]
  "//foundation/distributedschedule/samgr_lite/communication/broadcast:broadcast",
  "//foundation/communication/ipc_lite:liteipc_adapter",
  "//foundation/graphic/surface:surface",
  "//foundation/graphic/utils:lite_graphic_utils",
  "//third_party/bounds_checking_function:libsec_shared",
]
```

```
shared_library("wms_client") {
 ......
  deps = commonDeps
  public_deps = [ "//foundation/graphic/surface:lite_surface" ]
  ......
}

imsSources = [
  "services/ims/input_event_distributer.cpp",
  "services/ims/input_event_hub.cpp",
  "services/ims/input_manager_service.cpp",
  "services/ims/input_event_client_proxy.cpp",
  "services/ims/samgr_ims.cpp",         #服务名[IMS]/无特性：源代码文件
]
imsInclude = [ "services/ims" ]
imsDeps = [ "//drivers/adapter/uhdf/posix:hdf_posix_osal" ]

executable("wms_server") {   #wms_server 进程的可执行程序
  sources = [
    "services/wms/lite_win.cpp",
    "services/wms/lite_wm.cpp",
    "services/wms/lite_wms.cpp",
    "services/wms/samgr_wms.cpp",
    "services/wms/wms.cpp",       #服务名[WMS]/无特性：源代码文件
  ]
  ......
  deps = [
    "//drivers/peripheral/input/hal:hdi_input",
    "//foundation/graphic/utils:lite_graphic_hals",
  ]
  deps += commonDeps
  sources += imsSources
  include_dirs += imsInclude
  deps += imsDeps
}
```

从代码清单 7-53 可以看到，wms_server 进程的依赖关系还是有点复杂，但实际上在这些依赖的组件中，大部分都是以动态链接库的形式进行部署的（如 samgr 和 liteipc_adapter 组件），wms_server 进程把这些动态链接库加载到进程的内存空间即可直接使用。

我们只需要重点关注这些依赖的组件中被 SYS_SERVICE_INIT、SYS_FEATURE_INIT 等宏修饰的服务和特性，因为这些服务和特性具有__attribute__((constructor))属性，会在 wms_server 进程的 main() 函数运行之前先注册和启动。在 wms_server 进程依赖的这些组件的实现代码中搜索宏 SYS_SERVICE_INIT、SYS_FEATURE_INIT 的使用情况，可以确认 wms_server 进程依赖的服务和特性包括：

- Broadcast 服务和该服务提供的 Provider and subscriber 特性；

- WMS 服务和 IMS 服务（这两个服务都没有特性，且都是 wms_server 进程自己的代码实现的）。

从 wms_server 进程实际运行后生成的日志可以验证，在 main() 函数执行之前，SYS_SERVICE_INIT、SYS_FEATURE_INIT 等宏修饰的服务和特性的 Init() 函数会先执行，相应的日志如日志清单 7-13 所示。

日志清单 7-13　wms_server 进程启动依赖的服务和特性

```
[broadcast_service]            SYS_SERVICE_INIT(Init)# Broadcast
[samgr_lite] RegisterService   (S[Broadcast])->Sid[0]
[pub_sub_feature]              SYS_FEATURE_INIT(Init): Provider and subscriber
[samgr_lite] RegisterFeature   (S[Broadcast], F[Provider and subscriber])->Fid[0]
[samgr_lite] RegisterFeatureApi(S[Broadcast], F[Provider and subscriber])
[samgr_wms]                    SYSEX_SERVICE_INIT(Init)# WMS
[samgr_lite] RegisterService   (S[WMS])->Sid[1]
[samgr_lite] RegisterFeatureApi(S[WMS], F[(null)])
[samgr_ims]                    SYSEX_SERVICE_INIT(Init)# IMS
[samgr_lite] RegisterService   (S[IMS])->Sid[2]
[samgr_lite] RegisterFeatureApi(S[IMS], F[(null)])
//至此完成向 SamgrLiteImpl g_samgrImpl 全局对象注册 3 个服务和 1 个特性
{Process:wms_server}
[wms.cpp] main[5-1]: HiFbdevInit()  //这里是 wms_server 进程的 main() 函数入口
```

在日志清单 7-13 中，在 main() 函数运行起来之前所做的事情，就是向 wms_server 进程的 SamgrLiteImpl g_samgrImpl 全局对象注册服务和注册服务的特性（类似于 7.2.2 节中"注册系统服务"和"注册系统服务提供的特性"这两步所做的事情）。至此，wms_server 进程内的 samgr 与 3 个服务和 1 个特性之间的静态树形关系也已经形成了，等待下一步启动这些服务和特性。

在日志中搜索关键字"wms.cpp"，可以看到 wms_server 进程的 main() 函数在运行时执行的几个主要操作，如日志清单 7-14 所示。

日志清单 7-14　wms_server 进程 main() 函数的主要操作

```
Line 234: {Process:wms_server}
Line 234: [wms.cpp] main[5-1]: HiFbdevInit()
Line 282: [wms.cpp] main[5-2]: InitDriver()
Line 283: [wms.cpp] main[5-3]: HOS_SystemInit()
Line 416: [wms.cpp] main[5-4]: GetInstance()->Run()
Line 417: [wms.cpp] main[5-5]: while(1)
```

在 main() 中，执行完 HiFbdevInit() 和 InitDriver() 后，会通过 HOS_SystemInit() 函数调用 SAMGR_Bootstrap() 函数，为日志清单 7-13 中的 3 个服务（分别为 Broadcast、WMS、IMS）创建各自的任务池、任务和消息队列（类似于 7.2.2 节中"通过 samgr 启动并管理系统服务和特性"步骤所做的事情）。其中，WMS 服务的任务和 IMS 服务的任务是相同优先级别的 SHARED_TASK 类型任务，所以它们共用一个任务池、任务和消息队列。这两个服务对应的任务在收发消息时将会通过服务的 ID 进行区分，如日志清单 7-15 所示。

日志清单 7-15　在 wms_server 进程内启动服务和特性

```
[wms.cpp] main[5-2]: InitDriver()
[wms.cpp] main[5-3]: HOS_SystemInit()
       InitializeAllServices: unInited services: size=3
[samgr_lite] SAMGR_StartTaskPool: Broadcast
   TaskEntry(Broadcast:Qid[577158016]) Recv_MSG[MSG_DIRECT]:/DirectRequest by
handle(0x22589280)
       request.msgId[0]+msgValue[0] -->> Sid[0],Fid[-1],Qid[0]
       TaskEntry(Broadcast:Tid[579206524]/Qid[577158016])......looping......
[samgr_lite] SAMGR_StartTaskPool: WMS[SHARED_TASK]
       TaskEntry(WMS:Tid[579251580]/Qid[575130768])......looping......
       TaskEntry(IMS:Tid[579251580]/Qid[575130768])......looping......
[samgr_lite] HandleInitRequest: Initing_Service[Broadcast](+features), updating Qid-->>
```

Broadcast 服务的任务（Tid[579206524]）和 WMS、IMS 服务的共享任务（Tid[579251580]）运行起来之后，会立即监听各自的消息队列并处理接收到的消息。

这两个任务的两个消息队列会首先各自接收到一个 MSG_DIRECT 消息，并交由 HandleInitRequest()函数处理。而这个 HandleInitRequest()函数会调用 DEFAULT_Initialize(serviceImpl)来初始化各自的服务和特性。

DEFAULT_Initialize(serviceImpl) 函数首先会调用服务的生命周期函数 Initialize()和特性的生命周期函数 OnInitialize()来完成初始化工作，然后再调用 SAMGR_RegisterServiceApi()注册服务和特性的 API。对于轻量系统来说，SAMGR_RegisterServiceApi()是空的桩函数（见 7.1.1 节对轻量系统编译这部分代码的说明），但是对于小型系统来说，SAMGR_RegisterServiceApi()则是一个新世界的入口，具体内容将在 7.3.3 节详细分析。

wms_server 进程在执行完 HOS_SystemInit()函数之后，它的 WMS 服务和 IMS 服务就可以对系统（即别的进程）提供服务了（Broadcast 服务不对进程外部提供服务，见 7.3.3 节的说明）。

在日志清单 7-14 中的 main[5-4]步骤，InputManagerService instance 对象开始循环监测按键、屏幕触控等输入性质的事件，并做出响应：

```
[wms.cpp] main[5-4]: GetInstance()->Run()
```

而到了 main[5-5]步骤，则通过执行 "OHOS::LiteWM::GetInstance()->MainTaskHandler();" 代码开始循环地根据需要重绘显示窗口要显示的内容。

```
[wms.cpp] main[5-5]: while(1)
```

代码清单 7-52 中的其他几个进程的启动过程与 wms_server 进程的启动过程类似，尽管可能会更简单一些或更复杂一些，但是执行的流程相同。在各个进程内部，都由进程自己的 SamgrLiteImpl g_samgrImpl 全局对象来管理本进程内的服务和特性。进程内部的各服务线程直接通过消息队列机制进行通信，而要想跨进程进行交互，则需要用到 IPC 机制（如 7.3.1 节所述）。

7.3.3 系统服务注册 EP 的流程

通过 7.3.2 节的分析可以知道，wms_server 进程启动了 3 个服务：Broadcast、WMS 和 IMS。

其中 Broadcast 服务有一个名为 Provider and subscriber 的特性，而 WMS 和 IMS 两个服务则没有特性且它们共享一个任务。这 3 个服务各自的消息队列都会接收到一个 MSG_DIRECT 消息，并交由 HandleInitRequest()函数处理，而这个 HandleInitRequest()函数会调用 DEFAULT_Initialize(serviceImpl)来初始化各自的服务和特性。

本节将从 DEFAULT_Initialize(ServiceImpl *impl) 函数入口开始，继续以 wms_server 进程为例分析一个系统服务在启动过程中注册 EP 的详细流程。

1. 初始化服务和特性

DEFAULT_Initialize()函数的实现如代码清单 7-54 所示。

代码清单 7-54 //foundation/distributedschedule/samgr_lite/samgr/source/service.c

```
void DEFAULT_Initialize(ServiceImpl *impl)
{
    ......
    //步骤 1：调用服务的生命周期函数 Initialize()进行初始化
    impl->service->Initialize(impl->service, id);
    const char *serviceName = impl->service->GetName(impl->service);

    //步骤 2：轻量系统执行空的桩函数 SAMGR_RegisterServiceApi()，没有实际动作
    //小型系统执行 remote_register.c 中实现的 SAMGR_RegisterServiceApi()函数
    //注意下面调用的 SAMGR_RegisterServiceApi()函数的第 2、第 4 个参数
    SAMGR_RegisterServiceApi(serviceName, NULL, &id, impl->defaultApi);

    int16 size = VECTOR_Size(&impl->features);
    int16 i;
    for (i = 0; i < size; ++i) {
        FeatureImpl *feature = (FeatureImpl *)VECTOR_At(&(impl->features), i);
        if (feature == NULL) {    //如果服务没有特性，就不用执行步骤 3 和步骤 4 了
            continue;
        }
        id.featureId = i;
        //步骤 3：调用特性的生命周期函数 OnInitialize()进行初始化
        feature->feature->OnInitialize(feature->feature, impl->service, id);

        //步骤 4：调用与步骤 2 相同的 API，需要注意下面调用的
        //SAMGR_RegisterServiceApi()函数的第 2、第 4 个参数的变化（特别是第 4 个参数）
        SAMGR_RegisterServiceApi(serviceName,
                                 feature->feature->GetName(feature->feature),
                                 &id, feature->iUnknown);
    }
    ......
}
```

DEFAULT_Initialize()函数的这 4 个步骤具体做的事情如代码清单 7-54 的注释信息所示，其中步骤 2 和步骤 4 调用同一个函数 SAMGR_RegisterServiceApi()，只是通过不同的参数分别实现向 samgr 注册服务和特性的功能。

接下来我们重点看一下 SAMGR_RegisterServiceApi()的实现。

2. 注册服务和特性的接口

SAMGR_RegisterServiceApi()的实现如代码清单 7-55 所示。

代码清单 7-55 //foundation/distributedschedule/samgr_lite/samgr_client/source/remote_register.c

```
int SAMGR_RegisterServiceApi(const char *service, const char *feature,
                             const Identity *identity, IUnknown *iUnknown)
{
    ......
    //步骤 1：初始化 EP
    InitializeRegistry();
    ......
    //步骤 2：添加 Router
```

```
        int32 token = SAMGR_AddRouter(g_remoteRegister.endpoint,
                                      &saName, identity, iUnknown);
        ......
        if (token < 0 || !g_remoteRegister.endpoint->running) {
            return token;
        }
        //步骤 3：注册特性并获取访问权限策略
        return SAMGR_ProcPolicy(g_remoteRegister.endpoint, &saName, token);
}
```

在每一个进程中，都有一个 RemoteRegister g_remoteRegister 全局对象（见代码清单 7-48）。在每一个进程的所有服务中，第一个运行到 SAMGR_RegisterServiceApi() 函数的服务会通过代码清单 7-55 中步骤 1 的 InitializeRegistry() 函数初始化这个 g_remoteRegister 对象。而第二个以及之后的服务和特性再运行到 SAMGR_RegisterServiceApi() 函数时，都会因为已经存在 EP（即 g_remoteRegister.endpoint != NULL）而就此退出（在特定条件下会清空 g_remoteRegister 对象然后重新生成，我们可以先忽略这种特定条件）。

初始化 EP

InitializeRegistry() 函数内会对 g_remoteRegister 对象进行初始化，主要涉及创建互斥信号量、创建一个空的向量（Vector clients）、创建本进程的客户端 EP（Endpoint *endpoint）等，请读者自行查阅 InitializeRegistry() 函数的实现代码进行理解。

InitializeRegistry() 函数中创建本进程的客户端 EP 是通过调用 SAMGR_CreateEndpoint("ipc client", NULL) 创建一个名为 ipc client 的 EP（只有 foundation 进程会通过另外的方式为服务管理者创建一个名为 samgr 的 EP，7.3.4 节会详细分析）。

SAMGR_CreateEndpoint() 内会初始化 EP 的一些参数，如代码清单 7-56 所示（这里没列出来的参数先暂时忽略）。

代码清单 7-56　//foundation/distributedschedule/samgr_lite/samgr_endpoint/source/endpoint.c

```
Endpoint *SAMGR_CreateEndpoint(const char *name, RegisterEndpoint registry)
{
    ......
    endpoint->context = OpenLiteIpc(LITEIPC_DEFAULT_MAP_SIZE);
    endpoint->boss = NULL;
    endpoint->routers = VECTOR_Make((VECTOR_Key)GetIServerProxy,
                                    (VECTOR_Compare)CompareIServerProxy);
    endpoint->name = name;
    endpoint->identity.handle = (uint32_t)INVALID_INDEX;
    endpoint->identity.token  = (uint32_t)INVALID_INDEX;
    endpoint->identity.cookie = (uint32_t)INVALID_INDEX;
    endpoint->registerEP = RegisterRemoteEndpoint;
}
```

其中部分参数的意义如下。

● endpoint->context：通过调用 OpenLiteIpc() 打开本进程这一端的进程间通信通道，获取上下文（相当于拿到了开启通道一端大门的钥匙；而要想进行进程间通信，还需要打开另一端的大门）。

- endpoint->boss：本 EP 的专用于进程间通信的线程的句柄（handle）。由于当前还没创建线程，所以其值是 NULL。

- endpoint->routers：创建一个空的向量并配置向量的 key 和 compare 函数指针指向的函数。在当前进程内（如 wms_server 进程）所有的服务和特性中，只有符合条件的服务和特性才能以 Router 的形式添加到这个向量中，而只有成为这个向量中的一个元素（即 Router）后，才能对外部进程提供服务和接口。在进行具体的进程间通信时，会通过 endpoint->identity.token 的值来确认是向量中的哪个元素对应的 Router 提供服务。

- endpoint->name：客户端 EP 的名字就是字符串 ipc client，samgr EP 的名字则是字符串 samgr。

- endpoint->identity.handle：是本 EP 向服务管理者注册自己后，服务管理者为本 EP 返回的一个句柄（handle）。这个句柄非常重要，由于目前本 EP 还没有向服务管理者发起注册，所以这个句柄是 INVALID_INDEX。

- endpoint->identity.token：用来标记在具体的进程间通信中，需要 endpoint->routers 向量中的哪个元素对应的 Router 提供服务或接口。

- endpoint->registerEP：函数指针，指向本 EP 向服务管理者注册自己的注册函数。客户端 EP 的注册函数是 RegisterRemoteEndpoint()，samgr EP 的注册函数则是 RegisterSamgrEndpoint()。

添加 Router

在代码清单 7-55 中的步骤 1 创建 EP 后，再通过执行步骤 2 中的 SAMGR_AddRouter() 函数，把每一个符合条件的服务或特性作为本 EP 内部的一个 Router 添加到 endpoint->routers 向量中进行管理，如代码清单 7-57 所示。

代码清单 7-57 //foundation/distributedschedule/samgr_lite/samgr_endpoint/source/endpoint.c

```
int SAMGR_AddRouter(Endpoint *endpoint, const SaName *saName, const Identity *id,
IUnknown *proxy)
{
    if (endpoint == NULL || id == NULL || proxy == NULL || saName == NULL) {  //条件1
        return EC_INVALID;
    }
    //这一步通过 proxy 自己的 IUnknown iUnknown 接口查询版本是否有效
    //如果无效则将 NULL 返回给 serverProxy，且不能对外部提供服务
    //如果有效则将自己的 iUnknown 对象指针返回给 serverProxy，同时对这个接口对象的引用+1
    IServerProxy *serverProxy = NULL;
    proxy->QueryInterface(proxy, SERVER_PROXY_VER, (void *)&serverProxy);  //0x80

    EP_PRINT("[endpoint] SAMGR_AddRouter QueryInterface: proxy{%p} vs. serverProxy
{%p}, should be the same\n", proxy, serverProxy);
    if (serverProxy == NULL) {  //条件2
        EP_PRINT("[endpoint] SAMGR_AddRouter NG(...) return -9: SERVER_PROXY_VER
NOT match\n");
```

```
            return EC_INVALID;
    }
    ......
    //在 endpoint->routers 向量中查找是否已经存在对应的 Router 对象
    int index = VECTOR_FindByKey(&endpoint->routers, proxy);
    ......
    //创建一个 Router 对象并做初始化
    Router *router = SAMGR_Malloc(sizeof(Router));
    ......
    router->saName = *saName;
    router->identity = *id;
    router->proxy = serverProxy;
    router->policy = NULL;
    router->policyNum = 0;
    //将 Router 对象的指针添加到 endpoint->routers 向量中
    index = VECTOR_Add(&endpoint->routers, router);
    ......
    Listen(endpoint);   //为当前 EP 创建 boss 线程，并开始监听消息队列
    return index;
}
```

在代码清单 7-57 中可以看到，要求符合的条件有多个，其中两个关键的条件如下。

● 条件 1：IUnknown *proxy 不能为 NULL。

● 条件 2：接口版本要匹配 SERVER_PROXY_VER 的值。

下面分别来看一下。

条件 1：IUnknown *proxy 不能为 NULL

服务和特性对外提供的接口不能为 NULL，为 NULL 就意味着外部进程没法使用服务和特性提供的功能，也就没必要将其加到 endpoint->routers 向量中（见代码清单 7-57）。

这个条件可以过滤掉很多服务，比如 Broadcast 服务。Broadcast 服务在执行由宏 SYS_SERVICE_INIT()修饰的 Init()函数时，只通过 RegisterService()注册了服务，并没有注册默认接口（即 defaultApi），并且它自己也有特性，所以它的 serviceImpl->defaultApi 是 NULL（见图 7-5）。在代码清单 7-54 的步骤 2 中传入 SAMGR_Register-ServiceApi()函数的第 4 个参数就是 serviceImpl->defaultApi，对应的是 SAMGR_AddRouter()函数的 IUnknown *proxy 参数，该参数为 NULL 则不能将 Broadcast 服务添加到 endpoint->routers 向量中。

而 WMS 服务在执行由宏 SYSEX_SERVICE_INIT()修饰的 Init()函数时，通过 RegisterDefaultFeatureApi()注册了默认的特性接口（即通过 GET_IUNKNOWN (g_example)获取的接口），如代码清单 7-58 所示。

代码清单 7-58　//foundation/graphic/wms/services/wms/samgr_wms.cpp

```
static void Init(void)
{
    printf("[samgr_wms]          SYSEX_SERVICE_INIT(Init)# %s\n",SERVICE_NAME);
    SAMGR_GetInstance()->RegisterService((Service*)&g_example);
    SAMGR_GetInstance()->RegisterDefaultFeatureApi(SERVICE_NAME, GET_IUNKNOWN
(g_example));
```

```
    }
    SYSEX_SERVICE_INIT(Init);
```

WMS 服务虽然没有特性，但是它的 serviceImpl->defaultApi 并不是 NULL，而是指向了 WMSService g_example 对象内部的 IUnknown 接口，因此 WMS 服务可以在后继步骤添加到 endpoint->routers 向量中，以此向其他进程提供功能。

IMS 服务与 WMS 服务情况类似，这里不再赘述。

条件 2：接口版本要匹配 SERVER_PROXY_VER 的值

当条件 1 的 IUnknown *proxy 不为 NULL 时，这个 IUnknown *proxy 指针对服务和特性分别指向不同的接口：对服务指向的是 serviceImpl->defaultApi 接口；对特性指向的是 featureImpl->iUnknown 接口。在代码清单 7-54 中，特别指出要注意 SAMGR_RegisterServiceApi() 函数的第 4 个参数，这个参数传入不同的接口指针，最终会体现到 IUnknown *proxy 指针上。

有了指向服务或特性的 IUnknown 接口的 IUnknown *proxy 指针后，就可以通过该指针调用其中的 QueryInterface() 接口，以此确认对应的接口（即服务的 defaultApi 或特性的 iUnknown）的版本（即 ver 字段的值）是否满足条件（即 ver 字段的值匹配 SERVER_PROXY_VER，而 SERVER_PROXY_VER 定义为 0x80）：

```
IServerProxy *serverProxy = NULL;
proxy->QueryInterface(proxy, SERVER_PROXY_VER, (void *)&serverProxy)
```

在 QueryInterface() 函数中，如果判断接口版本不匹配，则无法将 IUnknown *proxy 指针向下转型，serverProxy 将保持默认的 NULL 值，因此会直接退出 SAMGR_AddRouter() 函数。如果判断接口版本匹配，则会将 IUnknown *proxy 指针向下转型为 IServerProxy 类型的指针并记录在 IServerProxy *serverProxy 中供后继步骤使用（见代码清单 7-57）。

在代码清单 7-57 中可以看到，在满足了所有的条件后（IMS 服务和 WMS 服务都满足这些条件），还要通过调用 VECTOR_FindByKey(&endpoint->routers, proxy) 函数，在 endpoint-> routers 向量中查找并确认是否已经存在对应的 Router 对象（该对象记录了对应的服务和特性的关键信息，其定义见代码清单 7-50）。

如果已经存在，就不需要重复添加，直接返回 Router 对象在 endpoint->routers 向量中的位置编号即可。

如果不存在，则创建一个新的 Router router 对象，并将该对象的各个字段根据服务和特性的相关信息配置好（见代码清单 7-57），再通过调用 VECTOR_Add(&endpoint->routers, router) 函数将 Router router 对象的指针添加到 endpoint->routers 向量中，并返回它在向量中的位置编号。

添加 Router router 对象成功后，SAMGR_AddRouter() 函数的最后一步会调用 Listen(endpoint) 为当前 EP 创建一个 boss 线程，并开始监听消息队列，如代码清单 7-59 所示。

代码清单 7-59 //foundation/distributedschedule/samgr_lite/samgr_endpoint/source/endpoint.c

```
static void Listen(Endpoint *endpoint)
{
    if (endpoint->boss != NULL) {   //当前 EP 已经有 boss 线程且在监听中，直接返回
        return;
    }
    //执行下面的 THREAD_Create(Receive,…)后，可以立即得到 endpoint->boss 的线程 ID
    //但因为任务调度而去运行 Receive()函数，所以不能马上通过 EP_PRINT()打印出 boss_Tid
    //而要等到任务调度再次回到这里时，才会继续执行 EP_PRINT()打印出 boss_Tid
    //由于此时已经运行过一次 Receive()了，所以在日志中看到打印出 boss_Tid 的地方
    //距离创建 boss 线程的地方比较远，中间已经有 Receive()函数的很多日志内容了
    EP_PRINT("[endpoint] Listen: THREAD_Create(Receive, endpoint[%s])
            -->>boss_Tid[--]-->>\n", endpoint->name);        //创建 boss 线程
    //注意，用于进程间通信的 boss 线程的优先级别为 PRI_ABOVE_NORMAL，高于普通线程的优先级别
    ThreadAttr attr = {endpoint->name, MAX_STACK_SIZE, PRI_ABOVE_NORMAL, 0, 0};
    endpoint->boss  = (ThreadId)THREAD_Create(Receive, endpoint, &attr);
    //打印 boss 线程的 boss_Tid 信息
    EP_PRINT("          --->>>   THREAD_Create --> boss_Tid[%p]\n", endpoint->boss);
}
```

在代码清单 7-59 中，第一行代码用来判断当前 EP 是否已经创建 boss 线程。

当前进程（如 wms_server 进程）第一次成功添加 Router router 到 endpoint->routers 向量中，然后调用 Listen(endpoint)，这时的 endpoint->boss 肯定是 NULL。因此会通过调用 THREAD_Create()创建一个 boss 线程（线程属性由 ThreadAttr attr 参数指定），将其专门用于本进程与其他进程的进程间通信。

当前进程再次成功添加其他 Router router 到 endpoint->routers 向量中，然后调用 Listen(endpoint)，这时的 endpoint->boss 肯定不再是 NULL 了，直接返回，不再重复创建 boss 线程。

boss 线程的主函数（即入口函数）是 Receive()函数，该函数中具体做的事情会在后文介绍。

注册特性并获取访问权限策略

如代码清单 7-55 的步骤 2 所示，如果满足 if 语句中两个条件中的任意一个，就不会执行步骤 3 的 SAMGR_ProcPolicy()函数了：

```
if (token < 0 || !g_remoteRegister.endpoint->running) {
    return token;
}
```

我们来简单看一下这两个条件。

- 条件 1：在代码清单 7-55 中步骤 2 的 SAMGR_AddRouter()函数成功添加 Router router 到 endpoint->routers 向量中后，就可以返回一个有效的 token。这个 token 就是 Router router 在向量中的位置。也就是说，endpoint->routers->data[token] 是一个指针，指向添加成功的 Router router。如果 SAMGR_AddRouter()返回的 token 是 INVALID_INDEX（即-1），则不会继续执行 SAMGR_ProcPolicy() 函数了。

- 条件 2：本进程的 g_remoteRegister.endpoint->running 字段用于标记本 EP 是否已经向服务管理者注册并拿到 SvcIdentity identity 中关键的 handle 信息。running 字段为 FALSE，表示本 EP 还未注册成功，则不会继续执行 SAMGR_ProcPolicy() 函数。running 字段为 TRUE，表示本 EP 已经注册成功并拿到了有效的 handle 信息（即代码清单 7-60 的步骤 3），这意味着本进程与服务管理者所在进程的进程间通信已经成功，本进程可以开始对外提供服务了。

只有以上两个条件都不满足后，才会执行 SAMGR_ProcPolicy() 函数向服务管理者注册特性并且获取这个特性的访问权限策略信息，并将这些信息保存在对应的 Router router 对象的 policyNum、policy 字段内（见代码清单 7-50）。

3．boss 线程的主函数

接下来我们看一下 boss 线程的主函数 Receive()（也是入口函数）都做了些什么事情。

Receive() 函数的实现如代码清单 7-60 所示。

代码清单 7-60　//foundation/distributedschedule/samgr_lite/samgr_endpoint/source/endpoint.c【LTS 3.0】

```
static void *Receive(void *argv)
{
    ......
    //步骤 1：远程注册 EP（samgr EP 和客户端 EP 都会运行这一步，但是
    //二者所执行的 registerEP()函数有所不同）
    //尝试 300 次（LTS 1.1 中的 MAX_RETRY_TIMES 定义有所不同）
    while (retry < MAX_RETRY_TIMES) {
        //一个新生成的客户端 EP，需要在此向服务管理者 SamgrServer g_server 注册自己
        //把 EP 加入 g_server.srore->maps[]中，同时获取 SvcIdentity identity.handle
        ret = endpoint->registerEP(endpoint->context, &endpoint->identity);
        //客户端 EP 的 registerEP()函数为 RegisterRemoteEndpoint()，其内部还有一层 while 循环
        //samge EP 的 registerEP()函数为 RegisterSamgrEndpoint()，其内部非常简单
        ......
        ++retry;
        //睡眠 50ms（LTS 1.1 中的 RETRY_INTERVAL 定义有所不同）
        usleep(RETRY_INTERVAL);
    }
    //步骤 2：远程注册 EP 失败（samgr EP 或客户端 EP 注册失败都会导致 EP 所在进程直接退出）
    if (ret != EC_SUCCESS) {   //两层 while 循环后仍返回不成功，表示 EP 注册失败
        exit(-ret);   //当前进程直接退出
    }
    //步骤 3：先标记 EP 状态，再远程注册 EP 的特性
    endpoint->running = TRUE;
    if (endpoint->identity.handle != SAMGR_HANDLE) {   //确认当前 EP 不是 samgr EP
        //客户端 EP 才符合条件进入这一步，通过 RegisterRemoteFeatures()注册客户端 EP 的特性
        int remain = RegisterRemoteFeatures(endpoint);
        //samgr EP 的 handle 是 SAMGR_HANDLE，因此不符合进入这一步的条件，虽然 samgr EP 的
        //boss 线程也以 Receive()为入口函数，但 samgr EP 没有特性需要注册
    }
    //步骤 4：执行 StartLoop()监听 IPC 上下文，并通过 Dispatch()函数处理 IPC 消息
    StartLoop(endpoint->context, Dispatch, endpoint);
    return NULL;
}
```

下面我们分别看一下这 4 个步骤具体做的事情。

远程注册 EP

每个 EP 都需要主动向服务管理者 SamgrServer g_server 注册自己，以获取本 EP 的身份信息中的 handle（这主要是代码清单 7-60 中步骤 1 的 while 循环的工作）。

在 while 循环中调用的 registerEP() 是在创建 EP 时配置的 EP 注册函数，对于客户端 EP，注册函数是 RegisterRemoteEndpoint()（见代码清单 7-56）；对于 samgr EP，注册函数是 RegisterSamgrEndpoint()。

samgr EP 在执行注册操作时，由于它与服务管理者都位于 foundation 进程内，其注册过程不需要跨进程通信，因此它的 RegisterSamgrEndpoint() 函数内做的工作非常简单且快速（主要是打开 samgr EP 的 IPC 通道、配置 SvcIdentity identity 身份信息）。samgr EP 的远程注册详细分析见 7.3.4 节。

客户端 EP 在执行注册操作时，由于客户端 EP 所在进程与服务管理者所在进程分别属于不同的进程（唯一的一个例外情况是 foundation 进程的客户端 EP 与服务管理者都位于 foundation 进程内），其注册过程需要涉及进程间通信，属于远程注册。客户端 EP 进行远程注册时，需要服务管理者先运行起来，且服务管理者的 samgr EP 需要打开进程间通信通道，之后客户端 EP 才能通过进程间通信完成注册。

在服务管理者的 samgr EP 运行起来之前，客户端 EP 会运行代码清单 7-60 中步骤 1 的 while 循环。我们进入 registerEP() 函数（即 RegisterRemoteEndpoint()）里面看一下，如代码清单 7-61 所示。

代码清单 7-61　//foundation/distributedschedule/samgr_lite/samgr_endpoint/source/endpoint.c【LTS 3.0】

```
static int RegisterRemoteEndpoint(const IpcContext *context, SvcIdentity *identity)
{
    IpcIo req;
    uint8 data[MAX_DATA_LEN];  //256bytes
    IpcIoInit(&req, data, MAX_DATA_LEN, 0);
    IpcIoPushUint32(&req, RES_ENDPOINT);  //RES_ENDPOINT 类消息
    IpcIoPushUint32(&req, OP_POST);  //发布类型的参数
    ......
    //尝试 300 次（LTS 1.1 中的 MAX_RETRY_TIMES 定义有所不同）
    while (retry < MAX_RETRY_TIMES) {
        ++retry;
        IpcIo reply;
        void *replyBuf = NULL;
        SvcIdentity samgr = {SAMGR_HANDLE, SAMGR_TOKEN, SAMGR_COOKIE};  //{0, 0, 0}
        int err = Transact(context, samgr, INVALID_INDEX, &req, &reply,
                    LITEIPC_FLAG_DEFAULT, (uintptr_t *)&replyBuf);
          if (err == LITEIPC_OK) {  //IPC 返回成功的结果
            identity->handle = IpcIoPopUint32(&reply);  //获取到有效的 handle
            ......
        }
        //睡眠 50ms（LTS 1.1 中的 RETRY_INTERVAL 定义有所不同）
        usleep(RETRY_INTERVAL);
```

```
        }
        ......
    }
```

可以看到，该函数中有一个 while 循环。在这个 while 循环内会通过 Transact()函数发送 IPC 消息给 SAMGR_HANDLE 对应的 EP（即 samgr EP），以此向服务管理者注册当前的客户端 EP。

在上述代码中可以看到，IPC 消息的接收端 samgr EP 的身份信息 SvcIdentity samgr 直接硬编码成：

```
SvcIdentity samgr = {SAMGR_HANDLE, SAMGR_TOKEN, SAMGR_COOKIE};  //{0, 0, 0}
```

这就是所谓的"知名"了，即所有的客户端 EP 都可以直接向身份信息为{0,0,0}的 EP 发送 IPC 消息。

在 RegisterRemoteEndpoint()函数的 while 循环中，客户端 EP 如果注册成功（即 IPC 返回成功的结果），就可以获取到一个有效的 handle，然后退出 while 循环；反之就会在执行 usleep()后再重新尝试发送 IFC 消息进行注册（注册不成功的主要原因是 samgr EP 还没有开始工作）。

通过代码清单 7-60 和代码清单 7-61 中的这内外两层循环可以发现，这相当于客户端 EP 在一定时间内尝试注册若干次。在正常情况下，只要 samgr EP 成功运行起来，客户端 EP 就肯定能注册成功。

在注册成功后或者在指定时间内注册不成功后，都会进入代码清单 7-60 中的步骤 2。

远程注册 EP 失败的处理

如代码清单 7-60 中的步骤 2 所示，如果 EP 注册成功，就可以获得 samgr EP 通过 IPC 返回来的 SvcIdentity identity.handle。这个 handle 对应当前 EP 的 boss 线程的 ID，已经成功记录在管理者 SamgrServer g_server 的相关字段中（见 7.3.5 节的分析）。

如果在指定时间内 EP 注册不成功（即 IPC 返回不成功的结果），则当前 EP 所在的进程就会直接通过 exit()函数退出（不再继续执行代码清单 7-60 中的步骤 3 和步骤 4），系统会给该进程的父进程（即用户态根进程 init）发送 SIGCHLD 信号。然后 init 进程在收到 SIGCHLD 信号后，会根据/etc/init.cfg 的配置来决定是重启单个进程还是重启整个系统（见 5.2.4 节的分析）。

远程注册 EP 的特性

能运行到代码清单 7-60 中的步骤 3，说明 EP 注册成功，因此在代码清单 7-60 的步骤 3 中首先把 EP 的状态 endpoint->running 标记为 TRUE，表示当前进程可以与其他进程进行跨进程通信了。

因为 samgr EP 的 boss 线程也会执行 Receive()的流程，但 samgr EP 不需要执行代码清单 7-60 中步骤 3 的 RegisterRemoteFeatures()函数来注册特性，所以会通过在代码清单 7-60 的步骤 1 中获取的 endpoint->identity.handle 来判断当前 EP 是否是 samgr EP。如

果是 samgr EP，就不执行 RegisterRemoteFeatures()；反之则调用 RegisterRemote Features()把客户端 EP 的特性（即记录在客户端 EP 的 routers 向量中的所有元素）全部注册到服务管理者 SamgrServer g_server 的相关字段中（见 7.3.5 节的分析）。

注册客户端 EP 特性的过程也比较简单，就是遍历客户端 EP 的 endpoint->routers 向量，把向量中的每个元素（即 Router）在向量中的位置编号填写到 SvcIdentity identity.token 字段，把客户端 EP 的 handle 填写到 SvcIdentity identity.handle 字段，然后连同对应 Router 的其他相关信息一并通过 IPC 消息发给 samgr EP。然后等待 samgr EP 返回注册成功和访问权限策略信息，并将这些信息填写回客户端 EP 对应的 Router 中。

注册客户端 EP 特性的详情，读者可自行阅读 RegisterRemoteFeatures()函数的代码进行理解；samgr EP 对注册客户端 EP 特性的 IPC 消息的处理详情，可见 7.3.5 节的分析。

监听 IPC 消息队列

如代码清单 7-60 中的步骤 4 所示，当前 EP 的 boss 线程开始运行 StartLoop()函数，由此进入监听 IPC 消息的状态。如果其他进程向当前 EP 的 handle 发送了 IPC 消息，当前 EP 的 boss 线程就可以在 StartLoop()中监听到，然后调用 Dispatch()函数来处理该消息，以此对其他进程提供服务。这中间更具体的 IPC 交互过程，见 7.3.5 节和 7.3.6 节的分析。

4．确认系统服务注册 EP 的流程

从本节内容的前 3 个小节的分析可以知道，一个系统服务在远程注册成功后，就可以正常对外提供服务了。

下面我们通过具体的日志来确认一遍本节内容的前 3 个小节的流程。请读者结合本书资源库第 7 章目录下的"LTS1.1_LiteOS_A_小型系统服务启动和注册完整日志.txt"文件来理解本节内容，这份文档是从用户态根进程启动到系统稳定的过程中产生的日志。

从日志中可以看到，系统服务在启动时首先是启动 shell、apphilogcat 服务（这两个服务的启动流程不在本章的讨论范围），接着是启动 bundle_daemon、sa_server、sensor_service 这 3 个依赖关系相对简单的服务，这 3 个服务的启动流程也完全符合本节内容前 3 个小节分析的流程。不过我们还是继续以 7.3.2 节提到的 wms_server 进程为例，继续深入分析它的启动流程并以此验证本节内容前 3 个小节的流程。

wms_server 进程启动的 main[5-1/2/3]步骤是给服务创建线程和消息队列并开始监听进程内部的多线程通信（详见 7.3.2 节的分析）。下面从消息处理函数 HandleInitRequest()的调用（见日志清单 7-15 和日志清单 7-16）开始进入 7.3.3 节分析的内容。

首先进入 Broadcast 服务的 DEFAULT_Initialize()函数的流程（见日志清单 7-16），很明显可以看出该流程对应着 DEFAULT_Initialize()函数的 4 个步骤（见代码清单 7-54）和 SAMGR_RegisterServiceApi()函数的步骤 1 和步骤 2（见代码清单 7-55）。

日志清单 7-16　Broadcast 服务的 DEFAULT_Initialize()的流程

```
[samgr_lite] HandleInitRequest: Initing_Service[Broadcast](+features), updating
Qid-->>
      ...................................
[service] DEFAULT_Initialize_Broadcast    Begin:
//代码清单 7-54 中的步骤 1：调用 Broadcast 服务的生命周期函数 Initialize()进行初始化
[broadcast_service] Initialize.[Sid:0, Fid:-1, Qid:577158016]
//代码清单 7-54 中的步骤 2：注册 Broadcast 服务的 API
          DEFAULT_Initialize_Broadcast->RegServiceApi(ServiceImpl->defaultApi[0])
[remote_register] SAMGR_RegisterServiceApi[3-0](Broadcast,(null), Sid[0]Fid[-1]
Qid[577158016], iUnknown{0}):
//代码清单 7-55 中的步骤 1：初始化 wms_server 进程的客户端 EP
[remote_register] SAMGR_RegisterServiceApi[3-1]()->InitializeRegistry()
          g_remoteRegister[initing]: g_remote{0x225922c8}
[endpoint] SAMGR_CreateEndpoint(ipc client, RegisterRemoteEndpoint)
//代码清单 7-55 中的步骤 2：注册 wms_server 进程的客户端 EP 并以失败告终
[remote_register] SAMGR_RegisterServiceApi[3-2]()->AddRouter(remote.EP):
[endpoint] SAMGR_AddRouter NG(...) return -9: S->defaultApi[NULL]
[remote_register] SAMGR_RegisterServiceApi[3-3]() EP->routers->data[-9]
//代码清单 7-54 中的步骤 3：调用特性的生命周期函数 OnInitialize()进行初始化
[pub_sub_feature] OnInitialize(featureName[Provider and subscriber], [Sid:0,
Fid:0, Qid:577158016])
//代码清单 7-54 中的步骤 4：注册特性的 API
DEFAULT_Initialize_Broadcast->RegFeatureApi(1-1:Provider and subscriber,
FeatureImpl->iUnknown[0x22597050])
[remote_register] SAMGR_RegisterServiceApi[3-0](Broadcast,Provider and subscriber,
Sid[0]Fid[0]Qid[577158016], iUnknown{0x22597050}):
//代码清单 7-55 中的步骤 1：初始化客户端 EP（已存在，直接返回）
[remote_register] SAMGR_RegisterServiceApi[3-1]()->InitializeRegistry()
          g_remoteRegister[inited]: g_remote{0x225922c8}
//代码清单 7-55 中的步骤 2：注册客户端 EP 并以失败告终
[remote_register] SAMGR_RegisterServiceApi[3-2]()->AddRouter(remote.EP):
[endpoint] SAMGR_AddRouter QueryInterface: proxy{0x22597050} vs. serverProxy{0},
should be the same
[endpoint] SAMGR_AddRouter NG(...) return -9: SERVER_PROXY_VER NOT match
[remote_register] SAMGR_RegisterServiceApi[3-3]() EP->routers->data[-9]
[service] DEFAULT_Initialize_Broadcast    End.
```

在代码清单 7-55 中有 3 个步骤，但这里只执行了步骤 1 和步骤 2，这是因为服务和特性在执行到 SAMGR_AddRouter()时都失败了，没有 Router 添加成功，自然就不执行步骤 3 了。这样一来，在本进程中的 Broadcast 服务和对应的特性都不对其他进程提供服务和接口。

执行完 DEFAULT_Initialize()函数后，日志中打印出了当前进程的 g_remoteRegister 全局变量的信息，如日志清单 7-17 所示。可以看到 DbgParse_g_remote{0x225922c8}内各字段的值还是初始化的默认值。

> **注意**　　不同进程的 DbgParse_g_remote 的{}内的地址会不相同，因为各个进程都有自己的 g_remoteRegister 全局变量，在日志中可以通过这个地址区分不同的 g_remoteRegister 的信息。

日志清单 7-17　g_remoteRegister 全局变量的信息

```
***********************************************
DbgParse_g_remote{0x225922c8}: My handle[-1], who:[Broadcast] is visiting
 .clients: top[0]   //当前 EP 访问过的别的 EP 提供的服务列表（当前为空，详见 7.3.6 节的分析）
```

```
.endpoint{0x2247cd00}:     //当前 EP 的地址（在解读日志内容时也可以起到区分不同 EP 的作用）
{
    name: [ipc client]          //EP 的名字（可以看出这是一个客户端 EP）
    routers: top[0]             //EP 的 Router 列表信息（此时为空）
    ThreadId  : boss_Tid[0]    //EP 的 boss 线程的 ID（此时还未创建 boss 线程）
    SvcIdentity: { handle[-1], token[-1] }  //EP 的身份信息（还未注册 EP，handle 为无效值）
}
*******************************************
```

接下来开始进入 WMS 服务的 DEFAULT_Initialize() 的流程，相应的日志如日志清单 7-18 所示。

日志清单 7-18　WMS 服务的 DEFAULT_Initialize() 的流程

```
[samgr_lite] HandleInitRequest: Initing_Service[WMS](+features), updating Qid-->>
.....................................
[service] DEFAULT_Initialize_WMS      Begin:
//代码清单 7-54 中的步骤 1：调用 WMS 服务的生命周期函数 Initialize() 进行初始化
[samgr_wms] Initialize.[Sid:1, Fid:-1, Qid:575130768]
//代码清单 7-54 中的步骤 2：注册 WMS 服务的 API
        DEFAULT_Initialize_WMS->RegServiceApi(ServiceImpl->defaultApi[0x8885018])
[remote_register] SAMGR_RegisterServiceApi[3-0](WMS,(null), Sid[1]Fid[-1]Qid
[575130768], iUnknown{0x8885018}):
//代码清单 7-55 中的步骤 1：初始化 wms_server 进程的客户端 EP
[remote_register] SAMGR_RegisterServiceApi[3-1]()->InitializeRegistry()
//代码清单 7-55 中的步骤 2：注册 wms_server 进程的客户端 EP 并注册成功
[remote_register] SAMGR_RegisterServiceApi[3-2]()->AddRouter(remote.EP):
[endpoint] SAMGR_AddRouter QueryInterface: proxy{0x8885018} vs. serverProxy
{0x8885018}, should be the same
//添加 Router 成功
[endpoint] SAMGR_AddRouter OK(EP->routers:data[0]->{S[WMS],F[(null)]})...to
Create & Listen(EP's boss_Tid)
//添加首个 Router 成功，会调用 Listen(endpoint) 创建 boss 线程并监听 IPC 信息
//在 Receive() 中执行代码清单 7-60 中步骤 1 的 while 循环向 samgr EP 注册客户端 EP
[endpoint] Listen: THREAD_Create(Receive, endpoint[ipc client])-->>boss_Tid[--]-->>
        Receive(EP[clint]{0x2247cd00}[4-1]:boss_Tid[0]) RegisterRemoteEndpoint
(handle[??],token[??]) retry in 60s
[endpoint] RegisterRemoteEndpoint(IPC) to g_server.store->maps[], acquiring
SvcIdentity{handle}, base on caller's Pid/Uid/Tid
//此时 samgr EP 还未运行起来，它那端的 IPC 通道还未打开，因此在执行代码清单 7-60 步骤 1 时会打印
//这句异常
[ERR][hm_liteipc] LiteIpcIoctl(IPC_SEND_RECV_MSG) ServiceManager not set!
//在代码清单 7-60 中步骤 1 的两层循环中等待 IPC 通道的另一端打开，所以还没注册成功，endpoint->
//running 还是 FALSE 状态
        --->>>  THREAD_Create --> boss_Tid[0x22886d7c]
//endpoint->running 还是 FALSE，这里就没有执行代码清单 7-55 步骤 3
[remote_register] SAMGR_RegisterServiceApi[3-3]() EP->routers->data[0]
        DEFAULT_Initialize_WMS->RegFeatureApi(NO Feature)
[service] DEFAULT_Initialize_WMS      End.
```

可以看出该流程对应 DEFAULT_Initialize() 的步骤 1 和步骤 2，因为 WMS 服务不带特性，所以就没有执行步骤 3 和步骤 4。

因为 defaultApi 不为 NULL，并且执行 QueryInterface() 函数的结果也是接口版本匹配 SERVER_PROXY_VER 的值，所以执行 SAMGR_AddRouter() 函数会返回成功。这样第一个 Router 被添加到 EP 的 routers 向量中，然后开始执行 Listen() 的流程。

在 Listen() 中为当前 EP{0x2247cd00} 创建一个专门用于对别的进程进行进程间通信

的 boss 线程，并开始执行 Receive() 函数的步骤 1（见代码清单 7-60），通过两层循环尝试向 samgr EP 注册本 EP。但是由于 samgr EP 还没有启动（即没有打开 samgr EP 一端的 IPC 通道），所以会出现如下所示的错误信息：

```
[ERR][hm_liteipc] LiteIpcIoctl(IPC_SEND_RECV_MSG) ServiceManager not set!
```

这时的 EP 状态如日志清单 7-19 中 g_remoteRegister 全局变量的 endpoint 部分所示。

日志清单 7-19　g_remoteRegister 全局变量的完整信息

```
*****************************************
DbgParse_g_remote{0x225922c8}: My handle[-1], who:[WMS] is visiting
  .clients: top[0]
  .endpoint{0x2247cd00}:
  {
    name: [ipc client]
    routers: top[1]
    {
        token[0]: (Router*){0x2266bfd0}    //第一个 Router 记录了 WMS 服务的相关信息
        SaName     : {WMS, (null)}
        identity : {Sid[1], Fid[-1], Qid[575130768]}
        proxy      : {0x8885018}(&.iUnknown)   //WMS 服务提供的对外接口（非常重要）
        policyNum: {0}
    }
    ThreadId    : boss_Tid[0x22886d7c]          //EP 的 boss 线程的 ID
    SvcIdentity: { handle[-1], token[-1]}    //handle 目前还是无效值
  }
*****************************************
```

在日志清单 7-19 中可以看到，尽管 EP 有了第一个 Router 以及 boss 线程，但是 EP 的 handle 还是无效值，因此需要在 Receive() 函数的步骤 1 中循环等待，直到获取有效的 handle 为止。

可以在 "LTS1.1_LiteOS_A_小型系统服务启动和注册完整日志.txt" 文件中搜索当前 EP 的地址 "0x2247cd00"（见日志清单 7-19），结果如日志清单 7-20 所示。

日志清单 7-20　g_remoteRegister 的 EP{0x2247cd00}注册过程的日志

```
    Line 344:      Receive(EP[clint]{0x2247cd00}[4-1]:boss_Tid[0]) RegisterRemote
Endpoint(handle[??],token[??]) retry in 60s
    Line 1480:     Receive(EP[clint]{0x2247cd00}[4-2]:boss_Tid[579366268]) Reg
[endpoint] EP[samgr]{0x253fbc60} Dispatch(IPC_MSG->'samgr'): SendSharedDirectRequest
(handle[HandleIpc:0x249cdc40])
    //注意：这句日志的后半部分被另一句日志覆盖掉了，据推断应该是
    //...boss_Tid[579366268]) RegisterRemoteEndpoint: get (handle[16],token[-1]) OK
    //然后才是另一句日志：[endpoint] EP[samgr]{0x253fbc60}...
    Line 1529:     Receive(EP[clint]{0x2247cd00}[4-3]:boss_Tid[579366268])
RegisterRemoteFeatures(handle[16],token[-1])
    Line 1685:     Receive(EP[clint]{0x2247cd00}[4-4]:boss_Tid[579366268])
StartLoop(IpcMsgHandler[Dispatch])
    Line 3161: [endpoint] EP[ipc client]{0x2247cd00} Dispatch(IPC_MSG->'IMS'):
SendSharedDirectRequest(handle[HandleIpc:0x2258ec40])
```

可以看到，在 "Line 1480" 处才会继续执行 Receive() 函数的步骤 2，在 "Line 1529" 处才会继续执行 Receive() 函数的步骤 3。EP 在这时才注册成功并获取到值为 16 的 handle。然后继续执行 Receive() 函数的步骤 4 中的 StartLoop() 函数。

接下来是 IMS 服务的 DEFAULT_Initialize() 的流程，相应的日志如日志清单 7-21 所示。

日志清单 7-21　IMS 服务的 DEFAULT_Initialize() 的流程

```
[samgr_lite] HandleInitRequest: Initing_Service[IMS](+features), updating Qid-->>
..........................................
[service] DEFAULT_Initialize_IMS      Begin:
//代码清单 7-54 中的步骤 1：调用 IMS 服务的生命周期函数 Initialize() 进行初始化
[samgr_ims] Initialize.[Sid:2, Fid:-1, Qid:575130768]
//代码清单 7-54 中的步骤 2：注册 IMS 服务的 API
        DEFAULT_Initialize_IMS->RegServiceApi(ServiceImpl->defaultApi[0x8885048])
[remote_register] SAMGR_RegisterServiceApi[3-0](IMS,(null), Sid[2]Fid[-1]Qid
[575130768], iUnknown{0x8885048}):
//代码清单 7-55 中的步骤 1：初始化 wms_server 进程的客户端 EP，该 EP 已经存在且已经初始化 (inited)
[remote_register] SAMGR_RegisterServiceApi[3-1]()->InitializeRegistry()
            g_remoteRegister[inited]: g_remote{0x225922c8}
//代码清单 7-55 中的步骤 2：注册 wms_server 进程的客户端 EP 并注册成功
[remote_register] SAMGR_RegisterServiceApi[3-2]()->AddRouter(remote.EP):
[endpoint] SAMGR_AddRouter QueryInterface: proxy{0x8885048} vs. serverProxy
{0x8885048}, should be the same
//在代码清单 7-55 中的步骤 2 的 AddRouter 中，最后调用的 Listen() 直接返回（因为 EP 已有 boss 线程）
[endpoint] SAMGR_AddRouter OK(EP->routers:data[token:1]->{S[IMS],F[(null)]})...
Listen(EP's boss_Tid[0x22886d7c]) return
[remote_register] SAMGR_RegisterServiceApi[3-3]() EP->routers->data[1]
        DEFAULT_Initialize_IMS->RegFeatureApi(NO Feature)
[service] DEFAULT_Initialize_IMS      End.
```

与 WMS 服务的 DEFAULT_Initialize() 流程类似，IMS 服务也是因为没有特性而只执行了 DEFAULT_Initialize() 的步骤 1 和步骤 2。因为本 EP 已经有 boss 线程（在 WMS 服务的相关流程中创建），所以在 SAMGR_RegisterServiceApi() 函数的步骤 2 中调用的 SAMGR_AddRouter() 函数中，最后调用的 Listen() 函数会直接返回。

此时的 EP 状态如日志清单 7-22 所示。

日志清单 7-22　g_remoteRegister 全局变量的完整信息

```
*********************************************
DbgParse_g_remote{0x225922c8}: My handle[-1], who:[IMS] is visiting
  .clients: top[0]
  .endpoint{0x2247cd00}:
  {
    name: [ipc client]
    routers: top[2]
    {
      token[0]: (Router*){0x2266bfd0}  //第一个 Router 记录了 WMS 服务的相关信息
              SaName    {WMS, (null)}
              identity : {Sid[1], Fid[-1], Qid[575130768]}
              proxy    : {0x8885018}(&.iUnknown)  //WMS 服务提供的对外接口（非常重要）
              policyNum: {0}
      token[1]: (Router*){0x2247cd80}  //第二个 Router 记录了 IMS 服务的相关信息
              SaName    {IMS, (null)}
              identity : {Sid[2], Fid[-1], Qid[575130768]}
              proxy    : {0x8885048}(&.iUnknown)  //IMS 服务提供的对外接口（非常重要）
              policyNum: {0}
    }
    ThreadId  : boss_Tid[0x22886d7c]        //EP 的 boss 线程的 ID
    SvcIdentity: { handle[-1], token[-1]}  //handle 目前还是无效值
  }
  *********************************************
```

可以看到，EP 已经有两个 Router 准备对外提供服务，但是 EP 的 handle 还是无效值，需要在 EP 注册成功后（在日志清单 7-20 的 Line 1480 处），才会获取到有效的 handle（其值为 16）。

wms_server 进程的启动流程的最后两步如日志清单 7-23 所示。

日志清单 7-23　wms_server 进程启动流程的最后两步

```
[wms.cpp] main[5-4]: GetInstance()->Run()
[wms.cpp] main[5-5]: while(1)
```

等 EP 获取到有效的 handle 后，wms_server 进程就可以顺利对其他进程提供服务了。

> **注意**　　本节介绍的是一个普通系统进程的启动和注册流程，其他进程的启动和注册流程与之一样，只不过或者简单一些或者复杂一些而已。

7.3.4　服务管理者的启动流程

1. foundation 进程的两个 EP

在 7.3.1 节解释进程间的通信时提到，foundation 进程比较特别，它有两个 EP：一个普通的客户端 EP 和一个特殊的 samgr EP，两个 EP 在 foundation 进程中如图 7-12 所示。

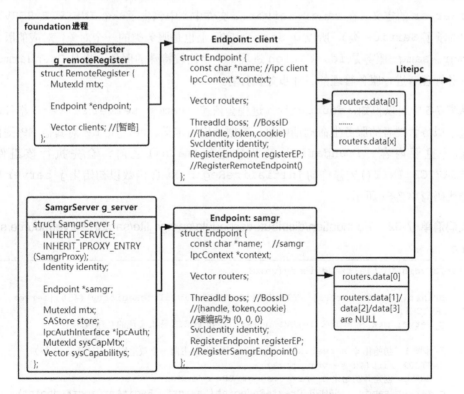

图 7-12　foundation 进程中的客户端 EP 和 samgr EP 示意图

从一个普通进程的角度来看 foundation 进程，我们需要关注它的客户端 EP。该客户端

EP 也需要主动向服务管理者 SamgrServer g_server 注册，且注册过程与 7.3.3 节分析的流程完全一致。不过 foundation 进程依赖的服务和特性比较多，相关的启动和注册流程比较长，在完成注册后它的 g_remoteRegister.enpoint->routers 向量中对应地会有很多个 Router。

从服务管理者的角度来看 foundation 进程，我们除了需要关注 samgr EP，还需要关注服务管理者另外一些重要的数据结构（如 SAStore store 等）。其中 samgr EP 也会向服务管理者注册自己，且注册过程也与 7.3.3 节分析的流程完全一致（但是其中会有些比较特别的地方，如注册函数是 RegisterSamgrEndpoint()）。而服务管理者的数据结构如图 7-12 中的 SamgrServer g_server 部分所示，它的各字段的具体作用，将会在本节内容分析到的地方进行说明。

本节将对照本书资源库提供的 "LTS1.1_LiteOS_A_小型系统服务启动和注册完整日志.txt" 文件，详细分析服务管理者 SamgrServer g_server 相关的服务注册和启动以及 samgr EP 的注册流程。系统任务调度导致的进程切换会使得日志文件中不同进程的日志打印存在交叉而稍显混乱，但同一个进程的服务和特性的日志在时间上的先后顺序是没问题的，因此可以通过关键字搜索过滤出与特定服务或特性相关的日志进行分析。

2. samgr 服务的注册和启动

服务管理者 SamgrServer g_server 是一个静态的全局对象，因为结构体 SamgrServer 的定义（在 samgr_server.c 文件中）中包含了一个 INHERIT_SERVICE 字段（即继承了 Service 类），所以 g_server 实际上也是服务类的一个对象，对应的服务名字是 samgr。samgr 服务是 foundation 进程中一个比较特殊的服务，也是 OpenHarmony 系统中服务管理者进行服务管理的具体事务执行者。

从表 7-5 中可以得知，foundation 进程会依赖 "samgr_server:server" 组件，该组件实现了服务管理者的服务生命周期函数、数据结构的定义、samgr EP 对其他 EP 提供服务的接口等重要内容。foundation 进程在运行 main() 之前，会先执行该组件中被 SYS_SERVICE_INIT() 宏修饰的 InitializeRegistry() 函数以初始化 g_server 服务对象，如代码清单 7-62 所示。

代码清单 7-62 //foundation/distributedschedule/samgr_lite/samgr_server/source/samgr_server.c

```
static void InitializeRegistry(void)
{
    printf("[samgr_server] SYS_SERVICE_INIT(InitializeRegistry)## %s[server] ##",
SAMGR_SERVICE);
    g_server.mtx = MUTEX_InitValue();   //按 POSIX 标准实现的互斥锁

    //步骤 1：初始化 g_server.store (store->root 指向一个双重链表，见 7.3.5 节)
    SASTORA_Init(&g_server.store);
    //步骤 2：创建并初始化 g_server.samgr EP
    g_server.samgr = SAMGR_CreateEndpoint("samgr", RegisterSamgrEndpoint);
    //步骤 3：注册 samgr 服务
    SAMGR_GetInstance()->RegisterService((Service *)&g_server);
    g_server.sysCapMtx = MUTEX_InitValue();
```

```
    //步骤 4：创建 g_server.sysCapabilitys 向量
    g_server.sysCapabilitys = VECTOR_Make((VECTOR_Key)GetSysCapName, (VECTOR_
Compare)strcmp);
    ParseSysCap();
}
SYS_SERVICE_INIT(InitializeRegistry);
```

可以将 InitializeRegistry() 函数内的主要操作按调用的函数分成 4 步。

- 步骤 1：初始化 g_server.store（这是一个向量加双重链表的结构，详情见 7.3.5 节对 g_server.iUnknown.Invoke() 函数的分析）。

- 步骤 2：创建并初始化 g_server.samgr（即创建 samgr EP），但该 EP 当前还处于初始的无效状态，待后继步骤注册后才可使用。

- 步骤 3：注册 samgr 服务（即向 foundation 进程的 SamgrLiteImpl g_samgrImpl 注册 g_server 服务对象实例）。

- 步骤 4：创建 g_server.sysCapabilitys 向量，然后调用 ParseSysCap() 来读取和分析 /etc/system_capability.json 文件，将系统的能力列表（Capabilitys）添加到 sysCapabilitys 向量中。

执行这 4 个步骤对应的日志如日志清单 7-24 所示。

日志清单 7-24　InitializeRegistry()的执行日志

```
[samgr_server] SYS_SERVICE_INIT(InitializeRegistry)## samgr[server]
[endpoint] SAMGR_CreateEndpoint(samgr, RegisterSamgrEndpoint)
[samgr_lite] RegisterService    (S[samgr])->Sid[3]
[samgr_server] ParseSysCap(/etc/system_capability.json)-->>g_server.(Vector)
sysCapabilitys size[25]
```

接下来就是等 foundation 进程进入 main() 函数，调用 SAMGR_Bootstrap() 为它依赖的所有服务创建任务和消息队列，其中与 samgr 服务相关的部分日志如日志清单 7-25 所示。

日志清单 7-25　通过 SAMGR_Bootstrap()为 samgr 服务创建线程和消息队列

```
{Process:foundation}
[safwk_lite:main] foundation: OHOS_SystemInit()->SAMGR_Bootstrap() then pause
              InitializeAllServices: unInited services: size=7
......
[samgr_lite] SAMGR_StartTaskPool: samgr
    TaskEntry(samgr:Qid[624934512]) Recv_MSG[MSG_DIRECT]:/DirectRequest by
handle(0x249c8280)
        request.msgId[0]+msgValue[0] -->> Sid[3],Fid[-1],Qid[0]
        TaskEntry(samgr:Tid[625180028]/Qid[624934512])......looping......
```

在 foundation 进程依赖的所有服务中（甚至在整个用户空间下的所有服务中），只有 samgr 服务的任务优先级别是 38（即 PRI_BUTT-1），见 samgr 服务的生命周期函数 GetTaskConfig() 中的定义任务属性配置：

```
TaskConfig config = {LEVEL_HIGH, PRI_BUTT - 1, 0x400, 20, SINGLE_TASK};
```

查看一下任务优先级枚举类型 TaskPriority 的定义，如代码清单 7-63 所示，samgr 服务的任务优先级别为 PRI_BUTT-1，仅比最高优先级的 PRI_BUTT 低一个级别。

代码清单 7-63 //foundation/distributedschedule/samgr_lite/interfaces/kits/samgr/server.h

```
typedef enum TaskPriority {
    // 低优先级别: (9, 15)
    PRI_LOW = 9,
    // 比正常优先级低: [16, 23)
    PRI_BELOW_NORMAL = 16,
    // 正常优先级: [24, 31). 用于日志服务等
    PRI_NORMAL = 24,
    // 高于正常优先级: [32, 39). 用于通信相关服务
    PRI_ABOVE_NORMAL = 32,
    // 优先级别的上限
    PRI_BUTT = 39,
} TaskPriority;
```

通过在 OpenHarmony 全系统代码中搜索 "TaskConfig" 等任务属性相关的关键字, 可以查看到所有系统服务的任务配置信息 (请读者自行搜索和过滤)。

从搜索结果可以看到, 普通服务的任务 (即线程) 优先级别一般是 PRI_NORMAL 级别 (见代码清单 7-11), 各个进程对应的客户端 EP 中专用于进程间通信的 boss 线程全部是 PRI_ABOVE_NORMAL 级别 (见代码清单 7-59), 而只有 samgr 服务的任务优先级别是 PRI_BUTT-1 级别 (接近优先级别的上限)。

优先级别越高的任务, 越能优先得到系统的调度去使用硬件资源完成相关任务。通过比较普通服务的任务、各客户端 EP 用于通信的 boss 线程、samgr 服务的任务各自的优先级, 可以看出通信效率在 OpenHarmony 中至高的地位, 特别是 samgr 服务的任务, 它是 OpenHarmony 中的通信关键节点, 它的优先级已经接近优先级别的上限。

在 7.3.1 节中提到, LiteOS_M 内核和 LiteOS_A 内核的 OpenHarmony 系统中的线程只有 0~31 个级别, 数字越小, 优先级别越高, 但在代码清单 7-63 中怎么有超过 31 的级别, 并且数字越大, 优先级别越高呢?

我们查看一下 THREAD_Create() 在小型系统上按 POSIX 标准实现的代码, 如代码清单 7-64 所示。

代码清单 7-64 //foundation/distributedschedule/samgr_lite/samgr/adapter/posix/thread_adapter.c

```
ThreadId THREAD_Create(Runnable run, void *argv, const ThreadAttr *attr)
{
    pthread_attr_t threadAttr;
    pthread_attr_init(&threadAttr);
    pthread_attr_setstacksize(&threadAttr, (attr->stackSize | MIN_STACK_SIZE));
#ifdef SAMGR_LINUX_ADAPTER  //Linux 内核小型系统运行这里
    //直接使用 attr 参数中的按 Linux 标准定义的任务优先级别
    struct sched_param sched = {attr->priority};
#else  //LiteOS_A 内核小型系统运行这里
    //把 attr 参数中按 Linux 标准定义的任务优先级别转换为按 LiteOS_A 标准定义的优先级别再使用
    struct sched_param sched = {PRI_BUTT - attr->priority};
#endif
    ......
}
```

而 SAMGR_LINUX_ADAPTER 在小型系统中的定义如代码清单 7-65 所示。

代码清单 7-65　//foundation/distributedschedule/samgr_lite/samgr/adapter/BUILD.gn

```
if (ohos_kernel_type == "linux") {
    defines += [ "SAMGR_LINUX_ADAPTER" ]
}
```

由代码清单 7-64 和代码清单 7-65 可见，OpenHarmony 在创建任务时所使用的任务级别参数，对 Linux 内核系统和 LiteOS_A 内核系统有点不同。代码清单 7-63 中的 TaskPriority 枚举值，是按 Linux 内核中的线程优先级别来定义的，Linux 内核的小型系统可以直接使用以创建对应优先级的任务。而 LiteOS_A 内核的小型系统则会对任务级别参数进行转换，改为使用 0~31 来表示任务优先级，然后再创建对应优先级的任务。经过转换之后，LiteOS_A 内核的小型系统中的 samgr 服务的任务优先级是 1（级别仍然非常高），更高级别的 0 级任务则是在内核中创建的 Swt_Task 任务。

3. 注册 samgr EP

因为 samgr 服务的任务优先级别是非常高的 PRI_BUTT-1，所以在 samgr 服务的任务创建出来之后，会优先得到系统的调度，去执行一个系统服务的启动流程（请参考 7.2.2 节和 7.3.2 节的分析），然后进入 7.3.3 节分析的注册 EP 的流程。

我们从 DEFAULT_Initialize() 函数开始确认注册 samgr EP 的流程，samgr 服务执行该函数时生成的日志如日志清单 7-26 所示。

日志清单 7-26　samgr 服务执行 DEFAULT_Initialize() 流程

```
[samgr_lite] HandleInitRequest: Initing_Service[samgr](+features), updating Qid-->>
.........................................
[service] DEFAULT_Initialize_samgr      Begin:
//代码清单 7-54 中的步骤 1：调用 samgr 服务的生命周期函数 Initialize() 进行初始化
[samgr_server] Initialize(S[samgr], Sid[3]Fid[-1]Qid[624934512]) -->> AddRouter
(server->samgr)
//samgr 服务比其他服务多执行了 SAMGR_AddRouter(..., GET_IUNKNOWN(*server)) 函数，用于注册
//samgr EP
[endpoint] SAMGR_AddRouter QueryInterface: proxy{0x2497c018} vs. serverProxy
{0x2497c018}, should be the same
[endpoint] SAMGR_AddRouter OK(EP->routers:data[0]->{S[samgr],F[(null)]})...to
Create & Listen(EP's boss_Tid)
[endpoint] Listen: THREAD_Create(Receive, endpoint[samgr])-->>boss_Tid[--]-->>
         --->>>  THREAD_Create --> boss_Tid[0x25465d7c]
//代码清单 7-54 中的步骤 2：注册 samgr 服务的 API
         DEFAULT_Initialize_samgr->RegServiceApi(ServiceImpl->defaultApi[0])
[remote_register] SAMGR_RegisterServiceApi[3-0](samgr,(null), Sid[3]Fid[-1]Qid
[624934512], iUnknown{0}):
//代码清单 7-55 中的步骤 1：初始化 foundation 进程的客户端 EP
[remote_register] SAMGR_RegisterServiceApi[3-1]()->InitializeRegistry()
             g_remoteRegister[initing]: g_remote{0x249d12c8}
[endpoint] SAMGR_CreateEndpoint(ipc client, RegisterRemoteEndpoint)
//代码清单 7-55 中的步骤 2：注册 foundation 进程的客户端 EP 并以失败告终，不执行代码清单 7-55 中的步骤 3
[remote_register] SAMGR_RegisterServiceApi[3-2]()->AddRouter(remote.EP):
[endpoint] SAMGR_AddRouter NG(...) return -9: S->defaultApi[NULL]
[remote_register] SAMGR_RegisterServiceApi[3-3]() EP->routers->data[-9]
         DEFAULT_Initialize_samgr->RegFeatureApi(NO Feature)
[service] DEFAULT_Initialize_samgr      End.
```

因为 samgr 服务没有特性，所以它只执行 DEFAULT_Initialize() 函数的步骤 1 和步

骤 2，其中步骤 1 执行的 Initialize() 函数有点特别，如代码清单 7-66 所示。

代码清单 7-66 //foundation/distributedschedule/samgr_lite/samgr_server/source/samgr_server.c

```
static BOOL Initialize(Service *service, Identity identity)
{
    SamgrServer *server = (SamgrServer *)service; //这就是指向 g_server 对象的指针
    server->identity = identity;
    printf("[samgr_server] Initialize(S[%s], Sid[%d]Fid[%d]Qid[%d]) -->> AddRouter
(server->samgr)\n",
              SAMGR_SERVICE, identity.serviceId, identity.featureId, identity.
queueId);

    //接下来通过调用 SAMGR_AddRouter() 把 samgr 服务的关键信息以一个 Router 的形式
    //添加到 g_server.samgr 这个 samgr EP 的 Vector routers->data[0] 中
    //调用 SAMGR_AddRouter() 函数时传入的第 4 个参数是 GET_IUNKNOWN(*server)
    //它就是 g_server 对象中 IUnknown iUnknown 字段的起始地址
    //也是 samgr 服务对应的 Router 对象中记录的 router->proxy 指针中的值
    SaName saName = {SAMGR_SERVICE, NULL};
    SAMGR_AddRouter(server->samgr, &saName, &server->identity, GET_IUNKNOWN
(*server));
    return TRUE;
}
```

samgr 的 Initialize() 函数比其他服务的 Initialize() 函数多调用了一个 SAMGR_AddRouter(..., GET_IUNKNOWN(*server)) 函数，需要特别注意调用这个函数时传入的参数 GET_IUNKNOWN(*server)。这个参数可以保证满足 7.3.3 节中提到的 SAMGR_AddRouter() 函数中的条件 1，确保 samgr 服务对应的 Router 能够正确添加到 samgr EP（即 g_server.samgr）的 Vector routers 中（SAMGR_AddRouter() 的详细流程可以参考 7.3.3 节对代码清单 7-57 的分析）。

在 SAMGR_AddRouter() 添加 samgr 服务对应的 Router 成功后，就开始执行 Listen() 函数，为 samgr EP 创建 boss 线程，然后执行 Receive() 函数（这部分的详细流程也请参考 7.3.3 节对代码清单 7-59 和代码清单 7-60 的分析）。

前文讲到，在 Receive() 函数中有内外两层 while 循环，在注册 samgr EP 时，内层 while 循环中执行的 registerEP() 函数指向的是 RegisterSamgrEndpoint()。在 RegisterSamgrEndpoint() 中不需要发送 IPC 消息，只需要打开 samgr EP 这端的 IPC 通道，然后直接将 samgr EP 的 SvcIdentity 身份信息硬编码为 {0,0,0} 即可，这就把处于初始的无效状态的 samgr EP，注册成为可以正常工作的 samgr EP 了。

所以注册 samge EP 的速度比注册客户端 EP 的速度要快非常多，这个也可以通过对比日志清单 7-20 与日志清单 7-27 看得出来——两份日志中 Receive() 函数所生成的从步骤 1 到步骤 2 之间间隔的日志行数有非常大的差别。

日志清单 7-27 是在本书资源库提供的 "LTS1.1_LiteOS_A_小型系统服务启动和注册完整日志.txt" 文件中通过搜索关键字 "0x253fbc60" 进行过滤后得到的日志片段。0x253fbc60 是我在代码中打印出来的 samgr EP 的地址，使用它可以把与 samgr EP 相关的一些函数调用和重要信息过滤出来方便分析（这部分日志请结合代码清单 7-60 来阅读和分析）。

日志清单 7-27　samgr EP 注册过程的日志

```
//开始执行代码清单 7-60 中 Receive()函数的步骤 1 注册 samgr EP, 此时的 handle 为无效值
   Line 584:     Receive(EP[samgr]{0x253fbc60}[4-1]:boss_Tid[625368444]) RegisterSam
grEndpoint(handle[??],token[??]) retry in 60s
   //Receive()函数的步骤 1 成功完成, 获取到有效的 handle (值为 0)
   //因为执行步骤 1 成功, 所以直接跳过 Receive()函数的步骤 2
   Line 690:     Receive(EP[samgr]{0x253fbc60}[4-2]:boss_Tid[625368444]) RegisterSam
grEndpoint: get (handle[0],token[0]) OK
   //又因为当前 EP 是 samgr EP, 所以在修改 endpoint->running 为 TRUE 后, 又直接跳过 Receive()函
   //数的步骤 3
   Line 691:     Receive(EP[samgr]{0x253fbc60}[4-3]:boss_Tid[625368444]) No Feature
to register
   //开始执行 Receive()函数的步骤 4, 运行 StartLoop()监控 IPC 消息
   Line 692:     Receive(EP[samgr]{0x253fbc60}[4-4]:boss_Tid[625368444]) StartLoop
(IpcMsgHandler[Dispatch])
```

　　注册 samge EP 成功后, 在代码中把服务管理者 SamgrServer g_server 的信息打印出来, 如日志清单 7-28 所示。

日志清单 7-28　samgr EP 完成注册的状态

```
*******************************************
DbgParse_g_server(4)[0-EP, 1-Feature, 2-SysCap, 3-, 4-PrintAfterRegisterSamgr]
  .identity: {Sid[3], Fid[-1], Qid[624934512]}
  .EP: [samgr]{0x253fbc60}  //samgr EP 的地址 (在解读日志内容时也可以起到区分不同 EP 的作用)
  {
    routers    : top[1]  //samgr EP 的 Router 列表, 有且仅有这个 Router
    {
        token[0]: SaName  : {samgr, (null)}
                 Identity : {Sid[3], Fid[-1], Qid[624934512]}
                 proxy    : {0x2497c018}(&.iUnknown)
                 policyNum: {0}
    }
    ThreadId   : boss_Tid[0x25465d7c]   //samgr EP 的 boss 线程的 ID
    SvcIdentity: {handle[0], token[0]} //samgr EP 的身份信息, 硬编码为{0,0,0}
  }
  .store:
  {
    .List: S/F
    .maps: top[0]
  }
  .sysCapabilitys: top[25](Vector)
*******************************************
```

　　samgr EP 的 boss 线程执行到 StartLoop()函数后, 就开始接收其他客户端 EP 发过来的 IPC 消息 (这些信息都是早于 samgr EP 启动的客户端 EP 发过来的注册 EP 的 IPC 消息), 并对这些 IPC 消息执行 Dispatch()函数以进行下一步处理 (见 7.3.5 节的分析)。

　　在 samgr EP 的 boss 线程进入 StartLoop()函数之后打印出的日志中, 可以看到早于 samgr EP 启动的客户端 EP 在经过若干次的尝试 (retry) 之后, 终于注册成功并获得对应的有效 handle, 如日志清单 7-29 所示。

日志清单 7-29　客户端 EP 注册成功并获得有效 handle

```
   Line 732:  [endpoint] RegisterRemoteEndpoint(retry:3-1): OKOKOK got handle[61]
   Line 1478: [endpoint] RegisterRemoteEndpoint(retry:3-2): OKOKOK got handle[16]
   Line 1525: [endpoint] RegisterRemoteEndpoint(retry:3-3): OKOKOK got handle[38]
```

```
Line 1738: [endpoint] RegisterRemoteEndpoint(retry:3-3): OKOKOK got handle[39]
Line 1793: [endpoint] RegisterRemoteEndpoint(retry:3-3): OKOKOK got handle[41]
Line 2190: [endpoint] RegisterRemoteEndpoint(retry:3-1): OKOKOK got handle[74]
```

仔细分析一下这些日志在 "LTS1.1_LiteOS_A_小型系统服务启动和注册完整日志.txt"
文件中相邻部分的日志，再结合与 handle 对应的 Pid 信息，就可以确认这些 handle 分别属
于哪个进程的客户端 EP 的 boss 线程对应的 handle 了。比如 handle 为 38 的 EP，对应的
Pid 是 6，而 6 号进程正是 wms_server 进程。

因此，在 samgr EP 完成注册并开始工作后，我们也可以确认其他的客户端 EP 继续完成
注册并开始工作了。

4. 注册客户端 EP

本节中的"foundation 进程的两个 EP"小节提到，foundation 进程有两个 EP：samgr
EP 和客户端 EP。

本节中的 "注册 samgr EP" 小节分析的注册 samgr EP 的流程，对应日志清单 7-26 中
执行的 DEFAULT_ Initialize() 函数的步骤 1 的内容。换言之，在 samgr 服务初始化时调
用的 DEFAULT_ Initialize() 函数中执行的如下一个语句（见代码清单 7-54），完成了注册
samgr EP 的整个流程：

```
//见代码清单 7-54 中的步骤 1：调用 samgr 服务的生命周期函数 Initialize() 进行初始化
impl->service->Initialize(impl->service, id)
```

接下来，samgr 服务继续执行 DEFAULT_Initialize() 函数的步骤 2 以完成服务的初始
化操作：

```
//代码清单 7-54 中的步骤 2：...
SAMGR_RegisterServiceApi(serviceName, NULL, &id, impl->defaultApi);
```

执行这个函数时打印出来的日志，对应日志清单 7-26 中打印的如下一句日志：

```
//代码清单 7-54 中的步骤 2：注册 samgr 服务的 API
        DEFAULT_Initialize_samgr->RegServiceApi(ServiceImpl->defaultApi[0])
```

这句日志是在做了信息组合和精简处理后打印出来的日志，其中的 "DEFAULT_
Initialize" 表示当前执行的函数是 DEFAULT_Initialize()，"_samgr" 表示当前初始
化的服务的名字是 samgr，"->RegServiceApi" 表示在这一步调用的函数是 SAMGR_
RegisterServiceApi()，该函数的名字缩写为 "RegServiceApi"，另外实际传入 4 个参
数到该函数，这里只打印出最后一个参数 ServiceImpl->defaultApi，且该参数的值为 0。

最后一个参数 ServiceImpl->defaultApi 的值是 0（即为 NULL），与 7.3.3 节中介绍
的 Broadcast 服务的 defaultApi 为 NULL，两者的原因是一样的。

在这个 SAMGR_RegisterServiceApi() 函数中执行的 3 步流程（见代码清单 7-55），
分别如下。

- 步骤 1：如果 foundation 进程的其他服务先于 samgr 服务启动，则 foundation
  进程的 RemoteRegister g_remoteRegister 全局变量中会存在已经初始化的客户

端 EP，这样，samgr 服务就会直接退出步骤 1。否则 samgr 服务将会在这个步骤为 RemoteRegister g_remoteRegister 创建并初始化客户端 EP（见 7.3.3 节对代码清单 7-55 中步骤 1 的分析）。

- 步骤 2：由于 ServiceImpl->defaultApi 为 NULL，因此添加 Router 时会失败（这样在启动 samgr 服务这一步就不会为 foundation 进程的客户端 EP 创建 boss 线程了，而是需要等后面的其他服务成功添加第一个 Router 之后，才会创建客户端 EP 的 boss 线程）。

- 步骤 3：因为执行步骤 2 失败，返回的 token 值无效，所以不会执行步骤 3。

接下来，samgr 服务继续执行 DEFAULT_Initialize() 函数。因为 samgr 服务没有对应的特性，因此会跳过 DEFAULT_Initialize() 函数的步骤 3 和步骤 4。

至此，samgr 服务的初始化流程结束，samgr 服务也进入一个正常工作的状态。

foundation 进程注册客户端 EP 的流程将会在 foundation 进程的其他服务的初始化流程中发起并完成，以便 foundation 进行能够与其他进程进行 IPC 交互。

foundation 进程的两个 EP 都注册成功且正常运行之后，进程内部看起来如图 7-12 所示。

从 RemoteRegister g_remoteRegister（对应客户端 EP）的角度看，foundation 进程和其他任何进程都一样。foundation 进程的服务（不含 samgr 服务）的启动流程完全符合 7.3.3 节分析的流程，这些服务都通过 g_remoteRegister 对象中的客户端 EP 对其他进程暴露服务接口并提供服务。

从 SamgrServer g_server（对应 samgr EP）的角度看，foundation 进程的 samgr 服务就是一个 SOA 架构中的服务管理中心，其他所有进程的 EP（包括 foundation 进程的客户端 EP）都需要向服务管理者注册和查询服务接口。至于服务管理者如何使用 samgr EP 和其他的重要数据结构为整个系统提供服务管理功能，接下来的 7.3.5 节和 7.3.6 节将进行详细分析。

7.3.5 客户端 EP 与 samgr EP 的 IPC 交互

7.3.3 节只是简单介绍了客户端 EP 向 samgr EP 发送注册消息、获取 handle，然后完成 EP 的注册过程，本节将看一下在这个注册过程中具体都做了哪些事情。

> 注意　实际上，客户端 EP 与 samgr EP 之间所有 IPC 过程的细节，如客户端 EP 向 samgr EP 注册特性、查询特性等，与该注册过程的细节基本相同。

我们从客户端 EP 的 RegisterRemoteEndpoint() 函数开始分析，如代码清单 7-67 所示（这里先不深入分析 IPC 消息的封装和数据的序列化处理等细节）。

代码清单 7-67　//foundation/distributedschedule/samgr_lite/samgr_endpoint/source/endpoint.c

```
static int RegisterRemoteEndpoint(const IpcContext *context, SvcIdentity *identity)
{
    ......
```

```
        SvcIdentity samgr = {SAMGR_HANDLE, SAMGR_TOKEN, SAMGR_COOKIE};    //{0, 0, 0}
        int err = Transact(context, samgr, INVALID_INDEX, &req, &reply,
                           LITEIPC_FLAG_DEFAULT, (uintptr_t *)&replyBuf);
        if (err == LITEIPC_OK) {
            identity->handle = IpcIoPopUint32(&reply);    //从注册成功的回应信息中读出 handle
            ......
        }
        ......
    }
```

在代码清单 7-67 中调用的 `Transact()` 函数,在 `liteipc_adapter.h` 中有如下宏定义:

```
#define Transact SendRequest
```

因此,`Transact()` 函数就是 `SendRequest()` 函数,`SendRequest()` 函数定义在 `liteipc_adapter.c` 中。

这里使用 `Transact()` 函数发送 IPC 请求,其中部分参数的意义如下。

- `context`:IPC 通道的上下文。

- `samgr`:IPC 接收方的身份信息,这是一个 `SvcIdentity` 类型的结构体对象,其中 `handle` 字段标明哪个 EP 接收该信息,`token` 字段标明 EP 中的哪个 Router 处理该信息。由于是发送 IPC 消息给 samgr EP,它的 `handle` 和 `token` 都是 0。

- `req`:IPC 中传送的命令和重要参数。这些信息在发送之前会经过序列化处理,接收端在收到后进行反序列化处理即可解析出来。

- `reply`:与 `req` 类似,但表示的是消息接收端在处理完消息后反馈回来的回应信息。通过下面这句语句,可以从该回应信息中解析出注册完成后返回的 `handle`。

```
        identity->handle = IpcIoPopUint32(&reply);
```

下面再来看看 samgr EP 在接收到这个请求注册客户端 EP 的 IPC 信息后如何处理。

1. 分发 IPC 消息

在代码清单 7-67 中,客户端 EP 发送给 samgr EP 的 IPC 消息,会被 samgr EP 的 boss 线程在 `StartLoop()` 循环中收到,并通过 `Dispatch()` 回调函数来处理,如代码清单 7-68 所示。

代码清单 7-68   //foundation/distributedschedule/samgr_lite/samgr_endpoint/source/endpoint.c

```
static int Dispatch(const IpcContext *context, void *ipcMsg, IpcIo *data, void *argv)
{
    ......
    //Dispatch()函数的参数列表对应代码清单 7-60 中步骤 4 调用的
    //StartLoop(endpoint->context, Dispatch, endpoint)传入的三个参数
    //其中 argv 参数对应当前 boss 线程所在的 EP 的指针
    Endpoint *endpoint = (Endpoint *)argv;  //从 void*类型转换回 EP 指针
    uint32_t token = (uint32_t)INVALID_INDEX;  //局部变量初始化为无效值

    //从 ipcMsg 中取出 token,该 token 指明了 EP 中用来处理本消息的 Router
    GetToken(ipcMsg, &token);
    ......
    //根据 token 的值,从 EP 的 Vector routers 中取出对应的 Router
    Router *router = VECTOR_At(&endpoint->routers, token);
```

```
    ......
    //利用 Response resp 的 data 字段发送请求消息的一部分参数和数据
    Response resp = {0};
    resp.data = endpoint;   //当前 EP

    Request request = {0};
    request.msgId = token;     //把 token 值写入 request.msgId
    request.data = ipcMsg;     //IPC 消息传进来的序列化参数
    request.msgValue = INVALID_INDEX;
    GetCode(ipcMsg, &request.msgValue);

//Linux 内核小型系统的这个宏定义在.../samgr_lite/samgr_endpoint/BUILD.gn
#ifdef LITE_LINUX_BINDER_IPC
    HandleIpc(&request, &resp);   //Linux 内核小型系统的消息处理机制
#else   //LiteOS_A 内核小型系统的消息处理机制（见 7.3.1 节分析的线程间通信机制）
    uint32 *ref = NULL;
    int ret = SAMGR_SendSharedDirectRequest(&router->identity, &request,
                                            &resp, &ref, HandleIpc);
    ......
#endif
    ......
}
```

Dispatch() 函数处理 IPC 消息的逻辑还是比较简单的，就是 boss 线程根据从 IPC 消息中获取的 token，把需要处理这个 IPC 消息的 Router 从 EP 的 Vector routers 中取出来，然后把 IPC 消息打包一下，再转发给这个 Router router->identity 中记录的身份信息对应的服务，由该服务最终完成 IPC 消息的处理（如果 IPC 消息中要求回复处理结果，则服务在处理完 IPC 消息后，还需要把处理结果发送回去）。

Dispatch() 函数处理 IPC 消息的细节如代码清单 7-68 中的注释信息所示，当然还有其他一些细节也需要注意。

boss 线程根据 token 的值从当前 EP 的 Vector routers 中取出 Router 后，需要确认 Router 是否存在（即 Router *router 指针是否有效）。如果 Router 不存在，则肯定无法处理这个 IPC 消息。如果 Router 存在，则把相关信息填写到 Request 和 Response 结构体中（有关结构体的详情见 7.3.1 节的分析），对于 Linux 内核的小型系统，直接调用 HandleIpc() 函数来处理这个消息，而对于 LiteOS_A 内核的小型系统，则调用下面这一行代码向 router->identity 中记录的消息队列发送消息：

```
SAMGR_SendSharedDirectRequest(&router->identity, &request, &resp, &ref, HandleIpc);
```

通过 SAMGR_SendSharedDirectRequest() 函数发送的消息是 MSG_DIRECT 类型的，第 5 个参数指定了收到该消息的任务要用指定的 HandleIpc() 函数来处理该消息，相当于借用 router->identity 对应的那个服务的任务执行一下 HandleIpc() 函数来处理该消息。

由此可见，Dispatch() 函数主要是对 IPC 消息进行重新封装和分发，不管是 Linux 内核的小型系统还是 LiteOS_A 内核的小型系统，最终都是通过 HandleIpc() 函数来处理 IPC 消息。

2. 处理 IPC 消息

上文提到，IPC 消息最终是使用 HandleIpc() 函数处理的，如代码清单 7-69 所示。

代码清单 7-69 //foundation/distributedschedule/samgr_lite/samgr_endpoint/source/endpoint.c

```
static void HandleIpc(const Request *request, const Response *response)
{
    //ipcMsg 中包含了 IPC 消息发送者的身份信息（如 Pid、Uid、Tid 等）
    //这些信息是内核在封装 IPC 消息时填写进去的（不需要开发者手动填写）
    Void *ipcMsg = (void *)request->data;

    //处理该 IPC 消息的 EP
    Endpoint *endpoint = (Endpoint *)response->data;

    //通过 VECTOR_At() 从消息接收者 EP 的 Vector routers 中取出对应的 Router
    //这里的 request->msgId 是消息接收者 EP 的 Vector routers 中需要处理该消息的
    //Router 的序号（即 token，见代码清单 7-68）
    Router *router = VECTOR_At(&endpoint->routers, request->msgId);
    ......
    //从 ipcMsg 中读出消息发送者的 Uid 信息，并判断它是否有权限使用消息接收者 EP 中
    //对应的 Router 来处理信息（即判断消息发送者是否有权限使用该 Router 提供服务）
    uid_t uid = GetCallingUid(ipcMsg);
    if ((strcmp(router->saName.service, SAMGR_SERVICE) != 0) &&
        !JudgePolicy(uid, (const PolicyTrans *)(router->policy), router->policyNum)) {
        FreeBuffer(endpoint->context, ipcMsg);
        return;   //无权限使用该 Router 提供的服务，直接返回
    }
    ......
    //消息接收者 EP 对应的 Router，调用代理的 Invoke() 接口来处理 IPC 消息
    router->proxy->Invoke(router->proxy, request->msgValue, ipcMsg, &req, &reply);
    ......
    //消息接收者处理完 IPC 消息之后，返回响应消息给 IPC 消息发送者 EP
    if (flag == LITEIPC_FLAG_DEFAULT) {
        SendReply(endpoint->context, ipcMsg, &reply);
    } else {   //无须返回响应消息给 IPC 消息发送者 EP，直接释放相关资源后退出
        FreeBuffer(endpoint->context, ipcMsg);
    }
}
```

最终，消息接收者 EP 通过由 token 指定的 Router，调用 router->proxy->Invoke() 接口来处理该 IPC 消息，并根据需要决定是否返回响应消息给 IPC 发送者 EP。

3．远程调用服务

对 samgr EP 来说，在代码清单 7-69 中调用的 router->proxy->Invoke() 接口对应服务管理者 SamgrServer g_server.iUnknown.Invoke() 函数。那么，这两者是怎么关联到一起的呢？

把 SamgrServer g_server 的接口部分（即图 7-12 中 g_server 的 INHERIT_SERVICE 和 INHERIT_IPROXY_ENTRY(SamgrProxy) 这两个宏）展开一下，如代码清单 7-70 所示。

代码清单 7-70 //foundation/distributedschedule/samgr_lite/samgr_server/source/samgr_server.c

```
static SamgrServer g_server =
{
    .GetName = GetName,
    .Initialize = Initialize,
    .GetTaskConfig = GetTaskConfig,
    .MessageHandle = MessageHandle,
    SERVER_IPROXY_IMPL_BEGIN,   //.iUnknown 字段定义在这个宏中（见图 7-13）
```

```
    .Invoke = Invoke,   //这就是 samgr EP 的 router->proxy->invoke()对应的接口
    IPROXY_END,
};
```

再把相关的结构体定义、接口定义、宏定义与 g_server 对象的具体相关字段的值对应并绘制成图的形式，结果如图 7-13 所示。

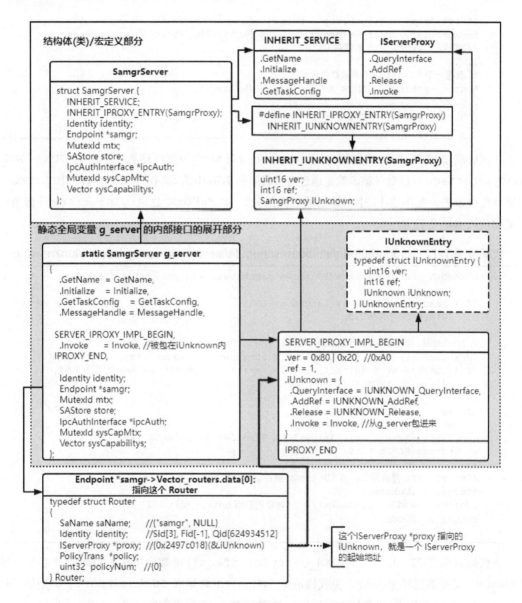

图 7-13 g_server 接口部分和 samgr EP 的展开图

在 samgr_server.c 的 Initialize()中（见代码清单 7-66），通过下面这个函数为 samgr EP 添加 Router 时，传入的第 4 个参数 GET_IUNKNOWN(*server)就是 g_server 的 .iUnknown 字段的地址。

```
SAMGR_AddRouter(server->samgr, &saName, &server->identity, GET_IUNKNOWN(*server))
```

SAMGR_AddRouter()函数的定义如代码清单 7-71 所示。

代码清单 7-71　//foundation/distributedschedule/samgr_lite/samgr_endpoint/source/endpoint.c

```
int SAMGR_AddRouter(Endpoint *endpoint, const SaName *saName,
                    const Identity *id, IUnknown *proxy)
{
    ......
    IServerProxy *serverProxy = NULL;
    proxy->QueryInterface(proxy, SERVER_PROXY_VER, (void *)&serverProxy);
    //SERVER_PROXY_VER 的值是 0x80
    ......
    //创建一个 Router 对象并做初始化
    Router *router = SAMGR_Malloc(sizeof(Router));
    ......
    router->proxy = serverProxy;
}
```

在代码清单 7-71 中，调用的 proxy->QueryInterface()函数实际对应 IUNKNOWN_
QueryInterface()函数（该函数是通过对代码清单 7-70 中的 SERVER_IPROXY_IMPL_BEGIN
宏展开而确定的，见图 7-13 中对该宏的展开部分）。IUNKNOWN_QueryInterface()函数的
定义如代码清单 7-72 所示。

代码清单 7-72　//foundation/distributedschedule/samgr_lite/samgr/source/iunknown.c

```
int IUNKNOWN_QueryInterface(IUnknown *iUnknown, int ver, void **target)
{
    if (iUnknown == NULL || target == NULL) {
        return EC_INVALID;
    }
    //IUnknown 类型的 iUnknown 指针向下转型到 IUnknownEntry 类型的指针 entry
    IUnknownEntry *entry = GET_OBJECT(iUnknown, IUnknownEntry, iUnknown);
    if ((entry->ver & (uint16)ver) != ver) {    //判断 entry->ver 是否符合要求
        return EC_INVALID;
    }
    if (ver == OLD_VERSION &&
        entry->ver != OLD_VERSION &&
        (entry->ver & (uint16)DEFAULT_VERSION) != DEFAULT_VERSION) {
        return EC_INVALID;
    }
    //entry->ver 符合要求, 将 iUnknown 指针返回给*target
    *target = iUnknown;
    iUnknown->AddRef(iUnknown);    //对象的引用 entry->ref 加 1
    return EC_SUCCESS;
}
```

在代码清单 7-72 中，IUNKNOWN_QueryInterface()函数会把传入的第 1 个参数（即
IUnknown 类型的指针 proxy，见代码清单 7-71）向下转型成 IUnknownEntry 类型的指针
entry（IUnknownEntry 类是 IUnknown 类的子类）。然后再判断 entry->ver 的值（接口
的版本）是否符合要求（即是否匹配第 2 个参数 SERVER_PROXY_VER 的值，见代码清单 7-71）。
如果不符合要求，则会导致无法添加 Router（见 7.3.3 节对 SAMGR_AddRouter()流程的
详细分析），不过对于 samgr 服务来说不存在这种情况。如果符合要求，则会将这个
IUnknownEntry 类对象（即 g_server 对象）的 iUnknown 指针赋值给第 3 个参数*target
用于返回，同时对该对象的引用计数加 1。

返回的第 3 个参数在代码清单 7-71 中对应的是 (void*)&serverProxy，serverProxy 是一个 IServerProxy 类型的指针，实际上也是一个 SamgrProxy 类型的对象指针（这些类型之间的继承关系，请读者结合图 7-13 来阅读代码进行理解）。serverProxy 指针会赋值到新生成的 Router router->proxy 字段上（见代码清单 7-71，更完整的代码见代码清单 7-57）。

对于 samgr EP 来说，router->proxy 对应了 g_server.iUnknown，因此 router->proxy->Invoke() 就对应了 g_server.iUnknown.Invoke()（请参考图 7-13 进行理解）。

在本书资源库提供的 "LTS1.1_LiteOS_A_小型系统服务启动和注册完整日志.txt" 文件中，我在调用 router->proxy->Invoke() 的地方把这个函数的地址打印出来，再在 g_server.iUnknown.Invoke() 中把它的地址也打印出来，通过两相对比可以看到两者指向同一个内存地址，这也确认了两者是同一个函数。对应的日志如日志清单 7-30 所示。

日志清单 7-30　g_server.iUnknown.Invoke()接口的使用

```
[endpoint] EP[samgr]{0x253fbc60} Dispatch(IPC_MSG->'samgr'): SendSharedDirectRequest
(handle[HandleIpc.0x249cdc40])
    TaskEntry(samgr:Qid[624934512]) Recv_MSG[MSG_DIRECT]:/DirectRequest by handle
(0x249cdc40)
        request.msgId[0]+msgValue[-1] -->> Sid[3],Fid[-1],Qid[0]
[endpoint] HandleIpc{0x249cdc40}: router(samgr)->proxy->Invoke(0x24978b20)
[samgr_server] Invoke(0x24978b20): ProcEndpoint()
[samgr_server] ProcEndpoint(SamgrServer, OP_POST, ...): CallingPid[5]/Uid[7]/Tid[61]
```

除 samgr EP 外，其他所有客户端 EP 的 Vector routers 中的每个 Router，也都有一个 IServerProxy *proxy 字段，这个 proxy 指针也都以类似的方式与 Router 对应的服务或特性结构体中的 .iUnknown 字段产生对应关系，这样别的进程就可以通过使用 proxy->Invoke() 的方式跨进程调用本进程的服务或特性的 .iUnknown 中提供的对外接口了。

4. 通过 Invoke() 提供的服务

上文提到，IPC 消息接收端 EP 通过在 HandleIpc() 函数中调用 router->proxy->Invoke() 接口来处理该 IPC 消息。对于 samgr EP，router->proxy->Invoke() 则直接对应了 g_server.iUnknown.Invoke()，这个 Invoke() 函数是 samgr 服务（或者服务管理者 SamgrServer g_server）对 OpenHarmony 系统提供服务的总入口。

下面我们看一下 samgr 服务通过 Invoke() 函数提供了哪些服务以及具体是如何提供服务的。

g_server 的 Invoke() 函数的定义如代码清单 7-73 所示。

代码清单 7-73　//foundation/distributedschedule/samgr_lite/samgr_server/source/samgr_server.c

```
static ProcFunc g_functions[] = {  //函数指针数组
    //客户端 EP 向服务管理者调用 EP 相关的服务（注册 EP）
    [RES_ENDPOINT] = ProcEndpoint,
    //客户端 EP 向服务管理者调用特性相关的服务（注册特性、查询特性）
    [RES_FEATURE] = ProcFeature,
    //客户端 EP 向服务管理者调用系统能力相关的服务
```

```
        //包括添加一项系统能力、获取一项系统能力、获取全部系统能力的列表
        [RES_SYSCAP] = ProcSysCap,
};

static int32 Invoke(IServerProxy *iProxy, int funcId,
                     void *origin, IpcIo *req, IpcIo *reply)
{
        //使用宏 GET_OBJECT()把 IServerProxy *iProxy 这个 IUnknown 类型的指针
        //向下转型为 SamgrServer *server 指针（见 7.2.1 节对 IUnknown 接口类的分析）
        SamgrServer *server = GET_OBJECT(iProxy, SamgrServer, iUnknown);

        //IpcIo *req 参数是 IPC 消息发送者进程经过序列化处理后传递给当前 EP 的参数列表
        //当前 EP 的 boss 线程通过代码清单 7-68 中的 Request request.data 字段对其
        //打包和传输，再经过相关函数的提取和重新打包后，最终送入 Invoke()函数使用
        //这里从 IpcIo *req 中解析出 resource 和 option 两个参数备用
        int32 resource = IpcIoPopUint32(req);
        int32 option = IpcIoPopUint32(req);

        if (server == NULL || resource >= RES_BUTT ||
            resource < 0 || g_functions[resource] == NULL) {
          return EC_INVALID;
        }
        //通过 resource 参数确定使用函数指针数组 g_functions[]中的哪个函数
        //再结合其他参数确定需要对 IPC 消息发送者提供哪些具体的服务
        return g_functions[resource](server, option, origin, req, reply);
}
```

Invoke()函数会根据 IPC 传过来的参数将消息分为如下 3 类，并选择使用函数指针数组中对应的函数分别进行处理：

● RES_ENDPOINT 类消息；

● RES_FEATURE 类消息；

● RES_SYSCAP 类消息。

下面我们看一下 Invoke()函数对这 3 类消息的处理详情。

RES_ENDPOINT 类消息

RES_ENDPOINT 类消息是其他进程（包括 foundation 进程）的客户端 EP 在执行 RegisterRemoteEndpoint()函数向 samgr EP 注册自己时，通过 IPC 发过来的消息。如代码清单 7-61 所示，客户端 EP 在注册 EP 时对 IPC 消息的大类、小类以及其他参数都以序列化的方式写入 IpcIo req 中并传送到 g_server 的 Invoke()函数。

在 g_server 的 Invoke()函数中会通过 IpcIo req 中的 resource 参数确认消息的大类是 RES_ENDPOINT 类，因此会调用函数指针数组中的 ProcEndpoint()来处理该消息（见代码清单 7-73 最后一行代码）。

ProcEndpoint()函数的定义如代码清单 7-74 所示。

代码清单 7-74 //foundation/distributedschedule/samgr_lite/samgr_server/source/samgr_server.c

```
static int ProcEndpoint(SamgrServer *server, int32 option,
                        void *origin, IpcIo *req, IpcIo *reply)
```

```
    {
        //ProcEndpoint()只处理OP_POST小类的消息（其他小类的消息直接返回失败）
        if (option != OP_POST) {
            IpcIoPushUint32(reply, (uint32)INVALID_INDEX);
            return EC_FAILURE;
        }
        //ipcMsg中包含了IPC消息发送者的身份信息（如Pid、Uid、Tid等）
        //这些信息是内核在封装IPC消息时填写进去的（不需要开发者手动填写）
        //ipcMsg经过转发和封装后对应ProcEndpoint()函数的origin参数
        pid_t pid = GetCallingPid(origin);
        PidHandle handle;
        ......
        //在g_server.store的PidHandle* maps本地存储中，根据pid查找PidHandle handle信息
        int index = SASTORA_FindHandleByPid(&g_server.store, pid, &handle);
        if (index == INVALID_INDEX) {
            SvcIdentity identity = { (uint32)INVALID_INDEX,
                                     (uint32)INVALID_INDEX,
                                     (uint32)INVALID_INDEX };
            //如果在本地存储中找不到有效的PidHandle handle信息，那就利用消息发起者进程的Tid信息
            //生成一个新的SvcIdentity identity = {handle, token, cookie}
            //里面的handle就是消息发起者的Tid（或者Tid经过内核映射后的一个序号）
            (void)GenServiceHandle(&identity, GetCallingTid(origin)); //生成新的identity
            ......
            //再根据新生成的SvcIdentity identity的信息配置PidHandle handle
            handle.pid = pid;
            handle.uid = GetCallingUid(origin);
            handle.handle = identity.handle;
            handle.deadId = INVALID_INDEX;
            //将PidHandle handle加入g_server.store的PidHandle* maps本地存储中
            //并按pid的值升序排序（方便使用的时候快速查找匹配pid的PidHandle handle）
            (void)SASTORA_SaveHandleByPid(&server->store, handle);
            ......
        }
        ......
        //查询到的PidHandle handle无论原来就在maps中，还是新生成然后添加到maps中
        //这里都把PidHandle handle.handle写入reply，然后通过IPC回传给发起注册的客户端EP
        //由客户端EP将其保存到自己的SvcIdentity identity的identity.handle中
        //这样一来，服务管理者g_server就通过这个handle与具体的客户端EP之间联系在一起了
        IpcIoPushUint32(reply, handle.handle); //把handle.handle序列化写入reply
        ......
    }
```

RES_ENDPOINT 类消息的处理过程如代码清单 7-74 中的注释部分所示，最终的结果就是 g_server.store->maps 记录了各个客户端 EP 所在进程的 PidHandle 信息（该结构体定义见代码清单 7-76）。

g_server.store 是一个 SAStore 类型的结构体变量，SAStore 是由一个链表和一个向量组成的数据结构组合体，其定义如代码清单 7-75 所示。

代码清单 7-75 //foundation/distributedschedule/samgr_lite/samgr_endpoint/source/sa_store.h

```
struct SAStore {
    Int saSize;
    ListNode *root;   //服务和特性的链表（下文的“RES_FEATURE类消息”小节会详细讲解）
    //由下面3个字段组成一个简化版的向量结构
    int16 mapSize;
    int16 mapTop;
    PidHandle *maps;  //PidHandle类型的数组（RES_ENDPOINT类消息操作的数据在这里）
};
```

PidHandle *maps 是一个 PidHandle 类型的数组 maps[mapSize]，可将其与 7.2.1
节的 SamgrLiteImpl 类中向量的**data 字段进行比较以方便理解。maps[]数组的每一个
元素都是一个 PidHandle 结构体，而每个 PidHandle 结构体则记录了向 samgr EP 注册过
的其他客户端 EP 的身份信息，如代码清单 7-76 所示。

代码清单 7-76 //foundation/distributedschedule/samgr_lite/samgr_endpoint/source/sa_store.h

```
struct PidHandle {
    pid_t pid;          //客户端 EP 所在进程的 Pid
    uid_t uid;          //客户端 EP 所在进程拥有者的 Uid
    uint32 handle;      //客户端 EP 的 boss 线程的 Tid (或者 Tid 经过内核映射后的一个序号)
    uint32 deadId;
};
```

经过 ProcEndpoint()处理之后的 PidHandle *maps 记录的信息如图 7-14 所示。

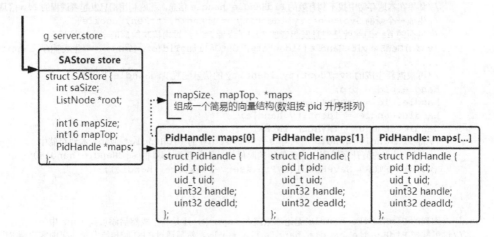

图 7-14 g_server.store->maps 的展开图

在本书资源库第 7 章目录下的 "LTS1.1_LiteOS_A_小型系统服务启动和注册完整日
志.txt" 文件中，我把 g_server 的 store->maps 部分信息打印出来，如日志清单 7-31
所示。

日志清单 7-31 g_server.store->maps 信息

```
.store:
{
    ......//省略 g_server 的前面部分的信息 (下面 maps 中未打印 deadId 字段信息)
    .maps: top[6]   //(PidHandle* ={pid, uid, handle, deadId})
     maps[0]: pid[ 5]/uid[ 7]/(*)handle[61](*)
     maps[1]: pid[ 6]/uid[ 8]/(*)handle[38](*)
     maps[2]: pid[ 7]/uid[ 1]/(*)handle[74](*)
     maps[3]: pid[ 9]/uid[ 0]/(*)handle[16](*)
     maps[4]: pid[10]/uid[ 0]/(*)handle[39](*)
     maps[5]: pid[11]/uid[ 2]/(*)handle[41](*)
}
```

借助于图 7-14 和日志清单 7-31，可以把客户端 EP 的身份信息在服务管理者内的存储结构
展示得比较清楚了。

RES_FEATURE 类消息

RES_FEATURE 类消息是其他进程（包括 foundation 进程）的客户端 EP 通过执行 SAMGR_ProcPolicy()或 RegisterRemoteFeatures()向 samgr EP 注册特性时，通过 IPC 发过来的消息（请读者自行阅读理解注册特性的相关流程；7.3.3 节有简单介绍），客户端 EP 在注册特性时对 IPC 消息的大类、小类以及其他参数都以序列化的方式写入 IpcIo req 中并传送到 g_server 的 Invoke()函数中。

对 RES_FEATURE 类消息是调用 ProcFeature()来处理的。RES_FEATURE 类消息又分为注册（OP_PUT）和查询（OP_GET）两个小类，它们通过 option 参数进行区别（见代码清单 7-73），分别调用 ProcPutFeature()和 ProcGetFeature()来处理。

注册类 RES_FEATURE 消息是客户端 EP 在启动和注册 EP 的过程中，通过调用 SAMGR_ProcPolicy()或 RegisterRemoteFeatures()向 samgr EP 注册特性而发送的 IPC 消息（请读者自行阅读理解这两个函数的相关流程）。

查询类 RES_FEATURE 消息是某个进程在尝试使用别的进程的服务或特性前，它的客户端 EP 先向 samgr EP 查询对应的服务或特性接口而发送的 IPC 消息（7.3.6 节有实例分析）。

在详细分析 RES_FEATURE 消息的处理流程之前，我们需要先了解一下特性的相关信息在 g_server 中的存储结构。

g_server.store 是一个 SAStore 类型的结构体变量，SAStore 是由一个链表和一个向量组成的数据结构组合体，特性的相关数据就存在该结构体的 ListNode *root 链表上，如代码清单 7-77 所示。

代码清单 7-77 //foundation/distributedschedule/samgr_lite/samgr_endpoint/source/sa_store.h

```
struct SAStore {
    Int saSize;
    ListNode *root;    //存储服务和特性相关信息的链表
    int16 mapSize;
    int16 mapTop;
    PidHandle *maps;
};
```

ListNode *root 是指向一个链表头部节点的指针，链表上的每一个节点都记录了通过客户端 EP 注册进来的一个服务的相关信息，因此该链表可称为服务链表。服务链表上的每个节点内又包含了一个子链表，子链表的每个节点又记录了通过客户端 EP 注册进来的一个特性的相关信息，因此该子链表又可称为特性子链表。将 ListNode *root 的链表结构以图的形式展现，如图 7-15 所示。

下面我们来分别看一下客户端 EP 注册的服务和特性如何加入到 ListNode *root 链表中，以及客户端 EP 查询服务和特性时如何从 ListNode *root 链表中找到匹配的节点。

- 注册类 RES_FEATURE 消息的处理

前文提到，注册类 RES_FEATURE 消息是由 ProcPutFeature()函数来处理的，该函数的实现如代码清单 7-78 所示。

代码清单 7-78 //foundation/distributedschedule/samgr_lite/samgr_server/source/samgr_server.c

```
//ProcPutFeature()的参数列表概况: [in]表示输入的信息, [out]表示返回的信息
//SamgrServer *server[in], const void *origin[in], IpcIo *req[in],
//IpcIo *reply[out], SvcIdentity *identity[out]
static int32 ProcPutFeature(SamgrServer *server, const void *origin,
                            IpcIo *req, IpcIo *reply, SvcIdentity *identity)
{
    size_t len = 0;
    //从 IPC 传过来的序列化参数中获取服务的名字
    char *service = (char *)IpcIoPopString(req, &len);
    ......
    //从 IPC 传过来的序列化参数中获取客户端 EP 所在进程的 Pid, 通过它可以在
    //g_server.store->maps 向量中查到该进程所注册的专用于进程间通信的 boss 线程的 handle
    pid_t pid = GetCallingPid(origin);
    uid_t uid = GetCallingUid(origin);
    //从 IPC 传过来的序列化参数中获取特性的名字
    char *feature = IpcIoPopBool(req) ? NULL : (char *)IpcIoPopString(req, &len);
    PidHandle handle;
    //从 g_server.store->maps 向量中查找匹配 Pid 和 Uid 的元素, 返回对应的 handle 和 index
    int index = SASTORA_FindHandleByUidPid(&server->store, uid, pid, &handle);
    //客户端 EP 的信息对应记录在 g_server.store->maps[index]中
    //如果返回的 index 值是无效的, 说明 g_server.store->maps 中没有这个客户端 EP 的信息
    //即客户端 EP 还没有注册到服务管理者, 因此注册特性失败
    if (index == INVALID_INDEX) {
        ......
        return EC_NOSERVICE;   //查询特性失败, 返回无服务节点的错误信息
    }
    //在 g_server.store->root 链表中查找匹配服务名字和特性名字的节点
    //如果找到匹配的节点, 就把节点中的{handle, token}等信息提取到 SvcIdentity identity 中
    //如果找不到匹配的节点, 则 SvcIdentity identity 中对应字段将会是 INVALID_INDEX 的值
    *identity = SASTORA_Find(&server->store, service, feature);
    if (identity->handle != INVALID_INDEX && identity->handle != handle.handle) {
        //如果 identity->handle 不等于 INVALID_INDEX, 表示找到了匹配服务名字的服务节点
        //如果 identity->handle 不等于 handle.handle, 表示找到的服务节点提供的 handle 与
        //从 g_server.store->maps 向量中找到的 EP 的 handle 不匹配
        //则说明注册当前特性的 EP, 并不是真正拥有这个特性的 EP, 因此注册特性失败
        MUTEX_Unlock(server->mtx);
        IpcIoPushInt32(reply, EC_INVALID);
        return EC_INVALID;
    }
    //如果 identity->handle 等于 INVALID_INDEX, 表示在 g_server.store->root
    //链表中还没有对应的服务节点
    //或者, 链表中有对应的服务节点, 而且 identity->handle 等于 handle.handle
    //就可以注册这个服务或特性到 g_server.store->root 链表中了
    identity->token = IpcIoPopUint32(req);
    identity->handle = handle.handle;
    ......//通过 g_server.ipcAuth 的相关接口进行权限相关的判断以确定该特性的访问权限策略
    //按照 identity 给出的 handle 和 token, 把服务或特性节点插入链表中, 完成注册
    ret = SASTORA_Save(&server->store, service, feature, identity);
    ......
    //printf("[samgr_server] ProcPutFeature([%s]/handle[%d], [%s]/token[%d])
    //      -->>g_server.store->List:S/F -> OK\n",
    //      service, identity->handle, feature, identity->token);
    //给发起注册特性的 EP 回复响应信息, 该响应消息中包含了该特性的访问权限策略信息
```

```
    TransmitPolicy(ret, identity, reply, policy, policyNum);
    ......
}
```

需要注意的是，在 ProcPutFeature() 的流程中，客户端 EP 是先注册 EP，在 g_server. store->maps 向量中记录了对应的 handle 后，才注册特性。而且，在向 g_server. store->root 的服务链表中添加服务节点时，服务节点的 ServiceInfo service[x].handle 字段，一定与 g_server.store->maps[y].handle 相匹配，而对应的 maps[y].pid 字段 又与注册特性的客户端 EP 所在进程的 Pid 相匹配。在向服务链表中具体服务节点的特性链表 中添加特性节点时，特性节点的 FeatureNode feature[z].token 字段，一定与这个特性 在客户端 EP 中的 Routers 向量中的位置编号相匹配（这部分请结合图 7-14 和图 7-15 进行 理解）。

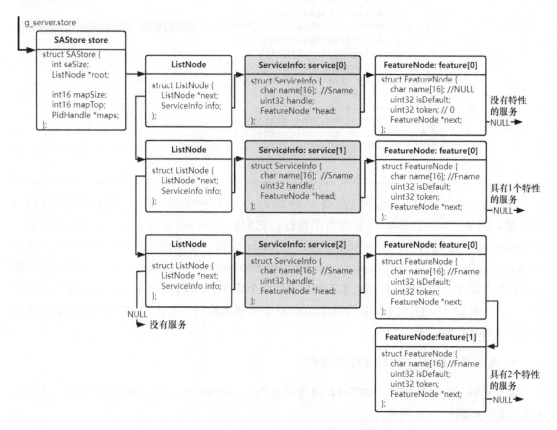

图 7-15　g_server.store->root 链表展开图

g_server.store->root 链表在经过 ProcPutFeature() 处理之后，里面会有各个进 程的客户端 EP 注册到服务管理者中的服务和特性的详细信息，这些服务和特性可以对其他进 程提供服务。

在本书资源库第 7 章目录下的"LTS1.1_LiteOS_A_小型系统服务启动和注册完整日 志.txt"文件中，我把 g_server.store->root 链表部分的关键信息打印出来，如日志清 单 7-32 所示。

日志清单 7-32　g_server.store->root 链表记录的服务和特性相关信息

```
.store:
{
    .List: S/F    //handle 对应客户端 EP 的线程 ID, token 对应客户端 EP 的 Router->data[token]
        S[0]  : [appspawn]/handle[74]
          F[0]: []/token[0])    //appspawn 服务没有特性, 因此特性名为空; 下同
        S[1]  : [ai_service]/handle[41]
          F[0]: []/token[0])
        S[2]  : [sensor_service]/handle[39]
          F[0]: []/token[0])
        S[3]  : [IMS]/handle[16]
          F[0]: []/token[1])
        S[4]  : [bundle_daemon]/handle[38]
          F[0]: []/token[0])
        S[5]  : [WMS]/handle[16]
          F[0]: []/token[0])
        S[6]  : [bundlems]/handle[61]
          F[0]: [BmsFeature]/token[6])    //bundlems 服务有两个特性, 它们的 token 分别是 6 和 4
          F[1]: [BmsInnerFeature]/token[4])
        S[7]  : [abilityms]/handle[61]
          F[0]: [AmsFeature]/token[5])
          F[1]: [AmsInnerFeature]/token[3])
        S[8]  : [power_service]/handle[61]
          F[0]: [power_feature]/token[1])
        S[9]  : [permissionms]/handle[61]
          F[0]: [PmsInnerFeature]/token[2])
          F[1]: [PmsFeature]/token[0])
    ......
}
```

在日志清单 7-32 中可以看到注册到 g_server.store->root 链表中的服务和特性的相关信息。例如, bundlems 服务有两个特性, 它们的 token 分别是 6 和 4, 这表示在 foundation 进程的 RemoteRegister g_remoteRegister{0x249d12c8} 中, 它的 endpoint{0x24a92a10}->routers 列表中的 routers[6] 和 routers[4] 两个特性已经注册到服务管理中, 其他进程可以查询和使用这两个特性了。读者可以在日志文件中搜索关键字 "0x249d12c8" 进行过滤, 以查看 foundation 进程的相关信息, 然后再与日志清单 7-32 中的链表信息互相印证。

● 查询类 RES_FEATURE 消息的处理

前文提到, 查询类 RES_FEATURE 消息是由 ProcGetFeature() 函数来处理的, 该函数的实现如代码清单 7-79 所示。

代码清单 7-79　//foundation/distributedschedule/samgr_lite/samgr_server/source/samgr_server.c

```
static int32 ProcGetFeature(SamgrServer *server, const void *origin,
                            IpcIo *req, IpcIo *reply, SvcIdentity *identity)
{
    size_t len = 0;
    //从 IPC 传过来的序列化参数中获取服务的名字
    char *service = (char *)IpcIoPopString(req, &len);
    ......
    //从 IPC 传过来的序列化参数中获取特性的名字
    char *feature = IpcIoPopBool(req) ? NULL : (char *)IpcIoPopString(req, &len);
    //在 g_server.store->root 链表中查找匹配服务名字的服务节点, 再在服务节点的
```

```
//特性子链表中查找匹配特性名字的特性节点，找到后，从服务节点中分离出 handle
//并从特性节点中分离出 token，然后把 handle 和 token 放到 identity 中返回
MUTEX_Lock(server->mtx);
*identity = SASTORA_Find(&server->store, service, feature);

//返回的 handle 为无效值，表示在 g_server.store->root 链表中没有匹配的服务节点
if (identity->handle == INVALID_INDEX) {
    ......
    return EC_NOSERVICE;  //查询特性失败，返回无服务节点的错误信息
}
//如果 handle 有效，就在 g_server.store->maps 向量中查找与该 handle 匹配的单元
//然后把匹配单元的信息提取到 PidHandle providerPid 中备用（请参考图 7-14 进行理解）
PidHandle providerPid = SASTORA_FindPidHandleByIpcHandle(&server->store,
identity->handle);
MUTEX_Unlock(server->mtx);
//接下来就是针对这个 PidHandle providerPid 进行各种有效性、访问权限等相关判断
//如果判断通过，则表示发起查询特性 IPC 消息的进程可以使用这个特性
//如果判断不通过，则表示发起查询特性 IPC 消息的进程没有权限使用这个特性，会返回失败
if (providerPid.pid == INVALID_INDEX || providerPid.uid == INVALID_INDEX) {
    ......
    return EC_FAILURE;
}
......
//最后会把 handle 和 token 信息返回给发起查询特性 IPC 消息的进程对应的客户端 EP
}
```

在 7.3.6 节描述的场景中，会向服务管理者发起查询类 RES_FEATURE 消息。

在该场景中，进程 A 想要使用进程 B 提供的服务或特性，进程 A 会首先向服务管理者发起查询类 RES_FEATURE 消息，查询 SaName 二元组为（B_SName, B_FName）的 EP 的信息。如果查询结果有效，进程 A 会获取一个有效的 SvcIdentity identity，而 identity.handle 就是进程 B 的客户端 EP 中 boss 线程的 ID（即通信地址），identity.token 则表示由进程 B 的客户端 EP 的 Router 列表中的 routers[token]这个 Router 来处理 A 进程发给进程 B 的 IPC 消息。如果查询结果无效，则表示进程 B 中不存在进程 A 想要使用的服务或特性。

RES_SYSCAP 类消息

RES_SYSCAP 类消息又分为 3 个小类，分别是添加一项系统能力（OP_PUT）、获取一项系统能力（OP_GET）、获取所有系统能力列表（OP_ALL）。这 3 个小类的消息都是调用 ProcSysCap()来处理的，但在 ProcSysCap()函数中会通过小类的参数（OP_PUT、OP_GET、OP_ALL）进行区分，然后再分别调用不同的函数进一步处理。

在 samgr 服务的注册和启动阶段执行通过 SYS_SERVICE_INIT() 宏修饰的 InitializeRegistry()函数中（见代码清单 7-62），就是通过调用 ParseSysCap()函数来读取和分析/etc/system_capability.json 文件（该文件是//foundation/distributedschedule/samgr_lite/config/system_capability.json 的副本），将全部的系统能力按指定的格式添加到 g_server.sysCapabilitys 向量中。

将 g_server.sysCapabilitys 向量展开，如图 7-16 所示。

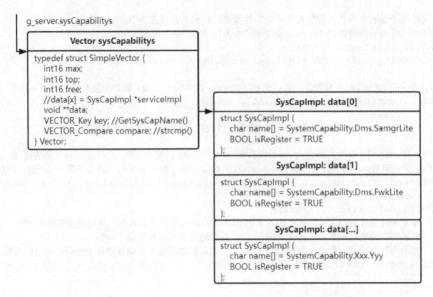

图 7-16　g_server.sysCapabilitys 向量的展开图

对于 RES_SYSCAP 类消息的上述 3 个小类的消息，都按向量的操作方法对 g_server.sysCapabilitys 的数据进行操作即可，相对来说都比较简单，读者可自行阅读 ProcSysCap() 函数的实习代码进行理解。

5. 服务管理者的完整信息

当所有的客户端 EP 向服务管理者注册完 EP、服务、特性之后，服务管理者就完整地记录了所有系统进程（shell、apphilogcat 等进程除外）可对其他进程提供的服务、特性、IPC 通信地址等重要的信息。

将服务管理者 SamgrServer g_server 的部分关键信息打印到日志中，如日志清单 7-33 所示。

日志清单 7-33　g_server 的部分关键信息展示

```
****************************************************
DbgParse_g_server(1)[0-EP, 1-Feature, 2-SysCap, 3-, 4-PrintAfterRegisterSamgr]
.identity: {Sid[3], Fid[-1], Qid[624934512]}  //samgr 服务的任务的身份信息
.EP: [samgr]{0x253fbc60}
{
  routers    : top[1]
  {
    token[0]: SaName  : {samgr, (null)}
             identity : {Sid[3], Fid[-1], Qid[624934512]}  //samgr 服务的任务
                                                           //的身份信息
             proxy    : {0x2497c018}(&.iUnknown)
             policyNum: {0}
  }
  ThreadId   : boss_Tid[0x25465d7c] //EP do IPC on this task
  SvcIdentity: {handle[0], token[0]}  //samgr EP 的身份信息（硬编码为全 0）
}
.store: //g_server.store 中存储的关键信息
{
  .List: S/F    //handle 对应客户端 EP 的线程 ID, token 对应客户端 EP 的 Router->data[token]
       S[0]  : [appspawn]/handle[74]  //服务链表上的节点
```

```
            F[0]:  []/token[0])    //服务链表上的节点的特性子链表（只有一个空的节点）
       S[1]   : [ai_service]/handle[41]
         F[0]:  []/token[0])
       S[2]   : [sensor_service]/handle[39]
         F[0]:  []/token[0])
       S[3]   : [IMS]/handle[16]
         F[0]:  []/token[1])
       S[4]   : [bundle_daemon]/handle[38]
         F[0]:  []/token[0])
       S[5]   : [WMS]/handle[16]
         F[0]:  []/token[0])
       S[6]   : [bundlems]/handle[61]    //服务链表上的节点
         F[0]:  [BmsFeature]/token[6])   //服务链表上的节点的特性子链表（有两个节点）
         F[1]:  [BmsInnerFeature]/token[4])
       S[7]   : [abilityms]/handle[61]
         F[0]:  [AmsFeature]/token[5])
         F[1]:  [AmsInnerFeature]/token[3])
       S[8]   : [power_service]/handle[61]
         F[0]:  [power_feature]/token[1])
       S[9]   : [permissionms]/handle[61]
         F[0]:  [PmsInnerFeature]/token[2])
         F[1]:  [PmsFeature]/token[0])
  .maps: top[6]  //(PidHandle* ={pid, uid, handle, deadId})
    maps[0]: pid[ 5]/uid[ 7]/(*)handle[61](*) //未打印 deadId 字段
    maps[1]: pid[ 6]/uid[ 8]/(*)handle[38](*)
    maps[2]: pid[ 7]/uid[ 1]/(*)handle[74](*)
    maps[3]: pid[ 9]/uid[ 0]/(*)handle[16](*)
    maps[4]: pid[10]/uid[ 0]/(*)handle[39](*)
    maps[5]: pid[11]/uid[ 2]/(*)handle[41](*)
  }
  .sysCapabilitys: top[25](Vector)
  *******************************************************
```

在日志清单 7-33 中，.List 部分（对应 g_server.store->root 链表）列出来的服务
和特性是目前系统中不同进程之间能够相互访问的所有服务和特性。至于不同进程之间是如何
互访的，请见 7.3.6 节的分析。

7.3.6 客户端 EP 与客户端 EP 的 IPC 交互

假设进程 A 中的线程 Aa（对应服务 Aa）想要调用某个服务或特性的接口，那么这个接口
可能是进程 A 自己的线程 Ab（对应服务 Ab）提供的，也可能是进程 B 的线程 Bc（对应服务
Bc）提供的。

如果线程 Aa 想调用的服务或特性的接口是由 A 进程的线程 Ab 提供的，则线程 Aa 只需要
向自己进程的 SamgrLiteImpl g_samgrImpl 查询服务和特性名字，就可以获得对应的
IUnknown *iUnknown 接口，即通过执行：

```
SAMGR_GetInstance()->GetDefaultFeatureApi(SERVICE_NAME)
```

或者

```
SAMGR_GetInstance()->GetFeatureApi(SERVICE_NAME, FEATURE_NAME)
```

来查询和获取 IUnknown *iUnknown 接口。在这两个执行语句中，GetDefaultFeatureApi() 函
数中实际上还是通过调用 GetFeatureApi() 函数来实现的。

因为线程 Aa 和通过上述语句查询并获取的接口在同一个进程内，所以线程 Aa 可以直接调用获取到的接口来使用对应的服务（如 7.2.3 节中的 soa 测试程序所做的那样）。

如果线程 Aa 想要调用的服务或特性的接口是由进程 B 的线程 Bc 提供的，则线程 Aa 在进程 A 中通过 GetFeatureApi() 肯定找不到这个服务或特性的记录。GetFeatureApi() 函数的实现如代码清单 7-80 所示。

代码清单 7-80 //foundation/distributedschedule/samgr_lite/samgr/source/samgr_lite.c

```
static IUnknown *GetFeatureApi(const char *serviceName, const char *feature)
{
    //同一进程内的不同服务，可以直接通过该进程的 g_samgrImpl 的 GetFeatureApi()
    //来查询本进程提供的服务和特性接口，g_samgrImpl 直接将查询结果返回即可使用
    ServiceImpl *serviceImpl = GetService(serviceName);   //在本进程内查找
    if (serviceImpl == NULL) {
        //但是，如果本进程没有记录名为 serviceName 的服务对象，那就需要通过调用
        //SAMGR_FindServiceApi(serviceName, feature)来向 foundation 进程中的
        //服务管理者查询其他进程是否提供了二元组(serviceName,feature)所对应的接口
        return SAMGR_FindServiceApi(serviceName, feature);
    }
    ......
    //在本进程内查找到匹配服务名和特性名的服务接口，就可以直接返回和使用
    //不涉及跨进程的服务或特性接口调用
}
```

所以，在跨进程调用服务或特性接口时，入口为 SAMGR_FindServiceApi() 函数。

由于 SAMGR_FindServiceApi() 函数和相关的辅助函数都涉及对 Remote Register g_remoteRegister.clients 这个字段的操作，所以在展开分析 SAMGR_FindServiceApi() 函数前，我们先来简单理解一下 g_remoteRegister.clients 的数据结构的细节和作用。

g_remoteRegister.clients 是一个向量（与前文多次提到的其他向量一样），本进程的 RemoteRegister g_remoteRegister 在初始化时，也对这个向量做了配置（见代码清单 7-56）。

将 g_remoteRegister.clients 和与之相关的数据结构展开，如图 7-17 所示。

在图 7-17 中，向量中的每一个元素 clients->data[x]都是一个 IUnknown *proxy 类型的指针，该指针指向一个客户端代理接口类（即 IClientProxy 类）对象的 .iUnknown 字段（见图 7-17 中 data[x]与它正右方的箭头指向的 .iUnknown）。

我们可以将这个 clients->data[x] 指针（即 .iUnknown 的地址）向下转型回 IClientProxy 类型的指针，再通过这个指针访问 IClientProxy 类的 Invoke()函数；或者将这个 clients->data[x]指针（即 .iUnknown 的地址）向下转型回 IDefaultClient 类型的指针，再通过这个指针访问 IDefaultClient 类对象的 IClientHeader header 字段内的 SaName key、SvcIdentity target 等字段。

图 7-17 中的每一个 IDefaultClient client[x]对象对应一条信息，该条信息记录了本进程调用过的由其他进程提供的服务接口和身份信息（这些信息由本进程的客户端 EP 向 samgr EP

查询而获取）。这样本进程在再次使用这些服务接口时，在本进程的 g_remoteRegister. clients 向量中查询就能获得这些信息并直接使用，不需要再次通过客户端 EP 向 samgr EP 发送 IPC 消息进行查询（OpenHarmony 的 IPC 效率虽然很高，但不需要进行 IPC 的直接函数调用的效率更高）。

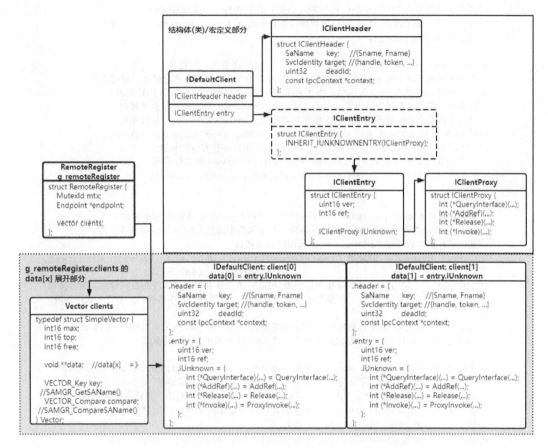

图 7-17　g_remoteRegister.clients 展开图

请读者结合 IDefaultClient、IClientProxy 等相关结构体在代码中的定义，深入理解一下图 7-17 中所示的各个数据结构之间的继承关系和转换关系，以便为理解本节接下来要分析的内容打好基础。

接下来，我们将从 SAMGR_FindServiceApi() 函数开始，深入分析跨进程的服务调用流程。

1. 查找远程服务接口

前文提到，进程 A 通过 GetFeatureApi() 函数在本进程内查找服务或特性的接口，如果返回的结果（即 ServiceImpl *serviceImpl）为 NULL，表示进程 A 中没有提供所查找的服务或特性的接口。这时进程 A 需要通过调用 SAMGR_FindServiceApi() 函数向服务管理者查询匹配{服务名，特性名}二元组的远程接口（即其他进程提供的接口）。

SAMGR_FindServiceApi() 的实现如代码清单 7-81 所示。

代码清单 7-81　//foundation/distributedschedule/samgr_lite/samgr_client/source/remote_register.c

```
IUnknown *SAMGR_FindServiceApi(const char *service, const char *feature)
{
    ......
    //进程 A 调用 SAMGR_FindServiceApi()时，还在进程 A 的地址空间内
    //通过 InitializeRegistry()函数确认本进程的 g_remoteRegister 的有效性
    InitializeRegistry();

    SaName key = {service, feature};      //{服务名，特性名}二元组
    //查询名字为 SaName key 二元组的 IUnknown* proxy 接口是否已经在当前进程的
    //g_remoteRegister.clients 中（见图 7-17 的 clients->data 指针列表）
    //如果在，说明之前已经查询和保存了 SaName key 二元组对应的远程服务接口
    //再次使用这个远程服务接口时，直接返回对应的 IUnknown *proxy 接口即可
    int index = VECTOR_FindByKey(&g_remoteRegister.clients, &key);
    if (index != INVALID_INDEX) {   //进程 A 中已存在有效的记录
        //返回 clients->data[index]所指向的.iUnknown 的地址即可
        return VECTOR_At(&g_remoteRegister.clients, index);
    }

    //如果在进程 A 本地的 g_remoteRegister.clients 中找不到想要的服务接口
    //则会调用 SAMGR_CreateIProxy()函数，在该函数中通过 IPC 向服务管理者查询
    //其他进程提供的匹配 SaName key 二元组的服务接口
    IUnknown *proxy = SAMGR_CreateIProxy(g_remoteRegister.endpoint->context,
                                         service, feature);
    if (proxy == NULL) {   //如果返回为 NULL，表示服务管理者也没有找到对应的服务接口
        return NULL;       //整个系统都没有进程 A 想要使用的服务接口，最终会调用失败
    }
    //如果返回的 proxy 指针不为 NULL，则表示它指向新生成的 IDefaultClient client
    //对象的 entry.iUnknown 字段，且对该.iUnknown 对象的引用已经加 1

    //再次调用 VECTOR_FindByKey()在进程 A 本地的 g_remoteRegister.clients 中查询
    //名字为 SaName key 二元组的 IUnknown* proxy 接口是否已经存在
    //如果存在，则首先释放掉新生成的 IDefaultClient client 对象，然后直接返回本地的
    //g_remoteRegister.clients->data[index]中记录的 IUnknown *proxy 指针即可
    MUTEX_Lock(g_remoteRegister.mtx);
    index = VECTOR_FindByKey(&g_remoteRegister.clients, &key);
    if (index != INVALID_INDEX) {
        MUTEX_Unlock(g_remoteRegister.mtx);
        proxy->Release(proxy);   //释放新生成的 IDefaultClient client 对象
        return VECTOR_At(&g_remoteRegister.clients, index);
    }

    //如果在上一步的再次查询中依然确认名字为 SaName key 二元组的 IUnknown* proxy 接口
    //没有在本地的 g_remoteRegister.clients 中，这里就把 IUnknown *proxy 指针（指向
    //新生成的 IDefaultClient client 对象的 entry.iUnknown 字段）添加到进程 A 本地的
    //g_remoteRegister.clients->data[x]中（相当于在本地缓存，方便以后再次使用）
    VECTOR_Add(&g_remoteRegister.clients, proxy);
    MUTEX_Unlock(g_remoteRegister.mtx);
    //最后把 IUnknown *proxy 指针返回给进程 A 中调用 SAMGR_FindServiceApi()查询
    //服务接口的线程，以使用其中的服务接口（主要是使用其中的 Invoke()接口）
    return proxy;
}
```

对 SAMGR_FindServiceApi()函数的详细流程分析，已经以注释的形式写在代码清单 7-81 中，这里不再赘述。

2. 创建远程服务接口的代理

在代码清单 7-81 中，SAMGR_FindServiceApi() 函数会调用 SAMGR_CreateIProxy()
来创建远程服务接口的代理，以便在当前进程中使用远程的服务。

SAMGR_CreateIProxy() 的流程及部分解释如代码清单 7-82 所示。

代码清单 7-82 //foundation/distributedschedule/samgr_lite/samgr_endpoint/source/default_
client.c

```
IUnknown *SAMGR_CreateIProxy(const IpcContext *context,
                        const char *service, const char *feature)
{
    //调用 QueryIdentity()通过 IPC 向 samgr EP 发送 RES_FEATURE 类的 OP_GET 消息
    //向 foundation 进程中的服务管理者查询名字为{服务名，特性名}二元组的服务接口
    //服务管理者在 g_server.store->root 链表中查找匹配该二元组的服务节点和特性节点
    //将对应的 handle 和 token 的值写入 SvcIdentity identity，然后返回
    SvcIdentity identity = QueryIdentity(context, service, feature);
    if (identity.handle == INVALID_INDEX) {
        //如果远程查询并返回无效的 identity.handle，表示服务管理者的 g_server.store
        //也没有记录匹配{服务名，特性名}二元组的服务接口，即整个系统都没有进程 A 想要
        //使用的服务接口，最终会调用失败
        return NULL;
    }
    //如果远程查询并返回有效的 SvcIdentity identity.handle，则说明 handle 对应的进程
    //提供了进程 A 想要使用的服务接口

    //接下来使用{服务名，特性名}二元组的信息创建一个 IDefaultClient 类型的对象
    //并把*client 指针指向新创建的对象
    IDefaultClient *client = SAMGR_CreateIClient(service, feature, sizeof
(IClientHeader));
    if (client == NULL) {  //创建 IDefaultClient 对象失败
        //直接申请一块内存，以此作为 IDefaultClient 对象的替身
        client = SAMGR_Malloc(sizeof(IDefaultClient));
        if (client == NULL) {  //申请内存失败，直接返回 NULL 指针
            return NULL;
        }
        //配置替身对象的 client->entry 字段为 DEFAULT_ENTRY 值
        //即配置 entry.ver 字段的值配置为 0x60（请结合图 7-17 进行理解）
        client->entry = DEFAULT_ENTRY;
    }

    //将新创建的 IDefaultClient *client 对象的 client->header 字段的信息填好
    //关键信息是 identity.handle，通过这个 handle 可以向提供远程服务接口的进程
    //对应的客户端 EP 发送 IPC 消息以使用对应的远程服务
    IClientHeader *header = &client->header;
    header->target = identity;   //关键信息结构体（包含 handle、token 等信息）
    header->key.service = service;
    header->key.feature = feature;
    header->context = context;
    //向 IPC 管理模块注册死亡回调函数（即当远程服务接口注销时，IPC 管理模块会回调在这里
    //注册的 OnServiceExit()函数，将记录在本进程的
    //g_remoteRegister.clients->data[x]中的 IDefaultClient *client 对象标记为
    //无效状态，避免再次使用已注销的远程服务接口）
    (void)RegisterDeathCallback(context, identity,
                            OnServiceExit, client, &header->deadId);

    //将新创建的 IDefaultClient *client 对象的 client->entry 字段的信息填好
    //为 entry->iUnknown 接口对象映射默认的接口
```

```
            //以后调用 IClientProxy 类对象的 Invoke()时，相当于直接调用 ProxyInvoke()
            //然后 ProxyInvoke()再通过 IPC 去调用其他进程对应的服务提供的 invoke()接口
            IClientEntry *entry = &client->entry;
            entry->iUnknown.Invoke = ProxyInvoke;
            entry->iUnknown.AddRef = AddRef;
            entry->iUnknown.Release = Release;

            //最后将 entry.iUnknown 字段的地址返回给 SAMGR_CreateIProxy()的调用者
            return GET_IUNKNOWN(*entry);
    }
```

借助于 SAMGR_CreateIProxy() 的执行步骤，将线程 Aa 想要的远程服务或特性接口保存到 A 进程的 g_remoteRegister.clients->data[x] 中，线程 Aa 也获得了一个 IUnknown *iUnknown 类型的指针。

如本节开头对 g_remoteRegister.clients 数据结构的分析所述，线程 Aa 可以将 IUnknown *iUnknown 指针向下转型回 IClientProxy 类对象指针、IClientEntry 类对象指针、IDefaultClient 类对象指针，再通过 IClientProxy 类对象指针去访问 Invoke() 函数（相当于调用远程服务的接口），或者通过 IDefaultClient 类对象指针去访问 IClientHeader header 字段内的 SaName key、SvcIdentity target 等字段。

3. 确认客户端 EP 的 IPC 交互过程

下面请跟着本书资源库第 7 章目录下的 "LTS1.1_LiteOS_A_小型系统服务启动和注册完整日志.txt" 文件，确认一遍本节所分析的从 GetFeatureApi() 到 SAMGR_CreateIProxy() 的流程。

在整份完整的日志文件中，很多服务都是通过 Initialize() 函数来初始化和启动的，然后与其他服务进行交互。在经过比较和筛选后，我找到了位于 bundle_daemon_client.cpp 文件中的 Initialize() 函数，并以该函数所初始化的服务作为例子进行分析，以验证前文所分析的客户端 EP 之间的 IPC 交互过程。

在日志文件中搜索关键字 "bundle_daemon_client"，可得到 3 条记录。

先看第一条记录后的一段日志，如日志清单 7-34 所示。

日志清单 7-34　bundlems 服务查询 bundle_daemon 服务的服务接口，结果以失败告终

```
{[bundle_daemon_client]} Initialize: GetDefaultFeatureApi(bundle_daemon)
[samgr_lite] GetFeatureApi(S[bundle_daemon], F[(null)]) -> NO serviceImpl:
SAMGR_FindServiceApi(S,F)
//GetFeatureApi()在本进程中找不到匹配的服务
//因此，调用 SAMGR_FindServiceApi()进行跨进程查找
[remote_register] SAMGR_FindServiceApi(S[bundle_daemon],F[(null)]) InitializeRegistry()
            g_remoteRegister[inited]: g_remote{0x249d12c8}
[default_client] SAMGR_CreateIProxy: QueryIdentity(bundle_daemon, (null)) from
g_server first
    [default_client] QueryIdentity[2-1](bundle_daemon:(null))->IPC->EP[samgr]:
    //发送 IPC 消息给 samgr EP，向服务管理者查找匹配服务名的远程接口
    [endpoint] EP[samgr]{0x253fbc60} Dispatch(IPC_MSG->'samgr'): SendSharedDirectReq
uest(handle[HandleIpc:0x249cdc40])
        TaskEntry(samgr:Qid[624934512]) Recv_MSG[MSG_DIRECT]:/DirectRequest by handle
(0x249cdc40)
            request.msgId[0]+msgValue[-1] -->> Sid[3],Fid[-1],Qid[0]
```

```
[endpoint] HandleIpc{0x249cdc40}: router(samgr)->proxy->Invoke(0x24978b20)
//服务管理者通过 g_server.iUnknown.Invoke()来查找匹配的服务接口
[samgr_server] Invoke(0x24978b20): ProcFeature()
[samgr_server] ProcFeature(SamgrServer, OP_GET, ...)
//查找到的 handle 值为-1 为无效值，最终返回 NULL
[samgr_server] ProcGetFeature(from g_server.store: [bundle_daemon]/handle[-1] &
[(null)]/token[-1])
//此时服务管理者的状态如下，bundle_daemon 服务还未启动（相关信息未注册进来）
****************************************************
DbgParse_g_server(1)[0-EP, 1-Feature, 2-SysCap, 3-, 4-PrintAfterRegisterSamgr]
  .identity: {Sid[3], Fid[-1], Qid[624934512]}
  .EP: [samgr]{0x253fbc60}
  {
    routers   : top[1]
    {
        token[0]: SaName   : {samgr, (null)}
                  identity : {Sid[3], Fid[-1], Qid[624934512]}
                  proxy    : {0x2497c018}(&.iUnknown)
                  policyNum: {0}
    }
    ThreadId  : boss_Tid[0x25465d7c]
    SvcIdentity: {handle[0], token[0]}
  }
  .store:
  {
    .List: S/F      //链表中还没有名为 bundle_daemon 的服务节点
            S[0]  : [bundlems]/handle[61]
             F[0]: [BmsFeature]/token[6])
             F[1]: [BmsInnerFeature]/token[4])
            S[1]  : [abilityms]/handle[61]
             F[0]: [AmsFeature]/token[5])
             F[1]: [AmsInnerFeature]/token[3])
            S[2]  : [power_service]/handle[61]
             F[0]: [power_feature]/token[1])
            S[3]  : [permissionms]/handle[61]
             F[0]: [PmsInnerFeature]/token[2])
             F[1]: [PmsFeature]/token[0])
    .maps: top[1]   //(PidHandle* ={pid, uid, handle, deadId})
      maps[0]: pid[ 5]/uid[ 7]/(*)handle[61](*)
  }
  .sysCapabilitys: top[25](Vector)
****************************************************
[default_client] QueryIdentity[2-2](bundle_daemon:(null))->IPC->EP[samgr]: reply
SvcIdentity:{handle[-1]/token[-1]}
[default_client] SAMGR_CreateIProxy: QueryIdentity(bundle_daemon, (null)) got NULL
[remote_register] SAMGR_FindServiceApi(S[bundle_daemon],F[(null)])) IUnknown*
proxy[NULL], return
```

在日志清单 7-34 中的第一句日志中的{[bundle_daemon_client]}是我做的标记，一是用来标记本小节内容所确认的客户端 EP 之间的 IPC 交互过程的开始步骤，二是表示这句日志是在 bundle_daemon_client.cpp 文件内的 Initialize()函数中打印出来的。

bundle_daemon_client.cpp 文件位于//foundation/appexecfwk/appexecfwk_lite/services/bundlemgr_lite/目录下，通过查看对应的 BUILD.gn 文件，可以知道这个文件是 shared_library("bundlems")这个编译目标（即 bundlems 服务）的源代码文件之一。

在表 7-5 所示的 foundation 进程的依赖关系表中，可以找到 foundation 进程对

bundlems 服务的依赖关系，具体如下：

```
"${appexecfwk_lite_path}/services/bundlemgr_lite:bundlems"
```

因此，可以了解到这是 foundation 进程的 bundlems 服务在调用 Initialize() 进行初始化时，向 foundation 进程的 SamgrLiteImpl g_samgrImpl 查询名字为 bundle_daemon 的服务的默认接口（即调用 DefaultFeatureApi(BDS_SERVICE) 函数），如代码清单 7-83 所示。

代码清单 7-83　//foundation/appexecfwk/appexecfwk_lite/services/bundlemgr_lite/src/bundle_daemon_client.cpp

```
bool BundleDaemonClient::Initialize()
{
    ......
    while (bdsClient_ == nullptr) {   //循环查询 bundle_daemon 服务的接口
        //宏 BDS_SERVICE 定义为 "bundle_daemon"
        IUnknown *iUnknown = SAMGR_GetInstance()->GetDefaultFeatureApi(BDS_SERVICE);
        if (iUnknown == nullptr) {
            usleep(SLEEP_TIME);   //本次查询失败后，休眠一段时间后再次查询
            continue;
        }
        (void)iUnknown->QueryInterface(iUnknown, CLIENT_PROXY_VER, (void **)&bdsClient_);
    }
    ......
    return true;
}
```

foundation 是 5 号进程，它的 bundlems 服务通过 DefaultFeatureApi() 函数（内部再调用 GetFeatureApi() 函数）查找 bundle_daemon 服务，而 bundle_daemon 服务在 6 号进程内，所以在 5 号进程内部找不到 bundle_daemon 服务，GetFeatureApi() 函数会再调用 SAMGR_FindServiceApi() 函数跨进程查找 bundle_daemon 服务（请结合代码清单 7-80 来理解）。

在接下来的 SAMGR_CreateIProxy() 中，先通过 QueryIdentity() 向服务管理者查询名字二元组为 {bundle_daemon, NULL} 的服务。在这一步中，bundlems 服务通过 foundation 进程的客户端 EP 发送 IPC 消息（RES_FEATURE 类的 OP_GET 消息）给 samgr EP，samgr EP 转发此消息给服务管理者进行处理（详见 7.3.5 节中 "RES_FEATURE 类消息" 小节的相关内容）。由于此时 bundle_daemon 服务还没有启动，在服务管理者的 g_server.store 中没有它的记录，因此服务管理者返回的 SvcIdentity:{handle[-1]/token[-1]} 消息中的 handle 值为无效的 -1。

所以，bundlems 服务第一次通过 GetDefaultFeatureApi() 获取 bundle_daemon 服务失败。

在不久后的第二次查询之前，bundle_daemon 服务已经启动，并且已经向服务管理者注册过，所以 bundlems 服务第二次查询时可以成功获取 bundle_daemon 服务的信息，如日志清单 7-35 所示。

日志清单 7-35　bundlems 服务查询 bundle_daemon 服务的服务接口，成功

```
{[bundle_daemon_client]} Initialize: GetDefaultFeatureApi(bundle_daemon)
//GetFeatureApi()在本进程中找不到匹配的服务
//因此，调用 SAMGR_FindServiceApi()进行跨进程查找
[samgr_lite] GetFeatureApi(S[bundle_daemon], F[(null)]) -> NO serviceImpl:
SAMGR_FindServiceApi(S,F)
[remote_register] SAMGR_FindServiceApi(S[bundle_daemon],F[(null)]) InitializeRegistry()
            g_remoteRegister[inited]: g_remote{0x249d12c8}
[default_client] SAMGR_CreateIProxy: QueryIdentity(bundle_daemon, (null)) from
g_server first
[default_client] QueryIdentity[2-1](bundle_daemon:(null))->IPC->EP[samgr]:
//发送 IPC 消息给 samgr EP，向服务管理者查找匹配服务名的远程接口
[endpoint] EP[samgr]{0x253fbc60} Dispatch(IPC_MSG->'samgr'): SendSharedDirectReq
uest(handle[HandleIpc:0x249cdc40])
     TaskEntry(samgr:Qid[624934512]) Recv_MSG[MSG_DIRECT]:/DirectRequest by handle
(0x249cdc40)
         request.msgId[0]+msgValue[-1] -->> Sid[3],Fid[-1],Qid[0]
[endpoint] HandleIpc{0x249cdc40}: router(samgr)->proxy->Invoke(0x24978b20)
//服务管理者通过 g_server.iUnknown.Invoke()来查找匹配的服务接口
[samgr_server] Invoke(0x24978b20): ProcFeature()
[samgr_server] ProcFeature(SamgrServer, OP_GET, ...)
//查找到 bundle_daemon 服务的 handle 值为 38，token 值为 0
[samgr_server] ProcGetFeature(from g_server.store: [bundle_daemon]/handle[38] &
[(null)]/token[0])
     Privider: Pid[6]/Uid[8]/handle[38]:bundle_daemon -> (null)
     Consumer: Pid[5]/Uid[7]/Tid[53]

//此时服务管理者的状态如下，bundle_daemon 服务的相关信息已经注册进来
****************************************************
DbgParse_g_server(1)[0-EP, 1-Feature, 2-SysCap, 3-, 4-PrintAfterRegisterSamgr]
  .identity: {Sid[3], Fid[-1], Qid[624934512]}
  .EP: [samgr]{0x253fbc60}
  {
  routers   : top[1]
  {
      token[0]: SaName   : {samgr, (null)}
               identity : {Sid[3], Fid[-1], Qid[624934512]}
               proxy    : {0x2497c018}(&.iUnknown)
               policyNum: {0}
  }
  ThreadId   : boss_Tid[0x25465d7c]
  SvcIdentity: {handle[0], token[0]}
  }
  .store:
  {
  .List: S/F      //链表已经有名为 bundle_daemon 的服务节点
        S[0]  : [ai_service]/handle[41]
          F[0]: []/token[0])
        S[1]  : [sensor_service]/handle[39]
          F[0]: []/token[0])
        S[2]  : [IMS]/handle[16]
          F[0]: []/token[1])
        S[3]  : [bundle_daemon]/handle[38] //bundle_daemon 服务节点
          F[0]: []/token[0])
        S[4]  : [WMS]/handle[16]
          F[0]: []/token[0])
        S[5]  : [bundlems]/handle[61]
          F[0]: [BmsFeature]/token[6])
          F[1]: [BmsInnerFeature]/token[4])
        S[6]  : [abilityms]/handle[61]
          F[0]: [AmsFeature]/token[5])
```

```
              F[1]: [AmsInnerFeature]/token[3])
         S[7]  : [power_service]/handle[61]
           F[0]: [power_feature]/token[1])
         S[8]  : [permissionms]/handle[61]
           F[0]: [PmsInnerFeature]/token[2])
           F[1]: [PmsFeature]/token[0])
   .maps: top[5]  //(PidHandle* ={pid, uid, handle, deadId})
     maps[0]: pid[ 5]/uid[ 7]/(*)handle[61](*)
     maps[1]: pid[ 6]/uid[ 8]/(*)handle[38](*)  //bundle_daemon 服务所在进程
     maps[2]: pid[ 9]/uid[ 0]/(*)handle[16](*)
     maps[3]: pid[10]/uid[ 0]/(*)handle[39](*)
     maps[4]: pid[11]/uid[ 2]/(*)handle[41](*)
   }
   .sysCapabilitys: top[25](Vector)
   *********************************************
//服务管理者返回有效的 SvcIdentity 信息给 foundation 进程客户端 EP
   [default_client] QueryIdentity[2-2](bundle_daemon:(null))->IPC->EP[samgr]: reply
SvcIdentity:{handle[38]/token[0]}
   [default_client] SAMGR_CreateIProxy(S:bundle_daemon, F:(null))-> return IClientE
ntry* entry{0x24a92adc}.iUnknown{0x24a92ae0}
   //客户端 EP 收到有效的 handle 和 token 信息并记录在 foundation 进程的
   //g_remoteRegister.clients->data[0]所指向的 IDefaultClient 结构体对象中
   [remote_register] SAMGR_FindServiceApi(S[bundle_daemon],F[(null)]) ADD g_remote
{0x249d12c8}.clients.data[0]{0x24a92ae0}
   *********************************************
DbgParse_g_remote{0x249d12c8}: My handle[61], who:[bundle_daemon] is visiting
   .clients: top[1]
     data[0]: proxy{0x24a92ae0} =-> (IDefaultClient)client->entry.iUnknown
             SaName: {bundle_daemon,(null)}
             target: {handle[38],token[0]}  //这就是向服务管理者查询到的重要信息
             .entry.iUnknown.Invoke{0x249cc84c} =-> ProxyInvoke [in default_client.c]
     ......
   *********************************************
```

在日志清单 7-35 中可以看到，bundlems 服务通过 foundation 进程的客户端 EP 与 samgr EP 进行交互，成功获取到服务管理者返回的 SvcIdentity:{handle[38]/token[0]} 信息，然后将 SvcIdentity 信息该加入到 foundation 进程的 g_remoteRegister. clients->data[0]中保存，就可以直接使用了。

4．appspawn 孵化 launcher 应用

下面再看另外一个更具体的跨进程调用服务的例子：appspawn 孵化 launcher 应用。

在"LTS1.1_LiteOS_A_小型系统服务启动和注册完整日志.txt"文件中，搜索关键字 "AppAppAppApp"（这是我在日志文档中做的另一个标记，用于标记 appspawn 孵化 launcher 应用的开始位置），从搜索结果所指向的位置开始，如日志清单 7-36 所示。

日志清单 7-36　spawnClient_成功查询 appspawn 服务的接口

```
[app_manager] AppAppAppAppAppAppAppApp: AppManager::StartAppProcess
//AppManager 实例尝试孵化 launcher 应用程序，先初始化一个 spawnClient_ 对象
[app_manager] StartAppProcess(com.huawei.launcher, token:1)
[app_spawn_client] CallingInnerSpawnProcess(): Init spawnClient_

%%%%%%%%%%%%%%%%%%%%%%%%%%%%%%%%%
//通过 spawnClient_ 对象查询 appspawn 服务的接口
[app_spawn_client] Initialize: GetDefaultFeatureApi(appspawn)
[samgr_lite] GetFeatureApi(S[appspawn], F[(null)]) -> NO serviceImpl: SAMGR_Find
```

```
ServiceApi(S,F)
    //在 foundation 进程内找不到名为 appspawn 的服务，就调用 SAMGR_FindServiceApi()进行跨进程查找
    [remote_register] SAMGR_FindServiceApi(S[appspawn],F[(null)]) InitializeRegistry()
            g_remoteRegister[inited]: g_remote{0x249d12c8}
    [default_client] SAMGR_CreateIProxy: QueryIdentity(appspawn, (null)) from g_server
first
    [default_client] QueryIdentity[2-1](appspawn:(null))->IPC->EP[samgr]:
    [endpoint] EP[samgr]{0x253fbc60} Dispatch(IPC_MSG->'samgr'): SendSharedDirectReq
uest(handle[HandleIpc:0x249cdc40])
            TaskEntry(samgr:Qid[624934512]) Recv_MSG[MSG_DIRECT]:/DirectRequest by handle
(0x249cdc40)
                request.msgId[0]+msgValue[-1] -->> Sid[3],Fid[-1],Qid[0]
    [endpoint] HandleIpc{0x249cdc40}: router(samgr)->proxy->Invoke(0x24978b20)
    [samgr_server] Invoke(0x24978b20): ProcFeature()
    [samgr_server] ProcFeature(SamgrServer, OP_GET, ...)
    [samgr_server] ProcGetFeature(from g_server.store: [appspawn]/handle[74] &
[(null)]/token[0])
            Privider: Pid[7]/Uid[1]/handle[74]:appspawn -> (null)
            Consumer: Pid[5]/Uid[7]/Tid[52]
    //服务管理者查找 appspawn 服务接口成功，返回有效的 handle 和 token
    [default_client] QueryIdentity[2-2](appspawn:(null))->IPC->EP[samgr]: reply
SvcIdentity:{handle[74]/token[0]}
    [default_client] SAMGR_CreateIProxy(S:appspawn, F:(null))-> return IClientEntry*
entry{0x2510454c}.iUnknown{0x25104550}
    [remote_register] SAMGR_FindServiceApi(S[appspawn],F[(null)]) ADD g_remote
{0x249d12c8}.clients.data[2]{0x25104550}
    //foundation 进程的客户端 EP 收到有效的 handle 和 token 信息并记录在本进程的
    //g_remoteRegister.clients->data[2]所指向的 IDefaultClient 结构体对象中
    ****************************************
    DbgParse_g_remote{0x249d12c8}: My handle[61], who:[appspawn] is visiting
      .clients: top[3]
      ......
      data[2]: proxy{0x25104550} =-> (IDefaultClient)client->entry.iUnknown
            SaName: {appspawn,(null)}
            target: {handle[74],token[0]}   //远程 appspawn 服务的 handle 和 token
            .entry.iUnknown.Invoke{0x249cc84c} =-> ProxyInvoke [in default_client.c]
      ......
    ****************************************
```

在日志清单 7-36 中，AppManager 实例在 foundation 进程中尝试孵化 launcher 应用。AppManager 实例先初始化一个 spawnClient_对象，再通过该对象查询 appspawn 服务的接口。因为 appspawn 服务在 7 号进程（即 appspawn 进程）中，所以 spawnClient_对象需要跨进程向服务管理者查询名字二元组为{appspawn，NULL}的服务，并成功获取 appspawn 的 SvcIdentity:{handle[74]/token[0]}信息。在将 SvcIdentity 信息加入到 foundation 进程的 g_remoteRegister.clients->data[2]中保存之后，spawnClient_对象就可以直接使用 appspawn 服务了。

接下来，spawnClient_对象调用 Invoke{0x249cc84c}函数（见日志清单 7-36），这个 Invoke{0x249cc84c}就是 ProxyInvoke()函数。spawnClient_对象通过 ProxyInvoke()发送 IPC 消息 "IpcMsg Rceiver::handle[74], token[0]" 给 handle[74]所对应的线程（即 appspawn 进程的客户端 EP 的 boss 线程）。

appspawn 进程的客户端 EP 收到该消息后，就进入 7.3.5 节提到的 Dispatch()和 HandleIpc()对 IPC 消息的处理流程，如日志清单 7-37 所示。

日志清单 7-37　spawnClient_对象调用 Invoke()函数

```
[app_spawn_client] CallingInnerSpawnProcess(): spawnClient_->Invoke{0x249cc84c}()
[default_client] ProxyInvoke{0x249cc84c}(appspawn:(null)) IpcMsg Rceiver::handle
[74],token[0]
//spawnClient_对象发送 IPC 消息给 handle 为 74 的线程所在的客户端 EP（即 appspawn 进程的客户端 EP）
[endpoint] EP[ipc client]{0x22e20c70} Dispatch(IPC_MSG->'appspawn'): SendShared
DirectRequest(handle[HandleIpc:0x22e1cc40])
      TaskEntry(appspawn:Qid[585240464]) Recv_MSG[MSG_DIRECT]:/DirectRequest by
handle(0x22e1cc40)
          request.msgId[0]+msgValue[0] -->> Sid[1],Fid[-1],Qid[0]
[endpoint] HandleIpc{0x22e1cc40}: router(appspawn)->proxy->Invoke(0x8373674)
[appspawn_service] Invoke{0x8373674}
//appspawn 进程内的 appspawn 服务调用 Invoke()函数孵化出参数指定的应用程序（即 launcher）
[appspawn_service] Invoke: msg:: bundleName[com.huawei.launcher],identityID
[447273281648],uID[104],gID[596682832]
```

最终，该消息被转发到 appspawn 服务的任务中，由 appspawn 服务调用它的 Invoke() 函数创建一个新的进程，然后把 IPC 消息传过来的进程属性信息（如进程名、进程的权限等）配置到新创建的进程上，最后把新进程的 Pid 返回给 spawnClient_对象。

这就完成了 OpenHarmony 系统第一个应用程序进程 launcher 的孵化流程，launcher 开始提供桌面管理服务。

至此，轻量系统和小型系统的服务框架的很多细节基本介绍完毕，至于其他细节，如权限相关的记录和判断、系统能力相关的使用等，请读者自行学习和理解。

第 8 章

分布式通信子系统

分布式是 OpenHarmony 相较于 Android 和 iOS 的最明显的特征。OpenHarmony 基于分布式操作系统的基本原理，实现了分布式软总线、分布式设备虚拟化、分布式数据管理、分布式文件管理、分布式任务调度等特性，为多终端设备之间的软硬件协同工作提供了基础支持。

分布式通信子系统为 OpenHarmony 系统提供一组基础的通信能力（包括进程间通信、软总线、WLAN 服务、蓝牙服务、NFC 服务等），以其中的软总线组件为核心融合其他通信能力为 OpenHarmony 提供一个统一的分布式通信底座。

『 8.1 分布式通信子系统概述 』

本节先简单了解一下分布式通信子系统的几个基础概念，然后再整理该子系统的组件以及相关的依赖关系，从而对通信子系统的 WiFi 模块和软总线组件有一个整体上的认识。

8.1.1 概念简介

1. IPC、LPC、RPC

分布式通信是分布式系统中的不同物理设备之间为了能够互相访问对方的资源并协调工作，而进行的一些命令和数据的交换过程。简单来说，分布式通信就是跨设备的进程间通信，也称为 RPC（Remote Procedure Call，远程过程调用）。如果不涉及跨设备，而是在同一设备内的不同进程间的通信，则称为 LPC（Local Procedure Call，本地过程调用）。

RPC 和 LPC 是 IPC（Inter Process Communication，进程间通信）的两种具体类型。

在我们的日常应用中，IPC 更多是指代 LPC，在需要特别指出是跨设备的 IPC 时，则直接使用 RPC 概念。如无特殊说明，本书中的所有 IPC 均是指 LPC，而在真正的跨设备通信场景下，会使用 RPC 进行说明。例如第 7 章、第 9 章中所有 IPC 指的都是 LPC，请读者注意。

2. 分布式软总线

总线（Bus）是指在计算机系统内部，以物理方式连接各个硬件设备的一些接口和电路的统称。总线是计算机内各个功能部件之间传输电信号的通道，是看得见、摸得着的实实在在的物理线路。

> **注意** 这里所说的"计算机"不止是字面意义上的计算机，而是包含了几乎所有的电子设备。比如，在一个小小的蓝牙耳机的内部，也存在完整意义上的总线。

在 OpenHarmony 中，分布式软总线（Distributed SoftBus）是一个很大的概念，它又被简称为软总线（DSoftBus、dsoftbus）。

全场景下的设备数量众多，类型多样，能力也各有强弱，更重要的是它们各自支持的通信方式和通信协议也是五花八门的，典型的通信方式包括 WiFi、有线网络、蓝牙、NFC 等，这些不同的通信方式/协议互相之间没法沟通，导致设备之间形成信息孤岛，用户体验非常割裂。

而分布式软总线从逻辑上将分布式通信过程抽象为发现、连接、认证、组网、传输等几大部分。这几个部分一起分工协作，共同构建一个完整的分布式通信框架。在这个框架中，通过底层算法的实现对不同的通信协议进行整合，解决了不同通信链路的融合、共享、冲突、安全、同步等问题，使得使用不同通信方式/协议的设备，在一个统一的底座上具备了互相沟通的能力，直接实现了全场景下的设备无感发现、自动安全连接、智能异构组网、零时延传输等技术目标，也为物联网时代的万物互联/万物智联的实现提供了一个有效的解决方案。

3．超级终端

OpenHarmony 依托于软总线提供的分布式通信能力，把千差万别的终端设备无缝地融合在一起，在逻辑上构建一个虚拟的超级终端，在全场景下为用户提供一个全新的体验：物理上分离的各种设备，在超级终端上进行操作时，就如同它们是在"同一个设备内"一样便捷流畅。

8.1.2　依赖关系

在 LTS 3.0 分支代码中，打开轻量系统的产品配置文件//vendor/hisilicon/hispark_pegasus/config.json，可以看到通信子系统（communication）使用的软总线组件是softbus_lite。但是在最新的 Master 分支代码中，softbus_lite 代码仓库已经移除，通信子系统改为使用 dsoftbus 组件。OpenHarmony 的轻量系统、小型系统、标准系统，以后全部统一使用 dsoftbus 组件，因此本书不再分析 softbus_lite 组件。

打开小型系统的产品配置文件//vendor/hisilicon/hispark_taurus(_linux)/config.json 和标准系统的产品配置文件//productdefine/common/products/Hi3516DV300.json，将通信子系统的依赖关系进行整理，整理后的结果如表 8-1 所示。

> **注意** 因为设备在通过软总线互连时需要互相认证，会涉及安全子系统的设备认证模块，所以表 8-1 把安全子系统的依赖关系也一并整理进来。但是，本章重点分析的是通信子系统相关组件，而非安全子系统相关组件，请各位读者知悉。

表 8-1　通信子系统依赖关系汇总

系统类型	子系统	组件		
轻量系统 （LiteOS_M 内核）	通信子系统	dsoftbus	wifi_lite	wifi_aware
	安全子系统	deviceauth_lite	hichainsdk	huks
小型系统 （LiteOS_A 内核）	通信子系统	dsoftbus	wpa_supplicant	ipc_lite
	安全子系统	deviceauth_lite	hichainsdk	huks
		permission	appverify	
小型系统 （Linux 内核）	通信子系统	dsoftbus	wpa_supplicant	ipc_lite
	安全子系统	deviceauth_lite	dm-verity	huks
		permission		
标准系统 （Linux 内核）	通信子系统	dsoftbus_standard	wifi_standard	wifi_native_js
		wpa_supplicant-2.9	ipc	ipc_js
		bluetooth_native_js	net_manager	
	安全子系统	permission_standard	huks_standard	appverify
		deviceauth_standard	dataclassification	selinux

通过表 8-1 可以总结出下面几条信息。

- 在表 8-1 中的 4 个系统都直接使用 dsoftbus 组件（在标准系统中，该组件改名为 dsoftbus_standard）。

- 轻量系统依赖的 WiFi 组件由 OpenHarmony 提供，而小型系统直接依赖第三方组件 wpa_supplicant 来提供 WiFi 相关的功能接口。在标准系统中，除了依赖第三方的 wpa_supplicant-2.9 组件，还加了一层 WiFi 服务接口的封装（即 wifi_standard 组件和 wifi_native_js 组件），为系统其他模块提供 C/C++的 WiFi 接口，也为上层的 JavaScript 应用提供 WiFi 接口（具体可查看//foundation/communication/wifi/目录下的代码）。

- 轻量系统不涉及 IPC，而小型系统使用 ipc_lite 组件实现 IPC 功能，其中 ipc_lite 组件又针对 LiteOS_A 内核和 Linux 内核分别进行了适配，不过不同内核对系统框架提供的 IPC 接口是统一的。标准系统使用 ipc 组件提供 IPC 和 RPC 机制，以实现跨进程的通信。其中，IPC 使用 Binder 驱动，用于设备内的跨进程通信；RPC 使用软总线驱动，用于跨设备的跨进程通信。

- 在通信子系统目录下有蓝牙组件的代码，标准系统也依赖 bluetooth_native_js 组件，但是实际上目前 OpenHarmony 的软总线暂时还不支持蓝牙的异构组网。

- 轻量系统、小型系统和标准系统各自依赖安全子系统提供的不同能力实现不同等级的系统安全保障。

『 8.2 WiFi 模块概述 』

当前，设备在通过 OpenHarmony 的软总线组网时，必须在同一个局域网中，因此需要先通过 WiFi 或者有线网络将设备连接到同一个局域网中。有线网络连接尽管比较简单，但是会受到网线布线位置的限制，而通过 WiFi 连接就比较方便了，所以接下来首先分别看一下不同系统对 WiFi 的支持情况。

8.2.1 轻量系统的 WiFi 模块

1. wifi_lite 组件和 wifi_aware 组件

轻量系统的 WiFi 模块依赖 wifi_lite 组件和 wifi_aware 组件。我们分别看一下这两个组件和它们各自依赖的组件之间的关系。

wifi_lite 组件和它依赖的组件如表 8-2 所示。

表 8-2 轻量系统的 wifi_lite 组件和它依赖的组件

wifi_ lite/	该组件只适配 LiteOS_M 内核系统，部署在 //foundation/communication/ 目录下。该组件为设备提供接入与使用 WLAN 的相关接口（包括开启 WLAN、关闭 WLAN、监听 WLAN 状态等）		
	BUILD.gn	依赖 hi3861_adapter 提供的 wifiservice 组件	
	interfaces/ wifiservice/	wifi_device.h、wifi_hotspot.h、*.h	提供一组基础数据结构、宏定义、API 的声明（相关接口在 hi3861_adapter 中实现）
hi3861_ adapter	hi3861_adapter 部署在 //device/hisilicon/hispark_pegasus/hi3861_adapter/ 目录下，wifiservice 组件部署在 hi3861_adapter/hals/communication/wifi_ lite/wifiservice/ 目录下		
	BUILD.gn	编译 wifiservice 组件生成静态库的编译脚本	
	source/	wifi_device.c、wifi_hotspot.c、wifi_device_ util.c	实现 wifi_lite/interfaces/wifiservice/ 目录下的头文件中定义的接口，为轻量系统提供连网或者连接热点等功能（这里再次调用 sdk_ liteos 提供的 hi_wifi_xxx() 等接口来实现功能）
sdk_ liteos	部署在 //device/hisilicon/hispark_pegasus/sdk_liteos/ 目录下		
	include/hi_ wifi_xxx.h	Hi3861V100 芯片平台的 WiFi 模组驱动模块接口声明	
	build/libs/*.a	Hi3861V100 芯片平台的 WiFi 模组驱动模块预编译库	

wifi_aware 组件和它依赖的组件如表 8-3 所示。

表 8-3 轻量系统的 wifi_aware 组件和它依赖的组件

wifi_aware/	该组件只适配 LiteOS_M 内核系统，部署在 //foundation/communication/ 目录下。WiFi Aware 组件提供了 NFC 能力（注意，这并非基于射频识别的 NFC），该组件可被上层应用所使用		
	BUILD.gn	编译 wifiaware 组件生成静态库的编译脚本（依赖 hi3861_adapter 提供的 hal_wifiaware 组件）	
	interfaces/kits/	wifiaware.h	一组 NFC 基础 API 的声明，如 InitNAN()、SubscribeService()、SendData() 等
	frameworks/source/	wifiaware.c	上述 API 的实现（使用了 hals/hal_wifiaware.h 和 wifi_lite 组件提供的接口）
	hals/	hal_wifiaware.h	hal 接口的声明，如 HalWifiSdpInit()、HalWifiSdpSend() 等
hi3861_adapter	hi3861_adapter 部署在 //device/hisilicon/hispark_pegasus/hi3861_adapter/ 目录下，hal_wifiaware 组件部署在 hi3861_adapter/hals/communication/wifi_lite/wifiaware/ 目录下		
	BUILD.gn	编译 hal_wifiaware 组件生成静态库的编译脚本	
	source/	hal_wifiaware.c	实现在 hal_wifiaware.h 中定义的接口，为轻量系统提供 NFC 能力（这里再次调用 sdk_liteos 提供的 hi_wifi_xxx() 等接口来实现）
sdk_liteos	部署在 //device/hisilicon/hispark_pegasus/ 目录下		
	include/hi_wifi_xxx.h	Hi3861V100 芯片平台的 WiFi 模组驱动模块接口声明	
	build/libs/*.a	Hi3861V100 芯片平台的 WiFi 模组驱动模块预编译库	

注意，表 8-2 和表 8-3 中的 hi3861_adapter 与 sdk_liteos 的部署路径，在 Master 分支代码中位于 //device/soc/hisilicon/hi3861v100/ 目录下。

wifi_lite 组件和 wifi_aware 组件都只适配了 LiteOS_M 内核的轻量系统，它们都在分布式通信子系统中提供了各自的能力接口供上层使用。这些接口在具体的芯片平台中会根据实际情况来实现。比如，在 Hi3861V100 芯片平台上，这些接口是在 hi3861_adapter 组件中调用具体的 WiFi 功能模块和模组驱动程序实现的。

WiFi 功能模块包括了非硬件相关的部分（如 lwip、wpa 等）和硬件相关的部分（如 hi3881 模组驱动程序等），这些功能模块在 Hi3861V100 芯片平台上都已经预编译成库文件，并部署在 //device/hisilicon/hispark_pegasus/sdk_liteos/build/libs/ 目录下，可在系统编译时链接到系统镜像中进行使用。

2. 自动连接 WiFi 热点

在轻量系统中，WiFi 模块通常用来接入 WiFi 热点，以连接到局域网中。在 OpenHarmony 官方文档中，提供了一组 AT 命令用于连接 WiFi 热点，相应的命令如下所示。

```
AT+STARTSTA                         #启动 STA 模式
AT+SCAN                             #扫描周边热点
AT+SCANRESULT                       #显示扫描结果
AT+CONN="SSID",,2, "PASSWORD"       #连接指定热点，其中 SSID/PASSWORD 为热点名称和密码
AT+STASTAT                          #查看连接结果
AT+DHCP=wlan0,1                     #通过 DHCP 向热点请求 wlan0 的 IP 地址
AT+IFCFG                            #查看模组接口 IP
AT+PING=x.x.x.x                     #检查模组与网关的连通性
```

由于我们要连接的热点和密码都是已知的，因此上面的命令可以精简为下面的样子。

```
AT+STARTSTA                         #启动 STA 模式
AT+CONN="SSID", ,2,"PASSWORD"       #连接指定热点，其中 SSID/PASSWORD 为热点名称和密码
AT+DHCP=wlan0,1                     #通过 DHCP 向热点请求 wlan0 的 IP 地址
```

这些命令都是通过 AT 模块执行的，我们去轻量系统的 AT 模块代码中看一下具体是怎么执行的。

首先找到 AT 模块的初始化入口和 AT 命令注册入口，如代码清单 8-1 所示。

代码清单 8-1　//device/hisilicon/hispark_pegasus/sdk_liteos/app/wifiiot_app/src/app_main.c

```
// 注意，在 Master 分支下，该文件路径为
// //device/soc/hisilicon/hi3861v100/sdk_liteos/app/wifiiot_app/src/app_main.c
hi_void app_main(hi_void)
{
    ......
    #if defined(CONFIG_AT_COMMAND) || defined(CONFIG_FACTORY_TEST_MODE)
    //.../sdk_liteos/components/at/src/hi_at.c
    ret = hi_at_init();  //AT 模块的初始化入口
    if (ret == HI_ERR_SUCCESS) {
        hi_at_sys_cmd_register();  //AT 命令的注册入口
    }
    #endif
    ......
}
```

上述代码中的 hi_at_init() 和 hi_at_sys_cmd_register() 函数都定义在 hi_at.c 文件内，如代码清单 8-2 所示。

代码清单 8-2　//device/hisilicon/hispark_pegasus/sdk_liteos/components/at/src/hi_at.c

```
// 注意，Master 分支下，该文件路径为
// //device/soc/hisilicon/hi3861v100/sdk_liteos/components/at/src/hi_at.c
hi_u32 hi_at_init(hi_void)
{
    ......
}

hi_void hi_at_sys_cmd_register(hi_void)
{
    hi_at_general_cmd_register();  //at_general.c

#ifndef CONFIG_FACTORY_TEST_MODE
```

```
    hi_at_sta_cmd_register();        //at_wifi.c
    hi_at_softap_cmd_register();     //at_wifi.c
#endif

    hi_at_hipriv_cmd_register();     //at_hipriv.c

#ifndef CONFIG_FACTORY_TEST_MODE
    #ifdef LOSCFG_APP_MESH
    hi_at_mesh_cmd_register();       //at_wifi.c
    #endif
    hi_at_lowpower_cmd_register(); //at_lowpower.c
#endif

    hi_at_general_factory_test_cmd_register();  //at_general.c
    hi_at_sta_factory_test_cmd_register();      //at_wifi.c
    hi_at_hipriv_factory_test_cmd_register();   //at_hipriv.c
    hi_at_io_cmd_register();                    //at_io.c
}
```

通过搜索关键字（如 STARTSTA）进行查找可以知道上面精简后的 3 个 AT 命令所在的位置和具体实现接口。

- AT+STARTSTA：位于 at_wifi.c，调用 hi_wifi_sta_start(ifname, &len) 函数实现该命令的功能，代码片段如下所示。

```
{"+STARTSTA", 9, HI_NULL, HI_NULL,
    (at_call_back_func)cmd_sta_start_adv,
    (at_call_back_func)cmd_sta_start}
```

- AT+CONN：位于 at_wifi.c，调用 hi_wifi_sta_connect(&assoc_req) 函数实现该命令的功能，代码片段如下所示。

```
{"+CONN", 5, HI_NULL, HI_NULL,
    (at_call_back_func)cmd_sta_connect, HI_NULL}
```

- AT+DHCP：位于 at_general.c，调用 at_setup_dhcp() 函数（在该函数内再调用 netifapi_netif_find() 函数和 netifapi_dhcp_start() 函数）实现该命令的功能，代码片段如下所示。

```
{"+DHCP", 5, HI_NULL, HI_NULL,
    (at_call_back_func)at_setup_dhcp, HI_NULL}
```

将上述 3 个 AT 命令所调用的几个 API 提取出来并封装成一个 WifiLink() 函数，如代码清单 8-3 所示。

代码清单 8-3　适配轻量系统的 wifilink.c 文件

```
#include <stdio.h>
#include <unistd.h>
#include <string.h>
#include "ohos_init.h"
#include "ohos_types.h"
#include "cmsis_os2.h"
#include "hi_wifi_api.h"
//#include "wifi_sta.h"
#include "lwip/ip_addr.h"
#include "lwip/netifapi.h"
```

```
#define IP_LEN (16)
static char* ssid = "OHOS_TEST";        //热点的 SSID
static char* pswd = "123456789";        //热点的密码
static BOOL fgWifiConnected = FALSE;
static BOOL fgWifiIPChecked = FALSE;

void PingTest(void)
{
    const char* argv[] = {"www.baidu.com"};
    u32_t ret = os_shell_ping(1, argv);
    printf("[wifilink] os_shell_ping(%s) ret = %d\n",argv[0], ret);
}
void CheckWifiState(void)
{
    if(fgWifiIPChecked)
        return;

    struct netif* p_netif = netifapi_netif_find("wlan0");
    if(NULL == p_netif) {
        printf("[wifilink] CheckWifiState netifapi_netif_find fail\n");
        return;
    }

    ip4_addr_t gwaddr = {0};
    ip4_addr_t ipaddr = {0};
    ip4_addr_t netmask = {0};
    if (HISI_OK != netifapi_netif_get_addr(p_netif, &ipaddr, &netmask, &gwaddr)) {
        printf("[wifilink] CheckWifiState netifapi_netif_get_addr fail\n");
        return;
    }

    char ip[IP_LEN] = {0};
    char gw[IP_LEN] = {0};
    inet_ntop(AF_INET, &ipaddr, ip, IP_LEN);
    inet_ntop(AF_INET, &gwaddr, gw, IP_LEN);
    printf("[wifilink] CheckWifiState fgWifiConnected[T]: IP[%s]/GW[%s]\n", ip, gw);

    if(ipaddr.addr && gwaddr.addr) {
        fgWifiIPChecked = TRUE;
    }
    return;
}

void WifiLink(void)
{
    if(fgWifiConnected)      //防止重复连接 WiFi 热点
        return;
    printf("[wifilink] WifiLink Begin: fgWifiConnected[F]\n");

    //步骤 1：效果等同于执行 AT+STARTSTA 命令，启动 STA 模式
    char ifname[WIFI_IFNAME_MAX_SIZE] = {0};   // "wlan0"
    int  len = WIFI_IFNAME_MAX_SIZE;

    if (HISI_OK != hi_wifi_sta_start(ifname, &len)) {
        printf("[wifilink] WifiLink hi_wifi_sta_start fail\n");
        return;
    }

    //步骤 2：效果等同于执行 AT+CONN="SSID",,2,"PASSWORD"
    //连接指定热点，其中 SSID、PASSWORD 为待连接的热点名称和密码
    hi_wifi_assoc_request request = {0};
    request.auth = HI_WIFI_SECURITY_WPA2PSK; //2
```

```
        memcpy(request.ssid, ssid, strlen(ssid));
        memcpy(request.key, pswd, strlen(pswd));

        if (HISI_OK != hi_wifi_sta_connect(&request)) {
            printf("[wifilink] WifiLink hi_wifi_sta_connect fail\n");
            return;
        }

        //步骤 3：效果等同于执行 AT+DHCP=wlan0,1 即通过 DHCP 向热点请求 wlan0 的 IP 地址
        struct netif* p_netif = netifapi_netif_find(ifname);
        if(NULL == p_netif) {
            printf("[wifilink] WifiLink netifapi_netif_find fail\n");
            return;
        }

        //DHCP 为 wlan0 自动分配 IP
        if(HISI_OK != netifapi_dhcp_start(p_netif)) {
            printf("[wifilink] WifiLink netifapi_dhcp_start fail\n");
            return;
        }

        fgWifiConnected = TRUE;
        printf("[wifilink] WifiLink End.   tgWifiConnected[T]\n");
        return;
    }
```

完整的代码以及 BUILD.gn 的配置可以从本书资源库中下载。将 WifiLink() 函数部署到一个应用程序中，该应用程序随开发板上电而启动后，就可以执行 WifiLink() 函数自动连接上指定的 WiFi 热点，从而免去了手动输入 AT 命令的麻烦。

大家也可以照此思路将 Hi3861 开发板做成一个热点然后进行操作实验。

8.2.2　小型系统的 WiFi 模块

小型系统的 WiFi 模块直接依赖于第三方库 wpa_supplicant。该库部署在//third_party/wpa_supplicant/目录下（小型系统使用该目录下的 wpa_supplicant-2.9 组件，标准系统使用该目录下的 wpa_supplicant-2.9_standard 组件）。该库在小型系统中编译成 libwpa.so、libwpa_client.so、libwpa_client.a 库文件并部署到系统中。有关该库的详情请自行网络搜索来学习，这里只是简单介绍如何使用它提供的接口来实现 WiFi 热点的自动连接。

1. 手动连接 WiFi 热点

小型系统中自带的示例程序//applications/sample/camera/communication/wpa_supplicant/就是使用 wpa_supplicant 的接口来连接 WiFi 热点的。但是，如果直接编译和使用这个示例程序，还需要手动执行程序并写入一组参数。我对该示例程序进行了改造（见代码清单 8-4），让它可以随系统启动自动运行并连接指定的热点。

代码清单 8-4　适配小型系统（LiteOS_A 或 Linux 内核）的 wifilink.c

```
#include <dlfcn.h>
#include <pthread.h>
```

```c
#include <stdio.h>
#include <string.h>
#include <unistd.h>
#include <stdlib.h>

#define NUM    (3)
static int    g_wpaArgc = NUM;
static char* g_wpaArgv[NUM] = {"", "-iwlan0", "-c/etc/wifilink.conf"};

static void* WiFiLinkLinux(void)
{
    sleep(1);   //休眠 1s, 让 WiFiLink 线程先执行 wpa_main()
    #define BUF_SIZE (80)
    char buf[BUF_SIZE] = {0};
    char FixedIP[BUF_SIZE] = {0};
    char PingWho[BUF_SIZE] = {0};
    int   len = 0;

    FILE* fd = fopen("/etc/wifilink.conf", "r");
    if(fd != NULL) {
        while (fgets(buf, BUF_SIZE-1, fd)) {
            if(strncmp(buf, "#FixedIP=", 9) == 0) {
                //读取 "#FixedIP=192.168.1.10" 字符串
                //注意, 这里未考虑 IP 后面还有其他字符的情况
                sprintf(FixedIP,"ifconfig wlan0 %s", buf+9);
                len = strlen(FixedIP);
                if(len > 0) {
                    //FixedIP[len-1]是文本文件的换行符, 需要去掉
                    FixedIP[len-1] = 0;
                }
            }
            if(strncmp(buf, "#PingWho=", 9) == 0) {
                //读取 "#PingWho=192.168.1.100"
                //注意, 这里未考虑 IP 后面还有其他字符的情况
                sprintf(PingWho,"ping %s", buf+9);
                len = strlen(PingWho);
                if(len > 0) {
                    //FixedIP[len-1]是文本文件的换行符, 需要去掉
                    PingWho[len-1] = 0;
                }
            }
        }
        fclose(fd);
    }

    //如果在/etc/wifilink.conf 文件中读取不到#FixedIP 指定的 IP
    //就在这里使用指定的 IP
    if(FixedIP[0] == 0)
        sprintf(FixedIP,"ifconfig wlan0 192.168.1.20");

    system(FixedIP);
    printf("%s\n",FixedIP);

    //在 Linux 内核系统中可能会存在无法执行 ping 命令的情况
    //为此需要修改 ping 命令的权限, 让当前用户所在组允许执行 ping 命令
    system("echo 0 9999999 > /proc/sys/net/ipv4/ping_group_range");

    //如果在/etc/wifilink.conf 文件中读取不到#PingWho 指定的 IP
    //则在这里指定 ping 一个固定的 IP
    if(PingWho[0] == 0)
        sprintf(PingWho,"ping 192.168.1.100");
    system(PingWho);
```

```
    printf("%s\n",PingWho);

    return (void*)0;
}


static int DelaySec = 0;
static void* WiFiLink(void)
{
    //见 drivers/framework/model/network/wifi/core/hdf_wifi_core.c 文件中
    //在 HdfWlanInitThread(void *para) 函数中调用的
    //OsalSleep(initDelaySec); //initDelaySec = 15
    //这里要休眠一段时间的原因可见 8.2.4 节的解释
    //如果是在系统启动之后再手动执行命令连接 WiFi 热点，就不需要休眠了
    //如果是在系统启动时自动启动进程连接 WiFi 热点，则需要休眠至少 15s
    sleep(DelaySec); //在手动执行命令和自动启动进程时，传入的 DelaySec 参数不同

    //步骤 1：加载 libwpa.so 动态链接库
    void *handleLibWpa = dlopen("/usr/lib/libwpa.so", RTLD_NOW | RTLD_LOCAL);
    if (handleLibWpa == NULL) {
        printf("[wifilink] dlopen failed!\n");
        return (void*)-1;
    }

    //步骤 2：在动态链接库中查找 wpa_main() 函数并映射到 func 函数指针中
    int (*func)(int, char **) = NULL;
    func = dlsym(handleLibWpa, "wpa_main");
    if (func == NULL) {
        printf("[wifilink] dlsym failed!\n");
        dlclose(handleLibWpa);
        return (void*)-1;
    }

#if (defined __LINUX__)
    //Linux 内核的小型系统创建另一个线程，去设置 IP 并执行 ping 测试
    pthread_t g_LinuxThread;
    if (0 != pthread_create(&g_LinuxThread, NULL, WiFiLinkLinux, NULL)) {
        printf("[wifilink] create WiFiLinkLinux failed\n");
        return 1;
    }
    pthread_detach(g_LinuxThread);
#endif

    //步骤 3：带参数调用 func() 函数（即调用 wpa_main() 函数）
    int ret = func(g_wpaArgc, g_wpaArgv);
    //如果执行 wpa_main() 成功，当前线程会陷入 wpa_main() 的流程中

    if (dlclose(handleLibWpa) != 0) {
        printf("[wifilink] dlclose failed!\n");
        return (void*)-1;
    }
    return (void*)0;
}


int main(int argc, char **argv)
{
    if (argc >= 2) {
        DelaySec = atoi(argv[1]); //由参数指定休眠的时间（无参数表示不需要休眠）
    }
    pthread_t g_LinkThread;
    if (0 != pthread_create(&g_LinkThread, NULL, WiFiLink, NULL)) {
        printf("[wifilink] create WiFiLink failed\n");
        return 1;
```

```
    }
    pthread_join(g_LinkThread, NULL);
    return 0;
}
```

对应的 wifilink.conf 文件修改如代码清单 8-5 所示。

代码清单 8-5　适配小型系统（LiteOS_A 或 Linux 内核）的 wifilink.conf

```
#FixedIP=192.168.1.11
#PingWho=192.168.1.100
country=GB
ctrl_interface=udp
network={
    ssid="OHOS_TEST"
    psk="123456789"
}
```

> **注意**　在#FixedIP 和#PingWho 的 IP 后面要直接换行，不能再添加其他的字符。这是因为在代码清单 8-4 的 WiFiLinkLinux() 函数中没有相关的异常判断和处理，读者可根据需要自行完善。

上述示例程序的完整代码、BUILD.gn 和 wifilink.conf 配置可见本书资源库。将它们编译到小型系统中时，可执行程序 wifilink 会生成到/bin/目录下，wifilink.conf 配置文件会复制到/etc/目录下。

我们可以在系统启动之后通过 shell 执行下述命令，执行 wifilink 程序并转入后台运行，以此连接在 wifilink.conf 中指定的热点：

```
$./bin/wifilink &
```

2. 自动连接 WiFi 热点

还可以让 wifilink 可执行程序随系统启动而自动运行并连接在 wifilink.conf 中指定的 WiFi 热点，相应的修改如下所示。

打开 //vendor/hisilicon/hispark_taurus/init_configs/init_liteos_a_3516dv300.cfg 或者//vendor/hisilicon/hispark_taurus_linux/init_configs/init_linux_3516dv300_openharmony_debug.cfg，分别增加一条 start wifilink 命令和一组 wifilink 服务的启动参数，如代码清单 8-6 所示。

代码清单 8-6　修改小型系统的启动配置以自动启动 wifilink 服务

```
    "jobs" : [{
        ......
        "name" : "init",
        "cmds" : [
            ......
            "start wifilink",
            ......
        ]
    "services" : [{
        "name" : "wifilink",
        "path" : ["/bin/wifilink", "16"],
```

```
            "uid" : 0,
            "gid" : 0,
            "once" : 0,
            "importance" : 0,
            "caps" : []
        }, {
            ......
```

在代码清单 8-6 中，wifilink 服务的启动参数中的 "16" 将作为 argv[1] 参数送入 wifilink 可执行程序。这将自动启动 wifilink 服务并休眠 16s，wifilink 在这个时间内等待文件系统挂载完成，并从中加载 WiFi 模组 hi3881 的驱动程序。在完成 hi3881 模组的复位和初始化之后，再去执行 wifilink 程序中的关键部分代码。如果连接 WiFi 热点失败，很有可能是 hi3881 模组还没完成初始化，此时可将 16 稍微加大到 17 或 18，再去试一下。

有关休眠这么长时间的原因见 8.2.4 节的分析。

8.2.3　标准系统的 WiFi 模块

标准系统的 WiFi 模块包含了 //foundation/communication/wifi/ 目录下的 WLAN 组件和 //third_party/wpa_supplicant/ 目录下的 wpa_supplicant-2.9_standard 组件。

wpa_supplicant-2.9_standard 组件默认编译成 wpa_supplicant、wpa_cli、hostapd 等可执行程序，并部署到系统的 /system/bin/ 目录下。

不过，标准系统并不是直接使用 wpa_supplicant-2.9_standard 组件的接口，而是在 WLAN 组件中做了一层封装，为使用不同语言开发的系统组件和上层应用分别提供 native_c、native_cpp、native_js 等接口，这样这些系统组件和上层应用就可以直接使用 WLAN 组件提供的基础功能、P2P（Peer-to-Peer）功能和 WLAN 消息通知等相关服务，应用程序也可以通过 WLAN 与其他设备互联互通。

WLAN 组件的代码目录层次非常深，且实现的功能也非常复杂，这里暂不分析，建议从事网络开发相关工作的读者自行深入理解。

8.2.4　编译和部署 WiFi 驱动

1. 在 LiteOS_A 内核部署 WiFi 驱动

在 LiteOS_A 内核的小型系统中部署驱动框架的详情见 9.5.1 节的分析，这里集中看一下 WiFi 驱动的编译细节。

如图 8-1 所示，LiteOS_A 内核的小型系统在编译驱动框架时，会通过 //drivers/adapter/khdf/liteos/ 目录下的 Makefile 和 BUILD.gn 编译网络相关模块的驱动代码，并生成 libhdf_wifi_model.a，然后通过 hdf_lite.mk 链接到内核镜像中。

在图 8-1 中可以看到，在 hdf_lite.mk 中引入了厂商提供的设备驱动程序（vendor lib），这部分的驱动程序编译配置文件是 //device/hisilicon/drivers/lite.mk（在 Master

分支代码上则是//device/soc/hisilicon/common/platform/lite.mk 文件）。

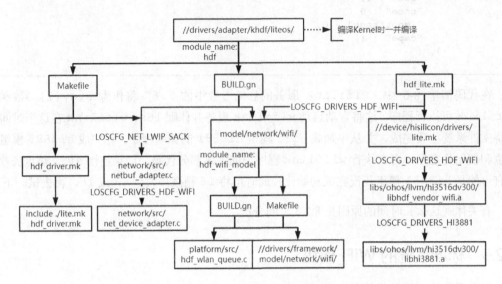

图 8-1　LiteOS_A 内核的小型系统编译网络相关模块的代码

LiteOS_A 内核的小型系统编译到网络相关模块时，通过 lite.mk 文件的描述把 //device/hisilicon/drivers/libs/ohos/llvm/hi3516dv300/目录下的 libhdf_ vendor_wifi.a 和 libhi3881.a 一并链接到内核镜像中。

预编译的 libhdf_vendor_wifi.a 和 libhi3881.a 库文件对应的源代码部署在 //device/hisilicon/drivers/wifi/目录下，LiteOS_A 内核的小型系统默认不编译这 些源代码。如果要编译这两个库的源代码，则需要修改 lite.mk 和 BUILD.gn 编译脚本，如 代码清单 8-7 和代码清单 8-8 所示。

代码清单 8-7　//device/hisilicon/drivers/lite.mk

```
# 注意，在 Master 分支下，该文件路径为
# //device/soc/hisilicon/common/platform/lite.mk
......
# wifi dirvers
ifeq ($(LOSCFG_DRIVERS_HDF_WIFI), y)
    LITEOS_BASELIB += -lhdf_vendor_wifi
#增加要编译的源代码的 Makefile 路径
    LIB_SUBDIRS     += $(HISILICON_DRIVERS_ROOT)/wifi/driver

ifeq ($(LOSCFG_DRIVERS_HI3881), y)
    LITEOS_BASELIB += -lhi3881
#增加要编译的源代码的 Makefile 路径
    LIB_SUBDIRS     += $(HISILICON_DRIVERS_ROOT)/wifi/driver/hi3881
endif
endif
......
```

代码清单 8-8　//device/hisilicon/drivers/BUILD.gn

```
# 注意，在 Master 分支下，该文件路径为
# //device/soc/hisilicon/common/platform/BUILD.gn
......
```

```
group("drivers") {
  deps = [
    ......
    #增加要编译的源代码的 BUILD.gn 路径
    "wifi/driver",
    "wifi/driver/hi3881",
  ]
}
......
  if (defined(LOSCFG_DRIVERS_HDF_WIFI)) {
#删除对预编译库的引用
#    ldflags += [ "-lhdf_vendor_wifi" ]
  }
  if (defined(LOSCFG_DRIVERS_HDF_WIFI) && defined(LOSCFG_DRIVERS_HI3881)) {
#删除对预编译库的引用
#    ldflags += [ "-lhi3881" ]
  }
......
```

> **注意**　　按代码清单 8-7 和代码清单 8-8 进行修改后，在编译时会产生一些编译错误，不过通过增加 "#if (_PRE_OS_VERSION_LINUX == _PRE_OS_VERSION)" 语句对编译进行限制，基本上就可以解决大多数问题。读者可自行处理相关的编译问题。

另外，//device/hisilicon/drivers/wifi/driver/目录下的 Makefile、BUILD.gn、env_config.mk 等编译配置脚本，只适用于编译 LiteOS_A 内核系统的 libhdf_vendor_wifi.a 和 libhi3881.a 的源代码。Linux 内核的小型系统和标准系统在编译 libhdf_vendor_wifi.a 和 libhi3881.a 的源代码时，使用的编译配置脚本位于//drivers/adapter/khdf/linux/model/network/wifi/目录和子目录下，请注意区分。

2. 在 Linux 内核部署 WiFi 驱动

在 Linux 内核的小型系统和标准系统中部署驱动框架的详情见 9.5.2 节的分析，这里集中看一下 WiFi 驱动的编译细节。

如图 8-2 所示，Linux 内核的系统在编译驱动框架时，会通过//drivers/adapter/khdf/linux/Makefile 编译网络相关模块的驱动代码。

在图 8-2 中，经过编译生成如下一些目标文件。

● network/目录下的 net_device_adapter.o 和 netbuf_adapter.o。

● model/network/wifi/目录下的 hdf_wifi_model（生成 libhdf_wifi_model.a）。

● model/network/wifi/vendor/目录下的 hdf_vendor_wifi（生成 libhdf_vendor_wifi.a）。

● model/network/wifi/vendor/hi3881/目录下的 hi3881（生成 libhi3881.a）。

Linux 内核的系统编译生成 libhdf_vendor_wifi.a 和 libhi3881.a 两个库文件的源代码，与 LiteOS_A 内核的系统编译生成这两个库文件的源代码是同一份源代码。该源代码位于//device/hisilicon/drivers/wifi/driver/目录下，对应的编译配置脚本则位于//drivers/adapter/khdf/linux/model/network/wifi/目录和子目录下。

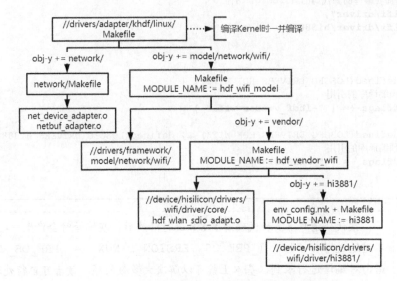

图 8-2 Linux 内核的系统编译网络相关模块的代码

> **注意**　在 Master 分支代码中，源代码位于//device/soc/hisilicon/common/platform/wifi/hi3881v100/driver/目录下，对应的编译配置脚本则位于//drivers/hdf_core/adapter/khdf/linux/model/network/wifi/目录和子目录下。

3. 在小型系统的用户空间部署 WiFi 驱动

对于 LiteOS_A 内核的小型系统和 Linux 内核的小型系统，它们在用户空间部署 WiFi 驱动的代码和编译脚本是共用的，两个小型系统所依赖的驱动子系统组件基本一致，如代码清单 8-9 所示。

代码清单 8-9　//vendor/hisilicon/hispark_taurus(_linux)/config.json

```
{
  "subsystem": "drivers",
  "components": [
    ......
    { "component": "peripheral_wlan", "features":[] },
    ......
  ]
},
```

然后到//build/lite/components/drivers.json 文件中找到 peripheral_wlan 组件的描述信息，如代码清单 8-10 所示。

代码清单 8-10　//build/lite/components/drivers.json

```
"component": "peripheral_wlan",
"dirs": ["drivers/peripheral/wlan"],
"targets": [
```

```
    "//drivers/peripheral/wlan/hal:wifi_hal",                          #编译目标1
    "//drivers/peripheral/wlan/client:wifi_driver_client",             #编译目标2
    "//device/hisilicon/drivers/firmware/common/wlan:wifi_firmware",   #编译目标3
    "//drivers/peripheral/wlan/test:hdf_test_wlan"
],
```

编译目标1和编译目标2分别被编译成动态链接库 libwifi_hal.so 和 libwifi_driver_client.so，并部署在 rootfs 文件系统的 /usr/lib/ 路径下，以供系统启动后按需加载和使用（具体可参考 9.12.3 节的分析来理解）。

编译目标 3 是预编译的 hi3881_fw.bin 和 wifi_cfg 文件，这两个文件会复制并部署在 rootfs 文件系统的 /vendor/firmware/hi3881/ 路径下。这两个文件是 hi3881 模组真正的驱动配置参数，厂商没有开源相关代码和配置参数，而是将其预编译成 hi3881_fw.bin 和 wifi_cfg 文件部署在用户空间（这也是 9.9.1 节所介绍的"处理开源与保护商业核心竞争力之间的矛盾"的解决办法）。

在代码清单 5-21 中可以看到，SystemInit_HDFInit() 函数的调用时间要比 SystemInit_MountRootfs() 的调用时间早（即内核态驱动框架和驱动程序的启动要比挂载根文件系统早很多）。内核态的驱动框架在启动到 WiFi 部分的驱动程序时，会创建一个线程并运行 HdfWlanInitThread() 函数专用于初始化 WiFi 驱动，在该线程中通过执行 OsalSleep(initDelaySec) 来等待一定的时间。目前，initDelaySec 配置为 15s，这可以确保在 SystemInit_MountRootfs() 执行完毕之后，再执行 WiFi 部分驱动程序的初始化流程。WiFi 驱动程序会读取编译目标 3 的 hi3881_fw.bin 和 wifi_cfg，据此去复位和初始化 hi3881 模组。

要是将 8.2.2 节提到的 wifilink 程序配置为随系统启动而自动运行，则该程序就也要延迟一定的时间，以确保在 WiFi 模组初始化完成之后，再尝试使用 wpa_supplicant 组件的接口来连接 WiFi 热点，所以在代码清单 8-4 中的 DelaySec 参数写为 16s 就可以保证了。

4．在标准系统的用户空间部署 WiFi 驱动

标准系统部署在用户空间的 WiFi 驱动代码如代码清单 8-11 所示。

代码清单 8-11　//driver/adapter/uhdf2/ohos.build

```
"module_list": [
    ......
    "//drivers/peripheral/wlan/hal:wifi_hal",                          #编译目标1
    "//drivers/peripheral/wlan/client:wifi_driver_client",             #编译目标2
    "//device/hisilicon/drivers/firmware/common/wlan:wifi_firmware",   #编译目标3
    "//drivers/peripheral/wlan/hdi_service:wifi_hdi_device",           #编译目标4
    "//drivers/peripheral/wlan/hdi_service:wifi_hdi_c_device",         #编译目标5
    ......
],
```

编译目标 1、2、4、5 被分别编译成动态链接库 libwifi_hal.z.so、libwifi_driver_client.z.so、libwifi_hdi_device.z.so、libwifi_hdi_c_device.z.so，并部署在系统的 /system/lib/ 路径下。这些动态链接库会在系统启动时随着部署在用户空间的驱动框架一起加载和使用（具体可参考 9.12.3 节的内容来理解）。

编译目标 3 与代码清单 8-10 中的编译目标 3 完全一样，这里不再赘述。

『 8.3 软总线组件的目录结构 』

8.3.1 根目录概述

在整个分布式通信子系统中，软总线组件是核心，也是重点。这里仍是先从整理软总线组件的代码目录结构开始对其进行了解，但由于整个组件非常庞大，目录层次也很深，因此我们先只对局部目录进行一些简单的整理，后面根据需要再单独对相应的目录进行整理。

整理过后的软总线组件的根目录及相关文件的简单说明如表 8-4 所示。

表 8-4 软总线组件根目录结构

//foundation/communication/dsoftbus/		
dsoftbus.gni	编译软总线组件的.gn 文件的头文件，其中定义了一组公共组件（root、sdk、core）的路径配置信息，并根据编译的系统类型（轻量系统、小型系统和标准系统）选择导入（import）不同的 config.gni 文件（见 adapter/目录），也根据编译的系统类型选择依赖不同的 hilog 组件和需要包含的头文件路径	
Kconfig	编译软总线组件的默认配置，修改这些默认配置后新的配置信息会写入 adapter/目录下的 config.gni 文件中	
	发现协议（discovery）：coap、ble	
	连接协议（connection）：tcp、ble、br	
	传输协议（transmission）：udp、udp_file、udp_stream	
	其他配置：auto_networking、time_sync、build_shared_sdk	
config.py	一个 Python 脚本，用于为不同的系统配置和编译软总线的不同特性	
run_shell_cmd.py	一个 Python 脚本，功能与 config.py 类似	
ohos.build	在标准系统中编译 dsoftbus_standard 组件的编译脚本	
	core:softbus_server	软总线核心模块的编译目标
	sdk:softbus_client	软总线 sdk 模块的编译目标
	core/frame/standard/sa_profile:softbus_sa_profile	配置文件，该文件配置了 ID 为 4700 的系统能力和它的相关信息（即启动 softbus_server 进程需要用到的配置信息，因此 softbus_server 进程提供的服务也称为 SA4700）
	inner_kits/sdk:softbus_client	sdk 模块对外开放的头文件路径和头文件列表（见 interfaces/kits/目录下的 4 个头文件），供其他系统服务和上层应用调用
BUILD.gn	在小型系统和轻量系统中编译软总线组件的编译脚本	
	core:softbus_server	软总线核心模块的编译目标
	sdk:softbus_client	软总线 sdk 模块的编译目标

续表

BUILD.gn	tests:softbus_test	测试用例
interfaces/	软总线 sdk 模块对外开放的接口声明（见 8.3.2 节的分析）	
adapter/	软总线组件针对不同类型系统的适配代码和配置文件（见 8.3.3 节的分析）	
components/	软总线组件依赖的组件（见 8.3.4 节的分析）	
sdk/	软总线 sdk 模块的实现代码（见 8.3.5 节的分析）	
core/	软总线核心模块的实现代码（见 8.3.5 节的分析）	
tests/	软总线的测试用例实现代码	

下面对表 8-4 中的几处要点进行简单说明。

- config.py

在 Linux 命令行下，先执行 pip install PyInquirer 命令，安装 PyInquirer 包。然后切换到 dsoftbus/ 目录下，执行 python config.py 命令，即可调出由 Kconfig 提供的交互界面，如图 8-3 所示。

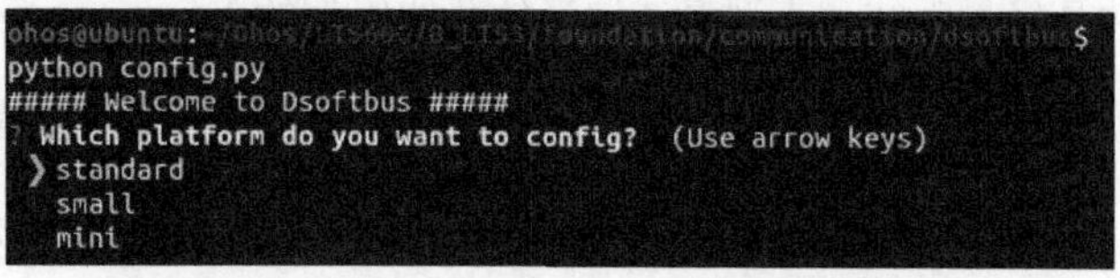

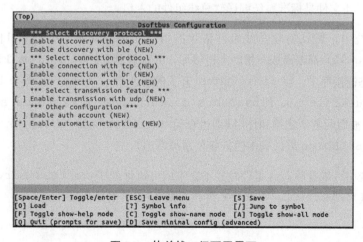

图 8-3 软总线一级配置界面

注意	在图 8-3 中，standard 对应标准系统，small 对应小型系统，mini 对应轻量系统。

在图 8-3 中，通过方向键选择系统类型后，即可进入软总线组件的二级配置界面，如图 8-4 所示。这里提供了更细致的发现协议、连接协议、传输协议的配置选项。

图 8-4 软总线二级配置界面

在更改配置后要退出配置界面时，会提示是否保存配置。若选择保存，则会将新的配置信息保存到 dsoftbus/adapter/default_config/feature_config/xxx/config.gni 文件中（xxx 表示系统类型，即 standard、small、mini），后续重新编译系统时，会据此配置来编译软总线组件。

目前，在 LTS 3.0 分支代码上，在编译轻量系统时，尽管可以打开蓝牙相关的特性进行编译，但功能暂无法验证；在编译小型系统和标准系统时，如果打开蓝牙相关的特性则会出现编译失败的现象。所以，无论是在轻量系统、小型系统还是标准系统中，目前都无法验证软总线的蓝牙异构组网功能。

- run_shell_cmd.py

在软总线根目录下，可通过执行 python run_shell_cmd.py xxx 命令的方式来执行一些 shell 命令，如 python run_shell_cmd.py ls 等。

在执行 python run_shell_cmd.py menuconfig 时，会调出如图 8-4 所示的软总线二级配置界面。在该界面中会默认打开上一次配置的系统类型的配置信息。

- BUILD.gn

BUILD.gn 文件是轻量系统和小型系统编译软总线组件的入口。

在轻量系统中，默认将软总线组件依赖的组件都编译成静态库并链接到系统镜像中。

在小型系统中，默认将软总线组件依赖的组件（包括依赖的第三方组件 nstackx、mbedtls、coap 等）都编译成一组动态链接库，并部署到系统的 /usr/lib/ 目录下。另外，dsoftbus/core/frame/small/init/src/softbus_server_main.c 文件还会编译成可执行程序 softbus_server，并部署在系统的 /bin/ 目录下。而且这个可执行程序 softbus_server 在系统的 init.cfg 中配置为随系统启动而自动运行，为软总线组件提供后台服务。

- ohos.build

ohos.build 文件是标准系统编译软总线组件的入口。

在标准系统中，默认将软总线组件依赖的组件（包括依赖的第三方组件 nstackx、mbedtls、coap 等）都编译成一组动态链接库，并部署到系统的 /system/lib/ 目录下。在生成的这组动态链接库中，以 libsoftbus_ 开头的有 4 个：libsoftbus_adapter.z.so、libsoftbus_utils.z.so、libsoftbus_client.z.so、libsoftbus_server.z.so。其中，前两者会被后两者所依赖和使用（通过查阅 dsoftbus/sdk/BUILD.gn 和 dsoftbus/core/frame/BUILD.gn 编译脚本的依赖关系可得出）。

在标准系统中，编译软总线组件时并不会生成可执行程序 softbus_server。标准系统通过另外的方式启动 softbus_server 进程（见 8.7.1 节的分析）。

在软总线组件代码的根目录下，通过执行一些常规的操作命令可以获取一些比较有用的信息。下面来看一下。

1. 命令 1：打印目录树结构

在 Linux 命令行下切换路径到 dsoftbus/ 目录下，执行以下命令，可以打印出以 dsoftbus/ 为根节点的目录树结构。

```
$ tree > tree.txt
```

如果把目录树中以 .c、.cpp、.h、.gn、.gni 为后缀的文件过滤掉，将剩下 4 个比较特殊且很重要的文件，如下所示。

```
./core/frame/standard/init/src/softbus_server.cfg
./core/frame/standard/init/src/softbus_server.rc
./core/common/security/permission/softbus_trans_permission.json
./core/frame/standard/sa_profile/4700.xml
```

其中，softbus_server.cfg 和 softbus_server.rc 是在标准系统中随系统启动而自动启动 softbus_server 进程的配置文件。标准系统在编译时会从这两个文件中选择一个，如代码清单 8-12 所示（softbus_server.cfg 文件的使用见 8.7.1 节的分析）。

代码清单 8-12　//foundation/communication/dsoftbus/core/frame/BUILD.gn

```
ohos_prebuilt_etc("softbus_server.rc") {
  #softbus_server.cfg 文件安装到/system/etc/init/目录下
  relative_install_dir = "init"
  #如果使用 musl libc 库，则使用 softbus_server.cfg；反之则使用 softbus_server.rc
  if (use_musl) {
    source = "$dsoftbus_root_path/core/frame/standard/init/src/softbus_server.cfg"
  } else {
    source = "$dsoftbus_root_path/core/frame/standard/init/src/softbus_server.rc"
  }
  part_name = "dsoftbus_standard"
  subsystem_name = "communication"
}

#softbus_trans_permission.json 文件安装到 system/etc/communication/softbus/目录下
ohos_prebuilt_etc("softbus_permission_json") {
  source = "$dsoftbus_root_path/core/common/security/permission/softbus_trans_
permission.json"
  install_enable = true
  relative_install_dir = "communication/softbus"
  part_name = "dsoftbus_standard"
}
```

softbus_trans_permission.json 文件的编译配置也如代码清单 8-12 所示。该文件将会复制并部署到/system/etc/communication/softbus/目录下。

sa_profile/4700.xml 文件则由 ohos.build 中的编译目标 sa_profile:softbus_sa_profile（见表 8-4）指定，并在经过进一步的处理后部署到/system/profile/目录下，并改名为 softbus_server.xml。

在 OpenHarmony 系统中，所有的系统能力（SystemAbility）都以服务的形式进行管理和使用。softbus_server 进程提供的软总线服务对应的系统能力编号是 4700（在

sa_profile/4700.xml 文件中有详细的进程配置信息），因此 softbus_server 进程提供的服务也称为 SA4700。

2. 命令 2：查询小型系统生成的可执行程序

执行以下命令，可以查询小型系统编译软总线组件时生成的所有可执行程序。

```
$ find ./ -name *.gn | xargs grep -in "executable"
```

将执行该命令后返回的结果中的无效信息（即 tests/目录下的信息）去除后，只剩下一条有效的信息，如下所示。

```
./core/frame/BUILD.gn:116:        executable("softbus_server") {
```

打开 dsoftbus/core/frame/BUILD.gn 文件，如代码清单 8-13 所示。

代码清单 8-13   //foundation/communication/dsoftbus/core/frame/BUILD.gn

```
if (defined(ohos_lite)) {      #轻量系统和小型系统
  copy("permission_json") {  #将softbus_trans_permission.json文件复制到系统的/etc/目录下
    sources = [ "$dsoftbus_core_path/common/security/permission/softbus_trans_
permission.json" ]
    outputs = [ "$root_out_dir/etc/softbus_trans_permission.json" ]
  }
  if (ohos_kernel_type == "liteos_m") {  #轻量系统
  ......
  } else {   #LiteOS_A内核或Linux内核的小型系统
  ......
    executable("softbus_server") {   #编译成可执行程序
      sources = [ "small/init/src/softbus_server_main.c" ]
      include_dirs = [ "common/include" ]
      deps = [ ":softbus_server_frame" ]
      cflags = [ "-fPIC" ]
    }
  }
} else {   #标准系统
......
}
```

从代码清单 8-13 可以得知，在小型系统中编译软总线组件会生成一个可执行程序 softbus_server。softbus_server 会配置为随系统启动而自动启动的服务进程（具体见 //vendor/hisilicon/hispark_taurus/init_configs/init_liteos_a_3516dv300.cfg 或者 //vendor/hisilicon/hispark_taurus_linux/init_configs/init_linux_3516dv300_openharmony_debug.cfg 文件中对 softbus_server 服务的配置）。

3. 命令 3：查询标准系统生成的可执行程序

执行以下命令，可以查询标准系统编译软总线组件时生成的所有可执行程序。

```
$ find ./ -name *.gn | xargs grep -in "ohos_executable"
```

执行该命令后返回的两条信息都是 tests/目录下的无效信息，这意味着在标准系统中编译软总线组件时并没有生成可执行程序。

4．命令 4：查询小型系统生成的动态链接库

执行以下命令，可以查询小型系统编译软总线组件时生成的所有动态链接库。

```
$ find ./ -name *.gn | xargs grep -in "shared_library"
```

执行该命令返回的结果如下所示。

```
./components/nstackx/nstackx_congestion/BUILD.gn:21:  shared_library("nstackx_
congestion.open") {
./components/nstackx/nstackx_ctrl/BUILD.gn:21:  shared_library("nstackx_ctrl") {
./components/nstackx/nstackx_util/BUILD.gn:35:  shared_library("nstackx_util.open") {
./components/nstackx/nstackx_core/dfile/BUILD.gn:41:  shared_library("nstackx_
dfile.open") {
./sdk/BUILD.gn:34:     build_type = "shared_library"  #编译 softbus_client 动态链接库
./core/frame/BUILD.gn:75:    shared_library("softbus_server_frame") {
./core/common/BUILD.gn:47:     build_type = "shared_library" #编译 softbus_utils 动态链接库
./adapter/BUILD.gn:75:     shared_library("softbus_adapter") {
```

从查询结果中可以看到小型系统在编译软总线组件时生成了 4 个 nstackx 动态链接库和 4 个 softbus 动态链接库，这 8 个动态链接库最终全都部署在小型系统的 /usr/lib/ 目录下。

其中的 4 个 softbus 动态链接库分别是 libsoftbus_adapter.so、libsoftbus_utils.so、libsoftbus_client.so、libsoftbus_server_frame.so（分别对应 8.4 节～8.7 节分析的软总线四大模块）。

5．命令 5：查询标准系统生成的动态链接库

执行以下命令，可以查询标准系统编译软总线组件时生成的所有动态链接库。

```
$ find ./ -name *.gn | xargs grep -in "ohos_shared_library"
```

执行该命令后返回的结果如下所示。

```
./components/mbedtls/BUILD.gn:95:ohos_shared_library("mbedtls_shared") {
./components/nstackx/nstackx_congestion/BUILD.gn:73:  ohos_shared_library
("nstackx_congestion.open") {
./components/nstackx/nstackx_ctrl/BUILD.gn:63:  ohos_shared_library("nstackx_ctrl") {
./components/nstackx/nstackx_util/BUILD.gn:118:  ohos_shared_library("nstackx_
util.open") {
./components/nstackx/nstackx_core/dfile/BUILD.gn:115:  ohos_shared_library
("nstackx_dfile.open") {
./sdk/BUILD.gn:47:     build_type = "ohos_shared_library" #编译 softbus_client 动态链接库
./core/frame/BUILD.gn:142:  ohos_shared_library("softbus_server") {
./core/common/BUILD.gn:91:  ohos_shared_library("softbus_utils") {
./adapter/BUILD.gn:117:  ohos_shared_library("softbus_adapter") {
```

从查询结果中可以看到第一行的 mbedtls_shared 编译生成 libmbedtls.z.so 动态链接库，接下来生成 4 个 nstackx 动态链接库和 4 个 softbus 动态链接库，这 9 个动态链接库最终全都部署在标准系统的 /system/lib/ 目录下。

其中的 4 个 softbus 动态链接库分别是 libsoftbus_adapter.z.so、libsoftbus_utils.z.so、libsoftbus_client.z.so、libsoftbus_server.z.so（分别对应 8.4 节～8.7 节分析的软总线四大模块）。

注意	在 LTS 3.0 分支代码上，轻量系统适配的软总线组件为 softbus_lite 组件，该组件在 LTS 3.0 之后的版本中已经废弃，改用 dsoftbus 组件。在 Master 分支代码上，轻量系统编译软总线组件时生成 4 个静态库文件，分别是 libsoftbus_adapter.a、libsoftbus_utils.a、libsoftbus_client.a、libsoftbus_server_frame.a（分别对应 8.4 节~8.7 节分析的软总线四大模块）。
注意	由于目前我只能在标准系统上验证和分析软总线组件，所以本章接下来的内容默认都是以标准系统为例对软总线组件进行分析和总结，在必要时会针对轻量系统和小型系统进行特别说明。

8.3.2　interfaces 子目录

dsoftbus/interfaces/ 子目录中主要提供了一组数据结构的定义和接口的声明，供 OpenHarmony 系统的分布式服务组件和上层的分布式应用使用。dsoftbus/interfaces/ 的目录结构如表 8-5 所示。

表 8-5　dsoftbus/interfaces/ 的目录结构

dsoftbus/interfaces/		
kits/	为上层的分布式应用开放的头文件	
	common/softbus_common.h	为软总线组件的子模块声明了一组公共的常量、数据结构和函数
	bus_center/softbus_bus_center.h	为软总线组件的组网模块（bus_center）声明了一组常量、数据结构和函数，声明的函数主要用于：将一个设备添加进局部神经网络（LocalNeuralNetwork，LNN）中或者将一个设备从局部神经网络中移除；监听一个设备的进入组网（online）、退出组网（offline）和信息变化（information change）的事件
	discovery/discovery_service.h	为软总线组件的发现模块（discovery）声明了一组常量、数据结构和函数，声明的函数主要用于发布服务和发起设备的发现、认证、连接等
	transport/session.h	为软总线组件的传输模块（transport）声明了一组常量、数据结构和统一的数据传输接口，声明的接口主要用于创建和移除会话服务器、打开和关闭会话、接收数据、查询基本的会话信息等
inner_kits/	为 OpenHarmony 系统内部其他分布式组件开放的头文件	
	transport/dfs_session.h 和 transport/inner_session.h	为软总线组件的传输模块（transport）声明了一组获取会话基本信息和开启会话认证的接口

在表 8-5 中的头文件的头部，有对软总线组件的简单说明，也有对当前头文件所提供的相关常量、数据结构和接口的简单说明，读者可自行阅读理解。

下面将表 8-5 中的头文件和对应的实现代码的关系整理成图，如图 8-5 所示。

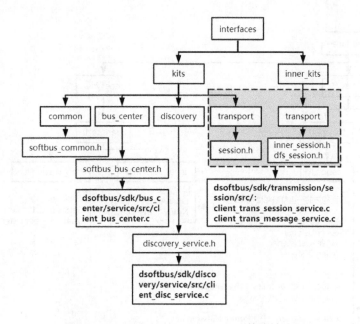

图 8-5　dsoftbus/interfaces/整体结构图

我们把图 8-5 进一步细化，细化后的结果如图 8-6 和图 8-7 所示（8.6 节在分析软总线的 sdk 模块时将会对它们进行详细介绍）。

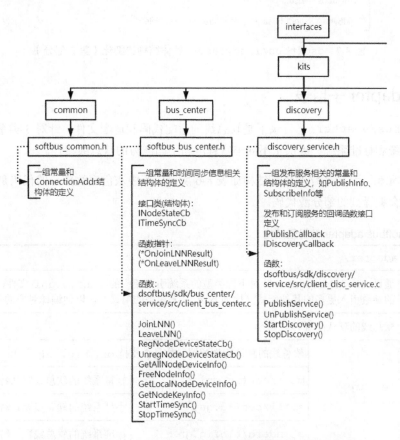

图 8-6　dsoftbus/interfaces/整体结构的细化（第 1 部分）

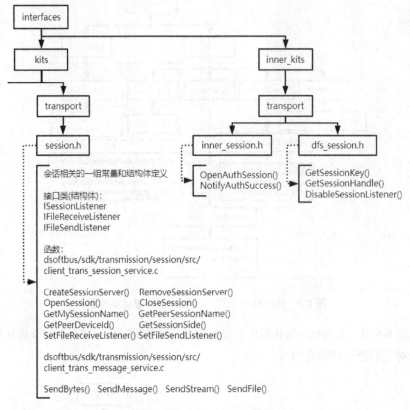

图 8-7　dsoftbus/interfaces/整体结构的细化（第 2 部分）

8.3.3　adapter 子目录

dsoftbus/adapter/子目录下是软总线的适配代码和适配文件，针对 3 类系统（轻量系统、小型系统和标准系统）提供了不同丰富程度和不同能力的软总线特性。

dsoftbus/adapter/的目录结构如表 8-6 所示，其中灰色底纹部分的代码是标准系统的软总线组件会编译到的部分源代码。

表 8-6　dsoftbus/adapter/的目录结构

dsoftbus/adapter/			
BUILD.gn	通过 dsoftbus.gni，针对不同类型的系统引入相应的 config.gni 文件，并根据相应的参数引入更多的其他配置（比如 ble、br 相关的配置），以便编译对应的代码		
default_config/	软总线的默认配置		
	feature_config/	软总线的默认特性配置（如是否支持 br、ble、udp 等）	
		mini/config.gni	轻量系统的软总线默认特性配置
		small/config.gni	小型系统的软总线默认特性配置
		standard/config.gni	标准系统的软总线默认特性配置

续表

		softbus_config_type.h	定义 ConfigType 枚举类型和 Config SetProc 结构体
default_config/	spec_config/	softbus_config_adapter.h、softbus_config_adapter.c	SoftbusConfigAdapterInit() 函数的声明和实现
common/	**3 类系统对公共模块（如 log、mbedtls 等）的接口依赖，以及对不同内核提供的基础功能的适配**		
	include/	bus_center_adapter.h	
		softbus_adapter_crypto.h	对 mbedtls 库提供的加密、SSL、TLS 功能进行封装，为软总线组件提供统一的接口声明
		softbus_adapter_log.h	软总线组件的日志相关的接口声明
		softbus_adapter_atomic.h	系统、CPU 相关的一组基本操作的声明
		softbus_adapter_cpu.h	
		lnn_ip_utils_adapter.h	
		softbus_adapter_file.h	不同内核提供的一组功能的声明
		softbus_adapter_mem.h	
		softbus_adapter_timer.h	
	log/	softbus_adapter_log.c	SoftBusOutPrint() 的实现（见 8.5 节）
	mbedtls/	softbus_adapter_crypto.c	对 mbedtls 库提供的加密、SSL、TLS 相关功能进行适配，为软总线组件提供统一的接口
	kernel/liteos_m/	lnn_ip_utils_adapter.c	对 LiteOS_M 内核提供的基础功能进行适配，为软总线组件提供统一的接口
		softbus_adapter_file.c	
		softbus_adapter_mem.c	
		softbus_adapter_timer.c	
	kernel/liteos_a/	lnn_ip_utils_adapter.c	对 LiteOS_A 内核提供的基础功能进行适配，为软总线组件提供统一的接口（实际上 Linux 内核的系统也使用这部分文件进行适配）
		softbus_adapter_file.c	
		softbus_adapter_mem.c	
		softbus_adapter_timer.c	
	bus_center/	组网模块的适配代码	
		common_bus_center.gni	根据系统类型，对该目录下的代码进行选择性适配和编译
		include/	lnn_event_monitor_impl.h
			lnn_linkwatch.h

续表

common/	bus_center/	network/	lnn_linkwatch.c
			lnn_linkwatch_virtual.c
			lnn_lwip_monitor.c
			lnn_lwip_monitor_virtual.c
			lnn_netlink_monitor.c
			lnn_netlink_monitor_virtual.c
		platform/	bus_center_adapter.c
			bus_center_adapter_weak.c
			lnn_product_monitor.c
			lnn_product_monitor_virtual.c
		wlan/	lnn_wifiservice_monitor.cpp
			lnn_wifiservice_monitor_virtual.cpp
	net/	bluetooth/	蓝牙相关的适配代码（LTS 3.0 版本还不支持蓝牙的异构组网功能，因此暂不整理该子目录下的代码）

> **注意**　　在 Master 分支代码的 dsoftbus/adapter/ 子目录中，又新增了软总线新特性的适配代码，读者可自行整理。

在表 8-6 中，需要特别关注 default_config/feature_config/ 子目录下的 3 个以 .gni 为后缀名的文件。尽管在 8.3.1 节中已对这 3 个文件进行过简单说明，这里仍然以标准系统的 config.gni 为例看一下该文件的构成，如代码清单 8-14 所示。

代码清单 8-14 //foundation/communication/dsoftbus/adapter/default_config/feature_config/standard/config.gni

```
declare_args() {
  enable_discovery_ble = false
  enable_discovery_coap = true

  enable_connection_tcp = true
  enable_connection_br = false
  enable_connection_ble = false

  enable_trans_udp = true
  enable_trans_udp_stream = false
  enable_trans_udp_file = true
  enable_auth_account = false

  enable_auto_networking = true
```

```
        enable_time_sync = true
        enable_build_shared_sdk = true
}
```

在 `config.gni` 文件中，对标准系统的软总线的一些基本属性和能力进行了配置。OpenHarmony 的 LTS 3.0 版本还不支持蓝牙的异构组网，如果在该文件中打开 br、ble 的配置将会导致编译异常。

8.3.4　components 子目录

`dsoftbus/components/`子目录下主要存放的是软总线依赖的一些组件，包括但不限于 mbedtls、nstackx 等。软总线依赖的另外一些第三方组件（如 coap、wpa_supplicant 等）则部署在`//third_party/`目录下。

软总线依赖的这些组件是软总线得以正常运行的重要支撑，如 coap 组件提供协议层面上的支持，而 mbedtls 组件则为嵌入式设备之间的安全通信提供支持。不过本书并不会深入分析这些外部组件的工作细节，对此感兴趣的读者可自行学习和理解。

8.3.5　sdk 子目录和 core 子目录

`dsoftbus/sdk/`子目录下是软总线对外提供服务的客户端（即 softbus_client）的实现代码（见 8.6 节的分析），也是 `dsoftbus/interfaces/`子目录中声明的接口的实现代码。

`dsoftbus/core/`子目录下是软总线对系统提供服务的服务器（即 softbus_server）的实现代码（见 8.7 节的分析）。

在具体设备内部的分布式服务进程，使用 sdk 实现的接口与 softbus_server 进程进行进程间通信，借助 samgr 进程的 saManager 服务向 softbus_server 发布服务、发现服务等。softbus_server 在本设备系统内，为设备的分布式虚拟化、分布式数据管理的实现等提供基础的通信能力服务（即在有线网络、无线网络、蓝牙等通信媒介的基础之上，为分布式设备的 RPC 提供支持）。saManager 服务则在 softbus_server 的支持下，与组网的设备通过 RPC 实现跨设备的服务发布、发现、启动等能力（见 samgr 组件和 dmsfwk 组件的实现代码）。

> **注意**　标准系统的 samgr 和 dmsfwk 的实现代码分别位于`//foundation/distributedschedule/`的 samgr 和 dmsfwk 子目录下。虽然在分析软总线组件时，不可避免地要涉及 samgr 和 dmsfwk 的实现机制与工作流程，但由于我还没有正式对它们进行深入的分析和总结，因此这里先暂时忽略它们。

sdk 和 softbus_server 之间的关系可以用图 8-8 来简单概括，8.4 节和 8.5 节会分别对它们进行详细的分析。

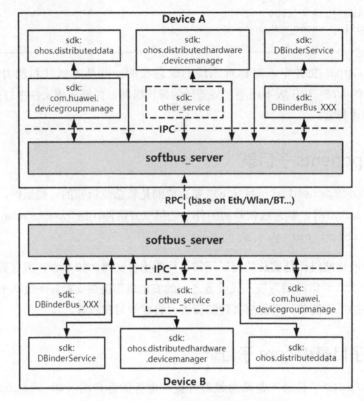

图 8-8　`sdk` 和 `softbus_server` 的关系

8.4　软总线组件的适配模块

软总线组件的适配模块的具体实现对应 `dsoftbus/adapter/` 子目录下的代码，编译该模块时输出的目标文件和目标文件的部署路径与编译的系统类型相关。

- 轻量系统：编译生成 `libsoftbus_adapter.a` 静态库，部署到系统的 `/libs/` 目录下。
- 小型系统：编译生成 `libsoftbus_adapter.so` 动态链接库，部署到系统的 `/usr/lib/` 目录下。
- 标准系统：编译生成 `libsoftbus_adapter.z.so` 动态链接库，部署到系统的 `/system/lib/` 目录下。

适配模块会被 `sdk` 模块和核心模块所依赖，并为这两个模块提供与具体系统能力相匹配的软总线特性。

8.5　软总线组件的通用模块

软总线组件的通用模块的具体实现主要对应 `dsoftbus/core/common/` 子目录下的代码。通过查看该目录下的 `BUILD.gn` 以及导入的 `.gni` 文件可知，该通用模块还包含以下两个目录下的代码。

- `dsoftbus/core/connection/common/`目录下的代码。

- `dsoftbus/core/transmission/common/`目录下的代码。

编译通用模块时输出的目标文件和目标文件的部署路径与编译的系统类型相关。

- 轻量系统：编译生成`libsoftbus_utils.a`静态库，部署到系统的`/libs/`目录下。

- 小型系统：编译生成`libsoftbus_utils.so`动态链接库，部署到系统的`/usr/lib/`目录下。

- 标准系统：编译生成`libsoftbus_utils.z.so`动态链接库，部署到系统的`/system/lib/`目录下。

通用模块会被`sdk`模块和核心模块所依赖，并为这两个模块提供一组通用的工具以帮助它们实现一些具体的功能。这些通用的工具包括 JSON 工具（`json_utils`）、消息处理机制（`message_handler`）、队列管理（`queue`）、权限管理（`security`）、日志管理（`log`）等。在实际项目中，可以根据需要增加或删除相应的工具。

日志工具

要想深入地理解软总线组件的工作流程和工作细节，需要用到详细的日志。下面我们把通用模块中的日志管理工具单独提取出来进行整理和说明。

软总线组件封装了一个`SoftBusLog()`函数，专用于打印软总线组件的日志，其工作流程如图 8-9 所示。

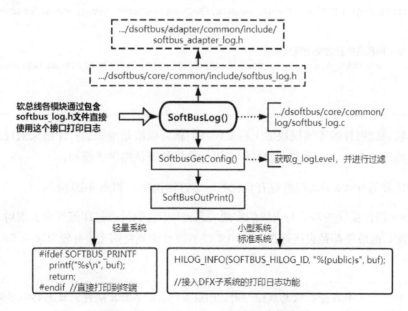

图 8-9 `SoftBusLog()`打印日志的流程

在图 8-9 中，软总线组件的各个模块通过包含 softbus_log.h 头文件，就可以直接使用 SoftBusLog() 函数打印日志。在轻量系统中因为定义了 SOFTBUS_PRINTF 宏，经过 SoftBusLog() 处理的日志会直接通过 printf() 打印到终端上；而小型系统和标准系统没有定义 SOFTBUS_PRINTF，经过 SoftBusLog() 处理的日志会接入 DFX 子系统的 hilog 组件中，交由 hilog 组件进一步处理（见 6.4.2 节和 6.4.3 节的分析）。

另外，调用 SoftBusLog() 打印日志的软总线的各个模块，会把当前模块的 ID 作为实参传入 SoftBusLog(SoftBusLogModule module, ...) 函数的 module 参数中，并在 SoftBusLog() 中将 module 转换成对应模块的名字一并在日志中打印出来（即为日志加上模块的标签），如代码清单 8-15 所示。

代码清单 8-15 //foundation/communication/dsoftbus/core/common/log/softbus_log.c

```
typedef enum {
    SOFTBUS_LOG_AUTH,
    SOFTBUS_LOG_TRAN,
    SOFTBUS_LOG_CONN,
    SOFTBUS_LOG_LNN,      //LNN：LocalNeuralNetwork，局部神经网络
    SOFTBUS_LOG_DISC,
    SOFTBUS_LOG_COMM,
    SOFTBUS_LOG_MODULE_MAX,
} SoftBusLogModule;

static LogInfo g_logInfo[SOFTBUS_LOG_MODULE_MAX] = {   //模块标签列表
    {SOFTBUS_LOG_AUTH, "AUTH"},      //认证模块：authentication
    {SOFTBUS_LOG_TRAN, "TRAN"},      //传输模块：transmission
    {SOFTBUS_LOG_CONN, "CONN"},      //连接模块：connection
    {SOFTBUS_LOG_LNN,  " LNN"},      //组网模块：bus_center
    {SOFTBUS_LOG_DISC, "DISC"},      //发现模块：discovery
    {SOFTBUS_LOG_COMM, "COMM"},      //通用模块和框架模块：common、frame
};

void SoftBusLog(SoftBusLogModule module, SoftBusLogLevel level, const char *fmt, ...)
{
    ......
    //为不同模块的日志加上模块标签
    ret = sprintf_s(szStr, sizeof(szStr), "[%s]", g_logInfo[module].name);
    return;
    ......
}
```

通过为软总线组件的不同模块加上标签，我们就可以清楚地知道打印出来的日志属于哪个模块（见日志清单 8-1），这为在开发过程中进行分析和调试提供了便利。

软总线依赖的 nstackx 组件也有自己的日志打印流程，如图 8-10 所示。

nstackx 组件提供的功能与内核的实现关系密切，它的日志打印流程也分别对不同的系统内核做了适配，但最终都是直接通过 printf() 函数打印到终端上，并没有接入 DFX 子系统进行处理。

> **注意** 　　本书在分析软总线组件时，已经关闭 nstackx 组件的日志打印功能，以免因打印 nstackx 组件的日志而产生干扰。

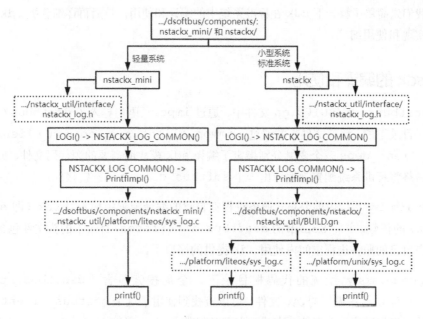

图 8-10　nstackx 组件打印日志的流程

8.6　软总线组件的 sdk 模块

软总线组件的 sdk 模块的具体实现对应 dsoftbus/sdk/子目录下的代码,编译该模块时输出的目标文件和目标文件的部署路径与编译的系统类型相关。

- 轻量系统:编译生成 libsoftbus_client.a 静态库,部署到系统的/libs/目录下。

- 小型系统:编译生成 libsoftbus_client.so 动态链接库,部署到系统的/usr/lib/目录下。

- 标准系统:编译生成 libsoftbus_client.z.so 动态链接库,部署到系统的/system/lib/目录下。

sdk 模块是软总线对外提供服务的客户端(即 softbus_client)的实现。OpenHarmony 系统中的分布式系统服务在自己的业务实现中使用这个 sdk 提供的接口,可以向软总线发布服务、查询服务、发起会话等,以此使用软总线提供的服务,也以此对系统提供自己的分布式服务能力。

按 dsoftbus/sdk/目录下的子目录进一步划分,可将 sdk 模块划分为如下几个功能模块。

- frame/:框架模块的实现代码。

- bus_center/:组网模块的实现代码。

- discovery/:发现模块的实现代码。

- transmission/:传输模块的实现代码。

下面我们先简单了解一下 sdk 在标准系统中的编译和使用，然后再详细分析 sdk 的 4 个功能模块的实现和使用细节。

8.6.1　sdk 的编译和使用

在 dsoftbus/sdk/BUILD.gn 文件中，通过 import 语句导入了 dsoftbus/sdk/ 目录下的几个子目录下的 .gni 文件，并通过 common_client_src、common_client_inc 和 common_client_deps 三个变量分别指定了编译 sdk 模块所需要的源代码文件、头文件和依赖关系，最终将标准系统配置为编译出一个 softbus_client 动态链接库。

OpenHarmony 系统内的分布式服务进程在自己的编译配置中加入对 sdk（即 softbus_client 库）的依赖，并将 8.3.2 节的 dsoftbus/interfaces/ 目录下的头文件包含进来，之后就可以在自己的服务进程空间内使用 sdk 提供的接口了。

在 OpenHarmony 系统的代码根目录下，全局搜索包含"dsoftbus_standard:softbus_client"关键字的 .gn 文件，可以查找到使用了这个 softbus_client 库的几个分布式组件。我们以非常典型的分布式数据服务组件（distributeddatamgr）为例看一下，如下所示。

```
$find ./ -name *.gn | xargs grep -in "dsoftbus_standard:softbus_client"
./foundation/distributeddatamgr/distributeddatamgr/services/distributeddataservice/
adapter/communicator/BUILD.gn:52:    "dsoftbus_standard:softbus_client",
./foundation/distributeddatamgr/distributeddatamgr/services/distributeddataservice/
adapter/security/BUILD.gn:50:    "dsoftbus_standard:softbus_client",
```

可以看到，softbus_client 库是作为通信模块和安全模块的一部分加入到 distributeddatamgr 组件中使用的。在该组件的软总线适配代码 softbus_adapter_standard.cpp 文件中，有多处用到了在 softbus_client 库中定义的接口，如 RegNodeDeviceStateCb()、CreateSessionServer() 等。

在 OpenHarmony 系统的启动过程中，有些分布式系统服务（如分布式数据服务组件的 distributeddataservice）会早于 softbus_server 进程启动。在 softbus_server 进程运行起来并提供服务之前，这些更早启动的分布式系统服务在调用 sdk 的接口时，会因为 softbus_server 进程还未启动（即 SA4700 还无法提供服务）而返回失败的结果。

在 distributeddatamgr 组件的 softbus_adapter_standard.cpp 文件中，SoftBusAdapter::Init() 函数的实现如代码清单 8-16 所示。

代码清单 8-16　//foundation/distributeddatamgr/distributeddatamgr/services/distributed-dataservice/adapter/communicator/src/softbus_adapter_standard.cpp

```
void SoftBusAdapter::Init()
{
    ZLOGI("begin");
    std::thread th = std::thread([&]() {
        auto communicator = std::make_shared<ProcessCommunicatorImpl>();
        auto retcom = DistributedDB::KvStoreDelegateManager::SetProcessCommunicator
(communicator);
        ZLOGI("set communicator ret:%{public}d.", static_cast<int>(retcom));
```

```
            int i = 0;
            constexpr int RETRY_TIMES = 300;
            while (i++ < RETRY_TIMES) {
                //调用 sdk 提供的 RegNodeDeviceStateCb()接口尝试向软总线
                //注册设备（ohos.distributeddata）状态变化事件的回调函数
                //注册时需要确保软总线服务（即 SA4700）已经正常提供服务
                //否则需要在 while 循环中反复尝试注册，直至注册成功或超时失败
                int32_t errNo = RegNodeDeviceStateCb("ohos.distributeddata", &nodeStateCb_);
                if (errNo != SOFTBUS_OK) {
                    ZLOGE("RegNodeDeviceStateCb fail %{public}d, time:%{public}d", errNo,i);
                    std::this_thread::sleep_for(std::chrono::seconds(1));
                    continue;
                }
                ZLOGI("RegNodeDeviceStateCb success");
                return;
            }
            ZLOGE("Init failed %{public}d times and exit now.", RETRY_TIMES);
        });
        th.detach();
    }
```

在执行代码清单 8-16 时生成的日志如日志清单 8-1 所示。

日志清单 8-1   在代码清单 8-16 中调用 RegNodeDeviceStateCb()的流程

```
[I][015C0/_DSB_] [ LNN]{{distributeddatamgr}}[softbus_adapter_standard]
SoftbusAdapter::Init:
[I][015C0/_DSB_] [ LNN][SDK][iFaces]RegNodeDeviceStateCb(ohos.distributeddata)
[I][015C0/_DSB_] [COMM][SDK] InitSoftBus(ohos.distributeddata): isInited[0]-->>
Begin:
[I][015C0/_DSB_] [COMM][SDK] InitSoftBus()[2-1]: ClientModuleInit()
......
[I][015C0/_DSB_] [COMM][SDK] ClientModuleInit(): End. OK
[I][015C0/_DSB_] [COMM][SDK] InitSoftBus()[2-2]: ClientStubInit
[I][015C0/_DSB_] [COMM][SDK][softbus_server_proxy_frame/std]ClientStubInit: Begin
[I][01800/SAMGR] SystemAbilityManagerStub::OnRemoteRequest: get code[ 2] -->>
CheckSystemAbilityInner
[I][01800/SAMGR] SystemAbilityManager::CheckSystemAbility: SA4700[**SOFTBUS_
SERVER_SA**]: NOT FOUND
[E][01800/SAMGR] SystemAbilityManagerStub:CheckSystemAbilityInner IPC reply failed.
[E][015C0/_DSB_] [COMM][SDK][softbus_server_proxy_frame/std]GetSystemAbility failed!
[E][015C0/_DSB_] [COMM][SDK]ServerProxyInit: [IPC] Get remote softbus object
[g_serverProxy] NGNGNG!
[E][015C0/_DSB_] [COMM][SDK]ClientStubInit: End. ServerProxyInit failed
[E][015C0/_DSB_] [COMM][SDK] InitSoftBus()[2-2]: ClientStubInit failed
[I][015C0/_DSB_] [COMM][SDK] InitSoftBus(ohos.distributeddata): End.
isInited[0] ====>>> NG
[E][015C0/_DSB_] [ LNN][SDK][iFaces]RegNodeDeviceStateCb NG: init softbus NGNGNG!!!
```

在日志清单 8-1 中，打印出来的"SA4700[**SOFTBUS_SERVER_SA**]: NOT FOUND"
表示 softbus_server 进程还未启动（即 SA4700 因为还未注册到 saManager 中而无法提
供服务），所以在 SoftBusAdapter::Init()函数中调用的 RegNodeDeviceStateCb()会
失败。SoftBusAdapter::Init()会在 while 循环中反复尝试注册回调函数，直到 softbus_
server 进程启动完毕和 SA4700 对外提供服务后，RegNodeDeviceStateCb()才会返回注
册成功的结果。

8.6.2 sdk 的框架模块：frame

dsoftbus/sdk/frame/目录中存放的是 sdk 的框架模块的实现代码，为 sdk 提供一个整体的功能框架。该目录下的代码既包含 3 类系统（轻量系统、小型系统和标准系统）的公共代码，也包含这 3 类系统各自的私有代码。这里以标准系统为例进行分析，将 dsoftbus/sdk/frame/目录下与标准系统相关的源代码文件进行整理，其结果如图 8-11 所示。

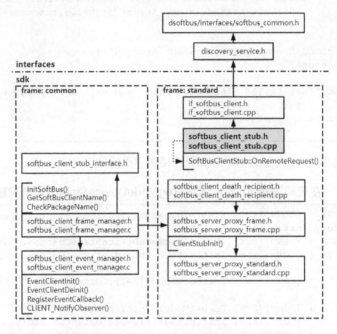

图 8-11 标准系统的软总线 sdk 框架模块的源代码文件关系图

图 8-11 也大致体现了源代码文件内相关函数的调用关系。这里以 InitSoftBus() 函数为例看一下它的调用流程，如图 8-12 所示。

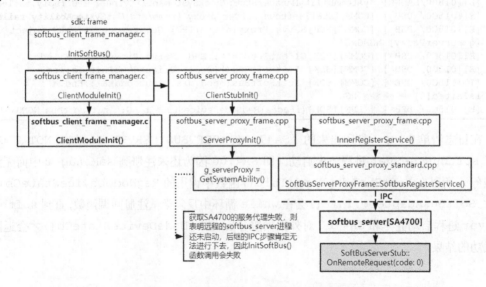

图 8-12 InitSoftBus() 的调用流程

在图 8-12 中，ClientModuleInit() 函数执行的所有步骤在 sdk 内部就可以完成（见日志清单 8-1）。ClientStubInit() 函数则会利用 ServerProxyInit() 函数尝试获取远程服务 SA4700 的服务代理。如果此时 softbus_server 进程尚未启动，则在获取服务代理时会失败，ClientStubInit() 函数就会因失败而退出。如果 softbus_server 进程已经启动，则会成功获取服务代理，当前使用 sdk 的服务就可以向软总线注册自己为分布式服务了。

在 ClientModuleInit() 函数中，会对整个 sdk 的 4 个功能模块（框架、组网、发现和传输）进行初始化，如图 8-13 和图 8-14 所示。

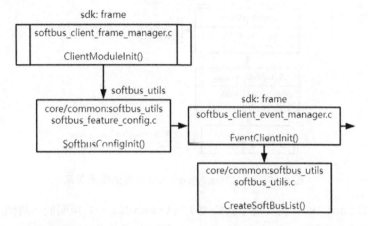

图 8-13　ClientModuleInit() 的调用流程（第 1 部分）

在图 8-13 中，ClientModuleInit() 首先调用软总线通用模块（即 sdk 模块依赖的 softbus_utils 库）的函数对软总线客户端进行初始化配置，然后再调用 EventClientInit() 函数对 sdk 框架进行初始化。

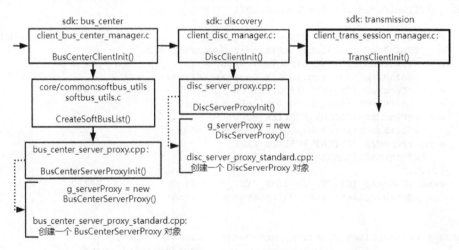

图 8-14　ClientModuleInit() 的调用流程（第 2 部分）

在图 8-14 中，ClientModuleInit() 函数依次调用 BusCenterClientInit()、DiscClientInit()、TransClientInit() 三个函数分别对 sdk 的组网、发现和传输三个功能模块进行初始化（详情分别见 8.6.3 节~8.6.5 节的分析）。

在 sdk 的框架实现代码 softbus_client_stub.cpp 文件中（见图 8-11），定义了一个
SoftBusClientStub 类，该类的继承关系如图 8-15 所示。

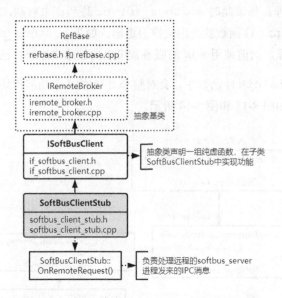

图 8-15 SoftBusClientStub 类的继承关系

SoftBusClientStub 类实现了抽象类 ISoftBusClient 声明的一组纯虚函数，以及自
己定义的一组成员函数。SoftBusClientStub 类在构造函数中为一组 IPC 消息绑定了对应
的消息处理函数，如代码清单 8-17 所示。

代码清单 8-17 //foundation/communication/dsoftbus/sdk/frame/standard/src/softbus_
client_stub.cpp

```
SoftBusClientStub::SoftBusClientStub()
{
    memberFuncMap_[CLIENT_DISCOVERY_SUCC] =                        //260（code，消息代码）
        &SoftBusClientStub::OnDiscoverySuccessInner;
    memberFuncMap_[CLIENT_DISCOVERY_FAIL] =                        //261
        &SoftBusClientStub::OnDiscoverFailedInner;
    memberFuncMap_[CLIENT_DISCOVERY_DEVICE_FOUND] =               //262
        &SoftBusClientStub::OnDeviceFoundInner;
    memberFuncMap_[CLIENT_PUBLISH_SUCC] =                         //263
        &SoftBusClientStub::OnPublishSuccessInner;
    memberFuncMap_[CLIENT_PUBLISH_FAIL] =                         //264
        &SoftBusClientStub::OnPublishFailInner;
    ......
    memberFuncMap_[CLIENT_ON_TIME_SYNC_RESULT] =                  //269
        &SoftBusClientStub::OnTimeSyncResultInner;
}

int32_t SoftBusClientStub::OnRemoteRequest(uint32_t code,
                                    MessageParcel &data,
                                    MessageParcel &reply,
                                    MessageOption &option)
{
    //在 memberFuncMap_数组中查找匹配 IPC 消息代码的消息处理函数
    auto itFunc = memberFuncMap_.find(code);
    if (itFunc != memberFuncMap_.end()) {
        auto memberFunc = itFunc->second;
```

```
        if (memberFunc != nullptr) {
            //执行找到的消息处理函数 XxxYyyInner()
            return (this->*memberFunc)(data, reply);
        }
    }
    return IPCObjectStub::OnRemoteRequest(code, data, reply, option);
}
```

在代码清单 8-17 中，SoftBusClientStub::OnRemoteRequest() 在收到远程 softbus_server 进程发过来的 IPC 消息后，会在 memberFuncMap_ 数组中查找匹配 IPC 消息代码的消息处理函数 XxxYyyInner()。如果找到就执行该函数（即执行 XxxYyyInner() 函数）对消息进行具体处理。如果找不到，就默认执行 IPCObjectStub::OnRemoteRequest()。

来看一个具体的例子。

在后文的图 8-20 中，在分布式服务进程中调用 sdk 发现模块的 PublishService() 函数，向 softbus_server 进程发送 IPC 消息以发布该分布式服务。softbus_server 进程在处理完发布服务的工作后，会把服务发布成功（CLIENT_PUBLISH_SUCC，消息代码 263）或者失败（CLIENT_PUBLISH_FAIL，消息代码 264）的状态消息，再通过 IPC 返回给分布式服务进程的 sdk（见图 8-34，发回的消息代码为 263）。

分布式服务进程的 sdk 收到 CLIENT_PUBLISH_SUCC（消息代码 263）IPC 消息并进行处理，处理流程如图 8-16 所示。

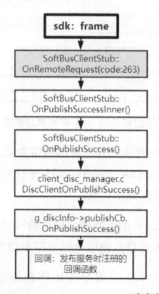

图 8-16　CLIENT_PUBLISH_SUCC 消息的处理流程

在代码清单 8-17 中，SoftBusClientStub::OnRemoteRequest() 在 memberFuncMap_ 数组中查找到匹配 CLIENT_PUBLISH_SUCC（消息代码 263）的消息处理函数 OnPublishSuccessInner() 并执行该函数。在 OnPublishSuccessInner() 函数中层层调用相关函数，最终会回调分布式服务进程在调用 PublishService() 时注册的回调函数，对发布服务成功的消息做最后的处理（注意，图 8-20 中并未展示注册回调函数的细节）。

8.6.3 sdk 的组网模块：bus_center

dsoftbus/sdk/bus_center/目录中存放的是 sdk 的组网模块的实现代码，为分布式服务接入组网或退出组网提供支持。

组网模块的实现代码的结构可分为下面 3 个部分。

- service：为分布式服务接入或退出组网提供支持的一组接口（见图 8-6）的实现。
- manager：用于管理组网的数据结构和生命周期，并为 service 接口的功能实现提供支持。
- ipc：为 service 接口的功能实现提供一个代理（proxy），以便远程访问 softbus_server 的服务。

下面以标准系统的组网模块的实现为例整理代码结构关系，如图 8-17 所示。

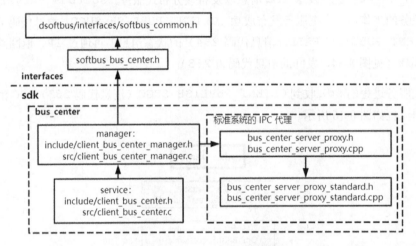

图 8-17　标准系统的软总线 sdk 组网模块的源代码文件关系图

图 8-17 也大致体现了源代码文件内相关函数的调用关系。sdk 的组网模块对外提供的接口如图 8-6 所示，我们以其中的 GetAllNodeDeviceInfo() 接口为例看一下组网模块的 service、manager 和 ipc 三者的调用关系。

在分布式服务进程中，调用 sdk 的组网模块提供的 GetAllNodeDeviceInfo() 接口向软总线查询所有的在线设备的基本信息，调用流程如图 8-18 所示。

该进程先通过 InitSoftBus() 函数来确认软总线是否已经初始化（见图 8-12）。InitSoftBus() 函数可以确保组网模块已经完成初始化（即图 8-14 中的 BusCenterClientInit() 函数已经成功执行完毕）。

随后，该进程通过代理（proxy）发送一个 SERVER_GET_ALL_ONLINE_NODE_INFO（消息代码为 141）的 IPC 消息到 softbus_server 进程，以请求获取所有的在线设备的基本信息。softbus_server 进程收到该 IPC 消息后进行相应的处理并返回处理结果（见 8.7.2 节的分析）。

sdk 的组网模块对外暴露的其他接口（见图 8-6）都遵循上述调用流程，这里不再赘述。

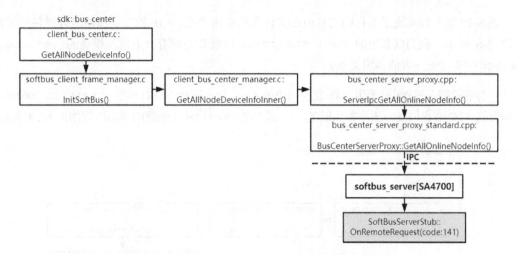

图 8-18 `GetAllNodeDeviceInfo()`的调用流程

8.6.4 sdk 的发现模块：discovery

dsoftbus/sdk/discovery/目录中存放的是 sdk 的发现模块的实现代码，为分布式服务向软总线发布服务、发现服务提供支持。

发现模块的实现代码的结构可分为下面 3 个部分。

- service：为分布式服务发布服务或发现服务提供支持的一组接口（见图 8-6）的实现。
- manager：用于管理发现的数据结构和生命周期，并为 service 接口的功能实现提供支持。
- ipc：为 service 接口的功能实现提供一个代理（proxy），以便远程访问 softbus_server 的服务。

下面以标准系统的发现模块的实现为例整理代码结构关系，如图 8-19 所示。

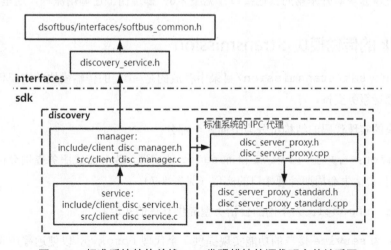

图 8-19 标准系统的软总线 sdk 发现模块的源代码文件关系图

图 8-19 也大致体现了源代码文件内相关函数的调用关系。sdk 的发现模块对外提供的接口如图 8-6 所示，我们以其中的 PublishService() 接口为例看一下发现模块的 service、manager 和 ipc 三者的调用关系。

在分布式服务进程中，调用 sdk 发现模块的 PublishService() 函数向 softbus_server 进程发送 IPC 消息以发布该分布式服务。PublishService() 函数的调用流程如图 8-20 所示。

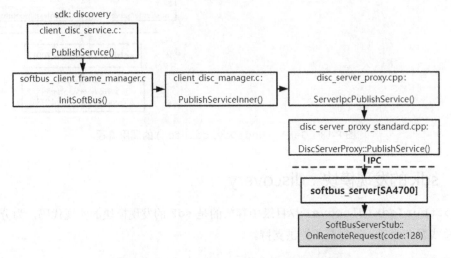

图 8-20 PublishService() 的调用流程

该进程先通过 InitSoftBus() 函数来确认软总线是否已经初始化（见图 8-12）。InitSoftBus() 函数可以确保发现模块已经完成初始化（即图 8-14 中的 DiscClientInit() 函数已经成功执行完毕）。

随后，该进程通过代理（proxy）发送一个 SERVER_PUBLISH_SERVICE（消息代码为 128）的 IPC 消息到 softbus_server 进程，以向软总线发布服务。softbus_server 进程收到该 IPC 消息后进行相应的处理并返回处理结果（见 8.7.2 节的分析）。

sdk 的发现模块对外暴露的其他接口（见图 8-6）都遵循上述调用流程，这里不再赘述。

8.6.5 sdk 的传输模块：transmission

dsoftbus/sdk/transmission/ 目录中存放的是 sdk 的传输模块的实现代码，为分布式服务提供会话服务支持。

传输模块的实现代码的结构可分为下面 3 个部分。

- session：合并了 service 和 manager 的实现，为分布式服务提供会话相关的数据结构和会话生命周期管理接口的实现（见图 8-7）。
- trans_channel：为不同的会话类型提供具体的实现。
- ipc：为 service 接口的功能实现提供一个代理（proxy），以便远程访问 softbus_server 的服务。

　　下面以标准系统的传输模块的实现为例整理代码结构关系，如图 8-21 和图 8-22 所示。其中，图 8-21 中的代码主要是与会话的生命周期管理和 IPC 相关的实现代码，图 8-22 中的代码主要是与具体的传输通道相关的实现代码。

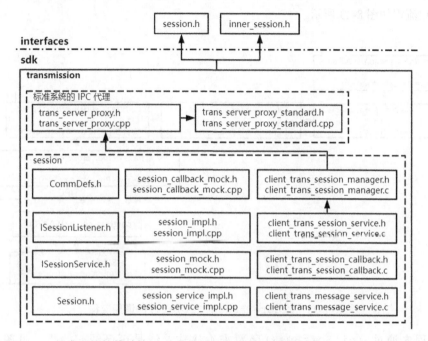

图 8-21　标准系统的软总线 sdk 传输模块的源代码文件关系图（session 部分）

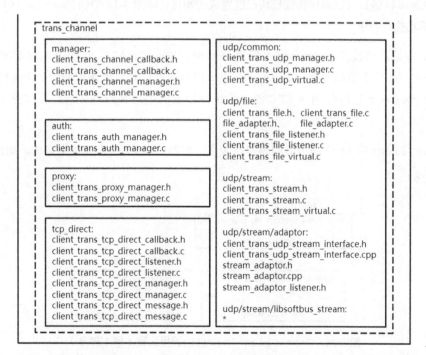

图 8-22　标准系统的软总线 sdk 传输模块的源代码文件关系图（trans_channel 部分）

　　sdk 的传输模块对外提供的接口如图 8-7 所示，我们以其中的 CreateSessionServer()

接口为例看一下传输模块的创建会话服务器的过程。

在分布式服务进程中，调用 sdk 传输模块的 CreateSessionServer() 函数向 softbus_server 进程发送 IPC 消息，以请求创建一个会话服务器。CreateSessionServer() 函数的调用流程如图 8-23 所示。

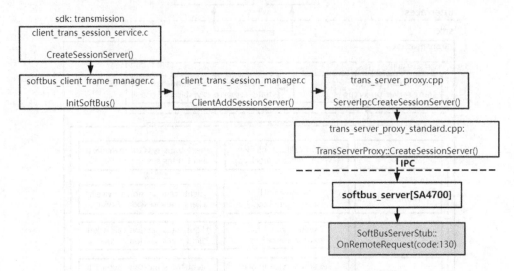

图 8-23　CreateSessionServer() 的调用流程

该进程先通过 InitSoftBus() 函数来确认软总线是否已经初始化（见图 8-12）。 InitSoftBus() 函数可以确保传输模块已经完成初始化（即图 8-14 中的 TransClientInit() 函数已经成功执行完毕）。

随后，该进程通过代理（proxy）发送一个 SERVER_CREATE_SESSION_SERVER（消息代码为 130）的 IPC 消息到 softbus_server 进程，以向软总线请求创建一个会话服务器。 softbus_server 进程收到该 IPC 消息后进行相应的处理并返回处理结果（见 8.7.2 节的分析）。

TransClientInit() 函数做的事情比较多，但都可以在 sdk 模块中完成，如图 8-24 和图 8-25 所示。

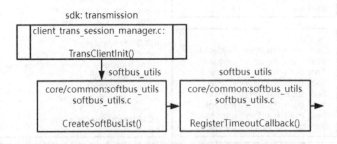

图 8-24　TransClientInit() 的调用流程（第 1 部分）

在图 8-24 中，TransClientInit() 首先调用软总线通用模块（即 sdk 模块依赖的 softbus_utils 库）的函数对软总线客户端进行初始化配置和注册超时回调函数。

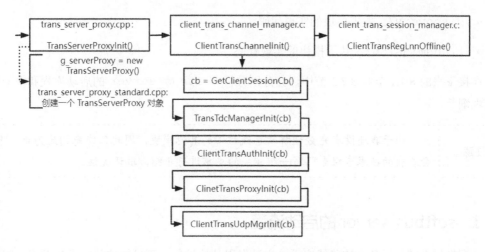

图 8-25 `TransClientInit()` 的调用流程（第 2 部分）

在图 8-25 中，`TransClientInit()` 调用 `TransServerProxyInit()` 来获取一个传输服务代理，然后初始化具体的传输通道并注册设备离线回调函数。

8.7 软总线组件的核心模块

软总线组件的核心模块的具体实现对应 `dsoftbus/core/` 子目录下的代码（通用模块的代码除外），编译该模块时输出的目标文件和目标文件的部署路径与编译的系统类型相关。

- 轻量系统：编译生成 `libsoftbus_server_frame.a` 静态库，部署到系统的 `/libs/` 目录下。

- 小型系统：编译生成 `libsoftbus_server_frame.so` 动态链接库，部署到系统的 `/usr/lib/` 目录下；还生成一个 `softbus_server` 可执行程序，部署到系统的 `/bin/` 目录下。

- 标准系统：编译生成 `libsoftbus_server.z.so` 动态链接库，部署到系统的 `/system/lib/` 目录下；没有生成可执行程序。

核心模块是软总线对系统提供服务的服务器（即 `softbus_server`）的实现。在 OpenHarmony 系统中，`softbus_server` 为系统中的其他分布式服务提供软总线的所有服务，包括软总线环境的建立和分布式服务的发布、组网、发现、连接、认证、传输等功能。

按 `dsoftbus/core/` 目录下的子目录进一步划分，核心模块可划分为如下几个功能模块。

- `frame/`：框架模块的实现代码。

- `authentication/`：认证模块的实现代码。

- `bus_center/`：组网模块的实现代码。

- `connection/`：连接模块的实现代码。

- `discovery/`：发现模块的实现代码。

- `transmission/`：传输模块的实现代码。

在接下来的 8.7.1 节和 8.7.2 节中，会分别分析 `softbus_server` 的启动流程和框架模块的实现细节。

注意	由于我还没有充分理解软总线核心的其他模块，因此只能先到此为止。未来会在我的技术专栏专门写一组相关的文章进行介绍，敬请关注。

8.7.1　softbus_server 的启动流程

适配轻量系统的设备在软总线中无法主动发现其他设备，而只能被其他设备发现。因此，开发者需要在轻量系统中主动向软总线发布服务，然后等待被其他设备发现和使用。

注意	本书暂未涉及轻量系统对软总线的使用等相关的内容，请读者自行阅读相关代码进行理解。

适配小型系统的设备和适配标准系统的设备在软总线中既可以发现其他设备，也可以被其他设备发现。在设备启动时，OpenHarmony 系统在后台自动启动一个 `softbus_server` 进程，为设备初始化软总线环境、发布服务、发现服务、跨设备调用服务等提供支持。

在小型系统中，`softbus_server` 进程的启动方式与 7.3.2 节分析的系统服务进程的启动方式基本相同，都是先在/etc/init.cfg 文件中配置启动命令和服务的启动参数，再在小型系统启动到一定阶段时执行启动命令运行 `softbus_server` 可执行程序，然后进入了 `softbus_server` 进程的启动流程（这部分内容也请读者自行阅读相关代码进行理解）。

而在标准系统中，`softbus_server` 进程的启动方式与小型系统中 `softbus_server` 进程的启动方式则完全不同，这是因为标准系统在编译软总线核心模块时，并没有生成 `softbus_server` 可执行程序。标准系统中的 `softbus_server` 进程是借助 `sa_main` 可执行程序启动起来的，接下来我们详细分析它的启动流程。

1．启动配置文件

在标准系统中启动 `softbus_server` 进程时，需要用到两个很重要的启动配置文件。这两个文件分别如代码清单 8-18 和代码清单 8-19 所示。

代码清单 8-18　//foundation/communication/dsoftbus/core/frame/standard/init/src/softbus_server.cfg

```
{
    "jobs" : [{
        "name" : "post-fs-data",
        "cmds" : [
            "start softbus_server"
        ]
```

```
            }
        ],
        "services" : [{
            "name" : "softbus_server",
            "path" : ["/system/bin/sa_main", "/system/profile/softbus_server.xml"],
            "uid" : "system",
            "gid" : ["system", "shell"]
        }
    ]
}
```

代码清单 8-19   //foundation/communication/dsoftbus/core/frame/standard/sa_profile/4700.xml

```
<?xml version="1.0" encoding="utf-8"?>
<info>
    <process>softbus_server</process>
    <systemability>
        <name>4700</name>
        <libpath>libsoftbus_server.z.so</libpath>
        <run-on-create>true</run-on-create>
        <distributed>false</distributed>
        <dump-level>1</dump-level>
    </systemability>
</info>
```

在编译标准系统的软总线组件时，softbus_server.cfg 文件被复制和部署到系统的 /system/etc/init/ 目录下，而 4700.xml 文件则经过处理并改名为 softbus_server. xml 文件后部署到系统的 /system/profile/ 目录下。

在标准系统中，用户态根进程 init 在启动到 post-fs-data 阶段时，会根据 softbus_ server.cfg 文件的配置执行 start softbus_server 命令以启动 softbus_server 服务进程（见代码清单 8-18）。start softbus_server 命令的具体执行参数是 /system/ bin/sa_main 和 /system/profile/softbus_server.xml（前者是可执行程序的部署路径，后者是传入可执行程序的参数）。

2. sa_main 可执行程序

sa_main 可执行程序是由 //foundation/distributedschedule/safwk/services/ safwk/src/main.cpp 编译生成的。与 main.cpp 在同一目录下的其他文件会被整体编译成一个 libsystem_ability_fwk.z.so 动态链接库文件。这个动态链接库文件与 sa_main 可执行程序之间的关系以及动态链接库中各个类之间的继承关系如图 8-26 所示。

> **注意**　虽然这里暂不深入分析 libsystem_ability_fwk.z.so 的相关实现，但其中的 LocalAbilityManager 和 SystemAbility 等重要类的实现，还是建议读者自行深入理解，接下来在分析 softbus_server 的启动流程时会用到它们提供的接口。

用于生成 sa_main 可执行程序的源代码 main.cpp 只做了两件事：调用 SetProcName() 函数将当前进程的名字从 sa_main 更改为 softbus_server；调用 LocalAbilityManager:: DoStartSAProcess() 函数按 softbus_server.xml 文件的描述加载 libsoftbus_ server.z.so 动态链接库并执行其中的函数，从而切换到 softbus_server 的上下文环境（见图 8-27）。

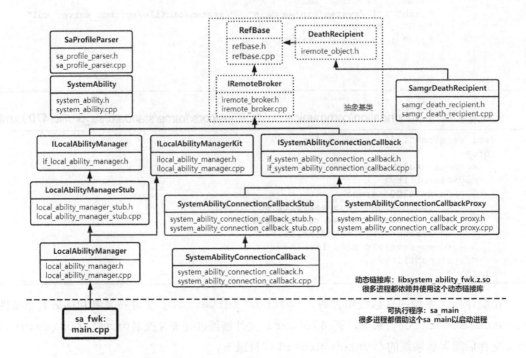

图 8-26　sa_main 与 libsystem_ability_fwk.z.so 的关系

3．softbus_server 的启动流程

softbus_server 的启动细节主要体现在 LocalAbilityManager::DoStartSAProcess() 函数中，如图 8-27 所示。

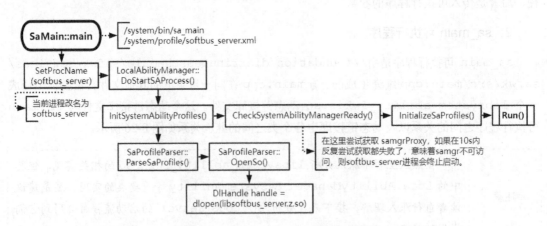

图 8-27　softbus_server 的启动流程

在图 8-27 中，LocalAbilityManager 类对象首先调用 InitSystemAbilityProfiles() 函数读取和分析 softbus_server.xml 文件，然后根据其中的描述把 libsoftbus_server.z.so 加载到 softbus_server 进程空间中。

在 `softbus_server.cpp` 文件的开头，有一行代码很重要，如代码清单 8-20 所示。

代码清单 8-20 //foundation/communication/dsoftbus/core/frame/standard/init/src/softbus_server.cpp

```
namespace OHOS {
REGISTER_SYSTEM_ABILITY_BY_ID(SoftBusServer, SOFTBUS_SERVER_SA_ID, true);
//将该宏按定义展开，结果如下面 3 行注释掉的代码所示
//REGISTER_SYSTEM_ABILITY_BY_ID(SoftBusServer, 4700, true)
//    const bool SoftBusServer_RegisterResult =
//    SystemAbility::MakeAndRegisterAbility(new SoftBusServer(4700, true));
.......
} // namespace OHOS
```

在 `libsoftbus_server.z.so` 库被加载到 `softbus_server` 进程空间时，OHOS 名字空间内的全局常量 `SoftBusServer_RegisterResult` 会被初始化，被赋予的值就是运行 `SystemAbility::MakeAndRegisterAbility(new SoftBusServer(4700, true))` 所返回的结果。

运行 `SystemAbility::MakeAndRegisterAbility(new SoftBusServer(4700, true))` 的主要作用就是创建一个 `SoftBusServer` 类的对象，其过程如图 8-28 所示。

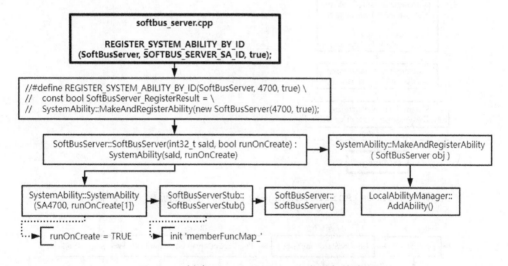

图 8-28 创建 SoftBusServer 类对象的流程

在图 8-28 中，`softbus_server` 进程通过执行 `new SoftBusServer(4700, true)` 操作创建一个 `SoftBusServer` 类对象。在创建 `SoftBusServer` 类对象时会根据 C++类的继承关系和类对象的构造原则，先依次调用 `SoftBusServer` 类的两个父类（即 `SystemAbility` 类和 `SoftBusServerStub` 类）的构造函数，然后再调用 `SoftBusServer` 自己的构造函数。

`SystemAbility` 类的构造函数记录了 `SoftBusServer` 类对象的 `runOnCreate` 标记。

`SoftBusServerStub` 类的构造函数对 `memberFuncMap_` 数组进行了初始化（即为 `softbus_server` 进程要处理的 IPC 消息绑定对应的消息处理函数，见代码清单 8-21）。

在图 8-27 中，`LocalAbilityManager` 类对象继续调用 `CheckSystemAbilityManager`

Ready()函数，反复尝试获取一个 samgrProxy，以此确认 samgr 进程的 saManager 服务是否可以访问。如果获取 samgrProxy 失败，则意味着 softbus_server 进程无法向 saManager 注册服务，softbus_server 进程将会终止启动流程。

在图 8-27 中，LocalAbilityManager 类对象继续调用 InitializeSaProfiles()函数，将 softbus_server.xml 文件中的进程配置信息读取出来并记录到 LocalAbilityManager 类对象的 profileParser_ 成员中。

在图 8-27 中，LocalAbilityManager 类对象最后调用 Run()函数，开始向 saManager 注册软总线服务（即注册 SA4700）并开启软总线服务。

可以按照 API 的调用顺序将 LocalAbilityManager::Run()函数分成 7 小步，如图 8-29 和图 8-30 所示。

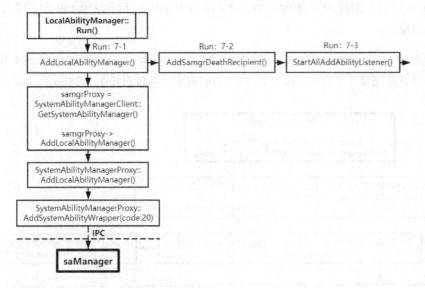

图 8-29　LocalAbilityManager::Run()函数的流程（第 1 部分）

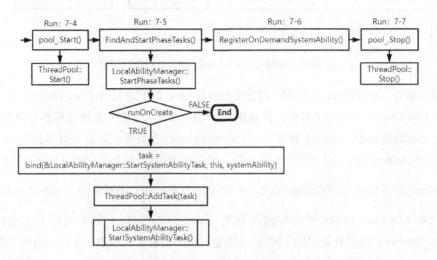

图 8-30　LocalAbilityManager::Run()函数的流程（第 2 部分）

在图 8-29 中，softbus_server 进程通过调用 AddLocalAbilityManager() 函数，首先获取一个 samgrProxy，然后通过这个 samgrProxy 向 saManager 服务发送 ADD_LOCAL_ABILITY_TRANSACTION（消息代码为 20）的 IPC 消息，以此向 saManager 服务注册软总线的服务（即 SA4700）。

samgr 进程的 saManager 服务对 ADD_LOCAL_ABILITY_TRANSACTION 消息的处理流程如图 8-31 所示。

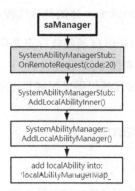

图 8-31 saManager 服务处理 ADD_LOCAL_ABILITY_TRANSACTION 消息的流程

在图 8-31 中，saManager 服务将 softbus_server 进程注册的 SA4700 服务对象保存在 localAbilityManagerMap_ 数组中备用，并返回注册服务成功的结果给 softbus_server 进程。以后其他进程就可以向 saManager 服务查询并使用 SA4700 服务了。

在图 8-30 中，softbus_server 进程通过调用 FindAndStartPhaseTasks() 函数，找到 runOnCreate 标记为 TRUE 的服务（即 SoftBusServer 类对象提供的服务，也即 SA4700），为该服务绑定一个任务，任务的入口函数是 LocalAbilityManager::StartSystemAbilityTask()。softbus_server 进程将该任务加入任务池中进行管理，然后调用 LocalAbilityManager::StartSystemAbilityTask() 开启任务（即 SA4700 开始提供服务）。

在 LocalAbilityManager::StartSystemAbilityTask() 函数中开启任务的流程，如图 8-32 所示。

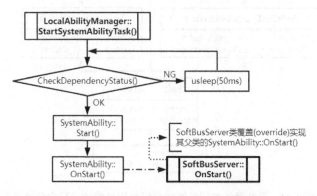

图 8-32 StartSystemAbilityTask() 函数的执行流程

在图 8-32 中可以看到，StartSystemAbilityTask() 会通过 CheckDependencyStatus() 函数向 saManager 服务查询 softbus_server 进程依赖的其他系统能力（在 softbus_server.xml 文件中描述）是否已经全部启动。如果依赖的系统能力有部分还未启动，则需要在 while() 循环中休眠一段时间后再次查询，以此等待它依赖的系统能力全部启动之后，再调用 SystemAbility::Start() 来开启任务。

SystemAbility::Start() 最终再调用 SoftBusServer::OnStart() 完成开启任务的具体工作。SoftBusServer::OnStart() 的具体流程可见 8.7.2 节的分析。

在 LocalAbilityManager::Run() 函数执行完之后，softbus_server 也就完成了所有的启动工作，可以正常对外服务（在图 8-29 和图 8-30 中，LocalAbilityManager::Run() 函数调用的其他函数，请读者自行阅读源代码以理解其作用）。

8.7.2　核心的框架模块：frame

1. 框架模块的源代码结构

dsoftbus/core/frame/ 目录下是软总线的核心框架的实现代码。在该目录下的代码既包含 3 类系统（轻量系统、小型系统和标准系统）的公共代码，也包含这 3 类系统各自的私有代码。这里以标准系统为例进行分析，将 dsoftbus/core/frame/ 目录下与标准系统相关的源代码文件进行整理，如图 8-33 所示。

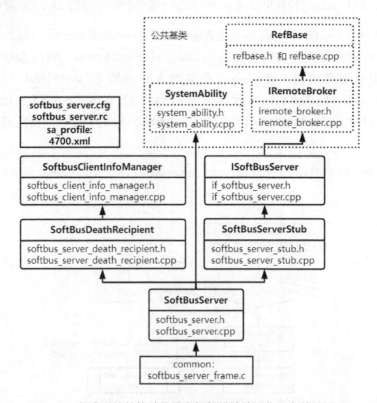

图 8-33　标准系统的软总线核心框架模块的源代码文件关系图

在图 8-33 中，`softbus_server.cfg` 和 `4700.xml` 这两个配置文件的作用在 8.7.1 节中分析过，这里不再赘述。而 `SoftBusDeathRecipient` 类和 `SoftbusClientInfoManager` 类的作用则是在分布式服务退出组网时为软总线删除该服务并清除与该服务相关的所有信息提供支持（这两个类的工作细节请读者自行阅读和理解源代码）。

这里把重点放在图 8-33 中的 `SoftBusServerStub` 类和 `SoftBusServer` 类的分析上。

2. SoftBusServerStub 类

`SoftBusServerStub` 类继承自 `ISoftBusServer` 抽象类，它没有直接实现 `ISoftBusServer` 的纯虚接口，而是新定义了一组成员函数，专门用来对外（即对 sdk）接收和分发 IPC 消息。IPC 消息实际上是由实现了 `ISoftBusServer` 纯虚接口的 `SoftBusServer` 类对象来处理的。

`SoftBusServerStub` 类在构造函数中为一组 IPC 消息绑定了对应的消息处理函数，如代码清单 8-21 所示。

代码清单 8-21　//foundation/communication/dsoftbus/core/frame/standard/init/src/softbus_server_stub.cpp

```cpp
SoftBusServerStub::SoftBusServerStub()
{
    memberFuncMap_[MANAGE_REGISTER_SERVICE] =        //0：注册分布式服务
        &SoftBusServerStub::SoftbusRegisterServiceInner;
    memberFuncMap_[SERVER_PUBLISH_SERVICE] =         //128
        &SoftBusServerStub::PublishServiceInner;
    memberFuncMap_[SERVER_UNPUBLISH_SERVICE] =       //129
        &SoftBusServerStub::UnPublishServiceInner;
    memberFuncMap_[SERVER_CREATE_SESSION_SERVER] =   //130
        &SoftBusServerStub::CreateSessionServerInner;
    ......
    memberFuncMap_[SERVER_STOP_TIME_SYNC] =              //145
        &SoftBusServerStub::StopTimeSyncInner;
}

int32_t SoftBusServerStub::OnRemoteRequest(uint32_t code,
                                           MessageParcel &data,
                                           MessageParcel &reply,
                                           MessageOption &option)
{
    //在 memberFuncMap_ 数组中查找匹配 IPC 消息代码的消息处理函数
    auto itFunc = memberFuncMap_.find(code);
    if (itFunc != memberFuncMap_.end()) {
        auto memberFunc = itFunc->second;
        if (memberFunc != nullptr) {
            //执行找到的消息处理函数 XxxYyyInner()
            return (this->*memberFunc)(data, reply);
        }
    }
    return IPCObjectStub::OnRemoteRequest(code, data, reply, option);
}
```

在代码清单 8-21 中，`SoftBusServerStub::OnRemoteRequest()` 在收到远程的分布式服务进程通过 IPC 发过来的消息后，会在 `memberFuncMap_` 数组中查找匹配 IPC 消息代码的消息处理函数 `XxxYyyInner()`。如果找到就执行 `XxxYyyInner()` 函数，在该函数中再调用子类 `SoftBusServer` 的对应接口对消息进行具体的处理。如果找不到，就默认执行

IPCObjectStub::OnRemoteRequest()。

来看一个具体的例子。

在图 8-20 中，分布式服务进程通过 sdk 发送 SERVER_PUBLISH_SERVICE（消息代码为 128）
IPC 消息给 softbus_server。softbus_server 收到该消息后的处理流程如图 8-34 所示。

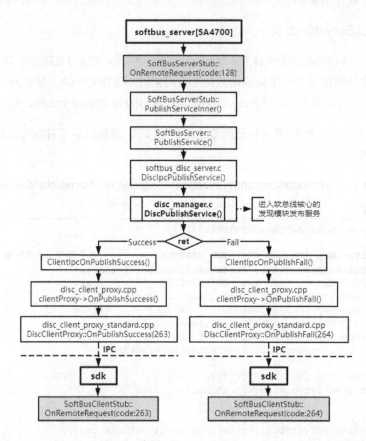

图 8-34　softbus_server 处理 SERVER_PUBLISH_SERVICE 消息的流程

在图 8-34 中，SoftBusServerStub::OnRemoteRequest()在 memberFuncMap_
数组中查找到匹配 SERVER_PUBLISH_SERVICE（消息代码为 128）的消息处理函数
PublishServiceInner()并执行该函数。在 PublishServiceInner()函数（属于父类
SoftBusServerStub）中，调用 PublishService()函数（属于子类 SoftBusServer）
对消息进行具体的处理。

PublishService()函数再调用软总线核心的发现模块的接口来发布服务，并返回发布服
务的结果，最后再将服务发布成功（CLIENT_PUBLISH_SUCC，消息代码为 263）或者失败
（CLIENT_PUBLISH_FAIL，消息代码为264）的结果通过 IPC 消息返回给分布式服务进程的
sdk（见图 8-16）。

3. SoftBusServer 类

SoftBusServer 类继承自 SoftBusServerStub 和 ISoftBusServer，它实现了抽象

类 ISoftBusServer 声明的纯虚函数，并利用核心模块的组网、发现、连接、认证、传输等功能模块提供的接口，对代码清单 8-21 中的消息进行具体的处理（见图 8-34）。

SoftBusServer 类还继承了 SystemAbility 类，并且覆盖（override）实现了 SystemAbility 类的 OnStart() 和 OnStop() 这两个虚函数。其中 OnStop() 的覆盖实现为空，OnStart() 的覆盖实现如代码清单 8-22 所示。

代码清单 8-22 //foundation/communication/dsoftbus/core/frame/standard/init/src/softbus_server.cpp

```
void SoftBusServer::OnStart()
{
    InitSoftBusServer();     //步骤 1：初始化软总线服务
    if (!Publish(this)) {    //步骤 2：发布软总线服务
    }
}
```

在图 8-32 中，softbus_server 进程会调用 SystemAbility::OnStart() 来启动 SA4700 的任务。由于 SoftBusServer 类覆盖实现了父类的 SystemAbility::OnStart() 函数，所以调用 SystemAbility::OnStart() 实际上就是调用子类的 SoftBusServer::OnStart()，由此进入启动 softbus_server 进程的核心启动流程，如图 8-35 所示。

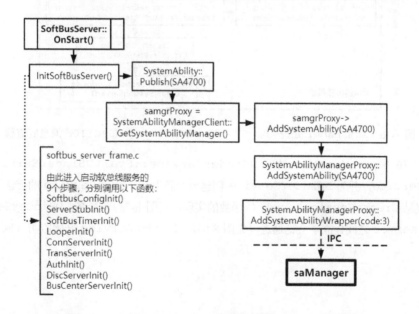

图 8-35 softbus_server 启动和注册 SA4700 的流程

在代码清单 8-22 的步骤 1 中，softbus_server 进程调用 InitSoftBusServer() 函数开始初始化软总线环境（包括初始化软总线核心模块的各个功能模块），为软总线服务展开工作提供基础支持（见图 8-35，暂不进一步展开 InitSoftBusServer() 函数）。

在代码清单 8-22 的步骤 2 中，softbus_server 进程调用 SystemAbility::Publish() 函数向 saManager 服务注册 SA4700 服务。在把 SA4700 纳入 saManager 的管理体系之后，SA4700 就可以为设备内的其他进程以及跨设备的进程提供远程服务了。

在图 8-35 中可以看到，softbus_server 在向 saManager 注册 SA4700 时，最终会发送 ADD_SYSTEM_ABILITY_TRANSACTION（消息代码为 3）的 IPC 消息给 saManager。saManager 服务在收到该消息后的处理流程如图 8-36 所示。

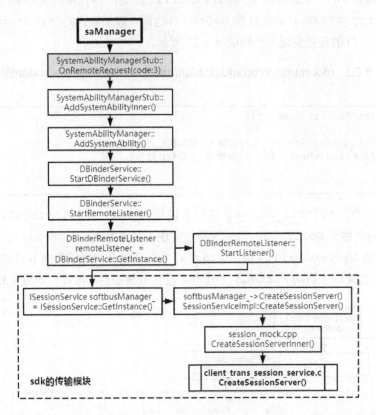

图 8-36　saManager 处理 ADD_SYSTEM_ABILITY_TRANSACTION 消息的流程

在图 8-36 中，saManager 调用 DBinderService::StartDBinderService()启动 DBinderService，并为 DBinderService 创建一个名为 DBinderService 的会话（创建会话的详细过程见 CreateSessionServer()函数的实现，见图 8-23）。最终，DBinderService 与 softbus_server 之间建立了会话通道（见图 8-8），DBinderService 开始监听 IPC 消息并做出响应。

第9章

驱动子系统

『 9.1 驱动框架概述 』

OpenHarmony 面向的是物联网时代的万物互联/万物智联的大场景，"万物"意味着终端设备的形态、大小、部署方式、部署环境、交互方式等会有千差万别，终端设备自身的硬件能力、存储能力、计算能力等也需要根据实际情况进行完全不同的配置。

为了适应这样一个复杂多变的硬件环境，OpenHarmony 提供了一整套完善的硬件设备驱动开发框架。

OpenHarmony 官方为这套驱动框架定义的设计目标是：

旨在构建统一的驱动架构平台，为驱动开发者提供更精准、更高效的开发环境，力求做到一次开发，多系统部署。

为了实现这一目标，OpenHarmony 驱动框架：

采用 C 语言面向对象编程模型构建，通过平台解耦、内核解耦，来达到兼容不同内核，统一平台底座的目的，从而帮助开发者实现驱动一次开发，多系统部署的效果。

这个描述至少包含了以下 3 个关键的信息：

- C 语言面向对象编程；

- 平台解耦；

- 内核解耦。

下面我们分别来看一下这 3 个关键的信息。

1. C 语言面向对象编程

一般都认为 C 语言是面向过程的，C++、Java 等高级语言才提供面向对象机制（面向对象的 3 个核心要点分别为封装、继承、多态），其实 C 语言也可以实现面向对象编程。

从本质上来说，C 语言中的 struct 与 C++中的 class 是一样的，都是表示一块特定的存储区域，里面存有数据和对数据的操作，这就是封装。C++通过 ":" 来表示继承关系，如 "类 Aa 公有继承类 A" 表示为 "class Aa : public A"，而在 C 语言中可以通过在 struct Aa 内嵌套 struct A 来表示继承关系。C++通过继承关系来分别定义父类、子类对数据的不同操作，以此实现多态，而在 C 语言中，也可以通过结构体内的嵌套和函数指针分别指向不同的函数来实现对同一数据的不同操作，以此实现多态。

代码清单 9-1 所示的 C 语言伪代码片段，简单地展示了 C 语言如何实现面向对象编程的上述 3 个核心要点。

代码清单 9-1　C 语言实现面向对象编程的封装、继承和多态的简单示例伪代码

```
struct A {
    dataA;
    void (*funcA)(...);
}
struct Aa {
    struct A;
    dataAa;
    void (*funcAa)(...);
}
void opsX1(...);
void opsX2(...);
void opsY(...);
void opsZ(...);

struct A  obj1 = {
    .dataA = data1,
    .funcA = opsX1,
};
struct Aa obj2 = {
    .A.dataA = data1,
    .A.funcA = opsX1,
    .dataAa = data2,
    .funcAa = opsY,
};
struct Aa obj3 = {
    .A.dataA = data1,
    .A.funcA = opsX2,
    .dataAa = data3,
    .funcAa = opsZ,
};
```

当然，这里只是简单类比了 C 和 C++在面向对象编程中 3 个核心要点的实现方式，二者的差异详情或更多的实现细节，请自行寻找资料来深入理解。

在 OpenHarmony 驱动框架的实现代码中，我们将会看到非常多类似的实现方式。如果能理解 C 语言面向对象编程的思想，那么在理解驱动框架中各种结构体（类）之间的嵌套关系以及各种函数指针的使用时，就容易多了。

2. 平台解耦

不同的芯片平台都会提供一些基础的硬件操控能力，比如 I2C、SPI、UART 等。OpenHarmony 驱动框架对这些与平台相关的硬件操控能力进行了统一的适配和抽象，只为开发者提供抽象的接口，隐藏了适配的细节（当然，实际的适配代码还是开放的）。

例如，在 LTS 3.0 分支的//device/hisilicon/drivers/目录下或者 Master 分支的//device/soc/hisilicon/common/platform/目录下，存放的是针对 Hi3516DV300、Hi3518EV300 芯片的平台驱动实现代码；而在//drivers/framework/support/platform/目录下，存放的则是与平台（不仅仅是 Hi3516DV300、Hi3518EV300 芯片平台）驱动的统一适配、抽象和管理相关的实现代码；在//drivers/framework/include/platform/目录下，存放的则是抽象出来的接口声明，供驱动框架中的其他驱动模块使用。

这样一来，无论开发什么新硬件的驱动程序，在需要使用平台提供的基础能力时，可以直接使用对应的抽象接口，而不必关心它们在平台上的具体实现。比如，如果需要使用 I2C 总线，可以直接使用 I2cOpen()、I2cTransfer()、I2cClose()等接口，而不需要去关注在这个特定的平台上，时钟信号和数据信号怎么拉高拉低、什么时候发送地址和数据等细节。

这大大减少了驱动开发者的劳动量，驱动程序的部署和移植也会变得非常方便。

3. 内核解耦

考虑到不同硬件设备的能力各不相同，为了不增加硬件的负担，同时尽可能发挥硬件的能力，OpenHarmony 适配了不同能力的内核以供开发者选用。但是设备驱动程序的部署和硬件能力的发挥，又与系统选用的内核紧密相关。因此，要实现设备驱动程序"一次开发，多系统部署"的效果，必须要将驱动与内核解耦。

为此，OpenHarmony 驱动框架引入了 OSAL（Operating System Abstraction Layer，操作系统抽象层）。OSAL 只为驱动框架提供了内核部分能力的抽象接口，而隐藏了接口在不同内核中的实现细节。驱动程序完全不需要知道（也不会知道）自己运行在什么内核之上。

OSAL 针对不同的内核进行了适配，其中：

- //drivers/adapter/khdf/liteos_m/osal/目录下是 OSAL 适配 LiteOS_M 内核的实现细节；

- //drivers/adapter/khdf/liteos/osal/目录下是 OSAL 适配 LiteOS_A 内核的实现细节；

- //drivers/adapter/khdf/linux/osal/目录下是 OSAL 适配 Linux 内核的实现细节；

- //drivers/framework/include/osal/目录下是 OSAL 供驱动框架使用的统一抽象接口的声明。

例如，在驱动框架中大量使用的内存操作，可以直接调用抽象接口 OsalMemCalloc()来向内核申请存储空间，驱动程序并不关心内核是如何实现内存的分配和管理的。这样就实了现与内核的解耦，能够做到多系统的部署了。

以"C 语言面向对象编程""平台解耦""内核解耦"为基本原则，OpenHarmony 驱动框架的架构师和开发者，就可以进行一些高内聚、低耦合、高度统一、高度规范化的顶层设计和具体实现了。

基于对 OpenHarmony 驱动框架实现细节的理解，我整理了一个框架图，如图 9-1 所示。该框架图更接近 OpenHarmony 驱动框架的代码实现，9.3 节～9.8 节就是围绕这个框图展开分析的。

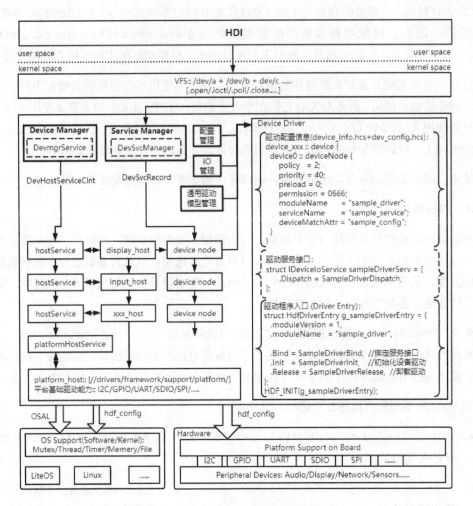

图 9-1　OpenHarmony 驱动框架示意图

> 注意　6.4.6 节详细分析了 OpenHarmony 驱动框架的日志模块的工作流程，建议读者在继续阅读本章之前先去复习一下。

9.2　通用的驱动示例程序

LTS 3.0 分支的//vendor/huawei/hdf/sample/目录，对应 OpenHarmony 的驱动示例程序的 Git 仓库。不过该仓库在 Master 分支上已经下架，对应的驱动示例程序被迁移到//drivers/hdf_core/framework/sample/目录下。

为了更好地演示 OpenHarmony 驱动框架的工作流程，我基于 Hi3516DV300 芯片平台写了一个通用的驱动示例程序：led_ctrl。该示例程序以一个独立仓库（OhosLedCtrl）的形式发布在码云上（在本书在线资源仓库第 9 章的相关文档中有相应的链接）。这个通用的驱动示例程序包含部署在用户空间的应用程序和部署在内核空间的驱动程序，分别可以运行在小型系统（LiteOS_A 内核和 Linux 内核）和标准系统（Linux 内核）上。

下文是对这个示例程序的一些详细说明。有关该示例程序的完整代码和适配说明，请到本书在线资源仓库的对应目录下去查看。

9.2.1 硬件平台和原理图

在 Hi3516 开发板上有 3 种 LED 灯：绿色指示灯、红色指示灯、红外补光灯。它们的开关状态是分别通过 3 个 GPIO 管脚的输出电平来控制的。由于这 3 种 LED 灯的控制很简单，效果也明显，因此非常适合供演示使用。

> **注意** 本示例程序只演示绿色和红色指示灯的控制，读者可以自行尝试实现红外补光灯的控制。

我们先来看一下 Hi3156 开发板上 LED 灯控部分的局部原理图和 GPIO 管脚编号的确定。

1. 绿色指示灯

在 Hi3516 开发板上，绿色指示灯有两颗，分别为 D4 和 D3。D4 位于最上层板左半部分的位置，其原理图如图 9-2 所示。

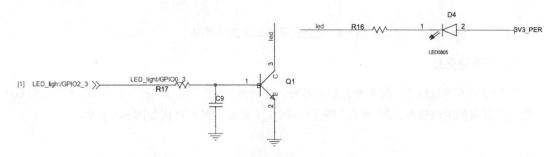

图 9-2　绿色指示灯 D4 的原理图

D3 位于核心板复位按键背后的位置，其原理图如图 9-3 所示。

从图 9-2 和图 9-3 中可以看出，D3 和 D4 都受 GPIO2_3 控制，且控制方式是一样的：GPIO2_3 电平拉高（pull-up），三极管导通，点亮 LED 灯；GPIO2_3 电平拉低（pull-down），三极管截止，熄灭 LED 灯。其他 LED 灯的控制原理与此相同，后文不再单独解释。

2. 红色指示灯

在 Hi3516 开发板上，红色指示灯只有 D22 一颗。D22 位于核心板复位按键背后的位置（与 D3 并排），D22 受 GPIO3_4 控制，其原理图如图 9-4 所示。

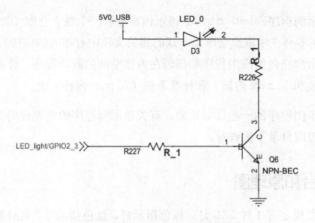

图 9-3　绿色指示灯 D3 的原理图

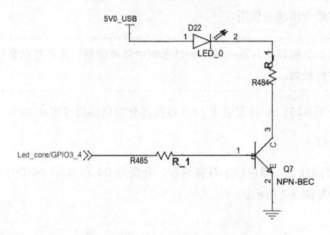

图 9-4　红色指示灯 D22 的原理图

3. 红外补光灯

在 Hi3516 开发板上，红外补光灯有两颗，分别为 D5 和 D6。D5 和 D6 分别位于最上层板摄像头左右两侧的透镜内，D5 和 D6 都受 GPIO5_1 控制，其原理图如图 9-5 所示。

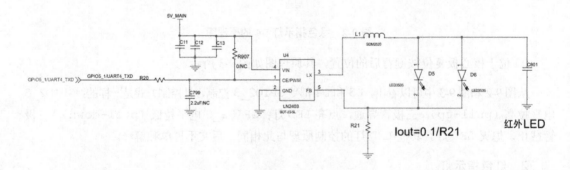

图 9-5　红外补光灯 D5 和 D6 的原理图

4. GPIO 管脚编号的计算

在前述的 LED 灯原理图中，GPIO 的管脚编号是以 GPIOx_y 的形式标记的，那么在编写代码时，如何确定应该使用哪个 GPIO 管脚编号呢？

在 OpenHarmony 官方文档中提到，不同 SoC 芯片由于其 GPIO 控制器型号、参数以及控制器驱动程序的不同，GPIO 管脚编号的换算方式不一样。就 Hi3516DV300 芯片来说，GPIO 控制器负责管理 12 组的 GPIO 管脚，每组有 8 个。具体的 GPIO 的管脚编号可以通过下述方式来计算：

GPIO 编号 ＝ GPIO 组索引（0～11）× 每组 GPIO 管脚数（8）＋ 组内偏移

前面在表示 GPIO 管脚编号时，采用的形式为 GPIOx_y，其中 x 表示的就是 GPIO 组索引，y 表示的是组内的偏移量。

根据上述计算方式，以 Hi3516 开发板上的红色指示灯 D22 为例，计算 GPIO3_4 的 GPIO 编号为 3×8+4=28，其余几颗 LED 灯对应的 GPIO 管脚编号都可以按照这种方式计算出来并用在代码中。

9.2.2 代码结构和编译配置

本章开篇提到，OpenHarmony 驱动框架旨在构建统一的驱动架构平台，为驱动开发者提供更精准、更高效的开发环境，力求做到一次开发，多系统部署。而这个 led_ctrl 示例程序就是"一次开发，多系统部署"的一个简单实践。

当前，在 Hi3516 开发板上可以运行 3 个系统：LiteOS_A 内核的小型系统、Linux 内核的小型系统、Linux 内核的标准系统。led_ctrl 示例程序同时适配了这 3 个系统。也就是说，尽管 led_ctrl 只有一份实现代码，但它针对不同的系统对编译配置脚本做了相应的调整。led_ctrl 整体的目录结构如表 9-1 所示。

表 9-1 led_ctrl 示例程序整体的目录结构

led_ctrl/	通用驱动示例程序根目录		
readme.txt	关于本示例程序的编译配置说明		
apps/	部署在用户空间的应用程序		
	led_green_ctrl/	控制绿色指示灯的应用程序	
		BUILD.gn	编译脚本，同时适配小型系统和标准系统
		led_green.c	led_green 源代码
	led_red_ctrl/	控制红色指示灯的应用程序	
		BUILD.gn	编译脚本，同时适配小型系统和标准系统
		led_red.c	led_red 源代码
config/	设备驱动配置文件		
	device_info/	device_info.hcs	设备节点信息描述
	led/	led_config.hcs	设备私有配置信息描述

led_ctrl/	通用驱动示例程序根目录		
drv/	部署在内核态的设备驱动程序		
	build_linux/	设备驱动程序适配 Linux 内核系统的编译脚本	
		Makefile	
	build_liteos/	设备驱动程序适配 LiteOS_A 内核系统的编译脚本	
		BUILD.gn	
		Makefile	
	include/	led_drv.h	头文件
	src/	符合驱动框架开发要求的设备驱动源代码	
		led_drv.c	

读者可以将该示例程序从本书的资源库下载到本地，将其部署到 OpenHarmony 系统的任何位置。本书是基于 LTS 3.0 分支代码编写的，示例程序部署在 //vendor/huawei/hdf/sample/ 目录下。下面将以该路径为例进行相关说明和编译配置，如果部署在其他路径下，只需修改下文提到的相关路径即可。

1. 对应用程序的编译配置进行说明

apps 子目录下存放的是部署在用户空间上的应用程序，这些应用程序通过调用 HDI 接口来使用驱动提供的服务。对小型系统和标准系统来说，两者的应用程序的编译配置稍有不同，但对于 LiteOS_A 内核和 Linux 内核的小型系统，它们的应用程序的编译配置是共用的，所以，只需要针对小型系统和标准系统来区分编译配置即可。

另外，两个应用程序分别控制绿色指示灯和红色指示灯的亮灯模式，它们的代码结构基本一致，但在实现细节上稍有区别，如日志的打印、dispatch() 函数传递的参数等。这两个应用程序分别部署在不同的子系统中，但实现的效果相同。下面就基于表 9-2 分别进行介绍。

表 9-2　led_ctrl 应用程序部署路径

应用程序的名字	led_green			led_red		
系统类型	小型系统（LiteOS_A 内核）	小型系统（Linux 内核）	标准系统（Linux 内核）	小型系统（LiteOS_A 内核）	小型系统（Linux 内核）	标准系统（Linux 内核）
系统配置文件	[1]//vendor/hisilicon/hispark_taurus/config.json	[2]//vendor/hisilicon/hispark_taurus_linux/config.json	[3]//productdefine/common/products/Hi3516DV300.json	同[1]	同[2]	同[3]

续表

应用程序的名字	led_green			led_red		
子系统	applications			drivers		hdf
子系统配置文件	[4]//build/lite/components/applications.json		同[3]	[7]//build/lite/components/drivers.json		同[3]
组件	camera_sample_hdf_app		sample_apps	adapter_uhdf		hdf
组件编译配置脚本	同[4]		[5]//applications/standard/apps/ohos.build	同[7]		[8]//drivers/adapter/uhdf2/ohos.build
应用编译配置脚本	[6]//vendor/huawei/hdf/sample/led_ctrl/apps/led_green_ctrl/BUILD.gn			[9]//vendor/huawei/hdf/sample/led_ctrl/apps/led_red_ctrl/BUILD.gn		
应用生成路径	[10]//out/hispark_taurus/ipcamera_hispark_taurus/bin/	[11]//out/hispark_taurus/ipcamera_hispark_taurus_linux/bin/	[12]//out/ohos-arm-release/packages/phone/system/bin/	同[10]	同[11]	同[12]

分别打开文件[1]和文件[2]，在 applications 子系统的组件列表下增加一个新的组件，如代码清单 9-2 所示。

代码清单 9-2 //vendor/hisilicon/hispark_taurus(_linux)/config.json

```json
{
  "subsystem": "applications",
  "components": [
    { "component": "camera_sample_hdf_app", "features":[] },
    { "component": "camera_sample_ai", "features":[] },
    { "component": "camera_screensaver_app", "features":[] }
  ]
},
```

打开文件[4]，增加一个新的组件描述信息，如代码清单 9-3 所示。

代码清单 9-3 //build/lite/components/applications.json

```json
{
  "component": "camera_sample_hdf_app",
  "description": "hdf related samples.",
  "optional": "true",
  "dirs": [
    "vendor/huawei/hdf/sample/led_ctrl/apps/led_green_ctrl"
  ],
  "targets": [
    "//vendor/huawei/hdf/sample/led_ctrl/apps/led_green_ctrl:led_green"
  ],
```

```
        "rom": "",
        "ram": "",
        "output": [],
        "adapted_kernel": [ "liteos_a", "linux" ],
        "features": [],
        "deps": {
          "components": [],
          "third_party": [ ]
        }
    },
```

在添加组件描述信息时，注意格式以及关键字段的描述。dirs 指向 led_green 应用程序所在的目录，targets 指向 dirs 下 BUILD.gn 文件定义的编译目标，adapted_kernel 需要同时适配 "liteos_a" 和 "linux" 两个内核。

如果不想修改文件[1]和文件[2]，也不想在文件[4]中新增组件，那就保持文件[1]和文件[2]不变（即直接利用已有的 camera_sample_app 组件），在文件[4]原有的 camera_sample_app 组件列表中的 dirs 和 targets 字段中，增加代码清单 9-3 所示的 dirs 和 targets 路径，并确保同时适配 "liteos_a" 和 "linux" 两个内核即可。

在 LiteOS_A 和 Linux 内核的小型系统上编译 led_green 应用程序时，只需按照上面的说明修改相应的配置信息即可。

在标准系统上编译 led_green 应用程序时，则需要对配置信息进行如下修改。

打开文件[3]，在 parts 内添加一行编译组件，如代码清单 9-4 所示。

代码清单 9-4　//productdefine/common/products/Hi3516DV300.json

```
"parts":{
    "applications:sample_apps":{},
    ......
}
```

在//applications/standard/目录下新建 apps 子目录，然后在 apps 子目录下新建 ohos.build 文件（也就是文件[5]）。该文件的内容如代码清单 9-5 所示。

代码清单 9-5　//applications/standard/apps/ohos.build

```
{
  "subsystem": "applications",
  "parts": {
    "sample_apps": {
      "module_list": [
        "//vendor/huawei/hdf/sample/led_ctrl/apps/led_green_ctrl:led_green"
      ]
    }
  }
}
```

如果不想修改文件[3]，也不想新建文件[5]，则可以直接修改//applications/standard/hap/ohos.build 文件，在它的 module_list 中增加"//vendor/huawei/hdf/sample/led_ctrl/apps/led_green_ctrl:led_green"这样的代码，也可以达到同样的效果。

以上的修改只是为了将文件[6]添加到编译系统中去。打开文件[6]，如代码清单 9-6 所示。

代码清单 9-6 **//vendor/huawei/hdf/sample/led_ctrl/apps/led_green_ctrl/BUILD.gn**

```
if (defined(ohos_lite)) {
    executable("led_green")
    ......
} else {
    ohos_executable("led_green")
    ......
}
```

文件[6]是分别针对小型系统和标准系统的编译配置，小型系统通过 GN 自带的 executable()函数编译生成 led_green 可执行程序，标准系统则是通过 OpenHarmony 重新封装的 ohos_executable()函数来编译生成 led_green 可执行程序。两者稍有不同，请注意区分。

另外，小型系统和标准系统的 led_green 依赖的库与需要包含的头文件路径也是不同的。

在小型系统中，led_green 应用程序依赖的库文件如代码清单 9-7 所示。

代码清单 9-7 **//vendor/huawei/hdf/sample/led_ctrl/apps/led_green_ctrl/BUILD.gn**

```
include_dirs = [
    ......
    "//base/hiviewdfx/hilog_lite/interfaces/native/innerkits",
]
deps = [
    "//base/hiviewdfx/hilog_lite/frameworks/featured:hilog_shared",
    "//drivers/adapter/uhdf/manager:hdf_core",
    "//drivers/adapter/uhdf/posix:hdf_posix_osal",
]
```

在标准系统中，led_green 应用程序依赖的库文件如代码清单 9-8 所示。

代码清单 9-8 **//vendor/huawei/hdf/sample/led_ctrl/apps/led_green_ctrl/BUILD.gn**

```
include_dirs = [
    ......
    "//base/hiviewdfx/hilog/interfaces/native/innerkits/include",
]
deps = [
    "//base/hiviewdfx/hilog/interfaces/native/innerkits:libhilog",
    "//drivers/adapter/uhdf2/osal:libhdf_utils",
]

# deps += [ "etc:led_green_etc" ]
# install_enable = true
subsystem_name = "applications"
part_name = "sample_apps"
```

在代码清单 9-8 中，subsystem_name 和 part_name 字段还需要根据 led_green 应用程序部署的子系统和部件填写正确的名字，否则无法正确编译生成可执行程序 led_green。

在小型系统中编译 led_red 应用程序时，是编译到 drivers 子系统的 adapter_uhdf 组件中，而在标准系统中编译 led_red 应用程序时，则是编译到 hdf 子系统的 hdf 组件中。在编译 led_red 应用程序时，不需要修改表 9-2 中提到的[1]、[2]、[3]这 3 个系统配置文件，它们已经默认包含相关的子系统和组件。

在小型系统中编译 led_red 应用程序时，打开文件 [7]，在 adapter_uhdf 组件的 targets 列表中增加一行编译目标，如代码清单 9-9 所示。

代码清单 9-9　//build/lite/components/drivers.json

```
"component": "adapter_uhdf",
......
"targets": [
  "//vendor/huawei/hdf/sample/led_ctrl/apps/led_red_ctrl:led_red",
  ......
],
```

在标准系统中编译 led_red 应用程序时，则是打开文件 [8]，在 hdf 组件的 module_list 中增加一行编译目标，如代码清单 9-10 所示。

代码清单 9-10　//drivers/adapter/uhdf2/ohos.build

```
"subsystem": "hdf",
"parts": {
  "hdf": {
    "module_list": [
      "//vendor/huawei/hdf/sample/led_ctrl/apps/led_red_ctrl:led_red",
      ......
```

无论是在小型系统中还是在标准系统中，修改文件 [7] 和文件 [8] 的目的也只是为了将文件 [9] 添加到编译系统中去。打开文件 [9]，其中的 subsystem_name 和 part_name 字段也需要根据 led_red 应用程序部署的子系统和部件填写正确的名字，如代码清单 9-11 所示，否则无法正确编译生成可执行程序 led_red。

代码清单 9-11　//vendor/huawei/hdf/sample/led_ctrl/apps/led_red_ctrl/BUILD.gn

```
subsystem_name = "hdf"
part_name = "hdf"
```

在表 9-2 中可以看到，3 个系统中的 led_green、led_red 应用程序分别默认生成到文件 [10]、[11]、[12] 所指的路径下，而且在生成系统镜像时，打包到根文件系统的 /bin/ 目录下。

另外，在 led_green 和 led_red 应用程序代码的目录下，各自还有一个 etc 子目录，该目录下存放着让 led_green 和 led_red 应用程序随着标准系统的启动而自动运行的配置。这两个应用程序分别采用了稍微不同的配置方法，请注意差异。

对于 led_green 应用程序，在文件 [6] 中找到被注释掉的如下两行代码（见代码清单 9-8）。

```
# deps += [ "etc:led_green_etc" ]
# install_enable = true
```

取消掉这两行代码的注释，同时在代码清单 9-5 的 module_list 内增加如下一个编译目标即可。

```
"//vendor/huawei/hdf/sample/led_ctrl/apps/led_green_ctrl/etc:led_green_etc",
```

对于 led_red 应用程序，在文件 [9] 中找到被注释掉的如下两行代码，取消注释即可。

```
# deps += [ ":led_red_etc" ]
# install_enable = true
```

因为在文件[9]中已有 `ohos_prebuilt_etc("led_red_etc")` 的配置段，这个配置段在 `ohos_executable("led_red")` 的依赖关系（deps）中被一并执行，其效果等同于在编译 `led_green` 应用程序时，在代码清单 9-5 的 `module_list` 内增加的那一个编译目标。

在 `led_green` 应用程序的自动启动配置中，通过 `once` 和 `importance` 这两个属性将其指定为非关键性的一次性进程。这样一来，在应用程序退出后，它的父进程（用户态根进程 `init`）不再重启该程序。但是在 `led_red` 应用程序的自动启动配置中没有配置这两个属性，因此该应用程序默认为非关键性的常驻进程。也就是说，该应用程序在退出后，它的父进程 `init` 会再次重启该程序。因此，两个应用程序在自动启动并运行一段时间后会自动退出。此时，`led_green` 应用程序会停止运行，而 `led_red` 应用程序会被再次重启和运行。

2. 对驱动配置信息的编译配置进行说明

对于表 9-2 中的 3 个系统，需要分别配置各自对应的驱动配置信息描述文件的部署路径。下面具体来看一下。

在 LiteOS_A 内核的小型系统中，打开 `hdf.hcs` 文件，在 `#include` 代码段添加两行，如代码清单 9-12 所示。

代码清单 9-12　//vendor/hisilicon/hispark_taurus/hdf_config/hdf.hcs

```
......
#include "../../../../vendor/huawei/hdf/sample/led_ctrl/config/led/led_config.hcs"
#include "../../../../vendor/huawei/hdf/sample/led_ctrl/config/device_info/
device_info.hcs"

root {
    module = "hisilicon,hi35xx_chip";
}
```

在 Linux 内核的小型系统中，打开 `hdf.hcs` 文件，在 `#include` 代码段添加两行，如代码清单 9-13 所示。

代码清单 9-13　//vendor/hisilicon/hispark_taurus_linux/hdf_config/hdf.hcs

```
......
#include "../../../../vendor/huawei/hdf/sample/led_ctrl/config/led/led_config.hcs"
#include "../../../../vendor/huawei/hdf/sample/led_ctrl/config/device_info/
device_info.hcs"

root {
    module = "hisilicon,hi35xx_chip";
}
```

> **注意**　建议到 //vendor/hisilicon/hispark_taurus_linux/hdf_config/ hdf_test/ 目录下把 `hdf_hcs.hcb` 和 `hdf_hcs_hex.o` 都删除，以免因为这两个文件已经存在而不去重新编译和生成它们，最终导致执行 ./bin/led_xxx 应用程序时点灯失败。

在 Linux 内核的标准系统中，打开 `hdf.hcs` 文件，在 `#include` 代码段添加两行，如代码清单 9-14 所示。

代码清单 9-14　//vendor/hisilicon/Hi3516DV300/hdf_config/khdf/hdf.hcs

```
......
#include "../../../../../vendor/huawei/hdf/sample/led_ctrl/config/led/led_config.hcs"
#include "../../../../../vendor/huawei/hdf/sample/led_ctrl/config/device_info/
device_info.hcs"

root {
    module = "hisilicon,hi35xx_chip";
}
```

> 注意
>
> 　　建议到 //vendor/hisilicon/Hi3516DV300/hdf_config/khdf/
> hdf_test/ 目录下把 hdf_hcs.hcb 和 hdf_hcs_hex.o 都删除，以免因为这
> 两个文件已经存在而不去重新编译和生成它们，最终导致执行 ./bin/led_xxx
> 应用程序时点灯失败。

另外，在添加两个 hcs 文件的路径时，必须使用相对路径，而不能用绝对路径（如 //vendor/huawei/hdf/sample/led_ctrl/config/led/led_config.hcs），否则会编译失败。

在上述修改完毕后，当系统编译到 hdf.hcs 文件时，就会把 led_ctrl 相关的设备节点和驱动配置信息，都纳入系统的设备树中进行管理和使用（相关的编译细节见 9.5 节）。

3. 对驱动程序的编译配置进行说明

drv/ 目录中的代码是真正的 LED 驱动程序代码，它需要与 config/ 目录中的驱动配置信息一起编译并链接到内核中。

在 LiteOS_A 内核的小型系统中，打开 lite.mk 文件，在末尾增加两行配置，如代码清单 9-15 所示。

代码清单 9-15　//device/hisilicon/drivers/lite.mk

```
# 注意，在 Master 分支下，该文件路径为
# //device/soc/hisilicon/common/platform/lite.mk
......
LITEOS_BASELIB += -lhdf_led_driver
LIB_SUBDIRS += $(LITEOSTOPDIR)/../../vendor/huawei/hdf/sample/led_ctrl/drv/
build_liteos
```

这里添加的 LIB_SUBDIRS 是 drv/ 目录中的驱动代码用于适配 LiteOS_A 内核的编译脚本 Makefile 的路径，而 LITEOS_BASELIB 字段中添加的库文件名字，要与这个 Makefile 文件中的编译目标的 MODULE_NAME 字段对应一致。

再打开 BUILD.gn 文件，在其依赖关系中增加一行配置，如代码清单 9-16 所示。

代码清单 9-16　//device/hisilicon/drivers/BUILD.gn

```
# 注意，在 Master 分支下，该文件路径为
# //device/soc/hisilicon/common/platform/BUILD.gn
group("drivers") {
  deps = [
    "//vendor/huawei/hdf/sample/led_ctrl/drv/build_liteos",
```

```
        ......
    ]
```

这里添加的是 drv/目录中的驱动代码用于适配 LiteOS_A 内核的编译链接脚本 BUILD.gn 的路径，该编译链接脚本内的 module_name 字段也要与 Makefile 中的 MODULE_NAME 对应一致。（在 LTS 1.1 分支中，并不需要配置这个 BUILD.gn 文件。）

这里提到的 Makefile 和 BUILD.gn 文件都有模板，而且这两个文件必须要配置正确，否则有可能出现"驱动程序已经编译生成静态库文件，但是却没有正确链接到内核镜像中，导致驱动程序无法正确启动"的情况。

对于 Linux 内核的小型系统与标准系统来说，由于两者共用一个内核组件，所以它们的编译配置也是共用的。

打开//drivers/adapter/khdf/linux/Makefile 文件，在文件末尾增加一行配置，如代码清单 9-17 所示。

代码清单 9-17　//drivers/adapter/khdf/linux/Makefile

```
......
obj-$(CONFIG_DRIVERS_HDF) += ../../../../vendor/huawei/hdf/sample/led_ctrl/drv/
build_linux/
```

这里添加的是 drv/目录中的驱动代码用于适配 Linux 内核的编译脚本 Makefile 的路径。打开这个 Makefile 文件，如代码清单 9-18 所示。

代码清单 9-18　//vendor/huawei/hdf/sample/led_ctrl/drv/build_linux/Makefile

```
include drivers/hdf/khdf/platform/platform.mk
obj-y += ../src/led_drv.o

#ccflags-y += -Idrivers/hdf/framework/../../vendor/huawei/hdf/sample/led_ctrl/drv/
include
#ccflags-y += -Iinclude/hdf/../../../vendor/huawei/hdf/sample/led_ctrl/drv/include
ccflags-y += -I$(PROJECT_ROOT)/vendor/huawei/hdf/sample/led_ctrl/drv/include
```

在代码清单 9-18 中，obj-y 这一行的配置会把由 led_drv.c 编译生成的.o 文件一起链接到 Linux 内核镜像中。

而 ccflags-y 这 3 行配置语句的效果都一样，都是为了把 led_ctrl/drv/include 头文件路径添加到编译选项中去（详见 9.5.2 节的分析）。

9.2.3　通过执行程序来验证效果

在经过上面的配置后，分别在 LiteOS_A 和 Linux 内核的小型系统中和在 Linux 内核的标准系统中执行编译（建议删除//out/目录后重新编译），然后将生成的系统镜像烧录到 Hi3516 开发板上。在系统重启至稳定运行后，可通过 shell 执行./bin/led_green 和./bin/led_red 命令，查看这两个应用程序的运行效果。在执行命令时可带参数，参数 0 表示关闭 LED 灯，参数 1 表示打开 LED 灯。如果不带参数或者带有其他任意参数，程序会执行 30 次反复开关 LED 灯的动作，每次开关的时间间隔 3s。

如果按 9.2.2 节的说明,将 led_green 和 led_red 应用程序配置为随标准系统的启动而自动运行,则在标准系统启动后,绿灯和红灯将自动闪烁,且绿灯在闪烁 30 次后熄灭(因为 led_green 程序退出),而红灯则会一直保存闪烁(因为 led_red 程序退出后又会被重新运行)。

注意	如果这两个应用程序在编译或者运行后得不到上述效果,请自行排错后重试。

另外,在 led_green 应用程序内定义了下述宏:

```
#define LOG_TAG     "led_grn"
#define LOG_DOMAIN 0xD002021
```

在 led_red 应用程序内定义了下述宏:

```
#define HDF_LOG_TAG "led_red"
#define LOG_DOMAIN 0xD002021
```

可以通过运行 hilogcat 或 hilog 程序,并加入参数对打印的日志进行相应的过滤(详见 6.4 节中关于 DFX 子系统的分析),从而查看与这两个应用程序相关的执行流程。

9.3 驱动程序的开发要点

在表 9-1 所示的驱动示例程序的代码结构中可以看到 3 个部分:apps、config、drv,这 3 部分分别对应用户态程序与内核态驱动的交互、驱动配置信息的管理、驱动程序的实现。这三者是基于驱动框架的设备驱动开发的 3 个要点,下面分别看一下。

9.3.1 用户态程序与内核态驱动的交互

OpenHarmony 驱动框架提供的消息机制可以实现用户态程序和内核态驱动的互动,它们之间可以互相发送消息和传输经序列化处理的数据(详见 9.8 节的分析)。

9.3.2 驱动配置信息的管理

在管理驱动配置信息时,OpenHarmony 驱动框架以 hcs(HDF Configuration Source,HCS)文件的形式组织源代码,以键值(Key-Value)对的形式对设备驱动信息进行配置和记录,从而实现驱动配置信息与驱动实现代码的解耦。hcs 文件的源代码被 hc-gen(HDF Configuration Generator,HC-GEN)工具编译成 hcb(HDF Configuration Binary,HCB)二进制文件然后打包成.o 文件链接进内核镜像中,然后在驱动框架启动阶段被 hcs-parser 工具加载和分析,还原成以 g_hcsTreeRoot 为根节点的树状结构,最终被驱动框架各模块所使用。

1. hcs 源文件

这里将 LiteOS_A 和 Linux 内核的小型系统以及 Linux 内核的标准系统的驱动配置管理文件及相关信息整理成表,如表 9-3 所示。

表 9-3　驱动配置管理文件的信息统计

系统类型	配置信息路径	子目录或文件	备注	编译输出
小型系统（LiteOS_A 内核）	.../sdk_liteos/hdf_config/	device_info/	默认不编译	[6]//out/hispark_taurus/ipcamera_hispark_taurus/obj/kernel/liteos_a/make_out/obj/vendor/hisilicon/hispark_taurus/hdf_config/hdf_test_config/hdf_config/hdf_test.hcb 和 hdf_test_hex.o
		input/、lcd/		
		BUILD.gn、hdf.hcs、Makefile		
		adc/、dmac/、gpio/、i2c/、i2s/、mmc/、pwm/、rtc/、spi/、uart/、usb/、watchdog/	[1]Hi3516DV300 芯片平台提供的部分平台相关设备节点的私有配置信息（适配 LiteOS_A 内核），会被文件[3]包含而参与编译	
	//vendor/hisilicon/hispark_taurus/hdf_config/	device_info/	设备宿主（Host）和设备节点的配置信息汇总	
		hdf_test/	[2]编译 hcs 源文件的入口之一。测试用例的配置信息 hcs 源文件会将文件[3]包含进来一起编译	
		ethernet/、input/、lcd/、sensor/、usb/、vibrator/、wifi/	外围设备的私有配置信息	
		hdf.hcs	[3]编译 hcs 源文件的入口之二。会将[1]目录下的相关文件包含进来一起编译	
		BUILD.gn	使用 gn 方式编译 hcs 源文件的脚本	
		Makefile	使用 make 方式编译 hcs 源文件的脚本	
小型系统（Linux 内核）	//vendor/hisilicon/hispark_taurus_linux/hdf_config/	device_info/	设备宿主（Host）和设备节点的配置信息汇总	[7]//vendor/hisilicon/hispark_taurus_linux/hdf_config/hdf_test/hdf_hcs.hcb 和 hdf_hcs_hex.o
		hdf_test/	[4]编译 hcs 源文件的入口之一。测试用例的配置信息 hcs 源文件会将文件[5]包含进来一起编译	
		device/目录下的子目录包括 dmac/、gpio/、i2c/、mmc/、pwm/、rtc/、spi/、uart/、usb/、watchdog/	Hi3516DV300 芯片平台提供的部分平台相关设备节点的私有配置信息（适配 Linux 内核）	

续表

系统类型	配置信息路径	子目录或文件	备注	编译输出
小型系统（Linux 内核）	//vendor/ hisilicon/ hispark_ taurus_ linux/ hdf_config/	input/、lcd/、sensor/、vibrator/、wifi/	外围设备的私有配置信息	
		hdf.hcs	[5]编译 hcs 源文件的入口之二（注意，该文件不再包含[1]目录下的文件）	
		Makefile	使用 make 方式编译 hcs 源文件的脚本（暂不支持 gn 方式编译）	
标准系统（Linux 内核）	//vendor/ hisilicon/ Hi3516DV300/ hdf_config/ khdf/	device_info/	部署在内核态的驱动框架对应的驱动配置信息源文件（与 Linux 内核的小型系统的这部分配置的处理方式一致）	[8]//vendor/his ilicon/Hi3516D V300/hdf_config/ khdf/hdf_test/ hdf_hcs.hcb 和 hdf_hcs_hex.o
		hdf_test/		
		audio/、input/、lcd/、platform/、sensor/、vibrator/、wifi/		
		hdf.hcs、Makefile		
	//vendor/ hisilicon/ Hi3516DV300/ hdf_config/ uhdf/	camera/、device_ info.hcs、hdf.hcs、*.hcs	部署在用户态的驱动框架对应的驱动配置信息源文件，对应的编译脚本为 //drivers/adapter/ uhdf2/hcs/BUILD.gn	[9]//out/ohos- arm-release/obj/ drivers/adapter/ uhdf2/hcs/out/o hos-arm-release/ gen/drivers/ada pter/uhdf2/hcs/ hdf_default.hcb
led_ctrl 示例程序	//vendor/ huawei/hdf/ sample/led_ ctrl/config/	device_info/、led/	被包含到上面的文件[3]和文件[5]的 hdf.hcs 文件内参与编译	编译到上面的[6]、[7]、[8]的.hcb 文件内

在表 9-3 中，所有的 hcs 文件可以简单地分成 3 类：

- 编译入口文件 hdf.hcs；

- 设备节点描述文件 device_info.hcs；

- 驱动私有的配置信息描述文件 xxx_config.hcs。

下面分别来看一下。

编译入口文件 hdf.hcs

在表 9-3 中，在编译脚本 Makefile 中指定的编译 hcs 源文件的入口文件一般名为

hdf.hcs，但是不一定非要是这个名字。比如，在为 LiteOS_A 内核的小型系统配置
LOSCFG_DRIVERS_HDF_TEST 时，编译入口文件则是 hdf_test.hcs。

在这个编译入口文件 hdf.hcs 中，首先需要包含其他所有需要编译的 hcs 源文件，而且
这些 hcs 源文件的路径只能是相对路径，不能是绝对路径，否则会引起编译异常。

紧接着，在 hdf.hcs 文件中会有一个根（root）节点的定义，所有类型的 hcs 源文件都
在根节点内添加和展开自己的子节点。hc-gen 工具会把根节点下的第一级子节点都归并到
root->child 和 root->child->sibling（它们都是根节点的子节点），然后逐级展开整个
树形结构（从后面的图 9-8 可以很容易地看出来）。

OpenHarmony 驱动框架的代码中会有很多地方通过 HcsGetRootNode() 来获得一个指
向根节点的指针，再通过这个指针就可以遍历整个设备树，查找并使用对应节点所记录的设备
配置信息。

设备节点描述文件 device_info.hcs

名为 device_info.hcs 的文件是专门用来描述设备节点的。在同一个系统中，可以有多
个 device_info.hcs 文件，它们的结构都一样，hc-gen 工具在编译时会把相同层级的设备
节点描述文件归类合并在一起。

在 device_info.hcs 文件的 root 节点下是 device_info 子节点，它有一个 match_
attr = "hdf_manager" 属性，用于表明 device_info 节点是 hdf_manager 节点。在
OpenHarmony 驱动框架的实现代码中会有很多地方通过 GetHdfManagerNode() 来获得该
节点的指针然后再使用。

在 device_info 节点下是所有的设备节点的汇总，可以根据大致类似的用途将这些设备
节点分成几大类，每一个大类就是一个宿主（Host），比如平台基础功能类 platform_host、
显示类 display_host、输入类 input_host 等。

宿主（Host）有一个模板，用于在定义一个宿主时配置默认的宿主属性。新的宿主节点可
以直接使用模板中配置的默认属性，也可以在自己的节点中根据实际需要重新配置这些属性的
值。宿主模板的定义如代码清单 9-19 所示。

代码清单 9-19　//vendor/hisilicon/hispark_taurus/hdf_config/device_info/device_info.hcs

```
template host {          //宿主（Host）节点的模板
    hostName = "";       //宿主节点的名字（每个宿主节点都是用于存放一大类驱动节点的容器）
    priority = 100;      //宿主节点的默认的启动优先级别，级别高的宿主先启动
    template device {    //小类设备节点的模板，如 I2C 类、UART 类
        template deviceNode {        //具体设备节点驱动的 deviceNode 模板
            policy = 0;              //驱动服务发布策略
            priority = 100;          //驱动启动优先级
            preload = 0;             //驱动按需加载描述
            permission = 0664;       //驱动创建设备服务节点的权限
            moduleName = "";         //驱动名称，必须和驱动入口结构的 moduleName 值一致
            serviceName = "";        //驱动对外发布的服务的名称，必须唯一
            //设备节点中用于匹配驱动私有配置信息的关键字
            //该关键字的值必须和驱动私有数据配置节点的 match_attr 字段的值匹配
            deviceMatchAttr = "";
```

```
            }
        }
    }
```

在宿主模板中，各个字段都有特定的意义。下面简单看一下。

- hostName：表示宿主的名字。在不同的宿主内需要配置不同的宿主名字，在驱动框架的代码中可以通过 GetHostNode(const char *inHostName) 来获取匹配指定的宿主名字的宿主节点。

- priority：表示宿主的启动优先级别，取值范围为 0~200（默认为 100），值越大则优先级越低，优先级相同则不保证宿主的启动顺序。在驱动框架启动宿主时，会通过 HdfAttributeManagerGetHostList() 获取到一个按 priority 的值由高到低排序的宿主链表（hostList），据此链表依次启动宿主（详见 9.6.3 节）。

- device：表示具体某一小类的设备节点的集合，比如 UART 类的 device_uart 作为一个小类别，在其下会有若干个基本类似的具体的 deviceNode，但每个 deviceNode 可能有不同的驱动服务和私有配置信息，以实现差异化的功能。

- deviceNode：表示具体的设备节点的驱动配置信息，其下包含了下列 7 个子字段。

    ■ policy：表示当前 deviceNode 的驱动服务发布策略，是 ServicePolicy 类型的枚举值，其定义如代码清单 9-20 所示。

代码清单 9-20　//drivers/framework/include/core/hdf_device_desc.h

```
typedef enum {
    SERVICE_POLICY_NONE = 0,        // 驱动不提供服务
    SERVICE_POLICY_PUBLIC = 1,      // 驱动对内核态发布服务
    SERVICE_POLICY_CAPACITY = 2,    // 驱动对内核态和用户态都发布服务
    SERVICE_POLICY_FRIENDLY = 3,    // 驱动服务不对外发布服务，但可以被订阅
    SERVICE_POLICY_PRIVATE = 4,     // 驱动为私有服务不对外发布服务，也不能被订阅
    SERVICE_POLICY_INVALID          // 错误的服务策略
} ServicePolicy;
```

在代码清单 9-20 中可以看到，当 policy 配置为 0 时，表示驱动不对外提供服务，可以不配置 serviceName，也不需要配置驱动入口结构 struct HdfDriverEntry 中的 Bind() 接口（配置了也用不上）。当 policy 配置为 1 时，表示驱动只对内核态提供服务，需要配置 serviceName，但不需要配置驱动入口结构 struct HdfDriverEntry 中的 Bind() 接口（配置了也用不上）。当 policy 配置为 2 时，表示驱动对内核态和用户态都提供服务，需要配置 serviceName，也需要配置驱动入口结构 struct HdfDriverEntry 中的 Bind() 接口。在驱动框架启动后还会在设备的 /dev/ 目录下生成名为 serviceName 的设备驱动服务节点（如示例程序的 /dev/hdf/led_service）。

policy 一般都是配置为 0、1、2（目前暂未有配置为 3、4 的情况）。

    ■ priority：表示当前 deviceNode 的驱动启动优先级别，取值范围为 0～200（默认为 100），值越大优先级越低，优先级相同则不保证设备驱动的启动顺序。在驱动框架启动宿主时，会调用 HdfAttributeManagerGetDeviceList()，按这个

priority 的高低排序获得宿主的设备节点的一个设备链表（deviceList），据此链表依次启动其中的每一个设备。

- preload：表示当前 deviceNode 的驱动按需加载的描述，是 DevicePreload 类型的枚举值，其定义如代码清单 9-21 所示。

代码清单 9-21   //drivers/framework/include/core/hdf_device_desc.h

```
typedef enum {
    DEVICE_PRELOAD_ENABLE = 0,
    DEVICE_PRELOAD_ENABLE_STEP2,
    DEVICE_PRELOAD_DISABLE,
    DEVICE_PRELOAD_INVALID
} DevicePreload;
```

当 preload 配置为 0 时，系统会在驱动框架的启动过程中默认加载当前 deviceNode 的设备驱动程序。当 preload 配置为 1 且系统支持快速启动功能时，则会在系统完成驱动框架的启动之后再加载 preload 配置为 1 的 deviceNode 的设备驱动程序，如果系统不支持快速启动功能，则其含义与 preload 配置为 0 的含义相同。当 preload 配置为 2 时，系统在驱动框架的启动过程中默认不加载当前 deviceNode 的设备驱动程序，而是在用户态程序尝试绑定该驱动服务时，如果发现设备驱动服务节点不存在，驱动框架就会尝试动态加载 preload 配置为 2 的 deviceNode 的设备驱动程序。

> **注意**　　读者可以把 9.2 节中示例程序的 preload 字段改为 1 和 2，分别看一下实际的运行效果。

- permission：表示驱动创建的设备服务节点的权限。该字段仅在驱动服务对用户态发布服务时（即 policy 为 2）才有效，其值使用 UNIX 文件权限的八进制数字模式来表示，长度为 4 位，例如 0644。开发者应当保证驱动服务的发布策略与设备服务节点的权限相互匹配，否则可能会导致无法访问驱动服务或设备服务节点的权限被放大。

- moduleName：表示驱动的名称。它必须和驱动入口结构 struct HdfDriver Entry 中的 moduleName 的配置一致，这是驱动框架通过设备配置信息（即当前 deviceNode 的配置信息）找到匹配的设备驱动程序入口的凭证。

- serviceName：表示驱动对外发布服务的名字，该服务名字必须全局唯一，上层应用通过该名字可以找到并绑定设备驱动提供的服务。

- deviceMatchAttr：用于匹配当前 deviceNode 的私有配置信息的关键字。如果当前 deviceNode 没有私有配置信息，则这个字段不需要填写；反之，则该字段必须和驱动私有配置信息的对应节点的 match_attr 字段的值匹配。这是当前 deviceNode 的驱动程序找到对应的私有配置信息的凭证。

设备节点私有配置信息描述文件 xxx_config.hcs

除了编译入口文件 hdf.hcs 和设备节点描述文件 device_info.hcs，其他所有的 hcs 文件都可归类为设备节点的私有配置信息描述文件。这些文件一般以 xxx_config.hcs 命名，用于描述特定设备的配置参数。这些私有配置信息节点的参数具有非常丰富的多样性，私有配置信息节点的层级也有深有浅。尽管每个私有配置信息节点在设备树中的位置比较随意，但肯定不会在以 device_info 为起点的子设备树上（可以从图 9-8 中看出来）。

设备节点的私有配置信息是可选的，如果设备节点驱动不需要私有配置信息，则它的 deviceMatchAttr 字段就不需要配置，也就不需要在 xxx_config.hcs 文件中添加对应的私有配置信息节点；反之，它的 deviceMatchAttr 字段的值必须要与 xxx_config.hcs 文件中对应的私有配置信息节点的 match_attr 字段的值相匹配，否则设备节点的驱动程序就会找不到正确的私有配置信息节点。

驱动框架在启动设备节点的驱动程序时，会通过 HcsGetNodeByMatchAttr() 来获得匹配的私有配置信息节点，并将该私有配置信息节点的指针保存在 HdfDeviceObject 的 property 字段中。

OpenHarmony 通过上述 3 类 hcs 源文件来管理系统中的设备驱动配置信息。hcs 源文件内的源代码的详细语法这里就不展开介绍了，详情请看 OpenHarmony 官方的说明文档。

2. hc-gen 工具

hcs 文件只有在经过 hc-gen 工具的编译输出为 hcb 文件，然后加上 ELF（Executable and Linkable Format，可执行与可链接格式）头部信息打包成 hdf_hcs_hex.o 后，才能链接到内核镜像中使用。

hc-gen 是 hcs 源代码编译工具，可以将 hcs 源代码转化为二进制文件（即 hcb 文件），也可以将 hcb 文件反编译为 hcs 文件。反编译出来的 hcs 文件，就是表 9-3 中在同一个系统内的多个 hcs 文件合并后的结果。借助 hc-gen 工具的反编译功能，开发者可以在调试阶段快速验证设备的驱动配置信息是否存在语法错误。

hc-gen 的源代码部署在 //drivers/framework/tools/hc-gen/ 目录下。在 Linux 命令行中，切换路径到该目录下，然后执行 make 命令，即可在同目录的 build/ 子目录下生成 hc-gen 可执行程序。

把 hc-gen 可执行程序复制到与编译入口 hcs 文件相同的目录下，然后执行下述命令，即可将 hcs 源文件编译成 hcb 文件。

```
$hc-gen -o [OutputName] -b [SourceName.hcs]
```

在上述命令中，OutputName.hcb 是输出的二进制文件，文件名可以通过 -o 参数指定；SourceName.hcs 是想要编译的 hcs 源文件——可以选择某个 hcs 文件进行单独编译，也可以选择编译入口的 hcs 文件编译整个系统的所有 hcs 文件。

如果开发者想单独编译自己编写的 hcs 文件，如示例程序 led_ctrl 的 device_info.hcs 或 led_config.hcs，则会编译出错，并提示不符合语法。我们需要为这些 hcs 文件添加上 module 字段和 template host 节点的定义，才符合 hcs 文件编译的要求。另外需要注意，如果在多个 hcs 文件中有重复定义的节点，则后编译的节点信息会把先编译的节点信息覆盖掉。

把 hc-gen 可执行程序和 hcb 文件放在一起，然后执行下述命令，即可将参数指定的 hcb 文件反编译成 hcs 文件。

```
$hc-gen -o [OutputName] -d [SourceName.hcb]
```

在上述命令中，SourceName.hcb 是想要反编译的 hcb 文件，而通过-o 参数指定的反编译输出的文件名为 OutputName，因此最终输出的文件名为 OutputName.d.hcs。这个 OutputName.d.hcs 是系统中的多个 hcs 源文件（见表 9-3）合并后的结果，多个 hcs 源文件中重复定义的节点信息只留下了最后编译的一个节点的信息。

3．hcb 文件

在表 9-3 中，hcs 文件编译后输出的 hcb 文件路径如表 9-3 最右一列所示。

> **注意** 在 Master 分支上，hcb 文件的输出路径有调整，请读者自行搜索和确认实际的输出路径。

以二进制方式打开 Linux 内核的小型系统编译出来的 hcb 文件，其部分内容如图 9-6 所示。

```
00000000h: 0A A0 0A A0 00 00 00 00 07 00 00 00 00 00 00 00 ; .??.............
00000010h: A4 51 FF FF 01 00 00 00 72 6F 6F 74 00 00 00 00 ;      ....root....
00000020h: 4C AE 00 00 02 00 00 00 6D 6F 64 75 6C 65 00 00 ; L?.....module..
00000030h: 14 00 00 00 68 69 73 69 6C 69 63 6F 6E 2C 68 69 ; ....hisilicon,hi
00000040h: 33 35 78 78 5F 63 68 69 70 00 00 00 01 00 00 00 ; 35xx_chip.......
00000050h: 70 6C 61 74 66 6F 72 6D 00 00 00 00 90 08 00 00 ; platform....?..
00000060h: 01 00 00 00 67 70 69 6F 5F 63 6F 6E 66 69 67 00 ; ....gpio_config.
00000070h: D0 00 00 00 01 00 00 00 63 6F 6E 74 72 6F 6C 6C ; ?......controll
00000080h: 65 72 5F 30 78 31 32 30 64 30 30 30 30 00 00 00 ; er_0x120d0000...
00000090h: B0 00 00 00 02 00 00 00 6D 61 74 63 68 5F 61 74 ; ?......match_at
000000a0h: 74 72 00 00 01 00 00 00 68 69 73 69 6C 69 63 6F ; tr......hisilico
000000b0h: 6E 5F 68 69 33 35 78 78 5F 70 6C 30 36 31 00 00 ; n_hi35xx_pl061..
000000c0h: 02 00 00 00 67 72 6F 75 70 4E 75 6D 00 00 00 00 ; ....groupNum....
000000d0h: 10 00 00 00 0C 00 00 00 02 00 00 00 62 69 74 4E ; ........L...bitN
000000e0h: 75 6D 00 00 10 00 00 00 08 00 00 00 02 00 00 00 ; um..............
000000f0h: 72 65 67 42 61 73 65 00 12 00 00 00 00 0D 12 ; regBase.........
```

图 9-6 以二进制方式查看 hcb 文件

hcb 文件是以二进制数据编码的形式组织的设备驱动配置信息，在驱动框架使用 hcb 文件记录的信息时，需要根据编码规则将这些二进制数据解码后才能使用。编解码这些二进制数据所依据的编码表如表 9-4 所示，相关宏定义在 hcs_blob_if.h 文件内。

表 9-4 hcb 文件编码表

编码	编码意义	参数类型	说明
0x01	NodeName（节点名称）	NodeName(STRING)，Length(DWORD)	0x01 编码后跟着一个 NodeName 字符串，然后是一个 DWORD 类型的 Length。Length 记录这个节点的长度（不包含 Length(DWORD)所占的 4 字节）
0x02	AttributeName（属性名称）	AttributeName(STRING)，Value	0x02 编码后跟着一个 AttributeName 字符串，然后是其赋值 Value。Value 又由<先导的数据类型，真正的数据>组成
0x03	NodeRef（节点引用）	HashCode(DWORD)	0x03 编码后跟着一个节点引用的哈希值，通过此哈希值可以找到被引用的节点

编码	编码意义	参数类型	说明
0x04	Array（数组）	Count(WORD),<Length (DWORD),Data>	0x04 编码后跟着一个数组，首先是一个 WORD 类型的数组元素数量 Count，接着是 Count 组<先导的数据类型，真正的数据>的组合。数组的元素可以是不同的数据类型，所以需要先声明数据类型，再根据此类型获取真正的数据
0x10	BYTE（1 字节）	Data(BYTE)	
0x11	WORD（字/2 字节）	Data(WORD)	
0x12	DWORD（双字/4 字节）	Data(DWORD)	数据类型
0x13	QWORD（四字/8 字节）	Data(QWORD)	
0x14	STRING（字符串）	ASCII 编码字符串以 '\0' 结尾	

下面对照着表 9-4，并结合驱动框架中自动解析 hcb 文件的入口函数 HcsCheckBlob Format() 的代码，来手动解析图 9-6 所示的 hcb 文件的数据，以加深对 hcb 文件内的数据存储结构的理解。

在这个 hcb 文件的开头，首先是共计 20 字节的文件头部信息。该头部信息用于确认 hcb 文件的有效性（必须以 0xA00AA00A 开头）、完整性（校验码是否有效）和文件大小（包含文件内数据的对齐方式）。hcb 文件内的数据按"低位字节在前，高位字节在后"的顺序存储。因此，将 hcb 文件开头的 20 字节的数据按 hcb 头部信息结构体（HcbHeader）的定义解析出来，如代码清单 9-22 所示。

代码清单 9-22 //drivers/framework/ability/config/hcs_parser/include/hcs_blob_if.h

```
typedef struct HbcHeader {
    uint32_t magicNumber;      //宏定义 HBC_MAGIC_NUM: 0xA00AA00A
    uint32_t versionMajor;     //宏定义 HCS_COMPILER_VERSION_MAJOR: 0x00000000
    uint32_t versionMinor;     //宏定义 HCS_COMPILER_VERSION_MINOR: 0x00000007
    uint32_t checkSum;         //校验码: 0x00000000
    int32_t totalSize;         //图 9-6 中取值为 0xFFFF51A4, 转换成十进制为-44636
} HbcHeader;
```

这里的 totalSize 是整个 hcb 文件的大小（不包含头部的 20 字节）。如果 totalSize 的值是负数，则 HcsCheckBlobFormat() 函数中的 g_byteAlign 标记会置为 true，表示 hcb 文件中的对齐方式为字对齐（在 32 位系统中，字是 4 字节），hcb 文件的真实大小为 totalSize 的绝对值加上 20 字节的头部信息（即 HbcHeader 所占的 20 字节），也就是 44656 字节；如果 totalSize 的值是正数，g_byteAlign 标记会置为 false，表示 hcb 文件中的对齐方式为字节对齐，hcb 文件的真实大小为 totalSize 的绝对值加上 20 字节的头部信息。在本例中，totalSize 是负数，采取的是字对齐方式，因此在 hcb 文件中，即使是 1 字节的数据，也要占用 4 字节的存储空间。

在通过 hcb 文件的前 20 字节确认 HcbHeader 结构体的相关信息后，我们开始按表 9-4 的编码规则从第 21 个字节进行解析。

- 字节 20～23："01 00 00 00"，值为 0x00000001，即 0x01，该编码表示接下来是一个 NodeName。

- 字节 24～31："72 6F 6F 74 00 00 00 00"，表示"root"字符串、一个结束符"\0"和 3 个"00"字对齐填充字节。

- 字节 32～35："4C AE 00 00"，值为 0x0000AE4C，十进制为 44620，表示 root 这个节点的长度为 44620 字节；44620 加上前面的 36 字节，也正是整个 hcb 文件的 44656 字节的真实大小。

- 字节 36～39："02 00 00 00"，值为 0x02，该编码表示接下来是一个 AttributeName。

- 字节 40～47："6D 6F 64 75 6C 65 00 00"，表示"module"字符串、一个结束符"\0"和一个"00"字对齐填充字节。

- 字节 48～51："14 00 00 00"，值为 0x14，该编码表示接下来是一个字符串，也就是"module"的值。

- 字节 52～75："68 69 .... 69 70 00 00 00"，表示"hisilicon,hi35xx_chip"字符串、一个结束符"\0"和两个"00"字对齐填充字节。这就是 hdf.hcs 文件中 root 节点的 module = "hisilicon,hi35xx_chip"这个信息。

然后，因为在 hdf.hcs 文件的第一行包含了 gpio_config.hcs 文件，因此该 hcb 文件接下来的数据。就是 platform->gpio_config->controller_0x120d0000 节点的配置信息。

- 字节 76～79："01 00 00 00"，值为 0x01，该编码表示接下来是一个 NodeName。

- 字节 80～91："70 6C .... 6D 00 00 00 00"，表示"platform"字符串、结束符"\0"和 3 个"00"字对齐填充字节。

- ……

在图 9-6 中，其余字节的编码意义通过右边对应的字符也可以大致判断出来。比如，图 9-6 中用黑框圈住的部分数据表示的是"groupNum = 12(0x0C)"。

通过上述方式分析完 hcb 文件之后，我们基本上就可以理解 hcb 文件的组织结构了。

4．驱动配置信息树

在驱动框架启动时，会通过 CreateHcsToTree() 调用 hcs-parser 模块来读取 hcb 文件，并按照 hcb 文件的规则解析和重建驱动配置信息树，并将 static struct DeviceResourceNode *g_hcsTreeRoot 指针指向该树的根节点。

hcs-parser 模块的工作流程如图 9-7 所示。

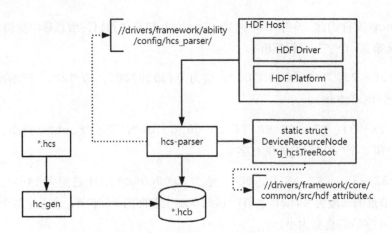

图 9-7　hcs-parser 模块的工作流程

hcb 文件在加载到内存后，会占用一块内存空间，它的起始地址记录在 const unsigned char *hcsBlob 中。这样一来，hcb 文件中的每一个字节也都有了一个相对于 hcsBlob 的偏移地址（如图 9-6 最左边一列的偏移地址所示）。

在 hcs-parser 建立驱动配置信息树（以下用 g_hcsTreeRoot 指代）时，会用 DeviceResourceNode 结构体对象来记录每一个节点的信息。DeviceResourceNode 结构体的定义如代码清单 9-23 所示。

代码清单 9-23　//drivers/framework/include/config/device_resource_if.h

```
struct DeviceResourceNode {
    const char *name;                       //指向当前节点的名字字符串
    uint32_t hashValue;                     //当前节点的全局唯一的哈希值 ID
    struct DeviceResourceAttr *attrData;    //指向当前节点的属性列表
    struct DeviceResourceNode *parent;      //指向当前节点的父节点
    struct DeviceResourceNode *child;       //指向当前节点的子节点
    struct DeviceResourceNode *sibling;     //指向当前节点的兄弟节点
};
```

在该结构体中，各字段的含义如下所示。

- name：是字符串指针，指向当前节点的 NodeName 字符串在 hcsBlob 中的位置。

- hashValue：是经过哈希算法处理的当前节点的 ID。当 hcb 文件中出现 0x03 编码（表示节点引用）时，紧邻的 HashCode(DWord) 就是被引用的节点的 hashValue。

- 接下来的 4 个字段（attrData、parent、child、sibling）分别指向当前节点的属性列表、父节点、子节点、兄弟节点，其中后 3 个字段具有相同的 DeviceResourceNode 结构，而属性列表则是一个单向链表结构，如代码清单 9-24 所示。

代码清单 9-24　//drivers/framework/include/config/device_resource_if.h

```
struct DeviceResourceAttr {
    const char *name;     //指向属性名字字符串
    const char *value;    //指向属性的值
    struct DeviceResourceAttr *next;    //指向下一个属性节点
};
```

- name：是字符串指针，指向当前节点的某个属性的 `AttributeName` 字符串在 `hcsBlob` 中的位置。

- value：是字节类型的指针，用于记录当前属性的 Value 在 hcsBlob 中的存储位置。如表 9-4 所示，这个 Value 实际上是一个二元组：<先导的数据类型，真正的数据>。因为一个节点可以有多个不同的属性，不同属性的 Value 可以是不同类型的数据，所以需要通过一个二元组来描述 Value 的数据——先声明数据类型，然后再跟着真正的数据。当需要获取 Value 的数据时，需要根据先导的数据类型调用对应的 API 进行读取和转换。

例如，在图 9-6 中用黑圈框住的"groupNum"这个属性，name 字段的值是字符串"groupNum"相对于 hcsBlob 的偏移位置 0x000000c4，而 value 字段的值是相对于 hcsBlob 的偏移位置 0x000000d0，要获取 groupNum 属性的真正数据，需要通过执行下述函数进行读取和转换：

```
HcsSwapToUint8(&ByteValue, attr->value + HCS_PREFIX_LENGTH, HcsGetPrefix(attr->value))
```

在该函数中，从 0x000000d0 偏移位置开始，先跳过先导数据类型的长度 HCS_PREFIX_LENGTH（4 字节），然后从偏移位置 0x000000d4 处开始读取一个字节的数据（即 0x0C），再按先导数据类型进行类型转换，最终保存到参数 ByteValue 的值才是 12（即 0x0C）。

我在驱动框架执行 CreateHcsToTree() 后调用了一个 Dbg_ParseHCStree() 函数，该函数可以将以 g_hcsTreeRoot 为根节点的驱动配置信息树的大致结构按照设备节点的层级打印到日志中，如日志清单 9-1 所示（该日志清单凸显了 gpio_config 的 controller_0x120d0000 节点的属性）。

日志清单 9-1 打印以 g_hcsTreeRoot 为根节点的驱动配置信息树的节点关系

```
=========================Dbg_ParseHCStree:=========================
[r]-root,[n]-node,[a]-attr,[p]-parent,[c]-child,[++]-items,[--]-NULL
[r]:root
 0[n]:NodeName[root]                 //root 节点在 L0 (Level 0)
 0[a]:++                             //root 节点有属性字段（未展开）
 0[p]:--                             //root 节点无父节点
 0[c]:platform                       //root 节点的直接子节点是 platform 节点
  1[n]:NodeName[platform]            //platform 节点在 L1 (Level 1)
  1[a]:--                            //platform 节点没有属性字段
  1[p]:root                          //platform 节点的父节点是 root 节点
  1[c]:gpio_config                   //platform 节点的直接子节点是 gpio_config 节点
   2[n]:NodeName[gpio_config]        //gpio_config 节点在 L2 (Level 2)
   2[a]:--                           //gpio_config 节点没有属性字段
   2[p]:platform                     //gpio_config 节点的父节点是 platform 节点
   2[c]:controller_0x120d0000   //gpio_config节点的直接子节点是controller_0x120d0000节点
    3[n]:NodeName[controller_0x120d0000]   //controller_0x120d0000 节点在 L3
                                           // (Level 3)
    [A]:irqShare[0]       //[A]是 controller_0x120d0000 节点的属性字段和值
    [A]:irqStart[48]
    [A]:regStep[0x1000]
    [A]:regBase[0x120D0000]
```

```
          [A]:bitNum[8]
          [A]:groupNum[12]
          [A]:match_attr[hisilicon_hi35xx_pl061]
      3[p]:gpio_config    //controller_0x120d0000 节点的父节点是 gpio_config 节点
      3[c]:--             //controller_0x120d0000 节点是叶子节点（没有子节点）
      3[s]:--             //controller_0x120d0000 节点是单独的一片叶子节点（没有兄弟节点）
    2[s]:i2c_config       //gpio_config 节点的兄弟节点是 i2c_config 节点
  ------
    //此处略去若干中间节点
  ------
  1[s]:device_info        //platform 节点的兄弟节点是 device_info 节点
  ------
  1[n]:NodeName[device_info]    //device_info 节点在 L1（Level 1）
  1[a]:++                 //device_info 节点有属性字段（未展开）
  1[p]:root               //device_info 节点的父节点是 root 节点
  1[c]:platform           //device_info 节点的直接子节点是 L2 的 platform_host 节点
                          //而不是 L1 的那个 platform 节点
  ------
    //此处略去若干中间节点
  ------
  1[n]:NodeName[uart_test]  //uart_test 节点在 L1（Level 1），与 platform/device_info
                          //节点是兄弟关系
  1[a]:++                 //uart_test 节点有属性字段（未展开）
  1[p]:root               //uart_test 节点的父节点是 root 节点
  1[c]:--                 //uart_test 节点无子节点
  1[s]:--                 //uart_test 节点无兄弟节点
0[s]:--          //root 节点在 L0（Level 0），无兄弟节点
[r]:Node Num[213], Max Level[6]  //总共 213 个节点，最大层级为 7 层[0~6]
=========================Dbg_ParseHCStree.=========================
```

根据日志清单 9-1 中的节点关系，这里整理了一张 g_hcsTreeRoot 中各节点的关系图，如图 9-8 所示。

这里对图 9-8 进行简单的介绍。

- 根节点位于 L0（Level 0）层，其直接子节点以及直接子节点的兄弟节点位于 L1（Level 1）层。

- 在 L1 层的节点中，只有 device_info 节点及其子节点是设备节点，其余所有节点都是设备节点的私有配置信息的描述节点。

- 如果设备节点的 deviceMatchAttr 字段与私有配置信息的描述节点的 match_attr 字段匹配，则会有一个双向箭头将两个节点连接在一起（在图 9-8 中存在不少无匹配的节点）。

- 垂直方向的连线表示父子节点关系，水平方向的连线表示兄弟节点关系。

- 在日志清单 9-1 中总计有 7 个层级，但在图 9-8 中没有全部体现出来。

在本书的资源库中提供了 Dbg_ParseHCStree() 程序源代码、Dbg_ParseHCStree() 打印的完整日志和一份彩色高清版的节点关系图，感兴趣的读者可以自行下载和学习。

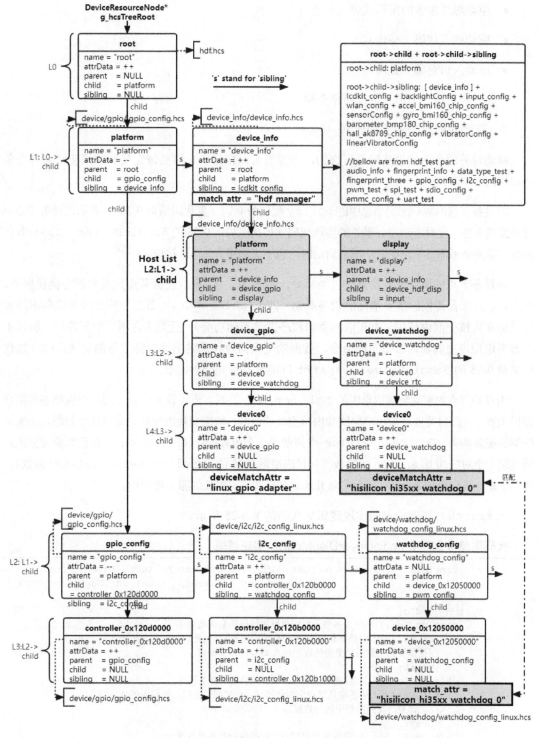

图 9-8　g_hcsTreeRoot 中各节点关系图

9.3.3　驱动程序的实现

　　基于 OpenHarmony 驱动框架的设备驱动程序的实现，可以将其分为下面 3 个部分：

- 驱动对外服务的实现代码（可选）；

- 驱动业务代码（必选）；

- 驱动入口对象（必选）。

下面分别对这 3 个部分进行简单介绍。

1．驱动对外服务的实现代码

驱动对外服务的实现代码是可选的，开发者可以根据实际需要来定义和实现驱动对外服务的接口。

当设备节点的驱动配置信息中的 policy 配置为 0 时（见代码清单 9-20），表示该设备节点不对外提供服务。此时驱动对外服务的实现代码（如代码清单 9-25 的 SampleDriverDispatch() 函数）就完全不需要了，在驱动框架启动时，也不去调用 Bind() 接口。

当设备节点的驱动配置信息中的 policy 配置为 1 时，表示设备节点只对内核态提供服务。例如，芯片平台提供的很多基础的设备驱动（即 platform_host 下的一些总线类设备驱动），就只能在内核空间内使用（为其他的驱动程序提供基础功能），而无法在用户空间使用，所以不需要考虑用户空间和内核空间的命令、数据的交换问题。此时驱动对外服务的实现代码（如代码清单 9-25 的 SampleDriverDispatch() 函数）也完全不需要。

当设备节点的驱动配置信息中的 policy 配置为 2 时，表示设备节点可同时对内核态和用户态提供服务，此时需要考虑用户空间和内核空间的命令、数据交换的问题。针对这个问题，在驱动框架的服务基类 IDeviceIoService 中声明了一个函数指针（Dispatch），我们需要根据该声明实现一个对应的 Dispatch() 函数（如代码清单 9-25 的 SampleDriverDispatch() 函数），并在驱动业务代码的 Bind() 函数中将其绑定到设备节点对象的服务接口中。

Dispatch() 函数一般的实现逻辑如代码清单 9-25 所示。

代码清单 9-25　SampleDriverDispatch() 的实现逻辑

```
int32_t SampleDriverDispatch(struct HdfDeviceIoClient *client, int32_t cmdId,
                             struct HdfSBuf *dataBuf, struct HdfSBuf *replyBuf)
{
    switch (cmdId) {
        case cmdId_1:  //设备节点对用户空间提供的服务类型 1
            //从 dataBuf 中获取从用户空间传递到内核空间的数据，做相应的处理后
            //把需要回复到用户空间的数据写入 replyBuf 即可
            break;
        case cmdId_2:  //设备节点对用户空间提供的服务类型 2
            //从 dataBuf 中获取从用户空间传递到内核空间的数据，做相应的处理后
            //把需要回复到用户空间的数据写入 replyBuf 即可
            break;
        case cmdId_3:  //设备节点对用户空间提供的服务类型 3
            //从 dataBuf 中获取从用户空间传递到内核空间的数据，做相应的处理后
            //把需要回复到用户空间的数据写入 replyBuf 即可
            break;
        default:
            break;
    }
```

```
        return 0;
}
```

2. 驱动业务代码

驱动业务代码是必选的，如代码清单 9-26 所示。

代码清单 9-26　驱动业务代码

```
#include "hdf_device_desc.h"        //驱动框架用于对驱动程序开放相关能力接口的头文件
#include "hdf_log.h"                //驱动框架用于打印日志的相关接口的头文件
#define HDF_LOG_TAG  sample_driver  //打印日志所包含的标签

//设备节点对用户态提供服务时，通过这个 Bind()将服务接口（Dispatch()函数）
//绑定到设备节点对象的服务接口中
int32_t HdfSampleDriverBind(struct HdfDeviceObject *deviceObject)
{
    HDF_LOGD("Sample driver bind success");
    static struct IDeviceIoService sampleDriverServ = {
        //绑定驱动对外服务的实现代码中的 SampleDriverDispatch()函数
        .Dispatch = SampleDriverDispatch,
        //如果有需要，还可以为 IDeviceIoService 类中声明的.Open 和.Release
        //绑定具体的实现函数以实现特定功能
    };
    deviceObject->service = (struct IDeviceIoService *)(&sampleDriverServ);
    return 0;
}

//设备节点驱动程序的初始化接口
int32_t HdfSampleDriverInit(struct HdfDeviceObject *deviceObject)
{
    HDF_LOGD("Sample driver Init success");
    return 0;
}

//设备节点驱动程序的释放资源接口
void HdfSampleDriverRelease(struct HdfDeviceObject *deviceObject)
{
    HDF_LOGD("Sample driver release success");
    return;
}
```

在代码清单 9-26 中的 3 个函数的具体作用如下。

- `HdfSampleDriverBind()`：当设备节点对用户态提供服务时，需要在此函数内将相关的服务接口（如 `SampleDriverDispatch()`）绑定到设备节点对象的服务接口中。这样一来，当用户态程序访问该设备节点以使用其提供的服务时，驱动框架会执行绑定到设备节点对象的服务接口来实现相关的业务逻辑（即提供具体的服务）。

- `HdfSampleDriverInit()`：驱动程序在这个函数内执行设备的初始化操作，一般是读取设备节点私有配置信息以对设备进行初始化配置，如分配内存、配置设备的上电状态、注册设备并对设备进行初始设置等。

- `HdfSampleDriverRelease()`：当驱动要退出时（无论是正常退出还是异常退出），驱动框架对该驱动占用的资源（如内存等）进行释放回收。

3．驱动入口对象

驱动入口对象是必选的，而且需要按照模板实现并编译到内核镜像的特定区段中。

驱动入口对象必须是 `HdfDriverEntry` 类型的全局变量，其定义和实现的示例代码如代码清单 9-27 所示。

代码清单 9-27　驱动入口结构体的定义和实现示例代码

```
struct HdfDriverEntry {
    int32_t moduleVersion;
    const char *moduleName;    //必须匹配相应的设备节点配置信息中的moduleName
    int32_t (*Bind)(struct HdfDeviceObject *deviceObject);
    int32_t (*Init)(struct HdfDeviceObject *deviceObject);
    void (*Release)(struct HdfDeviceObject *deviceObject);
};

struct HdfDriverEntry g_sampleDriverEntry = {
    .moduleVersion = 1,
    .moduleName = "sample_driver",    //必须匹配相应的设备节点配置信息中的moduleName
    .Bind = HdfSampleDriverBind,
    .Init = HdfSampleDriverInit,
    .Release = HdfSampleDriverRelease,
};
HDF_INIT(g_sampleDriverEntry);
```

在代码清单 9-27 中，`moduleName` 字段的值必须与相应的设备节点配置信息中的 `moduleName` 的值相匹配。

而 `Bind`、`Init` 和 `Release` 函数指针分别映射到 `HdfSampleDriverBind()`、`HdfSampleDriverInit()` 和 `HdfSampleDriverRelease()` 函数（这 3 个函数的作用在上文有简要说明）。

最后一句 `HDF_INIT(g_sampleDriverEntry)` 的作用，是通过 `HDF_INIT` 宏将驱动入口对象 `g_sampleDriverEntry` 编译链接到内核镜像的特定区段中。

驱动框架在启动到加载某个具体的设备节点的驱动程序时，会根据设备节点的配置信息中的 `moduleName` 字段，查找到匹配 `moduleName` 的驱动入口对象（如 `g_sampleDriverEntry`），然后执行驱动入口对象中绑定的 `Bind()` 和 `Init()` 函数，以此将设备节点的驱动服务注册到驱动框架中，这样驱动框架才能将这个驱动服务管理起来并对外提供服务。当需要卸载设备节点的驱动程序时，驱动框架会调用驱动入口对象的 `Release()` 函数以释放该驱动占用的资源。

4．驱动入口对象的编译和链接

驱动入口对象 `g_sampleDriverEntry` 通过宏 `HDF_INIT` 进行修饰，它有特殊的意义。

`HDF_INIT` 宏以及 `HDF_DRIVER_INIT` 宏的定义如代码清单 9-28 所示。

代码清单 9-28　HDF_INIT 宏和 HDF_DRIVER_INIT 宏的定义

```
//定义在//drivers/framework/include/core/hdf_device_desc.h文件内
#define HDF_INIT(module)  HDF_DRIVER_INIT(module)

//定义在//drivers/framework/core/common/include/host/hdf_device_section.h文件内
#define USED_ATTR __attribute__((used))
```

```
#define HDF_SECTION __attribute__((section(".hdf.driver")))
#define HDF_DRIVER_INIT(module) \
    const size_t USED_ATTR module##HdfEntry HDF_SECTION = (size_t)(&(module))

//HDF_INIT(g_sampleDriverEntry) 按上述定义展开的结果就是: g_sampleDriverEntryHdfEntry
```

在代码清单 9-28 中，使用了 `__attribute__` 机制的两个关键字。

- `used`：用于告诉编译器、链接器不要优化掉被该关键字修饰的函数或变量，因为 `g_sampleDriverEntry` 并没有直接在 OpenHarmony 的代码中使用（如果没有使用 `used` 关键字进行修饰的话，则它可能会被链接器优化掉）。

- `section`：用于将被该关键字修饰的函数或数据链接到指定的名为 ".hdf.driver" 的区段中。

在 LiteOS_A 内核系统中，这个名为 ".hdf.driver" 的区段定义在内核的链接脚本文件中，如代码清单 9-29 所示。

代码清单 9-29 //kernel/liteos_a/tools/build/liteos_llvm.ld

```
......
.dummy_post_rodata : {
    _hdf_drivers_start = .;
    KEEP(*(.hdf.driver))
    _hdf_drivers_end = .;
    __rodata_end = .;
} > ram
......
```

在 Linux 内核系统中，在编译内核前会先给内核打一个补丁（即 hdf.patch 文件），通过这个补丁把 ".hdf.driver" 区段的定义加入到 //out/.../arch/arm/kernel/vmlinux.lds.S 文件中，如代码清单 9-30 所示。

代码清单 9-30 //out/.../arch/arm/kernel/vmlinux.lds.S

```
#ifdef CONFIG_DRIVERS_HDF
    .init.hdf_table : {
        _hdf_drivers_start = .;
        *(.hdf.driver)
        _hdf_drivers_end = .;
    }
#endif
```

在编译 LiteOS_A 内核系统后，查看生成的 OHOS_Image.map 文件，可以看到对应的驱动入口对象列表，如代码清单 9-31 所示。

代码清单 9-31 //out/hispark_taurus/ipcamera_hispark_taurus/OHOS_Image.map

```
405880a4 405880a4     e4      4 .dummy_post_rodata
405880a4 405880a4      0      1     _hdf_drivers_start = .
405880a4 405880a4      4      4     lto.tmp:(.hdf.driver)
405880a4 405880a4      4      1         g_hdfHisiChipEntryHdfEntry
.........................//省略了中间部分 g_xxxDriverEntryHdfEntry
40588184 40588184      4      1         g_ledDriverEntryHdfEntry
40588188 40588188      0      1     _hdf_drivers_end = .
40588188 40588188      0      1     __rodata_end = .
```

在编译 Linux 内核系统后，查看编译内核生成的临时文件路径下的 System.map 文件，如代码清单 9-32 所示。

代码清单 9-32　//out/.../OBJ/linux-5.10/System.map

```
c0d42970 T _hdf_drivers_start
c0d42970 T g_hdfTestDeviceHdfEntry
c0d42974 T g_sampleDriverEntryHdfEntry
........//省略了中间部分 g_xxxDriverEntryHdfEntry
c0d42a30 T g_ledDriverEntryHdfEntry
c0d42a34 T _hdf_drivers_end
```

> **注意**　对于 Linux 内核的小型系统和标准系统，甚至对于 LTS 3.0 分支和 Master 分支来说，这里提到的 vmlinux.lds.S 和 System.map 这两个文件的实际存放路径是不同的，建议在 Linux 命令行下通过执行 find 命令来查找文件的具体位置。

『 9.4　驱动框架的代码结构 』

驱动框架的实现代码与适配脚本部署在//drivers/目录下，这里将其下的 4 个子目录分别单独整理成下面的表 9-5～表 9-8。

在表 9-5 和表 9-6 中，加底纹部分是 manager 模块的代码。建议读者在自己整理相应的表格时，使用不同的颜色将不同模块的代码进行标记，特别是在整理表 9-6 时，把内核态驱动框架与用户态驱动框架的共用代码进行特别的标记，以便对整个驱动框架的代码结构有一个比较直观的印象。

表 9-5　适配不同内核的代码和编译脚本

//drivers/adapter/		驱动子系统适配不同内核的代码和编译脚本	
khdf/	内核态驱动框架的代码和编译脚本（适配 LiteOS_M 内核、LiteOS_A 内核、Linux 内核）		
	liteos_m/	适配 LiteOS_M 内核的代码和编译脚本（在 LiteOS_M 内核中部署驱动框架）	
	liteos/	适配 LiteOS_A 内核的代码和编译脚本（在 LiteOS_A 内核中部署驱动框架）	
		model/	驱动模型相关的代码和编译脚本
		ndk/	适配 NDK 的编译脚本
		network/	网络相关模块的代码和编译脚本
		osal/	OSAL 接口的实现代码和编译脚本
		platform/	与平台相关的基础能力的实现代码和编译脚本
		tools/	驱动开发工具
		test/	驱动框架的测试代码和编译脚本

续表

//drivers/adapter/		驱动子系统适配不同内核的代码和编译脚本	
khdf/	liteos/	Kconfig、 Makefile、 lite.mk、 hdf_lite.mk、 hdf_driver.mk	配置和编译驱动框架源代码的脚本
	linux/	适配 Linux 内核的代码和编译脚本（在 Linux 内核中部署驱动框架）	
		config/	驱动配置信息相关模块（如 hcs_parser）的编译脚本
		manager/	manager 模块的编译脚本
		model/	驱动模型相关的代码和编译脚本
		network/	网络相关模块的代码和编译脚本
		osal/	OSAL 接口的实现代码和编译脚本
		platform/	与平台相关的基础能力的实现代码和编译脚本
		test/	驱动框架的测试代码和编译脚本
		Kconfig、 Makefile	配置和编译驱动框架源代码的脚本
uhdf/	用户态驱动框架的代码和编译脚本（适配 LiteOS_A 内核的小型系统和 Linux 内核的小型系统）		
	manager/	manager 模块的编译脚本	
	platform/	与平台相关的部分基础能力的编译脚本	
	posix/	按 POSIX 标准实现的 OSAL 接口的编译脚本	
	test/	测试用例的编译脚本	
uhdf2/	用户态驱动框架的代码和编译脚本（适配标准系统）		
	config/	驱动配置信息解析模块（如 hcs_parser）的实现代码和编译脚本	
	hcs/	驱动配置信息源文件（*.hcs）和编译脚本	
	hdi/	HDI 接口的实现代码和编译脚本	
	host/	hdf_devhost 进程的实现代码和编译脚本	
	include/	用户态驱动框架提供的接口声明头文件	
	ipc/	进程间通信模块的实现代码和编译脚本	
	manager/	hdf_devmgr 进程的实现代码和编译脚本	
	osal/	按 POSIX 标准实现的 OSAL 接口的编译脚本	
	security/	安全模块的实现代码和编译脚本	
	shared/	hdf_devmgr 进程和 hdf_devhost 进程共享的部分代码	
	test/	测试用例的编译脚本	
	ohos.build	用户态驱动框架的子系统、部件和模块列表相关信息	

表 9-6　驱动框架实现代码

//drivers/framework/	部署在内核态的驱动子系统核心源代码（包括驱动框架、配置管理、配置解析、驱动通用模型、硬件通用平台能力接口等）		
include/	驱动框架各模块、各模型对外提供的接口声明头文件		
model/	驱动通用模型（如 audio、display、input 等）的具体实现代码		
ability/	驱动开发必需的基本能力的实现代码		
	config/	驱动配置信息解析器 hcs-parser 的实现代码	
	sbuf/	数据序列化功能的实现代码（编译到 hdf manager 中）	
core/	驱动框架核心的实现代码		
	adapter/	对内核操作接口的适配代码	
		syscall/src/	该目录下的源代码文件只适用于 LiteOS_A 内核的小型系统，且是编译到用户空间，而不是编译到内核空间（见 //drivers/adapter/uhdf/manager/BUILD.gn）；Linux 内核的小型系统和标准系统不编译此目录下的代码
		vnode/src/	对内核操作接口的适配代码（编译到 hdf manager 中）
	commom/	驱动框架的公共基础代码（编译到 hdf manager 中）	
	host/	驱动框架 host 模块的实现代码（编译到 hdf manager 中）	
	manager/	驱动框架 manager 模块的实现代码（编译到 hdf manager 中）	
	shared/	host 模块和 manager 模块共用部分代码（编译到 hdf manager 中）	
support/	基于芯片平台为 OpenHarmony 系统提供基础驱动能力接口和代码实现		
	platform/	平台相关的基础驱动能力接口的实现（包括 GPIO、I2C、SPI 等）	
	posix/	按 POSIX 标准实现的 OSAL 接口	
tools/	驱动框架部分工具的实现代码		
	hc-gen/	驱动配置信息管理工具 hc-gen 的实现代码	
utils/	通用工具的实现代码（提供基础数据结构和算法等）		
	hdf_cstring.c、hdf_map.c、hdf_slist.c、hdf_sref.c	基础数据结构的定义和实现代码（编译到 hdf manager 中）	
	hdf_message_looper.c、hdf_message_task.c、hdf_thread_ex.c、osal_message.c、osal_msg_queue.c	用户态驱动框架的 hdf_devmgr 进程和 hdf_devhost 进程用到的进程间通信相关模块的实现代码	
test/	测试代码		

表 9-7 LiteOS_A 内核驱动适配虚拟文件系统操作接口

//drivers/ liteos/	本目录内是 LiteOS_A 内核驱动适配虚拟文件系统(VFS)操作接口的实现代码。用户使用文件系统操作接口（如 open()、close()、read()、write()、ioctl()等）即可完成对内核驱动的读写操作，以此访问内核的硬件资源，也以此实现用户态与内核态之间、进程与进程之间的通信。内核驱动（可当成特殊的文件）主要包括以下6类：hievent、tzdriver、mem、quickstart、random、video，其中 hievent 和 tzdriver 部署在当前目录下，其余 4 类部署在 //kernel/liteos_a/drivers/char/目录下（一并归纳到表 9-7 中并做简单介绍）
include/	对外提供的接口声明头文件
hievent/	事件日志管理驱动的实现代码
tzdriver/	信任区（TrustZone）驱动的实现代码，用于 REE（Rich Execution Environment，富执行环境）与 TEE（Trusted Execution Environment，可信执行环境）之间的切换和通信
mem/	在用户态访问物理 IO 设备的驱动实现代码（需要结合 mmap 相关接口进行使用）
quickstart/	系统支持快速启动相关接口的驱动实现代码
random/	用于获取随机数的设备驱动实现代码
video/	framebuffer 驱动框架的实现代码

表 9-8 外设器件驱动相关的 HDI

//drivers/ peripheral/	各种外围设备驱动相关的 HDI、HAL、驱动模型及测试用例等的实现（全部部署在用户空间）
audio/	Audio 相关的 HDI 定义和实现代码
base/	配置文件（用于配置外围设备的驱动服务节点的用户、用户组等属性）
camera/	Camera 相关的 HDI 定义和实现代码
codec/	Codec 相关的 HDI 定义和实现代码
display/	Display 相关的 HDI 定义和实现代码
format/	Format 相关的 HDI 定义和实现代码
input/	Input 相关的 HDI 定义和实现代码
misc/	杂项相关的 HDI 定义和实现代码
sensor/	Sensor 相关的 HDI 定义和实现代码
usb/	USB 相关的 HDI 定义和实现代码
wlan/	WLAN 相关的 HDI 定义和实现代码

注意	在 Master 分支中，原来位于//drivers/目录下的 adapter/和 framework/两个子目录已经迁移到//drivers/hdf_core/目录下，而且 framework/子目

> 录下的部分代码也调整了存放路径。另外，在//drivers/目录下还新增了
> interface/子目录，用于管理各模块的 HDI 接口定义，这些接口定义使用 IDL
> 语言描述并以.idl 文件形式保存。

在 LTS 3.0 分支的//device/hisilicon/子目录下的内容，包括了编译和打包内核镜像的脚本、Hi3516DV300 和 Hi3518EV300 芯片平台驱动的适配代码、媒体部分的预编译库、南向组件依赖库、uboot 组件源代码等。这些内容与南向开发（即系统开发、内核开发和设备驱动开发）有密切的关系，所以这里一并将它们汇总整理成表 9-9。

表 9-9　hisilicon 南向开发相关内容汇总

LTS 3.0 分支的//device/hisilicon/子目录		
build/	编译和打包内核镜像的脚本（适配 LiteOS_A 内核的小型系统、Linux 内核的小型系统和标准系统）	
	BUILD.gn	与具体芯片的产品组（products_group）相关的编译入口
	ohos.build	hisilicon_products 子系统和组件的配置信息
drivers/	Hi3516DV300 和 Hi3518EV300 芯片平台提供的平台驱动相关的实现和预编译库	
	firmware/common/wlan/hi3881/	预编译的 WLAN 模组驱动软件（hi3881 目录整体复制到/vendor/firmware/目录下）
	libs/	适配不同芯片平台的预编译静态库（根据编译条件复制到指定目录后链接到内核镜像中）
	其余目录（如 adc/、i2c/、uart/等）	芯片平台提供的平台驱动相关的实现代码和编译配置脚本
	Kconfig、BUILD.gn、lite.mk	编译和链接平台驱动到内核镜像中的脚本
hardware/	媒体南向接口实现、框架、芯片对接层的预编译库文件	
	ai/、display/、media/等子目录	分模块分别存放预编译的库文件
	build.sh、BUIDL.gn	编译脚本（根据编译器、内核类型等参数，选择复制对应的预编译库文件到输出目录，最后链接进内核镜像中）
itrustee/	itrustee_ree_lite/	该组件提供了一套富执行环境（REE）接口，用于与华为自研的可信执行环境系统（TEE OS）进行交互
modules/	middleware/	南向组件依赖的公共模块库文件
third_party/	uboot/	第三方的 u-boot 源代码
hi3516dv300/和 hispark_taurus/两个子目录	对 Hi3516 开发板（基于 Hi3516DV300 芯片平台）适配的软件产品的 SDK、打包系统镜像的脚本等	
hispark_aries/	对 Hi3518 开发板（基于 Hi3518EV300 芯片平台）适配的软件产品的 SDK	
hispark_pegasus/	对 Hi3861 开发板（基于 Hi3861V100 芯片平台）适配的软件产品的 SDK 和适配代码	

> | 注意 | 在 Master 分支上，原先的//device/hisilicon/目录下的内容，已经拆分到//device/soc/hisilicon/和//device/board/hisilicon/两个目录下。表 9-9 中所展示的部分文件夹具有"已经改名、部署路径有调整、部分内容有删减"等情况，请读者自行整理和理解相关差异部分的内容。 |
> | --- | --- |

9.5 驱动框架的编译流程

9.5.1 在 LiteOS_A 内核部署驱动框架

在 LiteOS_A 内核的小型系统中部署驱动框架时，驱动框架随着 LiteOS_A 内核一起编译并生成到内核镜像中。LiteOS_A 内核在 OpenHarmony 系统中的编译入口以及与编译驱动框架相关的脚本引用关系如图 9-9 所示。

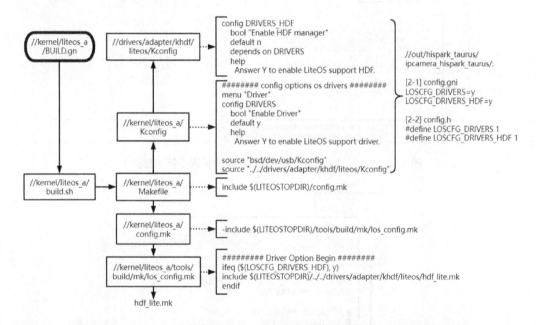

图 9-9 LiteOS_A 内核的编译入口以及与编译驱动框架相关的脚本引用关系

图 9-9 仅展示了与编译驱动框架相关的部分脚本的引用关系。在编译 LiteOS_A 内核镜像的过程中，编译系统会通过//kernel/liteos_a/Makefile 文件的相关描述，引入与部署在内核态的驱动框架相关的编译脚本（由此接入//drivers/adapter/khdf/liteos/目录下的编译脚本）。驱动框架的编译脚本根据默认配置的一组参数（如 LOSCFG_DRIVERS_HDF 和 LOSCFG_DRIVERS_HDF_XXX 等）把相关模块（请参考表 9-5 和表 9-6）的代码编译成对应的中间文件，最后一起打包到 OHOS_Image.bin 内核镜像中。

驱动框架适配 LiteOS_A 内核的编译脚本部署在//drivers/adapter/khdf/liteos/目录下，包括 BUILD.gn、Kconfig、Makefile、hdf_driver.mk、hdf_lite.mk、lite.mk

等，这些编译脚本之间经过互相引用之后进入到 `hdf_lite.mk`，然后在 `hdf_lite.mk` 中通过 LOSCFG_DRIVERS_HDF 和 LOSCFG_DRIVERS_HDF_XXX 宏把各个驱动模块的源代码编译成指定的库文件。这些驱动模块可简单地分成 4 类：驱动框架部分、驱动模型部分、驱动配置部分和厂商提供的驱动部分。这 4 类驱动模块的编译情况如图 9-10 和图 9-11 所示。

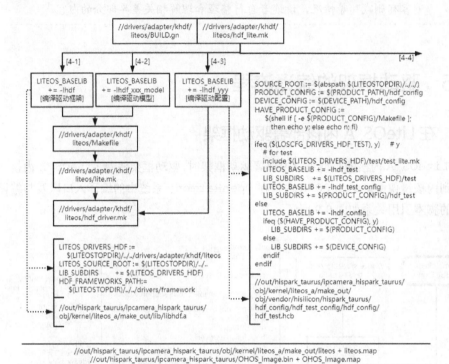

图 9-10 `hdf_lite.mk` 编译驱动模块的关系（第 1 部分）

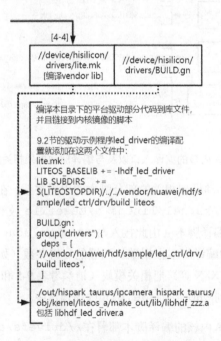

图 9-11 `hdf_lite.mk` 编译驱动模块的关系（第 2 部分）

在图 9-10 中编译的 3 部分驱动模块基本类似，跟着 hdf_lite.mk 文件的描述进行阅读和理解即可。针对编译驱动配置的部分需要注意一个小细节，即根据 HAVE_PRODUCT_CONFIG 和 LOSCFG_DRIVERS_HDF_TEST 的配置来确定编译 hcs 源代码文件的编译入口：如果 LOSCFG_DRIVERS_HDF_TEST 的配置为 y，则驱动配置部分的编译入口是//vendor/hisilicon/hispark_taurus/hdf_config/hdf_test/Makefile；如果 LOSCFG_DRIVERS_HDF_TEST 的配置为 n，则驱动配置部分的编译入口是//vendor/hisilicon/hispark_taurus/hdf_config/Makefile（请参考表 9-3 的内容进行理解，生成的中间文件也如表 9-3 最右边一列所示）。

在 hdf_lite.mk 文件中，通过如下几行代码把厂商提供的驱动部分（vendor lib）加入到 LiteOS_A 内核中参与编译。

```
# vendor lib
COMPANY_OF_SOC := $(patsubst "%",%,$(LOSCFG_DEVICE_COMPANY))
-include $(LITEOSTOPDIR)/../../device/$(COMPANY_OF_SOC)/drivers/lite.mk
#即包含//device/hisilicon/drivers/lite.mk 文件
    LITEOS_BASELIB += --no-whole-archive
```

厂商提供的驱动部分包括了芯片平台提供的平台驱动（如 I2C、GPIO、UART 等）的相关实现的源代码和预编译库文件。编译系统根据//device/hisilicon/drivers/目录下的 lite.mk 和 BUILD.gn 文件的描述，把平台驱动实现的源代码编译成库文件或把预编译的库文件复制到指定位置，最后一起链接到内核镜像中。9.2 节的驱动示例程序就是在 lite.mk 和 BUILD.gn 文件中添加语句而将 led_ctrl 的驱动部分编译进内核的，如图 9-11 所示。

在编译过程中生成的与驱动框架相关的库文件有 libhdf.a、libhdf_*.a、hdf_test.hcb 和 hdf_test_hex.o 等文件。其中，hdf_test_hex.o 文件由 hdf_test.hcb 文件加上 ELF 头部信息而生成，而*.a 和 hdf_test_hex.o 则会被链接到//out/hispark_taurus/ipcamera_hispark_taurus/obj/kernel/liteos_a/make_out/liteo 镜像中。在与 liteos 镜像处于相同目录下的 liteos.map 文件中记录有_hdf_drivers_start 和_hdf_drivers_end 符号，在这两个符号之间是驱动入口对象的名字列表。最终，liteos 镜像和 liteos.map 文件会被再次处理并打包成 OHOS_Image.bin 和 OHOS_Image.map 文件，生成到//out/hispark_taurus/ipcamera_hispark_taurus/目录下（其中的 OHOS_Image.bin 用于烧录到开发板中）。

9.5.2　在 Linux 内核部署驱动框架

在 Linux 内核的小型系统和标准系统中部署驱动框架时，驱动框架随着 Linux 内核一起编译并生成到内核镜像中。在 OpenHarmony 系统中，Linux 内核的编译入口以及与编译驱动框架相关的脚本引用关系如图 9-12 和图 9-13 所示。

在图 9-12 中，小型系统和标准系统都用同一个 Linux 内核，在内核的编译入口执行的脚本实际上也是一样的。有关//kernel/linux/build/kernel.mk 脚本的分析，请参考 4.7.3 节的分析。

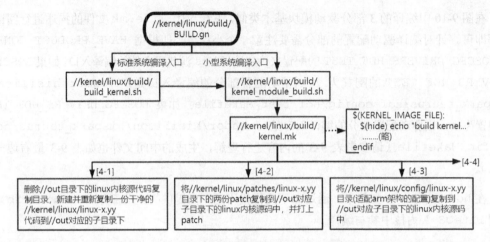

图 9-12　Linux 内核的编译入口以及与编译驱动框架相关的脚本引用关系（第 1 部分）

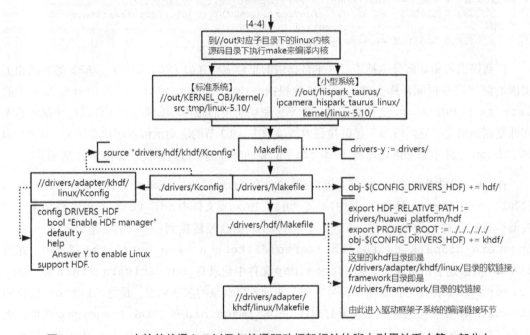

图 9-13　Linux 内核的编译入口以及与编译驱动框架相关的脚本引用关系（第 2 部分）

在图 9-13 中，小型系统和标准系统各自的内核临时代码分别存放在//out/.../linux-5.10/目录下。在 Linux 命令行下，切换路径到//out/.../linux-5.10/目录下，然后执行 "ls -l ./drivers/hdf/" 和 "ls -l ./include/" 两条命令，可以查看将 OpenHarmony 驱动框架适配到 Linux 内核时创建的 3 个子目录的软链接关系，具体如下：

- ./drivers/hdf/framework 软链接到//drivers/framework/；

- ./drivers/hdf/khdf 软链接到//drivers/adapter/khdf/linux/；

- ./include/hdf 软链接到//drivers/framework/include/。

在编译 Linux 内核时，通过执行 make 程序解析//out/.../linux-5.10/Makefile 描述的规则，并依次解析./drivers/Makefile 和./drivers/hdf/Makefile，以此把

OpenHarmony 驱动框架纳入 Linux 内核的构建体系中（见图 9-13）。

其中 `./drivers/hdf/Makefile` 的内容如代码清单 9-33 所示。

代码清单 9-33 //out/.../linux-5.10/**drivers/hdf**/Makefile

```
export HDF_RELATIVE_PATH := drivers/huawei_platform/hdf
export PROJECT_ROOT := ../../../../../
obj-$(CONFIG_DRIVERS_HDF) += khdf/
```

结合 `./drivers/hdf/khdf` 的软链接可以知道，`//out/.../linux-5.10/drivers/hdf/khdf/Makefile` 就是 `//drivers/adapter/khdf/linux/Makefile`。

在 9.2.2 节，我们曾在 `//drivers/adapter/khdf/linux/Makefile` 的末尾添加了驱动示例程序的内核态驱动代码的 Makefile 路径，其目的也是将驱动代码加入到 Linux 内核的构建体系中参与编译，如代码清单 9-34 所示。

代码清单 9-34 //drivers/adapter/khdf/linux/Makefile

```
......
obj-$(CONFIG_DRIVERS_HDF) += ../../../../vendor/huawei/hdf/sample/led_ctrl/drv/
build_linux/
```

打开 `.../led_ctrl/drv/build_linux/Makefile` 文件，如代码清单 9-35 所示。

代码清单 9-35 //vendor/huawei/hdf/sample/led_ctrl/drv/build_linux/Makefile

```
include drivers/hdf/khdf/platform/platform.mk
obj-y  += ../src/led_drv.o

#ccflags-y += -Idrivers/hdf/framework/../../vendor/huawei/hdf/sample/led_ctrl/
drv/include
#ccflags-y += -Iinclude/hdf/../../../vendor/huawei/hdf/sample/led_ctrl/drv/include
ccflags-y += -I$(PROJECT_ROOT)/vendor/huawei/hdf/sample/led_ctrl/drv/include
```

再打开代码清单 9-35 中第一行语句包含的 `drivers/hdf/khdf/platform/platform.mk` 文件，如代码清单 9-36 所示。

代码清单 9-36 //drivers/adapter/khdf/linux/platform/platform.mk

```
HDF_PLATFORM_FRAMEWORKS_ROOT = ../../../../../framework/support/platform
ccflags-$(CONFIG_DRIVERS_HDF_PLATFORM) += -Idrivers/hdf/framework/include/platform \
    -Idrivers/hdf/framework/support/platform/include \
    ......
    -Idrivers/hdf/framework/model/storage/include/common \
    ......
```

在代码清单 9-36 中，`CONFIG_DRIVERS_HDF_PLATFORM` 默认配置是 y，因此，实际上是通过 `ccflags-y` 符号，把驱动框架所需要包含的头文件目录全部添加到编译选项中供编译器使用。

以 "`-Idrivers/hdf/framework/model/storage/include/common \`" 这行代码为例，因为 `drivers/hdf/framework` 软链接到 `//drivers/framework/`，所以这行代码中的路径经过软链接跳转后实际上就是 "`-I//drivers/framework/model/storage/include/common \`"。

因此，我们在自己的工程代码中包含头文件时，在 `ccflags` 参数中添加的头文件路径，也需要是以`//out/.../linux-5.10/`为基准的相对路径。例如，代码清单 9-35 中的 3 个 `ccflags-y` 路径都可以把`.../led_ctrl/drv/include`目录加入到编译选项中。

适配 Linux 内核的 OpenHarmony 驱动框架在编译驱动配置信息 hcs 源代码时，其入口也在`//drivers/adapter/khdf/linux/Makefile`文件中，如图 9-14 所示。

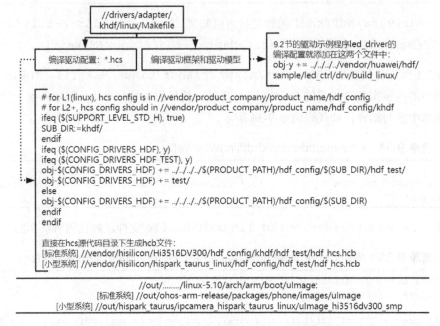

图 9-14　在 Linux 内核中编译 hcs 源文件

在编译驱动配置信息 hcs 源代码时，会生成对应的 hdf_hcs.hcb 文件。hdf_hcs.hcb 文件在添加 ELF 头部信息后打包生成 hdf_hcs_hex.o 文件，后者会被链接到 Linux 内核镜像中并被驱动框架使用。如果在开发过程中修改了 hcs 源文件，则强烈建议把已有的 hdf_hcs.hcb 和 hdf_hcs_hex.o 文件删除，然后重新编译系统，以确保重新编译修改后的 hcs 源文件。

9.5.3　在小型系统的用户空间部署驱动框架

1.组件列表

对于 LiteOS_A 内核的小型系统和 Linux 内核的小型系统，它们在用户空间部署驱动框架的代码和编译脚本是共用的，两个小型系统所依赖的驱动子系统组件基本一致，如代码清单 9-37 所示。

代码清单 9-37　//vendor/hisilicon/hispark_taurus(_linux)/config.json

```
{
    "subsystem": "drivers",
    "components": [
      { "component": "drivers_framework", "features":[] },     #组件1
      { "component": "adapter_uhdf", "features":[] },           #组件2
      { "component": "peripheral_display", "features":[] },     #组件3.1
```

```
   ......
   { "component": "peripheral_usb", "features":[] }          #组件 3.x
 ]
},
```

打开驱动子系统的配置文件，如代码清单 9-38 所示。

代码清单 9-38　//build/lite/components/drivers.json

```
"components": [
  {
    "component": "drivers_framework",        #对应代码清单 9-37 的组件 1
    ......
    "dirs": ["drivers/framework"],
    "targets": [],  #no targets
    ......
  },
  ......
  {
    "component": "adapter_uhdf",   #对应代码清单 9-37 的组件 2
    "description": "",
    "optional": "false",
    "dirs": ["drivers/adapter/uhdf"],
    "targets": [
      "//vendor/huawei/hdf/sample/led_ctrl/apps/led_red_ctrl:led_red",
      "//drivers/adapter/uhdf/manager:hdf_manager",
      "//drivers/adapter/uhdf/posix:hdf_posix",
      "//drivers/adapter/uhdf/platform:hdf_platform_driver",
      "//drivers/adapter/uhdf/test/unittest/common:hdf_test_common",
      "//drivers/adapter/uhdf/test:hdf_test_uhdf"
    ],
    ......
    "adapted_kernel": [
      "liteos_a",
      "linux"
    ],
    ......
  },
```

在代码清单 9-37 中把相关组件分成 3 类，下面结合代码清单 9-38 分别进行介绍。

- 组件 1：这是驱动框架的实现代码，没有编译目标，整个组件都部署在内核空间，由 //drivers//adapter/khdf/ 目录下的编译脚本执行编译（见 9.5.1 节和 9.5.2 节的分析）。

- 组件 2：adapter_uhdf 组件是部署在小型系统用户空间的驱动框架适配组件。组件详细情况见代码清单 9-38，其中的编译目标 led_red 是 9.2 节提到的驱动示例程序部署在用户空间的应用。这里重点关注 hdf_manager、hdf_posix、hdf_platform_driver 这 3 个编译目标，接下来会对它们展开详细分析。

- 组件 3.x：是部署在 //drivers/peripheral/ 目录下的与外围设备相关的一组组件，主要是几类典型的外设元器件驱动的 HDI 接口实现、HAL 实现、驱动模型实现等相关内容，9.12.3 节将以 WLAN 外设为例进行简单分析。

adapter_uhdf 组件的配置文件是 //drivers/adapter/uhdf/bundle.json。在 //drivers/adapter/uhdf/ 目录下有 3 个对应的子目录，子目录下分别是 hdf_posix、 hdf_manager、hdf_platform_driver 这 3 个组件的 BUILD.gn 编译配置脚本。下面分别看一下这 3 个组件的编译配置详情。

2. hdf_posix 组件

hdf_posix 组件的编译配置脚本如代码清单 9-39 所示。

代码清单 9-39　//drivers/adapter/uhdf/posix/BUILD.gn

```
shared_library("hdf_posix_osal") {
  output_name = "hdf_osal"
  ......
  sources = [
    "//drivers/framework/support/posix/src/osal_mem.c",
    ......
    "//drivers/framework/support/posix/src/osal_time.c",
  ]
  ......
  defines = [ "__USER__" ]   #用户空间使用的宏
  ......
}

lite_component("hdf_posix") {
  features = [ ":hdf_posix_osal" ]
}
```

hdf_posix 组件主要是把按 POSIX 标准实现的 OSAL 接口编译成 hdf_posix_osal 动态链接库并部署在用户空间，以供 hdf_manager 组件和 hdf_platform_driver 组件使用。

3. hdf_manager 组件

hdf_manager 组件的编译配置脚本如代码清单 9-40 所示。

代码清单 9-40　//drivers/adapter/uhdf/manager/BUILD.gn

```
HDF_FRAMEWORKS = "//drivers/framework"
shared_library("hdf_core") {
  sources = [
    "$HDF_FRAMEWORKS/ability/sbuf/src/hdf_sbuf.c",
    "$HDF_FRAMEWORKS/ability/sbuf/src/hdf_sbuf_impl_raw.c",
    "$HDF_FRAMEWORKS/core/adapter/syscall/src/hdf_devmgr_adapter.c",
    "$HDF_FRAMEWORKS/core/adapter/syscall/src/hdf_syscall_adapter.c",
    "$HDF_FRAMEWORKS/core/shared/src/hdf_io_service.c",
  ]
......
  deps = [
    "//base/hiviewdfx/hilog_lite/frameworks/featured:hilog_shared",
    "//drivers/adapter/uhdf/posix:hdf_posix",
    "//third_party/bounds_checking_function:libsec_shared",
  ]
  defines = [ "__USER__" ]   #用户空间使用的宏
  ......
}

lite_component("hdf_manager") {
  features = [ ":hdf_core" ]
}
```

hdf_manager 组件只编译了驱动框架在用户空间提供的基础功能的实现代码，以 hdf_core 动态链接库的方式为系统服务和应用程序提供消息机制接口（见 9.8.4 节），然后由系统服务和应用程序通过消息机制接口进一步使用内核态驱动提供的服务。

4．hdf_platform 组件

hdf_platform 组件的编译配置脚本如代码清单 9-41 所示。

代码清单 9-41　//drivers/adapter/uhdf/platform/BUILD.gn

```
HDF_FRAMEWORKS = "//drivers/framework"
shared_library("hdf_platform") {
  sources = [
    "$HDF_FRAMEWORKS/support/platform/src/mmc/mmc_if.c",
    "$HDF_FRAMEWORKS/support/platform/src/mmc/emmc_if.c",
    "$HDF_FRAMEWORKS/support/platform/src/i2c_if.c",
    "$HDF_FRAMEWORKS/support/platform/src/uart_if.c",
  ]
  ......
  deps = [
    "//drivers/adapter/uhdf/manager:hdf_core",
    "//drivers/adapter/uhdf/posix:hdf_posix_osal",
    "//third_party/bounds_checking_function:libsec_shared",
  ]
  defines = [ "__USER__" ]   #用户空间使用的宏
  ......
}

lite_component("hdf_platform_driver") {
  features = [ ":hdf_platform" ]
}
```

hdf_platform 组件除了依赖 hdf_posix 组件和 hdf_manager 组件，还编译了 4 个模块（MMC、EMMC、I2C、UART）的用户态接口的实现代码，为用户空间提供当前芯片平台的 4 个基础能力。

总体来说，小型系统在用户空间提供了驱动框架的一部分能力（即 9.8.4 节分析的消息驱动机制）。系统服务和应用程序在需要与内核空间的驱动能力进行交互时，可以调用 hdf_manager 组件提供的接口，通过消息机制与内核态驱动交换命令和数据。另外，小型系统在用户空间除了提供各外围设备的 HDI 接口实现、HAL 实现、驱动模型实现，还提供了 4 个基础能力（MMC、EMMC、I2C、UART）的接口，使得开发者在用户空间就可以通过这些接口使用内核态驱动提供的对应服务（9.9.2 节将以 I2C 为例展开分析）。

9.5.4　在标准系统的用户空间部署驱动框架

打开标准系统产品的配置文件//productdefine/common/products/Hi3516DV300.json，可以看到部件列表中与驱动相关的部件只有一个，即"hdf:hdf"（也即 hdf 子系统的 hdf 部件）。

hdf 子系统的 hdf 部件的定义如代码清单 9-42 所示。这是在标准系统的用户空间（即

uhdf2）部署驱动框架的模块列表（也是组件列表），这里重点关注它的 module_list 部分。

代码清单 9-42 //drivers/adapter/uhdf2/ohos.build

```
"subsystem": "hdf",
"parts": {
  "hdf": {
    "module_list": [
        #组件 1 led_red 应用程序
        "//vendor/huawei/hdf/sample/led_ctrl/apps/led_red_ctrl:led_red",
        "//drivers/adapter/uhdf2/osal:libhdf_utils",     #组件 2.1 用户态驱动的工具组件
        "//drivers/adapter/uhdf2/ipc:libhdf_ipc_adapter", #组件 2.2 用户态驱动的 IPC 适配组件
        "//drivers/adapter/uhdf2/hdi:libhdi",            #组件 2.3 用户态驱动的 HDI 接口组件
        "//drivers/adapter/uhdf2/manager:hdf_devmgr",    #组件 2.4 hdf_devmgr 进程入口和主体
        "//drivers/adapter/uhdf2/manager:hdf_devmgr.rc", #组件 2.5 hdf_devmgr 进程自
                                                         #动运行的配置脚本
        "//drivers/adapter/uhdf2/host:hdf_devhost",  #组件 2.6 xxx_host 进程的入口
        "//drivers/adapter/uhdf2/host:libhdf_host",   #组件 2.7 xxx_host 进程的主体
        "//drivers/adapter/uhdf2/config:libhdf_hcs", #组件 2.8 用户态驱动配置信息解析模块
        "//drivers/adapter/uhdf2/hcs:hdf_default.hcb", #组件 2.9 用户态驱动配置信息编译目标

        "//drivers/peripheral/input/hal:hdi_input",   #组件 3 外围设备相关组件
        ......
        #组件 4 预编译的 WLAN 模组驱动软件
        "//device/hisilicon/drivers/firmware/common/wlan:wifi_firmware",
        ......
    ],
    ......
  }
}
```

在代码清单 9-42 中把相关模块（也是组件）分成了几类，下面分别简单介绍。

- 组件 1：是应用程序 led_red（即 9.2 节的驱动示例程序部署在用户空间的应用）。

- 组件 2.x：是驱动框架部署在用户空间的几个重要组件，其中部分组件（如 hdf_devmgr、libhdf_host 等）都复用了 //drivers/framework/ 目录下的部分代码（即 //drivers/framework/ 目录下的一部分代码，既会被编译成静态库链接到内核中，并随着内核一起启动后在内核空间提供服务，又会被编译成动态链接库或可执行程序部署在用户空间，在 OpenHarmony 系统框架层启动时根据需要进行加载并提供驱动框架能力的相关服务）。这部分组件会在 9.9.3 节进行详细分析。

- 组件 3：是部署在 //drivers/peripheral/ 目录下的与外围设备相关的一组组件，主要是几类典型的外设元器件驱动的 HDI 接口实现、HAL 实现、驱动模型实现等相关内容。

- 组件 4：是预编译的 WLAN 模组驱动软件，该组件的部署路径下的 hi3881/ 子目录会被整体复制到 /vendor/firmware/ 目录下使用（见表 9-9）。

从总体上说，标准系统在用户空间提供了完整的驱动框架能力，在 9.9 节～9.12 节将对此展开详细的分析。

『 9.6　驱动框架的关键结构体 』

本节先看一下驱动框架中用到的一些重要结构体的定义。由于在使用 C 语言来实现面向对象编程模型时，这些结构体可等同于 C++语言中的类，因此下文直接将它们称为类。为了确保描述的准确性，本书全部使用英文单词（即在源代码中的单词）来称呼这些名称，只在必要的地方使用中文进行备注。

9.6.1　DevmgrService 和 DevmgrServiceClnt

DeviceManager（设备管理者）负责统一管理所有的设备（提供设备的加载、查询、卸载等功能），它的实例（Instance）是 DevmgrService 类的一个单实例（Singleton），即 static struct DevmgrService devmgrServiceInstance。

DevmgrService（设备管理者服务）通过管理所有 Host（宿主）的 DevHostServiceClnt（宿主服务客户端）来管理对应的 DevHostService（宿主服务）。DevmgrService 实例化之后会调用 StartService()接口，先解析驱动配置文件中的 Hosts（宿主列表）并生成一个有序的 HostList（宿主链表，按宿主节点的启动优先级从高到低排列），再根据宿主链表中各节点的信息逐一实例化对应的 DevHostServiceClnt 和 DevHostService，然后加载和启动 Host 节点内的设备驱动。

在驱动框架中需要用到 DevmgrService 提供的服务时，可以通过 DevmgrServiceClnt GetInstance()获取一个 DevmgrServiceClnt（设备管理者服务客户端）实例。该实例中包含一个指向 IDevmgrService 对象的指针，通过该指针可以使用 DevmgrService 提供的所有服务。

IDevmgrService、DevmgrService、DevmgrServiceClnt 的定义和继承关系如代码清单 9-43 所示。

代码清单 9-43　IDevmgrService、DevmgrService、DevmgrServiceClnt 的定义和继承关系

```
struct IDevmgrService {
    struct HdfObject base;
    struct HdfDeviceObject object;
    int (*AttachDeviceHost)(struct IDevmgrService *, uint16_t,
                            struct IDevHostService *);
    int (*AttachDevice)(struct IDevmgrService *,
                        const struct HdfDeviceInfo *,
                        struct IHdfDeviceToken *);
    int (*StartService)(struct IDevmgrService *);
    int (*PowerStateChange)(struct IDevmgrService *,
                            enum HdfPowerState pEvent);
    //devMgrSvcIf->AttachDevice     = DevmgrServiceAttachDevice;
    //devMgrSvcIf->AttachDeviceHost = DevmgrServiceAttachDeviceHost;
    //devMgrSvcIf->StartService     = DevmgrServiceStartService;
    //devMgrSvcIf->PowerStateChange = DevmgrServicePowerStateChange;
};
struct DevmgrService {
```

```
        //super 字段用以继承 IDevmgrService 接口类
        //即 DevmgrService 类对象也是父类 IDevmgrService 的对象
        struct IDevmgrService super;

        //有序双向链表（链表的节点为 DevHostServiceClnt 的 DListHead node）
        struct DListHead hosts;
        struct OsalMutex devMgrMutex;
    };
    struct DevmgrServiceClnt {
        //devMgrSvcIf 是一个指向 IDevmgrService 类对象的指针，它实际指向
        //DevmgrService.super，并据此使用 DevmgrService 类对象提供的服务
        struct IDevmgrService *devMgrSvcIf;
    };
```

在代码清单 9-43 中，请特别注意这 3 个类之间的继承和引用关系。

通过代码清单 9-44 和代码清单 9-45 的对比可以发现，在获取 DevmgrService 实例和获取 DevmgrServiceClnt 实例的函数实现中，都是通过 HdfObjectManagerGetObject (HDF_OBJECT_ID_DEVMGR_SERVICE) 来调用 DevmgrService 的构造函数（即 DevmgrServiceCreate()），以此创建一个单实例并返回对该实例的引用，因此 DevmgrServiceClnt->devMgrSvcIf 指针所指向的 IDevmgrService 对象就是 DevmgrService.super。DevmgrServiceClnt->devMgrSvcIf 指针可以向下转型为 DevmgrService 类指针，以此使用 DevmgrService 提供的所有服务。

代码清单 9-44　//drivers/framework/core/manager/src/devmgr_service.c

```
struct IDevmgrService *DevmgrServiceGetInstance()
{
    static struct IDevmgrService *instance = NULL;
    if (instance == NULL) {
        instance = (struct IDevmgrService *)
            HdfObjectManagerGetObject(HDF_OBJECT_ID_DEVMGR_SERVICE);
        //最终 instance = &devmgrServiceInstance
    }
    return instance;
}
```

代码清单 9-45　//drivers/framework/core/host/src/devmgr_service_clnt.c

```
struct DevmgrServiceClnt *DevmgrServiceClntGetInstance()
{
    static struct DevmgrServiceClnt instance = {0};
    if (instance.devMgrSvcIf == NULL) {
        instance.devMgrSvcIf = (struct IDevmgrService *)
            HdfObjectManagerGetObject(HDF_OBJECT_ID_DEVMGR_SERVICE);
        //最终 instance.devMgrSvcIf = &devmgrServiceInstance
    }
    return &instance;
}
```

以 DevmgrService 为中心，将 IDevmgrService、DevmgrService、DevmgrServiceClnt 以及 DevmgrService.hosts 之间的关系展开，如图 9-15 所示。

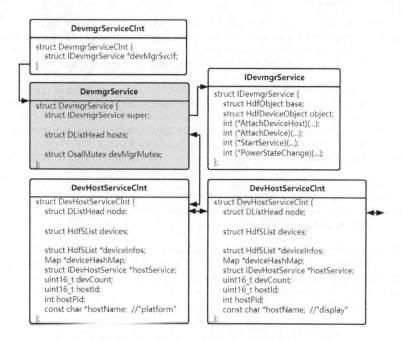

图 9-15　以 DevmgrService 为中心的类关系图

9.6.2　DevSvcManager 和 DevSvcManagerClnt

　　DevSvcManager（全称为 DeviceServiceManager，设备服务管理者）负责统一管理设备发布的服务（包括提供服务的发布、查询等功能），它的实例是 DevSvcManager 类的一个单实例，即 static struct DevSvcManager devSvcManagerInstance。

　　当一个设备驱动加载和启动并执行完 Init() 函数之后，驱动框架会调用 HdfDevice NodePublishService() 来发布该设备的服务（也就是将该设备的关键信息添加到 DevSvc Manager 的 HdfSList services 链表中），这样该设备的服务就可以被内核态的其他服务或用户态的应用程序查询、订阅和使用了。

　　在驱动框架中需要用到 DevSvcManager 提供的服务时，可以通过 DevSvcManagerClnt GetInstance() 获取一个 DevSvcManagerClnt（设备服务管理者客户端）实例。该实例中包含一个指向 IDevSvcManager 对象的指针，通过该指针可以使用 DevSvcManager 提供的所有服务。

　　IDevSvcManager、DevSvcManager、DevSvcManagerClnt 的定义和继承关系如代码清单 9-46 所示。

　　代码清单 9-46　IDevSvcManager、DevSvcManager、DevSvcManagerClnt 的定义和继承关系

```
struct IDevSvcManager {
    struct HdfObject object;
    int (*AddService)(struct IDevSvcManager *, const char *, struct HdfDeviceObject *);
    int (*SubscribeService)(struct IDevSvcManager *, const char *, struct
SubscriberCallback);
```

```
            int (*UnsubscribeService)(struct IDevSvcManager *, const char *);
            struct HdfObject *(*GetService)(struct IDevSvcManager *, const char *);
            struct HdfDeviceObject *(*GetObject)(struct IDevSvcManager *, const char *);
            void (*RemoveService)(struct IDevSvcManager *, const char *);

            //devSvcMgrIf->AddService              = DevSvcManagerAddService;
            //devSvcMgrIf->SubscribeService        = DevSvcManagerSubscribeService;
            //devSvcMgrIf->UnsubscribeService      = NULL;
            //devSvcMgrIf->RemoveService           = DevSvcManagerRemoveService;
            //devSvcMgrIf->GetService              = DevSvcManagerGetService;
            //devSvcMgrIf->GetObject               = DevSvcManagerGetObject;
        };
        struct DevSvcManager {
            //super 字段用以继承 IDevSvcManager 接口类
            //即 DevSvcManager 类对象也是父类 IDevSvcManager 的对象
            struct IDevSvcManager super;

            //设备服务对象链表（链表的节点为 DevSvcRecord 的 HdfSListNode entry）
            struct HdfSList services;
            //服务观察者（内含链表结构，见 9.6.9 节）
            struct HdfServiceObserver observer;
            struct OsalMutex mutex;
        };
        struct DevSvcManagerClnt {
            //devSvcMgrIf 是一个指向 IDevSvcManager 类对象的指针，它实际指向
            //DevSvcManager.super，并据此使用 DevSvcManager 类对象提供的服务
            struct IDevSvcManager *devSvcMgrIf;
        };
```

在代码清单 9-46 中，请特别注意这 3 个类之间的继承和引用关系。

通过代码清单 9-47 和代码清单 9-48 的对比可以发现，在获取 DevSvcManager 实例和获取 DevSvcManagerClnt 实例的函数实现中，都是通过 HdfObjectManagerGetObject (HDF_OBJECT_ID_DEVSVC_MANAGER) 来调用 DevSvcManager 的构造函数（即 DevSvc ManagerCreate()），以此创建一个单实例并返回对该实例的引用。因此 DevSvcManager Clnt->devSvcMgrIf 指针所指向的 IDevSvcManager 对象就是 DevSvcManager.super，DevSvcManagerClnt->devSvcMgrIf 指针可以向下转型为 DevSvcManager 类指针，以此使用 DevSvcManager 提供的所有服务。

代码清单 9-47 //drivers/framework/core/manager/src/devsvc_manager.c

```
struct IDevSvcManager *DevSvcManagerGetInstance()
{
    static struct IDevSvcManager *instance = NULL;
    if (instance == NULL) {
        instance = (struct IDevSvcManager *)
            HdfObjectManagerGetObject(HDF_OBJECT_ID_DEVSVC_MANAGER);
        //最终 instance = &devSvcManagerInstance
    }
    return instance;
}
```

代码清单 9-48 //drivers/framework/core/host/src/devsvc_manager_clnt.c

```
static void DevSvcManagerClntConstruct(struct DevSvcManagerClnt *inst)
{
    inst->devSvcMgrIf = (struct IDevSvcManager *)
        HdfObjectManagerGetObject(HDF_OBJECT_ID_DEVSVC_MANAGER);
```

```
        //最终 inst->devSvcMgrIf = &devSvcManagerInstance
}
struct DevSvcManagerClnt *DevSvcManagerClntGetInstance()
{
        static struct DevSvcManagerClnt *instance = NULL;
        if (instance == NULL) {
                static struct DevSvcManagerClnt singletonInstance;
                DevSvcManagerClntConstruct(&singletonInstance);
                instance = &singletonInstance;
                //最终 singletonInstance.devSvcMgrIf = &devSvcManagerInstance
                //instance->devSvcMgrIf = &devSvcManagerInstance
        }
        return instance;
}
```

以 DevSvcManager 为中心，将 IDevSvcManager、DevSvcManager、DevSvcManagerClnt 以及 DevSvcManager.services 之间的关系展开，如图 9-16 所示。

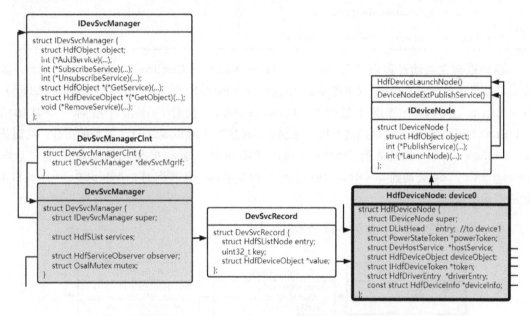

图 9-16　以 DevSvcManager 为中心的类关系图

9.6.3　Host 的 HdfHostInfo 和 HostList

Host 是将同一大类设备进行集中管理的容器（如 Display 类、Input 类、Network 类等），每一类设备归到一个 Host 中进行统一管理，并抽象为同一个驱动模型（如 Display 驱动模型、Input 驱动模型、Network 驱动模型等）。

HdfHostInfo 结构体用于记录每一个 Host 的基本信息（包括 hostId、priority、hostName 和指向下一个 Host 的指针）。HdfHostInfo 的定义如代码清单 9-49 所示。

代码清单 9-49　HdfHostInfo 的定义

```
struct HdfSListNode {
        struct HdfSListNode *next; //指向 HostList 中的下一个节点或为 NULL
};
```

```
struct HdfHostInfo {
    struct HdfSListNode node;      //HostList 上的节点
    uint16_t hostId;               //当前 Host 的 ID
    uint16_t priority;             //当前 Host 的优先级别
    const char *hostName;          //当前 Host 的名字
};
```

HostList（宿主链表）是一个按照 Host 的启动优先级别由高到低排列的有序单向链表，链表上的每一个节点都是一个 HdfHostInfo 结构体。HostList 的定义如代码清单 9-50 所示。

代码清单 9-50　与 HostList 相关的结构体的定义

```
struct HdfSListNode {
    struct HdfSListNode *next;  //指向 HostList 中的下一个节点或为 NULL
};

struct HdfSList {
    struct HdfSListNode *root;
};
HdfSList hostList;  //HostList 的定义
```

驱动框架在启动过程中调用 HdfAttributeManagerGetHostList(&hostList) 函数，可以从 g_hcsTreeRoot（见图 9-8）中获得一个 HdfSList hostList（即 HostList）。HostList 上的每个节点都是一个 HdfSListNode 指针，该指针指向一个具体的 HdfHostInfo.node。可以把这个指针强制类型转换为 HdfHostInfo 类型的指针，从而获取 HdfHostInfo 中记录的 Host 节点的基本信息。驱动框架利用这些基本信息向 DevmgrService 查询到 DevHostServiceClnt，再进一步查询到 DevHostService 和其他的有用信息。

HostList 的链表结构如图 9-17 所示。

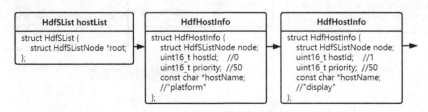

图 9-17　HostList 的链表结构

在驱动框架的启动过程中获取的名为 hostList 的 HostList，只是一个临时链表，当所有的 Host 都启动完毕之后，该临时链表会被清除掉。

9.6.4　Host 的 DevHostService 和 DevHostServiceClnt

每一个 Host 都对应一个 DevHostService（设备宿主服务，简称宿主服务）实例。DevHostService 负责为所属 Host 下的每一个设备（Device）提供服务（包括设备的添加、启动等服务）。

驱动框架在启动过程中先调用 DevHostServiceNewInstance(hostId, hostName)

为每个 Host 创建一个 DevHostService hostService 实例,并绑定对应的 hostId、hostName,然后再调用 DevmgrServiceClntAttachDeviceHost(hostService->hostId, service)将该 hostService 实例绑定到 DevHostServiceClnt 中的 struct IDevHostService *hostService 字段。

每一个 DevHostService 都对应一个 DevHostServiceClnt(设备宿主服务客户端,简称宿主服务客户端)。驱动框架在启动每一个 Host 时,先调用 DevHostServiceClnt NewInstance(hostAttr->hostId, hostAttr->hostName)创建一个 DevHostService Clnt hostClnt 实例,并绑定对应的 hostId、hostName,然后再调用 DlistInsertTail (&hostClnt->node, &inst->hosts)将当前 hostClnt 节点挂载到 DevmgrService 的 DListHead hosts 链表中。

IDevHostService、DevHostService、DevHostServiceClnt 的定义和继承关系如代码清单 9-51 所示。

代码清单 9-51　IDevHostService、DevHostService、DevHostServiceClnt 的定义和继承关系

```
struct IDevHostService {
    struct HdfObject object;
    int (*AddDevice)(struct IDevHostService *hostService,
                    const struct HdfDeviceInfo *devInfo);
    int (*DelDevice)(struct IDevHostService *hostService,
                    const struct HdfDeviceInfo *devInfo);
    int (*StartService)(struct IDevHostService *hostService);
    int (*PmNotify)(struct IDevHostService *service, uint32_t powerState);
    //hostServiceIf->AddDevice    = DevHostServiceAddDevice;
    //hostServiceIf->DelDevice    = DevHostServiceDelDevice;
    //hostServiceIf->StartService = DevHostServiceStartService;
    //hostServiceIf->PmNotify     = DevHostServicePmNotify;
};
struct DevHostService {
    //super 字段用以继承 IDevHostService 接口类
    //即 DevHostService 类对象也是父类 IDevHostService 的对象
    struct IDevHostService super;
    //hostId 和 hostName 共同组成 Host 的身份信息
    uint16_t hostId;              //当前 Host 的 ID
    const char *hostName;         //当前 Host 的名字
    //Host 内的设备节点双向链表
    //链表的节点为 HdfDevice 的 DListHead node
    struct DListHead devices;
    //Host 内某个设备提供的服务的观察者链表(见 9.6.9 节)
    struct HdfServiceObserver observer;
    struct HdfSysEventNotifyNode sysEventNotifyNode;
};
struct DevHostServiceClnt {
    //双向链表的节点,用于连接前后两个 DevHostServiceClnt 实例
    //链表的头部挂在 DevmgrService 的 DListHead hosts 上
    struct DListHead node;
    //当前 Host 下的设备节点对应的 DeviceTokenClnt 链表
    struct HdfSList devices;
    //当前 Host 下的设备叶子节点(即 deviceNode 节点)的链表
    //链表的节点为 HdfDeviceInfo 的 HdfSListNode node(见 9.6.8 节)
    struct HdfSList *deviceInfos;
    Map *deviceHashMap;
    //当前 Host 的 DevHostService 实例
    struct IDevHostService *hostService;
```

```
    uint16_t devCount;      //当前 Host 下的设备数量
    uint16_t hostId;        //当前 Host 的 ID
    int hostPid;            //当前 Host 进程的 ID（该字段并未真正使用到）
    const char *hostName;   //当前 Host 的名字
};
```

DevHostServiceClnt 实例将自己的 DListHead node 节点挂载到 DevmgrService.
hosts 链表上（见图 9-15）。这样一来，驱动框架就可以在 DevmgrService.hosts 链表上
找到匹配 hostId 和 hostName 的 hostClnt 实例，然后使用 hostClnt->hostService
指向的宿主服务对象来为该 Host 上的设备节点提供服务。

9.6.5　Host 的 DriverInstaller

DriverInstaller（宿主服务安装器）负责安装和启动每一个 Host 的服务，它的实例
是一个 DriverInstaller 类的单实例（Singleton），即 static struct DriverInstaller
driverInstaller。

在调用 DevmgrServiceStartDeviceHosts() 启动第一个 Host 之前，DevmgrService
会先通过 DriverInstallerGetInstance() 获取一个 DriverInstaller 实例，再由该实
例调用 StartDeviceHost() 接口来启动每一个 Host。

IDriverInstaller、DriverInstaller 的定义和继承关系如代码清单 9-52 所示。

代码清单 9-52　IDriverInstaller、DriverInstaller 的定义和继承关系

```
struct IDriverInstaller {
    struct HdfObject object;
    int (*StartDeviceHost)(uint32_t, const char *);
    //driverInstallIf->StartDeviceHost = DriverInstallerStartDeviceHost;
};
struct DriverInstaller {
    //super 字段用以继承 IDriverInstaller 接口类
    //即 DriverInstaller 类对象也是父类 IDriverInstaller 的对象
    struct IDriverInstaller super;
};

struct IDriverInstaller *DriverInstallerGetInstance()
{
    static struct IDriverInstaller *installer = NULL;
    if (installer == NULL) {
        installer = (struct IDriverInstaller *)
            HdfObjectManagerGetObject(HDF_OBJECT_ID_DRIVER_INSTALLER);
        //最终 installer = &driverInstaller
    }
    return installer;
}
```

9.6.6　Device 的 HdfDriverLoader

HdfDriverLoader（设备驱动加载器）负责获取指定设备的驱动入口对象、加载或卸载
指定设备的驱动服务。它的实例是一个 HdfDriverLoader 类的单实例（Singleton），即

```
static struct HdfDriverLoader driverLoader。
```

每个 Host 的 DevHostService 在启动该 Host 下的每个设备叶子节点（即 deviceNode 节点）时，都会先通过 HdfDriverLoaderGetInstance() 获取一个 HdfDriverLoader 实例，再由该实例调用 LoadNode() 接口来加载指定的设备驱动，为设备创建 DeviceNodeExt 节点，配置对应的设备信息和驱动信息，以便该设备驱动能够正常运行和对外提供服务。

IDriverLoader、HdfDriverLoader 的定义和继承关系如代码清单 9-53 所示。

代码清单 9-53　IDriverLoader、HdfDriverLoader 的定义和继承关系

```
struct IDriverLoader {
    struct HdfObject object;
    struct HdfDriverEntry *(*GetDriverEntry)(const struct HdfDeviceInfo *deviceInfo);
    struct HdfDeviceNode *(*LoadNode)(struct IDriverLoader *,
                                      const struct HdfDeviceInfo *deviceInfo);
    void (*UnLoadNode)(struct IDriverLoader *, const struct HdfDeviceInfo *deviceInfo);
    //driverLoaderIf->LoadNode       = HdfDriverLoaderLoadNode;
    //driverLoaderIf->UnLoadNode     = HdfDriverLoaderUnLoadNode;
    //driverLoaderIf->GetDriverEntry = HdfDriverLoaderGetDriverEntry;
};

struct HdfDriverLoader {
    //super 字段用以继承 IDriverLoader 接口类
    //即 HdfDriverLoader 类对象也是父类 IDriverLoader 的对象
    struct IDriverLoader super;
};
```

9.6.7　Device 的 HdfDevice

本节的 HdfDevice 与 9.6.8 节的 HdfDeviceNode 是两个非常容易混淆的概念，因此这里先将二者放在一起进行对比和解释，以便区分和理解。

HdfDevice 用于对 Host 大类别下的小类设备（如 I2C 小类、UART 小类等）进行集中管理，每一个 HdfDevice 类对象对应 device_info.hcs 文件中的一个 device 节点，如代码清单 9-54 所示。

HdfDeviceNode 是具体某个设备对象（如 I2C0、I2C1、UART0、UART1 等）的类定义，每一个 HdfDeviceNode 类对象对应 device_info.hcs 文件中的一个 deviceNode 节点，如代码清单 9-54 所示。

代码清单 9-54　//vendor/hisilicon/hispark_taurus/hdf_config/device_info/device_info.hcs

```
platform :: host {
    hostName = "platform_host";
    priority = 50;
    device_gpio :: device {          //对应 HdfDevice 节点序号为 0
        device0 :: deviceNode {      //对应 HdfDeviceNode 节点
            .... //HdfDeviceInfo->deviceId = 0
        }
    }
    device_watchdog :: device {      //对应 HdfDevice 节点序号为 1
        device0 :: deviceNode {      //对应 HdfDeviceNode 节点
            .... //HdfDeviceInfo->deviceId = 1
```

```
        }
    }
    device_rtc :: device {               //对应 HdfDevice 节点序号为 2
        device0 :: deviceNode {          //对应 HdfDeviceNode 节点
        .... //HdfDeviceInfo->deviceId = 2
        }
    }
    device_uart :: device {              //对应 HdfDevice 节点序号为 3
        device0 :: deviceNode {          //对应 HdfDeviceNode 节点
        .... //HdfDeviceInfo->deviceId = 3
        }
        device1 :: deviceNode {          //对应 HdfDeviceNode 节点
        .... //HdfDeviceInfo->deviceId = 3
        }
        deviceX :: deviceNode {          //对应 HdfDeviceNode 节点
        .... //HdfDeviceInfo->deviceId = 3
        }
    }
    ....
} //end of platform :: host
```

从代码清单 9-54 中可以看出，device 节点下可以有若干个 deviceNode 子节点，而 deviceNode 则不再有下一级的子节点。deviceNode 节点是整棵驱动配置信息树中的叶子节点，因此 device 节点称为设备节点，对应地 HdfDevice 称为设备节点类，而 deviceNode 节点称为设备叶子节点，对应地 HdfDeviceNode 称为设备叶子节点类。

IHdfDevice 和 HdfDevice 的定义和继承关系如代码清单 9-55 所示。

代码清单 9-55　IHdfDevice、HdfDevice 的定义和继承关系

```
HdfDevice：
struct IHdfDevice {
    struct HdfObject object;
    int (*Attach)(struct IHdfDevice *, struct HdfDeviceNode *);
    void (*Detach)(struct IHdfDevice *, struct HdfDeviceNode *);
    //Attach = HdfDeviceAttach
    //Detach = NULL
};
struct HdfDevice {
    //super 字段用以继承 IHdfDevice 接口类
    //即 HdfDevice 类对象也是父类 IHdfDevice 的对象
    struct IHdfDevice super;
    //双向链表节点，挂载到 DevHostService.devices 链表上（见 9.6.4 节）
    struct DListHead node;
    //双向链表，链表的节点为 HdfDeviceNode 的 DListHead entry（见 9.6.8 节）
    struct DListHead devNodes;
    uint16_t deviceId;   //当前 Host 中该设备节点的 ID
    uint16_t hostId;
};
```

在代码清单 9-55 中，需要特别注意 HdfDevice 的 deviceId 字段。deviceId 记录了当前设备节点在 Host 中的序号。如果该设备节点下还有多个设备叶子节点，则所有设备叶子节点的 deviceId 都相同。如代码清单 9-54 中的 device_uart 设备节点所示，该设备节点下有多个设备叶子节点，它们的 deviceId 都相同。

驱动框架在启动 HostList 上的每个 Host 时，会调用 DevHostServiceAddDevice() 去加载和启动 Host 中每一个设备叶子节点的驱动。这一步中有一个调用 DevHostService

GetDevice()的小步骤，即先在 DevHostService.devices 链表中查找匹配 deviceId 的设备节点，如果查找不到，就会创建一个新的设备节点并配置好 deviceId 和 hostId，然后把新的设备节点的 HdfDevice.node 插入到 DevHostService.devices 链表上，以便 DevHostService 对设备节点进行管理（详情见 9.7.5 节）。

以 HdfDevice 为中心，将 DevHostService.devices、HdfDevice 和 HdfDeviceNode 之间的关系整理成图，如图 9-18 所示。

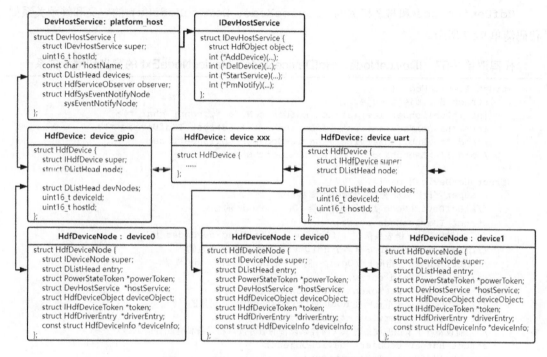

图 9-18　以 HdfDevice 为中心的类关系图

9.6.8　Device 的 HdfDeviceInfo 和 HdfDeviceNode

HdfDeviceInfo 结构体主要用于保存从 device_info.hcs 文件中的 deviceNode 节点中提取的设备配置信息，以及其他的类似信息，比如设备状态、所属 Host 的 ID 等，其定义如代码清单 9-56 所示。

代码清单 9-56　HdfDeviceInfo 的定义

```
struct HdfDeviceInfo {
    //链表节点（挂到 DevHostServiceClnt->deviceInfos 链表上）
    struct HdfSListNode node;
    bool isDynamic;
    uint16_t status;
    uint16_t deviceType;
    uint16_t hostId;     //当前设备节点所属 Host 的 ID
    uint16_t deviceId;   //当前 Host 下的 device 节点的序号（见 9.6.7 节）
    //以下 7 个字段的值来自 device_info.hcs 文件中的 deviceNode 节点
    uint16_t policy;
    uint16_t priority;
    uint16_t preload;
```

```
    uint16_t permission;
    const char *moduleName;
    const char *svcName;
    const char *deviceMatchAttr;
    const void *private;
};
```

HdfDeviceNode 是具体某个设备对象的类定义，该类对象保存了具体设备叶子节点在驱动框架中的所有信息（包括设备配置信息、驱动入口对象、设备对象等）。

HdfDeviceNode 和与之相关的 IDeviceNode、DeviceNodeExt 的定义和继承关系如代码清单 9-57 所示。

代码清单 9-57　IDeviceNode、HdfDeviceNode、DeviceNodeExt 的定义和继承关系

```
struct IDeviceNode {
    struct HdfObject object;
    int (*PublishService)(struct HdfDeviceNode *, const char *);
    int (*LaunchNode)(struct HdfDeviceNode *, struct IHdfDevice *);
    //nodeIf->PublishService = DeviceNodeExtPublishService;
    //nodeIf->LaunchNode = HdfDeviceLaunchNode;
};
struct HdfDeviceNode {
    //super 字段用以继承 IDeviceNode 接口类
    //即 HdfDeviceNode 类对象也是父类 IDeviceNode 的对象
    struct IDeviceNode super;
    //双向链表节点，链表头部在 HdfDevice 的 DListHead devNodes 上
    //如果同一个 HdfDevice 有多个 HdfDeviceNode，则本节点的
    //entry->next 会指向 HdfDevice 的下一个 HdfDeviceNode 节点
    struct DListHead entry;
    struct PowerStateToken *powerToken;
    //指向当前设备叶子节点所在 Host 的 DevHostService 对象的指针
    struct DevHostService *hostService;
    //当前设备叶子节点的设备对象（内含该设备的服务接口和设备私有配置信息等）
    struct HdfDeviceObject deviceObject;
    struct IHdfDeviceToken *token;
    //指向当前设备叶子节点的驱动入口对象的指针
    struct HdfDriverEntry *driverEntry;
    //指向当前设备叶子节点的设备配置信息的指针
    const struct HdfDeviceInfo *deviceInfo;
};
struct DeviceNodeExt {
    //super 字段用以继承 HdfDeviceNode 类
    //即 DeviceNodeExt 类对象也是父类 HdfDeviceNode 的对象
    struct HdfDeviceNode super;
    //指向当前设备叶子节点的对用户态提供服务的服务对象的指针
    struct HdfIoService *ioService;
};
```

以 HdfDeviceNode 为中心，将 IDeviceNode、HdfDeviceNode 和 DeviceNodeExt 之间的关系整理成图，如图 9-19 所示。

驱动框架在启动 HostList 上的每个 Host 时，会调用 DevHostServiceAddDevice() 去加载和启动 Host 中每一个设备叶子节点的驱动。这一步中有一个调用 HdfDeviceAttach() 的小步骤，用于把 HdfDeviceNode.entry 节点挂载到 HdfDevice.devNodes 链表上，然后由 DevHostService 对所有的设备节点和设备叶子节点进行管理（详见 9.7.5 节）。如果同一个设备节点下有多个设备叶子节点，则当前设备叶子节点的 HdfDeviceNode.entry-> next 会

指向下一个设备叶子节点的 `HdfDeviceNode.entry`，以形成一条链表结构（见图 9-18）。

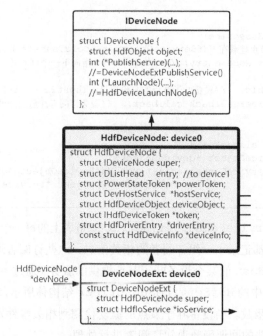

图 9-19　以 `HdfDeviceNode` 为中心的类关系图

9.6.9　HdfServiceObserver 和 HdfServiceObserverRecord

在 9.6.4 节分析的 `DevHostService` 类中有一个 `struct HdfServiceObserver observer` 字段，这是在当前 Host 内记录的观察者链表。

`HdfServiceObserver` 是一个带有单向链表结构的结构体，其中的 `services` 字段是一个链表，该链表上的每一个节点都是一个 `HdfServiceObserverRecord` 结构体头部的 `HdfSListNode entry` 字段。

`HdfServiceObserver` 和 `HdfServiceObserverRecord` 的定义如代码清单 9-58 所示。

代码清单 9-58　HdfServiceObserver 和 HdfServiceObserverRecord 的定义

```
struct HdfServiceObserver {
    //链表结构，链表节点为 HdfServiceObserverRecord.entry
    struct HdfSList services;
    struct OsalMutex observerMutex;
};

struct HdfServiceObserverRecord {
    //链表结构，该节点挂载在 HdfServiceObserver.services 链表上
    struct HdfSListNode entry;
    //设备叶子节点对外提供服务的服务名字符串经过哈希算法计算出来的哈希键
    uint32_t serviceKey;
    uint16_t policy;    //设备叶子节点发布服务的策略
    uint32_t matchId;   //设备叶子节点的身份信息：(hostId << 16)|deviceId
    struct OsalMutex obsRecMutex;
    //订阅当前设备驱动服务（匹配 serviceKey）的订阅者链表
    struct HdfSList subscribers;
```

```
                  //服务发布者（即 devNode 提供的对外服务接口对象）
                  struct HdfObject *publisher;
};
//订阅者的定义
struct HdfServiceSubscriber {
       //链表结构，该节点挂载在 HdfServiceObserverRecord.subscribers 链表上
       struct HdfSListNode entry; //entry->next 指向下一个订阅者
       uint32_t state;
       uint32_t matchId;   //设备叶子节点的身份信息：(hostId << 16)|deviceId
       struct SubscriberCallback callback;   //服务订阅者注册的回调函数结构体对象
};

struct SubscriberCallback {
       struct HdfDeviceObject *deviceObject;
       int32_t (*OnServiceConnected)(struct HdfDeviceObject *deviceObject,
                              const struct HdfObject *service);
};
```

挂载在 DevHostService.observer.services 链表上的每一个 HdfServiceObserver Record 结构体节点，都记录了一组订阅者的相关信息。这些订阅者通过消息机制向内核注册回调函数，以订阅当前 Host 的某个设备叶子节点提供的服务（通过 serviceKey 区分不同的服务）。如代码清单 9-58 中的 HdfServiceSubscriber 结构体所示，SubscriberCallback 就是订阅者注册的回调函数。当设备叶子节点的驱动检测到相关事件发生时，会遍历订阅者链表，逐一调用订阅者注册的回调函数通知订阅者进行处理。

以 HdfServiceObserver 为中心，将 HdfServiceObserver、HdfServiceObserver Record 和 HdfServiceSubscriber 之间的关系整理成图，如图 9-20 所示。

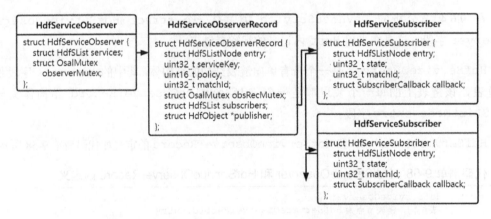

图 9-20 以 HdfServiceObserver 为中心的类关系图

9.6.10 HdfObjectCreator

HdfObjectCreator 是驱动框架提供的一个对象构造器，它包含了一个构造函数指针和一个析构函数指针。驱动框架在 g_liteObjectCreators[]中保存了一个对象构造器数组，数组中以特定类型对象的 ID 为索引保存该类型对象的构造函数和析构函数。在驱动框架启动过程中，会通过 objectId 在数组中查找并调用对应的构造函数，动态地创建对应类型的对象，以使用该对象提供的接口或数据。在设备驱动注销或因其他原因退出时，驱动框架会再通过

objectId 在数组中查找并调用对应的析构函数以销毁对应类型的对象。

HdfObjectCreator 和 g_liteObjectCreators[]的定义如代码清单 9-59 所示。

代码清单 9-59 HdfObjectCreator 和 g_liteObjectCreators[]的定义

```
struct HdfObject {
    int32_t objectId;    //对象的 ID
};
struct HdfObjectCreator {
    struct HdfObject *(*Create)(void);    //构造函数指针
    void (*Release)(struct HdfObject *);  //析构函数指针
};

static const struct HdfObjectCreator g_liteObjectCreators[] = {
    [HDF_OBJECT_ID_DEVMGR_SERVICE] =        //对象的 ID: 0
    {
        .Create  = DevmgrServiceCreate,    //单实例（Singleton）
        .Release = DevmgrServiceRelease,
        //DevmgrService devMgrSvcObj.super 是一个
        //IDevmgrService devMgrSvcIf 对象
        //devMgrSvcIf->AttachDevice     = DevmgrServiceAttachDevice;
        //devMgrSvcIf->AttachDeviceHost = DevmgrServiceAttachDeviceHost;
        //devMgrSvcIf->StartService     = DevmgrServiceStartService;
        //devMgrSvcIf->PowerStateChange = DevmgrServicePowerStateChange;
    },
    [HDF_OBJECT_ID_DEVSVC_MANAGER] =        //对象的 ID: 1
    {
        .Create  = DevSvcManagerCreate,   //单实例（Singleton）
        .Release = DevSvcManagerRelease,
        //DevSvcManager devSvcMgrObj.super 是一个
        //IDevSvcManager devSvcMgrIf 对象
        //devSvcMgrIf->AddService       = DevSvcManagerAddService;
        //devSvcMgrIf->SubscribeService = DevSvcManagerSubscribeService;
        //devSvcMgrIf->UnsubscribeService = NULL;
        //devSvcMgrIf->RemoveService    = DevSvcManagerRemoveService;
        //devSvcMgrIf->GetService       = DevSvcManagerGetService;
        //devSvcMgrIf->GetObject        = DevSvcManagerGetObject;
    },
    [HDF_OBJECT_ID_DEVHOST_SERVICE] =  //对象的 ID: 2
    {
        //多实例（为每个 Host 创建一个 DevHostService 实例）
        .Create  = DevHostServiceCreate,
        .Release = DevHostServiceRelease,
        //DevHostService hostServiceObj.super 是一个
        //IDevHostService hostServiceIf 对象
        //hostServiceIf->AddDevice = DevHostServiceAddDevice;
        //hostServiceIf->DelDevice = DevHostServiceDelDevice;
        //hostServiceIf->StartService = DevHostServiceStartService;
        //hostServiceIf->PmNotify  = DevHostServicePmNotify;
    },
    [HDF_OBJECT_ID_DRIVER_INSTALLER] =      //对象的 ID: 3
    {
        .Create  = DriverInstallerCreate,  //单实例（Singleton）
        .Release = NULL,
        //DriverInstaller driverInstallObj.super 是一个
        //IDriverInstaller driverInstallIf 对象
        //driverInstallIf->StartDeviceHost = DriverInstallerStartDeviceHost;
    },
    [HDF_OBJECT_ID_DRIVER_LOADER] =         //对象的 ID: 4
    {
        .Create  = HdfDriverLoaderCreate,  //单实例（Singleton）
```

```
            .Release = NULL,
            //HdfDriverLoader driverLoaderObj.super 是一个
            //IDriverLoader driverLoaderIf 对象
            //driverLoaderIf->LoadNode = HdfDriverLoaderLoadNode;
            //driverLoaderIf->UnLoadNode    = HdfDriverLoaderUnLoadNode;
            //driverLoaderIf->GetDriverEntry = HdfDriverLoaderGetDriverEntry;
        },
        [HDF_OBJECT_ID_DEVICE] =                //对象的 ID: 5
        {
            //多实例（为每个设备创建一个 HdfDevice 实例）
            .Create  = HdfDeviceCreate,
            .Release = HdfDeviceRelease,
            //HdfDevice devideObj.super 是一个 IHdfDevice super 对象
            //devideObj->super.Attach = HdfDeviceAttach;
        },
        [HDF_OBJECT_ID_DEVICE_TOKEN] =          //对象的 ID: 6
        {
            //多实例（为每个设备创建一个 HdfDeviceToken 实例）
            .Create  = HdfDeviceTokenCreate,
            .Release = HdfDeviceTokenRelease,
            //HdfDeviceToken tokenObj.super 是一个 IHdfDeviceToken super 对象
            //tokenObj->super.object.objectId = HDF_OBJECT_ID_DEVICE_TOKEN;
        },
        [HDF_OBJECT_ID_DEVICE_SERVICE] =        //对象的 ID: 7
        {
            //多实例（为每个设备创建一个 DeviceNodeExt 实例）
            .Create  = DeviceNodeExtCreate,
            .Release = DeviceNodeExtRelease,
            //DeviceNodeExt devNodeExtObj.super 是一个 HdfDeviceNode devNode 对象
            //而 HdfDeviceNode devNode.super 又是一个 IDeviceNode nodeIf 对象
            //devNode->token           = HdfDeviceTokenNewInstance();
            //default HdfDeviceNode devNode's super is nodeIf, set:
            //nodeIf->LaunchNode       = HdfDeviceLaunchNode;
            //nodeIf->PublishService = HdfDeviceNodePublishPublicService
            //在子类对象 devNodeExtObj.super(devNode).super(nodeIf) 中
            //重新为函数指针 PublishService 映射新的函数，见 hdf_device_node_ext.c
            //nodeIf->PublishService = DeviceNodeExtPublishService;
        }
};

const struct HdfObjectCreator *HdfObjectManagerGetCreators(int objectId)
{
    int numConfigs = sizeof(g_liteObjectCreators)/sizeof(g_liteObjectCreators[0]);
    if ((objectId >= 0) && (objectId < numConfigs)) {
        return &g_liteObjectCreators[objectId];    //返回对应的 .Create 构造函数
    }
    return NULL;
}

struct HdfObject *HdfObjectManagerGetObject(int objectId)
{
    struct HdfObject *object = NULL;
    const struct HdfObjectCreator *targetCreator = HdfObjectManagerGetCreators(objectId);
    if ((targetCreator != NULL) && (targetCreator->Create != NULL)) {
        //调用 g_liteObjectCreators[objectId].Create() 以创建一个 HdfObject 对象
        object = targetCreator->Create();
        if (object != NULL) {
            object->objectId = objectId;
        }
    }
    return object;
}
```

我们会在驱动框架代码中看到很多类似 XxxGetInstance() 或者 XxxNewInstance() 这样的调用以获取特定类型的实例。例如,驱动框架通过调用 DevmgrServiceGetInstance() 可以获取一个 IDevmgrService 类型的对象指针,而该指针指向的对象可以向下转型为 DevmgrService 类型的对象(见代码清单 9-43),以此访问 DevmgrService 类型提供的数据和接口,如代码清单 9-60 所示。

代码清单 9-60 //drivers/framework/core/manager/src/devmgr_service.c

```
struct IDevmgrService *DevmgrServiceGetInstance()
{
    static struct IDevmgrService *instance = NULL;
    if (instance == NULL) {   //还没有创建 IDevmgrService 实例
        instance = (struct IDevmgrService *)
            HdfObjectManagerGetObject(HDF_OBJECT_ID_DEVMGR_SERVICE);
    }
    return instance;
}
```

在 DevmgrServiceGetInstance() 中,经过 API 的层层调用,最终会调用 Devmgr ServiceCreate() 函数来创建一个 static struct DevmgrService devmgrService Instance 实例。这是一个静态的单实例,在代码清单 9-59 的注释中标记为单实例(Singleton),后继再调用 DevmgrServiceGetInstance() 时,将直接返回对该实例的引用。

9.7 驱动框架的启动流程

部署在内核态的驱动框架作为一个相对独立的部分,要么因为内核(LiteOS_A 内核)的其他模块的直接调用而启动,要么作为内核(Linux 内核)的一个模块(module)而自动加载和启动。内核态驱动框架在 OpenHarmony 系统中的启动流程概略图如图 9-21 所示。

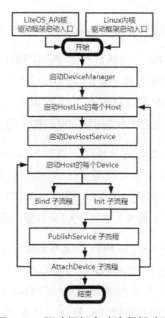

图 9-21 驱动框架启动流程概略图

本节将按照图 9-21 所示的驱动框架启动流程，以 API 为粒度，从驱动框架在内核中的入口函数开始，对驱动框架的整个启动流程进行抽丝剥茧般的详细梳理和分析。其中涉及的一些关键结构体（类）以及它们之间互相引用的关系，在 9.6 节中已经具象为若干张结构体关系图。在分析内核态驱动框架的启动流程时，将会结合这些关系图剖析和串联驱动框架的工作细节。如果读者能够参考本书资源库中第 9 章的驱动框架启动日志和全景图来进行理解，则会有更好的学习效果。

9.7.1 驱动框架的启动入口

在开始分析之前，先分别找到驱动框架在 Linux 内核和 LiteOS_A 内核中各自的启动入口。

1. Linux 内核系统

在 Linux 内核中部署的驱动框架使用 Linux 的 initcall 机制自动启动驱动框架模块，如代码清单 9-61 所示。

代码清单 9-61　//drivers/adapter/khdf/linux/manager/src/devmgr_load.c

```
static int __init DeviceManagerInit(void)
{
    int ret;
    ret = DeviceManagerStart();
    ......
    return ret;
}
late_initcall(DeviceManagerInit);
```

在代码清单 9-61 中，DeviceManagerInit() 函数被宏 late_initcall() 修饰，它将会在 Linux 内核启动到特定阶段时自动加载和运行，由此进入 DeviceManagerStart() 的流程（详见 9.7.2 节）。

2. LiteOS_A 内核系统

在 LiteOS_A 内核中，与驱动框架相关的初始化入口有 3 处，我们分别来看一下。

- 早期阶段入口：在 LiteOS_A 内核启动的早期阶段注册 USB 设备资源时，内核进程会先读取和分析设备驱动配置信息（即 hdf_test_hex.o，等同于 hdf_test.hcb，见表 9-3），并据此重建驱动配置信息树 g_hcsTreeRoot。这一阶段尽管还没有涉及驱动框架的真正启动流程，但已经开始使用驱动框架提供的工具和资源做一些前期的工作了。

- 主要阶段入口：在 LiteOS_A 内核启动到执行 SystemInit() 函数初始化平台软硬件阶段时，在 SystemInit() 中会调用 SystemInit_HDFInit() 以进入内核态驱动框架和相关设备驱动的启动流程。SystemInit_HDFInit() 是驱动框架在 LiteOS_A 内核中的真正启动入口，也是 9.7.2 节～9.7.9 节重点分析的内容。

- 后期阶段入口：如果 LiteOS_A 内核系统不支持快速启动（Quickstart）功能，在 SystemInit() 中执行完 SystemInit_HDFInit() 之后，会立即执行后期阶段的初始化工作。如果 LiteOS_A 内核系统支持快速启动（Quickstart）功能，则这个阶段的启动流程会在非常靠后的阶段才会执行（见本节"后期阶段入口"的分析）。

下面按这 3 个阶段的入口详细分析驱动框架在 LiteOS_A 内核中的启动流程。

早期阶段入口

在 5.2.3 节提到，LiteOS_A 内核的启动入口是 //kernel/liteos_a/platform/main.c 的 main() 函数，并在 main() 中调用 OsMain() 进行系统软硬件的初始化。我们将 OsMain() 中与驱动框架相关的函数调用单独提取出来，如图 9-22 所示。

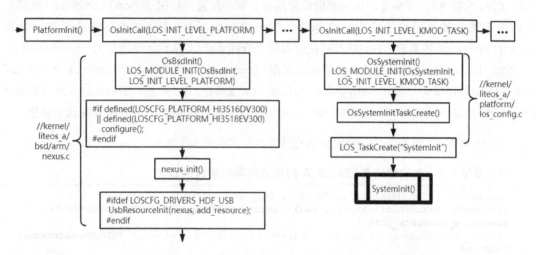

图 9-22　在 LiteOS_A 内核系统中的驱动框架早期阶段入口

将图 9-22 中的 OsInitCall(LOS_INIT_LEVEL_PLATFORM) 展开，经过层层函数调用最后到达 UsbResourceInit() 函数，以此获取 USB 设备资源并注册到 LiteOS_A 内核中。

UsbResourceInit() 函数是驱动框架中的 USB 设备驱动模块的接口实现。将该函数进一步展开，如图 9-23 所示。

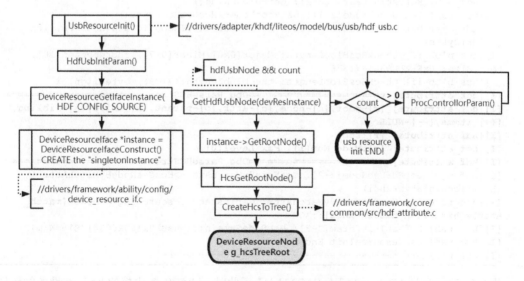

图 9-23　UsbResourceInit() 的流程

在 UsbResourceInit() 函数的执行流程中，通过 HdfUsbinitParam() 首先调用

DeviceResourceGetIfaceInstance() 创建并初始化一个单实例（即 static struct DeviceResourceIface singletonInstance），然后调用 GetHdfUsbNode() 获取 USB 设备驱动节点的配置信息（即获取 match_attr 字段值为 "hisilicon,hi35xx-xhci" 的设备节点的信息）。

在 GetHdfUsbNode() 中会先通过 CreateHcsToTree() 调用 hcs-parser 模块来读取 hcb 文件，并按 9.3.2 节描述的规则解析和重建设备驱动配置信息树 g_hcsTreeRoot（这样在后面的步骤中就可以直接使用这个 g_hcsTreeRoot 了）。在完成设备驱动配置信息树 g_hcsTreeRoot 的重建之后，就可以在这棵树上查找 match_attr 字段值为 "hisilicon, hi35xx-xhci" 的设备节点了。该节点定义在 //device/hisilicon/hispark_taurus/sdk_liteos/hdf_config/usb/usb_config.hcs 文件中，该文件被 //vendor/hisilicon/hispark_taurus/hdf_config/hdf.hcs 文件包含从而被编译进 hcb 中并在这里使用。

OpenHarmony 系统在这一阶段启动的日志如日志清单 9-2 所示。

日志清单 9-2　驱动框架在 LiteOS_A 内核启动早期阶段的日志

```
[autoconf] LOS_MODULE_INIT(OsBsdInit, LOS_INIT_LEVEL_PLATFORM):
[autoconf] OsBsdInit()->configure()->nexus_init(nexus.c)->UsbResourceInit()
&&machine_resource_init()
[I][hdf_usb] //kernel/liteos_a/kernel/extended/hilog/los_hilog.c: HiLogWriteInternal
(-EAGAIN)
[I][hdf_usb] ~~~~~~~~~~~~~~~~~~~~~~~~~~~~~~~~~~~~~~~~
[I][hdf_usb] UsbResourceInit Begin:
[I][hdf_usb] HdfUsbInitParam[3-1]: GetInstance 1st time, create a DeviceResourceIface
instance
[I][device_resource_if] DeviceResourceGetIfaceInstance(HDF_CONFIG_SOURCE)-->to
CREATE THE instance
[I][device_resource_if] DeviceResourceIfaceConstruct(*instance, HDF_CONFIG_SOURCE)
[I][device_resource_if] HcsIfaceConstruct(): NOW we have THE 'DeviceResourceIface
instance'
[I][hdf_usb] HdfUsbInitParam[3-2]: GetHdfUsbNode()
[I][hdf_usb] GetHdfUsbNode[2-1]: GetRootNode->HcsGetRootNode()
[I][hdf_attribute] CreateHcsToTree() -> HdfGetBuildInConfigData(hcsBlob, len
[71396]Bytes)
[I][hcs_blob_if] CheckHcsBlobLength: Major[0x0]/Minor[0x7], rootNodeLen[10],
totalSize: 0xFFFEE930[-71376]
[I][hcs_blob_if] CheckHcsBlobLength: the blobLength: 71396, byteAlign: 1
[I][hdf_attribute] =====================Dbg_ParseHCStree:=====================
[I][hdf_attribute] [r]-root,[n]-node,[a]-attr,[p]-parent,[c]-child,[s]-sibling,
[++]-items,[--]-NULL
[I][hdf_attribute] [r]:root
[I][hdf_attribute] [r]:Node Num[1], Max Level[0]
[I][hdf_attribute] =====================Dbg_ParseHCStree.=====================
[I][hdf_usb] GetHdfUsbNode[2-2]: GetNodeByMatchAttr->HcsGetNodeByMatchAttr
(hisilicon,hi35xx-xhci)
[I][hcs_tree_if] HcsGetNodeByMatchAttr: GetInstance: searching a node [match_
attr]=[hisilicon,hi35xx-xhci]:: OK
[I][hdf_usb] HdfUsbInitParam[3-3]: UsbNodeName[hisi_usb_0x100E0000]/ElemNum[2]
[I][hdf_usb] UsbResourceInit End.
[I][hdf_usb] ~~~~~~~~~~~~~~~~~~~~~~~~~~~~~~~~~~~~~~~~
```

其中 HiLogWriteInternal(-EAGAIN) 表示此时 LiteOS_A 内核的 hilog 设备的环形缓冲区还没准备好（即 g_hiLogDev.buffer 为 NULL），只能通过 PRINTK() 将这部分日志打印到终端上（见 6.4.6 节的解释）。

在图 9-22 中，执行 UsbResourceInit() 之后，OsMain() 继续执行 OsInitCall(LOS_INIT_LEVEL_KMOD_TASK)。这一步将会在 OsSystemInit() 中调用 OsSystemInitTaskCreate() 来创建 SystemInit 任务，并执行任务的入口函数 SystemInit()，继续完成 LiteOS_A 内核的初始化。

主要阶段入口

在图 9-22 中，OsMain() 通过创建 SystemInit 任务并执行任务入口函数 SystemInit() 以完成系统软硬件的初始化工作。SystemInit() 函数的定义如代码清单 9-62 所示（对该函数的详细分析见 5.2.3 节）。

代码清单 9-62　//device/hisilicon/hispark_taurus/sdk_liteos/mpp/module_init/src/system_init.c

```
// 注意，在 Master 分支下，该文件路径为
// //device/soc/hisilicon/hi3516dv300/sdk_liteos/mpp/module_init/src/system_init.c
void SystemInit(void)
{
    SystemInit_QuickstartInit();    //快速启动功能的初始化配置
    ......
    SystemInit_HDFInit();           //内核态驱动框架的启动入口
    ......
//关闭快速启动功能时，在这里完成剩余部分设备驱动的加载
#ifndef LOSCFG_DRIVERS_QUICKSTART
    SystemInit1();
    SystemInit2();
    SystemInit3();
#endif
    SystemInit_UserInitProcess();
}
```

将 SystemInit() 中与驱动框架的启动相关部分整理成图，如图 9-24 所示。

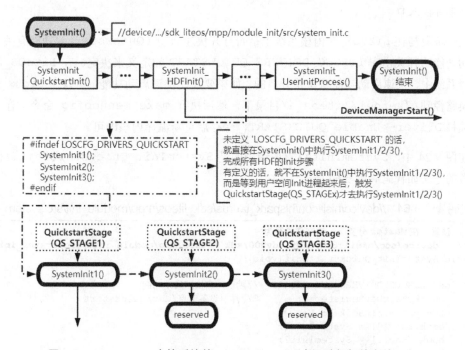

图 9-24　LiteOS_A 内核系统的 SystemInit() 中驱动框架的启动入口

在图 9-24 中，SystemInit() 函数内首先调用 SystemInit_QuickstartInit() 函数。SystemInit_QuickstartInit() 函数的实现与 LiteOS_A 内核系统上是否打开快速启动（Quickstart）功能相关，也与驱动框架在 LiteOS_A 内核系统中的后期启动入口相关，因此一并放到"后期阶段入口"部分进行分析。

SystemInit() 函数内接着调用一组函数来进行系统软硬件的初始化工作。本章内容只关注驱动框架相关的 SystemInit_HDFInit() 函数，该函数的定义如代码清单 9-63 所示。

代码清单 9-63　//device/hisilicon/hispark_taurus/sdk_liteos/mpp/module_init/src/system_init.c

```
// 注意，在 Master 分支下，该文件路径为
// //device/soc/hisilicon/hi3516dv300/sdk_liteos/mpp/module_init/src/system_init.c
void SystemInit_HDFInit(void)
{
#ifdef LOSCFG_DRIVERS_HDF
    //参数定义: 0-DEV_MGR_SLOW_LOAD, 1-DEV_MGR_QUICK_LOAD
    DeviceManagerSetQuickLoad(1);
    if (DeviceManagerStart()) {
        PRINT_WARN("No drivers need load by hdf manager!");
    }
#endif
}
```

SystemInit_HDFInit() 调用了一个非常重要的函数 DeviceManagerStart()，由此进入驱动框架在 LiteOS_A 内核中的真正启动流程（见 9.7.2 节的分析）。

如图 9-24 所示，在 SystemInit_HDFInit() 处有一个箭头指向 DeviceManagerStart() 函数。从 DeviceManagerStart() 开始，驱动框架在 LiteOS_A 内核和 Linux 内核中的启动进入了一个共同的流程。

后期阶段入口

这一阶段与在 LiteOS_A 内核系统上是否打开快速启动（Quickstart）功能有关，而快速启动功能的开关由宏 LOSCFG_DRIVERS_QUICKSTART 的定义来决定。在 LiteOS_A 内核的小型系统中，快速启动功能默认是开启的。如果要关闭快速启动功能，可以在 Linux 命令行下切换路径到//kernel/liteos_a/目录下，然后执行 make menucofig 命令，在菜单中取消选择 Driver->Enable QUICKSTART，保存后重新编译内核即可。

在图 9-24 中，SystemInit() 首先调用的是 SystemInit_QuickstartInit() 函数，该函数的定义如代码清单 9-64 所示。

代码清单 9-64　//device/hisilicon/hispark_taurus/sdk_liteos/mpp/module_init/src/system_init.c

```
// 注意，在 Master 分支下，该文件路径为
// //device/soc/hisilicon/hi3516dv300/sdk_liteos/mpp/module_init/src/system_init.c
void SystemInit_QuickstartInit(void)
{
#ifdef LOSCFG_DRIVERS_QUICKSTART  //默认开启快速启动功能
    QuickstartDevRegister();           //注册设备节点/dev/quickstart
    LosSysteminitHook hook;
    hook.func[0] = SystemInit1;
    hook.func[1] = SystemInit2;
    hook.func[2] = SystemInit3;
```

```
        QuickstartHookRegister(hook);   //注册一组钩子 (hook) 函数
    #endif
    }
```

在代码清单 9-64 中，如果关闭快速启动功能，SystemInit_QuickstartInit() 函数不执行任何操作，反之则执行该函数内的全部操作。

因为 LiteOS_A 内核默认打开快速启动功能，所以在代码清单 9-64 中，会先执行 QuickstartDevRegister() 函数注册一个 /dev/quickstart 设备节点并绑定相关的文件操作接口，然后再注册一组钩子 (hook) 函数，供系统用户态程序启动到具体阶段（如 pre-init 阶段、init 阶段、post-init 阶段）时回调使用。

在代码清单 9-62 中，在 SystemInit() 中执行 SystemInit_HDFInit() 之后，接着有一段用宏 LOSCFG_DRIVERS_QUICKSTART 控制的代码。如果关闭快速启动功能，则会依次执行 SystemInit1()、SystemInit2()、SystemInit3() 用以加载剩余部分的设备驱动（即 preload 字段配置为 1 的设备节点的驱动）。如果打开快速启动功能（该功能默认是打开的），则在 SystemInit() 中不执行 SystemInit1()、SystemInit2()、SystemInit3() 这 3 个函数，而是要等到非常靠后的阶段才执行它们以加载剩余部分设备驱动。

在 LiteOS_A 内核启动完毕并切换进用户空间启动用户态根进程 init 时，init 进程将调用 InitReadCfg() 读取和分析启动配置文件。InitReadCfg() 的定义如代码清单 9-65 所示。

代码清单 9-65　//base/startup/init_lite/services/src/init_read_cfg.c

```
void InitReadCfg()
{
    ......
#ifdef OHOS_LITE       //LiteOS_A 和 Linux 内核的小型系统
    DoJob("pre-init");
    #ifndef __LINUX__        //LiteOS_A 内核的小型系统
    TriggerStage(EVENT1, EVENT1_WAITTIME, QS_STAGE1);
    #endif

    DoJob("init");
    #ifndef __LINUX__        //LiteOS_A 内核的小型系统
    TriggerStage(EVENT2, EVENT2_WAITTIME, QS_STAGE2);
    #endif

    DoJob("post-init");
    #ifndef __LINUX__        //LiteOS_A 内核的小型系统
    TriggerStage(EVENT3, EVENT3_WAITTIME, QS_STAGE3);
    InitStageFinished();
    #endif
    ......
#endif
}
```

在代码清单 9-65 中，init 进程在不同的启动阶段分别调用 3 个 TriggerStage() 函数，向 /dev/quickstart 设备写入快速启动的阶段性信息。

LiteOS_A 内核的 /dev/quickstart 设备驱动在收到这些信息之后，会根据收到的参数分别调用在代码清单 9-64 中注册的钩子 (hook) 函数（即 SystemInit1()、SystemInit2()、SystemInit3()），以便完成剩余部分的设备驱动的加载。在 SystemInit1()、

SystemInit2()、SystemInit3() 这 3 个函数中，后两个函数目前是空函数（起保留作用），因此实际上是在 SystemInit1() 中完成剩余部分的设备驱动的加载（即 preload 字段配置为 1 的设备节点的驱动），如图 9-24 所示。

SystemInit1() 函数的定义如代码清单 9-66 所示。

代码清单 9-66　//device/hisilicon/hispark_taurus/sdk_liteos/mpp/module_init/src/system_init.c

```
// 注意，在 Master 分支下，该文件路径为
// //device/soc/hisilicon/hi3516dv300/sdk_liteos/mpp/module_init/src/system_init.c
void SystemInit1(void)
{
    ......
    SystemInit_HDFInit2();
    ......
}
```

在 SystemInit1() 中调用了一个 SystemInit_HDFInit2()，这就是驱动框架在 LiteOS_A 内核中的后期阶段入口。SystemInit_HDFInit2() 函数的执行流程如图 9-25 所示。

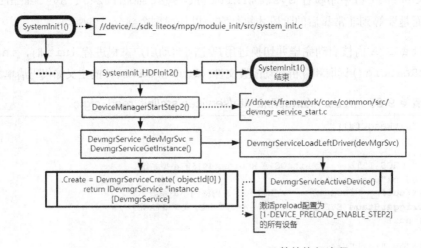

图 9-25　SystemInit_HDFInit2() 函数的执行流程

在图 9-25 中调用的 DeviceManagerStartStep2() 中，会加载并运行 preload 字段配置为 1（即 DEVICE_PRELOAD_ENABLE_STEP2，见 9.3.2 节）的设备节点的驱动程序。

不过，在查看 LiteOS_A 内核小型系统的 device_info.hcs 文件时，并没有搜索到 preload 字段配置为 1 的设备节点，所以实际在 DevmgrServiceLoadLeftDriver() 函数中并没有设备节点的驱动程序加载和运行起来，从系统启动日志中（见日志清单 9-3）也可以看出这一点来。

日志清单 9-3　LiteOS_A 内核小型系统驱动框架启动的第 3 步

```
[system_init]SystemInit_HDFInit2: DeviceManagerStartStep2()
[I][devmgr_service_start] DeviceManagerStartStep2(): LiteOS_A
[I][devmgr_service] DevmgrServiceLoadLeftDriver(): Begin:
[I][devmgr_service] DevmgrServiceLoadLeftDriver(): End.
//进入 DevmgrServiceLoadLeftDriver() 后马上就退出
//说明并没有设备节点的驱动程序在这一步中加载和运行
```

我们可以把 9.2 节的 `led_ctrl` 驱动示例程序的 `device_info.hcs` 文件中的 `preload` 字段配置为 1，这样就会在 `DevmgrServiceLoadLeftDriver()` 中加载驱动示例程序的 `led` 驱动服务了。

在实际的开发项目中，如果对设备的开机速度有要求，可以选择性地将部分设备驱动的 `preload` 字段配置为 1，以此延后加载这些设备驱动程序，从而起到快速启动设备的效果。

9.7.2　启动 DeviceManager

9.7.1 节提到，LiteOS_A 内核和 Linux 内核通过各自的驱动框架启动入口进入到 `DeviceManagerStart()` 函数，由此进入一个共同的驱动框架启动流程，如图 9-26 所示。

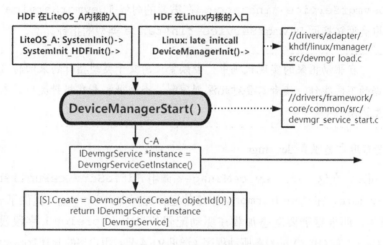

图 9-26　驱动框架的启动入口

1.　启动驱动框架

由 `DeviceManagerStart()` 函数开始启动内核态的驱动框架，该函数的实现如代码清单 9-67 所示。

代码清单 9-67　//drivers/framework/core/common/src/devmgr_service_start.c

```
int DeviceManagerStart(void)
{
    //步骤1：创建 DevmgrService 类对象
    struct IDevmgrService *instance = DevmgrServiceGetInstance();
    ......
    //步骤2：发布用户态服务 dev_mgr（宏 DEV_MGR_NODE 定义为字符串 dev_mgr）
    struct HdfIoService *ioService =
            HdfIoServicePublish(DEV_MGR_NODE, DEV_MGR_NODE_PERM);
    if (ioService != NULL) {
        static struct HdfIoDispatcher dispatcher = {
            .Dispatch = DeviceManagerDispatch,
        };
        ioService->dispatcher = &dispatcher;
        ioService->target = &instance->base;  //即 DevmgrService 类对象的地址
    }
    ......
    //步骤3：启动 DevmgrService 服务
```

```
//StartService 函数指针指向 DevmgrServiceStartService() 函数
return instance->StartService(instance);
}
```

步骤 1: 创建 DevmgrService 类对象

如图 9-26 所示，这一步调用 DevmgrServiceGetInstance() 创建和初始化 Devmgr
Service 类对象（即单实例 devmgrServiceInstance），并返回一个 IDevmgrService
类对象的指针（创建 DevmgrService 类对象的方法和流程见 9.6.10 节）。

结合 9.6.1 节对 IDevmgrService、DevmgrService 类的分析，可以得知 devmgr
ServiceInstance 类对象内部包含着它的父类对象 super，因此 devmgrServiceInstance
的起始地址也是 super 的起始地址。devmgrServiceInstance 的地址可以强制进行类型转
换并赋值给 IDevmgrService *instance，在需要的时候 IDevmgrService *instance
可以再次强制将类型转换回 DevmgrService *instance 类型的指针。

> **注意** 在驱动框架的实现代码中，会频繁使用父子类型指针的来回转换以实现对数
> 据的不同操作。读者需要对此深刻理解，否则很容易在指针类型的来回转化中产
> 生困惑。

步骤 2: 发布用户态服务 dev_mgr

如图 9-27 所示，在这一步，DeviceManager 调用 HdfIoServicePublish() 函数发布
用户态服务 dev_mgr。在 OpenHarmony 系统的运行过程中，dev_mgr 提供了一个按需加载
驱动程序的服务，即根据需要动态加载在驱动配置信息中将 preload 字段设置为 2（即
DEVICE_PRELOAD_DISABLE）的设备驱动程序（详见 9.8.4 节对用户态的 HdfIoServiceBind()
的分析）。

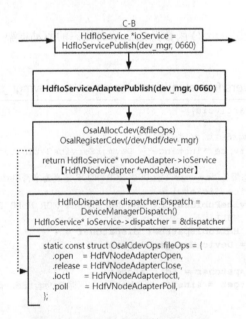

图 9-27 发布用户态服务 dev_mgr

DeviceManager 在执行 HdfIoServicePublish() 之后获取了一个 HdfIoService
类型的对象指针，然后做了一些非常重要的事情。这些内容将在本节的"发布用户态服务
dev_mgr"小节中详细分析。

步骤 3：启动 DevmgrService 服务

如图 9-28 所示，这一步执行 instance->StartService()（即执行在创建 DevmgrService
类对象时绑定的 DevmgrServiceStartService() 函数，见 9.6.1 节），由此开始
DevmgrService 的工作。接下来，DeviceManager 会启动 HostList 中的每一个 Host
（见 9.7.3 节）。

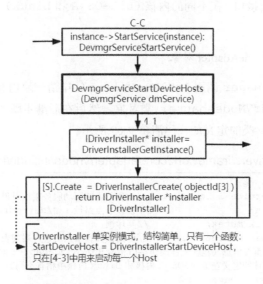

图 9-28　启动 DevmgrService

2. 发布用户态服务 dev_mgr

在代码清单 9-67 中，DeviceManager 调用 HdfIoServicePublish() 来发布用户态服
务 dev_mgr。

我们直接看在 HdfIoServicePublish() 中调用的 HdfIoServiceAdapterPublish()
函数，如代码清单 9-68 所示。

代码清单 9-68　//drivers/framework/core/adapter/vnode/src/hdf_vnode_adapter.c

```
struct HdfIoService *HdfIoServiceAdapterPublish(const char *serviceName, uint32_t mode)
{
    ......
    //步骤 1：创建 HdfVNodeAdapter 对象
    vnodeAdapter = (struct HdfVNodeAdapter *)
        OsalMemCalloc(sizeof(struct HdfVNodeAdapter));
    static const struct OsalCdevOps fileOps = {   //文件操作接口定义
        .open = HdfVNodeAdapterOpen,
        .release = HdfVNodeAdapterClose,
        .ioctl = HdfVNodeAdapterIoctl,
        .poll = HdfVNodeAdapterPoll,
    };
    ......
```

```
//步骤 2：创建 OsalCdev 设备节点（并绑定 fileOps）
vnodeAdapter->cdev = OsalAllocCdev(&fileOps);
......
//步骤 3：注册 OsalCdev 设备节点（并绑定 vNodePath 和 vnodeAdapter）
ret = OsalRegisterCdev(vnodeAdapter->cdev,
                       vnodeAdapter->vNodePath,
                       mode, vnodeAdapter);
......
//步骤 4：绑定驱动服务的服务接口（即绑定 Dispatch()接口）
return &vnodeAdapter->ioService;
}
```

在 HdfIoServiceAdapterPublish()中会调用一组 OsalXxx()函数，这些以 Osal 开头的函数属于 OSAL 的适配接口，在不同的内核（LiteOS_A 和 Linux）中的实现虽然稍有不同，但实际功能都一样。

步骤 1：创建 HdfVNodeAdapter 对象

这一步，DeviceManager 调用 OsalMemCalloc()申请一块内存，并将指向该内存块的指针强制类型转换为 HdfVNodeAdapter 类对象，然后在后继步骤中配置该对象各字段的信息。HdfVNodeAdapter 类的定义如代码清单 9-69 所示。

代码清单 9-69　//drivers/framework/core/adapter/vnode/include/hdf_vnode_adapter.h

```
struct HdfVNodeAdapter {
    struct HdfIoService ioService;    //设备节点的驱动服务接口对象
    char *vNodePath;                  //设备节点路径（如/dev/hdf/serviceName）
    struct OsalMutex mutex;           //互斥锁
    struct DListHead clientList;      //访问该设备节点的客户端列表
    //设备节点自身的重要信息（包含文件操作接口和本 HdfVNodeAdapter 对象的指针等）
    //OsalCdev 结构体的定义在 LiteOS_A 内核和 Linux 内核中稍有不同
    struct OsalCdev *cdev;
};
```

HdfVNodeAdapter 类的每一个对象都记录了一个具体设备叶子节点的相关重要信息（见代码清单 9-69 中的注释）。OpenHarmony 驱动框架会围绕该类对象执行一系列操作（即消息机制实现的操作），以便用户态程序使用或订阅设备节点提供的驱动服务（见 9.8.4 节）。

步骤 2：创建 OsalCdev 设备节点

OsalAllocCdev()用于创建一个 OsalCdev cdev 对象并绑定一组文件操作接口（即代码清单 9-68 中定义的 OsalCdevOps fileOps）。这组文件操作接口是消息机制的重要组成部分（见 9.8.4 节）。

步骤 3：注册 OsalCdev 设备节点

OsalRegisterCdev()用于将参数指定的 OsalCdev cdev 设备节点注册到内核的设备管理模块中，并指定设备节点名字（即 vnodeAdapter->vNodePath 字段）和绑定 HdfVNodeAdapter vnodeAdapter 对象。

我们重点关注 OsalRegisterCdev()中用于绑定 HdfVNodeAdapter vnodeAdapter 对象的如下一行代码：

```
cdev->priv = priv
```

将调用 OsalRegisterCdev() 传入的实参代入并展开，其形式如下：

```
vnodeAdapter->cdev->priv = vnodeAdapter
```

这个信息非常重要，在"dev_mgr 服务的详情"小节中会详细分析。

步骤 4：绑定驱动服务的服务接口

这一步将一个 HdfIoService 类型的驱动服务对象的地址（即 &vnodeAdapter->ioService）返回给上一级的 HdfIoServicePublish() 调用者（见代码清单 9-67）。

HdfIoService 结构体的定义如代码清单 9-70 所示。

代码清单 9-70 //drivers/framework/include/core/hdf_io_service_if.h

```
struct HdfIoService {
    /** Base class object */
    struct HdfObject object;
    /** Pointer to the bound service entity, which is used for
      * framework management. You can ignore it.
      */
    struct HdfObject *target;
    /** Service call dispatcher */
    struct HdfIoDispatcher* dispatcher;
    /** Private data of the service */
    void* priv;
};
```

在代码清单 9-67 中，DeviceManager 在获取到一个 HdfIoService *ioService 对象指针后，会为 ioService->dispatcher 绑定一个 HdfIoDispatcher 对象（主要是为了绑定其中的 Dispatch() 接口），还会将 ioService->target 赋值为 DevmgrService 对象的 base 字段的地址。这个 base 字段的地址，就是 DevmgrService 对象在内存中的起始地址。将 ioService->target 执行强制类型转换，可以得到整个完整的 DevmgrService 对象。

3. dev_mgr 服务的详情

基于对 9.7.2 节内容的理解，把 HdfVNodeAdapter 类展开，如图 9-29 所示。

在图 9-29 可以看到，这几个类与 /dev/hdf/dev_mgr 设备节点产生了非常密切的联系。

在用户态程序通过标准的文件操作接口 open() 打开 /dev/hdf/dev_mgr 设备节点时，会进入内核态驱动框架绑定的 HdfVNodeAdapterOpen() 中，然后就可以通过如下一行语句，把 OsalCdev *cdev 中的 priv 字段进行强制类型转换，以转换回 HdfVNodeAdapter 类型的指针。

```
struct HdfVNodeAdapter *vnodeAdapter =
    (struct HdfVNodeAdapter *)OsalGetCdevPriv(cdev);
```

接下来，再通过 HdfVNodeAdapter *vnodeAdapter 指针就可以调用 vnodeAdapter->ioService->dispatcher->Dispatch() 接口（即 DeviceManagerDispatch() 函数）。

也可以将 vnodeAdapter->ioService->target 指针强制类型转换回 DevmgrService
*instance 指针，以此访问 instance->hosts 链表和调用在 instance->super 中定义
的接口。

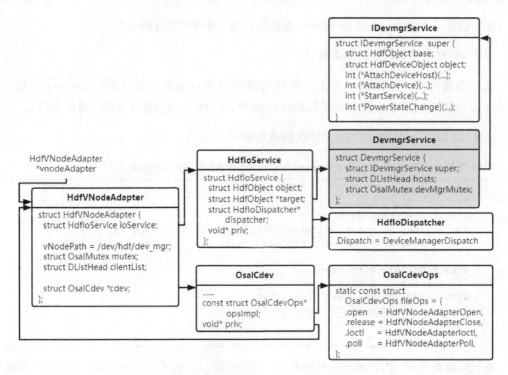

图 9-29　HdfVNodeAdapter 类的展开图

可见，"cdev->priv = priv"这行代码在 OsalRegisterCdev() 函数中具有重要的意义。

9.7.3　启动 HostList 的每个 Host

在代码清单 9-67 的步骤 3 中，调用的 instance->StartService() 即 DevmgrService
StartService() 函数。而在 DevmgrServiceStartService() 函数中则直接调用 Devmgr
ServiceStartDeviceHosts() 来启动 Host。DevmgrServiceStartDeviceHosts() 函
数如代码清单 9-71 所示。

代码清单 9-71　//drivers/framework/core/manager/src/devmgr_service.c

```
static int DevmgrServiceStartDeviceHosts(struct DevmgrService *inst)
{
    struct HdfSList hostList;  //hostList 是局部变量
    struct DevHostServiceClnt *hostClnt = NULL;

    //步骤 1：获取 DriverInstaller 对象（见 9.6.5 节）
    struct IDriverInstaller *installer = DriverInstallerGetInstance();
    //步骤 2：获取 HostList（一个临时的有序单向链表）
    HdfAttributeManagerGetHostList(&hostList);
    while (...) {
        //步骤 3：启动 HostList 中的每一个 Host（见 9.6.4 节）
        hostClnt = DevHostServiceClntNewInstance(hostAttr->hostId, hostAttr->hostName);
```

```
            hostClnt->hostPid = installer->StartDeviceHost(hostAttr->hostId,
 hostAttr->hostName);
        }
        //步骤 4：删除 HostList
        HdfSListFlush(&hostList, HdfHostInfoDelete);
    }
```

步骤 1：获取 DriverInstaller 对象

在这一步（见图 9-28），DeviceManager 先获取一个 DriverInstaller installer 对象的指针，并在创建该对象时绑定 installer->StartDeviceHost() 为 DriverInstaller StartDeviceHost()（见 9.6.5 节）。

步骤 2：获取 HostList

这一步通过 HdfAttributeManagerGetHostList() 来获取一个 HostList，如图 9-30 所示。

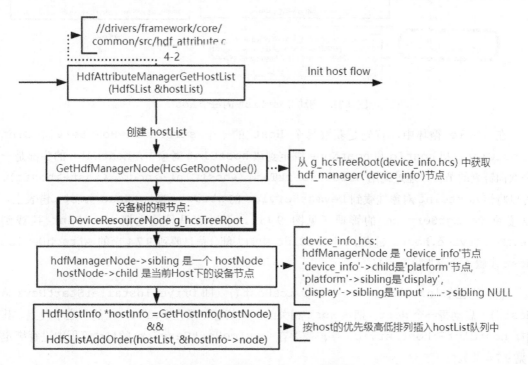

图 9-30 获取 HostList 的流程

> 注意
>
> HdfAttributeManagerGetHostList() 函数在驱动子系统中有两处定义。其中，定义在 //drivers/framework/core/common/src/hdf_attribute.c 中的是内核态驱动使用的函数，而定义在 //drivers/adapter/uhdf2/manager/src/hdf_get_attribute.c 中的则是用户态驱动使用的函数。本节内容是分析内核态驱动框架的启动流程，因此使用 hdf_attribute.c 中定义的函数。

HostList 是一个按照 Host 的启动优先级由高到低排列的有序单向链表（其结构见

图 9-17）。这个 HostList 在 DevmgrServiceStartDeviceHosts() 中只是一个临时的链表（局部变量），当所有的 Host 都启动完毕后它将会被清理掉。

另外，对于 LiteOS_A 内核的小型系统来说，图 9-30 中的驱动配置信息树 g_hcsTreeRoot 已经在 9.7.1 节的 GetHdfUsbNode() 步骤生成，因此在这一步可以直接使用。而对于 Linux 内核的小型系统和标准系统，则需要在这一步按 9.3.2 节描述的规则重建后再使用。

步骤 3：启动 HostList 的每一个 Host

这一步通过一个 while 循环对 HostList 进行遍历以启动链表中的每一个 Host，流程如图 9-31 所示。

图 9-31　启动 HostList 的每个 Host

在 while 循环中，首先是获取每个 Host 的一个 struct DevHostServiceClnt *hostClnt，将 hostId 和 hostName 绑定到该 hostClnt 对象中。hostClnt 的头部是一个双向链表的节点，通过调用 DListInsertTail(&hostClnt->node, &inst->hosts)，可以将该 hostClnt 对象挂载到 DevmgrService 的 struct DListHead hosts 链表上，以接受 DevmgrService 的管理（见图 9-15）。不过这里只是先把 hostClnt 挂载到 DevmgrService.hosts 链表上，hostClnt 中的大部分信息要到 9.7.4 节的 AttachDeviceHost 步骤才会逐步填充完整。

然后是通过 installer->StartDeviceHost()（即 DriverInstallerStartDeviceHost()）启动每一个 Host，把该 Host 相关的一些信息记录在 hostClnt 的对应字段上。其中，hostClnt->hostService 字段需要在 DeviceHostService 的启动流程中进行绑定（见 9.7.4 节）。

在 while 循环中，遍历到 HostList 的链表尾部即表示 HostList 中所有的 Host 都启动完毕。

步骤 4：删除 HostList

在 HostList 中所有的 Host 都启动完毕后，跳出 while 循环。然后执行 HdfSListFlush(&hostList, HdfHostInfoDelete)，把临时链表 HdfSList hostList 占用的相关资源释放掉，最终删除 HdfSList hostList（见图 9-31）。

至此，所有 Host 都已经启动完毕，DevmgrService instance->StartService

(instance) 的工作（见 9.7.2 节）也已经完成，整个内核态驱动框架和已经启动的 Host、设备驱动都进入了稳定的对外服务状态。

对于 LiteOS_A 内核的小型系统来说，接下来转入 9.7.1 节描述的后期入口的流程。

9.7.4 启动 DevHostService

本节介绍的是一个具体的 Host 的启动流程（即图 9-31 中的 StartDeviceHost 子流程）。该启动流程包括以下两个子流程。

- StartDeviceHost 子流程：启动一个 Host 的 DevHostService。

- AttachDeviceHost 子流程：把 DevHostService 挂载到 DevmgrService.hosts 链表中对应的 hostClnt->hostService 上。

1. StartDeviceHost 子流程

StartDeviceHost 的入口是图 9-31 中的 DriverInstallerStartDeviceHost() 函数，该函数的实现如代码清单 9-72 所示。

代码清单 9-72　//drivers/framework/core/manager/src/hdf_driver_installer.c

```
static int DriverInstallerStartDeviceHost(uint32_t devHostId, const char *devHostName)
{
    //获取 DevHostService 对象
    struct IDevHostService *hostServiceIf = DevHostServiceNewInstance(devHostId,
devHostName);
    ......
    //通过 DevHostService 对象的接口启动 Host 的服务
    //StartService()函数指针指向 DevHostServiceStartService()
    int ret = hostServiceIf->StartService(hostServiceIf);
}
```

StartDeviceHost 子流程如图 9-32 所示。

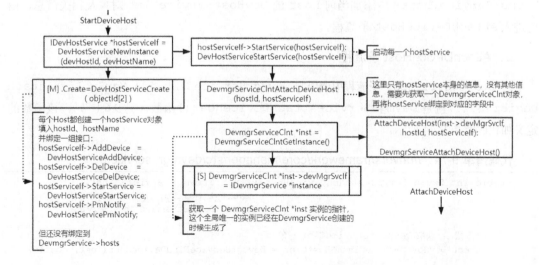

图 9-32　StartDeviceHost 子流程图

在图 9-32 中，DriverInstaller 会先通过 DevHostServiceNewInstance (devHostId, devHostName) 来获取一个 DevHostService 对象，并将返回的父类指针赋值给 IDevHostService *hostServiceIf。该 DevHostService 对象绑定了当前 Host 的 hostId 和 hostName，也绑定了一组 IDevHostService 接口，用于对当前 Host 中的所有设备进行管理（如启动当前 Host 的服务，以及在当前 Host 中添加设备、删除设备等）。

然后 DriverInstaller 借用 DevHostService 对象的 StartService()接口（即 DevHostServiceStartService()，见 9.6.4 节）启动当前 Host 的服务（即 DevHost Service 对象提供的服务），再在 DevHostServiceStartService()中直接调用 Devmgr ServiceClntAttachDeviceHost()做进一步处理。

DevmgrServiceClntAttachDeviceHost()函数的定义如代码清单 9-73 所示。

代码清单 9-73　//drivers/framework/core/host/src/devmgr_service_clnt.c

```
int DevmgrServiceClntAttachDeviceHost(uint16_t hostId, struct IDevHostService
*hostService)
{
    struct IDevmgrService *devMgrSvcIf = NULL;
    //获取 DevmgrServiceClnt 对象
    struct DevmgrServiceClnt *inst = DevmgrServiceClntGetInstance();
    devMgrSvcIf = inst->devMgrSvcIf;
    ......
    //执行 AttachDeviceHost 子流程
    //AttachDeviceHost()函数指针指向 DevmgrServiceAttachDeviceHost()函数
    return devMgrSvcIf->AttachDeviceHost(devMgrSvcIf, hostId, hostService);
}
```

在代码清单 9-73 中，DevHostService 先通过 DevmgrServiceClntGetInstance() 获取一个 DevmgrService 的客户端对象（即 DevmgrServiceClnt *inst 指针指向的对象，见 9.6.1 节），以此使用 DevmgrService 的数据和相关的服务接口。

然后通过这个客户端对象调用 inst->devMgrSvcIf->AttachDeviceHost()接口，向 DevmgrService.hosts 中添加当前 Host 的 DevHostServiceClnt 对象及相关信息，由此进入 AttachDeviceHost 子流程。

2．AttachDeviceHost 子流程

在 StartDeviceHost 子流程中调用的 DevmgrServiceClnt->devMgrSvcIf->Attach DeviceHost()就是 DevmgrServiceAttachDeviceHost()函数（见 9.6.1 节），该函数的定义如代码清单 9-74 所示。

代码清单 9-74　//drivers/framework/core/manager/src/devmgr_service.c

```
static int DevmgrServiceAttachDeviceHost(struct IDevmgrService *inst,
                                         uint16_t hostId,
                                         struct IDevHostService *hostService)
{
    //步骤 1：获取 DevHostServiceClnt 对象
    struct DevHostServiceClnt *hostClnt = DevmgrServiceFindDeviceHost(inst, hostId);

    //步骤 2：配置 DevHostServiceClnt 对象
    hostClnt->hostService = hostService;
```

```
hostClnt->deviceInfos = HdfAttributeManagerGetDeviceList(hostClnt->hostId,
                                                         hostClnt->hostName);
hostClnt->devCount = HdfSListCount(hostClnt->deviceInfos);

//步骤 3：启动 DevHostServiceClnt 对象
return DevHostServiceClntInstallDriver(hostClnt);
}
```

将代码清单 9-74 的 3 个步骤整理成流程图，如图 9-33 所示。

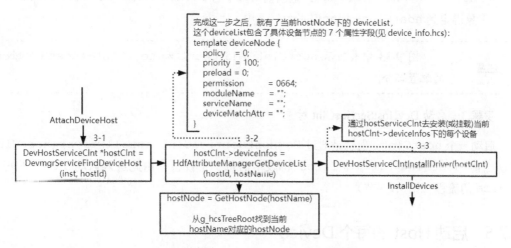

图 9-33 AttachDeviceHost 子流程图

下面分别看一下这 3 个步骤的具体工作。

步骤 1：获取 DevHostServiceClnt 对象

调用 DevmgrServiceFindDeviceHost() 函数，在 DevmgrService.hosts 有序双向链表中查找匹配 hostId 的 DevHostServiceClnt 对象。

如果找不到，说明 DevmgrService.hosts 链表中没有匹配 hostId 的 DevHostServiceClnt 对象（见图 9-15），直接返回该 Host 启动失败的消息，然后回到 9.7.3 节的 while 循环启动下一个 Host（图 9-33 中未显示对启动 Host 失败的处理）。

如果找到，就可以获取到匹配 hostId 的 DevmgrService.hosts 链表节点（即 DevHostServiceClnt.node 字段），将该链表节点的地址强制类型转换回整个 DevHostServiceClnt 对象，并将指向该对象的指针赋值到 hostClnt 以供后继步骤使用。

步骤 2：配置 DevHostServiceClnt 对象

为找到的 DevHostServiceClnt *hostClnt 填写几个重要信息，具体包括下面这些。

- hostClnt->deviceInfos：通过 HdfAttributeManagerGetDeviceList(hostClnt->hostId, hostClnt->hostName)，把当前 Host 下的设备列表挂载到 hostClnt->deviceInfos 链表中。在 HdfAttributeManagerGetDeviceList() 函数中，通过两级 while 循环将当前 Host 下的设备叶子节点的信息都解析出来并记录到一个 HdfDeviceInfo 对象中（见 9.6.8 节），然后按设备的启动优先级别由高到低的顺序，

将 HdfDeviceInfo 对象插入一个设备链表（HdfSList *deviceList）中，并返回链表的头部指针到 hostClnt->deviceInfos。这样一来，hostClnt->deviceInfos 上就挂载着当前 Host 下的所有设备叶子节点了。

- hostClnt->devCount：通过 HdfSListCount(hostClnt->deviceInfos) 把 hostClnt->deviceInfos 链表上的设备数量记录到 hostClnt->devCount 上。

- hostClnt->hostService：把当前 Host 的 DevHostService hostService 对象绑定到 hostClnt->hostService 中。

> **注意**　图 9-33 中未显示 hostClnt->devCount 和 hostClnt->hostService 的配置部分。

步骤 3：启动 DevHostServiceClnt 对象

启动一个 hostClnt，也就是通过 DevHostServiceClntInstallDriver(hostClnt) 启动当前 hostClnt->deviceInfos 链表中的每一个设备，由此进入启动 Host 的每个 Device 的流程（见 9.7.5 节）。

9.7.5　启动 Host 的每个 Device

本节介绍的是启动一个 Host 的每个 Device 的流程，具体包括以下两个子流程。

- InstallDevices 子流程：在一个 while 循环中遍历 hostClnt->deviceInfos 链表，判断链表上的设备节点是否符合在这一步骤启动的条件，如果符合就执行 AddDevice 子流程，否则就查看下一个设备节点。

- AddDevice 子流程：对符合条件的设备节点执行加载驱动和启动设备的流程。

1．InstallDevices 子流程

InstallDevices 子流程的入口是图 9-33 中的 DevHostServiceClntInstallDriver() 函数，该函数的实现如代码清单 9-75 所示。

代码清单 9-75　//drivers/framework/core/manager/src/devhost_service_clnt.c

```
int DevHostServiceClntInstallDriver(struct DevHostServiceClnt *hostClnt)
{
    struct HdfSListIterator it;
    struct HdfDeviceInfo *deviceInfo = NULL;
    struct IDevHostService *devHostSvcIf = (struct IDevHostService *)hostClnt->
hostService;

    HdfSListIteratorInit(&it, hostClnt->deviceInfos);
    while (HdfSListIteratorHasNext(&it)) {
        deviceInfo = (struct HdfDeviceInfo *)HdfSListIteratorNext(&it);
        //执行 InstallDevices 子流程的条件判断（判断设备是否可以在这里启动）
        //如果不符合条件，则执行 continue 语句遍历下一个设备节点
        if ((deviceInfo == NULL) ||
            (deviceInfo->preload == DEVICE_PRELOAD_DISABLE)) {
            continue;
```

```
    }
    if ((DeviceManagerIsQuickLoad() == DEV_MGR_QUICK_LOAD) &&
        (deviceInfo->preload == DEVICE_PRELOAD_ENABLE_STEP2)) {
        continue;
    }
    //如果符合条件，则执行 AddDevice 子流程
    //AddDevice()函数指针指向的具体函数：
    //内核态驱动框架：DevHostServiceAddDevice()
    //用户态驱动框架：DevHostServiceProxyAddDevice()
    ret = devHostSvcIf->AddDevice(devHostSvcIf, deviceInfo);
    }
}
```

由 DevHostServiceClntInstallDriver()函数开始的 InstallDevices 子流程和 AddDevice 子流程如图 9-34 所示。

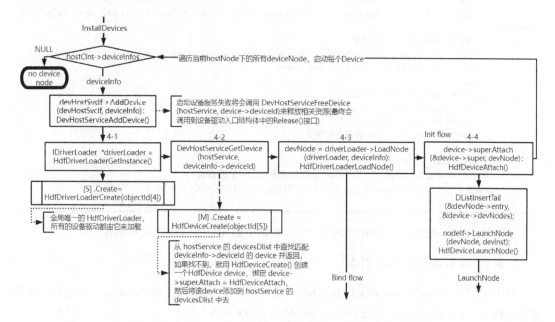

图 9-34　InstallDevices 子流程和 AddDevice 子流程

在代码清单 9-75 中，通过一个 while 循环遍历当前 Host 的 hostClnt->deviceInfos 有序单向链表，启动链表上的每一个符合条件的设备叶子节点。

在 while 循环中，首先对 hostClnt->deviceInfos 链表上的每一个 HdfDeviceInfo *deviceInfo 节点进行启动条件检查（主要是根据 deviceInfo->preload 字段的配置来确认当前设备叶子节点是否符合启动条件）。如果不符合条件，则执行 continue 语句继续遍历下一个设备叶子节点（不符合条件的设备叶子节点不启动或延缓到快速启动的后期阶段再启动）；如果符合条件，则调用 hostClnt->hostService->AddDevice(devHostSvcIf, deviceInfo)接口（即 DevHostServiceAddDevice()，见 9.6.4 节），把该设备叶子节点的相关信息挂载到 DevHostService.devices 链表上的 HdfDevice device.devNodes 链表上（见图 9-18）。

当 while 循环遍历到 hostClnt->deviceInfos 链表末尾时（即迭代器返回 FALSE），则表示当前 Host 中符合条件的设备叶子节点已经启动完毕，将会逐层返回到图 9-31 的 while

循环中启动下一个 Host。

2. AddDevice 子流程

在图 9-34 中，AddDevice 子流程的入口是 DevHostServiceAddDevice() 函数，该函数的实现如代码清单 9-76 所示。

代码清单 9-76 //drivers/framework/core/host/src/devhost_service.c

```
int DevHostServiceAddDevice(struct IDevHostService *inst,
                       const struct HdfDeviceInfo *deviceInfo)
{
    //步骤 1：获取 driverLoader 对象
    struct IDriverLoader *driverLoader = HdfDriverLoaderGetInstance();
    //步骤 2：获取 device 对象
    struct HdfDevice *device = DevHostServiceGetDevice(hostService, deviceInfo->
deviceId);
    //步骤 3：创建 devNode 对象
    struct HdfDeviceNode *devNode = driverLoader->LoadNode(driverLoader, deviceInfo);
    devNode->hostService = hostService;
    ......
    //步骤 4：挂载 devNode 对象
    device->super.Attach(&device->super, devNode);
    if (ret != HDF_SUCCESS) {
        goto error;   //启动设备出现异常
    }
    return HDF_SUCCESS;
error:  //启动设备出现异常，需要释放为启动该设备而申请的资源
    DevHostServiceFreeDevice(hostService, device->deviceId);
}
```

下面对 DevHostServiceAddDevice() 函数中的 4 个步骤进行简单解释。

步骤 1：获取 driverLoader 对象

调用 HdfDriverLoaderGetInstance() 获取一个 HdfDriverLoader 对象并将其引用记录到 IDriverLoader *driverLoader（见 9.6.6 节）。

步骤 2：获取 device 对象

调用 DevHostServiceGetDevice() 为每一个 deviceInfo 对应的设备叶子节点（deviceNode）获取（查找已存在的或创建一个新的）对应的设备（device）节点（见 9.6.7 节）

DevHostServiceGetDevice() 的实现如代码清单 9-77 所示。

代码清单 9-77 //drivers/framework/core/host/src/devhost_service.c

```
static struct HdfDevice *DevHostServiceGetDevice(
                    struct DevHostService *inst, uint16_t deviceId)
{
    //在 DevHostService.devices 链表中查找匹配 deviceId 的设备节点（见图 9-18）
    struct HdfDevice *device = DevHostServiceFindDevice(inst, deviceId);
    if (device == NULL) {
        //查找不到匹配 deviceId 的设备节点，则创建一个新的设备节点
        device = HdfDeviceNewInstance();
        ......
        device->hostId   = inst->hostId;
        device->deviceId = deviceId;
```

```
        //把新创建的设备节点配置好信息后插入 DevHostService.devices 链表中
        DListInsertHead(&device->node, &inst->devices);
    }
    //返回指向该设备节点的指针
    return device;
}
```

在 DevHostServiceGetDevice() 中，首先调用 DevHostServiceFindDevice() 在 DevHostService.devices 双向链表中查找匹配 deviceId 的设备（device）节点（见图 9-18）。如果该设备（device）节点已经存在则直接返回对该节点的引用，反之则返回 NULL。

如果 DevHostServiceFindDevice() 返回的查找结果为 NULL，则需要调用 HdfDeviceNewInstance() 创建一个新的 HdfDevice device 节点并配置好 hostId 和 deviceId，然后再调用 DListInsertHead(&device->node, &inst->devices) 将新设备节点的 device->node 字段插入到 DevHostService.devices 链表中，表示这个设备（device）节点开始受到所在 Host 的 DevHostService 的管理。

步骤 3：创建 devNode 对象

调用 driverLoader->LoadNode() 接口（即 HdfDriverLoaderLoadNode()，见 9.6.6 节）查找并加载匹配 deviceInfo->moduleName 的设备驱动入口对象（见 9.3.3 节），然后执行其中的 Bind() 接口，创建并返回一个 HdfDeviceNode *devNode 对象指针（详情见 9.7.6 节的 Bind 子流程）。

在执行 driverLoader->LoadNode() 之后，再把当前的 hostService 对象绑定到 devNode->hostService 上以备后继步骤使用。

步骤 4：挂载 devNode 对象

综合步骤 2 和步骤 3 的执行结果，调用 device->super.Attach(&device->super, devNode) 接口（即 HdfDeviceAttach()，见 9.6.7 节），将 devNode 指针指向的设备叶子节点对象挂载到 device->devNodes 链表上（详见 9.7.7 节的 Init 子流程）。

在执行上述步骤 1~步骤 4 的子流程中，如果没有出现异常，则表示该设备启动成功，并返回图 9-34 的 while 循环启动下一个设备；如果出现了驱动程序加载、挂载失败等异常情况，则相关的错误信息会逐层返回，最终上报到 DevHostServiceAddDevice() 函数，然后由该函数的 error 标签下的 DevHostServiceFreeDevice() 函数释放为启动该设备所申请的相关资源（DevHostServiceFreeDevice() 函数最终会调用驱动入口对象中的 Release 接口）。

9.7.6 Device 的 Bind 子流程

本节是对 9.7.5 节创建 devNode 对象步骤的 Bind 子流程的详细分析。在 Bind 子流程中，会执行驱动入口对象中定义的 Bind() 接口。Bind 子流程的入口是 HdfDriverLoader LoadNode() 函数（见图 9-34）。

HdfDriverLoaderLoadNode() 函数的定义如代码清单 9-78 所示。

代码清单 9-78   //drivers/framework/core/host/src/hdf_driver_loader.c

```
struct HdfDeviceNode *HdfDriverLoaderLoadNode(struct IDriverLoader *loader,
                                      const struct HdfDeviceInfo
*deviceInfo)
{
    //步骤1：获取设备驱动入口对象
    struct HdfDriverEntry *driverEntry = loader->GetDriverEntry(deviceInfo);
    //步骤2：创建 devNode 对象
    struct HdfDeviceNode *devNode = HdfDeviceNodeNewInstance();
    devNode->driverEntry = driverEntry;
    devNode->deviceInfo = deviceInfo;
    devNode->deviceObject.property =
        HcsGetNodeByMatchAttr(HdfGetRootNode(), deviceInfo->deviceMatchAttr);
    devNode->deviceObject.priv = (void *)(deviceInfo->private);
    //步骤3：调用 Bind()接口
    driverEntry->Bind(&devNode->deviceObject);
}
```

下面对 HdfDriverLoaderLoadNode()函数中的 3 个步骤进行简单解释。

1. 步骤 1：获取设备驱动入口对象

调用 loader->GetDriverEntry()接口（即 HdfDriverLoaderGetDriverEntry()，见
9.6.6 节），获取 deviceInfo 所描述的设备叶子节点的驱动入口对象。

在 HdfDriverLoaderGetDriverEntry()中有两个静态变量和一行初始化语句，如下所示：

```
static struct HdfDriverEntry *driverEntry = NULL;
static int32_t driverCount = 0;
driverEntry = HdfDriverEntryConstruct(&driverCount);
```

在驱动框架第一次调用 driverLoader->LoadNode()加载第一个设备驱动时，
HdfDriverLoaderGetDriverEntry()函数会调用 HdfDriverEntryConstruct()同时
初始化这两个静态变量。

HdfDriverEntryConstruct()函数的定义如代码清单 9-79 所示。

代码清单 9-79   //drivers/framework/core/common/src/load_driver_entry.c

```
static struct HdfDriverEntry *HdfDriverEntryConstruct(int32_t *driverCount)
{
    //计算_hdf_drivers_start 和_hdf_drivers_end 两个标记之间的驱动入口对象的数量
    *driverCount = (int32_t)(((uint8_t *)(HDF_DRIVER_END()) -
                (uint8_t *)(HDF_DRIVER_BEGIN())) / sizeof(size_t));
    ......
    struct HdfDriverEntry *driverEntry =
        OsalMemCalloc(*driverCount * sizeof(struct HdfDriverEntry));
    size_t *addrBegin = (size_t *)(HDF_DRIVER_BEGIN());
    for (i = 0; i < *driverCount; i++) {
        //将_hdf_drivers_start 和_hdf_drivers_end 两个标记之间的
        //驱动入口对象的地址转存到 driverEntry[]数组中
        driverEntry[i] = *(struct HdfDriverEntry *)(*addrBegin);
        addrBegin++;
    }
    //返回 driverEntry[]数组的起始地址
    return driverEntry;
}
```

在代码清单 9-79 中，HDF_DRIVER_BEGIN() 和 HDF_DRIVER_END() 两个宏在按宏定义展开后分别对应 _hdf_drivers_start 和 _hdf_drivers_end 两个标记的地址（见 9.3.3 节"驱动入口对象的编译和链接"小节中的分析内容）。经过计算可以获取在 _hdf_drivers_start 和 _hdf_drivers_end 两个标记之间的驱动入口对象的数量 driverCount。而最后返回的 driverEntry 是一个 HdfDriverEntry 类型的指针数组，数组中每个元素都是一个指针，依次指向 _hdf_drivers_start 到 _hdf_drivers_end 之间的每个驱动入口对象 g_XxxHdfEntry（见 9.3.3 节）。

在 HdfDriverLoaderGetDriverEntry() 中完成 driverEntry 和 driverCount 的初始化之后，就可以在 driverEntry 指针数组中搜索匹配 deviceInfo->moduleName 的 driverEntry[i]，并返回 driverEntry[i] 的地址。

这样在 Bind 子流程的步骤 1 中，就可以获取到对应的设备驱动入口对象 g_XxxHdfEntry 了，如图 9-35 中的左侧所示。

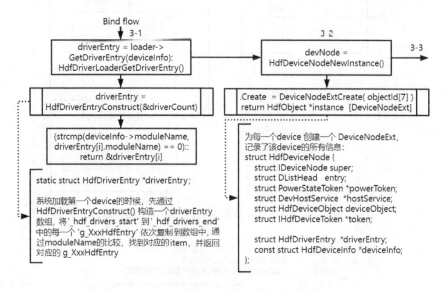

图 9-35 Bind 子流程步骤 1 和步骤 2

2. 步骤 2：创建 devNode 对象

这一步先调用 HdfDeviceNodeNewInstance() 为设备节点创建一个 DeviceNodeExt 类型的对象（见 9.6.8 节），并把该对象的引用保存到父类 HdfDeviceNode *devNode 指针中，然后对 devNode 对象（在图 9-36 中对应为 device0）进行一系列的配置（包括填充关键字段信息和关联相应的类对象），如图 9-36 所示。

3. 步骤 3：调用 Bind() 接口

如图 9-37 所示，这一步开始对 deviceInfo->policy 字段进行判断。如果 policy 的配置既不是 1 也不是 2，表示该设备驱动不会对外提供服务。这样一来，就不需要执行 driverEntry->Bind() 函数了，而是直接返回。如果 policy 的配置是 1 或 2，则表示该设备驱动会在内核空间提供服务或者在内核空间和用户空间同时提供服务，这样的话需要先检测 driverEntry->

Bind()函数的有效性，若有效就执行 driverEntry->Bind(&devNode->deviceObject)。

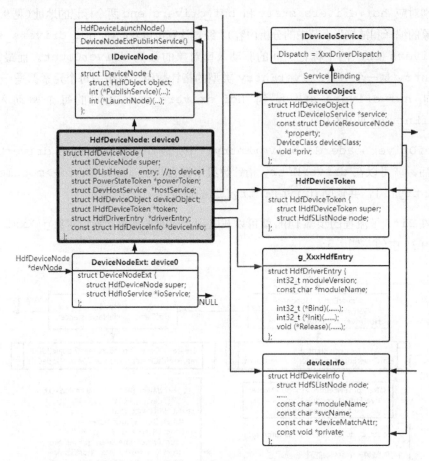

图 9-36　devNode 对象（device0）的展开图

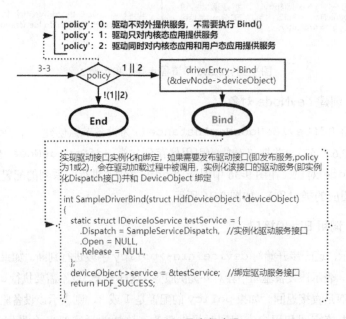

图 9-37　Bind 子流程步骤 3

这里的 Bind() 接口对应的是在驱动入口对象中绑定的 HdfXxxDriverBind() 函数，其参数 &devNode->deviceObject 就是图 9-36 中 device0.deviceObject 的地址。

例如，在 9.2 节提供的驱动示例程序中，HdfLedDriverBind() 的实现如代码清单 9-80 所示。

代码清单 9-80   //vendor/huawei/hdf/sample/led_ctrl/drv/src/led_drv.c

```
int32_t HdfLedDriverBind(struct HdfDeviceObject *deviceObject)
{
    if (deviceObject == NULL) {
        return HDF_ERR_INVALID_OBJECT;
    }
    static struct IDeviceIoService ledDriverServ = {
        //.Open = LedDriverOpen,
        .Dispatch = LedDriverDispatch,
        //.Release = LedDriverRelease,
    };

    deviceObject->service = (struct IDeviceIoService *)(&ledDriverServ);
    return HDF_SUCCESS;
}
```

开发者需要在这个函数中为 deviceObject->service 绑定一个 IDeviceIoService 类型的对象，并需要实现其中的 Dispatch() 接口。Dispatch() 接口就是设备驱动对用户态提供服务的接口。如果没有实现这个接口，驱动就无法对用户态提供服务。如图 9-36 右上角部分所示，每个 devNode 对象都为 Dispatch() 接口绑定一个具体的 XxxDriverDispath() 函数实现。

9.7.7　Device 的 Init 子流程

本节是 9.7.5 节中"挂载 devNode 对象"步骤的 Init 子流程的详细分析。在 Init 子流程中会执行驱动入口对象中定义的 Init() 接口。Init 子流程的入口是 HdfDeviceAttach() 函数，如图 9-34 所示。

在 HdfDeviceAttach() 中首先执行 DListInsertTail(&devNode->entry, &device->devNodes)，把图 9-36 中的 device0.entry 节点（device0 即 devNode 对象），挂载到通过 9.7.5 节中"AddDevice 子流程"的步骤 2 中获取的 HdfDevice *device 的 device->devNodes 链表的尾部，如图 9-38 所示。

在 HdfDeviceAttach() 中最后执行 nodeIf->LaunchNode()（即 HdfDeviceLaunchNode()，见 9.6.8 节），并结合 devNode（图 9-38 中的 device0）所携带的信息把 devNode 运行起来。

HdfDeviceLaunchNode() 函数的实现如代码清单 9-81 所示。

代码清单 9-81   //drivers/framework/core/host/src/hdf_device_node.c

```
int HdfDeviceLaunchNode(struct HdfDeviceNode *devNode, struct IHdfDevice *devInst)
{
    //步骤1：调用 Init()接口
```

```
        int ret = driverEntry->Init(&devNode->deviceObject);
        //步骤 2：发布 devNode 的服务（见 9.7.8 节）
        ret = HdfDeviceNodePublishService(devNode, deviceInfo, devInst);
        //步骤 3：挂载 devNode 的信息（见 9.7.9 节）
        ret = DevmgrServiceClntAttachDevice(deviceInfo, deviceToken);
    }
```

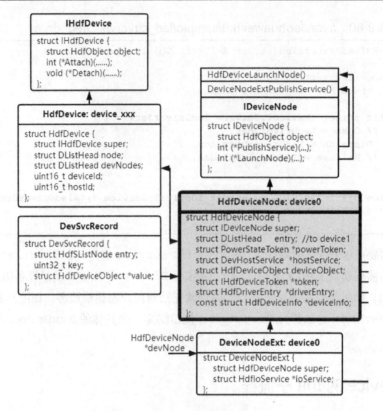

图 9-38 HdfDevice 结构示意图

以 HdfDeviceLaunchNode() 函数为入口的 LaunchNode 子流程如图 9-39 所示。

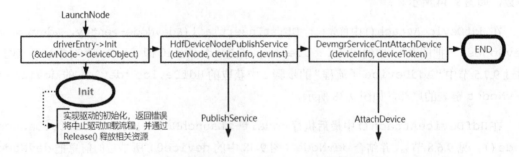

图 9-39 LaunchNode 子流程图

下面对 HdfDeviceLaunchNode() 函数中的 3 个步骤进行简单解释。

1. 步骤 1：调用 Init() 接口

这一步直接调用 driverEntry->Init(&devNode->deviceObject) 对设备进行初始化，其中包括为设备申请内存、配置初始参数等（见 9.3.3 节）。这个 Init() 就是 9.7.6 节中步骤 1 获取的设备驱动入口对象（即 g_XxxHdfEntry 对象）中的 Init() 接口。

传入 Init() 的参数 &devNode->deviceObject（见图 9-36）携带的信息是非常重要的。在 Init() 中可以调用 hcs-parser 模块的接口从 deviceObject 中读取设备叶子节点的私有配置数据，以便针对性地对设备进行初始化配置。

2. 步骤 2：发布 devNode 的服务

这一步执行 HdfDeviceNodePublishService()，以对外发布设备节点提供的服务（详见 9.7.8 节对 PublishService 子流程的详细分析）。

3. 步骤 3：挂载 devNode 的信息

这一步执行 DevmgrServiceClntAttachDevice()，以将该设备节点的重要信息挂载到当前 Host 的 hostClnt->devices 链表上（详见 9.7.9 节对 AttachDevice 子流程的详细分析）。

9.7.8　Device 的 PublishService 子流程

本节是 9.7.7 节中"发布 devNode 的服务"步骤的 PublishService 子流程的详细分析。

1. PublishService 子流程

PublishService 子流程的入口是 HdfDeviceNodePublishService() 函数，其定义如代码清单 9-82 所示。

代码清单 9-82　//drivers/framework/core/host/src/hdf_device_node.c

```
static int HdfDeviceNodePublishService(struct HdfDeviceNode *devNode,
                                const struct HdfDeviceInfo *deviceInfo,
                                     struct IHdfDevice *device)
{
    (void)device;   //暂未使用 device 参数
    int status = HDF_SUCCESS;        //注意：默认值是 HDF_SUCCESS
    ......
    struct IDeviceNode *nodeIf = &devNode->super;
    if ((deviceInfo->policy == SERVICE_POLICY_PUBLIC) ||
        (deviceInfo->policy == SERVICE_POLICY_CAPACITY)) {
        if (nodeIf->PublishService != NULL) {
            //ExtPublishService 子流程的入口
            //PublishService() 函数指针指向 DeviceNodeExtPublishService() 函数
            status = nodeIf->PublishService(devNode, deviceInfo->svcName);
        }
    }
    //注意 status 的赋值变化
    //如果不执行 ExtPublishService 子流程，则一定会执行 PublishLocalService 子流程
    //如果执行 ExtPublishService 子流程，则由其返回的结果（status）决定
    //是否要执行 PublishLocalService 子流程
    if (status == HDF_SUCCESS) {
        //PublishLocalService 子流程的入口
        status = HdfDeviceNodePublishLocalService(devNode, deviceInfo);
    }
    return status;
}
```

在代码清单 9-82 中可以看到，HdfDeviceNodePublishService() 函数会根据 policy

配置的取值进行不同的操作。下面分别来看一下。

- policy 配置是 1 或 2

调用 nodeIf->PublishService() (即 DeviceNodeExtPublishService(),见 9.6.8 节) 进入 ExtPublishService 子流程。

如果 ExtPublishService 子流程执行失败 (返回非 HDF_SUCCESS 值给 status),则 PublishService 子流程也会执行失败,因此不再执行 PublishLocalService 子流程。

如果 ExtPublishService 子流程执行成功 (返回 HDF_SUCCESS 值给 status),则 PublishService 子流程会继续执行 PublishLocalService 子流程。

- policy 配置既不是 1 也不是 2

因为 status 初始值是 HDF_SUCCESS,所以会直接执行 PublishLocalService 子流程。

PublishService 子流程的这两个不同操作的执行逻辑如图 9-40 所示。

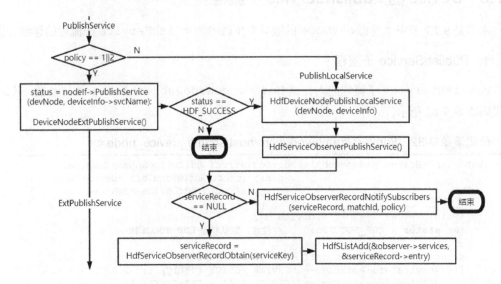

图 9-40 PublishService 子流程图

在图 9-40 中可以看到,PublishService 子流程又可以细分为两个子流程:ExtPublish Service 子流程和 PublishLocalService 子流程。

下面分别详细分析一下。

2. ExtPublishService 子流程

ExtPublishService 子流程的入口是 DeviceNodeExtPublishService() 函数,其定义如代码清单 9-83 所示。

代码清单 9-83 //drivers/framework/core/common/src/hdf_device_node_ext.c

```
static int DeviceNodeExtPublishService(struct HdfDeviceNode *inst, const char
*serviceName)
{
```

```
......
//步骤1：发布公共服务
int ret = HdfDeviceNodePublishPublicService(inst, serviceName);
deviceInfo = inst->deviceInfo;
deviceObject = &devNodeExt->super.deviceObject;

if (deviceInfo->policy == SERVICE_POLICY_CAPACITY) {   //policy值为2
    //步骤2：发布用户态服务
    devNodeExt->ioService = HdfIoServicePublish(serviceName, deviceInfo->
permission);
    if (devNodeExt->ioService != NULL) {
        devNodeExt->ioService->target = (struct HdfObject*)(&inst->deviceObject);
        static struct HdfIoDispatcher dispatcher = {
            .Dispatch = DeviceNodeExtDispatch
        };
        devNodeExt->ioService->dispatcher = &dispatcher;
    }
    ......
    }
}
```

以 DeviceNodeExtPublishService() 函数为入口的 ExtPublishService 子流程如图 9-41 所示。

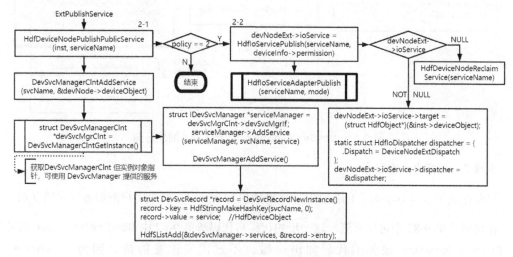

图 9-41 ExtPublishService 子流程图

下面对 DeviceNodeExtPublishService() 函数中的两个步骤进行简单解释。

步骤 1：发布公共服务

如图 9-41 所示，发布公共服务的入口是 HdfDeviceNodePublishPublicService() 函数。

在该入口函数调用的 DevSvcManagerClntAddService() 中，先获取一个 DevSvcManagerClnt 对象的指针 devSvcMgrClnt（在驱动框架中第一个发布公共服务的设备节点会在这一步创建一个 DevSvcManager 对象，见 9.6.2 节），然后再调用该对象的 devSvcMgrClnt->devSvcMgrIf->AddService()（即 DevSvcManagerAddService()），将当前设备节点的设备对象字段（即 devNode->deviceObject）以 DevSvcRecord 节点的形式，

挂载到 DevSvcManager.services 链表上,如图 9-42 所示。

注意	此时 DeviceNodeExt 的 HdfIoService *ioService 字段还未赋值。

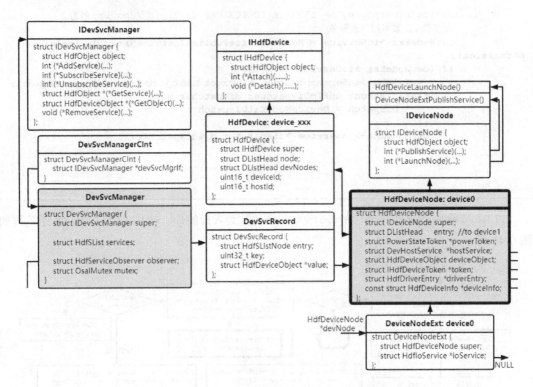

图 9-42 DevSvcManager.services 的展开图

步骤 2:发布用户态服务

只有在满足 policy 为 2 的条件时,才继续执行这一步,发布用户态服务(见图 9-41)。

在代码清单 9-83 中可以看到,这一步的代码与代码清单 9-67 中 DeviceManager 对外发布 DevmgrService 服务的代码如出一辙。不过需要注意的是,因为 devNode 与 DeviceManager 对用户态提供的服务完全不一样,所以两者对 HdfIoService 的 target 和 dispatcher 的赋值也有所不同。

在发布用户态服务之后,图 9-42 中的 DeviceNodeExt 的 HdfIoService *ioService 字段就获得了有效的配置,新生成的结构体关系如图 9-43 所示。

在 ExtPublishService 子流程的执行过程中,如果出现异常情况,则表示当前设备节点发布服务失败,失败的状态信息会逐层上报到 DevHostServiceAddDevice()函数(见 9.7.5 节),由该函数对错误信息进行处理。

如果没有出现异常情况,则表示当前设备节点发布服务成功,接下来还要执行一个 PublishLocalService 子流程(见图 9-40)。

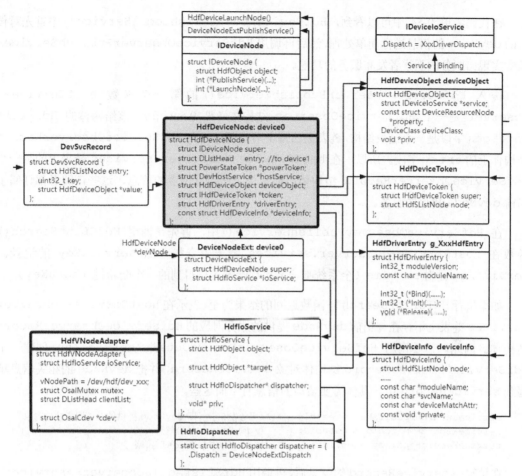

图 9-43 HdfIoService 展开图

3. PublishLocalService 子流程

PublishLocalService 子流程的入口为 HdfDeviceNodePublishLocalService()
函数，该函数的实现如代码清单 9-84 所示。

代码清单 9-84 //drivers/framework/core/host/src/hdf_device_node.c

```
static int HdfDeviceNodePublishLocalService(struct HdfDeviceNode *devNode,    \
                                const struct HdfDeviceInfo *deviceInfo)
{
    uint32_t matchId;
    ......
    struct DevHostService *hostService = devNode->hostService;
    ......
    //devNode 的身份信息: matchId = (hostId << 16)|deviceId
    matchId = HdfMakeHardwareId(deviceInfo->hostId, deviceInfo->deviceId);

    return HdfServiceObserverPublishService(&hostService->observer,
            deviceInfo->svcName,
            matchId,
            deviceInfo->policy,
            (struct HdfObject *)devNode->deviceObject.service);
}
```

在代码清单 9-84 中可以看到，HdfDeviceNodePublishLocalService() 中首先对传入的 devNode 的信息进行简单处理，然后再调用 HdfServiceObserverPublishService() 函数实现向服务的观察者发布服务的功能。

传入 HdfServiceObserverPublishService() 的第一个参数 hostService->observer 是一个 HdfServiceObserver 结构体（见 9.6.9 节）。该结构体的 HdfSList services 字段是一个链表结构，链表上的每个节点都是一个 HdfServiceObserverRecord 结构体上的 entry 字段。所以，在 hostService->observer.services 链表上的每一个 HdfServiceObserverRecord 结构体，都记录了一组订阅者的信息，这些订阅者都订阅了当前 devNode 提供的服务。

在 HdfServiceObserverPublishService() 中，首先是调用 HdfSListSearch() 函数在 hostService->observer.services 链表中查找匹配 serviceKey 的记录。serviceKey 是对 svcName（全系统唯一）执行哈希运算得到的一个哈希键（hashKey）。

如果执行 HdfSListSearch() 函数返回的结果为空，表示在 hostService->observer. services 链表上不存在与当前 devNode 提供的服务对应的 HdfServiceObserverRecord 结构体。因此，需要调用 HdfServiceObserverRecordObtain(serviceKey) 创建一个 HdfServiceObserverRecord 结构体对象 serviceRecord，并把 devNode 的相关信息填写到 serviceRecord 中。具体需要填写的信息有下面这些。

```
serviceRecord->publisher = service;   //服务发布者（即 devNode 提供的对外服务接口对象）
serviceRecord->matchId = matchId;     //devNode 的身份信息
serviceRecord->policy = policy;       //devNode 发布服务的策略
```

在填写完 serviceRecord 的信息后，再调用 HdfSListAdd(&observer->services, &serviceRecord->entry) 把该 serviceRecord 对象插入到 hostService->observer. services 链表中（见图 9-20）。这样一来，hostService 就可以把对这个 devNode 提供的驱动服务感兴趣的订阅者相关信息记录在 serviceRecord->subscribers 链表中。

如果执行 HdfSListSearch() 函数后返回的结果不为空，则表示在 hostService->observer.services 链表中已经存在与当前 devNode 提供的服务对应的 HdfServiceObserverRecord 对象，此时可将返回的对象指针记录到 serviceRecord 中。这时需要针对该 HdfServiceObserverRecord 对象执行 HdfServiceObserverRecordNotifySubscribers (serviceRecord, matchId, policy)，即遍历 serviceRecord->subscribers 链表，对其中满足条件的订阅者逐一调用回调函数 OnServiceConnected() 通知订阅者它们订阅的服务上线了。至于订阅者在回调函数中具体做什么事情，则是订阅者自己的行为。

9.7.9　Device 的 AttachDevice 子流程

本节是 9.7.7 节中"挂载 devNode 的信息"步骤的 AttachDevice 子流程的详细分析。

AttachDevice 子流程的入口是 DevmgrServiceClntAttachDevice() 函数，其定义如代码清单 9-85 所示。

代码清单 9-85　//drivers/framework/core/host/src/devmgr_service_clnt.c

```
int DevmgrServiceClntAttachDevice(const struct HdfDeviceInfo *deviceInfo, \
                              struct IHdfDeviceToken *deviceToken)
{
    struct IDevmgrService *devMgrSvcIf = NULL;
    //获取 DevmgrServiceClnt 对象指针
    struct DevmgrServiceClnt *inst = DevmgrServiceClntGetInstance();
    ......
    devMgrSvcIf = inst->devMgrSvcIf;
    ......
    //通过 DevmgrServiceClnt 对象执行 AttachDevice()
    //AttachDevice()函数指针指向 DevmgrServiceAttachDevice()
    return devMgrSvcIf->AttachDevice(devMgrSvcIf, deviceInfo, deviceToken);
}
```

在 DevmgrServiceClntAttachDevice() 函数中，首先调用 DevmgrServiceClnt
GetInstance()获取一个 DevmgrServiceClnt 对象（将对象指针赋值到 inst），借助该
对象可以使用 DevmgrService 提供的 AttachDevice()接口（见 9.6.1 节）。然后调用
inst->devMgrSvcIf->AttachDevice()接口（即 DevmgrServiceAttachDevice()）
完成挂载设备节点的工作。AttachDevice 了流程如图 9-44 所示。

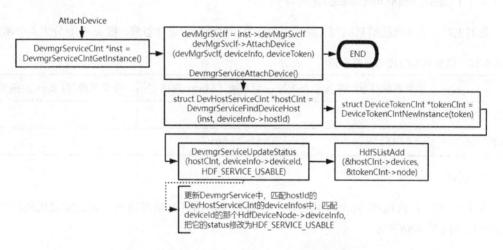

图 9-44　AttachDevice 子流程图

在图 9-44 中可以看到，DevmgrServiceAttachDevice()在 AttachDevice 子流程中
做了以下几件事情。

- 调用 DevmgrServiceFindDeviceHost()在 DevmgrService.hosts 链表中找到
  匹配 deviceInfo->hostId 的 Host 对应的 hostClnt（见图 9-15）。

- 调用 DeviceTokenClntNewInstance()创建一个 DeviceTokenClnt tokenClnt
  对象并配置好相关信息（其中的 tokenClnt->tokenIf 绑定到图 9-36 中的 Hdf
  DeviceToken 对象，tokenClnt->deviceInfo 绑定到到图 9-36 中的 HdfDevice
  Info 对象）。

- 调用 DevmgrServiceUpdateStatus()在 hostClnt->deviceInfos 链表中查找
  匹配 hostId 的节点，并把该节点的 status 字段修改为 HDF_SERVICE_USABLE（即

标记该设备驱动服务状态为可用状态）。

● 调用 HdfSListAdd()，把新创建的 tokenClnt 对象插入 hostClnt->devices 链
表中，用以表示设备节点（devNode）开始受到对应 Host 的管理。

当前设备节点执行完 AttachDevice 子流程即表明该设备节点的驱动程序已经完成启动，
可以对外提供服务了。然后驱动框架启动流程跳转回 9.7.5 节中"InstallDevices 子流程"
小节中的循环去启动下一个设备节点的驱动程序。

9.8 用户态程序与内核态驱动的交互

OpenHarmony 驱动框架提供了一个消息机制，用于实现用户态程序和内核态驱动的互动，
让用户态程序和内核态驱动之间可以互相发送消息和传输数据。本节将详细分析这个消息机制
的实现。

9.8.1 代码部署和编译配置

我们先对 3 类系统的消息机制实现代码的部署和编译配置进行整理，按表 9-10 分成 4 个部分。

表 9-10　消息机制的代码部署差异

	小型系统（LiteOS_A 内核）	小型系统（Linux 内核）	标准系统（Linux 内核）
用户空间	uhdf		uhdf2
内核空间	khdf-liteos	khdf-linux	

1. uhdf

在 LiteOS_A 内核和 Linux 内核的小型系统中，消息机制在用户空间的实现代码和编译
配置如代码清单 9-86 所示。

代码清单 9-86　//drivers/adapter/uhdf/manager/BUILD.gn

```
shared_library("hdf_core") {
  sources = [
    "$HDF_FRAMEWORKS/ability/sbuf/src/hdf_sbuf.c",
    "$HDF_FRAMEWORKS/ability/sbuf/src/hdf_sbuf_impl_raw.c",
    "$HDF_FRAMEWORKS/core/adapter/syscall/src/hdf_devmgr_adapter.c",
    "$HDF_FRAMEWORKS/core/adapter/syscall/src/hdf_syscall_adapter.c",
    "$HDF_FRAMEWORKS/core/shared/src/hdf_io_service.c",
  ]
  ......
}
```

消息机制的实现代码在小型系统的用户空间被编译成 hdf_core 动态链接库，需要使用消
息机制与内核态驱动程序进行交互的模块只需要将这个动态链接库加入自己的依赖关系，即可
使用消息机制模块提供的功能。

2. uhdf2

标准系统的驱动框架在用户空间部分的编译配置见代码清单 9-42。这里只关注以下两个组件：

```
"//drivers/adapter/uhdf2/osal:libhdf_utils",        #组件 2.1
"//drivers/adapter/uhdf2/ipc:libhdf_ipc_adapter",   #组件 2.2
```

组件 2.1 的实现代码和编译配置如代码清单 9-87 所示。可以看到，组件 2.1 编译的源代码文件与代码清单 9-86 完全一样。

代码清单 9-87   //drivers/adapter/uhdf2/osal/BUILD.gn

```
ohos_shared_library("libhdf_utils") {
  public_configs = [ ":libhdf_utils_pub_config" ]

  sources = [
    "$hdf_framework_path/ability/sbuf/src/hdf_sbuf.c",
    "$hdf_framework_path/ability/sbuf/src/hdf_sbuf_impl_raw.c",
    "$hdf_framework_path/core/adapter/syscall/src/hdf_devmgr_adapter.c",
    "$hdf_framework_path/core/adapter/syscall/src/hdf_syscall_adapter.c",
    "$hdf_framework_path/core/shared/src/hdf_io_service.c",
    ......
    ]
  ......
}
```

消息机制的实现代码在标准系统的用户空间被编译成 libhdf_utils 动态链接库，需要使用消息机制与内核态驱动程序进行交互的模块只需将这个动态链接库加入自己的依赖关系，即可使用消息机制模块提供的功能。

标准系统还提供了一个专门为用户态驱动框架各进程提供进程间通信服务的模块（即组件 2.2），如代码清单 9-88 所示。

代码清单 9-88   //drivers/adapter/uhdf2/ipc/BUILD.gn

```
ohos_shared_library("libhdf_ipc_adapter") {
  include_dirs = []
  public_configs = [ ":libhdf_ipc_adapter_pub_config" ]
  sources = [
    # "src/hdf_parcel_adapter.cpp",
    "src/hdf_remote_adapter.cpp",
    "src/hdf_remote_service.c",
    "src/hdf_sbuf_impl_hipc.cpp",
    # "$hdf_uhdf_path/shared/src/hdf_parcel.c",
  ]

  deps = [
    # 依赖 libhdf_utils 库（即 libhdf_ipc_adapter 库中的接口
    # 需要用到 libhdf_utils 库提供的能力）
    "$hdf_uhdf_path/osal:libhdf_utils",
    "//utils/native/base:utils",
  ]
}
```

这部分代码被编译成一个动态链接库 libhdf_ipc_adapter。该库提供的接口实现了进程间通信和数据序列化的功能，专用于用户态驱动框架各进程间的通信（本节暂不分析相关的内容）。

3. khdf-liteos

在 LiteOS_A 内核的小型系统中，消息机制在内核空间的实现代码和编译配置如代码清单 9-89 所示。

代码清单 9-89   //drivers/adapter/khdf/liteos/BUILD.gn

```
module_switch = defined(LOSCFG_DRIVERS_HDF)
module_name = "hdf"
hdf_driver(module_name) {
  sources = [
    ......
    "$HDF_FRAMEWORKS_PATH/ability/sbuf/src/hdf_sbuf.c",
    "$HDF_FRAMEWORKS_PATH/ability/sbuf/src/hdf_sbuf_impl_raw.c",
    "$HDF_FRAMEWORKS_PATH/core/adapter/vnode/src/hdf_vnode_adapter.c",
    "$HDF_FRAMEWORKS_PATH/core/shared/src/hdf_io_service.c",
    ......
    ]
  ......
}
```

消息机制的实现代码直接作为内核态驱动框架的一部分编译进 LiteOS_A 内核，在内核态驱动框架中可以直接使用。

4. khdf-linux

在 Linux 内核的系统中，消息机制在内核空间的实现和编译配置如代码清单 9-90 所示。

代码清单 9-90   //drivers/adapter/khdf/linux/manager/Makefile

```
obj-y +=
        ......
        ../../../../framework/ability/sbuf/src/hdf_sbuf.o
        ../../../../framework/ability/sbuf/src/hdf_sbuf_impl_raw.o
        ../../../../framework/core/shared/src/hdf_io_service.o
        ../../../../framework/core/adapter/vnode/src/hdf_vnode_adapter.o
        ......
```

可以看到，编译的源代码文件与代码清单 9-89 完全一样。

消息机制的实现代码直接作为内核态驱动框架的一部分被编译进 Linux 内核，在内核态驱动框架中可以直接使用。

5. 消息机制功能简介

通过对比表 9-10 中 4 部分的编译代码，可以看到 3 类系统对于消息机制在用户空间部分的实现完全一致，在内核空间部分的实现也完全一致。这些编译的代码可以提供 3 类功能，简单汇总如下。

● 序列化数据的交互：即 ability/sbuf/ 目录下的代码实现的功能。这部分代码同时编译和部署到用户空间和内核空间，使得用户空间和内核空间有了一个一致的数据传输通道和统一的数据操作接口。

● HdfIoService 接口：即在 hdf_io_service.c 文件中定义的接口。该文件同时编译和部署到用户空间和内核空间。其中，在内核空间通过调用 HdfIoServicePublish()

接口发布服务（见 9.7.2 节和 9.7.8 节）；在用户空间通过调用 `HdfIoServiceBind()` 接口绑定服务（见 9.8.4 节）。

- 消息机制的实现：即 `core/adapter/` 目录下的代码。对用户空间和内核空间来说，消息机制是通过编译不同子目录下的代码来实现的，如文件列表 9-1 所示。

文件列表 9-1　//drivers/framework/core/adapter/

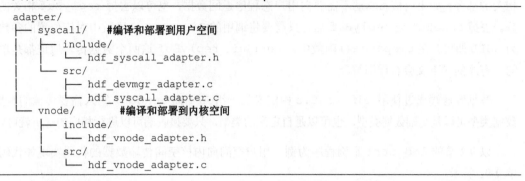

```
adapter/
├── syscall/        #编译和部署到用户空间
│   ├── include/
│   │   └── hdf_syscall_adapter.h
│   └── src/
│       ├── hdf_devmgr_adapter.c
│       └── hdf_syscall_adapter.c
└── vnode/          #编译和部署到内核空间
    ├── include/
    │   └── hdf_vnode_adapter.h
    └── src/
        └── hdf_vnode_adapter.c
```

从文件列表 9-1 中可以看到，`syscall` 子目录下的代码编译和部署到用户空间，`vnode` 子目录下的代码编译和部署到内核空间。`syscall` 和 `vnode` 两部分通过系统调用接口（如 `open()`、`ioctl()` 等）对接到一起，实现用户空间与内核空间的命令和数据的交换。

接下来我们详细看一下这 3 类功能。

9.8.2　序列化数据的交互

驱动框架可对数据进行序列化处理，它实现了下面这两个功能。

- 用户态与内核态进行数据交互：该功能是在 `hdf_sbuf.c` 和 `hdf_sbuf_impl_raw.c` 中实现的（见代码清单 9-86）。

- 标准系统的用户态驱动框架内不同进程间进行数据交互：该功能是在 `hdf_sbuf.c` 和 `hdf_sbuf_impl_raw.c` 的基础上结合 `hdf_sbuf_impl_hipc.cpp`（见代码清单 9-88）一起实现的（本节内容暂不涉及这个功能）。

1. 交互步骤和示例

用户态程序与内核态驱动进行交互的一般过程如代码清单 9-91 所示。

代码清单 9-91　消息机制中与数据交换相关的过程（用户态程序部分）

```
struct HdfIoService *serv = HdfIoServiceBind(XXX_SERVICE_NAME);  //绑定服务
struct HdfSBuf *sendBuf  = HdfSBufObtainDefaultSize();  //创建发送数据的缓存
struct HdfSBuf *replyBuf = HdfSBufObtainDefaultSize();  //创建接收数据的缓存

HdfSbufWriteXxx(sendBuf, xxx);  //用户空间传入内核空间的数据 xxx
serv->dispatcher->Dispatch(&serv->object, cmdId, sendBuf, replyBuf);
HdfSbufReadXxx(replyBuf, yyy);  //内核空间向用户空间返回的数据 yyy

HdfSBufRecycle(sendBuf);         //销毁发送数据的缓存
```

```
HdfSBufRecycle(replyBuf);    //销毁接收数据的缓存
HdfIoServiceRecycle(serv);   //解除绑定服务
```

在代码清单 9-91 中，绑定服务步骤调用的 HdfIoServiceBind() 实际上也会根据需要执行一组与代码清单 9-91 相似的流程（见 9.8.4 节的详细分析）。

在代码清单 9-91 中，如果用户态程序不需要向内核态驱动传送数据，则可以去掉 sendBuf 相关的部分；如果内核态驱动不需要向用户态程序返回数据，也可以去掉 replyBuf 相关的部分。去掉 sendBuf 或 replyBuf 后，只需要将调用的 Dispatch() 函数中对应位置的参数写为 NULL 即可。在 Dispatch() 函数中，sendBuf、replyBuf 这两个数据传输通道都是单向的、有序的（下文会有详细解释）。

数据发送端通过使用 hdf_sbuf.c 中定义的一组 API 向 sendBuf 写入需要传输的数据。数据类型可以是基础数据类型，也可以是自定义的类型，只要接收端可以进行相应的解析就可以。

以 9.2 节的 led_ctrl 示例程序为例，用户空间向内核空间传输数据的代码实现如代码清单 9-92 所示。

代码清单 9-92　用户态程序向 sendBuf 写数据

```
struct LedMsg {
    int32_t cmd_idx;
    int32_t led_mode;
};
struct LedMsg msg;
msg.cmd_idx  = cmd_idx;
msg.led_mode = led_mode;

HdfSbufWriteUint32(sendBuf, 10);             //写入数据 "10"
HdfSbufWriteString(sendBuf, "tempData");     //写入字符串 "tempData"
HdfSbufWriteBuffer(sendBuf, &msg, sizeof(struct LedMsg)); //写入结构体 LedMsg msg
```

内核空间的数据接收端只要按同样的顺序和数据类型把 sendBuf 中的数据读出来即可，如代码清单 9-93 所示。

代码清单 9-93　内核态驱动从 sendBuf 读数据

```
uint32_t readSize = sizeof(struct LedMsg);
struct LedMsg *msg = NULL;
int32_t readData = 0;

HdfSbufReadInt32(sendBuf, &readData);       //读取数据 "10"
const char* = HdfSbufReadString(sendBuf);   //读取字符串 "tempData"
HdfSbufReadBuffer(sendBuf, (const void **)&msg, &readSize);   //读取结构体 LedMsg msg
```

2．单向性和有序性

代码清单 9-91 中调用的 Dispatch() 接口的定义如代码清单 9-94 所示。

代码清单 9-94　//drivers/framework/include/core/hdf_io_service_if.h

```
struct HdfIoDispatcher {
    /** Dispatches a driver service call.
        <b>service</b> indicates the pointer to the driver service object,
        <b>id</b> indicates the command word of the function,
        <b>data</b> indicates the pointer to the data you want to pass to the driver,
```

```
                    <b>reply</b> indicates the pointer to the data returned by the driver.
         */
        int (*Dispatch)(struct HdfObject *service, int cmdId,
                        struct HdfSBuf *data, struct HdfSBuf *reply);
    };
```

Dispatch()接口中的参数 data 即 sendBuf，reply 即 replyBuf。这两个数据传输通道都是单向的、有序的。

- 单向性

sendBuf 只能是用户空间向内核空间发送数据，replyBuf 只能是内核空间向用户空间发送数据。这两个数据传输通道都不能反方向发送数据。

- 有序性

通过 hdf_sbuf.c 中定义的 API 向 sendBuf、replyBuf 写入的数据有顺序和类型，在接收端也要按同样的顺序和相同的类型读取，这就是数据的序列化和反序列化。

3. 序列化数据的存储结构

在代码清单 9-91 中，用于创建序列化数据缓存的 HdfSBufObtainDefaultSize() 函数的实现如代码清单 9-95 所示。

代码清单 9-95 //drivers/framework/ability/sbuf/src/hdf_sbuf.c

```
struct HdfSBuf *HdfSBufTypedObtainCapacity(uint32_t type, size_t capacity)
{
    struct HdfSBuf *sbuf = NULL;
    const struct HdfSbufConstructor *constructor = HdfSbufConstructorGet(type);
    ......
    sbuf->impl = constructor->obtain(capacity);
    ......
    sbuf->type = type;
    return sbuf;
}
struct HdfSBuf *HdfSBufObtain(size_t capacity)    //获取参数指定大小的缓存（最大 512KB）
{
    return HdfSBufTypedObtainCapacity(SBUF_RAW, capacity);
}
struct HdfSBuf *HdfSBufObtainDefaultSize()          //获取默认大小的缓存
{
    return HdfSBufObtain(HDF_SBUF_DEFAULT_SIZE);  //默认 256B，最大 512KB
}
```

在代码清单 9-95 中，HdfSBufObtainDefaultSize() 经过 API 的层层调用返回一个 HdfSBuf 类型的对象指针，HdfSBuf 类的结构如图 9-45 所示。

由图 9-45 可知，调用 HdfSBufObtainDefaultSize() 实际上获取了一个 HdfSBufRaw 对象。

在代码清单 9-95 中，使用的 SBUF_RAW 枚举类型如代码清单 9-96 所示。

代码清单 9-96 //drivers/framework/ability/sbuf/include/hdf_sbuf.h

```
enum HdfSbufType {
    SBUF_RAW = 0,  /* SBUF used for communication between the user space and the
```

```
kernel space */
    SBUF_IPC,        /* SBUF used for inter-process communication (IPC) */
    SBUF_IPC_HW,    /* Reserved for extension */
    SBUF_TYPE_MAX,   /* Maximum value of the SBUF type */
};
```

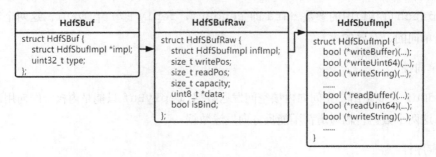

图 9-45　HdfSBuf 类的结构示意图

本节内容重点关注 SBUF_RAW 类型的 HdfSBufRaw 结构体，其定义如代码清单 9-97 所示。

代码清单 9-97　//drivers/framework/ability/sbuf/src/hdf_sbuf_impl_raw.c

```
struct HdfSBufRaw {
    struct HdfSBufImpl infImpl;  //一组读写 data 存储空间内容的函数指针
    size_t writePos;       //当前写操作的位置
    size_t readPos;        //当前读操作的位置
    size_t capacity;       //*data 的存储容量（最大 512KB）
    uint8_t *data;         //指向 data 存储空间的指针
    bool isBind;          //是否将外部传入的指针绑定到 data 存储空间
};
```

一个 HdfSBufRaw 对象实际上是由 data 指向的内存块、内存块的状态信息数据和一组对该内存块进行操作的函数组成的。用户态程序向该内存块中写入的数据，将会被复制到内核空间中，并反序列读取出来使用。更进一步的数据读写实现细节，请阅读 hdf_sbuf_impl_raw.c 中 SbufRawImplRead()、SbufRawImplWrite() 和相关辅助函数的实现代码。

9.8.3　HdfIoService 接口

HdfIoService 接口即定义在 hdf_io_service.c 文件中的接口，只有 4 个，如代码清单 9-98 所示。

代码清单 9-98　//drivers/framework/core/shared/src/hdf_io_service.c

```
//以下两个 API 供内核空间驱动程序发布和移除驱动服务所使用
struct HdfIoService *HdfIoServicePublish(const char *serviceName, uint32_t mode);
void HdfIoServiceRemove(struct HdfIoService *service);

//以下两个 API 供用户空间程序绑定和解绑驱动服务所使用
struct HdfIoService *HdfIoServiceBind(const char *serviceName);
void HdfIoServiceRecycle(struct HdfIoService *service);
```

这 4 个 HdfIoService 接口分为两组，分别用于在内核空间发布、移除驱动服务和在用户空间绑定、解绑驱动服务。

下面分别来看一下。

1. 在内核空间发布、移除驱动服务

`HdfIoServicePublish()`和 `HdfIoServiceRemove()`在内核空间被驱动程序调用，用于向用户空间发布和移除驱动服务。

在一个设备驱动的启动过程中，会根据驱动配置信息中 `policy` 字段的配置决定是否调用 `HdfIoServicePublish()`发布驱动服务（见 9.7.8 节）。

在一个对用户态提供驱动服务的设备驱动注销时，会调用 `HdfIoServiceRemove()`移除已经发布的驱动服务。

2. 在用户空间绑定、解绑驱动服务

`HdfIoServiceBind()`和 `HdfIoServiceRecycle()`在用户空间被应用程序或系统服务程序调用，用于绑定和解绑参数指定的驱动服务。

应用程序或系统服务程序调用 `HdfIoServiceBind()`时传入的参数是要绑定的驱动服务名字，该名字必须要与 `device_info.hcs` 文件中设备节点属性的 `serviceName` 字段的值匹配（见 9.3.2 节），否则 `DeviceManager`无法找到参数指定的驱动服务。`HdfIoServiceBind()`的功能是使用消息机制实现的（见 9.8.4 节）。

应用程序或系统服务程序不再使用已经绑定的驱动服务时，需要调用 `HdfIoServiceRecycle()`解除绑定驱动服务。

9.8.4 消息机制的实现

1. 消息机制接口

消息机制的接口主要有以下 4 个，如表 9-11 所示。

表 9-11 消息机制接口

接口	描述
`struct HdfIoService *HdfIoServiceBind(const char *serviceName);`	用户态程序绑定驱动服务，通过 `Dispatch()`接口向驱动发送消息
`void HdfIoServiceRecycle(struct HdfIoService *service);`	用户态程序解绑驱动服务
`int HdfDeviceRegisterEventListener(struct Hdf-IoService *target, struct HdfDevEventlistener *listener);`	用户态程序注册接收驱动上报事件的操作方法，即注册回调函数
`int HdfDeviceSendEvent(struct HdfDeviceObject *deviceObject, uint32_t id, struct HdfSBuf *data);`	内核态驱动服务主动上报事件给用户态程序的接口

这 4 个消息机制接口分为两组，分别实现以下两个功能：

- 用户态程序与内核态驱动的交互；
- 用户态程序监听内核态驱动主动上报的事件。

用户态程序与内核态驱动的交互

该功能能包含用户态程序向内核态驱动发送消息和序列化的数据，以及内核态驱动向用户态程序回复消息的处理结果（也是序列化的数据）。

以 9.2 节的驱动示例应用程序 led_red 为例，用户态程序与内核态驱动的交互如代码清单 9-99 所示。

代码清单 9-99   .../led_ctrl/apps/led_red_ctrl/led_red.c

```
//回调函数，用于对驱动上报的事件进行针对性处理
static int OnDevEventReceived(void *priv, uint32_t cmdId, struct HdfSBuf *replyBuf)
{
    //TODO
}

int main(int argc, char* argv[])
{
    //绑定参数指定的服务（宏 LED_SERVICE_NAME 定义为字符串 "led_service"）
    struct HdfIoService *serv = HdfIoServiceBind(LED_SERVICE_NAME);

#ifdef OHOS_LITE
    static struct HdfDevEventlistener listener = {
        .callBack = OnDevEventReceived,  //回调函数
        .priv = "Led_Red_Event"
    };
    if (HdfDeviceRegisterEventListener(serv, &listener) != SUCCESS) {  //注册回调函数
        return FAILURE;
    }
#endif
    //应用态程序与内核态驱动进行交互的入口
    SendCmd(serv, cmd_idx, led_mod);
    //SendCmd()内部实际执行：serv->dispatcher->Dispatch(&serv->object, ...)

#ifdef OHOS_LITE
    if (HdfDeviceUnregisterEventListener(serv, &listener)) {
        return FAILURE;
    }
#endif
    //解除绑定参数指定的服务
    HdfIoServiceRecycle(serv);
    return SUCCESS;
}
```

应用程序 led_red 通过调用 HdfIoServiceBind(XxxServiceName) 绑定参数指定的服务，并返回一个 HdfIoService 类型的对象指针保存到 serv 中，再通过 serv->dispatcher->Dispatch() 即可与驱动服务进行消息和数据的交互（对应代码清单 9-99 中 SendCmd() 内做的事情）。

用户态程序监听内核态驱动主动上报的事件

在用户态程序向驱动服务注册事件监听者（listener）回调函数后，驱动程序一旦检测到相关事件的发生就会调用监听者的回调函数对事件进行处理，如代码清单 9-99 中被宏 OHOS_LITE 控制的部分代码所示。

在代码清单 9-99 中，HdfDevEventlistener 结构体的定义如代码清单 9-100 所示。

代码清单 9-100   //drivers/framework/include/core/hdf_io_service_if.h

```
//两种类型的回调函数声明方式
typedef int (*OnDevEventReceive)(struct HdfDevEventlistener *listener, \
            struct HdfIoService *service, uint32_t id, struct HdfSBuf *data);
typedef int (*OnEventReceived)(void *priv, uint32_t id, struct HdfSBuf *data);

struct HdfDevEventlistener {
    //不再推荐使用这个定义（推荐使用 onReceive）
    OnEventReceived callBack;
    //当受监测的设备上报事件时会调用 onReceive 处理事件
    OnDevEventReceive onReceive;
    struct DListHead listNode;
    //消息监听者的私有数据
    void *priv;
};
```

建议使用 OnDevEventReceive onReceive（而不是 OnEventReceived callBack）来定义监听事件的回调函数。但是，无论使用哪个类型的回调函数定义，回调函数都包含 uint32_t id 和 struct HdfSBuf *data 这两个参数。这两个参数的作用如下。

- id：是驱动上报给监听者的事件编号，监听者在回调函数中可以据此编号区分上报的事件类型并进行针对性的处理。

- data：是驱动上报给监听者的序列化数据，监听者在回调函数中可以进行反序列化处理（即读出数据）并进行针对性的处理。

设备驱动程序在内核空间运行，可以实时检测硬件设备的各种状态信息。当驱动程序检测到满足事件发生的条件时，可以通过调用表 9-11 中的 HdfDeviceSendEvent() 接口，把设备状态变化引起的对应事件的 id 和写入 data 的相关参数一并上报给事件监听者，由事件监听者注册的回调函数进行相应的处理。

接下来，我们将在"用户态的 HdfIoServiceBind()"~"内核态的 DeviceNodeExtDispatch()"小节中深入分析用户态程序与内核态驱动的交互细节，以帮助读者理解消息机制的工作流程。至于用户态程序向驱动注册监听事件处理回调函数以及驱动主动上报事件的工作细节，请读者自行阅读文件列表 9-1 中的相关代码进行理解。

2. 用户态的 HdfIoServiceBind()

用户态程序与内核态驱动交互的第一步就是执行 HdfIoServiceBind() 以绑定服务，如代码清单 9-99 中的如下一行代码所示。

```
struct HdfIoService *serv = HdfIoServiceBind(XxxServiceName)
```

这个 HdfIoServiceBind() 函数调用看似简单，实则包含了一个非常复杂的过程，我们来详细看一下。

直接看 HdfIoServiceBind() 中调用的 HdfIoServiceAdapterObtain() 函数，该函数的定义如代码清单 9-101 所示。

代码清单 9-101　//drivers/framework/core/adapter/syscall/src/hdf_syscall_adapter.c

```
struct HdfIoService *HdfIoServiceAdapterObtain(const char *serviceName)
{
    struct HdfSyscallAdapter *adapter = NULL;
    struct HdfIoService *ioService = NULL;
    ......//略，拼接出一个 devNodePath 字符串（如/dev/hdf/led_service）
    //步骤 1：确认 devNodePath 描述的设备驱动服务节点是否存在
    if (realpath(devNodePath, realPath) == NULL) {
        //如果设备服务节点不存在，需要通过服务名加载该服务（即按需加载驱动程序）
        if (HdfLoadDriverByServiceName(serviceName) != HDF_SUCCESS) {
            goto out;
        }
        //再次确认 devNodePath 描述的设备服务节点是否存在
        if (realpath(devNodePath, realPath) == NULL) {
            //设备服务节点仍然不存在，跳转到 out 标签处，返回的 ioService 为 NULL
            goto out;
        }
    }
    //创建一个 HdfSyscallAdapter 对象，接下来的步骤都围绕这个对象展开工作
    adapter = (struct HdfSyscallAdapter *)
            OsalMemCalloc(sizeof(struct HdfSyscallAdapter));
    ......
    //步骤 2：执行系统调用 open()
    //获取一个文件描述符 fd，有了 fd 就可以访问
    //该文件（如/dev/hdf/led_service）并使用该文件的各种信息和资源了
    adapter->fd = open(realPath, O_RDWR);
    ......
    //步骤 3：绑定服务对象
    //将 adapter->super->dispatcher 绑定到具体的 HdfIoDispatcher
    //即主要是为了绑定 Dispatch()接口
    ioService = &adapter->super;
    static struct HdfIoDispatcher dispatch = {
        .Dispatch = HdfSyscallAdapterDispatch,
    };
    ioService->dispatcher = &dispatch;

out:
    ......
    return ioService;
}
```

可以将 HdfIoServiceAdapterObtain() 函数分成 3 个步骤来理解。

步骤 1：确认 devNodePath 描述的设备驱动服务节点是否存在

在这一步之前的小段代码中，会将传入 HdfIoServiceAdapterObtain() 的参数 serviceName 与宏定义的驱动服务节点前缀进行处理，拼接出一个 devNodePath 字符串（类似 "/dev/hdf/led_service" 或 "/dev/uartdev-0"），这是要绑定的驱动服务节点的路径。

然后通过第一个 realpath(devNodePath, realPath) 操作，确认该驱动服务节点是否存在。如果存在，则返回的 realPath 是服务节点的绝对路径；反之，返回的 realPath 为 NULL。

如果此时 realPath 为 NULL，则很有可能是因为设备驱动配置信息中的 preload 字段配置为 2，设备驱动程序没有在驱动框架的启动流程中启动起来（见 9.7.5 节）。这时调用 HdfLoadDriverByServiceName(serviceName)，通过 DeviceManager 的/dev/hdf/dev_mgr 服务节点，进入内核去加载、启动和激活 devNodePath 指定的驱动服务节点（这就是"按

需加载驱动程序"，见 9.3.2 节对 preload 字段的解释）。在 HdfLoadDriverByServiceName()
函数中也会执行消息机制的完整流程（将 9.2 节的驱动示例程序的配置信息中的 preload 字段
配置为 2 即可验证）。

再通过第二个 realpath(devNodePath, realPath) 操作，再次确认驱动服务节点是
否存在。如果驱动服务节点仍然不存在，说明执行 HdfLoadDriverByServiceName() 也没
能成功加载 devNodePath 指定的驱动程序。本次绑定服务的流程将直接跳转到 out 标签处执
行，返回的 ioService 将是 NULL，意味着绑定服务失败，后面所有的步骤不会执行。

在确认驱动服务节点存在之后，会执行 OsalMemCalloc() 函数，申请一块 HdfSyscall
Adapter 结构体大小的内存，并将内存起始地址强制类型转换为 HdfSyscallAdapter 类型
的指针赋值给 adapter（即创建一个 HdfSyscallAdapter 对象）。接下来的步骤都是围绕
着这个 HdfSyscallAdapter 对象进行工作的。

步骤 2：执行系统调用 open()

执行系统调用 open()，打开驱动服务节点，并返回一个文件描述符 fd，赋值给 adapter->fd。

有了这个文件描述符 fd，在指定的权限范围内就可以访问驱动服务节点的所有信息和使用
它提供的接口了。这些接口主要是驱动程序在启动过程中发布服务时绑定的文件操作接口，如
代码清单 9-102 所示。

代码清单 9-102 //drivers/framework/core/adapter/vnode/src/hdf_vnode_adapter.c

```
struct HdfIoService *HdfIoServiceAdapterPublish(const char *serviceName, uint32_t mode)
{
    ......
    static const struct OsalCdevOps fileOps = {
        .open    = HdfVNodeAdapterOpen,
        .release = HdfVNodeAdapterClose,
        .ioctl   = HdfVNodeAdapterIoctl,
        .poll    = HdfVNodeAdapterPoll,
    };
    ......
}
```

驱动程序对外发布服务的细节在 9.7.2 节和 9.7.8 节分别有详细的分析，这里不再赘述。

在执行系统调用 open() 的步骤时，会陷入（trapping）内核中执行对应的 HdfVNode
AdapterOpen() 函数。该函数做了非常多的事情，这将在"内核态的 HdfVNodeAdapter
Open()"小节中详细分析。

步骤 3：绑定服务对象

在这一步，将具体的 HdfIoDispatcher 对象（该对象要实现 Dispatch() 接口）绑定
到 adapter->super->dispatcher 中，然后返回 HdfIoService *ioService 指针（即
&adapter->super）给用户态程序。然后用户态程序可以通过 ioService->dispatcher->
Dispatch() 来调用绑定的 Dispatch() 函数（即 HdfSyscallAdapterDispatch()）并
与内核态驱动进行交互（见"用户态的 Dispatch()"小节的内容）。

在绑定服务对象完成后，将 HdfSyscallAdapter 对象展开，如图 9-46 所示。

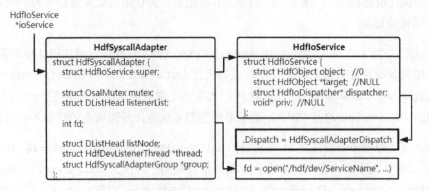

图 9-46　绑定服务对象的 HdfSyscallAdapter 展开图

在图 9-46 中可以看到，HdfSyscallAdapter 的第一个字段是 HdfIoService super，因此 HdfSyscallAdapter 类继承了 HdfIoService 类，HdfSyscallAdapter *adapter 子类对象的指针与 HdfIoService *ioService 父类对象的指针之间可以进行类型转换，并在后继步骤中使用。

3. 用户态的 Dispatch()

用户态程序在成功绑定驱动服务后，会调用 ioService->dispatcher->Dispatch (&ioService->object, ...) 与内核态驱动进行交互。

在图 9-46 中可以看到，这个 Dispatch() 接口的实现为 HdfSyscallAdapterDispatch() 函数，该函数的定义如代码清单 9-103 所示。

代码清单 9-103　//drivers/framework/core/adapter/syscall/src/hdf_syscall_adapter.c

```
static int32_t HdfSyscallAdapterDispatch(struct HdfObject *object, int32_t code,
                                   struct HdfSBuf *data, struct
HdfSBuf *reply)
{
    ......
    //参数 object 实际上是指向 HdfSyscallAdapter.super.object 的指针
    struct HdfSyscallAdapter *ioService = (struct HdfSyscallAdapter *)object;
    struct HdfWriteReadBuf wrBuf;
    ......
    int32_t ret = ioctl(ioService->fd,  HDF_WRITE_READ, &wrBuf);
    ......
    return ret;
}
```

用户态程序在调用 Dispatch() 接口时传入的第 1 个参数固定为 "&ioService->object"。这个参数就是 HdfIoService 类中 object 字段的地址，也是 HdfSyscallAdapter 类对象的起始地址（见图 9-46）。在 HdfSyscallAdapterDispatch() 中会对该参数进行类型转换，将其恢复为 HdfSyscallAdapter 类型的指针，然后使用其中的 ioService->fd 作为传入 ioctl() 函数的第 1 个参数。

用户态程序在调用 Dispatch() 接口时传入的第 2、3、4 个参数，在 HdfSyscall

AdapterDispatch()中经过处理后全部打包进 HdfWriteReadBuf wrBuf 中，作为 ioctl() 的第 3 个参数把整个 wrBuf 内存块一起传送到内核中使用。

其中，第 2 个参数 code 一定是用户态程序和内核态驱动都有定义且定义一致的消息代码。如果用户态程序写入的消息代码在内核态驱动服务中没有定义或定义不匹配，则驱动程序无法处理该消息。

第 3 个参数 data 和第 4 个参数 reply 分别是用户态程序向驱动服务发送的数据和驱动服务向用户态程序返回的数据，两者都是经过序列化处理的数据（见 9.8.2 节）。

在执行系统调用 ioctl() 时，会陷入（trapping）内核中执行对应的 HdfVNodeAdapter Ioctl() 函数。该函数做了非常多的事情，这将在"内核态的 HdfVNodeAdapterIoctl()"小节中详细分析。

4．内核态的 HdfVNodeAdapterOpen()

用户态程序在调用 HdfIoServiceBind() 绑定服务的过程中，执行了 open()，用以打开驱动服务节点。系统调用 open() 的细节在不同的内核中有不同的实现，这里暂不分析，但 open() 最终会调用到驱动发布服务时绑定的文件操作接口 HdfVNodeAdapterOpen()（见代码清单 9-102）。

HdfVNodeAdapterOpen() 接口的实现如代码清单 9-104 所示。

代码清单 9-104　//drivers/framework/core/adapter/vnode/src/hdf_vnode_adapter.c

```
int HdfVNodeAdapterOpen(struct OsalCdev *cdev, struct file *filep)
{
    //步骤1：恢复 HdfVNodeAdapter 对象
    struct HdfVNodeAdapter *adapter = (struct HdfVNodeAdapter *)OsalGetCdevPriv(cdev);
    struct HdfVNodeAdapterClient *client = NULL;
    ......
    //步骤2：创建 HdfVNodeAdapterClient 对象
    client = HdfNewVNodeAdapterClient(adapter);
    ......
    //步骤3：将 client 绑定到文件信息的私有数据段中（即 filep->priv 字段中）
    OsalSetFilePriv(filep, client);

    if (client->ioServiceClient.device != NULL &&
        client->ioServiceClient.device->service != NULL &&
        client->ioServiceClient.device->service->Open != NULL)
    {
        //步骤4：打开设备驱动服务
        ret = client->ioServiceClient.device->service->Open(&client->ioServiceClient);
        ......
    }

    return HDF_SUCCESS;
}
```

根据其调用的接口，可以把 HdfVNodeAdapterOpen() 函数分成 4 个步骤来理解。

步骤 1：恢复 HdfVNodeAdapter 对象

调用 OsalGetCdevPriv(cdev) 函数，从参数 cdev->priv 中恢复出一个 HdfVNode

Adapter *adapter。这样一来，这一步就与图 9-29 或图 9-43 中的 HdfVNodeAdapter 关联起来了。注意，这两张图的 HdfIoService->target 字段指向不同的服务接口对象。图 9-29 中的 HdfVNodeAdapter 供 dev_mgr 这个设备驱动使用。图 9-43 中的 HdfVNode Adapter 供其他所有的设备驱动使用（在理解本节内容时，主要参考图 9-43）。

步骤 2：创建 HdfVNodeAdapterClient 对象

调用 HdfNewVNodeAdapterClient()创建一个 HdfVNodeAdapterClient client 对象，并对 client 对象进行初始化工作（主要是将 adapter 中的一些重要信息绑定到 client 的对应字段中）。

步骤 3：将 client 绑定到文件信息的私有数据段中

调用 OsalSetFilePriv(filep, client)将 client 绑定到当前驱动服务节点文件信息的私有数据段中（即 filep->priv 字段，见图 9-47 的左上角）。这个驱动服务节点文件信息在 LiteOS_A 内核和 Linux 内核中有不同的定义，但作用都是一样的。

这一步操作让具体的文件（即驱动服务节点文件）与具体设备的 HdfVNodeAdapter Client 对象、HdfVNodeAdapter 对象、HdfIoService 对象以及 HdfDeviceObject 对象等关联起来，如图 9-47 所示。

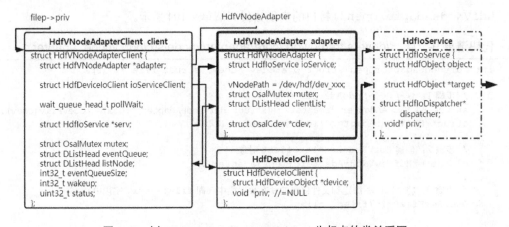

图 9-47　以 HdfVNodeAdapterClient 为起点的类关系图

在图 9-47 中，HdfIoService 对象是用虚线画出的，这是因为对于 dev_mgr 和具体的某个设备来说，HdfIoService->target 所指向的对象是完全不同的，需要分别对接图 9-29 或图 9-43 中对应的部分（本节重点关注图 9-43）。

步骤 4：打开设备驱动服务

这一步不是必需的，甚至大多数时候都会因为 service->Open 为 NULL 而不执行这一步。

在 IDeviceIoService 接口类中实际声明了 3 个函数指针，分别是 .Open、.Dispatch 和 .Release。在驱动业务代码的 Bind()函数中，必须要为其中的 IDeviceIoService 对象的 .Dispatch 函数指针绑定一个 XxxDriverDispatch()实现函数，而 .Open 和 .Release 则不是必须要绑定的，开发者可以根据实际需要进行绑定（见代码清单 9-26 和代码清单 9-80)。

所以，在一般情况下会因为 service->Open 为 NULL 而不执行这一步。如果开发者为 .Open 函数指针绑定了实现函数，则这一步会调用绑定的实现函数以实现开发者定制的一些功能。

至此，内核态驱动构建了一条从 filep->priv 到具体设备驱动的 HdfDeviceObject 的通道（见图 9-47），供接下来的 HdfVNodeAdapterIoctl() 和 DeviceNodeExt Dispatch() 使用。

5. 内核态的 HdfVNodeAdapterIoctl()

用户态程序在调用 Dispatch() 接口向内核态驱动发送命令和数据时，执行 ioctl() 与内核进行交互。系统调用 ioctl() 的细节在不同的内核中有不同的实现，这里暂不分析，但 ioctl() 最终会调用到驱动发布服务时绑定的文件操作接口 HdfVNodeAdapterIoctl()（见代码清单 9-102）。

HdfVNodeAdapterIoctl() 接口的实现如代码清单 9-105 所示。

代码清单 9-105 //drivers/framework/core/adapter/vnode/src/hdf_vnode_adapter.c

```
static long HdfVNodeAdapterIoctl(struct file *filep, unsigned int cmd, unsigned
long arg)
{
    struct HdfVNodeAdapterClient *client =  \
            (struct HdfVNodeAdapterClient *)OsalGetFilePriv(filep);
    ......
    switch (cmd) {
        case HDF_WRITE_READ:
            return HdfVNodeAdapterServCall(client, arg);
        ......
    }
}
```

我们来看一下传入 HdfVNodeAdapterIoctl() 函数的 3 个参数的详情。

- 参数 filep：对应代码清单 9-103 中在调用 ioctl() 时传入的第 1 个参数 ioService->fd（内核在实现 ioctl() 系统调用时对这个 ioService->fd 进行处理，将其转换为 filep）。在 HdfVNodeAdapterIoctl() 函数中通过 OsalGetFilePriv (filep) 可以获取 filep->priv 字段的数据并将其类型强制转换回 HdfVNode AdapterClient 对象指针，以供后继步骤使用（见图 9-47 左上角的 filep->priv）。

- 参数 cmd：对应代码清单 9-103 中在调用 ioctl() 时传入的第 2 个参数 HDF_WRITE_READ（该参数是使用 ioctl 机制实现用户态与内核态的交互时，用户态程序和内核态驱动都有定义且定义一致的消息代码）。

- 参数 arg：对应代码清单 9-103 中在调用 ioctl() 时传入的第 3 个参数 &wrBuf（该参数是一块内存的起始地址，用户态程序将消息和数据打包到这块内存空间中作为一个整体传入内核空间供内核态驱动使用）。

在 HdfVNodeAdapterIoctl() 函数中，我们先只关注对 HDF_WRITE_READ 命令的处理，

对其他命令的处理请读者自行理解。

HDF_WRITE_READ 命令是通过调用 HdfVNodeAdapterServCall() 进行处理的，该函数的定义如代码清单 9-106 所示。

代码清单 9-106 //drivers/framework/core/adapter/vnode/src/hdf_vnode_adapter.c

```c
static int HdfVNodeAdapterServCall(const struct HdfVNodeAdapterClient *client,
                                   unsigned long arg)
{
    struct HdfWriteReadBuf bwr;  //内核空间的临时内存块
    //bwrUser 和 arg 指针指向的内存块是属于用户空间的内存块
    struct HdfWriteReadBuf *bwrUser = (struct HdfWriteReadBuf *)((uintptr_t)arg);
    struct HdfSBuf *data = NULL;
    struct HdfSBuf *reply = NULL;
    ......
    //把 bwrUser 指针指向的整块内存（在用户空间）复制到 bwr 中（在内核空间）
    //整块内存中包含了 data、reply、cmdCode 等数据
    //CopyFromUser() 在不同的内核中有不同的实现（在 Linux 内核中用 copy_from_user() 实现）
    if (CopyFromUser(&bwr, (void*)bwrUser, sizeof(bwr)) != 0) {
    }
    ......
    //把 bwr 中用户空间传下来的 data 部分提取出来，并按 SBUF_RAW 类型
    //还原回 HdfSBufRaw 结构（见图 9-45）
    data = HdfSbufCopyFromUser(bwr.writeBuffer, bwr.writeSize);
    ......
    //在内核空间单独申请一块内存，用于临时存放 reply 数据
    reply = HdfSBufObtainDefaultSize();
    ......
    //把 client->ioServiceClient 的地址写入 reply，在 Dispatch() 中使用
    //注意，此时的 reply 在内核空间中是可以随意读写的
    (void)HdfSbufWriteUint64(reply, (uintptr_t)&client->ioServiceClient);

    //调用当前设备驱动服务绑定的 Dispatch() 函数（见图 9-43）
    //"内核态的 DeviceNodeExtDispatch()"小节将对此函数进行详细分析
    ret = client->adapter->ioService.dispatcher->Dispatch(
                         client->adapter->ioService.target,
                         bwr.cmdCode, data, reply);
    //Dispatch() 处理完 cmdCode 消息后，需要内核返回给用户态程序的数据已经写入 reply
    //调用 HdfSbufCopyToUser() 把 reply 的数据，复制到 bwr 中指定的位置（在内核空间）
    if (bwr.readSize != 0 &&
        HdfSbufCopyToUser(reply, (void*)(uintptr_t)bwr.readBuffer,
        bwr.readSize) != HDF_SUCCESS) {
    }
    //在 bwr 中的指定位置记录 reply 数据的大小
    bwr.readConsumed = HdfSbufGetDataSize(reply);

    //把 bwr 整块内存（在内核空间）复制到 bwrUser（即 arg）指向的内存块中（在用户空间）
    //覆盖掉原有的数据，复制的数据包含了原始的 data、经处理后的 reply、原始的 cmdCode 等
    //CopyToUser() 在不同的内核中有不同的实现（在 Linux 内核中用 copy_to_user() 实现）
    if (CopyToUser(bwrUser, &bwr, sizeof(struct HdfWriteReadBuf)) != 0) {
    }
    return ret;
}
```

代码清单 9-106 中的注释基本上把 HdfVNodeAdapterServCall() 函数中做的事情都解释清楚了。

从函数中对 CopyFromUser() 和 CopyToUser()、HdfSbufCopyFromUser() 和

HdfSbufCopyToUser()这两组总计 4 个函数的使用，可以看出在用户态程序与内核态驱动的
交互中传送的 data 和 reply 的数据流向是单向的（即 data 的数据只能从用户空间复制到内
核空间，而 reply 的数据只能从内核空间复制到用户空间）。

6. 内核态的 DeviceNodeExtDispatch()

在代码清单 9-106 中，HdfVNodeAdapterServCall()调用的 client->adapter->
ioService.dispatcher->Dispatch()，经过以 client 为起点的一连串指针重定向
后（请结合图 9-47 和图 9-43 来理解），最终调用 Dispatch 函数指针指向的 DeviceNodeExt
Dispatch()函数。

DeviceNodeExtDispatch()函数是在设备驱动的启动过程中，发布用户态服务时绑定
到 Dispatch 函数指针的（见代码清单 9-83）。DeviceNodeExtDispatch()函数的定义如
代码清单 9-107 所示。

代码清单 9-107 //drivers/framework/core/common/src/hdf_device_node_ext.c

```
static int DeviceNodeExtDispatch(struct HdfObject *stub, int code,
                               struct HdfSBuf *data, struct HdfSBuf *reply)
{
    //注意第 1 个参数 stub 是传入的 client->adapter->ioService.target
    //这是一个指向 HdfDeviceObject 类型的指针（见图 9-43 的右上角部分）
    struct IDeviceIoService *deviceMethod = NULL;
    const struct HdfDeviceInfo *deviceInfo = NULL;
    struct HdfDeviceNode *devNode = NULL;

    //将 reply 中带进来的 client->ioServiceClient 地址取出，保存到 ioClientPtr
    uint64_t ioClientPtr = 0;
    if (!HdfSbufReadUint64(reply, &ioClientPtr) || ioClientPtr == 0) {
    }
    HdfSbufFlush(reply);    //清空 reply 内存块

    //stub 实际上是 HdfDeviceObject deviceObject 这个字段的地址
    //CONTAINER_OF 的作用是根据 deviceObject 的地址和它在 HdfDeviceNode 结构体中的
    //偏移量，反向计算出 HdfDeviceNode 的起始地址，并记录到 devNode 中
    //这样就可以访问以 HdfDeviceNode:device0 为中心的所有可达资源
    //包括所有的配置信息、结构体和 API 等（请参考图 9-43 来理解这一步操作）
    devNode = CONTAINER_OF(stub, struct HdfDeviceNode, deviceObject);

    //deviceMethod 包含了当前设备节点在 Bind()函数中绑定的 XXXDriverDispatch()函数
    deviceMethod = devNode->deviceObject.service;
    //deviceInfo 包含了当前设备节点的在 hcs 文件中配置的设备私有属性信息
    deviceInfo = devNode->deviceInfo;

    if (deviceInfo->policy == SERVICE_POLICY_CAPACITY) {   //2
        //policy 为 2，确保当前设备可以对用户态提供服务，这样就可以调用
        //在 Bind()函数中绑定的 XXXDriverDispatch()函数了
        //注意第 1 个参数是 ioClientPtr（即 client->ioServiceClient 的地址）
        return deviceMethod->Dispatch(
                (struct HdfDeviceIoClient *)((uintptr_t)ioClientPtr),
                code, data, reply);
    }
    return HDF_FAILURE;
}
```

代码清单 9-107 中的注释基本上把在 DeviceNodeExtDispatch()函数中做的事情都解

释清楚了。

在最后一步调用的 deviceMethod->Dispatch() 函数，就是我们在驱动入口对象的 Bind() 函数中绑定的驱动对外服务的 XXXDriverDispatch() 函数（见 9.3.3 节）。而参数 ioClientPtr 就是 client->ioServiceClient 字段的地址（见图 9-47），即 ioClientPtr 是 HdfDeviceIoClient 类型的指针，完全匹配 XXXDriverDispatch() 的第一个参数。

在图 9-47 中可以看到，ioServiceClient->device 是一个指向 HdfDeviceObject 类型的指针，它指向的地方与 HdfIoService->target 指向的地方一致（即 HdfDeviceNode:device0 中 HdfDeviceObject deviceObject 字段的位置，见图 9-43）。通过该 HdfDeviceObject 指针可以访问 device0（devNode）的所有信息和接口以对外提供服务。

9.9 在用户空间部署驱动框架

9.3 节～9.7 节分析的内容全部与部署在内核空间部分的驱动框架相关，是驱动框架为上层用户空间提供服务的基础部分。而驱动框架部署在用户空间的部分，则为 OpenHarmony 的用户态程序提供了一个与内核态驱动进行交互的桥梁。不过，它不仅仅起到了一个桥梁的作用，它还几乎是内核空间部分驱动框架的一个副本，在用户空间为 OpenHarmony 提供了更加丰富的驱动能力。

9.9.1 开源许可证的影响

在 OpenHarmony 的每一个代码仓库根目录下都有一个 LICENSE 文件，里面写明了对该源代码仓库所使用的开源许可协议或者版权声明，开发者或者商业公司在使用这个仓库的代码时必须遵循对应协议的要求。

OpenHarmony 目前有 450 个以上的代码仓库，大部分代码仓库都使用 Apache 开源许可证，其余代码仓库（特别是第三方开源软件仓库）则会使用不同的开源许可证。

在 OpenHarmony 系统中，与设备驱动开发相关的几个代码仓库所使用的开源许可证如表 9-12 所示。

表 9-12 设备驱动开发相关仓库的开源许可证列表

代码仓库	开源许可证
//device/hisilicon/build/	Apache License
//device/hisilicon/drivers/[除 wifi 子目录]	Apache License
//device/hisilicon/drivers/wifi/	GPL V2 License
//device/hisilicon/[子目录下的各代码仓库]	Hisilicon、Huawei 的版权声明或开源许可证

续表

代码仓库	开源许可证
//drivers/adapter/khdf/liteos	BSD3 License
//drivers/adapter/khdf/liteos_m	BSD3 License
//drivers/adapter/uhdf	Apache License
//drivers/adapter/uhdf2	Apache License
//drivers/framework/	双许可证: GPL V2 License 或 BSD3 License
//drivers/liteos/	Huawei 的版权声明
//drivers/peripheral/	Apache License
//kernel/linux/	GPL V2 License
//kernel/liteos_a/	BSD3 License
//kernel/liteos_m/	BSD3 License
//productdefine/common/	Apache License
//vendor/hisilicon/	Apache License

> **注意**　　表 9-12 中 //device/hisilicon/ 目录下的代码仓库,在 Master 分支上已经调整部署路径或移除了。

在表 9-12 中,仓库的开源许可证主要以 Apache License、BSD3 License、GPL V2 License 这 3 个为主。

Apache License 是 Apache 软件基金会发布的一个自由软件许可证。

BSD3 License 是 3-Clause Berkeley Software Distribution License (伯克利软件发行版许可证第三条款)。

Apache License 和 BSD3 License 差不多(细微的差别请自行查询资料理解),而且它们一个很大的共同点就是允许对源代码进行修改和二次发布(开源发布或闭源发布都可以),这对商业应用来说非常友好。商业公司可以基于使用了这两个许可证的第三方开源软件进行二次开发,并把自己的核心技术部分闭源发布,以此保护商业机密,保持核心竞争力。

GPL V2 License 是 GNU General Public License Version 2 (GNU 通用公共许可证第 2 版),它是开源世界中最常用的许可模式之一,Linux 内核就采用了 GPL V2 License。

GPL V2 License 与 Apache Licence、BSD3 License 等鼓励代码重用的许可证不大一样。GPL V2 License 的重点是代码的开源和免费使用,如果使用者对开源的代码进行了修改,则这部分代码也需要开源并允许免费使用,而不能将修改后的开源代码以闭源的商业软件进行发布和销售。也就是说,商业公司可以直接在自己的闭源代码中免费使用 GPL 授权的开源代码,只要不对开源代码进行修改,就可以保持闭源代码继续闭源,开源代码继续开源。但是,一旦商业公司对开源代码进行了修改,则修改后的代码也必须要开源。

理解了 3 个许可证的这个差别，就可以理解表 9-12 中对开源许可证的使用上的差别了。

//device/hisilicon/drivers/wifi/和//drivers/framework/这两个代码仓库中的代码都会修改并部署到 Linux 内核中，它们也必须遵守 GPL 进行开源声明。而其他代码仓库（如//drivers/peripheral/等）虽然会直接使用 GPL 下的//drivers/framework/仓库下的代码，但是并没有进行修改，所以可以不使用 GPL。

一般而言，商业公司在基于开源软件进行二次开发时，会将开发的平台驱动和各种外围硬件驱动程序当作核心的商业机密加以保护，并不会开源。如果这些程序不需要修改 Linux 内核或相关的 GPL 下的代码，而是直接使用它们，则还可以采用闭源的方式来保护这些程序。但是在实际开发中，很多时候是需要修改内核或者驱动框架代码的，这样的话就无法以闭源的方式来保护核心的商业机密了。

OpenHarmony 虽然使用了 Linux 内核，但是却给了商业公司一个选择，即在用户空间部署驱动框架，让商业公司开发的产品驱动程序的核心部分以闭源的形式部署在用户空间，然后直接使用 HDI 接口与内核态的驱动框架进行交互。这样一来，可以修改内核态的驱动框架和非核心的驱动程序，使其适配 Linux 内核并按 GPL 进行开源。

而 LiteOS_A 内核或 LiteOS_M 内核，本身就是基于 Apache License、BSD3 License 的，因此可以直接在内核以闭源的方式发布产品的核心驱动程序，而不需要在用户空间部署驱动框架（不过小型系统还是在用户空间部署了驱动框架的部分基础能力，见 9.9.2 节）。

9.9.2 小型系统的用户态基础驱动能力

9.5.3 节在分析用户空间部分驱动框架的编译配置时讲到，小型系统会在用户空间部署平台的 MMC、EMMC、I2C、UART 基础驱动能力。这里是以 I2C 为例，进行深入介绍。

小型系统在用户空间部署 I2C 驱动能力的编译脚本如代码清单 9-108 所示。

代码清单 9-108 //drivers/adapter/uhdf/platform/BUILD.gn

```
HDF_FRAMEWORKS = "//drivers/framework"
shared_library("hdf_platform") {
  sources = [
    ......
    "$HDF_FRAMEWORKS/support/platform/src/i2c_if.c",
    ......
  ]
  ......
  defines = [ "__USER__" ]   //用户空间代码使用的宏
......
}
```

小型系统在用户空间部署 I2C 驱动能力的代码实现（以 I2cOpen()函数为例）如代码清单 9-109 所示。

代码清单 9-109 //drivers/framework/support/platform/src/i2c_if.c

```
DevHandle I2cOpen(int16_t number)
{
```

```
#ifdef __USER__   //用户空间执行宏__USER__控制部分代码
......
    struct HdfIoService *service = (struct HdfIoService *) HdfIoServiceBind
(I2C_SERVICE_NAME);
......
    service->dispatcher->Dispatch(&service->object, I2C_IO_OPEN, data, reply);
......
#else   //内核空间执行这段代码
    return (DevHandle)I2cCntlrGet(number);
#endif
}
```

在代码清单 9-108 和代码清单 9-109 中可以看到，在用户空间上部署的 I2C 驱动能力的实现代码还是使用了 9.8 节介绍的消息机制，只不过多了一层封装而已（MMC、EMMC、UART 驱动能力也类似）。无论是在内核态驱动中直接调用 I2cCntlrGet()，还是在用户态通过 service->dispatcher->Dispatch() 消息机制最终调用内核态的 I2cCntlrGet()，都要进入 i2c_core.c 提供的服务中。可以结合图 9-48 和图 9-49 来阅读 I2C 驱动能力的完整源代码，以理解相关的调用流程。

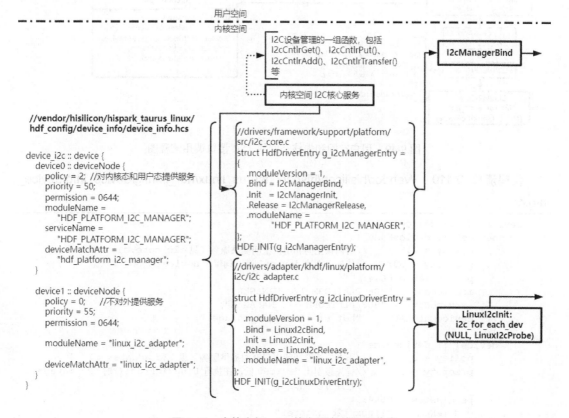

图 9-48　内核空间 I2C 核心服务的配置信息

对于 g_i2cManagerEntry 和 g_i2cLinuxDriverEntry 所绑定的设备驱动配置信息，如代码清单 9-110 所示。

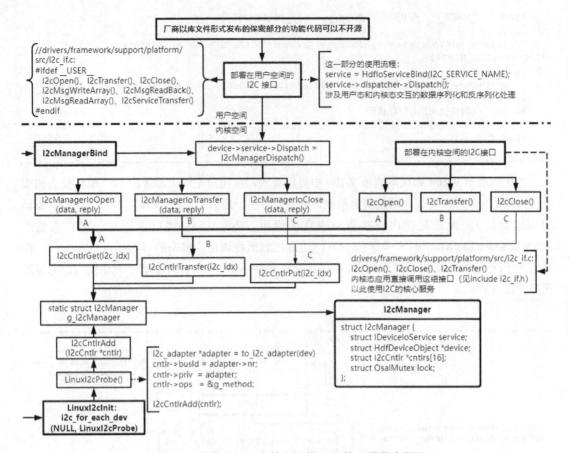

图 9-49　用户空间和内核空间的 I2C 接口调用流程图

代码清单 9-110　//vendor/hisilicon/hispark_taurus_linux/hdf_config/device_info/device_info.hcs

```
device_i2c :: device {
    device0 :: deviceNode {
        policy = 2;        //对内核空间和用户空间提供服务（见 i2c_core.c）
        priority = 50;     //优先级别比 device1 高，确保比 device1 先启动
        permission = 0644;
        moduleName = "HDF_PLATFORM_I2C_MANAGER";
        serviceName = "HDF_PLATFORM_I2C_MANAGER";
        deviceMatchAttr = "hdf_platform_i2c_manager";
    }
    device1 :: deviceNode {
        policy = 0;        //不对内核空间或用户空间提供服务（见 i2c_adapter.c）
        priority = 55;     //优先级别比 device0 低，在执行 LinuxIcProbe() 时 i2c_manager
                           //已经可以工作
        permission = 0644;
        moduleName = "linux_i2c_adapter";
        deviceMatchAttr = "linux_i2c_adapter";
    }
}
```

从代码清单 9-110 中的信息可以了解到，device_i2c 的 "device1 :: deviceNode" 在生成驱动节点信息时，会根据 deviceMatchAttr（即 linux_i2c_adapter）在驱动配置信息树上查找到匹配的 i2c_config 节点（该节点定义在 .../hdf_config/device/i2c/

`i2c_config_linux.hcs` 文件中），并关联该节点下的 8 个设备叶子节点。而这 8 个设备叶子节点就对应了 `i2c_bus0~i2c_bus7` 这 8 个 I2C 控制器（`i2c_bus0~i2c_bus7` 定义在 `hi3516dv300.dtsi` 设备树文件中，该文件通过补丁文件 `hi3516dv300.patch` 在编译 Linux 内核前添加到内核中）。

在设备节点的驱动程序启动到 `Init()` 步骤时，会根据这 8 个叶子节点提供的信息去探测（probe）对应的 8 个 I2C 控制器，读出并记录对应的控制器信息（比如寄存器地址、时钟配置等），然后将它们通过 `i2c_core` 提供的 `I2cCntlrAdd(cntlr)` 添加到 `static struct I2cManager *g_i2cManager` 中进行记录和备用。

而在 `device_i2c` 的 "device0 :: deviceNode" 启动到 `Bind()` 步骤时，会为对用户空间提供服务的 `Dispatch()` 接口绑定 `I2cManagerDispatch()` 实现函数。

所以无论是内核态驱动还是用户态程序，在需要使用 `i2c_core` 提供的服务时，内核态程序会直接使用 `i2c_if.c` 定义的接口，而用户态程序则直接运行 `i2c_if.c` 中宏 `__USER__` 控制部分的 `Dispatch()` 接口，通过消息机制陷入内核态并使用内核态驱动的接口实现功能，两者其实是殊途同归。

9.9.3 标准系统的用户态驱动框架概述

9.5.4 节在对用户空间部分驱动框架的编译配置进行分析时讲到，标准系统会在用户空间部署完整的驱动框架。它与 9.7 节分析的内容相呼应，但又有自己的实现。

部署在内核态的驱动框架作为一个整体运行在内核进程中，所以可以在一张流程图上将 9.6 节和 9.7 节中涉及的所有模块和相关数据结构直接完整地串联在一起。而且，DeviceManager、DeviceHosts 之间仅仅是逻辑上的隔离，它们之间可以直接互相调用，不存在跨进程之类的麻烦，并且内核态所有的 `Dispatch()` 接口都是对用户空间提供服务的接口。

但是部署在用户态的驱动框架就不是全部在一个进程中了。DeviceManager 是一个独立的进程，由它为每个 Host 创建（即调用 `fork()` 函数）一个子进程并独立运行。DeviceManager、DeviceHosts 之间的隔离是跨进程的，不能直接互相调用接口，需要通过 IPC 来远程调用，它们各自的模块和数据结构无法直接通过一张流程图连接在一起。

下面看一下标准系统上部署在用户态的驱动框架是如何工作的。

如 9.5.4 节的分析以及代码清单 9-42 所示，我们先只关注如代码清单 9-111 所示的一些编译目标。

代码清单 9-111 //drivers/adapter/uhdf2/ohos.build

```
"//drivers/adapter/uhdf2/osal:libhdf_utils",        #组件 2.1 用户态驱动的工具组件
"//drivers/adapter/uhdf2/ipc:libhdf_ipc_adapter",   #组件 2.2 用户态驱动的 IPC 适配组件
"//drivers/adapter/uhdf2/hdi:libhdi",               #组件 2.3 用户态驱动的 HDI 接口组件

"//drivers/adapter/uhdf2/manager:hdf_devmgr",       #组件 2.4 hdf_devmgr 进程入口和主体
"//drivers/adapter/uhdf2/manager:hdf_devmgr.rc",    #组件 2.5 hdf_devmgr 进程自动运行的
                                                    #配置脚本
```

```
"//drivers/adapter/uhdf2/host:hdf_devhost",        #组件 2.6 hdf_host 进程的入口
"//drivers/adapter/uhdf2/host:libhdf_host",        #组件 2.7 hdf_host 进程的主体

"//drivers/adapter/uhdf2/config:libhdf_hcs",    #组件 2.8 用户态驱动配置信息解析模块
"//drivers/adapter/uhdf2/hcs:hdf_default.hcb", #组件 2.9 用户态驱动配置信息编译目标
```

下面对这些编译目标进行简单解释。

- 组件 2.1：是用户态驱动的工具组件（如打印日志的接口）。

- 组件 2.2：是针对与用户态驱动框架的进程间通信而开发的适配模块（可以参考第 7 章的内容进行理解）。

- 组件 2.3：是用户态驱动框架对外的统一的 HDI 接口（详见 9.12.1 节的分析）。

- 组件 2.4：是 hdf_devmgr 进程可执行程序的入口和主体。

- 组件 2.5：是 hdf_devmgr 进程自动加载和运行的配置脚本。

- 组件 2.6：是 hdf_devhost 进程可执行程序的入口（即 hdf_devmgr 进程调用 fork() 创建的子进程运行 hdf_devhost 可执行程序，以此进入组件 2.7 的 libhdf_host 提供的接口和相关流程中）。

- 组件 2.7：是 hdf_devhost 进程可执行程序的主体。

- 组件 2.8 和组件 2.9：分别是用户态驱动框架的驱动配置信息解析工具和驱动配置文件的编译目标（可以直接阅读 BUILD.gn 进行理解）。其中，组件 2.9 是由 //vendor/hisilicon/Hi3516DV300/hdf_config/uhdf/ 目录下的 hcs 源文件编译生成的，部署在系统的 /system/etc/hdfconfig/ 目录下（请参考 9.3.2 节的分析理解）。

我们重点关注组件 2.4~2.7。查看其中的 hdf_devmgr 进程和 hdf_devhost 进程的编译脚本，把它们各自编译的源代码文件整理成如表 9-13 所示的表格。

表 9-13　hdf_devmgr 与 hdf_devhost 的编译代码比较

.../uhdf2/manager/BUILD.gn（hdf_devmgr 进程编译脚本）	.../uhdf2/host/BUILD.gn（hdf_devhost 进程编译脚本）
device_manager.c(hdf_devmgr 进程的入口)	devhost.c（hdf_devhost 进程的入口）
$hdf_fwk_path/core/shared/src/hdf_object_manager.c	
src/devmgr_object_config.c	$hdf_uhdf_path/host/src/devhost_object_config.c
$hdf_fwk_path/core/manager/src/devmgr_service.c	$hdf_fwk_path/core/host/src/devmgr_service_clnt.c
src/devmgr_service_full.c	
src/devmgr_service_stub.c	$hdf_uhdf_path/host/src/devmgr_service_proxy.c
$hdf_fwk_path/core/manager/src/devsvc_manager.c	$hdf_fwk_path/core/host/src/devsvc_manager_clnt.c

续表

.../uhdf2/manager/BUILD.gn （hdf_devmgr 进程编译脚本）	.../uhdf2/host/BUILD.gn （hdf_devhost 进程编译脚本）
$hdf_fwk_path/core/manager/src/devsvc_ manager.c	$hdf_uhdf_path/host/src/hdf_devsvc_ manager_clnt.c
src/devsvc_manager_stub.c	$hdf_uhdf_path/host/src/devsvc_man ager_proxy.c
$hdf_fwk_path/core/manager/src/hdf_ driver_installer.c	$hdf_fwk_path/core/host/src/hdf_dri ver_loader.c
src/driver_installer_full.c	$hdf_uhdf_path/host/src/driver_loa der_full.c
$hdf_fwk_path/core/manager/src/dev host_service_clnt.c	$hdf_fwk_path/core/host/src/devhost_ service.c
	$hdf_uhdf_path/host/src/devhost_ser vice_full.c
src/devhost_service_proxy.c	$hdf_uhdf_path/host/src/devhost_ser vice_stub.c
$hdf_fwk_path/core/manager/src/devi ce_token_clnt.c	$hdf_fwk_path/core/host/src/hdf_dev ice_token.c
src/device_token_proxy.c	$hdf_uhdf_path/host/src/device_tok en_stub.c
	$hdf_fwk_path/core/host/src/hdf_de vice_object.c
	$hdf_fwk_path/core/host/src/hdf_dev ice_node.c
	$hdf_fwk_path/core/host/src/hdf_dev ice.c
	$hdf_uhdf_path/host/src/hdf_device_ full.c
	$hdf_uhdf_path/host/src/hdf_device_ thread.c
src/devmgr_query_device.c	$hdf_uhdf_path/host/src/device_ser vice_stub.c
$hdf_fwk_path/core/manager/src/hdf_host_info.c	
$hdf_fwk_path/core/shared/src/hdf_device_info.c	
$hdf_uhdf_path/shared/src/hdf_device_info_full.c	
$hdf_fwk_path/core/shared/src/hdf_service_record.c	
$hdf_uhdf_path/shared/src/dev_attribute_parcel.c	
$hdf_uhdf_path/shared/src/hdf_attribute_full.c	
src/hdf_get_attribute.c	
以下为供 PnP 设备部分使用的代码	以下为供服务观察者、订阅者、电源管理等部分 使用的代码

.../uhdf2/manager/BUILD.gn （hdf_devmgr 进程编译脚本）	.../uhdf2/host/BUILD.gn （hdf_devhost 进程编译脚本）
`$hdf_fwk_path/model/usb/src/usb_ddk_` `pnp_loader.c`	`$hdf_fwk_path/core/host/src/hdf_obs` `erver_record.c`
`src/devmgr_virtual_service.c`	`$hdf_fwk_path/core/host/src/hdf_ser` `vice_observer.c`
`src/devmgr_pnp_service.c`	`$hdf_fwk_path/core/host/src/hdf_ser` `vice_subscriber.c`
`src/usb_pnp_manager.c`	`$hdf_fwk_path/core/host/src/power_` `state_token.c`

在表 9-13 中，`$hdf_fwk_path` 路径下的代码是与部署在内核空间的驱动框架共用的代码，部分数据结构和接口则会在对应的 `xxx_full.c` 等部署在用户空间的代码中进行继承、扩展和重定义。

`hdf_devmgr` 与 `hdf_devhost` 进程间的交互流程可以用图 9-50 来简单表示。9.10 节和 9.11 节将会对图 9-50 所示的交互流程进行详细分析。

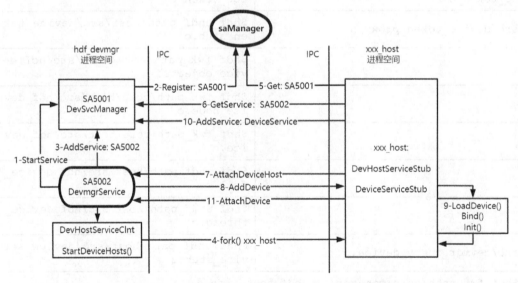

图 9-50　`hdf_devmgr` 与 `hdf_devhost` 的交互流程

9.10　用户态驱动框架的 hdf_devmgr 进程

从开发板通电到系统内核（包括内核态的驱动框架）启动完毕后，OpenHarmony 进入用户态根进程 init 的启动阶段。init 进程会读取并解析 /system/etc/init/ 目录下的 .cfg 文件，并根据这些 .cfg 文件的描述按顺序启动对应的用户态进程。

在这些 .cfg 文件中，`hdf_devmgr.cfg` 文件用于启动用户态驱动框架的 `hdf_devmgr` 进程（该进程的编译配置见 9.9.3 节），而 `hdf_devmgr` 进程的运行入口在 //drivers/

adapter/uhdf2/manager/device_manager.c 文件中。

9.10.1 启动 hdf_devmgr 进程

hdf_devmgr 进程的运行入口如代码清单 9-112 所示。

代码清单 9-112　//driver/adapter/uhdf2/manager/device_manager.c

```
int main()
{
    //步骤 1：创建 DevmgrServiceStub 对象
    struct IDevmgrService* instance = DevmgrServiceGetInstance();
    ......
    //步骤 2：启动 DevmgrServiceStub 服务
    status = instance->StartService(instance);
    ......
    //步骤 3：启动 DevmgrServiceStub 的消息循环
    looper->Start(looper);
}
```

根据 hdf_devmgr 进程在启动过程调用的函数，可将其分成如下 3 个步骤。下面分别来看一下。

1. 步骤 1：创建 DevmgrServiceStub 对象

这一步通过调用 DevmgrServiceGetInstance() 创建一个 DevmgrServiceStub 对象，其流程如图 9-51 所示。

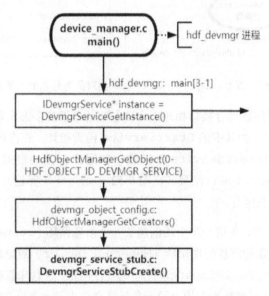

图 9-51　创建 DevmgrServiceStub 对象的流程

在图 9-51 中的 DevmgrServiceStubCreate() 函数的子流程中（请读者自行整理该子流程），hdf_devmgr 进程创建了一个 DevmgrServiceStub 类对象并对其各字段进行初始化，不过 DevmgrServiceStub->remote 字段需要到稍后的步骤才会配置有效值。

hdf_devmgr 进程在 DevmgrServiceStub 类的构造函数中,递归调用了 Devmgr
ServiceStub 类的父类(DevmgrServiceFull)和祖父类(DevmgrService)的构造函
数,分别将各类的相关字段初始化,也为 IDevmgrService 接口类的函数指针绑定了一组实
现函数。因此,DevmgrServiceStub 类对象既是 DevmgrServiceFull 类对象,也是
DevmgrService 类对象,而且还是 IDevmgrService 接口类的对象。

以 DevmgrServiceStub 类对象为起点的对象继承关系图如图 9-52 所示。

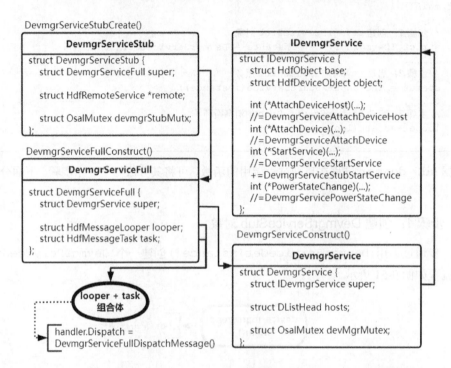

图 9-52　以 DevmgrServiceStub 类对象为起点的继承关系图

在图 9-52 中,需要注意部分接口相对于内核态驱动框架的多态实现(即对函数指针重新赋
值,使其指向新的函数)。如其中的 StartService 函数指针,在内核态驱动框架中初始化为
指向 DevmgrServiceStartService() 函数,但用户态驱动框架中会重新指向 Devmgr
ServiceStubStartService() 函数(在图 9-52 中用 "+=" 标记)。后文会遇到很多类似的
多态实现,读者需要注意区分。

在图 9-52 中可以看到,在这一步中还创建了一个消息循环(looper)和任务对象(task)
的组合体,并将任务对象的消息处理句柄(MessageHandler)对象的 Dispatch 函数指针
绑定为 DevmgrServiceFullDispatchMessage() 函数。这意味着在代码清单 9-112 的步骤
3 运行 looper 时,从消息队列中检出的消息最终会交由 DevmgrServiceFullDispatch
Message() 进行处理。

图 9-52 中的 "looper+task 组合体" 实际上就是一个消息队列以及对消息的处理函数,
其结构体关系如图 9-53 所示(该组合体还会在后面的分析中出现多次)。

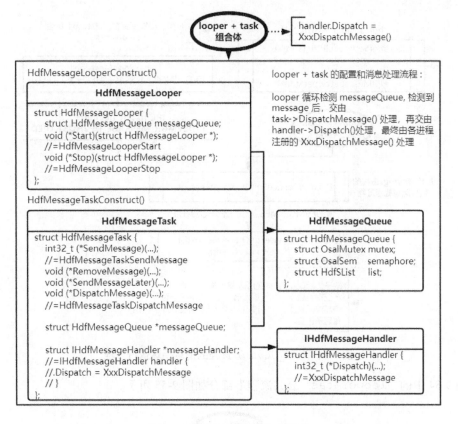

图 9-53 `looper+task` 组合体

2. 步骤 2：启动 DevmgrServiceStub 服务

这一步调用 DevmgrServiceStub 对象的 StartService()接口（即 DevmgrService StubStartService()函数）启动 DevmgrServiceStub 的服务（具体的启动流程见 9.10.2 节的分析）。

3. 步骤 3：启动 DevmgrServiceStub 的消息循环

这一步开始运行在代码清单 9-112 的步骤 1 中创建的"looper+task 组合体"中的消息循环，监测消息队列，并对匹配的消息调用 DevmgrServiceFullDispatchMessage()进行处理，如图 9-54 所示。

hdf_devmgr 进程在消息循环流程中对它的所有子进程的死亡事件做出响应，即在 DevmgrServiceFullDispatchMessage()函数中处理 DEVMGR_MESSAGE_DEVHOST_DIED 类型的消息。

hdf_devmgr 进程在 DevmgrServiceFullOnDeviceHostDied()中获取它的子进程的死亡次数记录 hostDieValue。如果子进程死亡次数超过规定值（即 HOST_MAX_DIE_NUM，其值为 3），则该子进程直接启动失败并不再重启；反之，则会通过 installer->StartDeviceHost (hostId, hostName)重启 hostId 对应的 Host 进程。

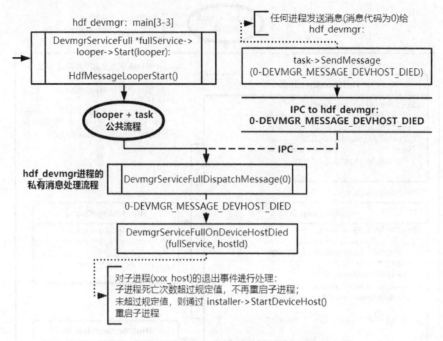

图 9-54 hdf_devmgr 进程的消息循环运行流程

图 9-54 中的"looper+task 公共流程"部分如图 9-55 所示。

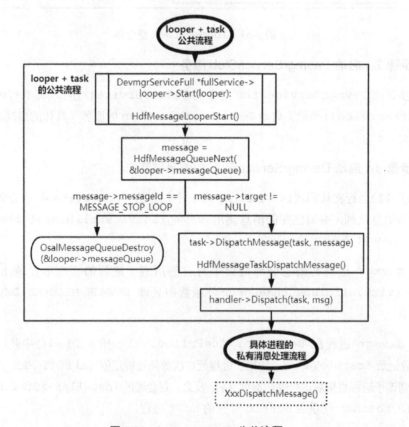

图 9-55 looper+task 公共流程

在图 9-55 中可以看到，hdf_devmgr 进程在公共流程中会循环检测自己的消息队列，从中检出消息，并交由消息处理句柄中绑定的 Dispatch() 函数进行处理。在用户态驱动框架的不同的进程（hdf_devmgr 进程和 xxx_host 进程）中都会执行这个公共流程，只不过各进程绑定的 Dispatch() 函数不同，且处理的消息也不同。

9.10.2 启动 DevmgrServiceStub 服务

这一步对应图 9-50 中的 "1-StartService" 步骤，也是代码清单 9-112 中步骤 2 的详细流程。

启动 DevmgrServiceStub 服务的入口是 DevmgrServiceStubStartService() 函数，该函数的实现如代码清单 9-113 所示。

代码清单 9-113　//driver/adapter/uhdf2/manager/src/devmgr_service_stub.c

```
int DevmgrServiceStubStartService(struct IDevmgrService *inst)
{
    ......
    //步骤 1：创建 DevSvcManagerStub 对象（并向 saManager 注册 SA5001 服务）
    struct IDevSvcManager *serviceManager = DevSvcManagerGetInstance();
    ......
    //步骤 2：绑定 HdfRemoteService 对象
    remoteService = HdfRemoteServiceObtain(...);
    ......
    deviceObject->service = (struct IDeviceIoService *)remoteService;
    //serviceManager->AddService IS DevSvcManagerAddService
    if (serviceManager->AddService != NULL) {
        //步骤 3：添加 SA5002 服务
        status = DevSvcManagerAddService(...);
    }
    ......
    fullService->remote = remoteService;
    //步骤 4：启动 DevmgrServiceStub 服务
    status = DevmgrServiceStartService((struct IDevmgrService *)&fullService->super);

    if (status == HDF_SUCCESS) {
        //步骤 5：绑定 PnP 设备的事件处理句柄（EventHandle）
        DevmgrUsbPnpManageEventHandle(inst);
    }
}
```

在代码清单 9-113 中，将启动 DevmgrServiceStub 服务的过程细分为 5 个步骤，我们分别来看一下。

1. 步骤 1：创建 DevSvcManagerStub 对象

在这一步，DevmgrService 通过调用 DevSvcManagerGetInstance() 创建一个 DevSvcManagerStub 对象，其流程如图 9-56 所示。

在图 9-51 中的 DevSvcManagerStubCreate() 函数的子流程中（请读者自行整理该子流程），DevmgrService 创建了一个 DevSvcManagerStub 类对象并对其各字段进行初始化。

DevmgrService 在 DevSvcManagerStub 类的构造函数中，还调用了它的父类（DevSvcManager）的构造函数分别将各类的相关字段初始化，同时也为 IDevSvcManager 接口类的函数指针绑定了一组函数。因此，DevSvcManagerStub 类对象既是 DevSvcManager 类对象，也是 IDevSvcManager 接口类的对象。

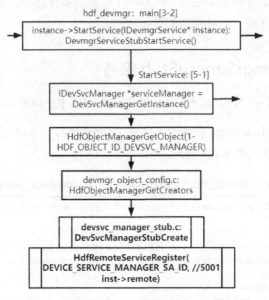

图 9-56　创建 DevSvcManagerStub 对象的流程

在 DevSvcManagerStub 类的构造函数中，除了生成 DevSvcManagerStub 对象，还做了一件非常重要的事情：向 SystemAbilityManager saManager 注册 DevSvcManagerStub 提供的远程服务，服务的 ID 为 DEVICE_SERVICE_MANAGER_SA_ID（其值为 5001）。下文简称为"注册 SA5001 服务"，对应图 9-50 中的"2-Register：SA5001"步骤。

注册 SA5001 的过程分为如下两步。

● 调用 HdfRemoteServiceObtain() 获取一个 HdfRemoteService 对象。

这一步通过 HdfRemoteAdapterObtain() 函数获取 HdfRemoteService 对象，并将当前服务对象的地址和对应的 HdfRemoteDispatcher dispatcher 绑定到 HdfRemoteService 对象中备用（见图 9-57）。

● 调用 HdfRemoteServiceRegister() 注册 SA5001 服务。

这一步将 SA5001 服务注册到 saManager 中，相当于向系统宣布 SA5001 服务可以向整个系统提供服务了。其他进程可以通过 IPC 向 saManager 查询 SA5001 服务并获得服务的远程接口，然后就可以远程使用 SA5001 服务了。

以 DevSvcManagerStub 类对象为起点的对象继承关系图如图 9-57 所示。其中的 DevSvcManagerStub->remote->target 指针，指向了 IDevSvcManager 对象的起始地址（实际上就是 DevSvcManagerStub 对象的起始地址）。

在图 9-57 中，HdfRemoteAdapterObtain() 函数主要是创建了一个 HdfRemoteService Holder 对象和一个 HdfRemoteService 对象（见图 9-58），并为它们绑定远程服务的 IPC binder、服务接口和对应的 dispatcher->Dispatch() 函数，用于向 saManager 远程注册服务或者为其他进程提供远程服务。

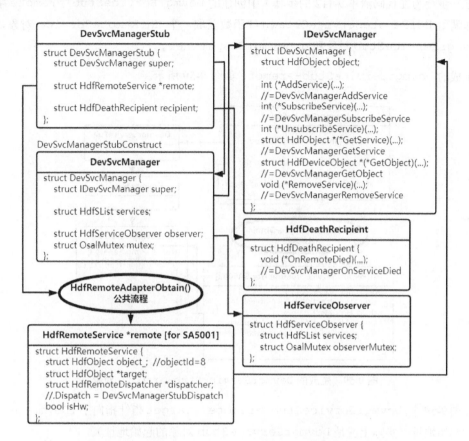

图 9-57　以 DevSvcManagerStub 类对象为起点的继承关系图

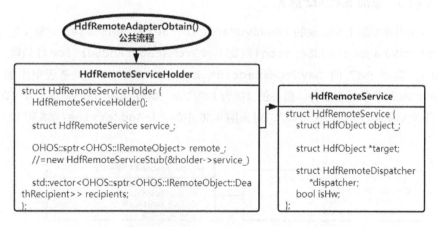

图 9-58　HdfRemoteServiceObtain() 创建的对象

在用户态驱动框架的不同进程（hdf_devmgr 进程和 xxx_host 进程）中，都会调用 HdfRemoteAdapterObtain() 函数，但是绑定的 HdfRemoteService 对象和为 dispatcher->Dispatch() 绑定的函数各不相同，以此实现不同进程各自提供不同的服务。

2．步骤 2：绑定 HdfRemoteService 对象

这一步会为在代码清单 9-112 的步骤 1 中创建的 DevmgrServiceStub->remote 字段赋值，即调用 HdfRemoteServiceObtain() 函数获取一个 HdfRemoteService 对象，并绑定 DevmgrServiceStub 对象和 g_devmgrDispatcher。

生成的 DevmgrServiceStub->remote 如图 9-59 所示。

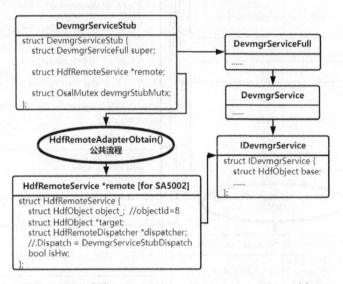

图 9-59　生成的 DevmgrServiceStub->remote 对象

在图 9-59 中，DevmgrServiceStub->remote->target 指针指向了 IDevmgrService 对象的起始地址（实际上就是 DevmgrServiceStub 对象的起始地址）。

3．步骤 3：添加 SA5002 服务

这一步使用在步骤 1 中获取的 IDevSvcManager *serviceManager 对象（见图 9-56），调用 serviceManager->AddService()（即 DevSvcManagerAddService() 函数，见图 9-57 和图 9-60），向图 9-57 的 DevSvcManagerStub.super.services 链表中添加 Devmgr ServiceStub 提供的远程服务，服务的 ID 为 DEVICE_MANAGER_SERVICE_SA_ID（其值为 5002）。下文简称为"添加 SA5002"，对应图 9-50 中的"3-AddService：SA5002"步骤。

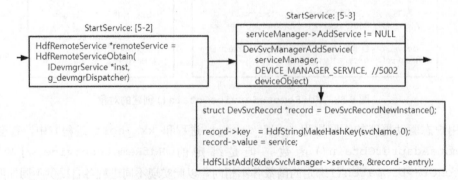

图 9-60　向 DevSvcManagerStub 添加 SA5002 服务

在 DevSvcManagerAddService() 函数中,会为要添加的服务创建一个 DevSvcRecord 对象,并将服务名和服务的 HdfDeviceObject 信息记录到 DevSvcRecord 对象中,最后将 DevSvcRecord 对象的 entry 字段以链表节点的方式插入到 DevSvcManagerStub.super. services 链表中,以此完成 SA5002 服务的添加。

添加 SA5002 服务后的 DevSvcManagerStub 对象如图 9-61 所示。

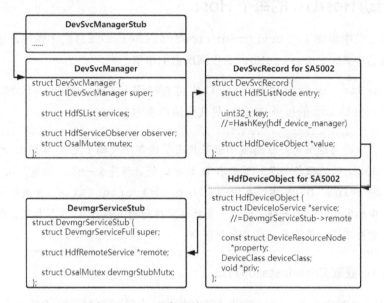

图 9-61　添加 SA5002 服务后的 DevSvcManagerStub 对象

> **注意**　在图 9-61 中,SA5002 服务的 HdfDeviceObject->service 指针也在这一步骤中赋值为在步骤 2 中获取和绑定的 HdfRemoteService 对象。该指针会在后继的步骤中频繁用到,这中间会反复进行类型的转换,需要请读者深刻理解。

4. 步骤 4:启动 DevmgrServiceStub 服务

在这一步,hdf_devmgr 进程会调用 DevmgrServiceStartService() 启动 Devmgr Service,由此进入启动 HostList 的每个 Host 的流程,如图 9-62 所示(详见 9.10.3 节的分析)。

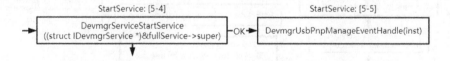

图 9-62　启动 DevmgrService 和绑定 PnP 设备的 EventHandle

> **注意**　这一步与 9.7.2 节中启动 DevmgrService 步骤的功能和流程类似(因为共用了代码),但由于传入的参数是不同的服务对象,因此两者在启动流程的细节上有所不同。

5. 步骤 5:绑定 PnP 设备的事件处理句柄

只有当步骤 4 中所有的 Host 都启动成功后才会执行步骤 5。这一步会调用 DevmgrUsbPnp

ManageEventHandle()向 PnP 设备驱动注册事件监听者并绑定处理事件的回调函数。

> | 注意 | PnP（Plug and Play，即热拔插）在这里主要是指 USB 设备的热拔插事件的相关处理，本书暂不深入分析该内容，读者可自行深入理解。 |
> |---|---|

9.10.3　启动 HostList 的每个 Host

这是 9.10.2 节中步骤 4 的 DevmgrServiceStartService()的子流程，也是图 9-50 中的 SA5002 服务中 StartDeviceHosts 步骤所做的事情。

在 DevmgrServiceStartService()中可直接调用 DevmgrServiceStartDeviceHosts()启动 HostList 的每个 Host（见代码清单 9-71）。

> | 注意 | 因为这里与内核态驱动框架共用了这部分代码（见表 9-13），所以这里启动 Host 的流程与 9.7.3 节中启动 Host 的流程完全一致。但是，由于 DevHost Service、DevHostServiceClnt、DriverInstaller 等类的定义与内核态中的定义完全不一样，因此，虽然这里执行的流程与 9.7.3 节相同，但最终结果却完全不同。请读者一定要注意区分。 |
> |---|---|

1. 步骤 1：获取 DriverInstaller 对象

在 DevmgrServiceStartDeviceHosts()中执行 DriverInstallerGetInstance()，获取一个 IDriverInstaller *installer 对象指针，如图 9-63 所示。

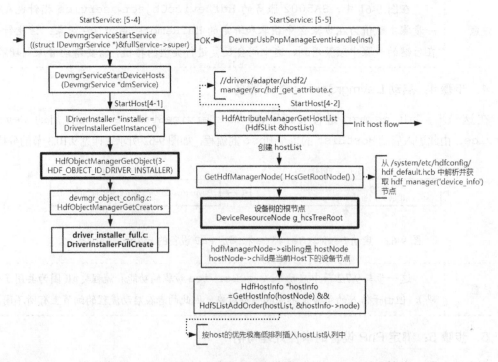

图 9-63　获取 installer（左图）和 HostList（右图）

在图 9-63 中，DriverInstallerGetInstance() 最终调用 DriverInstallerFull Create() 获取一个 DriverInstaller 对象（子流程请读者自行整理），该对象如图 9-64 所示。

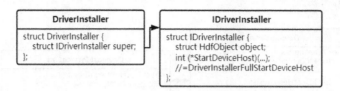

图 9-64 DriverInstaller 对象示意图

在图 9-64 中，DriverInstaller 对象的 StartDeviceHost 函数指针，不再指向内核态驱动框架中使用的 DriverInstallerStartDeviceHost() 函数，而是指向在用户空间重新定义的 DriverInstallerFullStartDeviceHost() 函数。

2. 步骤 2：获取 HostList

这一步也是要从驱动配置信息树 g_hcsTreeRoot 中获取一个 HostList（见图 9-63）。

这一步要解析的 hcb 文件，是由 //vendor/hisilicon/Hi3516DV300/hdf_config/uhdf/ 目录下的 hcs 文件编译生成的 hdf_default.hcb 文件，默认部署在系统的 /system/etc/hdfconfig/ 目录下。

这些 hcs 源文件中的内容，与 9.3.2 节分析的具体设备驱动配置信息完全不同。在 device_info.hcs 中，每个 Host 下的设备叶子节点（deviceNode）都对应用户空间驱动框架的一个 xxx_host 进程的配置信息，这些配置信息在通过相关函数的解析后，将会在启动具体的 xxx_host 进程时使用到。

3. 步骤 3：启动 HostList 的每个 Host

在这一步中，需要在一个 while 循环中依次启动 HostList 的每个 Host，如图 9-65 所示。

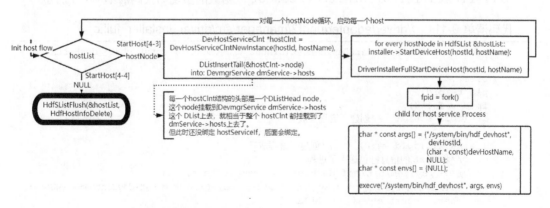

图 9-65 启动 HostList 的每个 Host

在图 9-65 中，首先是为每个 Host 创建一个 DevHostServiceClnt *hostClnt 对象，并将其挂载到 DevmgrService.hosts 双向链表中（见图 9-52），由此得到如图 9-66 所示的一个结构体关系图。此时的 hostClnt 只填写了 hostId 和 hostName 字段，其他字段的值

还需要等具体的 xxx_host 进程启动之后发送 IPC 消息给 SA5002 服务，由 SA5002 服务在
9.10.5 节的处理函数中进行填写（见 9.10.5 节对 DEVMGR_SERVICE_ATTACH_DEVICE_HOST
消息的处理流程）。

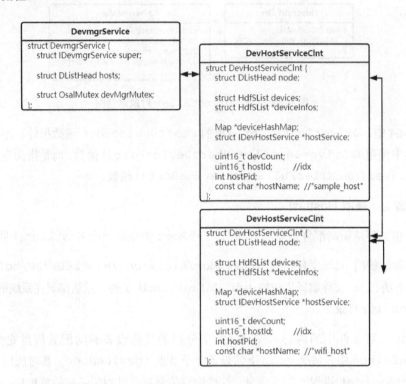

图 9-66 将 DevHostServiceClnt 挂载到 DevmgrService.hosts 链表中后得到的结构体

然后使用步骤 1 中获取的 DriverInstaller 对象，执行 installer->StartDevice
Host()（即 DriverInstallerFullStartDeviceHost()），启动具体的 Host。

DriverInstallerFullStartDeviceHost() 函数的实现如代码清单 9-114 所示。

代码清单 9-114   //driver/adapter/uhdf2/manager/src/driver_installer_full.c

```
int DriverInstallerFullStartDeviceHost(uint32_t devHostId, const char* devHostName)
{
    ......
    pid_t fpid;
    fpid = fork();
    if (fpid < 0) {   //创建子进程失败
        ......
    } else if (fpid == 0) {   //创建子进程成功
        //将 Host 的信息打包送入子进程
        //如{/system/bin/hdf_devhost, 0, sample_host, NULL}
        char * const args[] = {DEV_HOST_BINARY, cmd, (char * const)devHostName, NULL};
        char * const envs[] = {NULL};
        if (execve(DEV_HOST_BINARY, args, envs) == -1) {
            HDF_LOGE("Start device host, execve failed");
            return HDF_FAILURE;
        }
    } else {   //父进程（即 hdf_devmgr 进程）
        HDF_LOGI("DriverInstallerFullStartDeviceHost[P]: Fork_Child_Pid
[%{public}3d] OK\n", fpid);
```

```
        }
        return HDF_SUCCESS;
    }
```

在代码清单 9-114 中，调用 fork() 函数创建一个子进程（对应图 9-50 的"4-fork()xxx_host"步骤），将 Host 相关的参数打包后作为 execve() 的参数去运行 hdf_devhost 可执行程序（见 9.3.3 节）。例如启动 sample_host 时，DriverInstallerFull 会将{/system/bin/hdf_devhost, 0, sample_host, NULL}作为 args 参数传入 execve()，args 参数会传到 hdf_devhost 进程的入口 main() 函数中被使用，由此开始 xxx_host 子进程的独立流程（见 9.11 节的分析）。

4．步骤 4：删除 HostList

在图 9-65 中可以看到，HostList 中所有的 Host 都启动完毕后跳出 while 循环，执行 HdfSListFlush(&hostList,HdfHostInfoDelete) 以把临时链表 HdfSList hostList 占用的相关资源释放掉，最终删除 HdfSList hostList。

hdf_devmgr 进程在完成所有 Host 的启动后，将进入代码清单 9-112 的步骤 3 运行消息循环，监测自己进程的消息队列并处理相关的消息。

在执行完 9.10.1 节～9.10.3 节的所有步骤后，用户态驱动框架的 hdf_devmgr 进程和 xxx_host 进程都进入了稳定的对外服务状态。

hdf_devmgr 进程中的 DevmgrServiceStub 服务（即 SA5001 服务）和 DevSvcManagerStub 服务（即 SA5002 服务）因为有各自的 HdfRemoteService 对象（绑定了 IPC binder），所以它们也在各自的对象中等待 IPC 消息并使用对应的 dispatcher->Dispatch() 函数对 IPC 消息进行处理（详见 9.10.4 节和 9.10.5 节的分析）。

9.10.4　SA5001 的 IPC 消息处理函数

在代码清单 9-113 的步骤 1 中创建 DevSvcManagerStub 对象时，会调用 HdfRemoteServiceRegister() 向 saManager 注册 SA5001 服务，并且为其 dispatcher->Dispatch() 绑定 DevSvcManagerStubDispatch()。这意味着 SA5001 服务会通过 DevSvcManagerStubDispatch() 解析和处理收到的 IPC 消息。

DevSvcManagerStubDispatch() 函数如代码清单 9-115 所示。

代码清单 9-115　//driver/adapter/uhdf2/manager/src/devsvc_manager_stub.c

```
int DevSvcManagerStubDispatch(struct HdfRemoteService* service, int code,
                              struct HdfSBuf *data, struct HdfSBuf *reply)
{
    int ret = HDF_FAILURE;
    struct DevSvcManagerStub *stub = (struct DevSvcManagerStub *)service;
    ......
    struct IDevSvcManager *super = (struct IDevSvcManager *)&stub->super;
    switch (code) {
        //添加服务消息：添加一个服务到 DevSvcManager.services 链表上
        case DEVSVC_MANAGER_ADD_SERVICE: {
            ret = DevSvcManagerStubAddService(super, data);
```

```
            break;
        }
        //查询服务消息：从 DevSvcManager.services 链表上获取一个服务
        case DEVSVC_MANAGER_GET_SERVICE: {
            ret = DevSvcManagerStubGetService(super, data, reply);
            break;
        }
        //移除服务消息：从 DevSvcManager.services 链表上移除一个服务
        case DEVSVC_MANAGER_REMOVE_SERVICE: {
            ret = DevSvcManagerStubRemoveService(super, data);
            break;
        }
        default: {
            ret = HDF_FAILURE;
        }
    }
    return ret;
}
```

从代码清单 9-115 中可以看到，DevSvcManagerStubDispatch() 函数会处理 3 种类型
的消息。我们将将相关的子流程整理成图，如图 9-67 所示。

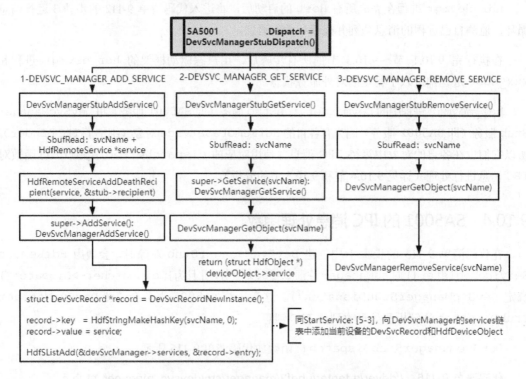

图 9-67 DevmgrServiceStubDispatch() 函数处理的消息

下面分别简单看一下 DevmgrServiceStubDispatch() 函数对 3 类消息的处理情况。

1．添加服务消息：DEVSVC_MANAGER_ADD_SERVICE

具体的设备节点（Device）在执行 Init() 函数之后（见 9.11.6 节），要对外发布服务
（PublishService）时，把要发布的服务的相关信息通过 IPC 发送给 SA5001 服务（见图 9-93）。

SA5001 服务收到 IPC 消息后，先由 DevSvcManagerStubDispatch() 函数进行解析和

分发，将添加服务类消息转交给 `DevSvcManagerStubAddService()` 函数进行最终的处理。在 `DevSvcManagerStubAddService()` 函数中将对应的服务以 `DevSvcRecord` 的形式挂载到 `DevSvcManager.services` 服务链表中，结果如图 9-68 所示。

> **注意**　`DevSvcManagerStubAddService()` 函数对应了图 9-50 中的 "10-Add Service: DeviceService"。

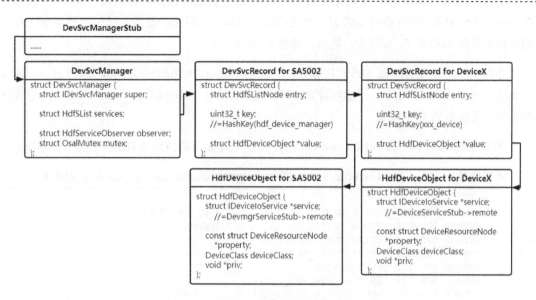

图 9-68　SA5001 对添加服务类消息的处理

2. 查询服务消息：DEVSVC_MANAGER_GET_SERVICE

SA5001 服务在收到该 IPC 消息后，调用 `DevSvcManagerStubGetService()` 在图 9-68 中的 `DevSvcManager.services` 链表中查询匹配的 `DevSvcRecord.key` 服务（`DevSvcRecord.key` 是服务的名字经过哈希算法运算出来的键），并返回对应的 `IDeviceIoService` 接口 `HdfDeviceObject->service`（即 `DeviceServiceStub->remote`）给该消息的发送者。

3. 移除服务消息：DEVSVC_MANAGER_REMOVE_SERVICE

SA5001 服务在收到该 IPC 消息后，在图 9-68 中的 `DevSvcManager.services` 链表中查询匹配的 `DevSvcRecord.key` 服务（`DevSvcRecord.key` 是服务的名字经过哈希算法运算出来的键），然后删除该 `DevSvcRecord` 和对应的 `HdfDeviceObject`。

> **注意**　有关 SA5001 服务对上述 3 类消息的详细处理流程，读者可结合相关代码自行理解。

9.10.5　SA5002 的 IPC 消息处理函数

在代码清单 9-113 中，在步骤 2 获取 `DevmgrServiceStub->remote` 后，接着在步骤 3 直接调用 `DevSvcManagerAddService()` 向 `DevSvcManagerStub` 服务（即 SA5001 服务）

添加 DevmgrServiceStub 服务（即 SA5002 服务）。因为 SA5001 服务和 SA5002 服务同在 hdf_devmgr 进程中，所以可以直接调用 DevSvcManagerAddService() 函数（这相当于直接进入 9.10.4 节的"添加服务消息：DEVSVC_MANAGER_ADD_SERVICE"的处理流程）。

添加 SA5002 服务的结果可见图 9-61。也就是说，SA5002 服务是通过 SA5001 服务对外发布服务的，而不是直接通过 saManager 对外发布服务。其他的进程要想使用 SA5002 的服务，必须先向 saManager 查询并获取 SA5001 服务的远程接口，再调用 SA5001 服务的 GetService(SA5002) 获得 SA5002 服务的远程接口，然后才能使用 SA5002 的服务（对应的步骤就是图 9-50 的 5、6 两步，然后才能有 7、8 等步骤）。

在向 SA5001 服务添加 SA5002 服务时，绑定的 dispatcher->Dispatch() 为 Devmgr ServiceStubDispatch()，这意味着 SA5002 服务会通过 DevmgrServiceStubDispatch() 解析和分发收到的 IPC 消息。

在 DevmgrServiceStubDispatch() 中可以处理如代码清单 9-116 所示的 7 类消息。

代码清单 9-116 //drivers/adapter/uhdf2/manager/include/devmgr_service_stub.h

```
enum {
    DEVMGR_SERVICE_ATTACH_DEVICE_HOST = 1,   //挂载 Host 消息
    DEVMGR_SERVICE_ATTACH_DEVICE,            //挂载设备消息
    DEVMGR_SERVICE_REGIST_PNP_DEVICE,
    DEVMGR_SERVICE_UNREGIST_PNP_DEVICE,
    DEVMGR_SERVICE_QUERY_DEVICE,
    DEVMGR_SERVICE_REGISTER_VIRTUAL_DEVICE,
    DEVMGR_SERVICE_UNREGISTER_VIRTUAL_DEVICE,
};
```

下面分别简单看一下 DevmgrServiceStubDispatch() 函数对挂载 Host 消息和挂载设备消息的处理情况（其余几类消息的处理详情请读者自行整理和理解）。

1. 挂载 Host 消息：DEVMGR_SERVICE_ATTACH_DEVICE_HOST

在 9.11.1 节启动 hdf_devhost（具体为 xxx_host）进程的步骤 3 中，xxx_host 进程把自己的 hostId 和 DevHostServiceStub->remote 作为参数，通过 IPC 消息发送到 SA5002 服务。SA5002 服务收到 IPC 消息后，先由 DevmgrServiceStubDispatch() 函数进行解析和分发，将挂载 Host 消息转交给 DevmgrServiceAttachDeviceHost() 函数进行最终的处理，如图 9-69 所示。

在图 9-69 中，调用的 DevmgrServiceAttachDeviceHost() 函数的定义可见代码清单 9-74，而 DevHostServiceClntInstallDriver() 函数的定义则见代码清单 9-75。

> **注意** 因为与内核态驱动框架共用了这部分代码（见表 9-13），所以在这一步 AttachDeviceHost 的流程与 9.7.4 节的 AttachDeviceHost 子流程完全一致。但是，由于 DevHostServiceClnt->hostService 的定义与内核态中的定义完全不一样，因此这一步执行的 devHostSvcIf->AddDevice() 函数实际为 DevHostServiceProxyAddDevice()。

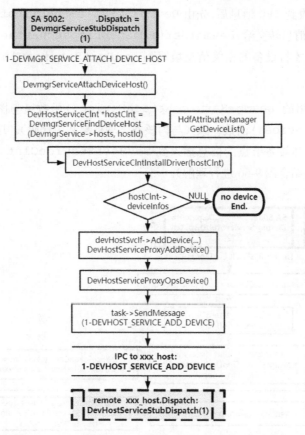

图 9-69 SA5002 服务的 AttachDeviceHost 子流程

在图 9-69 中，调用的 DevmgrServiceAttachDeviceHost() 函数首先会在图 9-66 的 DevmgrService.hosts 链表中，找到已经挂载上去并且匹配 hostId 的 DevHostService Clnt，然后再到驱动配置信息树 g_hcsTreeRoot 中找到匹配 hostId 的 Host，把 Host 下 的设备列表和设备数量等信息通过 IPC 消息传输给 SA5002 服务的 DevHostServiceStub-> remote 对象，并分别填写到 DevHostServiceClnt 相关字段中，以此完成 Host 信息配置 和挂载的工作。

接着调用 DevHostServiceClntInstallDriver() 函数，对 DevHostServiceClnt-> deviceInfos 链表上的每一个设备节点都调用 devHostSvcIf->AddDevice()（即 DevHostServiceProxyAddDevice()），向 Host 回送 DEVHOST_SERVICE_ADD_DEVICE 类型的 IPC 消息，要求 xxx_host 进程启动它的 Host 下的所有设备节点（即由此进入"启动 Host 的每个 Device"的子流程）。

2. 挂载设备消息：DEVMGR_SERVICE_ATTACH_DEVICE

在 SA5002 服务处理 DEVMGR_SERVICE_ATTACH_DEVICE_HOST 消息时，DevHost ServiceClnt.devices 链表还是空的（见图 9-66），需要等 9.11.7 节的 xxx_host 在 AttachDevice 步骤中，通过 IPC 发送 DEVMGR_SERVICE_ATTACH_DEVICE 消息给 SA5002 服务。

SA5002 服务收到 IPC 消息后，先由 DevmgrServiceStubDispatch() 函数进行解析和分发，将挂载设备消息转交给 DevmgrServiceStubDispatchAttachDevice() 函数进行最终的处理，这时才将设备的相关信息填写到 DevHostServiceClnt.devices 链表中，如图 9-69 所示。

图 9-70 中调用的 DevmgrServiceAttachDevice() 函数又与图 9-44 中的 Devmgr ServiceAttachDevice() 函数一致（与内核态驱动框架共用代码）。这一步处理的结果是把 xxx_host 下的具体设备节点的信息插入到 DevHostServiceClnt.devices 链表中，如图 9-71 所示（也请结合图 9-66 进行理解）。

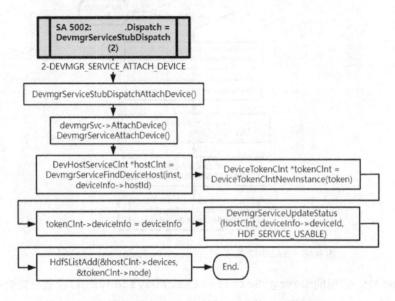

图 9-70　SA5002 服务的 AttachDevice 子流程

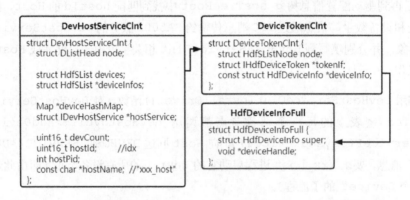

图 9-71　挂载设备节点到 DevHostServiceClnt.devices 链表中

3. 其余消息

其余几个消息分别是查询设备信息、注册或注销 PnP 设备、注册或注销虚拟设备，如图 9-72 所示。这里暂不深入分析，请读者自行整理处理流程进行理解。

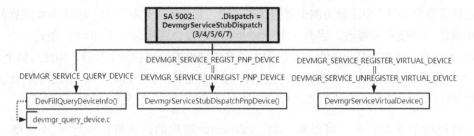

图 9-72　SA5002 服务对其余消息的处理

9.11　用户态驱动框架的 hdf_devhost 进程

在图 9-65 中，hdf_devmgr 进程调用 fork() 函数为每一个 Host 创建一个子进程，并通过 execve() 函数让子进程运行 hdf_devhost 可执行程序，由此进入 hdf_devhost 进程的启动流程中。

9.11.1　启动 hdf_devhost 进程

hdf_devhost 进程的入口函数如代码清单 9-117 所示。

代码清单 9-117　//driver/adapter/uhdf2/host/devhost.c

```
int main(int argc, char **argv)
{
    //execve(DEV_HOST_BINARY, args, envs) 传入的参数列表
    //{/system/bin/hdf_devhost,0,sample_host,NULL}
    ......
    const char *hostName = argv[argc - 1];
#if  1   //测试用的代码片段
//按 hostId 顺序启动 Host，以便获得较为规整的日志方便分析
    usleep(500*1000*hostId);
//或者，优先启动 wifi_c_host，其余 Host 按顺序启动
//if(strcmp(hostName, "wifi_c_host") != 0)
//    usleep(500*1000*(1+hostId));
#endif

    //步骤 1：修改进程名字
    SetProcTitle(argv, hostName);
    //步骤 2：创建 DevHostServiceStub 对象
    struct IDevHostService *instance = DevHostServiceNewInstance(hostId, hostName);
    ......
    //步骤 3：启动 DevHostServiceStub 服务
    int status = instance->StartService(instance);
    ......
    struct DevHostServiceFull *fullService = (struct DevHostServiceFull*)instance;
    struct HdfMessageLooper *looper = &fullService->looper;
    if ((looper != NULL) && (looper->Start != NULL)) {
        //步骤 4：启动 DevHostServiceStub 消息循环
        looper->Start(looper);
    }
    ......
}
```

在代码清单 9-117 中注释为测试用的代码片段,是我为了理解 hdf_devhost 进程的启动流程所做的一些便利性修改。因为 hdf_devmgr 进程会连续为每个 Host 创建一个 hdf_devhost 进程,这些 hdf_devhost 进程由于系统调度的原因会交叉执行,因此与每个 hdf_devhost 进程相关的日志都会与其他进程的日志产生交叉,非常影响分析,所以我在此让某个具体的 xxx_host 进程先完成启动流程,这样便可以得到非常规整和完整的日志了。

在代码清单 9-117 中,可以将 hdf_devhost 进程的启动流程分为 4 个步骤,其中 hdf_devhost 进程的入口和前两步的流程如图 9-73 所示。

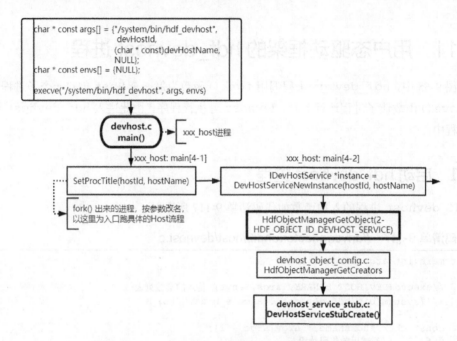

图 9-73　hdf_devhost 进程的入口和前两步的流程

下面分别看一下 hdf_devhost 进程的 4 个步骤的详情。

1. 步骤 1:修改进程名字

在这一步解析 main() 函数的参数列表(即通过 execve() 函数传入的参数)。例如,ID 为 0 的 sample_host 进程的参数列表如下所示:

```
{/system/bin/hdf_devhost, 0, sample_host, NULL}
```

经过 SetProcTitle(argv, hostName) 的处理,hdf_devhost 进程会把自己的名字(hdf_devhost)修改为 sample_host。可以在 shell 终端执行 ps -Af 命令进行查看,在略去其他不相关进程的信息后,结果如日志清单 9-4 所示。

日志清单 9-4　执行 ps -Af 命令查看用户态驱动框架的相关进程

```
UID  PID  PPID C STIME TTY   TIME CMD
root  1     0 4 00:00:02 ? 00:00:02 init
......
root 118    1 0 00:00:17 ? 00:00:00 hdf_devmgr
root 140   118 0 00:00:17 ? 00:00:00 riladapter_host        9 riladapter_host
```

```
root 141    118 0 00:00:17 ? 00:00:00 codec_host              8 codec_host
root 142    118 0 00:00:17 ? 00:00:00 input_user_host         7 input_user_host
root 143    118 3 00:00:17 ? 00:00:01 camera_host             6 camera_host
root 144    118 0 00:00:17 ? 00:00:00 audio_hdi_server_host 5 audio_hdi_server_host
root 145    118 0 00:00:17 ? 00:00:00 wifi_c_host             4 wifi_c_host
root 146    118 0 00:00:17 ? 00:00:00 wifi_host               3 wifi_host
root 147    118 0 00:00:17 ? 00:00:00 power_host              2 power_host
root 148    118 0 00:00:17 ? 00:00:00 usbfnMaster_host        1 usbfnMaster_host
root 153    118 0 00:00:18 ? 00:00:00 sample_host             0 sample_host
```

> **注意**　　下文中将会以 xxx_host 进程表示某个具体的 Host 进程。

2. 步骤 2：创建 DevHostServiceStub 对象

这一步调用 DevHostServiceStubCreate() 函数（请读者自行整理）创建一个 DevHost ServiceStub 对象，如图 9-74 所示。

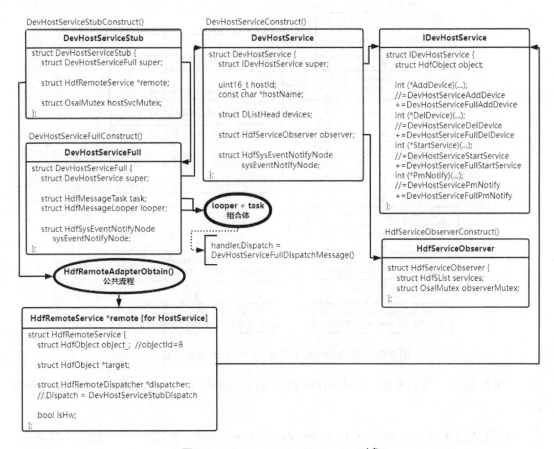

图 9-74　DevHostServiceStub 对象

在图 9-74 中，DevHostServiceStub 对象的情况与图 9-52 中 DevmgrServiceStub 对象的情况非常类似。这里也需要注意部分接口相对于内核态驱动框架的多态实现（即对函数指针重新赋值，使其指向新的函数）。如其中的 AddDevice 函数指针，在内核态驱动框架中初始化为指向 DevHostServiceAddDevice() 函数，但用户态驱动框架中会重新指向 DevHost

ServiceFullAddDevice()函数（在图 9-74 中用"+="标记）。

在图 9-74 中，"looper+task 组合体"请参考图 9-53，它为 xxx_host 进程绑定了消息队列和对应的消息处理函数 DevHostServiceFullDispatchMessage()；"HdfRemote AdapterObtain()公共流程"则参考图 9-58，它为 xxx_host 进程的 DevHostServiceStub 对象绑定了远程服务的接口（remote 字段）和对应的 IPC 消息处理函数 DevHostService StubDispatch()。

3. 步骤 3：启动 DevHostServiceStub 服务

这一步调用 IDevHostService 接口类对象的 StartService()接口（即 DevHost ServiceFullStartService()函数），启动 DevHostServiceStub 服务。

启动 DevHostServiceStub 服务的流程如图 9-75 所示。

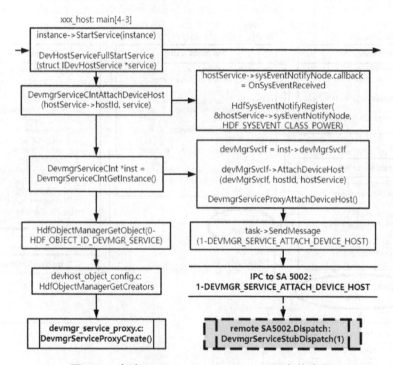

图 9-75　启动 DevHostServiceStub 服务的流程

在图 9-75 中，我们先进入 DevmgrServiceProxyCreate()子流程看一下，如图 9-76 所示。

然后进入图 9-76 中的 DevSvcManagerProxyCreate()子流程看一下，如图 9-77 所示。

在图 9-77 中可以看到，先通过 IPC 向 saManager 查询和获取 SA5001 服务的远程服务接口 remote（即图 9-50 中的"5-Get：SA5001"步骤），再通过 DevSvcManagerProxy Obtain()创建一个 DevSvcManagerProxy 对象，并把获取的 SA5001 服务的远程服务接口绑定到 DevSvcManagerProxy->remote 指针上，如图 9-78 所示。

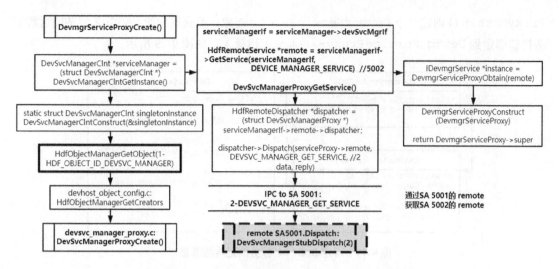

图 9-76 `DevmgrServiceProxyCreate()`子流程

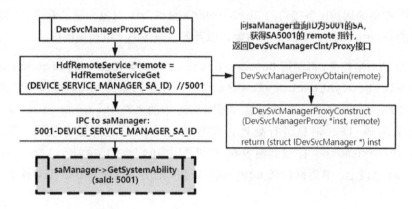

图 9-77 `DevSvcManagerProxyCreate()`子流程

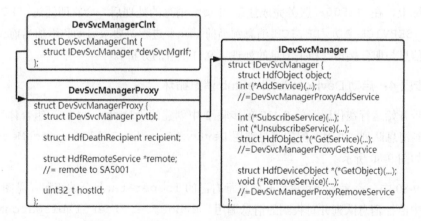

图 9-78 绑定 SA5001 服务的远程服务接口

回到图 9-76。使用获取的 `DevSvcManagerClnt` 对象（见图 9-78）以及绑定的 SA5001 服务的远程服务接口，通过 IPC 向 SA5001 服务发送查询服务消息以获取 SA5002 服务的远程服务接口（即图 9-50 中的"6-GetService：SA5002"步骤），再通过 `DevmgrService`

ProxyObtain()创建一个 DevmgrServiceProxy 对象，把获取到的 SA5002 服务的远程服务接口绑定到 DevmgrServiceProxy->remote 指针上，如图 9-79 所示。

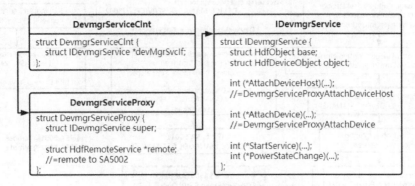

图 9-79　绑定 SA5002 服务的远程服务接口

最后回到图 9-75。在经过图 9-76 和图 9-77 两步的处理后，图 9-75 的左半部分就生成了记录着 SA5001 服务的远程服务接口的 DevSvcManagerClnt 对象和记录着 SA5002 服务的远程服务接口的 DevmgrServiceClnt 对象，以及各自服务的一组相关接口。

在图 9-75 的右半部分，再调用 DevmgrServiceClnt->AttachDeviceHost()接口（即 DevmgrServiceProxyAttachDeviceHost()），通过 IPC 向 SA5002 服务发送 DEVMGR_SERVICE_ATTACH_DEVICE_HOST 消息（即图 9-50 中的"7-AttachDeviceHost"步骤）。SA5002 服务对该 IPC 消息进行处理，将当前 Host 的远程服务接口（即 DevHostServiceStub->remote）挂载到图 9-66 中匹配 hostId 的 DevHostServiceClnt->hostService 字段上，并返回挂载 Host 成功或失败的结果（见 9.10.5 节对挂载 Host 消息的处理）。

当前 Host 的远程服务接口在 SA5002 服务中挂载成功后，当前 Host 就可以对外提供服务了。实际上，在 SA5002 服务完成挂载 Host 消息的处理后，会立即通过 IPC 发送一个 DEVHOST_SERVICE_ADD_DEVICE 消息到当前 Host 进程，要求启动和添加当前 Host 下的设备节点信息与服务接口（相关消息的处理见 9.11.2 节的分析）。

4．步骤 4：启动 DevHostServiceStub 消息循环

这一步开始运行在代码清单 9-117 的步骤 2 中创建的"looper+task 组合体"中的消息循环，监测消息队列，并对匹配的消息调用 DevHostServiceFullDispatchMessage()进行处理，如图 9-80 所示。

在图 9-80 中，xxx_host 进程开始执行自己的 looper+task 公共流程（见图 9-55），在消息循环中监控消息队列并对收到的消息调用 DevHostServiceFullDispatchMessage()进行进一步的处理。

DevHostServiceFullDispatchMessage()会关注并处理两类消息，详细的消息处理流程见 9.11.3 节的分析。

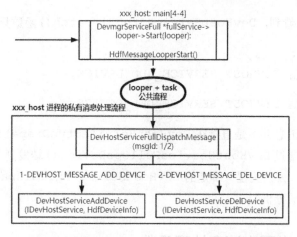

图 9-80 运行 DevHostServiceStub 消息循环

注意	这里的消息队列只对当前 Host 进程内部的消息进行监控和处理，它无法收到 IPC 消息，例如，SA5002 服务通过 IPC 发送的 DEVHOST_SERVICE_ADD_DEVICE 消息（见图 9-69），并不是由这里的消息队列直接接收和处理的，而是由图 9-74 的 DevHostServiceStub->remote 远程服务接口接收并由 dispatcher->Dispatch()（即 DevHostServiceStubDispatch() 函数）处理的（见 9.11.2 节）。DevHostServiceStubDispatch() 再将添加设备的消息转发到这个消息队列中，由 DevHostServiceFullDispatchMessage() 进行进一步的处理。

9.11.2 Host 的 IPC 消息处理函数

xxx_host 进程在 SA5002 服务中成功挂载远程服务后就可以对外提供服务了。xxx_host 进程将其他进程（实际上只对 hdf_devmgr 进程）通过 IPC 发送过来的消息，交由 DevHostServiceStubDispatch() 函数处理，该函数的消息处理流程如图 9-81 所示。

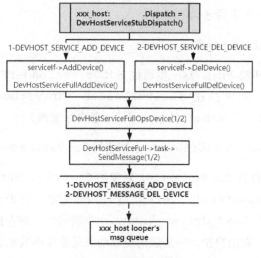

图 9-81 消息处理流程

在图 9-81 中可以看到，DevHostServiceStubDispatch() 函数只提供如下两类消息的服务。

- 添加设备消息：DEVHOST_SERVICE_ADD_DEVICE。

- 移除设备消息：DEVHOST_SERVICE_DEL_DEVICE。

实际上，这两类消息并不是直接在 DevHostServiceStubDispatch() 中进行处理的，而是经过重新封装后通过 DevHostServiceFullOpsDevice() 转发到本进程的消息队列中，交由"looper+task 公共流程"绑定的 DevHostServiceFullDispatchMessage() 进行处理（详见 9.11.3 节的分析）。

9.11.3　Host 的进程内消息处理函数

xxx_host 进程内的消息队列只对本进程内部的消息进行处理（见 9.11.1 节中步骤 4 的分析），相应的消息处理函数为 DevHostServiceFullDispatchMessage()。该函数只处理如下两类消息（见图 9-80）。

- 添加设备消息：DEVHOST_MESSAGE_ADD_DEVICE。

- 移除设备消息：DEVHOST_MESSAGE_DEL_DEVICE。

下面分别对这两类消息的处理进行简单介绍。

1.　添加设备消息：DEVHOST_MESSAGE_ADD_DEVICE

在图 9-80 中可以看到，对于添加设备消息会执行 DevHostServiceAddDevice() 函数进行处理，由此进入 AddDevice 子流程。由于这个 DevHostServiceAddDevice() 函数又与内核态驱动框架共用代码，因此该 AddDevice 子流程与 9.7.5 节的 AddDevice 子流程也同样分为 4 个步骤，但也会因为 DriverLoader、DevHostService 等对象的不同而导致最终结果有所不同。

下面分别看一下这 4 个步骤各自的细节。

步骤 1：创建 DriverLoader 对象

这一步的流程如图 9-82 所示。这一步通过 HdfDriverLoaderFullCreate() 创建一个 DriverLoader 对象，并保存在 IDriverLoader *driverLoader 对象指针中备用（HdfDriverLoaderFullCreate() 的子流程请读者自行整理）。

在 HdfDriverLoaderFullCreate() 中创建的 DriverLoader 对象如图 9-83 所示。

在图 9-83 中，需要注意 DriverLoader 对象的 GetDriverEntry 函数指针。该函数指针指向的 HdfDriverLoaderGetDriverEntry() 函数是定义在 driver_loader_full.c 中的函数，而不是定义在 load_driver_entry.c 中的函数。两者虽然同名，但对设备驱动的加载行为完全不一样：在用户空间中加载的是以动态链接库形式部署的设备驱动程序，而在内核空间中加载的是驱动入口对象。有关 HdfDriverLoaderGetDriverEntry() 函数的使用详情请见 9.11.4 节的分析。

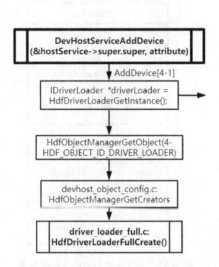

图 9-82 创建 DriverLoader 对象

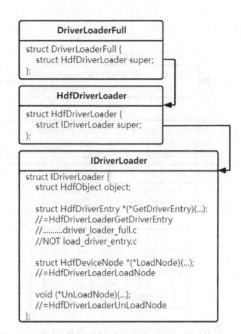

图 9-83 DriverLoader 对象的结构

步骤 2：创建 device 对象

在这一步的流程如图 9-84 所示。这一步通过调用 HdfDeviceFullCreate() 创建一个 HdfDevice 类的对象 device，并将对应的 deviceId 和 hostId 记录到该对象中（HdfDeviceFullCreate() 的子流程请读者自行整理）。

HdfDeviceFullCreate() 创建的 HdfDevice 对象（实际上是一个 HdfDeviceFull 类对象）如图 9-85 所示，除 deviceId 和 hostId 外的其余字段会在稍后的流程中逐步填写完毕。

步骤 3：创建 devNode 对象

这一步调用 driverLoader->LoadNode() 接口（即 HdfDriverLoaderLoadNode()，见图 9-83）查找并加载匹配 deviceInfo->moduleName 的设备驱动入口对象，然后执行其中的 Bind() 接口，创建并返回一个 HdfDeviceNode *devNode 对象指针（详情见 9.11.4 节的 Bind 子流程）。

步骤 4：挂载 devNode 对象

这一步综合步骤 2 和步骤 3 的执行结果，调用 device->super.Attach(&device->super, devNode) 接口（即 HdfDeviceFullAttach()，见图 9-85），将 devNode 指针指向的设备叶子节点对象挂载到 device.devNodes 链表上（详情见 9.11.5 节的 Init 子流程）并启动 devNode 的服务。

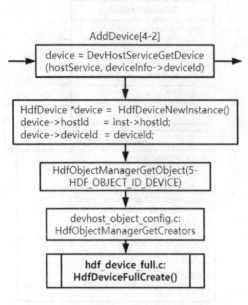

图 9-84 创建 HdfDevice 类的对象 device

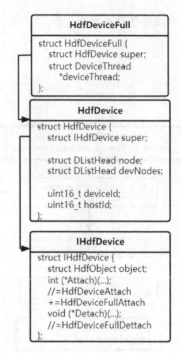

图 9-85 HdfDeviceFull 类对象

2. 移除设备消息：DEVHOST_MESSAGE_DEL_DEVICE

在图 9-80 中可以看到，对于移除设备消息会执行 DevHostServiceDelDevice() 函数进行处理。这个函数的流程相对简单，通过以下 3 个步骤来移除设备。

- 首先获取 DriverLoader 对象并在图 9-74 中的 DevHostService.devices 链表中找到匹配 deviceId 的设备节点，再通过 driverLoader->UnLoadNode()（即 HdfDriverLoaderUnLoadNode()）去卸载设备驱动。

- 然后将需要移除的 deviceNode 从图 9-85 中的 HdfDevice.devNodes 链表中分离出来，再调用 HdfDevice.super.Detach()（即 HdfDeviceFullDettach()），从图 9-74 中的 DevHostService.observer.services 链表中删除匹配的记录，释放相关资源和停掉设备服务的消息循环。

- 最后调用 DevSvcManagerClntRemoveService()，再在该函数中调用 IdevSvc Manager->RemoveService()（即 DevSvcManagerProxyRemoveService()），通过 IPC 发送 DEVSVC_MANAGER_REMOVE_SERVICE 消息给 SA5001 服务，让 SA5001 服务在图 9-68 中的 DevSvcmanager.services 链表上删除匹配的 Dev SvcRecord 并释放相关资源。

经过上述 3 步操作之后，移除设备的操作就算完成了。

9.11.4 Device 的 Bind 子流程

本节是 9.11.3 节中处理添加设备消息流程的步骤 3 "创建 devNode 对象" 的详细分析。在

Device 的 Bind 子流程中会调用驱动入口对象中定义的 Bind() 接口，如图 9-86 所示。

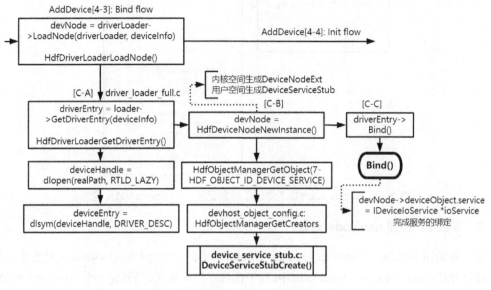

图 9-86 Bind 子流程

Bind 子流程的入口是 HdfDriverLoaderLoadNode() 函数。该函数与内核态驱动框架共用代码，因此 Bind 子流程与 9.7.6 节的流程一样，也同样分为 3 个步骤，但每个步骤的细节完全不同。

下面结合图 9-86 详细分析 Bind 子流程的 3 个步骤。

1. 步骤 1：获取设备驱动入口对象

这一步执行定义在 driver_loader_full.c 中的 HdfDriverLoaderGetDriver Entry() 函数，以获取 deviceHandle 和 driverEntry。这一步的行为与内核态驱动框架获取设备驱动入口对象的行为完全不同。

在用户态的 HdfDriverLoaderGetDriverEntry() 函数中，是先通过两个 strcat_s() 函数的操作，把 DRIVER_PATH 和 deviceInfo->moduleName 拼接成设备驱动动态链接库的完整路径和名字（如 /system/lib/libsample_driver.z.so），然后再通过 realpath()、dlopen()、dlsym() 等一组函数获取动态链接库中的 deviceHandle 和 driverEntry 信息。其中，在 dlsym() 函数中，会使用 DRIVER_DESC（即 "driverDesc" 字符串）关键字在动态链接库中查找匹配的 driverEntry 的位置，返回的结果有且只有一个，这说明一个设备驱动动态链接库中有且只有一个 driverEntry（从实际的驱动代码中以及使用 nm 命令查看动态链接库里的符号表都可以确认这一事实）。

在这一步获取的 deviceHandle 记录在 HdfDeviceInfoFull 对象中（见图 9-87），而 HdfDeviceInfoFull 则连同 driverEntry 一起，记录到步骤 2 中生成的 DeviceService Stub 对象的对应字段中（见图 9-88）。

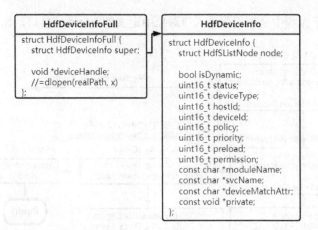

图 9-87　HdfDeviceInfoFull 对象记录 deviceHandle 信息

2. 步骤 2：创建 devNode 对象

这一步调用 HdfDeviceNodeNewInstance() 创建一个 HdfDeviceNode 对象并记录到对象指针 HdfDeviceNode *devNode 中。对于内核态驱动来说，是创建一个 DeviceNodeExt 对象（见图 9-19 和图 9-36）；对于用户态驱动来说，则是创建一个 DeviceServiceStub 对象，如图 9-88 所示。

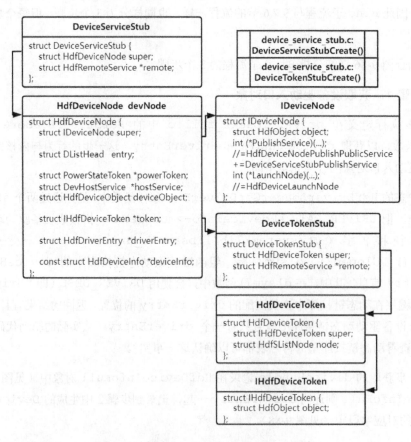

图 9-88　创建 DeviceServiceStub 对象

接下来是读取和分析 hdf_default.hcb 文件，把匹配当前 Host 的设备节点的相关信息填写到 devNode 对象的对应字段中。例如，把图 9-87 中的 HdfDeviceInfo 结构体挂载到图 9-88 中的 devNode->deviceInfo 字段上。

在图 9-88 中，DeviceServiceStub 和 DeviceTokenStub 各有一个 remote 字段，目前都还是无效的（值为 NULL）。在 9.11.6 节将为 DeviceServiceStub->remote 获取有效值，而 DeviceTokenStub->remote 目前保留供后继使用，当前用户态驱动框架没有使用该字段的地方。

> **注意**　每一个 Host 进程都在自己的进程空间读取和分析 hdf_default.hcb 文件，并生成只在自己进程内使用的 g_hcsTreeRoot。这与内核态驱动只有一个 g_hcsTreeRoot 有所差别。

3. 步骤 3：调用 Bind()接口

这一步直接执行步骤 1 中获取的 driverEntry->Bind()接口，为图 9-88 中的 devNode.deviceObject.service 绑定 IDeviceIoService *ioService 服务接口对象（主要是为其中的 Dispatch()函数指针绑定具体的实现函数）。对于不同的 xxx_host 进程，对应的 Host 和 Host 下的设备叶子节点各不相同，绑定的具体 XxxServiceDispatch()实现函数也不相同（即不同设备驱动对外提供的服务不相同）。

当其他进程使用当前备叶子节点提供的服务时，在 Bind()接口中绑定的 devNode.deviceObject.service 服务接口对象将会起到非常重要的作用，详见 9.11.8 节的分析。

9.11.5　Device 的 Init 子流程

本节是 9.11.3 节中处理添加设备消息流程的步骤 4 "挂载 devNode 对象" 的详细分析。在 Device 的 Init 子流程中会调用驱动入口对象中定义的 Init()接口，如图 9-89 和图 9-92 所示。

Init 子流程的入口是 device->super.Attach()函数（即 HdfDeviceFullAttach()，见图 9-89）。HdfDeviceFullAttach()函数并没有与内核态驱动框架共用代码，因此这个 Init 子流程与 9.7.7 节的 Init 子流程完全不同。

图 9-89 中的流程可细分为如下 4 个步骤，下面分别来看一下。

1. 步骤 1：创建设备服务线程

这一步调用 DeviceThreadConstruct()创建一个设备服务线程，并绑定到 HdfDeviceFull->deviceThread 字段上，如图 9-90 所示（其中的 "looper+task 组合体" 请参考图 9-53）。设备服务线程的入口函数(ThreadEntry)则绑定了 DeviceThreadMain()，在图 9-89 的步骤 2 执行 looper->Start()时，会以此作为线程的入口执行消息循环。

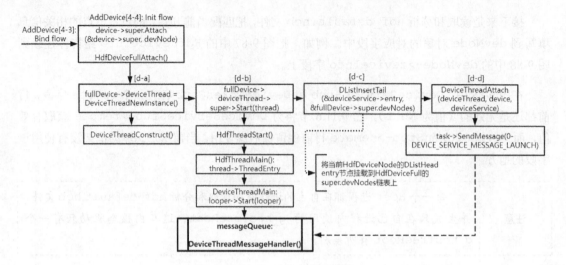

图 9-89 Init 子流程

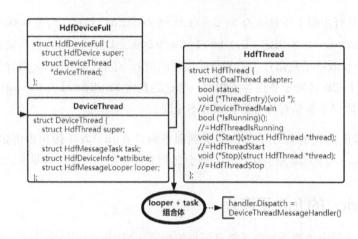

图 9-90 创建设备服务线程

2. 步骤 2：启动设备服务线程

这一步调用设备服务线程对象的 Start() 函数（即 HdfThreadStart()，见图 9-90）启动设备服务线程。启动设备服务线程时，将会执行线程入口函数（即在步骤 1 中绑定的 DeviceThreadMain()），并在 DeviceThreadMain() 中运行 "lopper+task 组合体" 中的消息循环，由此进入监控消息队列并处理相关消息的流程中。发送到该设备服务线程的所有消息都会使用 DeviceThreadMessageHandle() 进行解析和处理。

3. 步骤 3：挂载 devNode 对象

这一步调用 DListInsertTail() 函数将图 9-88 中的 HdfDeviceNode.entry 插入到图 9-85 中的 HdfDevice.devNodes 双向链表的尾部，结果如图 9-91 所示。

4. 步骤 4：启动 devNode 的服务

在这一步调用 DeviceThreadAttach()，发送 DEVICE_SERVICE_MESSAGE_LAUNCH 消息给本设备服务线程的消息队列，然后由 DeviceThreadMessageHandler() 对此消息进

行处理，处理流程如图 9-92 所示。

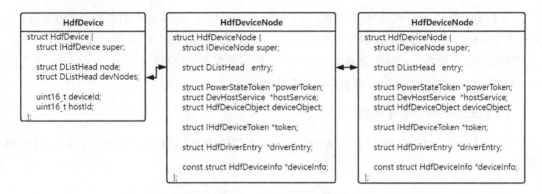

图 9-91 挂载 devNode 对象到设备节点上

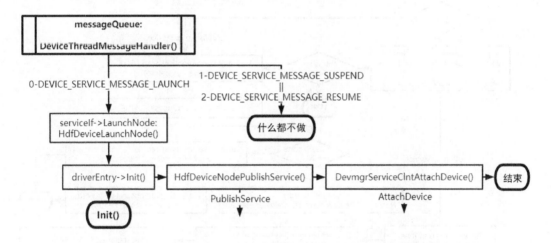

图 9-92 DeviceThreadMessageHandler() 的消息处理流程

在 DeviceThreadMessageHandler() 中，会针对 DEVICE_SERVICE_MESSAGE_LAUNCH 消息调用 devNode->LaunchNode()（即 HdfDeviceLaunchNode()，见图 9-88）。

而在 HdfDeviceLaunchNode() 函数中，可分为如下 3 个步骤。

- 调用驱动入口对象中定义的 Init() 接口，初始化具体的设备驱动（这一步与具体的设备驱动的实现相关，类似 9.11.4 节中执行的 Bind() 接口，下文不再赘述）。

- 调用 HdfDeviceNodePublishService() 发布 devNode 的服务（详见 9.11.6 节的 PublishService 子流程的分析）。

- 调用 DevmgrServiceClntAttachDevice() 挂载 devNode 的信息（详见 9.11.7 节的 AttachDevice 子流程的分析）。

完成这 3 个步骤之后，当前设备叶子节点（devNode）的服务就启动完毕并可以对外提供服务了。

9.11.6 Device 的 PublishService 子流程

本节是调用 HdfDeviceNodePublishService() 发布 devNode 的服务的详细流程（见 9.11.5 节中的步骤 4 "启动 devNode 的服务"）。当前设备叶子节点（devNode）在当前 Host 进程内对外发布服务，实际上就是把 devNode 的对外服务接口挂载到 hdf_devmgr 进程的 DevSvcManager.services 链表中（见图 9-68）。

1. PublishService 子流程

以 HdfDeviceNodePublishService() 为入口的 PublishService 子流程如图 9-93 所示。

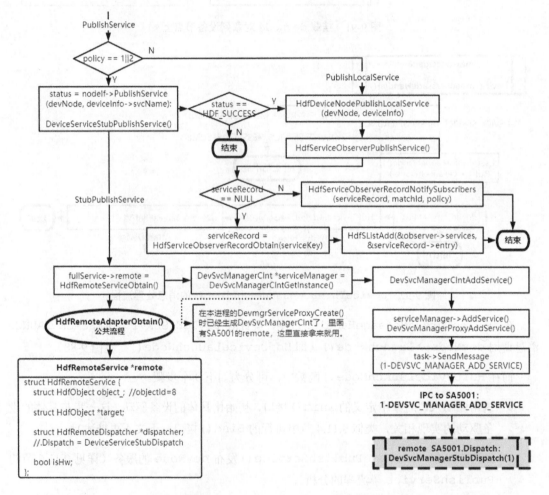

图 9-93　PublishService 子流程

由于 HdfDeviceNodePublishService() 函数与内核态驱动框架共用代码，因此 PublishService 子流程与 9.7.8 节的流程一样，不同之处在于 devNode->PublishService() 执行的是用户态驱动框架的 DeviceServiceStubPublishService()（见图 9-88）。

DeviceServiceStubPublishService() 函数的执行流程对应为 StubPublishService

子流程。

2. StubPublishService 子流程

在图 9-93 中执行的 StubPublishService 子流程中，会执行如下 3 个小步骤。

● 获取 devNode 的远程服务接口。

调用 HdfRemoteServiceObtain() 为当前 devNode 的 DeviceServiceStub->remote 获取远程服务接口，并绑定其中的 dispatcher->Dispatch() 为 DeviceServiceStub Dispatch()。

● 获取 DevSvcManagerClnt 对象。

调用 DevSvcManagerClntGetInstance() 获取一个 DevSvcManagerClnt 对象（见图 9-78）。

● 添加 devNode 服务。

在 DevSvcManagerClntAddService() 中调用 DevSvcManagerClnt->AddService() 接口（即 DevSvcManagerProxyAddService()），向远程的 SA5001 服务发送 IPC 消息以请求添加服务（即发送添加服务消息：DEVSVC_MANAGER_ADD_SERVICE；对应图 9-50 的 "10-AddService" 步骤）。SA5001 服务对该 IPC 消息进行处理，将 devNode 的远程服务接口挂载到由 hdf_devmgr 进程维护的 DevSvcManager.services 链表中（见图 9-68），并返回处理结果（添加服务成功或失败）。

3. PublishLocalService 子流程

在图 9-93 中成功地远程添加 devNode 服务之后，还会调用 HdfDeviceNodePublish LocalService() 来发布本地服务。PublishLocalService 子流程与 9.7.8 节的 Publish LocalService 子流程共用代码，实现的功能也是一样的，这里不再赘述。

9.11.7 Device 的 AttachDevice 子流程

本节是调用 DevmgrServiceClntAttachDevice() 挂载 devNode 的信息的详细流程（见 9.11.5 节中的步骤 4 "启动 devNode 的服务"）。

以 DevmgrServiceClntAttachDevice() 为入口的 AttachDevice 子流程如图 9-94 所示。

AttachDevice 子流程做的事情相对简单，先是通过 DevmgrServiceClntGetInstance() 获取一个 DevmgrServiceClnt 对象，然后再调用 inst->devMgrSvcIf->AttachDevice() 接口（即 DevmgrServiceProxyAttachDevice()，见图 9-79），向远程的 SA5002 服务发送 IPC 消息以请求挂载设备（即发送挂载设备消息：DEVMGR_SERVICE_ATTACH_DEVICE，对应图 9-50 的 "11-AttachDevice" 步骤）。SA5002 服务对该 IPC 消息进行处理，将匹配 hostId 和 deviceId 的设备叶子节点（devNode）的相关信息挂载到由 hdf_devmgr 进程

维护的 DevHostServiceClnt.devices 链表上（见 9.10.5 节的分析和图 9-71），并返回处理结果（挂载设备成功或失败）。

图 9-94　AttachDevice 子流程

SA5002 服务在成功挂载设备叶子节点的相关信息后，其他进程就可以向 SA5002 服务发送 IPC 消息以请求查询设备的相关信息了（即发送挂载设备消息：DEVMGR_SERVICE_QUERY_DEVICE）。

9.11.8　Device 的 IPC 消息处理函数

在 9.11.6 节的 StubPublishService 子流程中，会为当前设备叶子节点（devNode）的 DeviceServiceStub->remote 获取远程服务接口，并将其中的 dispatcher->Dispatch() 绑定为 DeviceServiceStubDispatch()（见图 9-93）。这意味着其他进程在使用当前备叶子节点提供的服务时，会向 DeviceServiceStub->remote 发送 IPC 消息，该 IPC 消息最终由 DeviceServiceStubDispatch() 进行处理。

在 DeviceServiceStubDispatch() 中，将参数 HdfRemoteService *stub 恢复回一个 DeviceServiceStub *service 对象指针。该对象指针的 service->super.deviceObject.service 字段是一个 IDeviceIoService *ioService 对象指针，而这个 ioService 对象指针就是在 9.11.4 节的步骤 3 中为 devNode.deviceObject.service 绑定的 IDeviceIoService 服务接口对象。因此，在 DeviceServiceStubDispatch() 中调用 ioService->Dispatch() 时，最终会执行 XxxServiceDispatch() 函数以对外提供服务，如图 9-95 所示。

图 9-95 中的 XxxServiceDispatch() 就是具体的 devNode 所提供的对外服务接口（请参考 9.3.3 节的内容进行理解）。

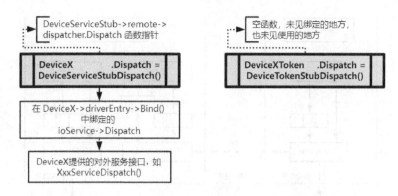

图 9-95 `DeviceServiceStubDispatch()` 函数处理消息的流程

9.12 HDI 和驱动模型

9.12.1 HDI 概述

HDI（Hardware Driver Interface，硬件驱动接口）是驱动框架的重要组成部分，它通过 IO Service 和 IO Dispatcher 机制，把部署在用户态、内核态的不同外设驱动提供的各种功能接口进行标准化处理，为上层的系统服务和应用程序提供统一的抽象接口。

在 IO Service 和 IO Dispatcher 机制中，客户端将访问驱动服务的请求序列化成内存数据，通过 IO Service 将这些数据发送到服务器。服务器通过 IO Dispatcher 将这些数据转发给绑定的消息处理函数，消息处理函数将内存数据反序列化解析出相应的请求，进行处理并反馈处理结果。

在这个过程中，对于使用不同形态的驱动服务来说，消息从 IO Service 到 IO Dispatcher 的传递有不同的实现方式：

- 当驱动服务部署在内核态时，通过系统调用（system call）方式实现消息的传递；

- 当驱动服务部署在用户态时，通过 IPC 方式实现消息的传递；

在小型系统中，HDI 的实现被编译成动态链接库，驱动服务的使用者进程（系统服务或应用程序）将对应的 HDI 动态链接库加载到自己的进程中，然后直接通过函数调用的方式来使用 HDI 接口，再通过系统调用（system call）进入内核态使用绑定的驱动服务（见图 9-96 的左半部分）。这种方式就是 9.8 节分析的内容。

在标准系统中，上述两种消息传递方式都有用到。HDI 在 Host 进程中提供服务，驱动服务的使用者进程（系统服务或应用程序）把对应的 HDI 动态链接库加载到自己的进程中，然后使用其中的 HDI 客户端（proxy）与 Host 进程的 HDI 服务器（stub）进行 IPC 交互，最后由部署在用户态的驱动程序直接提供服务（如图 9-96 的上半部分所示）；如果有需要，则再通过系统调用（system call）进入内核态，由内核态驱动完成最终的服务（见图 9-96 的右半部分）。

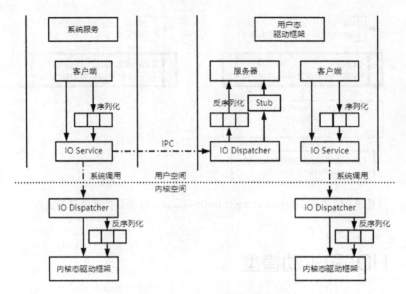

图 9-96 HDI 的工作流程

9.12.2 HDI 的声明和定义

在 9.5.4 节的标准系统用户态驱动框架的编译目标中，有一个组件 2.3，如下所示：

```
"//drivers/adapter/uhdf2/hdi:libhdi",   #组件 2.3 用户态驱动的 HDI 接口组件
```

这是用户态驱动框架对系统服务和应用框架开放的 HDI 接口及其实现。系统服务和应用程序在需要使用设备驱动提供的服务时，可以将上述组件添加到自己的依赖关系中，然后就可以通过这组 HDI 接口查询和使用相关的驱动服务了（读者可以编译并运行//drivers/adapter/uhdf2/hdi/test/目录下的测试程序，以验证相关接口的使用流程）。

HDI 模块对外开放的头文件在//drivers/adapter/uhdf2/include/hdi/目录下（对应的实现代码在//drivers/adapter/uhdf2/hdi/目录下）。下面简单介绍一下这些头文件提供的能力。

● servmgr_hdi.h

该头文件声明了一组与服务管理相关的结构体和接口（例如 HDIServiceManagerGet() 等）。

应用程序调用 HDIServiceManagerGet() 函数，可以获得一个 HDIServiceManager 类对象。该类对象中包含了 SA5001 服务的远程服务接口和一个 GetService() 接口。应用程序调用这个 GetService(serviceName) 就可以在 SA5001 服务的 DevSvcManager.services 链表中查询名字为 serviceName 的设备远程服务接口（如 GetService(SA5002) 或 GetService(wlan_hal_c_service) 等），以备进一步使用。

● devmgr_hdi.h

该头文件声明了一组与设备管理相关的结构体和接口（例如 HDIDeviceManagerGet() 等）。

应用程序在调用 HDIDeviceManagerGet() 时，在该函数中会先调用 servmgr_hdi.h 中

的 HDIServiceManagerGet() 获取一个 HDIServiceManager 类对象，再调用 GetService (SA5002) 获取 SA5002 的远程服务接口并创建一个 HDIDeviceManager 类对象。该对象中包含了 SA5002 服务的远程服务接口和一组查询、注册、注销设备驱动的接口。这样，应用程序就可以使用该对象管理设备了。

- hdf_load_hdi.h

该头文件定义了 HdiObject、HdiBase 两个类并声明了一个 LoadHdi() 接口。

LoadHdi() 接口的实现与 9.11.4 节的步骤 1 中加载驱动程序的动态链接库以及获取驱动入口对象的操作基本一致，作用也类似。

- iservmgr_hdi.h

该头文件是 C++ 语言版本的 servmgr_hdi.h，实现的功能与 servmgr_hdi.h 一样。读者可自行阅读 iservmgr_hdi.cpp 的相关实现。

9.12.3　HDI 的 WLAN 驱动实现

在 //drivers/peripheral/ 目录下存放的是根据模块划分的不同外设的 HDI、HAL、驱动模型、测试用例相关的具体实现代码。本节以 WLAN 模块驱动为例，对它的 HDI 的实现和使用做一个简单的梳理，以加深读者对 HDI 的理解。

1. 目录结构

我们先看一下 WLAN 模块的代码目录结构以及相关接口的调用关系，如表 9-14 所示。

| 注意 | 这里对文件和文件夹的排列顺序进行了重组，以便展示它们从上到下的调用关系。 |

表 9-14　WLAN 模块的驱动目录结构

//drivers/peripheral/wlan/				系统服务进程（简称为 P）
hdi_service/	部署在用户空间的 WLAN 驱动的 HDI 客户端和服务器的 C/C++ 实现代码，这些代码被编译成两个动态链接库文件：libwifi_hdi_c_device.z.so 和 libwifi_hdi_device.z.so，分别为 wifi_c_host 和 wifi_host 进程提供服务器的支持，也为驱动服务使用者进程提供客户端的支持			P 进程内加载动态链接库文件，调用接口 A
	include/	Iwifi_hal.h	HdIWifiInterfaceGet() 和 IWlan::Get() 接口的声明与相关数据结构的定义	接口 A 的声明和实现（通过 IPC 调用 wifi_c_host 或 wifi_host 进程的服务器接口 B）
		wlan_hal_c_proxy.h		
		wlan_hal_proxy.h		
	client/	HDI 使用者的客户端代理		
		wlan_hal_c_proxy.c	HdIWifiInterfaceGet() 接口的实现	
		wlan_hal_proxy.cpp	IWlan::Get() 接口的实现	

//drivers/peripheral/wlan/				系统服务进程（简称为 P）
hdi_service/	services/	HDI 服务器的实现		服务器接口 B（即 Dispatch() 接口，调用接口 C 来实现功能）
		wlan_hdi_drivers.c	定义驱动入口对象：g_wlanHdiDriverEntry。在 Bind() 中绑定的 Dispatch() 会调用 WlanHdiServiceOnRemoteRequest() 分发和处理消息	
		wlan_hdi_service_stub.c	数据结构的定义和 WlanHdiServiceOnRemoteRequest() 的声明与实现	
interfaces/	include/	WLAN 组件对框架层、应用层开放的服务接口（如对通信子系统的 WiFi 服务模块提供数据结构和接口）		接口 C 的声明
		wifi_hal.h	定义 IWiFi 类并声明 WifiConstruct() 接口	
		wifi_hal_base_feature.h	定义公用的枚举和数据结构并声明 InitBaseFeature() 接口	
		wifi_hal_sta_feature.h	定义 IWiFiSta 数据结构并声明 InitStaFeature() 接口	
		wifi_hal_ap_feature.h	定义 IWiFiAp 数据结构并声明 InitApFeature() 接口	
hal/		HAL 层接口的声明和实现，编译目标为：libwifi_hal.z.so 或 libwifi_hal.so		
	include/	wifi_hal 组件内部使用的头文件		接口 D 的声明（供接口 C 和接口 D 内部实现使用）
		wifi_hal_cmd.h	声明一组 HalCmdXxx() 接口	
		wifi_hal_common.h	定义公用的 IWiFiList 数据结构	
		wifi_hal_util.h	声明 HalMutex 相关操作的接口	
	src/	wifi_hal 组件的实现，调用客户端组件提供的接口		
		wifi_hal.c	IWiFi 类中对应的接口的实现	接口 C 的实现（调用接口 D 实现功能）
		wifi_hal_base_feature.c	base、sta、ap 相关接口的实现（调用 HalCmdXxx() 和 HalMutex 相关接口）	
		wifi_hal_sta_feature.c		
		wifi_hal_ap_feature.c		
		wifi_hal_cmd.c	HalCmdXxx() 接口的实现（调用客户端组件提供的接口）	接口 D 的实现（调用接口 E 实现功能）
		wifi_hal_util.c	HalMutex 相关接口的实现	

续表

//drivers/peripheral/wlan/				系统服务进程（简称为 P）
client/	客户端组件，编译目标为 `libwifi_driver_client.z.so` 或 `lib-wifi_driver_client.so`，用于实现用户态与内核态的交互			
	include/	`wifi_driver_client.h`	对 HAL 层开放的接口声明	接口 E 的声明，在小型系统中可直接被系统服务进程 P 调用
	src/	`wifi_common_cmd.h`	公共数据结构的定义和 WiFi 事件上报的 `WifiEventReport()` 接口声明	内核态 WiFi 事件上报相关的接口和实现
		`wifi_driver_client.c`	WiFi 事件的订阅回调函数的注册、注销，事件上报接口的实现（上报到 `wpa_hal` 对应接口）	
		`sbuf/sbuf_event_adapter.c`	调用 `WifiEventReport()` 上报 WiFi 事件	
		`sbuf/sbuf_cmd_adapter.c`	对 HAL 层开放的接口的 sbuf 实现，通过系统调用进入内核态使用设备驱动服务。在调用 `WifiDriverClientInit()` 时，绑定了内核空间 WiFi 驱动服务，并注册了事件回调函数，可将内核驱动事件上报到相应模块并处理	接口 E 的实现，通过消息机制接入内核态驱动提供的服务
		`netlink/netlink_cmd_adapter.c`	对 HAL 层开放的接口的 netlink 实现	未编译

2．小型系统

在 `//build/lite/components/drivers.json` 文件中找到 `peripheral_wlan` 组件部分，如代码清单 9-118 所示。

代码清单 9-118　//build/lite/components/drivers.json

```
{
    "component": "peripheral_wlan",
    "description": "",
    "optional": "true",
    "dirs": ["drivers/peripheral/wlan"],
    "targets": [
      "//drivers/peripheral/wlan/hal:wifi_hal",
      "//drivers/peripheral/wlan/client:wifi_driver_client",
      "//device/hisilicon/drivers/firmware/common/wlan:wifi_firmware",
      "//drivers/peripheral/wlan/test:hdf_test_wlan"
    ],
}
```

在代码清单 9-118 中，只编译表 9-14 中加灰色底纹的 `hal/` 和 `client/` 两个目录下的代码，分别生成 `libwifi_hal.so` 和 `libwifi_driver_client.so` 两个动态链接库并部署到系

统的 /usr/lib/ 目录下。系统服务进程可以在本进程内加载这两个动态链接库，然后就可以使用在 interfaces/ 目录下的头文件声明的接口了。

例如，8.2.2 节中的 wifilink 程序在通过 wpa_supplicant 连接 WiFi 热点时，在 wpa_supplicant 的初始化阶段，会直接在 WifiClientInit() 中调用 sbuf_cmd_adapter.c 中的 WifiDriverClientInit() 函数和 wifi_driver_client.c 中的 WifiRegisterEventCallback() 函数，如代码清单 9-119 所示。

代码清单 9-119　//third_party/wpa_supplicant/wpa_supplicant-2.9/src/drivers/wpa_hal.c

```
static int32_t WifiClientInit(const char *ifName)
{
    int32_t ret;
    //定义在 sbuf_cmd_adapter.c
    ret = WifiDriverClientInit();
    ......
    //定义在 wifi_driver_client.c
    ret = WifiRegisterEventCallback(OnWpaWiFiEvents,     \
                    WIFI_KERNEL_TO_WPA_CLIENT, ifName);
    ......
    return ret;
}
```

在 WifiDriverClientInit() 中会先通过 HdfIoServiceBind("hdfwifi") 绑定内核态的 hdfwifi 驱动服务，然后为 WifiDriverClient 注册用于监听和处理 WiFi 驱动上报事件的回调函数 OnWiFiEvents()。

在 WifiRegisterEventCallback() 中会向 WifiDriverClient 注册用于监听和处理 WIFI_KERNEL_TO_WPA_CLIENT 事件的回调函数 OnWpaWiFiEvents()。

当内核态的 hdfwifi 驱动主动上报事件到 WifiDriverClient 时，回调函数 OnWiFiEvents() 会对上报的消息进行分类处理：对于 WIFI_KERNEL_TO_WPA_CLIENT 事件，会回调 OnWpaWiFiEvents()，转给 wpa_supplicant 进行处理。

WifiDriverClientInit() 和 WifiRegisterEventCallback() 中执行的相关流程完全就是 9.8 节分析的内容。这可以在本书资源库第 8 章的小型系统网络相关模块启动流程的相关日志中得到验证，局部的日志如日志清单 9-5 所示。

日志清单 9-5　内核态驱动事件上报到用户态驱动框架

```
//内核态驱动事件上报到用户态驱动框架
[I][02515/(null)] [sbuf_event_adapter] OnWiFiEvents: receive event=4
[I][02515/(null)] [wifi_driver_client] WifiEventReport(ifName[wlan0], event[4][W
IFI_EVENT_SCAN_DONE]) -->> onRecFunc[0xb6e1d4a8]
//用户态驱动框架对相关事件回调 wpa_supplicant 模块注册的回调函数进行处理
[wpa_supplicant/wpa_hal] WifiWpaGetScanResults2 done
[wpa_supplicant/wpa_hal_event] WifiWpaEventScanDoneProcess done
```

3．标准系统

在 //drivers/adapter/uhdf2/ohos.build 中编译的 WLAN 相关的组件，如代码清单 9-120 所示。

代码清单 9-120　//drivers/adapter/uhdf2/ohos.build

```
{
  "subsystem": "hdf",
  "parts": {
    "hdf": {
      "module_list": [
        ......
        "//drivers/peripheral/wlan/client:wifi_driver_client",
        "//drivers/peripheral/wlan/hal:wifi_hal",
        ......
        "//drivers/peripheral/wlan/hdi_service:wifi_hdi_device",
        "//drivers/peripheral/wlan/hdi_service:wifi_hdi_c_device",
        ......
      ],
      ......
    }
  }
}
```

在代码清单 9-120 中，会配置编译表 9-14 的全部内容并生成 4 个动态链接库。其中 hdi_service 模块会根据 HDI 客户端的 C/C++实现，分别编译成 libwifi_hdi_c_device.z.so 和 libwifi_hdi_device.z.so，以分别为 wifi_c_host 和 wifi_host 两个 Host 进程的 HDI 服务器提供桩服务。

例如，当系统服务进程 P 需要使用 C 语言实现的 WiFi 驱动服务时，它会在自己的进程中依赖并加载 libwifi_hdi_c_device.z.so 动态链接库，然后使用 wlan_hal_c_proxy.c 中实现的客户端接口 HdIWifiInterfaceGet()向 saManager 服务查询 SA5001 服务的远程服务接口，再向 SA5001 服务获取 wlan_hal_c_service 服务的 HdfRemoteService *remote 远程服务接口，以此建立进程 P 中的客户端 IWifiInterface 对象与远程的 wlan_hal_c_service 服务之间的联系。

而远程 wlan_hal_c_service 服务就是 wifi_c_host 进程的 HDI 服务器的 stub 实现部分。在 wlan_hdi_drivers.c 中的驱动入口对象 g_wlanHdiDriverEntry 中的 Bind()接口，会将服务接口 Dispatch()绑定到 WlanHdiServiceDispatch()函数。在 WlanHdiServiceDispatch()中会调用 WlanHdiServiceOnRemoteRequest()在 wifi_c_host 进程中创建一个 singleWifiInstance 对象，然后通过这个对象为系统服务进程 P 的客户端提供 WiFi 相关的远程服务。

而 singleWifiInstance 对象又是通过调用 wifi_hal 模块提供的接口来实现相关功能的，但最终会通过 wifi_driver_client 模块的接口转入内核态 WLAN 驱动提供的服务。

系统服务进程 P 使用 C 语言实现的 WiFi 驱动服务从上到下的调用栈，如表 9-14 的最右侧一列所示，更详细的流程请读者自行整理和理解。

9.12.4　驱动模型概述

驱动框架对 OpenHarmony 系统的所有硬件资源、驱动配置信息和驱动程序等进行了统一的组织与管理。针对不同的设备，驱动框架从大的功能方向上将它们分成若干个类别，如 Display、Input、Audio、WLAN 等（对应 9.7 节和 9.11 节中分析的各个 Host），这为硬件资源和驱动程序的组织管理带来了很大的便利。同时，为了方便设备驱动的使用、降低驱动开发的难度和减少驱动移植的工作量等，驱动框架还提供了一套高度抽象的通用驱动模型。

OpenHarmony 的所有设备驱动都可用图 9-97 进行抽象概括。

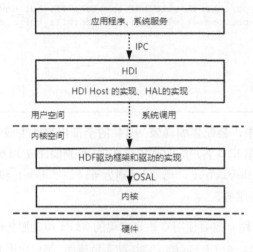

图 9-97　通用驱动模型

驱动框架已经提供统一的 HDI 以便获取和使用驱动提供的服务（见 9.12.1 节和 9.12.2 节的分析），这对驱动的使用者而言是非常便利的，驱动的开发者也不需要关心 HDI 的具体实现。

驱动框架也基于基本相同的原则针对不同的 Host 实现了差异化的 HDI（如 9.12.3 节针对 WLAN 的 HDI 实现；其他 Host 的 HDI 实现请读者自行整理和分析）。这部分内容基本上也不需要驱动的开发者关心，除非开发者开发的设备驱动不便归类于已有的 Host，此时就需要单独为该设备驱动的 HDI 进行针对性的实现了。在具体实现时，只需要注意遵循高内聚、低耦合等基本原则即可。

开发者只需要专注于驱动程序本身的实现和驱动程序能够（或者需要）提供哪些服务即可（如 9.3.2 节和 9.3.3 节的分析内容）。只要开发者按驱动框架的基本要求开发驱动程序，就可以做到"一次开发，多系统部署"，9.2 节的驱动示例程序就是一个例子。

通用驱动模型的各个部分（如驱动配置信息的解析、消息机制的实现等）已经在前文进行了详细分析。而各个 Host 特有的驱动模型可以分为两部分：部署在内核空间的驱动实现部分（见 //drivers/framework/model/ 目录下各个模块的代码）和部署在用户空间的 HDI 实现部分（见 //drivers/peripheral/ 目录下各个模块的代码）。我们分别将这两个部分中对应的模块替换到图 9-96 或者图 9-97 中对应的位置，就能得到具体的 Host 驱动模型的概略图。如果根据具体 Host 的驱动实现和 HDI 实现进行具体化与细化处理，就可以得到一些非常精细的驱动模型架构图。

　　有关驱动模型的详细分析，请访问码云，在 OpenHarmony 项目 drivers_framework 仓库（在 Master 分支上是 drivers_hdf_core 仓库）的 Issues 列表上，搜索关键字"驱动技术系列文章"或"#I482K0"，在已完成的 Issues 列表中可以看到驱动技术系列文章。这些文章对驱动框架、HDI 的基础能力以及部分驱动模型都进行了非常细致的分析，强烈建议读者结合本书的内容精读相关的驱动模型分析文章，进一步加深对驱动框架、驱动模型的理解。鉴于上述技术文章中已经有了精彩的分析，本书就不再进一步深入分析具体 Host 的驱动模型了。

◀ 后记 ▶

『 错过了 Android，不想再错过 OpenHarmony！ 』

2007 年 7 月初，我从四川大学毕业后来到东莞，加入了步步高视听电子有限公司，也就是 OPPO 公司的母公司。

当时，还是功能手机的时代，搭载 Symbian 系统的诺基亚手机在国内市场上占据着绝对的主导地位，日韩品牌的功能手机也凭借其各自的特色大放异彩，而国产手机在国外手机厂商巨头的挤压下，毫无还手之力，市场占有率惨不忍睹。

随着苹果公司在 2007 年 6 月底正式发售第一代 iPhone，智能手机的时代由此开启！而此时，距离 Google 发布 Android 操作系统还有一年左右的时间。

当时，OPPO 的手机研发业务刚起步，研发的第一款功能手机还要到一年后才正式发布。OPPO 在国内还主要以 DVD 播放器、MP3/MP4 等产品的研发和销售为主，而在国外市场则主要以销售 DVD 播放器为主营业务。在当时的 DVD 行业内，蓝光标准（由索尼公司主导）和 HD-DVD 标准（由东芝公司主导）正在为"谁是下一代蓝光存储标准"展开白热化的竞争。索尼、先锋、三星等公司都已推出了蓝光标准的 DVD 播放器，以 DVD 播放器起家的 OPPO 自然也不甘落后，正在筹划设计与开发同时兼容蓝光标准和 HD-DVD 标准的播放器。

2007 年底，在经过 6 个月的生产线实习后，我转入外销 DVD 产品开发部，成为刘作虎（时任该部门的部长，后任 OPPO 蓝光事业部总经理，并于 2013 年创立一加手机）带领的蓝光团队的一员，并跟随前辈宋臣（资深驱动开发工程师，在音视频处理和 HDMI 传输领域有极深造诣）学习音视频处理和 HDMI 方面的底层驱动开发。2008 年初，在东芝宣布放弃 HD-DVD 标准之后，我们全力研发 OPPO 的第一代蓝光播放器 BDP-83。由于该产品涉及的技术较新，外加方案不成熟，以及我们要研发的是全能型的播放器（同时支持 DVD-A、SACD 的播放），这款产品的研发花费了相当长的时间，超出了我们的预期。

2008 年 9 月，Google 正式发布 Android 1.0 版本。不久之后，HTC 推出搭载了 Android 1.0 的手机，Android 系统在业界一鸣惊人。当时，我对新生的 Android 系统非常感兴趣，于是在业余时间开始了相关的了解和学习。由于当时可获得的资料不多，而直接阅读源码的难度又很大，导致在学习 Android 时始终摸不着门道。尽管如此，我还是隐隐感觉到了 Android

系统的巨大潜力。

但是，由于蓝光项目的开发工作非常繁忙，而我又是个新人，要学习的知识非常多，包括蓝光规格、HDMI/HDCP 标准、音视频相关的标准文档、芯片方案的开发手册、嵌入式设备的驱动开发等，甚至还要重温数字电路等硬件方面的知识。在那段时间里，我的压力非常大，当然个人的成长也非常快。另外，由于我们当时开发的 BDP-83 蓝光播放器是基于嵌入式系统的，与 Android 无关，所以 Android 系统逐渐淡出了我的视野。

这是我第一次错过 Android，当时还没有什么感觉。

BDP-83 蓝光播放器一经发布便在业内引起了巨大的轰动，一夜之间成为了影音发烧友圈内热议的精品，业内知名媒体和评测机构（如非营利性组织 ConsumerReports）都给出了极高的赞誉。BDP-83 也一度成为许多著名音响公司（如 Goldmund、Ayre 等）首选的改装平台。

在 BDP-83 一炮打响后接下来的几年时间里，OPPO 蓝光团队精心打造的 BDP-9x、BDP10x 播放器，也成为行业的标杆产品，获得了欧美日市场的认可，在一定程度上改变了西方人对中国品牌和中国制造的刻板印象。美国非常著名的计算机专业杂志 PCMag 曾这样评价 OPPO："Apple doesn't make Blu-ray players, but if it did, we have a feeling that OPPO Digital would still beat it in customer satisfaction." "This manufacturer of high-end Blu-ray players received satisfaction scores that would make even Apple jealous."（苹果不生产蓝光机，即使它生产，我们认为 OPPO 仍然会在用户满意度上击败它。这家公司的高端蓝光机所收到的用户满意度得分让苹果也嫉妒。）

时间转眼就到了 2014 年底，由于蓝光的 4K 标准迟迟没有发布，外加我们同期开发的一系列硬件产品（耳机、耳放、WiFi 音箱等）市场表现一般，公司高层开始考虑关闭蓝光事业部，不过尚未对外发布消息。当时，蓝光研发部门的软硬件研发工程师基本上都内部转岗到手机研发部门，整个蓝光研发部门只留下与核心功能的研发与维护相关的四五个人。这几个人一边维护蓝光产品的核心功能，一边学习 Android 系统的开发。而我，就是留下来的人员之一。当时还庆幸，总算是有足够的时间来学习 Android 系统了。而且这个时候与 Android 相关的资料已经是随处可见，学习门槛也急剧降低，当时就等着哪天去做手机开发了。

但没过多久，蓝光 4K 标准发布，产业界开始猛推 4K 相关的产品，大量的电影公司也开始发行 4K 版本的碟片，芯片方案商也有了支持 4K 解码的方案……OPPO 蓝光研发部门二度逢春，转出去的软硬件研发人员全部召回，大家又开始全力研发新一代的 UDP-20x 蓝光播放器。毫无悬念，UDP-20x 再次成为业内顶级的产品，以至于在停产后的几年仍然是业内无法超越的巅峰。

虽然，我又一次错过了 Android 系统，但是我并不感到遗憾，因为这几代蓝光播放器都是 OPPO 蓝光团队每一位成员最引以为傲的产品。

2017 年，在基于多方面的考虑后，OPPO 决定关闭蓝光事业部，退出蓝光播放器市场。2018 年初，我和宋臣一起内部转岗到 OPPO 手机影像实验室，开始在 Android 系统上进行开发工作并直接参与了高通 845 和 710 芯片平台上的摄像头驱动相关的开发工作。当时，各大手机厂商都在为首发搭载高通 845 芯片的旗舰机而加班加点。那一段时间，我真的是身心俱疲，无论是体力、精力和学习能力，都面临着严峻的挑战，我深刻感受到手机行业的竞争是如此激烈。后来，因为我的家庭发生了一些变故，只能在工作和家庭之间选择一个。经过慎重考虑之后，我于 2019 年 3 月底离开了 OPPO，也离开了 Android。

这是我第三次错过 Android，这次错过就是真的错过了。

在离开 OPPO 后，我休息了一段时间，顺便思考一下自己未来的发展方向。2020 年新冠疫情的突然袭来让人措手不及，无论选择什么样的方向，我都需要更加慎重。正当我在迷茫中寻找方向的时候，OpenHarmony 犹如夜空中最亮的星，给我指引了一个方向……